住房和城乡建设部"十四五"规划教材

教育部高等学校工程管理和工程造价专业教学指导分委员会规划推荐教材

建设工程合同管理

（第四版）

李启明　主　编

陆　莹　黄有亮　袁竞峰　副主编

杨　宇　主　审

中国建筑工业出版社

图书在版编目（CIP）数据

建设工程合同管理／李启明主编；陆莹，黄有亮，
袁竞峰副主编. -- 4 版. -- 北京：中国建筑工业出版
社，2024.5.（2025.11重印）--（住房和城乡建设部"十四五"规
划教材）（教育部高等学校工程管理和工程造价专业教学指导
分委员会规划推荐教材）. -- ISBN 978-7-112-29951-5

Ⅰ. TU723.1

中国国家版本馆 CIP 数据核字第 2024BA5536 号

本书是国家一流课程、国家精品资源共享课程的配套教材。本书根据最新法律法规以及国家工程管理专业规范要求，结合工程合同管理的最新研究、教学改革和最佳实践，总结了工程合同管理的结构体系和基本要点，界定了工程合同管理课程的性质、定位以及教学目标、内容和教学方法。本书全面、系统地介绍了建设工程合同管理导论，合同法律基本原理，建设工程合同管理策划，建设工程招标与投标，建设工程监理合同及管理，建设工程勘察设计合同及管理，建设工程施工合同及管理，建设工程总承包合同及管理，建设工程全过程咨询合同及管理，建设工程物资采购合同及管理，FIDIC 土木工程合同及管理，建设工程索赔及管理的主要内容，并附有与教材配套的数字资源。

本书可作为全国高等学校工程管理、工程造价等本科专业的教材使用，也可供相关专业的科技人员以及政府部门、建设单位、设计单位、监理单位、施工单位等企业技术、管理人员参考使用。

为更好地支持相应课程的教学，我们向采用本书作为教材的教师提供教学课件，有需要者可与出版社联系，邮箱：jckj@cabp.com.cn，电话：（010）58337285，建工书院 https://edu.cabplink.com（PC 端）。

责任编辑：张　晶　向建国
责任校对：赵　力

住房和城乡建设部"十四五"规划教材
教育部高等学校工程管理和工程造价专业教学指导分委员会规划推荐教材
建设工程合同管理（第四版）
李启明　主　编
陆　莹　黄有亮　袁竞峰　副主编
杨　宇　主　审

*

中国建筑工业出版社出版、发行（北京海淀三里河路 9 号）
各地新华书店、建筑书店经销
北京红光制版公司制版
廊坊市海涛印刷有限公司印刷

*

开本：787 毫米×1092 毫米　1/16　印张：27　字数：672 千字
2024 年 8 月第四版　2025 年 11 月第二次印刷
定价：**69.00**元（赠教师课件）
ISBN 978-7-112-29951-5
（42852）

出 版 说 明

党和国家高度重视教材建设。2016 年，中办、国办印发了《关于加强和改进新形势下大中小学教材建设的意见》，提出要健全国家教材制度。2019 年 12 月，教育部牵头制定了《普通高等学校教材管理办法》和《职业院校教材管理办法》，旨在全面加强党的领导，切实提高教材建设的科学化水平，打造精品教材。住房和城乡建设部历来重视土建类学科专业教材建设，从"九五"开始组织部级规划教材立项工作，经过近 30 年的不断建设，规划教材提升了住房和城乡建设行业教材质量和认可度，出版了一系列精品教材，有效促进了行业部门引导专业教育，推动了行业高质量发展。

为进一步加强高等教育、职业教育住房和城乡建设领域学科专业教材建设工作，提高住房和城乡建设行业人才培养质量，2020 年 12 月，住房和城乡建设部办公厅印发《关于申报高等教育职业教育住房和城乡建设领域学科专业"十四五"规划教材的通知》（建办人函〔2020〕656 号），开展了住房和城乡建设部"十四五"规划教材选题的申报工作。经过专家评审和部人事司审核，512 项选题列入住房和城乡建设领域学科专业"十四五"规划教材（简称规划教材）。2021 年 9 月，住房和城乡建设部印发了《高等教育职业教育住房和城乡建设领域学科专业"十四五"规划教材选题的通知》（建人函〔2021〕36 号）。为做好"十四五"规划教材的编写、审核、出版等工作，《通知》要求：（1）规划教材的编著者应依据《住房和城乡建设领域学科专业"十四五"规划教材申请书》（简称《申请书》）中的立项目标、申报依据、工作安排及进度，按时编写出高质量的教材；（2）规划教材编著者所在单位应履行《申请书》中的学校保证计划实施的主要条件，支持编著者按计划完成书稿编写工作；（3）高等学校土建类专业课程教材与教学资源专家委员会、全国住房和城乡建设职业教育教学指导委员会、住房和城乡建设部中等职业教育专业指导委员会应做好规划教材的指导、协调和审稿等工作，保证编写质量；（4）规划教材出版单位应积极配合，做好编辑、出版、发行等工作；（5）规划教材封面和书脊应标注"住房和城乡建设部'十四五'规划教材"字样和统一标识；（6）规划教材应在"十四五"期间完成出版，逾期不能完成的，不再作为《住房和城乡建设领域学科专业"十四五"规划教材》。

住房和城乡建设领域学科专业"十四五"规划教材的特点，一是重点以修订教育部、住房和城乡建设部"十二五""十三五"规划教材为主；二是严格按照专业标准规范要求编写，体现新发展理念；三是系列教材具有明显特点，满足不同层次和类型的学校专业教学要求；四是配备了数字资源，适应现代化教学的要求。规划教材的出版凝聚了作者、主审及编辑的心血，得到了有关院校、出版单位的大力支持，教材建设管理过程有严格保障。希望广大院校及各专业师生在选用、使用过程中，对规划教材的编写、出版质量进行反馈，以促进规划教材建设质量不断提高。

住房和城乡建设部"十四五"规划教材办公室

2021 年 11 月

序　言

　　教育部高等学校工程管理和工程造价专业教学指导分委员会（以下简称教指委），是由教育部组建和管理的专家组织。其主要职责是在教育部的领导下，对高等学校工程管理和工程造价专业的教学工作进行研究、咨询、指导、评估和服务。同时，指导好全国工程管理和工程造价专业人才培养，即培养创新型、复合型、应用型人才；开发高水平工程管理和工程造价通识性课程。在教育部的领导下，教指委根据新时代背景下新工科建设和人才培养的目标要求，从工程管理和工程造价专业建设的顶层设计入手，分阶段制定工作目标、进行工作部署，在工程管理和工程造价专业课程建设、人才培养方案及模式、教师能力培训等方面取得显著成效。

　　《教育部办公厅关于推荐 2018—2022 年教育部高等学校教学指导委员会委员的通知》（教高厅函〔2018〕13 号）提出，教指委应就高等学校的专业建设、教材建设、课程建设和教学改革等工作向教育部提出咨询意见和建议。为贯彻落实相关指导精神，中国建筑出版传媒有限公司（中国建筑工业出版社）将住房和城乡建设部"十二五""十三五""十四五"规划教材以及原"高等学校工程管理专业教学指导委员会规划推荐教材"进行梳理、遴选，将其整理为 67 项，118 种申请纳入"教育部高等学校工程管理和工程造价专业教学指导分委员会规划推荐教材"，以便教指委统一管理，更好地为广大高校相关专业师生提供服务。这些教材选题涵盖了工程管理、工程造价、房地产开发与管理和物业管理专业主要的基础和核心课程。

　　这批遴选的规划教材具有较强的专业性、系统性和权威性，教材编写密切结合建设领域发展实际，创新性、实践性和应用性强。教材的内容、结构和编排满足高等学校工程管理和工程造价专业相关课程要求，部分教材已经多次修订再版，得到了全国各地高校师生的好评。我们希望这批教材的出版，有助于进一步提高高等学校工程管理和工程造价本科专业的教学质量和人才培养成效，促进教学改革与创新。

教育部高等学校工程管理和工程造价专业教学指导分委员会

2023 年 7 月

第四版前言

随着国家实施新型城镇化战略、推动"一带一路"倡议以及新时代城乡建设的高质量发展，建筑产业改革创新的步伐加快，推动建筑产业的工业化、信息化、智能化、低碳绿色化、国际化的现代化进程，加快建筑产业转型升级和提质增效，从"建造大国"迈向"建造强国"，在建筑产业从中低端向现代化转变的过程中，迫切需要大批高素质、创新型工程建设管理人才。党的二十大报告提出：教育、科技、人才是全面建设社会主义现代化国家的基础性、战略性支撑。高校教师应回归教书育人、立德树人的本位，为党育人、为国育才。"课比天大"，向课堂要质量，建设"金课"，淘汰"水课"。着力抓好数字教材建设，回应新时代学生的新需求，是实施教育数字化战略行动的具体实践，也是推进教育现代化、建设教育强国的时代要求，更是应对疫情、办好人民满意的教育的现实需要。数字教材是与数字课程、空中课堂、智能教育紧密联系的全新的共同体。教材建设在整个教育强国战略中具有基础性、先导性的地位和作用。工程管理专业的教材建设必须适应新时代高等教育高质量发展和建筑产业现代化的新需要，也是反映建筑产业现代化的最佳实践。

工程合同管理课程是工程管理专业和工程造价专业的核心主干课程，已经成为注册建造师、注册监理工程师、注册造价工程师等专业人士知识结构和能力结构的重要组成部分和执业能力的重要体现。《建设工程合同管理》教材于1997年出版了第一版、2009年修订出版了第二版、2018年又修订出版了第三版，分别被评选为住房和城乡建设部土建类学科专业"十一五""十二五"和"十三五"规划教材。作为工程合同管理课程的教学教材，2008年东南大学的"工程合同管理"课程成为国家精品课程、2016年成为国家精品资源共享课程、2020年成为首批国家一流课程（线上）、2021年成为首批江苏省高校课程思政示范课。2014年由本书主编牵头，基于包括本课程改革和实践的教学改革项目《现代工程管理人才"一体两翼"型专业核心能力培养的研究与实践》获得国家教学成果二等奖。2018年依托东南大学国家精品课程"工程合同管理"教学团队和专家实务团队，"工程合同管理"MOOC在中国大学慕课网（https：//www.icourse163.org/course/SEU-1001775007）正式上线运行，每年上线运行2次。课程教学内容包括：课堂教学、专题讲座、案例讲座，提供课件、测验和作业、课程公告、讨论区维护、综合测试等资源和功能。

作为住房和城乡建设部"十四五"规划教材，在本次《建设工程合同管理》（第四版）编写过程中，作者根据新时代高等教育高质量发展新要求以及教育部《高等学校工程管理（工程造价）本科专业规范》的培养目标、规格以及核心知识领域、知识单元、知识点等要求，依据国家颁布的法律法规和最新合同示范文本等，主要对合同法律的基本原理、工程招标投标、工程勘察设计合同、工程施工合同、工程总承包合同、全过程咨询合同以及FIDIC合同条件等进行了全新的修改、补充和完善。同时，开展数字教材建设，利用互联网、大数据等新技术，开展前瞻性研究、创新性实践，构建链式学习脉络，激发、培养学乣的探究能力和创新品质。全书理论体系完整、要点清晰，理论与实践紧密结合，反映相关法律法规、科研成果和最佳工程实践，实践性、可操作性和可读性强。

本书由李启明担任主编，负责总体策划及定稿。全书共分 11 章，其中第 1、7、11 章由李启明、汪文雄编写，第 3 章由李启明、赵庆华编写，第 5、8、10 章由袁竞峰、李启明编写，第 6、9 章由黄有亮编写，第 2、4 章由李启明、袁芳编写。感谢本课程教学助理和 MOOC 运行团队成员张震祺、孙乐乐、刘加敏、于路港、吴一帆、刘婉琳、周弋焜、李子睿、于文惠、韩志文提供的教学服务、MOOC 运行管理以及教材数字资源编辑等工作。感谢成虎、陆莹、徐照、陆彦、朱树英、黄知斌、汪金敏、邱闯、刘洋义、李志永等教授、专家、学者为数字化教材建设提供的服务。

本书在编写过程中，查阅和检索了许多工程合同管理方面的信息、资料和有关专家的著述，同时得到许多单位和学者的支持和帮助，在此一并表示感谢。由于建设工程合同管理的理论、方法和运作还需要在工程实践中不断丰富、发展和完善，本书不当之处敬请读者、同行批评指正，以便再版时修改完善。

李启明

2024 年 5 月

东南大学九龙湖校区

第三版前言

随着我国社会主义市场经济体制和建设法律法规体系的不断完善，以及国内国际建筑市场的一体化融合发展，建设领域已经广泛推行了招标投标制、建设监理制、合同管理制、风险管理制等工程建设基本制度，制定并推广应用了建设工程勘察、设计、监理、施工、总承包等一系列标准合同示范文本，建设市场主体的行为更加规范化、法制化和国际化，合同管理在建设行业管理、企业管理及工程项目管理中的地位和作用日益突出和重要。工程合同管理课程和内容在广度上的不断拓展和丰富、在深度上的不断深化和优化，已经成为注册建筑师、建造师、监理工程师、造价工程师等专业人士知识结构和能力结构的重要组成部分以及执业能力的重要体现，成为工程管理专业和工程造价专业的核心主干课程之一。

《建设工程合同管理》于1997年作为全国统编教材出版发行，并被评选为普通高等教育土建学科专业"十一五"规划教材。作为工程合同管理课程的教学参考教材，2008年东南大学的"工程合同管理"课程建设成为国家精品课程。2009年修订出版了《建设工程合同管理》（第二版）。2013年东南大学的《工程合同管理》获得国家精品资源共享课程。2014年由作者牵头的、基于包括本课程改革和实践的教学改革项目《现代工程管理人才"一体两翼"型专业核心能力培养的研究与实践》获得了国家教学成果二等奖。作为住房城乡建设部土建类学科专业"十三五"规划教材，在本次《建设工程合同管理》（第三版）编写过程中，作者结合工程管理专业教育教学规律以及本课程的性质、特点和任务，确定了教材的编写大纲和编写要求。根据《高等学校工程管理本科指导性专业规范》的培养目标和规格以及核心知识领域、知识单元、知识点等要求，依据国家颁布的最新法律法规，以及国家发展和改革委员会、住房和城乡建设部等颁布的最新合同示范文本等，主要对工程招标投标、工程采购模式、工程设计合同、工程施工合同、工程总承包合同进行了修改和完善。本书吸收了国际工程合同管理的经验和发展趋势，总结了国内工程合同管理的实际操作经验和方法，反映了编著者在工程合同管理领域的最新研究成果和实际运作的成功经验。全书理论体系完整、要点清晰，理论与实践紧密结合，反映最新法律法规、科研成果和最佳工程实践，可操作性和实践性强，具有较强的可读性。

本书由李启明担任主编，负责总体策划及定稿，黄有亮、袁竞峰任副主编。全书共分11章，其中第1、7、11章由李启明、汪文雄编写，第3章由李启明、赵庆华编写，第5、8、10章由袁竞峰、黄文杰、李启明编写，第6、9章由黄有亮编写，第2、4章由袁芳编写。本书在编写过程中，查阅和检索了许多工程合同管理方面的信息、资料和有关专家的著述，并得到东南大学、扬州大学、华中农业大学、华北电力大学等许多单位和学者的支持与帮助，在此一并表示感谢。由于建设工程合同管理的理论、方法和运作还需要在工程实践中不断丰富、发展和完善，加之作者水平所限，本书不当之处敬请读者、同行批评指正，以便再版时修改完善。

李启明

2017 年 12 月

第二版前言

随着我国社会主义市场经济体制的建立和完善，以及建设工程领域业主负责制、工程招标投标制、工程监理制、合同管理制、风险管理制等基本制度的逐步发展和完善，建设市场主体的行为更加规范化、法制化和国际化，合同管理在建设行业管理、企业管理及工程项目管理中的地位和作用日益突出和重要。工程合同管理课程和内容在广度上的不断拓展和丰富，在深度上的不断深化和优化，已经成为注册建造师、监理工程师、造价工程师等专业人士知识结构和能力结构的重要组成部分，执业能力的重要体现，成为工程管理专业的核心主干课程之一。

《建设工程合同管理》教材1997年出版了第一版全国统编教材。根据全国高校工程管理专业指导委员会制定的工程管理专业本科培养方案和课程大纲，工程合同管理是该专业主干课程和核心课程，它主要研究建设工程的法律问题和工程项目的合同管理问题，明确要求学生掌握工程合同的基本原理和方法，具有从事工程项目招标、投标和合同策划及管理能力。作为普通高等教育土建学科专业"十一五"规划教材，在本教材第二版编写过程中，作者根据最新出台的法律法规，结合工程管理专业教育规律以及本课程的性质和特点，经过反复讨论和研究，确定了本教材的编写思想、大纲、内容和编写要求。本书吸收了国际工程合同管理的经验和发展趋势，总结了国内工程合同管理的实际操作经验和方法，反映了作者在工程合同管理领域的最新研究成果和实际运作的成功经验。全书理论体系完备，实践性和可操作性强，具有较强的可读性。

本书由李启明担任主编，负责总体策划及定稿，由黄文杰、黄有亮担任副主编。全书共分11章，其中第1、7、11章由李启明、汪文雄编写，第3章由李启明、赵庆华编写，第5、8、10章由黄文杰编写，第6、9章由黄有亮编写，第2、4章由袁芳编写。本书在编写过程中，查阅和检索了许多工程合同管理方面的信息、资料和有关专家的著述，并得到东南大学、华北电力大学、华中农业大学、扬州大学等许多单位和学者的支持和帮助，在此一并表示感谢。由于建设工程合同管理的理论、方法和运作还需要在工程实践中不断丰富、发展和完善，加之作者水平所限，本书不当之处敬请读者、同行批评指正，以便再版时修改完善。

李启明

2009 年 7 月

第一版前言

随着我国社会主义市场经济新体制的建立和完善，工程建设领域内的经济活动越来越广泛、复杂，同时也要求建筑市场主体的行为更加法制化、规范化，并与国际惯例逐步接轨，企业将越来越重视合同管理在企业经营和工程管理中的地位和作用，根据需要培养出具有较好法律、合同意识和合同管理能力的建筑管理专门人才已势在必行。

根据全国高校建筑与房地产管理专业指导委员会制定的建筑管理工程专业本科培养方案和课程大纲，建设工程合同管理是该专业主干课程，它主要研究工程建设领域内的法律问题和工程项目的合同管理问题，明确要求学生掌握工程合同的基本原理和方法，具有从事工程项目招标、投标和合同拟订及管理的能力。通过本课程的教学，应能较好地掌握经济合同法的基本理论和方法，熟悉建设工程招标法律制度和方法，掌握工程建设领域内重要专业合同的基本内容及国际通用施工合同条件（FIDIC）的运作与方法，熟悉并掌握建设工程合同索赔的理论、方法和实务。

根据全国高校建筑与房地产管理专业指导委员会1995年5月南京会议决定，东南大学为该教材的主编单位，天津大学为主审单位，并将该教材作为专业指导委员会推荐的教材，由中国建筑工业出版社出版。本教材由李启明任主编，黄文杰、黄有亮任副主编。全书内容共分11章，其中第2、6、11章由李启明编写，第3章由李启明、刘哲编写，第7章由李启明、黄安永、刘哲编写，第4、8、10章由黄文杰编写，第5、9章由黄有亮编写，第1章由黄安永编写。全书由李启明总体策划、构思并负责统纂定稿。本书由天津大学范运林教授主审。

在本教材编写过程中，我们参考了天津大学、西安建筑科技大学等兄弟院校的课程大纲和目录，参阅了许多同志的著述，最终编写大纲是经过东南大学、天津大学反复讨论、修改以及经过全国高校建筑与房地产管理专业指导委员会的二次集体讨论后形成的，凝聚了许多同志的辛勤劳动，并得到建设部人事教育劳动司、东南大学、天津大学及中国建筑工业出版社等许多单位和同志的支持和帮助，在此一并表示感谢！

由于建设工程合同管理目前仍是我国工程建设领域中较为薄弱的环节，合同管理的理论和方法还需要在工程实践中不断丰富、发展和完善，加之作者水平所限，本书不当之处，敬请读者、同行批评、指正，以便再版时加以修正完善。

李启明

1997年

与本书配套的数字课程资源使用说明

与本书配套的国家精品课程数字资源发布在中国大学 MOOC 在线学习平台（https：//www.icourse163.org/），请登录网站后开始课程学习。

1. 选课步骤

（1）访问中国大学 MOOC 在线学习平台（电脑端/手机端）；

（2）通过手机号/邮箱/爱课程账号等方式登录平台；

（3）搜索课程"工程合同管理"，并从检索结果中点击带有"国家精品课程"标签的项目，进入课程主页；

（4）选择最新的开课轮次（每年开课两次，每次 4 个月的学习时间），并点击"立即参加"，完成课程选择工作。

2. 资源使用

本书配套了工程合同管理国家精品课程的丰富数字资源，包括基础知识讲解、深化教学视频、各章课后测试和解题分析、行业实务案例讲座等，可供学生自学以及教师辅助教学之用。

与本书配套的数字资源以二维码的形式在书中各章节中出现，扫描后即可查阅观看，供拓展、提升、学习之用。数字资源包括"微视频""云文档""云讲座""云测试"四种主要形式，其中"微视频"部分是对本书涉及重要知识点的深化和拓展；"云文档"部分展示了本书涉及的法律法规文本和行业实务文件；"云讲座"部分邀请了行业资深专家对实务案例进行评析与总结；"云测试"部分按章配备了相关测试和试题解析。

数字资源目录

章	内容	页码
1　建设工程合同管理导论	微视频 1-1　工程合同管理课程总体介绍	P9
	云文档 1-2　工程合同管理 MOOC 运行报告	P10
	云文档 1-3　课程教学大纲	P12
	微视频 1-4　工程合同管理混合式教学设计	P14
	云文档 1-5　课程目标达成分析报告	P17
	云测试 1-6　第1章课程内容测试及解题分析	P19
2　合同法律基本原理	云文档 2-1　民法典合同编全文	P25
	微视频 2-2　施工合同订立过程分析	P33
	微视频 2-3　建设工程合同的效力分析	P40
	微视频 2-4　工程变更的法律分析	P51
	云测试 2-5　第2章课程内容测试及解题分析	P76
3　建设工程合同管理策划	微视频 3-1　工程采购模式特征及拓展应用	P93
	微视频 3-2　我国工程量清单规范中的工程合同计价方式及特点	P93
	微视频 3-3　工程合同类型与工程价款结算	P94
	微视频 3-4　固定总价合同运作及实务	P95
	微视频 3-5　单价合同运作及实务	P97
	云讲座 3-6　工程施工总价合同结算实务	P100
	云测试 3-7　第3章课程内容测试及解题分析	P106
4　建设工程招标与投标	云文档 4-1　招标投标法律文件	P107
	云文档 4-2　标准施工招标文件	P114
	云文档 4-3　某施工项目招标资格预审文件示例	P129
	云文档 4-4　某施工项目招标文件示例	P133
	云文档 4-5　某施工项目投标文件（清单报价）示例	P139
	云文档 4-6　某施工项目评标办法示例	P141
	微视频 4-7　施工招标文件构成及对投标报价的影响	P141
	微视频 4-8　工程招标全过程模拟课程设计指导	P144
	云讲座 4-9　工程招标投标法律实务讲座	P144
	云测试 4-10　第4章课程内容测试及解题分析	P144
5　建设工程监理合同及管理	云文档 5-1　建设工程监理合同示范文本（2012版）	P148
	云文档 5-2　标准监理招标文件（2017版）	P148
	云文档 5-3　建设工程监理规范（2013版）	P149
	云文档 5-4　某工程监理投标文件（监理大纲）示例	P149
	微视频 5-5　监理工程师法律责任及职业素养分析	P153
	云测试 5-6　第5章课程内容测试及解题分析	P159

续表

章		内容	页码
6	建设工程勘察设计合同及管理	云文档 6-1　建设工程勘察合同示范文本（2016 版）	P165
		云文档 6-2　建设工程设计合同示范文本（2015 版）	P166
		云文档 6-3　工程设计合同编制要点及项目示例	P174
		微视频 6-4　基于 BIM 的数字一体化设计与数字成果交付	P197
		云测试 6-5　第 6 章课程内容测试及解题分析	P197
7	建设工程施工合同及管理	云文档 7-1　建设工程施工合同示范文本（2017 版）	P202
		云文档 7-2　建设工程工程量清单计价规范（2013 版）	P205
		云文档 7-3　建设工程施工合同编制要点及项目示例	P205
		微视频 7-4　2017 版建设工程施工合同文本的特点及新制度	P215
		微视频 7-5　工程施工合同条款结构及其相互影响分析	P220
		微视频 7-6　工程施工合同管理与造价控制	P230
		云讲座 7-7　工程施工合同变更调价实务	P234
		云测试 7-8　第 7 章课程内容测试及解题分析	P251
8	建设工程总承包合同及管理	云文档 8-1　建设项目工程总承包管理规范（2017 版）	P254
		云文档 8-2　建设项目工程总承包合同示范文本（2020 版）	P255
		微视频 8-3　建设项目工程总承包合同"发包人"要求编写指南	P257
		云文档 8-4　建设项目工程总承包招标文件和合同文件示例	P278
		微视频 8-5　装配式建筑总承包合同管理要点	P278
		云测试 8-6　第 8 章课程内容测试及解题分析	P300
9	建设工程全过程咨询合同及管理	云文档 9-1　江苏省全过程工程咨询服务合同示范文本和全过程工程咨询服务导则	P303
		云文档 9-2　《房屋建筑和市政基础设施项目工程建设全过程咨询服务合同（示范文本）》GF—2024—2612	P306
		云文档 9-3　《建设项目全过程工程咨询标准》T/CECS 1030—2022	P316
		云测试 9-4　第 9 章课程内容测试及解题分析	P316
10	建设工程物资采购合同及管理	云文档 10-1　标准材料采购招标文件（2017 版）	P319
		云文档 10-2　标准设备采购招标文件（2017 版）	P319
		微视频 10-3　装配式建筑部品部件采购与供应管理	P337
		云测试 10-4　第 10 章课程内容测试及解题分析	P337
11	FIDIC 土木工程合同及管理	微视频 11-1　国际工程合同概述	P339
		微视频 11-2　国际工程合同变革	P340
		微视频 11-3　FIDIC 合同主要内容	P341
		微视频 11-4　国际工程合同签订前的现场考察重点	P351
		微视频 11-5　国际工程合同保留金扣留与释放示例	P359
		微视频 11-6　国际工程合同管理实务	P364
		微视频 11-7　国际工程合同争议解决案例	P365
		云测试 11-8　第 11 章课程内容测试及解题分析	P374
12	建设工程索赔及管理	云视频 12-1　工期索赔及管理	P394
		云视频 12-2　费用索赔及管理	P405
		云讲座 12-3　工程施工现场签证调价实务	P410
		云讲座 12-4　工程施工窝工损失索赔实务	P411
		云测试 12-5　第 12 章课程内容测试及解题分析	P415
13	期末测试	期末测试 1	P415
		期末测试 2	P415

目　　录

1 建设工程合同管理导论 ………………………………………………………………… 1
  1.1　工程项目全寿命周期中的合同关系 ……………………………………………… 1
  1.2　工程项目合同管理体系及基本内容 ……………………………………………… 5
  1.3　本课程的教学目标和教学要求 …………………………………………………… 8
  复习思考题 ………………………………………………………………………………… 19
2 合同法律基本原理 ……………………………………………………………………… 21
  2.1　合同法律概论 ……………………………………………………………………… 21
  2.2　合同主要条款 ……………………………………………………………………… 28
  2.3　合同订立 …………………………………………………………………………… 29
  2.4　合同效力 …………………………………………………………………………… 34
  2.5　合同履行 …………………………………………………………………………… 40
  2.6　合同变更、转让和终止 …………………………………………………………… 50
  2.7　违反合同的责任 …………………………………………………………………… 61
  2.8　合同纠纷的解决 …………………………………………………………………… 72
  复习思考题 ………………………………………………………………………………… 76
3 建设工程合同管理策划 ………………………………………………………………… 79
  3.1　工程采购模式及选择 ……………………………………………………………… 79
  3.2　工程合同类型及选择 ……………………………………………………………… 93
  3.3　工程合同管理规划 ………………………………………………………………… 103
  复习思考题 ………………………………………………………………………………… 106
4 建设工程招标与投标 …………………………………………………………………… 107
  4.1　工程招标投标基本制度 …………………………………………………………… 107
  4.2　工程监理招标投标 ………………………………………………………………… 121
  4.3　工程勘察设计招标投标 …………………………………………………………… 125
  4.4　工程施工招标投标 ………………………………………………………………… 128
  复习思考题 ………………………………………………………………………………… 144
5 建设工程监理合同及管理 ……………………………………………………………… 145
  5.1　工程监理合同概述 ………………………………………………………………… 145
  5.2　工程监理合同的主要内容 ………………………………………………………… 149
  复习思考题 ………………………………………………………………………………… 159
6 建设工程勘察设计合同及管理 ………………………………………………………… 161
  6.1　工程勘察设计合同概述 …………………………………………………………… 161
  6.2　工程勘察合同的主要内容 ………………………………………………………… 166

6.3 工程设计合同的主要内容 …………………………… 174

6.4 工程勘察设计合同管理 …………………………… 182

6.5 国际工程设计合同 …………………………… 189

复习思考题 …………………………………………… 197

7 建设工程施工合同及管理 …………………………… 199

7.1 工程施工合同概述 …………………………… 199

7.2 建设工程施工合同的主要内容 …………………… 205

复习思考题 …………………………………………… 251

8 建设工程总承包合同及管理 …………………………… 253

8.1 工程总承包合同管理概述 …………………………… 253

8.2 工程总承包合同重点条款 …………………………… 255

8.3 装配式建筑总承包合同管理要点 …………………… 278

复习思考题 …………………………………………… 300

9 建设工程全过程咨询合同及管理 …………………… 301

9.1 全过程工程咨询概述 …………………………… 301

9.2 全过程工程咨询合同内容及管理 …………………… 305

复习思考题 …………………………………………… 316

10 建设工程物资采购合同及管理 …………………… 317

10.1 建设工程物资采购合同概述 …………………… 317

10.2 建筑材料和中小型设备采购合同 …………………… 318

10.3 大型设备采购合同管理 …………………………… 328

复习思考题 …………………………………………… 337

11 FIDIC土木工程合同及管理 …………………………… 339

11.1 FIDIC 合同条件概述 …………………………… 339

11.2 FIDIC 施工合同条件及管理 …………………… 341

11.3 FIDIC 总承包合同条件及管理 …………………… 366

11.4 FIDIC 分包合同条件及管理 …………………… 371

复习思考题 …………………………………………… 374

12 建设工程索赔及管理 …………………………… 375

12.1 建设工程索赔基本理论 …………………………… 375

12.2 建设工程工期延误及索赔 …………………………… 394

12.3 建设工程费用索赔 …………………………… 405

复习思考题 …………………………………………… 415

参考文献 …………………………………………… 416

1.1　工程项目全寿命周期中的合同关系

现代工程项目是一个复杂的系统性工程，其技术复杂、建设周期长、投资额大、不确定因素多、项目参与方众多、合同种类和数量多，有的大型项目甚至由上千份合同组成，每份合同的成功履行都意味着项目向成功又迈进了一步，但只要有一份合同履行出现问题，就会影响和殃及其他合同乃至整个项目。因此，工程合同整体策划和管理应在项目实施前对整个项目合同管理方案预先做出科学合理的安排和设计，以确保整个项目在不同阶段、不同合同主体之间能够顺利履行，从而实现项目的总体目标和效益。

1）建设项目周期

建设项目全寿命周期一般包括：项目的决策阶段、实施阶段和运营阶段。项目决策阶段包括：编制项目建议书、编制可行性研究报告等。项目实施阶段包括：设计准备阶段（编制设计任务书），设计阶段（初步设计、技术设计、施工图设计），施工阶段（施工），动用前准备阶段，保修阶段等。

建设项目全寿命周期的阶段划分如图 1-1 所示。各个阶段资源输入、输出模型如图 1-2 所示。

2）合同生命周期与合同关系

在建设项目全寿命周期过程中，存在众多相互影响、相互联系，又相对独立的专业工作或内容，需要由具有专业资质、资格或专业能力的机构或人员完成。因此，一个建设项目的完成，会涉及众多的参与方，还需要签订许多不同种类的合同，如表 1-1 所示。

在建设项目全寿命周期中，项目业主将参与项目全过程或主要过程，对项目建设的成败将起到决定性的作用；来自不同国家、地区、城市的其他参与方将在项目的不同阶段进入项目或退出项目，他们将以自己的专业资质、资格和能力为项目及业务提供专业服务，他们的服务水平、质量、竞争能力同样也会影响项目的成败。项目业主与其他参与方存在着许多合同法律关系，如图 1-3 所示。项目参与方在不同阶

图 1-1　建设项目全寿命周期的阶段划分

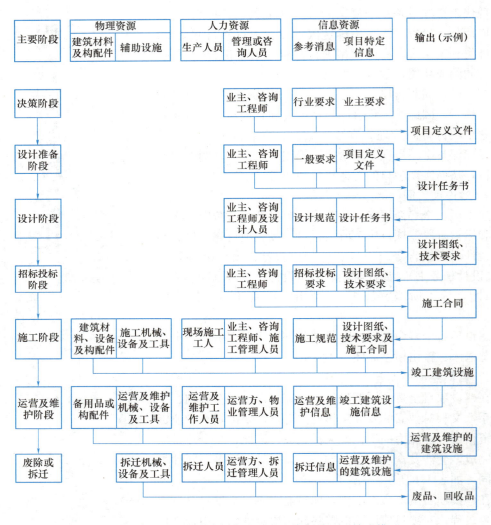

图 1-2　建设项目全寿命周期主要阶段资源输入、输出模型

建设项目全寿命 周期阶段	合同种类	合同主体
决策阶段	咨询合同、土地征用与拆迁合同、土地使用权出让及转让合同、贷款合同等	业主、咨询公司、政府、土地转让方、银行等
实施阶段	勘察合同、设计合同、招标代理委托合同、监理合同、材料设备采购合同、施工合同、装饰合同、担保合同、保险合同、技术开发合同、贷款合同等	业主、勘察单位、设计单位、招标代理机构、监理单位、供应商、承包商、担保方、保险公司、银行、科研院所等
运营阶段	供水供电供气合同、房屋销售合同、房屋出租合同、运营管理合同、物业管理合同、保修合同、拆除合同等	业主、供电供水供气单位、用户、物业公司等

建设项目全寿命周期中涉及的合同主体及种类　表 1-1

图 1-3　建设项目全寿命周期中涉及的合同主体

段的服务时间及目标如图 1-4 所示。

　　对于建设项目而言，可以根据不同的方法，科学合理地将其分解成不同的专业工作或内容，通过市场竞争等方式，交给不同的专业机构来完成项目特定的工作，用合同的形式来规定各方的权利、义务和责任。因此，一个建设项目事实上就是由一个个合同构成的，每份合同的圆满完成意味着项目的成功。独立而又相互联系的各个合同构成了项目的合同链，如图 1-5 所示。合同链上的某个环节若出现问题，则会影响整个合同链的运转水平、效率和质量，而这正是合同整体策划和管理所要解决的问题。

　　对于一份具体的工程合同，同样也存在合同生命周期，即每份合同都有起点和终点，都存在从合同成立、生效到合同终止的生命周期。以施工合同为例，其合同生命周期如图 1-6 所示。

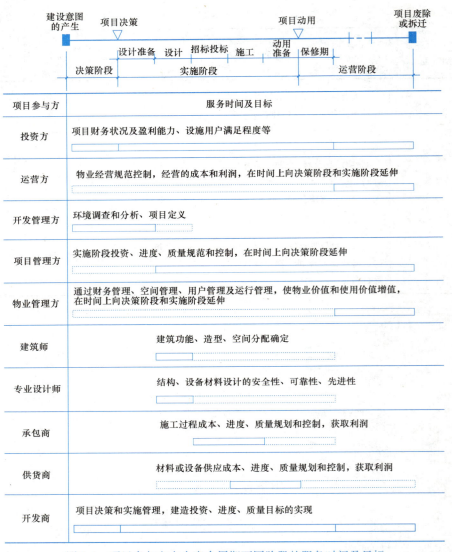

图 1-4 项目参与方在全寿命周期不同阶段的服务时间及目标

图 1-5 建设项目合同链及其运行

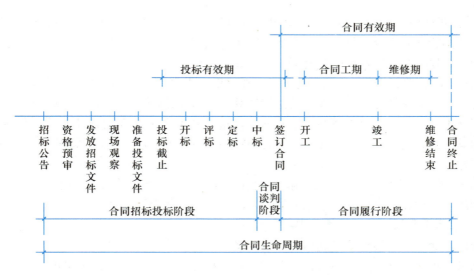

图 1-6   施工合同生命周期阶段及主要里程碑事件

1.2   工程项目合同管理体系及基本内容

1）合同管理的本质

市场经济的本质是契约（合同）经济，合同是商品经济的产物，是市场主体进行交易的依据。合同的本质在于规范市场交易、节约交易费用。工程合同确定了成本、工期、质量、安全和环境等项目总体目标，规定和明确了当事人各方的权利、义务和责任。因此，合同管理是工程项目管理的核心，合同管理贯穿于工程实施的全过程，对于整个项目的实施起着控制和保证的作用。在现代工程项目中，没有合同意识则项目整体目标不明确，没有合同策划和管理则项目管理难以形成系统，就无法实现项目的总体目标。

2）合同管理的特点

工程合同管理不仅具有与其他行业合同管理相同的特点，还因其行业和项目的专业性具有自身的特点，主要有以下几个方面。

① 合同管理周期长。相比于其他合同，工程合同周期较长，在合同履行过程中，会出现许多原先订立合同的时候未能预料到的情况，为及时、妥善地解决可能出现的问题，必须长期跟踪、管理工程合同，并对任何合同的修改、补充等情况做好记录和管理。

② 合同管理效益显著。在工程合同长期的履行过程中，有效的合同管理可以帮助企业发现、预见并设法解决可能出现的问题，避免纠纷的发生，从而节约不必要的涉讼费用。同时，通过大量有理、有据的书面合同和履约记录，企业可以提出增补工程款项等相关签证，通过有效的索赔，合法、正当地获取应得利益。可见，合同管理能够产生效益，合同中蕴藏着潜在的，有时甚至是巨大的经济效益。

③ 合同变更频繁。由于工程合同周期长，合同价款高，合同不确定因素多，导致合同变更频繁，企业面临大量的签证、索赔和反索赔工作，因此企业的合同管理必须是动态、及时和全面的，合同的履约管理应根据变更及时调整。

④ 合同管理系统性强。业主、承包商等市场主体往往涉及众多合同，合同种类繁杂多样，合同管理必须处理好技术、经济、财务、法律等各个方面的关系，通过合理的、系统化的管理模式分门别类地管理合同。

⑤ 合同管理法律要求高。工程合同管理不仅要求管理者熟悉普通企业所要了解的法律法规，还必须熟知工程建设专业的法律法规。由于建设领域的法律、法规、标准、规范和合同文本众多，且一直在不断更新和增加，这就要求企业的合同管理人员必须在充分、及时地学习最新法律法规的前提下，结合企业的实际情况开展工作，才能有效地维护自身合法权益。

⑥ 合同管理信息化要求高。工程合同管理涉及大量信息，需要及时收集、整理、处理和利用，必须建立合同管理信息系统，才能开展有效的合同管理。

3) 工程生命周期的合同管理内容

合同生命周期从签订之日起到双方权利义务履行完毕而自然终止。而工程合同管理的生命期和项目建设期有关，主要包括合同策划、招标采购、合同签订和合同履行等阶段的合同管理，各个阶段合同管理的主要内容如下：

（1）合同策划阶段。合同策划是在项目实施前对整个项目合同管理方案预先做出科学合理的安排和设计，从合同管理的组织、方法、内容、程序和制度等方面预先做出计划的方案，以保证项目所有合同的圆满履行，减少合同争议和纠纷，从而保证整个项目目标的实现。该阶段合同管理内容主要包括以下几个方面：

① 合同管理组织机构的设置及专业合同管理人员的配备。

② 合同管理责任及其分解体系。

③ 工程采购模式和合同类型的选择和确定。

④ 项目结构分解体系和合同结构体系设计，包括合同打包、分解或合同标段划分等。

⑤ 招标方案和招标文件设计。

⑥ 合同文件和主要内容设计。

⑦ 主要合同管理流程设计，包括投资控制、进度控制、质量控制、设计变更、支付与结算、竣工验收、合同索赔和争议处理等流程。

（2）招标采购阶段。合同管理并不是在合同签订之后才开始的，招标投标过程中形成的文件基本上都是合同文件的组成部分。在招标投标阶段，应保证合同条件的完整性、准确性、严格性、合理性与可行性。该阶段合同管理的主要内容有：

① 编制合理的招标文件，严格投标人的资格预审，依法组织招标。

② 组织现场踏勘，投标人编制投标方案和投标文件。

③ 做好开标、评标和定标工作。

④ 合同审查工作。

⑤ 组织合同谈判和签订。

⑥ 履约担保等。

（3）合同履行阶段。合同履行阶段是合同管理的重点阶段，包括履行过程和履行后的合同管理工作，主要内容有：

① 合同总体分析与结构分解。

② 合同管理责任体系及其分解。

③ 合同工作分析和合同交底。

④ 合同成本控制，进度控制，质量控制，及安全、健康、环境管理等。

⑤ 合同变更管理。

⑥ 合同索赔管理。

⑦ 合同争议管理等。

4）合同管理制度设计

（1）合同管理组织机构。合同管理是一项重要的经济管理工作，合同管理水平的高低对企业和项目的经济效益影响很大，因此，企业必须结合实际建立完善合同管理的组织机构。逐步建立公司、分公司、项目部各个层次的合同管理机构，配置专业的合同管理人员，形成合同管理的网络组织，负责合同管理的各项工作，以维护企业或项目的经济利益和合法权益。

（2）合同管理人才。做好合同管理工作，人是关键因素。合同管理作为一种复合型和智力性的工作，需要高度专业化及知识和经验丰富的专门型人才。在国内建设领域，专门的工程合同管理和索赔人才还相当缺乏，必须以人为本，加大合同管理人才的培养力度。在工程实践中，合同管理人才的培养应关注以下几个方面：

一是要重视选人。选择素质高、学习能力强、知识面广、责任心强的人员充实到合同管理队伍当中。

二是要加强理论学习。鼓励合同管理人员参加法律和经济管理方面的考试及相关的执业资格考试，提高他们的理论水平。

三是要以机制激励人。明确合同管理人员的责、权、利，建立、完善岗位竞争机制和奖惩机制。

四是要在实践中培养、锻炼和造就合同管理人员。把合同管理和项目管理结合起来，把合同管理人员放到工程项目部从事具体的合同管理工作，在实践中提高运用合同的手段，提高解决工程建设实际问题的能力。

（3）合同管理制度。企业要做好合同管理工作，必须建立健全一套行之有效、严格的规章制度和可操作的作业制度。

① 合同审查制度。为了保证企业签订的合同合法、有效，必须在签订前履行审查、批准手续。合同审查是指将准备签订的合同在部门会签后，交给企业主管机构或法律顾问进行审查；合同批准是由企业主管或法定代表人签署意见，同意对外正式签订合同。通过严格的审查和批准手续，可以使合同的签订建立在可靠的基础上，尽量防止合同纠纷的发生，维护企业或项目的合法利益。

② 合同印章管理制度。企业合同专用章是代表企业在经营活动中对外行使权利、承担义务、签订合同的凭证。因此，企业对合同专用章的登记、保管、使用等都有着严格的规定。合同专用章应由合同管理员保管、签印，并实行专章专用。合同专用章只能在规定的业务范围内使用，不能超越范围使用；不得为空白合同文本加盖合同印章；不得为未经审查、批准的合同文本加盖合同印章；严禁与合同洽谈人员勾结，严禁利用合同专用章谋取个人利益。出现上述情况，要追究合同专用章管理人员的责任。凡外出签订合同时，应由合同专用章管理人员携章陪同负责办理签约的工作人员一起前往签约。

③ 合同信息管理制度。由于工程合同在签订和履行中往来函件和资料非常多，故合

同管理系统性强，必须实行档案化、信息化管理。首先应建立文档编码及检索系统，每一份合同、往来函件、会议纪要和图纸变更等文件均应进入计算机系统，并确立特定的文档编码，根据计算机设置的检索系统进行保存和调阅；其次应建立文档的收集和处理制度，有专人及时收集、整理、归档各种工程信息，严格信息资料的查阅、登记、管理和保密制度，工程全部竣工后，应将全部合同及文件，包括完整的工程竣工资料、竣工图纸、竣工验收、工程结算和决算等，按照《中华人民共和国档案法》（以下简称《档案法》）及有关规定，建档保管；最后应建立行文制度、传送制度和确认制度，合同管理机构应制定标准化的行文格式，对外统一使用，相关文件和信息经过合同管理机构准许后才能对外传送。一旦经由信息化传送方式传达的资料需由收到方以书面的或同样信息化的方式加以确认，确认结果由合同管理机构统一保管。

④ 合同检查和奖励制度。企业应建立合同签订、履行的监督检查制度，通过检查及时发现合同履行管理中的薄弱环节和矛盾，以利于提出改进意见，促进企业各部门的协调配合，提高企业的经营管理水平。通过定期的检查和考核，对合同履行管理工作完成好的部门和人员给予表扬和鼓励；成绩突出并有重大贡献的人员，给予物质和精神奖励。对于工作差、不负责任或经常"扯皮"的部门和人员要给予批评教育；对于玩忽职守、严重渎职或有违法行为的人员要给予行政处分、经济制裁，情节严重、触及刑律的要追究刑事责任。实行奖惩制度有利于增强企业各部门和有关人员履行合同的责任心，是保证全面履行合同的有力措施。

⑤ 合同管理目标制度。合同管理目标是各项合同管理活动应达到的预期结果和最终目的。合同管理的目的是企业通过自身在合同订立和履行过程中进行的计划、组织、指挥、监督和协调等工作，促使企业或项目内部各部门、各环节互相衔接、密切配合，进而使人、财、物、信息等要素得到合理组织和充分利用，保证企业经营管理活动的顺利进行，提高工程管理水平，增强市场竞争能力。

⑥ 合同管理制度。合同管理制度是合同管理活动及其运行过程的行为规范，合同管理制度是否健全是合同管理的关键所在。因此，建立一套有效的合同管理制度是十分必要的。合同管理制度的主要内容有以下几个方面。

a. 合法性：指合同管理制度应符合国家有关法律法规的规定。

b. 规范性：指合同管理制度具有规范合同行为的作用，对合同管理行为进行评价、指导和预测，对合法行为进行保护奖励，对违法行为进行预防、警示或制裁等。

c. 实用性：指合同管理制度能够适应合同管理的需求，便于操作和实施。

d. 系统性：指各类合同的管理制度互相协调、互相制约，形成一个有机系统，在工程合同管理中能发挥整体效应。

e. 科学性：指合同管理制度能够正确反映合同管理的客观规律，能够保证利用客观规律进行有效的合同管理。

1.3　本课程的教学目标和教学要求

工程合同管理课程是随着中国特色社会主义市场经济体系的建立以及建筑产业改革发展而逐步建立和完善的。在全国工程管理专业、工程造价专业培养方案和教学计划中，该课程属于专业主干课程和核心课程，是工程管理、工程造价专业的学生及注册建造师、监理工程师、造价工程师知识结构、核心能力结构和素养结构的重要组成部分。开设工程管理专业的各个高校都非常重视本课程的建设和发展，开展了卓有成效的课程思政、教材建设、精品课程建设等教学研究和改革，建立了本课程的教学团队，形成了较为完善的知识体系、课程体系和教学内容。本节主要介绍东南大学工程合同管理课程的主要做法和体会，以供各兄弟高校参考和借鉴。

微视频1-1：工程合同管理课程总体介绍

1.3.1 工程合同管理课程的发展历程

东南大学工程合同管理课程创建于1987年，由李启明教授担任课程负责人，并负责执行本课程的教学工作。在30多年的课程建设过程中，本课程团队成员主要做了大量工作，为课程建设奠定了良好的发展基础。

（1）实践先行、积累工程经验。1987年开始，李启明、成虎、张星等分别在美国、德国、中东地区等地开展国际工程合同管理实践工作，发现并解决工程问题，积累工程经验。

（2）持续不断开展教材建设。1989年李启明编写并出版了建设工程合同管理讲义，并获得东南大学优秀教材二等奖。1993年成虎在东南大学出版社出版的《建筑工程合同管理与索赔》教材。于1997年、2009年、2018年，李启明等在中国建筑工业出版社主编出版《建设工程合同管理》教材第1版、第2版和第3版，分别获住房和城乡建设部土建类学科专业"十一五""十二五"和"十三五"规划教材。2002年、2008年、2015年、2019年李启明等在东南大学出版社主编出版《土木工程合同管理》教材第1版~第4版，先后获得国家"十一五"规划教材和江苏省高等学校重点教材。2005年、2011年、2022年成虎等在中国建筑工业出版社主编出版《工程合同管理》教材第1版~第3版，先后获国家"十五"规划教材和住房和城乡建设部土建类学科专业"十四五"规划教材。此外，李启明2009年主编出版的项目管理工程硕士规划教材《工程项目采购与合同管理》、2011年编著出版的建设工程管理前沿理论与实践丛书《建设项目采购模式与管理》、2019年出版的住房和城乡建设部土建类学科专业"十三五"规划教材《房地产合同管理》。2009年《土木工程合同管理》教材获得华东地区大学出版社第八届优秀教材学术专著一等奖。

（3）开展科学研究和社会服务。1992年开展国家自然科学基金项目"国际工程合同和索赔专家系统"等的课题研究；1996年参加全国监理工程师资格考试"建设工程合同管理"的命题工作；1998年参加建设部《建设工程施工合同示范文本》的起草、修订以及大量工程界师资培训工作；2004年开始参加全国一级建造师资格考试"建设工程法规"的命题工作以及二级建造师的大纲编写和教材编写等。

（4）持之以恒开展课程建设和教学改革。2003年开始，开展本课程的网络课程建设，2006年成为东南大学精品课程，2008年成为江苏省精品课程和国家精品课程，2016年成为国家精品资源共享课程，2020年成为首批国家一流课程（线上），2021年成为首批江苏省高校课程思政示范课，2021年成为江苏省首批一流本科课程（混合课程）。2014年由本书主编牵头、基于包括本课程改革和实践的教学改革项目《现代工程管理人才"一体两翼"型专业核心能力培养的研究与实践》获得国家教学成果二等奖，提出工程管理专业三大核心能力，包括：工程全过程项目管理能力、全过程合同管理能力和全过程造价管理能力。

（5）MOOC 上线运行。2018 年依托东南大学国家精品课程"工程合同管理"教学团队和专家实务团队，"工程合同管理"在中国大学 MOOC 慕课网（https：//www.icourse163.org/course/SEU-1001775007）正式上线运行，每年上线运行 2 次，课程教学内容包括：课堂教学、专题讲座、案例讲座、提供课件、测验和作业、课程公告、讨论区维护、综合测试等资源和功能。学员完成全部的课程学习，平时成绩占 40％，期末考试成绩占 60％。由任课教师签发课程结业证书，其中 60 ≤成绩＜85 者获得合格证书，成绩≥85 者将获得优秀证书。工程合同管理 MOOC 课程从 2018.10～2022.6，已上线运行 8 期，来自高校和产业界的选课总人数共 38879 人，最高一期人数 9224 人（2020.2～2020.6），平均每期人数 4860 人，取得了较好的社会效益。

云文档1-2：工程合同管理MOOC运行报告

到目前为止，根据建筑产业发展、法律法规更新及最新研究成果，本课程团队已发表与本课程相关的学术论文 100 多篇，主编出版各类工程合同管理教材约 20 种，形成了本科教学、研究生教学及拓展研究的多层次教材体系。

1.3.2　工程合同管理课程教学内容的改革与创新

1）本课程改革的主要依据

根据国际建筑业建设惯例，不断认识本课程在工程建设和管理中的地位和作用。合同管理在建筑业和企业管理中的作用，是随着建筑业的发展而逐渐得到强化的。随着建设项目越来越复杂，参与方越来越多，合同的法律关系错综复杂，各方均以合同文件为工作依据和指导，合同管理的作用逐渐增强。建筑业企业从过去合同管理意识薄弱，到专门成立合同管理部门和设立专业人员，合同管理越来越得到重视和加强，迫切需要大量高水平的工程合同管理的专业人才。本课程改革的依据主要包括：

（1）最新法律法规。根据社会发展、市场需求和建设法律法规的逐步完善，不断增加新的课程内容。随着合同管理重要性的提升，合同管理人才特别是高层次合同管理人才的市场需求也随之增加，合同管理相关的法律法规不断修订和完善，合同管理的内容也要随之更新。

（2）专业培养规范。根据工程管理的国家规范以及专业的培养方案和计划，逐步培养和形成学生的核心专业能力。工程管理专业的培养方案和培养计划得到调整和优化，工程合同管理成为本专业的核心课程之一，对学生核心专业能力的形成具有重要的作用。

（3）最新科研成果。根据工程合同与索赔理论、方法的研究成果，拓宽和加深本课程内容。随着工程合同管理研究的不断深入，产生的新理论、新知识和新方法需要更新到教学环节和教学内容中去。

（4）注册工程师资格。根据国家注册工程师的知识结构要求，需不断调整课程内容。建设行业越来越重视专业人员的职业资格认证，与本专业相关的国家注册建造师、监理工程师、造价工程师等均对工程合同管理能力提出了更高的新要求，本课程的教学内容需要不断适应这种知识结构要求的变化。

（5）高等教育规律。根据工程教育规律的要求，不断加强实践环节，形成课堂教学、实践教学、自主研学和网络助学四位一体相结合的课程教育体系。由于本课程政策性、理论性、实践性均较强，需要加强实践环节和科研创新，理论和实践密切结合，从而不断提升教学水平和效果。

2）本课程内容的创新历程

在本课程 30 多年的建设过程中，课程内容不断拓展和深化，知识体系和课程体系不断完善。本课程体系和教学内容的改革、创新历程如图 1-7 所示。

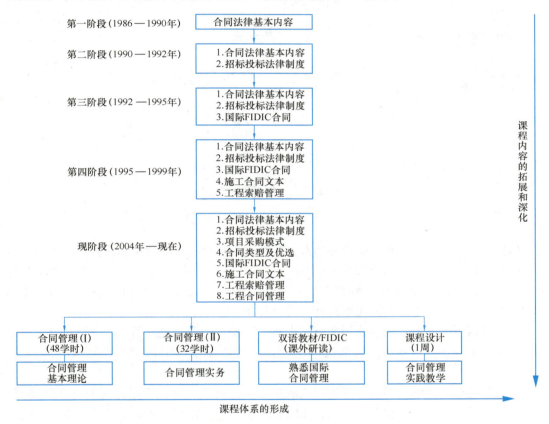

图 1-7　课程内容和课程体系的形成

3）本课程改革的主要内容

本课程团队经过 30 多年的国内外工程实践、科学研究和教学研究，对本课程的认识不断深化和完善，并在课程教学的改革中体现出来。这种深化与完善主要表现在以下几个方面：拓展和深化教学内容（如国际 FIDIC 合同管理、工程采购模式与合同类型优选、合同索赔和管理、合同风险管理等）；增加教学课时、形成新课程体系（从 48 学时增加到 80 学时）；加强实践和创新环节（增加工程招标投标模拟课程设计和毕业设计选题）；发表与本课程有关的学术论文 100 多篇、出版层次化教材和专著 20 多种；开展网络教学、案例教学和加强双语教材、精品课程建设等。本课程团队成员不断跟踪国内外工程合同管理的科研和实践成果，积极开展科研和工程实践，不断拓宽和加深教学内容，及时更新和出版教材。本课程教学和实践创新如图 1-8 所示。

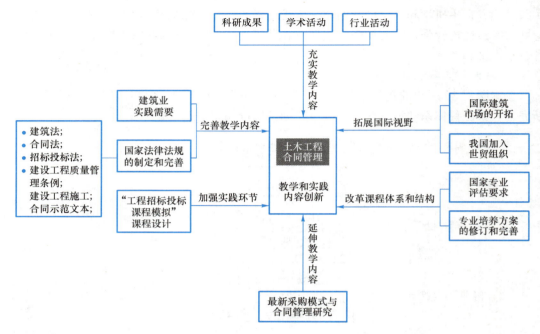

图 1-8   本课程教学和实践创新示意图

（1）更新教学内容。根据建筑业实践需要及国家法律法规的制定和完善，如先后出台的《中华人民共和国民法典合同编》《中华人民共和国建筑法》《中华人民共和国招标投标法》《建筑法》《招标投标法》《建设工程质量管理条例》《建设工程施工合同（示范文本）》（GF—2013—0201）等，不断调整、充实教学内容。

（2）拓宽国际视野。随着我国实施"走出去"和"一带一路"倡议，以及对外承包市场的开拓，工程建设国际化进程加快，在教学内容中强化了国际工程合同管理这部分知识点。

（3）科研反哺教学。根据本课程团队成员多年的科研成果、学术论文和行业活动等，加强了工程采购模式、工程合同索赔和风险管理等专题内容，并使合同管理向新型采购模式及大型公共项目上延伸和拓展。

（4）完善课程体系和结构。根据国家专业建设规范、国家专业评估认证要求和专业培养方案的修订和完善，改革课程体系和结构，增加教学课时，分设工程合同管理（Ⅰ）和工程合同管理（Ⅱ）；根据学生专业核心能力和素质的培养要求，加强实践环节，增设了工程招标投标模拟综合课程设计。

1.3.3   本课程的教学设计

1）教学理念

根据专业培养方案要求、本课程特点以及学生未来的职业发展，本课程团队在长期的教学实践中将本课程教学理念归纳为 5 个坚持：坚持立德树人和课程思政的正确方向；坚持工程与法律、理论与实践的紧密结合；

云文档1-3：课程
教学大纲

坚持合同管理专业能力与法律责任、意识的同步提高；坚持最新学术动态与实践成果的及时传播；坚持学生工程合同管理国际化视野和意识的不断熏陶。

2）教学目标

东南大学工程管理专业培养目标（2022 版）

以工程与管理的有机融合为特色，培养具有土木工程技术、管理学、经济学、法学等学科基本理论和知识，掌握现代管理的科学方法和数字化信息技术手段，接受工程师基本训练，能够严格遵守职业道德规范，具有强烈的使命感、责任感和科学人文素养，具有工程项目科学决策、高效实施、智能运维等全过程项目管理能力，具备家国情怀、国际视野、创新精神、团队合作的建设领域工程管理能力的领军人才。

东南大学工程管理专业按照学校培养领军人才的战略定位，明晰本专业以工程与管理有机融合为特色，培养具备家国情怀、国际视野、创新精神、团队合作的建设领域工程管理能力的领军人才。学生经过对课程"建设法规""工程经济学""工程项目管理Ⅰ"等的学习，初步领会了相关法律规范、工程项目管理的基本理论及方法等知识，具备了一定的工程合同意识和深入探索知识的强烈欲望。基于培养方案对本课程的要求，制订课程学习三阶梯目标如下。

【知识目标】掌握工程合同策划和管理的系统思路、基础理论、主要内容和管理方法

课程目标 1：了解工程合同管理系统框架和逻辑体系，掌握合同法律的基本原理、工程招投标制度和基本方法、工程采购模式及合同类型优选方法，掌握工程监理、勘察设计、工程施工、工程总承包以及 FIDIC 等专业合同的主要内容（支撑毕业要求 2.3）。

东南大学工程管理专业毕业要求摘录（2022 版）

2 问题分析：应用土木工程技术、管理学、经济学、法学等学科基本理论，分析工程建设项目全过程管理中的问题，并形成结论。

2.1 能够应用学科基本理论，识别工程建设项目全过程管理中的问题，并形成结论。

2.2 能够应用学科基本理论，表达工程建设项目全过程管理中的问题，并形成结论。

2.3 能够应用学科基本理论，分析工程建设项目全过程管理中的问题，并形成结论。

【能力目标】具备编制重大工程合同文件并进行工程合同索赔和全过程管理能力

课程目标 2：掌握工程索赔的理论方法，分析并解决现实中的工程合同争议问题，能够编制全套工程合同文件，进行工程合同系统策划和全过程管理，为毕业后胜任重大工程项目经理以及大型企业合约部门运作奠定基础（支撑毕业要求 9.2）。

东南大学工程管理专业毕业要求摘录（2022 版）

9 个人和团队：具有与工程项目相关的管理和领导能力，具有团队合作、社会活动、人际交往和公关能力。

9.1 能够在多学科环境中具有主动与他人合作和配合的意识，能独立完成团队分配的任务。

9.2 能够在多学科背景下的团队中承担负责人的角色，具有组织、协调和指挥团队的能力。

【价值目标】为成为工程管理领军人才奠定良好的责任意识、职业道德与法治思维

课程目标 3：具备合同文本的法治意识，提升合同管理的道德修养，传承大国工程建设的家国情怀，拓展"一带一路"跨国工程中的国际视野，能够在工程实践中理解并遵守工程职业道德和规范，履行责任（支撑毕业要求 8.2）。

东南大学工程管理专业毕业要求摘录（2022 版）

8　职业规范：拥有人文社会科学素养、社会责任、工程伦理及健康身心，能够在工程实践中理解并遵守工程职业道德和规范，履行责任。

8.1　具有必要的人文社会科学素养、社会责任、工程伦理及健康身心。

8.2　能够在工程实践中理解并遵守工程职业道德和规范，履行责任。

3）课程思政

围绕价值塑造、能力培养、知识传授"三位一体"的课程建设目标，将知识教育和思政教育结合起来，使"课程思政"与"思政课程"同向同行，形成协同效应。以课程价值目标中的"责任意识、职业道德、法制思维"为导向，挖掘课程相关的特色思政教育元素的"触点"和"融点"，构建六大思政专题：①诚信道德；②职业素养；③职业发展；④责任与法律意识；⑤领军意识；⑥家国情怀。引入案例式、互动式等教学方法，推动课程思政的不同要素融入课程的不同环节，如表 1-2 所示。以"润物无声"的方式将正确的价值追求、理想信念和家国情怀有效传递给学生。各高校工程管理专业可以根据自己的教学计划、要求和学时，选择相应的教学内容和课程思政元素。

课程思政目标和教学内容　　　　　　　　　　　　　　　　表 1-2

序号	教学内容	课程思政育人目标	教学方法
1	工程合同管理绪论	家国情怀、领军意识、职业素养	案例教学
2	合同法律基本原理	责任与法律意识、诚信道德、职业素养	案例教学
3	工程建设招标与投标	家国情怀、职业素养	案例教学
4	工程采购模式与合同类型	责任与法律意识、职业素养、家国情怀	案例教学
5	建设工程监理合同	职业发展	学生研讨
6	建设工程施工合同	职业发展、领军意识、诚信道德、职业素养	学生研讨
7	FIDIC 土木工程施工合同条件	领军意识、职业素养	学生研讨
8	工程合同的工期与费用索赔	职业素养	学生研讨

4）教学设计

本课程利用"异步 SPOC ＋慕课堂＋微信群"多联动数字化教学平台，采用"主讲教师＋专题教师＋学生助教"的团队化运行模式支持线上线下混合教学。在疫情等突发事件期间，则可以采用基于"异步 SPOC ＋慕课堂＋腾讯会议＋微信群"数字化平台的线上教学模式。围绕工程合同管理的基本知识，工程合同策划和全过程管理进行授课。采用三阶段式教学方式：课前探究与反馈，学生线上 MOOC 学习为主；课中线上线下混合，线下课堂以知识点的深化拓展、课堂研讨为主；课后创新与总结，学生完成创新实践报告。学时一般分配为：线上自主学习 16 学时＋线下课堂教学 48 学时。具体如图 1-9 所示。

微视频1-4：工程合同管理混合式教学设计

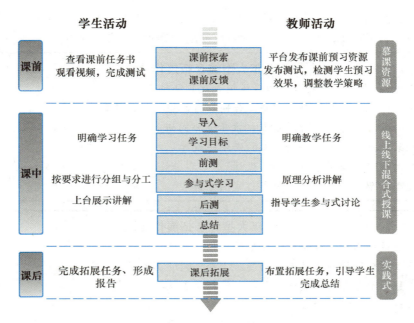

图 1-9　本课程的三阶段式教学活动

5）教学重难点及解决办法

工程合同管理具有综合性强、政策性强、实践性强等特点，并与项目管理、工程造价、工程技术、建设法律等相关课程紧密联系，对学生的综合运用能力要求很高。

[**本课程教学重点**] ①工程合同管理体系的系统思维和设计；②本课程思政元素的归纳、提炼以及沉浸式融入课堂教学；③合同法律基本原理及其实际应用；④不同工程采购模式合同结构及合同类型优选；⑤国内外施工合同文件构成及重要条款的理解和应用；⑥合同变更管理和流程控制；⑦工期和费用索赔分析方法和计算方法等。

[**本课程教学难点**] ①课程内容枯燥，听得懂、看得懂，但不容易深入理解和灵活掌握；②缺乏实践体验，不知道如何应用所学知识分析和解决实际问题；③涉及众多相关课程知识，不容易建立相关课程和教学内容之间的有机联系。

[**教学重难点的解决方法**] 主要可通过图形化教学、案例教学、实践教学、专题讲座、课堂专题讨论、MOOC 课堂等方式，来解决本课程的重点和教学难点等问题。

① 图形化教学：将大量枯燥、难以理解的条款规定，绘制成操作图、流程图等直观形式，容易理解并便于实际操作。

② 案例教学：通过典型案例分析，增加感性认识，加深对教学内容的理解和应用，同时建立教学案例的资源库，便于学生课后研习。

③ 量化教学：将本课程所涉及的有关重要概念、流程等尽量归纳为描述模型、量化模型，并结合实际案例，进行算例分析、实证分析，并在课程考试中加以重点体现。

④ 专题讲座：邀请工程界知名专家学者剖析实际案例，提高分析实际问题的能力。

⑤ 课堂专题讨论：针对重点和难点内容，选择问题和案例，学生参与讨论、回答，教师点评，形成师生互动，活跃课堂气氛。

⑥ 大型综合拓展作业：布置课后大型综合作业题，学生分组讨论完成研究报告，并

在课堂展示交流，提高学生系统思考和解决问题的综合能力。增加课堂测试，使学生对所学知识及时进行回顾和总结。2020～2022年度的大型综合拓展作业如下，供参考。

2020 年大型综合拓展作业题

（1）雷神山/火神山抗疫医院的建设模式及其特征分析

（2）重大新冠肺炎疫情对工程施工合同履行的影响评价及解决方案

（3）BIM 技术服务的法律特征及标准示范合同研制

（4）装配式建筑总承包合同文本的研制与设计

（5）全过程咨询合同关键条款的设计

（6）大型复杂工程索赔方法研究与案例分析

2021 年大型综合拓展作业题

（1）区块链技术在工程合同管理中的应用

（2）民法典合同编确定的新规则及对工程合同的影响

（3）工程总承包合同"发包人"要求编制要点及推荐文本

（4）工程总承包合同的设计总控管理

（5）工程总承包合同的固定总价约定规则和确定方法

（6）PPP 合同中的柔性条款作用及设计要点

2022 年大型综合拓展作业题

（1）建设工程施工合同争议（纠纷）的智能诊断与预警

（2）装配式建筑总承包合同如何约定 BIM 技术的应用及运行

（3）装配式建筑总承包合同"发包人要求"编制规则及要点

（4）工程总承包合同的总价约定规则和确定方法

（5）大型房地产项目的合同管理设计及应用要点

（6）智慧工地背景下的合同管理（方案及设计）

6）考核方式

课程考核针对"线上学习效果"和"线下学习效果"，构建形成性评价与终结性评价相结合的课程考核体系。以考核学生对课程目标的达成为主要目的，以检查学生对教学内容的掌握程度为重要内容。课程最终成绩包括4个部分，分别为线上自主学习、线下课堂表现、大型课外作业和期末考试，成绩评定方式如表1-3、表1-4所示，供参考。

本课程的形成性评价与终结性评价的考核方式　　　　表 1-3

考核环节	分值	考核/评价细则
线上自主学习	5	线上视频学习，按 5% 计入总成绩
线上 MOOC 测试	10	线上练习得分，按 10% 计入总成绩
随堂测试	15	课堂测试得分，按 15% 计入总成绩
创新实践作业	25	从研究目标、研究内容及研究效果的角度进行评价，小组汇报，按 25% 计入总成绩
期末考试	45	试卷包含判断题、填空题、选择题、简答题、案例分析题，以卷面成绩的 45% 计入总成绩

课程目标与课程考核环节关系　　　　　　表 1-4

序号	课程目标	考核环节				合计
		线上自主学习和线上 MOOC 测试（15%）	随堂测试（15%）	创新实践作业（25%）	期末考试（45%）	
1	了解工程合同管理系统框架和逻辑体系	20%	10%		10%	9
2	掌握合同法律基本原理、工程招标投标制度和基本方法、工程采购模式及合同类型优选方法	20%	20%	20%	20%	20
3	掌握工程监理、勘察设计、工程施工、工程总承包以及 FIDIC 等专业合同的主要内容	20%	20%	20%	20%	20
4	掌握工程索赔的理论方法，分析并解决现实中的工程合同争议问题	20%	20%	20%	20%	20
5	能够编制全套工程合同文件，进行工程合同系统策划和全过程管理	20%	20%	20%	20%	20
6	具有良好的责任意识，树立良好的职业道德，形成法治思维		10%	20%	10%	11
总计		100%	100%	100%	100%	100

7）课程目标达成评价方法

针对某个课程目标、学生某项考核环节的平均得分与该环节满分的比值定义为该学生的该项考核达成率；结合各项考核的权重系数，计算出某个课程目标的达成率；课程目标总体达成率取自各课程目标达成率的最小值，达成阈值取 0.7。以 2022 年度为例，本课程目标达成分析如表 1-5 所示。

云文档1-5：课程目标达成分析报告

2022 年度本课程目标达成分析　　　　　　表 1-5

课程目标 考核环节	课程目标 1				课程目标 2				课程目标 3			
	应得分	平均分	达成率	权重系数	应得分	平均分	达成率	权重系数	应得分	平均分	达成率	权重系数
线上 MOOC 测试	100	88	88%	0.1								
线下课堂学习	100	97	97%	0.1								
随堂测试	100	73	73%	0.2								
创新实践作业					100	83	83%	0.6	100	88	88%	1
期末考试	60	51	85%	0.6	40	30	75%	0.4				
达成率	84%				80%				88%			
总体达成率	80%											

课程目标 1：线上 MOOC 测试，第二章 合同法律基本原理、第三章 建设工程招标投标管理、第六章 建设工程施工合同管理、期末考试；线下课堂出勤；随堂测试 1、2-1、2-2、2-3、3-1、3-2、4-1、4-2、6、7；期末考试题一、二、三、四、五。如图 1-10 所示。

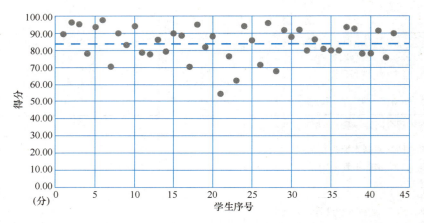

图 1-10 课程目标 1 学生达成数据统计

课程目标 2：6 道课程创新实践作业（包含 PPT 汇报和成果报告）；期末考试题六。如图 1-11 所示。

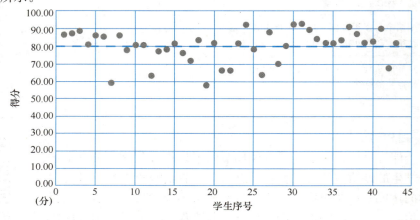

图 1-11 课程目标 2 学生达成数据统计

课程目标 3：课程创新实践作业（包含 PPT 汇报和成果报告）。如图 1-12 所示。

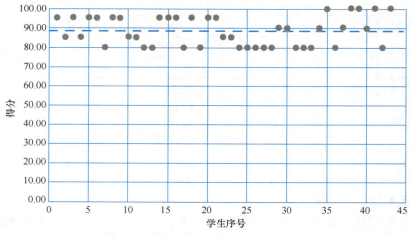

图 1-12 课程目标 3 学生达成数据统计

8）课程总结及持续改进

（1）课程总结如下。

3 个课程目标的达成率存在差异：课程目标 1 的达成率为 84%，表明学生对工程经济学的基本概念、基本理论、基本方法有较好的掌握；课程目标 2 的达成率为 80%，说明学生总体掌握了工程合同管理的理论方法，能够分析并解决现实中的工程合同争议问题，并且能够积极参加课程创新活动并有效地完成了相应的训练；课程目标 3 的达成率为 88%，说明大多数同学具备较好的法制意识、道德修养、家国情怀，能够在工程实践中理解并遵守工程职业道德和规范，履行责任。

课程目标 1、2 的考试分项达成率有一定的差异，在课程目标 1 中达成率为 85%，而课程目标 2 中仅有 75%，说明学生发现工程合同管理中合同文件问题、索赔问题的能力有待进一步得到训练和加强，并且要继续培养学生的合同管理思维习惯。

创新实践作业的分项达成率明显高于考试分项达成率。以小组为单位的创新实践活动提供了互相讨论和交流的条件，并且给予了学生充裕的思考实践，实践主题切中实际和行业前沿，学生比较感兴趣，绝大部分小组准备充分，效果良好。

（2）持续改进建议如下。

通过深入讲解合同管理基本知识和逻辑体系，并进一步加强习题要求，结合实践对目前工程建设全过程各个阶段所表现的法律现象与合同管理问题进行多方介绍，提高学生分析问题的基本技能，形成良好的合同管理思维习惯，具备发现工程合同管理问题的能力。

进一步丰富实际工程案例，鼓励学生课堂讨论和课后学习，使学生掌握工程合同管理方面的基本知识和决策方法，解决问题时能够具有全局意识和创新意识。

复习思考题

1. 请谈谈您对建设工程合同生命周期的理解。
2. 根据基本建设程序分析建设工程中存在的合同关系。
3. 建设工程合同管理有哪些特点？合同管理各个阶段的主要内容是什么？
4. 试分析本课程与工程管理专业其他专业课程的联系。
5. 结合建筑业的企业实际，试谈如何建立企业和项目合同管理制度。
6. 结合我国注册工程师制度和个人未来执业发展，谈谈工程合同管理课程的地位和作用。
7. 您认为本课程学习的重点和难点是什么？您的解决方法和体会有哪些？
8. 结合典型工程和先进人物，谈谈本课程思政的核心价值元素。

云测试1-6：第1章
课程内容测试
及解题分析

2.1　合同法律概论

2.1.1　合同概念、法律特征和分类

1）合同概念

合同是指平等民事主体之间设立、变更、终止民事法律关系的协议，民事主体包括自然人、法人和其他组织。合同的含义非常广泛。广义上的合同是指以确定权利、义务为内容的协议，除了包括民事合同外，还包括行政合同、劳动合同等。民法中的合同即民事合同，是指确立、变更、终止民事权利、义务关系的协议，它包括债权合同、身份合同等。

债权合同是指确立、变更、终止债权债务关系的合同。法律上的债是指特定当事人之间请求对方作特定行为的法律关系，就权利而言，为债权关系；从义务方面来看，为债务关系。

身份合同是指以设立、变更、终止身份关系为目的，不包含财产内容或者不以财产内容为主要调整对象的合同，如结婚、离婚、收养、监护等协议，婚姻、收养、监护等有关身份关系的协议，适用有关该身份关系的法律规定。除了身份合同以外的所有民事合同均为《民法典》合同编调整的对象。

2）合同法律特征

（1）合同是一种民事法律行为。民事法律行为是指民事主体实施的能够设立、变更、终止民事权利义务关系的合法行为。民事法律行为以意思表示为核心，并且按照意思表示的内容产生法律后果。作为民事法律行为，合同应当是合法的，即只有在合同当事人所作出的意思表示符合法律要求，才能产生法律约束力，受到法律保护。如果当事人的意思表示违法，即使双方已经达成协议，也不能产生当事人预期的法律效果。

（2）合同是两个以上当事人意思表示一致的协议。合同的成立必须有两个以上的当事人相互之间作出意思表示，并达成共识。因此，只有当事人在平等自愿的基础上意思表示完全一致时，合同才能成立。

（3）合同以设立、变更、终止民事权利义务关系为目的。当事人订立合同都有一定的目的，即设立、变更、终止民事权利义务关系。无论当事人订立合同是为了什么目的，只有当事人达成的协议生效以后，才能对当事人产生法律上的约束力。

3）合同分类

在市场经济活动中，交易的形式千差万别，合同的种类也各不相同。根据性质不同，合同有以下几种分类方法。

（1）按照合同表现形式，合同可以分为书面合同、口头合同及其他合同。

① 书面合同是指当事人以书面文字有形地表现内容的合同。书面形式包括合同书、信件、电报、电传、传真等，可以有形地表现所载内容的形式。以电子数据交换、电子邮件等方式能够有形地表现所载内容，并可以随时调取、查用的数据电文，视为书面形式。书面合同有以下优点：一是它可以作为双方行为的证据，便于检查、管理和监督，有利于双方当事人按约执行，当发生合同纠纷时，有凭有据，举证方便；二是可以使合同内容更加详细、周密，当事人在将其意思表示通过文字表现出来时，往往会更加审慎，对合同内容的约定也更加全面、具体。

② 口头合同是指当事人以口头语言的方式（如当面对话、电话联系等）达成协议而订立的合同。口头合同简便易行，迅速及时，但缺乏证据，当发生合同纠纷时，难以举证。因此，口头合同一般只适用于即时结清的情况。

③ 其他合同主要是指当事人并不直接用口头或者书面形式进行意思表示，而是通过实施某种行为或者以不作为的沉默方式进行意思表示而达成的合同。如房屋租赁合同约定的租赁期满后，双方并未通过口头或者书面形式延长租赁期限，但承租人继续交付租金，出租人依然接受租金，从双方的行为可以推断双方的合同仍然有效。建筑工程合同所涉及的内容特别复杂，合同履行期较长，为便于明确各自的权利和义务，减少履行困难和争议，《中华人民共和国民法典》（以下简称《民法典》）第七百八十九条规定："建设工程合同应当采用书面形式。"

（2）按照给付内容和性质的不同，合同可以分为转移财产合同、完成工作合同和提供服务合同。

① 转移财产合同是指以转移财产权利，包括所有权、使用权和收益权为内容的合同。此合同标的为物质。买卖合同，供电、水、气、热合同，赠与合同，借款合同，租赁合同和部分技术合同等均属于转移财产合同。

② 完成工作合同是指当事人一方按照约定完成一定的工作并将工作成果交付给对方，另一方接受成果并给付报酬的合同。承揽合同、建筑工程合同均属于此类合同。

③ 提供服务合同是指依照约定，当事人一方提供一定方式的服务，另一方给付报酬的合同。运输合同、行纪合同、居间合同和部分技术合同均属于此类合同。

（3）按照当事人是否相互负有义务，合同可以分为双务合同和单务合同。

① 双务合同是指当事人双方相互承担对待给付义务的合同。双方的义务具有对等关系，一方的义务即另一方的权利，一方承担义务的目的是为了获取对应的权利。《民法典》中规定的绝大多数合同如买卖合同、建筑工程合同、承揽合同和运输合同等均属于此类合同。

② 单务合同是指只有一方当事人承担给付义务的合同。即双方当事人的权利义务关系并不对等，而是一方享有权利、另一方承担义务，不存在具有对待给付性质的权利义务

关系。

（4）按照当事人之间权利义务关系是否存在对价关系，合同可以分为有偿合同和无偿合同。

① 有偿合同是指当事人一方享有合同约定的权利必须向对方当事人支付相应对价的合同，如买卖合同、保险合同等。

② 无偿合同是指当事人一方享有合同约定的权利无需向对方当事人支付相应对价的合同，如赠与合同等。

（5）按照合同的成立是否以递交标的物为必要条件，合同可分为诺成合同和要物合同。

① 诺成合同是指只要当事人双方意思表示达成一致即可成立的合同，它不以标的物的交付为成立的要件。《民法典》中规定的绝大多数合同都属于诺成合同。

② 要物合同是指除了要求当事人双方意思表示达成一致外，还必须实际交付标的物以后才能成立的合同。如承揽合同中的来料加工合同，在双方达成协议后，还需要由供料方交付原材料或者半成品，合同才能成立。

（6）按照相互之间的从属关系，合同可以分为主合同和从合同。

① 主合同是指不以其他合同的存在为前提而独立存在和独立发生效力的合同，如买卖合同、借贷合同等。

② 从合同又称为附属合同，是指不具备独立性，以其他合同的存在为前提而成立并发生效力的合同。如在借贷合同与担保合同中，借贷合同属于主合同，因为它能够单独存在，并不因为担保合同不存在而失去法律效力；而担保合同则属于从合同，它仅仅是为了担保借贷合同的正常履行而存在的，如果借贷合同因为借贷双方履行完合同义务而宣告合同效力解除后，担保合同就因为失去存在条件而失去法律效力。

主合同和从合同的关系为：主合同和从合同并存时，两者发生互补作用；主合同无效或者被撤销时，从合同也将失去法律效力；而从合同无效或者被撤销时，一般不影响主合同的法律效力。

（7）按照法律对合同形式是否有特别要求，合同可分为要式合同和不要式合同。

① 要式合同是指法律规定应当采取特定形式的合同。《民法典》第七百八十九条规定："建设工程合同应当采用书面形式。"

② 不要式合同是指法律对形式未作出特别规定的合同。合同究竟采用何种形式，完全由双方当事人自己决定，可以采用口头形式，也可以采用书面形式或其他形式。

（8）按照法律是否为某种合同确定一个特定名称，合同可分为有名合同和无名合同。

① 有名合同又称为典型合同，是指法律确定了特定名称和规则的合同。如《民法典》分则中所规定的 19 种基本合同即为有名合同。

② 无名合同又称为非典型合同，是指法律没有确定一定的名称和相应规则的合同。

2.1.2 合同法律简介

1）合同法律立法历程

合同法律是指根据法律的实质内容，调整合同关系的所有的法律法规的总称。在我国，合同法律立法历经以下过程：

（1）《中华人民共和国经济合同法》为保障社会主义市场经济的健康发展，保护经济合同当事人的合法权益，维护社会经济秩序，促进社会主义现代化建设，而制定的法律。1981 年 12 月 13 日第五届全国人民代表大会第四次会议通过，1993 年 9 月 2 日第八届全国人民代表大会常务委员会第三次会议修改。

（2）《中华人民共和国涉外经济合同法》于 1985 年 3 月 21 日颁布，1985 年 7 月 1 日开始实施。

（3）《中华人民共和国技术合同法》于 1987 年 6 月 23 日公布，1987 年 12 月 1 日起施行。

（4）《中华人民共和国合同法》于 1999 年 3 月 15 日通过，1999 年 10 月 1 日起施行。同时，《中华人民共和国经济合同法》《中华人民共和国涉外经济合同法》和《中华人民共和国技术合同法》自 1999 年 10 月 1 日起正式废止。

（5）2020 年 5 月 28 日，第十三届全国人民代表大会会议表决通过了《中华人民共和国民法典》，自 2021 年 1 月 1 日起施行。《中华人民共和国民法典》第一千二百六十条规定，"本法自 2021 年 1 月 1 日起施行。《中华人民共和国婚姻法》《中华人民共和国继承法》《中华人民共和国民法通则》《中华人民共和国收养法》《中华人民共和国担保法》《中华人民共和国合同法》《中华人民共和国物权法》《中华人民共和国侵权责任法》《中华人民共和国民法总则》同时废止"。合同法律立法历程如图 2-1 所示。

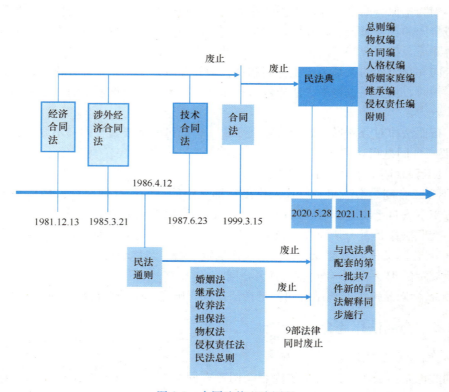

图 2-1　合同法律立法历程

2）《民法典》结构

《中华人民共和国民法典》共 7 编，依次为总则编、物权编、合同编、人格权编、婚姻家庭编、继承编、侵权责任编，以及附则，共 1260 条。其中，涉及合同法律的第三编合同编共包括三个分编。其中第一分编通则编共 8 章 132 条，分别阐述了一般规定、合同的订立、合同的效力、合同的履行、合同的保全、合同的变更和转让、合同的权利义务终止、违约责任和其他规定，主要叙述了合同法律的基本原理和基本原则。第二分编典型合同编共 19 章 384 条，主要对各种不同类型的合同作出了专门的规定，分别阐述了买卖合同，供用电、水、气、热力合同，赠与合同，借款合同，保证合同，租赁合同，融资租赁合同，保理合同，承揽合同，建设工程合同，运输合同，技术合同，保管合同，仓储合同，委托合同，物业服务合同，行纪合同，中介合同，合伙合同等 19 种包括经济、技术和其他民事等有名合同。第三分编准合同共 2 章 10 条，分别阐述了无因管理和不当得利的法律规定。

云文档2-1：民法典合同编全文

3）合同法律基本原则

合同法律的基本原则包括：

（1）平等原则。在合同法律关系中，当事人之间的法律地位平等，任何一方都有权独立作出决定，一方不得将自己的意愿强加给另一方。

（2）合同自由原则。即只有在双方当事人经过协商，意思表示完全一致，合同才能成立。合同自由包括缔结合同自由、选择合同相对人自由、确定合同内容自由、选择合同形式自由、变更和解除合同自由。

（3）公平原则。即在合同的订立和履行过程中，公平、合理地调整合同当事人之间的权利义务关系。

（4）诚实信用原则。指在合同的订立和履行过程中，合同当事人应当诚实守信，以善意的方式履行其义务，不得滥用权力及规避法律或合同规定的义务。同时，还应当维护当事人之间的利益及当事人利益与社会利益之间的平衡。

（5）遵守法律、尊重社会公德原则。即当事人订立、履行合同应当遵守法律、行政法规及尊重社会公认的道德规范，法律没有规定的，可以适用习惯，但是不得违背公序良俗。

（6）合同严守原则。即依法成立的合同在当事人之间具有相当于法律的效力，当事人必须严格遵守，不得擅自变更和解除合同，不得随意违反合同规定。

（7）鼓励交易原则。即鼓励合法正当的交易。如果当事人之间的合同订立和履行符合法律及行政法规的规定，则当事人各方的行为应当受到鼓励和法律的保护。

2.1.3 合同法律关系

法律关系是指人与人之间的社会关系被法律规范调整时所形成的权利和义务关系，即法律上的社会关系。合同法律关系又称为合同关系，指当事人相互之间在合同中形成的权利义务关系。合同法律关系由主体、内容和客体三个基本要素构成，主体是客体的占有者、支配者和行为的实施者，客体是主体合同债权和合同债务指向的目标，内容是主体和客体之间的连接纽带，三者缺一不可，共同构成合同法律关系。

1）合同法律关系主体

合同法律关系主体又称为合同当事人，是指在合同关系中享有权利或者承担义务的人，包括债权人和债务人。在合同关系中，债权人有权要求债务人根据法律规定和合同的约定履行义务，而债务人则负有实施一定行为的义务。在实际工作中，债权人和债务人的地位往往是相对的，因为大多数合同都是双务合同，当事人双方互相享有权利、承担义务，因此，双方互为债权人和债务人。合同法律关系主体主要有：

（1）自然人

自然人是指基于出生而成为民事法律关系主体的人。自然人包括具有中华人民共和国国籍的自然人、具有其他国家国籍的自然人和无国籍自然人。但是，作为合同主体，自然人必须具备相应的民事权利能力和民事行为能力。

民事权利能力是指法律赋予民事法律关系主体享有民事权利和承担民事义务的资格。它是民事主体取得具体的民事权利和承担具体的民事义务的前提条件，只有具有民事权利能力，才能成为独立的民事主体，参加民事活动。根据《宪法》和《民法典》的规定，公民的民事权利能力一律平等，民事权利能力始于出生、终于死亡。

民事行为能力是指民事法律关系主体能够以自己的行为取得民事权利和承担民事义务的能力或资格。它既包括合法的民事行为能力，也包括民事主体对其行为应承担责任的能力，如民事主体因侵权行为而应承担损失赔偿责任等。

民事行为能力是民事权利能力得以实现的保证，民事权利能力必须依赖具有民事行为能力的行为，才能得以实现。公民具有民事行为能力必须具备两个条件：第一，必须达到法定年龄；第二，必须智力正常，可以理智地辨认自己的行为。我国《民法典》规定，年满18周岁的公民为完全民事行为能力人；16周岁以上不满18周岁的公民，以自己的劳动收入为主要生活来源的，视为具有完全民事行为能力；8周岁以上的未成年人或不能完全辨认自己行为的精神病人是限制民事行为能力人；不满8周岁的未成年人或不能辨认自己行为的精神病人为无民事行为能力人。

（2）法人

法人是指具有民事权利能力和民事行为能力，依法独立享有民事权利和承担民事义务的组织。我国的法人可分为：

① 企业法人。指以营利为目的，独立从事商品生产和经营活动的法人。

② 机关法人。指国家机关，包括立法机关、行政机关、审判机关和检察机关。这些法人不以营利为目的。

③ 事业单位和社会团体法人。一般不以营利为目的，但按照《企业法人登记管理条例》登记后可从事营利活动。

作为法人，应具备以下4个法定条件：

① 依法成立。法人必须按照法定程序，向国家主管机关提出申请，经审查合格后，才能取得法人资格。

② 有必要的财产和经费。法人必须具有独立的财产或独立经营管理的财产和活动经费。

③ 有自己的名称、组织机构和场所。

④ 能够独立承担民事责任。

（3）其他组织

其他组织是指具有有限的民事权利能力和民事行为能力，在一定程度上能够享有民事权利和承担民事义务，但不能独立承担民事责任的不具备法人资格的组织。主要包括以下几种类型：

① 企业法人的分支机构。即由企业法人进行登记并领取营业执照的组织，如分公司、企业派出机构等。

② 依法登记并领取营业执照的私营独资企业、合伙企业。

③ 依法登记并领取营业执照的合伙型联营企业。

④ 依法登记并领取营业执照但无法人资格的中外合作经营企业、外商独资企业。

⑤ 经核准登记并领取营业执照的乡镇、街道、村办企业。

⑥ 符合上述非法人组织特征的其他经济组织。

2）合同法律关系客体

合同法律关系客体又称为合同的标的，指在合同法律关系中，合同法律关系主体的权利义务关系所指向的对象。在合同交往过程中，由于当事人的交易目的和合同内容千差万别，合同客体也各不相同。根据标的物的特点，客体可分为：

（1）行为。是指合同法律关系主体为达到一定的目的而进行的活动，如完成一定的工作或提供一定劳务的行为，如工程监理等。

（2）物。是指民事权利主体能够支配的具有一定经济价值的物质财富，包括自然物和劳动创造物以及充当一般等价物的货币和有价证券等。物是应用最为广泛的合同法律关系客体。

（3）智力成果。也称为无形财产，是脑力劳动的成果，它可以适用于生产，转化为生产力，主要包括商标权、专利权、著作权等。

3）合同法律关系内容

合同法律关系的内容指债权人的权利和债务人的义务，即合同债权和合同债务。合同债权又称为合同权利，是债权人依据法律规定和合同约定而享有的要求债务人为一定给付的权利。合同债务又称为合同义务，是指债务人根据法律规定和合同约定向债权人履行给付以及和给付相关的其他行为的义务。合同债权具有以下特点：

（1）合同债权是请求权。即债权人请求对方为一定行为的权利。在债务人给付前，债权人不能直接支配标的，更不允许直接支配债务人的人身，只能通过请求债务人的给付行为，以达到自己的目的。

（2）合同债权是给付受领权。即有效地接受债务人的给付并予以保护。

（3）合同债权是相对权。因为合同只在债权人和债务人之间产生法律约束力，除了由第三者履行的合同中，合同债权人可有权要求第三者履行合同义务之外，债权人只能向合同债务人请求给付，无权向其他人提出要求。

（4）合同债权主要有以下几个方面的权能：

① 请求债务人履行的权利，即债权人有权要求债务人按照法律的规定和合同的约定履行其义务。

② 接受履行的权利，当债务人履行债务时，债权人有权接受并永久保持因履行所得的利益。

③ 请求权，又称为请求保护债权的权利，即当债务人不履行或未正确履行债务时，债权人有权请求法院予以保护，强制债务人履行债务或承担违约责任。

④ 处分债权的权利，即债权人具备决定债权命运的权利。

2.2　合同主要条款

2.2.1　一般规定

《民法典》遵循合同自由原则，仅列出合同的主要条款，具体合同的内容由当事人约定。主要条款一般包括以下内容：

（1）当事人的姓名（或者名称）和住所。合同中记载的当事人的姓名或者名称是确定合同当事人的标志，而住所则在确定合同债务履行地、法院对案件的管辖等方面具有重要的法律意义。

（2）标的。标的即合同法律关系的客体，是指合同当事人权利义务指向的对象。合同中的标的条款应当标明标的的名称，以使其特定化，并能够确定权利义务的范围。合同的标的因合同类型的不同而变化，总体来说，合同标的包括有形财物、行为和智力成果。

（3）数量。合同标的的数量是衡量合同当事人权利义务大小的尺度。因此，合同标的的数量一定要确切，应当采用国家标准或者行业标准中确定的或者当事人共同接受的计量方法和计量单位。

（4）质量。合同标的质量是指检验标的内在素质和外观形态优劣的标准。它和标的数量一样是确定合同标的的具体条件，是这一标的区别于同类另一标的的具体特征。因此，在确定合同标的的质量标准时，应当采用国家标准或者行业标准。如果当事人对合同标的的质量有特别约定时，在不违反国家标准和行业标准的前提下，可双方约定标的的质量要求。合同中的质量条款包括标的的规格、性能、物理和化学成分、款式和质感等。

（5）价款或者报酬。价款和报酬是指以物、行为和智力成果为标的的有偿合同中，取得利益一方的当事人作为取得利益的代价而应向对方支付的金钱。价款是取得有形标的物应支付的代价；报酬是获得服务应支付的代价。

（6）履行期限、地点和方式。履行期限是指合同当事人履行合同和接受履行的时间。它直接关系到合同义务的完成时间，涉及当事人的期限利益，也是确定违约与否的因素之一。履行地点是指合同当事人履行合同和接受履行的地点。履行地点是确定交付与验收标的地点的依据，有时是确定风险由谁承担的依据以及标的物所有权是否转移的依据。履行方式是合同当事人履行合同和接受履行的方式，包括交货方式、实施行为方式、验收方式、付款方式、结算方式、运输方式等。

（7）违约责任。违约责任是指当事人不履行合同义务或者履行合同义务不符合约定时应当承担的民事责任。违约责任是促使合同当事人履行债务，使守约方免受或者少受损失的法律救济手段，对合同当事人的利益关系重大，合同对此应予以明确。

（8）解决争议的方法。解决争议的方法是指合同当事人解决合同纠纷的手段、地点。合同在订立、履行中一旦产生争执，合同双方应通过协商、仲裁或诉讼解决其争议，这有利于确认合同争议的管辖及尽快解决，并最终从程序上保障当事人的实质性权益。

2.2.2　建设工程合同主要条款

《民法典》第七百九十四条规定："勘察、设计合同的内容一般包括提交有关基础资料和概预算等文件的期限、质量要求、费用以及其他协作条件等条款。"

《民法典》第七百九十五条规定："施工合同的内容一般包括工程范围、建设工期、中间交工工程的开工和竣工时间、工程质量、工程造价、技术资料交付时间、材料和设备供应责任、拨款和结算、竣工验收、质量保修范围和质量保证期、相互协作等条款。"

基于合同自愿原则，合同的内容可由当事人自由决定并约定。为规范合同当事人的签约行为和经营行为，保护合同当事人的合法权益，健全社会主义法制，国家及地方发布了有关合同示范文本，如《建设工程施工合同（示范文本）》（GF—2017—0201）、《建设工程监理合同（示范文本）》（GF—2012—0202）、《北京市商品房现房买卖合同》（BF—2016—0120）、《北京市物业服务合同》（BF—2010—2713）等，合同示范文本内容比较详细，具体条款完备，为签订合同提供了范本，不仅能够减轻当事人撰写合同条款的负担，还有利于促进交易的尽快达成；合同示范文本具有平等性，它基于合同平等原则规定了各方的权利和义务，杜绝"霸王条款"等各种形式的显失公平条款的出现；另外，合同示范文本具有合法性，其各项条款完全依据《民法典》等有关法规制定，当事人按照这一格式签订合同可以避免出现违法条款。

2.3　合　同　订　立

2.3.1　合同订立和成立

合同的订立是指缔约人作出意思表示并达成合意的行为和过程。合同成立是指合同订立过程的完成，即合同当事人经过平等协商对合同基本内容达成一致意见，合同订立阶段宣告结束，它是合同当事人合意的结果。合同作为当事人从建立到终止权利义务关系的一个动态过程，始于合同的订立，终结于适当履行或者承担责任。任何一个合同的签订都需要当事人双方进行一次或者多次的协商，最终达成一致意见，而签订合同则意味着合同的成立。合同成立是合同订立的重要组成部分。合同的成立必须具备以下条件：

1）订约主体存在双方或者多方当事人

所谓订约主体即缔约人，是指参与合同谈判并且订立合同的人。作为缔约人，他必须具有相应的民事权利能力和民事行为能力，有下列几种情况：

（1）自然人的缔约能力。自然人能否成为缔约人，要根据其民事行为能力来确定。具有完全行为能力的自然人可以订立一切法律允许自然人作为合同当事人的合同。限制行为能力的自然人只能订立一些与自己的年龄、智力、精神状态相适应的合同，其他合同只能由其法定代理人代为订立或者经法定代理人同意后订立。无行为能力的自然人通常不能成为合同当事人，如果要订立合同，一般只能由其法定代理人代为订立。

（2）法人和其他组织的缔约能力。法人和其他组织一般都具有行为能力，但是他们的行为能力是有限制的，因为法律往往对法人和其他组织规定了各自的经营和活动范围。因此，法人和其他组织在订立合同时要考虑到自身的行为能力。超越经营或者活动范围订立的合同，有可能不能产生法律效力。

（3）代理人的缔约能力。当事人除了自己订立合同外，还可以委托他人代订合同。在委托他人代理时，应当向代理人进行委托授权，即出具授权委托书。在委托书中注明代理人的姓名（或名称）、代理事项、代理的权限范围、代理权的有效期限、被代理人的签名盖章等内容。如果代理人超越代理权限或者无权代理，则所订立的合同可能不能产生法律效力。

2）对主要条款达成合意

合同成立的根本标志在于合同当事人的意思表示一致。但是在实际交易活动中常常因为相距遥远，时间紧迫，不可能就合同的每一项具体条款进行仔细磋商；或者因为当事人缺乏合同知识而造成合同规定的某些条款不明确或者缺少某些具体条款。《民法典》第四百七十一条规定："当事人订立合同，可以采取要约、承诺方式或者其他方式。"

2.3.2　要约

1）要约概念

要约也称为发价、发盘、出盘、报价等，是希望和他人订立合同的意思表示。即一方当事人以缔结合同为目的，向对方当事人提出合同条件，希望对方当事人接受的意思表示。构成要约必须具备以下条件：

（1）要约必须是特定人所为的意思表示。要约是要约人向相对人（受约人）所作出的含有合同条件的意思表示，旨在得到对方的承诺并订立合同。只有要约人是具备民事权利能力和民事行为能力的特定的人，受约人才能对他作出承诺。

（2）要约必须向相对人发出。要约必须经过受约人的承诺，合同才能成立，因此，要约必须是要约人向受约人发出的意思表示。受约人一般为特定人，但是，在特殊情况下，对不确定的人作出无碍要约时，受约人可以为不特定人。

（3）要约的内容应当具体确定。要约的内容必须明确，而不应该含糊不清，否则，受约人便不能了解要约的真实含义，难以承诺。同时，要约的内容必须完整，必须具备合同的主要条件或者全部条件，受约人一旦承诺后，合同就能成立。

（4）要约必须具有缔约目的。要约人发出要约的目的是为了订立合同，即在受约人承诺时，要约人即受该意思表示的约束。凡是不以缔结合同为目的而进行的行为，尽管表达了当事人的真实意愿，但不是要约。是否以缔结合同为目的，是区别要约与要约邀请的主要标志。

2）要约法律效力

要约的法律效力是指要约的生效及对要约人、受约人的约束力。它包括：

（1）对要约人的拘束力。即指要约一经生效，要约人即受到要约的拘束，不得随意撤回、撤销或者对要约加以限制、变更和扩张，从而保护受约人的合法权益，维护交易安全。不过，为了适应市场交易的实际需要，法律允许要约人在一定条件下，即在受约人承诺前有限度地撤回、撤销要约或者变更要约的内容。

（2）对受约人的拘束力。是指受约人在要约生效时即取得承诺的权利，取得依其承诺而成立合同的法律地位。正是因为这种权利，所以受约人可以承诺，也可以不予承诺。这种权利只能由受约人行使，不能随意转让，否则承诺对要约人不产生法律效力。如果要约人在要约中明确规定受约人可以将承诺的资格转让，或者受约人的转让得到要约人的许可，这种转让是有效的。

（3）要约的生效时间。《民法典》第四百七十四条规定："要约生效的时间适用本法第一百三十七条的规定。"第一百三十七条规定："以对话方式作出的意思表示，相对人知道其内容时生效。

以非对话方式作出的意思表示，到达相对人时生效。以非对话方式作出的采用数据电文形式的意思表示，相对人指定特定系统接收数据电文的，该数据电文进入该特定系统时生效；未指定特定系统的，相对人知道或者应当知道该数据电文进入其系统时生效。当事人对采用数据电文形式的意思表示的生效时间另有约定的，按照其约定。"

（4）要约的存续期间。要约的存续期间是指要约发生法律效力的期限，也即受约人得以承诺的期间。一般而言，要约的存续期间由要约人确定，受约人必须在此期间内作出承诺，要约才能对要约人产生拘束力。如果要约人没有确定，则根据要约的具体情况，考虑受约人能够收到要约所必需的时间、受约人作出承诺所必需的时间和承诺到达要约人所必需的时间而确定一个合理的期间。

3）要约邀请

要约邀请又称为要约引诱，是指希望他人向自己发出要约的意思表示，其目的在于邀请对方向自己发出要约。拍卖公告、招标公告、招股说明书、债券募集办法、基金招募说明书、商业广告和宣传、寄送的价目表等为要约邀请。商业广告和宣传的内容符合要约条件的，构成要约。在工程建设中，工程招标即要约邀请，投标报价属于要约，中标函则是承诺。要约邀请是当事人订立合同的预备行为，它既不能因相对人的承诺而成立合同，也不能因自己作出某种承诺而约束要约人。要约与要约邀请二者之间主要有以下区别：

（1）要约是当事人自己主动愿意订立合同的意思表示；而要约邀请则是当事人希望对方向自己提出订立合同的意思表示。

（2）要约中含有当事人表示愿意接受要约约束的意思，要约人将自己置于一旦对方承诺，合同即宣告成立的无可选择的地位；而要约邀请则不含有当事人表示愿意承担约束的意旨，要约邀请人希望将自己置于一种可以选择是否接受对方要约的地位。

4）要约撤回与撤销

（1）要约撤回

要约的撤回是指在要约发生法律效力之前，要约人取消要约的行为。根据要约的形式拘束力，任何一项要约都可以撤回，只要撤回的通知先于或者与要约同时到达受约人，都能产生撤回的法律效力。允许要约人撤回要约，是尊重要约人的意志和利益。由于撤回是在要约到达受约人之前作出的，所以此时要约并未生效，撤回要约也不会影响到受约人的利益。

（2）要约撤销

要约的撤销是指在要约生效后，要约人取消要约，使其丧失法律效力的行为。在要约到达后、受约人作出承诺之前，可能会因为各种原因如要约本身存在缺陷和错误、发生了不可抗力、外部环境发生变化等，促使要约人撤销其要约。允许撤销要约是为了保护要约人的利益，减少不必要的损失和浪费。但是，《民法典》第四百七十六条规定，要约可以撤销，但有下列情形之一的除外：

① 要约人以确定承诺期限或者以其他形式明示要约不可撤销；

② 受要约人有理由认为要约是不可撤销的，并已经为履行合同做了合理准备工作。

5）要约失效

要约失效即要约丧失了法律拘束力，不再对要约人和受约人产生约束。要约消灭后，受约人也丧失了承诺的效力，即使向要约人发出承诺，合同也不能成立。《民法典》规定，有下列情况之一的，要约失效：

（1）要约被拒绝；

（2）要约被依法撤销；

（3）承诺期限届满，受要约人未作出承诺；

（4）受要约人对要约的内容作出实质性变更。

2.3.3　承诺

1）承诺概念

承诺是受要约人同意要约的意思表示。承诺的法律效力在于要约一经受约人承诺并送达要约人，合同便宣告成立。承诺必须具备以下条件，才能产生法律效力：

（1）承诺必须是受约人发出。根据要约所具有的法律效力，只有受约人才能取得承诺的资格，因此，承诺只能由受约人发出。如果要约是向一个或者数个特定人发出时，则该特定人具有承诺的资格。受约人以外的任何人向要约人发出的都不是承诺而只能视为要约。如果要约是向不特定人发出时，则该不特定人中的任何人都具有承诺的资格。

（2）承诺必须向要约人发出。承诺是指受约人向要约人表示同意接受要约的全部条件的意思表示，在合同成立后，要约人是合同当事人之一，因此，承诺必须是向特定人即要约人发出的，这样才能达到订立合同的目的。

（3）承诺应当在确定的或者合理的期限内到达要约人。如果要约规定了承诺的期限，则承诺应当在规定的期限内作出；如果要约中没有规定期限，则承诺应当在合理的期限内作出。受要约人超过承诺期限发出承诺，或者在承诺期限内发出承诺，按照通常情形不能及时到达要约人的，为新要约；但是，要约人及时通知受要约人该承诺有效的除外。

（4）承诺的内容应当与要约的内容一致。因为承诺是受约人愿意按照要约的全部内容与要约人订立合同的意思表示，即承诺是对要约的同意，其同意的内容必须与要约内容完全一致，合同才能成立。

（5）承诺必须表明受约人的缔约意图。同要约一样，承诺必须明确表明与要约人订立合同，此时合同才能成立。这就要求受约人作出的承诺必须清楚明确，不能含糊。

（6）承诺的传递方式应当符合要约的要求。如果要约要求承诺采取某种方式作出，则不能采取其他方式。如果要约未对此作出规定，承诺应当以合理的方式作出。

2）承诺方式

承诺应当以通知的方式作出；但是，根据交易习惯或者要约表明可以通过行为作出承诺的除外。

3）承诺生效时间

承诺的生效时间是指承诺何时产生法律效力。以通知方式作出的承诺，生效的时间适用《民法典》第一百三十七条（以对话方式作出的意思表示，相对人知道其内容时生效。以非对话方式作出的意思表示，到达相对人时生效。以非对话方式作出的采用数据电文形式的意思表示，相对人指定特定系统接收数据电文的，该数据电文进入该特定系统时生效；未指定特定系统的，相对人知道或者应当知道该数据电文进入其系统时生效。当事人对采用数据电文形式的意思表示的生效时间另有约定的，按照其约定）的规定。承诺不需要通知的，根据交易习惯或者要约的要求作出承诺的行为时生效。

但是，承诺必须在承诺期限内作出。分为以下几种情况：

（1）承诺必须在要约确定的期限内作出。

（2）如果要约没有确定承诺期限，承诺应当按照下列规定到达：

① 要约以对话方式作出的，应当及时作出承诺的意思表示。

② 要约以非对话方式作出的，承诺应当在合理期限内到达要约人。

要约以信件或者电报作出的，承诺期限自信件载明的日期或者电报交发之日开始计算。信件未载明日期的，自投寄该信件的邮戳日期开始计算。要约以电话、传真、电子邮件等快速通信方式作出的，承诺期限自要约到达受要约人时开始计算。

4）对要约内容变更的处理

承诺的内容应当与要约的内容一致。受要约人对要约的内容作出实质性变更的，为新要约。有关合同标的、数量、质量、价款或者报酬、履行期限、履行地点和方式、违约责任和解决争议方法等的变更，是对要约内容的实质性变更。

微视频2-2：施工
合同订立
过程分析

承诺对要约的内容作出非实质性变更的，除要约人及时表示反对或者要约表明承诺不得对要约的内容作出任何变更外，该承诺有效，合同的内容以承诺的内容为准。

2.3.4　缔约过失责任

1）概念

缔约过失责任是一种合同前的责任，指在合同订立过程中，一方当事人违反诚实信用原则的要求，因自己的过失而引起合同不成立、无效或者被撤销而给对方造成损失时所应当承担的损害赔偿责任。

2）特点

缔约过失责任具有以下特点：

（1）缔约过失责任是发生在订立合同过程中的法律责任。缔约过失责任与违约责任最重要的区别在于发生的时间不同。违约责任是发生在合同成立以后，合同履行过程中的法律责任；而缔约过失责任则是发生在缔约过程中当事人一方因其过失行为而应承担的法律责任。只有在合同还未成立，或者虽然成立，但不能产生法律效力而被确定无效或者被撤销时，有过错的一方才能承担缔约过失责任。

（2）承担缔约过失责任的基础是违背了诚实信用原则。诚实信用原则是《民法典》的基本原则之一。根据诚实信用原则的要求，在合同订立过程中，应当先承担合同义务，包括使用方法的告知义务、瑕疵告知义务、重要事实告知义务、协作与照顾义务等。《民法典》第五百条规定："当事人在订立合同过程中有下列情形之一，造成对方损失的，应当承担赔偿责任：（一）假借订立合同，恶意进行磋商；（二）故意隐瞒与订立合同有关的重要事实或者提供虚假情况；（三）有其他违背诚信原则的行为。"

（3）责任人的过失导致他人信赖利益的损害。缔约过失行为直接破坏了与他人的缔约关系，损害的是他人因为信赖合同的成立和有效，但实际上合同是不成立和无效的而遭受的损失。

3）缔约过失责任的类型

缔约过失责任的类型包括：

（1）擅自撤回要约时的缔约过失责任。

（2）缔约之际未尽通知等项义务给对方造成损失时的缔约过失责任。

（3）缔约之际未尽保护义务侵害对方权利时的缔约过失责任。

（4）合同不成立时的缔约过失责任。

（5）合同无效时的缔约过失责任。

（6）合同被变更或者撤销时的缔约过失责任。

（7）无权代理情况下的缔约过失责任。

2.4 合 同 效 力

2.4.1 合同生效

1）合同生效概念

合同的成立只是意味着当事人之间已经就合同的内容达成了意思表示一致，但是合同能否产生法律效力还要看它是否符合法律规定。合同的生效是指已经成立的合同因符合法律规定而受到法律保护，并能够产生当事人所预想的法律后果。《民法典》第五百零二条规定，依法成立的合同，自成立时生效，但是法律另有规定或者当事人另有约定的除外。如果合同违反法律规定，即使合同已经成立，而且可能当事人之间还进行了合同的履行，该合同及当事人的履行行为也不会受到法律保护，甚至还可能受到法律的制裁。

2）合同生效与合同成立的区别

合同生效与合同成立是两个完全不同的概念。合同成立制度主要表现了当事人的意志，体现了合同自由的原则；而合同生效制度则体现了国家对合同关系认可与否，它反映了国家对合同关系的干预。两者区别如下：

（1）合同不具备成立或生效要件承担的责任不同。即在合同订立过程中，一方当事人违反诚实信用原则的要求，因自己的过失给对方造成损失时所应当承担的损害赔偿责任，其后果仅表现为当事人之间的民事赔偿责任；而合同不具备生效要件而产生合同无效的法律后果，除了要承担民事赔偿责任以外，往往还要承担行政责任和刑事责任。

（2）在合同形式方面的不同要求。在法律、行政法规或者当事人约定采用书面形式订立合同而没有采用，而且也没有出现当事人一方已经履行主要义务、对方接受的情况，则合同不能成立；但是，如果法律、行政法规规定合同只有在办理批准、登记等手续后才能生效，当事人未办理相关手续则会导致合同不能生效，但并不影响合同的成立。

（3）国家的干预与否不同。有些合同往往由于其具有非法性，违反了国家的强制性规定或者社会公共利益而成为无效合同，此时，即使当事人不主张合同无效，国家也有权干预；合同不成立仅涉及当事人内部的合意问题，国家往往不能直接干预，而应当由当事人自己解决。

3）合同生效时间和地点

依法成立的合同，自成立时起生效。即依法成立的合同，其生效时间一般与合同的成立时间相同。依照法律、行政法规的规定，合同应当办理批准等手续的，依照其规定。未办理批准等手续影响合同生效的，不影响合同中履行报批等义务条款以及相关条款的效力。应当办理申请批准等手续的当事人未履行义务的，对方可以请求其承担违反该义务的责任。

承诺生效的地点为合同成立的地点。采用数据电文形式订立合同的，收件人的主营业地为合同成立的地点；没有主营业地的，其住所地为合同成立的地点。当事人另有约定的，按照其约定。

2.4.2　无效合同

1）无效合同概念和特征

无效合同是指合同虽然已经成立，但因违反法律、行政法规的强制性规定或者社会公共利益，自始不能产生法律约束力的合同。无效合同具有以下法律特征：

（1）合同已经成立，这是无效合同产生的前提。

（2）合同不能产生法律约束力，即当事人不受合同条款的约束。

（3）合同自始无效。

2）民事法律行为包含合同无效的情形

《民法典》第五百零八条规定，本编（合同编）对合同的效力没有规定的，适用本法第一编（总则编）第六章（民事法律行为）的有关规定。因此，民事法律行为包含合同无效的情形如下：

（1）无民事行为能力人签订的合同无效。

（2）合同双方以虚假意思签订的合同无效。

（3）违反法律、行政法规的强制性规定的合同无效。

（4）违背公序良俗的合同无效。

（5）恶意串通，损害他人合法权益的合同无效。

（6）部分无效、部分有效的合同。

《民法典》第一百五十六条规定："民事法律行为部分无效，不影响其他部分效力的，其他部分仍然有效。"

3）关于建设工程合同无效的司法解释

在工程实践中，由于工程标的大、履行时间长、涉及面广，对工程合同是否为无效的界定较困难。针对此种情况，最高人民法院于 2020 年 12 月 29 日公布了《最高人民法院关于审理建设工程施工合同纠纷案件适用法律问题的解释（一）》（法释［2020］25 号，以下简称《新司法解释》），❶ 并于 2021 年 1 月 1 日起正式施行。《新司法解释》对建设工

---

❶　《最高人民法院关于审理建设工程施工合同纠纷案件适用法律问题的解释（一）》（法释［2020］25 号）简称为"新司法解释"，《最高人民法院关于审理建设工程施工合同纠纷案件适用法律问题的解释》（法释［2004］14 号）简称为"原司法解释一"，《最高人民法院关于审理建设工程施工合同纠纷案件适用法律问题的解释（二）》（法释［2018］20 号）简称为"原司法解释二"，《最高人民法院关于建设工程价款优先受偿权问题的批复》简称为"原优先受偿权批复"。

新司法解释总计 45 条，相比原司法解释一、二，保留不变条款 27 条，变化条款 18 条，删除条款 10 条。

程施工合同的效力、合同的解除以及工程质量的责任等法律问题作出了详细的规定。

（1）《新司法解释》第一条规定："建设工程施工合同具有下列情形之一的，应当依据民法典第一百五十三条第一款的规定，认定无效：（一）承包人未取得建筑业企业资质或者超越资质等级的；（二）没有资质的实际施工人借用有资质的建筑施工企业名义的；（三）建设工程必须进行招标而未招标或者中标无效的。承包人因转包、违法分包建设工程与他人签订的建设工程施工合同，应当依据民法典第一百五十三条第一款及第七百九十一条第二款、第三款的规定，认定无效。"

（2）《新司法解释》第二条规定："招标人和中标人另行签订的建设工程施工合同约定的工程范围、建设工期、工程质量、工程价款等实质性内容，与中标合同不一致，一方当事人请求按照中标合同确定权利义务的，人民法院应予支持。招标人和中标人在中标合同之外就明显高于市场价格购买承建房产、无偿建设住房配套设施、让利、向建设单位捐赠财物等另行签订合同，变相降低工程价款，一方当事人以该合同背离中标合同实质性内容为由请求确认无效的，人民法院应予支持。"

（3）《新司法解释》第三条规定："当事人以发包人未取得建设工程规划许可证等规划审批手续为由，请求确认建设工程施工合同无效的，人民法院应予支持，但发包人在起诉前取得建设工程规划许可证等规划审批手续的除外。发包人能够办理审批手续而未办理，并以未办理审批手续为由请求确认建设工程施工合同无效的，人民法院不予支持。"

（4）《新司法解释》第四条规定："承包人超越资质等级许可的业务范围签订建设工程施工合同，在建设工程竣工前取得相应资质等级，当事人请求按照无效合同处理的，人民法院不予支持。"

（5）《新司法解释》第五条规定："具有劳务作业法定资质的承包人与总承包人、分包人签订的劳务分包合同，当事人请求确认无效的，人民法院依法不予支持。"

4）免责条款无效的法律规定

免责条款是指合同当事人在合同中预先约定的，旨在限制或免除其未来责任的条款。《民法典》第五百零六条规定，合同中下列免责条款无效：

（1）造成对方人身伤害的；

（2）因故意或者重大过失造成对方财产损失的。

法律之所以规定以上两种情况的免责条款无效，是因为：一是这两种行为都具有一定的社会危害性和法律的谴责性；二是这两种行为都可以构成侵权行为，即使当事人之间没有合同关系，当事人也可以追究对方当事人的侵权行为责任，如果当事人约定这种侵权行为免责的话，等于以合同的方式剥夺了当事人的合同以外的法定权利，违反了民法的公平原则。

5）无效合同的法律后果

无效合同一经确认，即可决定合同的处置方式。但并不说明合同当事人的权利义务关系全部结束。《民法典》第一百五十七条规定："民事法律行为无效、被撤销或者确定不发生效力后，行为人因该行为取得的财产，应当予以返还；不能返还或者没有必要返还的，应当折价补偿。有过错的一方应当赔偿对方由此所受到的损失；各方都有过错的，应当各自承担相应的责任。法律另有规定的，依照其规定。"由此可见，无效合同的处置原则为：

（1）制裁有过错方。即对合同无效负有责任的一方或者双方应当承担相应的法律责任。过错方所应当承担的损失赔偿责任必须符合以下条件：①被损害人有损害事实；②赔偿义务人有过错；③接受损失赔偿的一方当事人必须无故意违法而使合同无效的情况；④损失与过错之间有因果关系。

（2）无效合同自始没有法律效力。无论确认合同无效的时间是在合同履行前，还是履行过程中，或者是在履行完毕，该合同一律从合同成立之时就不具备法律效力，当事人即使进行了履行行为，也不能取得履行结果。

（3）合同部分无效并不影响其他部分效力，其他部分仍然有效。合同部分无效时会产生两种不同的法律后果：①因无效部分具有独立性，没有影响其他部分的法律效力，此时，其他部分仍然有效；②无效部分内容在合同中处于至关重要的地位，从而导致整个合同无效。

（4）合同无效并不影响合同中解决争议条款的法律效力。《民法典》第五百零七条规定："合同不生效、无效、被撤销或者终止的，不影响合同中有关解决争议方法的条款的效力。"

（5）以返还财产为原则，折价补偿为例外。无效合同自始就没有法律效力，因此，当事人根据合同取得的财产就应当返还给对方；如果所取得的财产不能返还或者没有必要返还的，则应当折价补偿。

（6）对无效合同，有过错的当事人除了要承担民事责任以外，还可能承担行政责任甚至刑事责任。

6）对无效建设工程施工合同的处理

《民法典》第七百九十三条规定："建设工程施工合同无效，但是建设工程经验收合格的，可以参照合同关于工程价款的约定折价补偿承包人。建设工程施工合同无效，且建设工程经验收不合格的，按照以下情形处理：（一）修复后的建设工程经验收合格的，发包人可以请求承包人承担修复费用；（二）修复后的建设工程经验收不合格的，承包人无权请求参照合同关于工程价款的约定折价补偿。发包人对因建设工程不合格造成的损失有过错的，应当承担相应的责任。"

《新司法解释》第六条规定："建设工程施工合同无效，一方当事人请求对方赔偿损失的，应当就对方过错、损失大小、过错与损失之间的因果关系承担举证责任。损失大小无法确定，一方当事人请求参照合同约定的质量标准、建设工期、工程价款支付时间等内容确定损失大小的，人民法院可以结合双方过错程度、过错与损失之间的因果关系等因素作出裁判。"

《新司法解释》第七条规定："缺乏资质的单位或者个人借用有资质的建筑施工企业名义签订建设工程施工合同，发包人请求出借方与借用方对建设工程质量不合格等因出借资质造成的损失承担连带赔偿责任的，人民法院应予支持。"

《新司法解释》第二十四条规定："当事人就同一建设工程订立的数份建设工程施工合同均无效，但建设工程质量合格，一方当事人请求参照实际履行的合同关于工程价款的约定折价补偿承包人的，人民法院应予支持。实际履行的合同难以确定，当事人请求参照最后签订的合同关于工程价款的约定折价补偿承包人的，人民法院应予支持。"

《新司法解释》第四十三条规定："实际施工人以转包人、违法分包人为被告起诉的，人民法院应当依法受理。实际施工人以发包人为被告主张权利的，人民法院应当追加转包人或者违法分包人为本案第三人，在查明发包人欠付转包人或者违法分包人建设工程价款的数额后，判决发包人在欠付建设工程价款范围内对实际施工人承担责任。"

《新司法解释》第四十四条规定："实际施工人依据民法典第五百三十五条规定，以转包人或者违法分包人怠于向发包人行使到期债权或者与该债权有关的从权利，影响其到期债权实现，提起代位权诉讼的，人民法院应予支持。"

2.4.3　可撤销合同

1）可撤销合同概念和特征

可撤销合同是指因当事人在订立合同的过程中意思表示不真实，经过撤销人请求，由人民法院或者仲裁机构变更合同的内容，或者撤销合同，从而使合同自始消灭的合同。可撤销合同具有以下特点：

（1）可撤销合同是当事人意思表示不真实的合同。

（2）可撤销合同在未被撤销之前，仍然是有效合同。

（3）对可撤销合同的撤销，必须由撤销人请求人民法院或者仲裁机构作出。

2）可撤销合同的法律规定

《民法典》第一百四十七条规定："基于重大误解实施的民事法律行为，行为人有权请求人民法院或者仲裁机构予以撤销。"

《民法典》第一百四十八条规定："一方以欺诈手段，使对方在违背真实意思的情况下实施的民事法律行为，受欺诈方有权请求人民法院或者仲裁机构予以撤销。"

《民法典》第一百四十九条规定："第三人实施欺诈行为，使一方在违背真实意思的情况下实施的民事法律行为，对方知道或者应当知道该欺诈行为的，受欺诈方有权请求人民法院或者仲裁机构予以撤销。"

《民法典》第一百五十条规定："一方或者第三人以胁迫手段，使对方在违背真实意思的情况下实施的民事法律行为，受胁迫方有权请求人民法院或者仲裁机构予以撤销。"

《民法典》第一百五十一条规定："一方利用对方处于危困状态、缺乏判断能力等情形，致使民事法律行为成立时显失公平的，受损害方有权请求人民法院或者仲裁机构予以撤销。"

3）可撤销合同与无效合同的区别

可撤销合同与无效合同的相同之处在于，合同都会因被确认无效或者被撤销后而使合同自始不具备法律效力。可撤销合同与无效合同的区别在于：

（1）合同内容的不法性程度不同。可撤销合同是由于当事人意思表示不真实造成的，法律将合同的处置权交给受损害方，由受损害方行使撤销权。而无效合同的内容明显违法，不能由合同当事人决定合同的效力，而应当由法院或者仲裁机构作出，即使合同当事人未主张合同无效，法院也可以主动干预，认定合同无效。

（2）当事人权限不同。可撤销合同在合同未被撤销之前仍然有效，撤销权人享有撤销权，当事人可以向法院或者仲裁机构申请行使撤销权，也可以放弃该权利。法律把决定这些合同的权利给了当事人。而无效合同始终不能产生法律效力，合同当事人无权选择处置合同的方式。

（3）期限不同。对于可撤销合同，撤销权人必须在法定期限内行使撤销权。超过法定期限未行使撤销权的，合同即为有效合同，当事人不得再主张撤销合同。无效合同属于法定无效，不会因为超过期限而使合同变为有效合同。

4）撤销权消灭

《民法典》第一百五十二条规定，"有下列情形之一的，撤销权消灭：

（一）当事人自知道或者应当知道撤销事由之日起一年内、重大误解的当事人自知道或者应当知道撤销事由之日起九十日内没有行使撤销权；

（二）当事人受胁迫，自胁迫行为终止之日起一年内没有行使撤销权；

（三）当事人知道撤销事由后明确表示或者以自己的行为表明放弃撤销权。

当事人自民事法律行为发生之日起五年内没有行使撤销权的，撤销权消灭。"

2.4.4　效力待定合同

1）效力待定合同概念

效力待定合同是指合同虽然已经成立，但因其不完全符合合同的生效要件，因此其效力能否发生还不能确定，一般需经权利人确认才能生效的合同。

2）效力待定合同类型

效力待定合同有下列三种类型：

（1）限制民事行为能力人依法不能独立订立的合同

《民法典》第一百四十五条规定："限制民事行为能力人实施的纯获利益的民事法律行为或者与其年龄、智力、精神健康状况相适应的民事法律行为有效；实施的其他民事法律行为经法定代理人同意或者追认后有效。相对人可以催告法定代理人自收到通知之日起三十日内予以追认。法定代理人未作表示的，视为拒绝追认。民事法律行为被追认前，善意相对人有撤销的权利。撤销应当以通知的方式作出。"

其订立的合同可分为两种类型：

① 纯利益合同或者与其年龄、智力、精神健康状况相适应的合同，如获得报酬、奖励、赠与等。这些合同不必经法定代理人同意。

② 未经法定代理人同意而订立的其他合同。这些合同只能是效力待定合同，必须经过其法定代理人的追认，合同才能产生法律效力。

（2）无民事行为能力人订立的合同

《民法典》第一百四十四条规定："无民事行为能力人实施的民事法律行为无效。"一般来讲，无民事行为能力人只能由其法定代理人代理签订合同，他们不能自己订立合同，否则合同无效。如果他们订立合同，该合同必须经过其法定代理人的追认，合同才能产生法律效力。

（3）无权代理订立的合同

无权代理是指行为人没有代理权或超越代理权限而以他人的名义进行的民事、经济活动。其表现形式为：

① 无合法授权的代理行为。代理权是代理人进行代理活动的法律依据，未经当事人的授权而以他人的名义进行的代理活动是最主要的无权代理的表现形式。

② 代理人超越代理权限而为的代理行为。在代理关系形成过程中，关于代理人代理权的范围均有所界定，特别是在委托代理中，代理权的权限范围必须明确规定，代理人应

依据代理权限进行代理活动，超越此权限的活动即越权代理，这也属于无权代理。

③ 代理权终止后的代理行为。代理权终止后，代理人的身份随之消灭，从而无权再以被代理人的名义进行代理活动。

《民法典》第五百零三条规定："无权代理人以被代理人的名义订立合同，被代理人已经开始履行合同义务或者接受相对人履行的，视为对合同的追认。"

《民法典》第五百零四条规定："法人的法定代表人或者非法人组织的负责人超越权限订立的合同，除相对人知道或者应当知道其超越权限外，该代表行为有效，订立的合同对法人或者非法人组织发生效力。"

《民法典》第五百零五条规定："当事人超越经营范围订立的合同的效力，应当依照本法第一编第六章第三节和本编的有关规定确定，不得仅以超越经营范围确认合同无效。"

由此可见，无权代理将产生下列法律后果：

① 被代理人的追认权。根据《民法典》规定，无权代理一般对被代理人不发生法律效力，但是，在无权代理行为发生后，如果被代理人认为无权代理行为对自己有利，或者出于某种考虑而同意这种行为，则有权作出追认的意思表示。无权代理行为一经被代理人追认，则对被代理人发生法律效力。

② 被代理人的拒绝权。在无权代理行为发生后，被代理人为了维护自身的合法权益，对此行为及由此而产生的法律后果享有拒绝的权利。被代理人没有进行追认或拒绝追认的义务。但是，如果被代理人知道他人以自己的名义实施代理行为而不作出否认表示的，则视为同意。

③ 无权代理人的催告权。在无权代理行为发生后，无权代理人可向被代理人催告，要求被代理人对此行为是否有效进行追认。如果被代理人在规定期限内未作出答复，则视为拒绝。

④ 无权代理人的撤回权。无权代理人的撤回权是指无权代理人可以向被代理人提出撤回已作出的代理表示的法律行为。但是，如果被代理人已经追认了其无权代理行为，则代理人就不得撤回。如果无权代理人已经行使撤回权，则被代理人就不能行使追认权。

微视频2-3：建设
工程合同的
效力分析

⑤ 相对人的催告权。在无权代理行为发生后，相对人有权催告被代理人在合理的期限内对行为人的无权代理行为予以追认。被代理人在规定期限内未作出追认，视为拒绝追认。

⑥ 善意相对人的撤销权。善意相对人是指不知道或者不应当知道无权代理人没有代理权的相对人。善意相对人在无权代理人的代理行为被代理人追认前，享有撤销的权利。

2.5　合　同　履　行

2.5.1　合同履行原则

合同订立并生效后，合同便成为约束和规范当事人行为的法律依据。合同当事人必须按照合同约定的条款全面、适当地完成合同义务，如交付标的物、提供服务、支付报酬或者价款、完成工作等。合同的履行是合同当事人订立合同的根本目的，也是实现合同目的最重要和最关键的环节，直接关系到合同当事人的利益，而履行问题往往最容易出现争议和纠纷。因此，合同的履行成为合同法中的核心内容。

1）合同履行基本原则

为了保证合同当事人依约履行合同义务，必须规定一些基本原则，以指导当事人具体地履行合同，处理合同履行过程中发生的各种情况。合同履行的基本原则构成了履行合同过程中总的和基本的行为准则，成为合同当事人是否履行合同以及履行是否符合约定的基本判断标准。《民法典》第五百零九条规定："当事人应当按照约定全面履行自己的义务。当事人应当遵循诚信原则，根据合同的性质、目的和交易习惯履行通知、协助、保密等义务。当事人在履行合同过程中，应当避免浪费资源、污染环境和破坏生态。"

在合同履行过程中必须遵循以下两项基本原则：

（1）全面履行原则。全面履行是指合同当事人应当按照合同的约定全面履行自己的义务，不能以单方面的意思改变合同义务或者解除合同。全面履行原则要求当事人保质、保量、按期履行合同义务，否则即应承担相应的责任。根据全面履行原则，可以确定当事人在履行合同中是否有违约行为及违约的程度，对合同当事人应当履行的合同义务予以全面制约，充分保护合同当事人的合法权益。

（2）诚实信用原则。诚实信用原则是指在合同履行过程中，合同当事人讲究信用，恪守信用，以善意的方式履行其合同义务，不得滥用权力及规避法律或者合同规定的义务。合同的履行应当严格遵循诚实信用原则。一方面，要求当事人除了应履行法律和合同规定的义务外，还应当履行依据诚实信用原则所产生的各种附随义务，包括相互协作和照顾义务、瑕疵的告知义务、使用方法的告知义务、重要事情的告知义务、忠实的义务等。另一方面，在法律和合同规定内容不明确或者欠缺规定的情况下，当事人应当依据诚实信用原则履行义务。

2）与合同履行有关的其他原则

与合同履行有关的其他原则有下列三项：

（1）协作履行原则。协作履行原则要求合同当事人在合同履行过程中相互协作，积极配合，完成合同的履行。当事人适用协作履行原则不仅有利于全面、实际地履行合同，也有利于增强当事人之间彼此相互信赖、相互协作的关系。

（2）效益履行原则。效益履行原则是指履行合同时应当讲求经济效益，尽量以最小的成本，获得最大的效益，以及合同当事人为了谋求更大的效益，或者为了避免不必要的损失，变更或解除合同。

（3）情势变更原则。情势变更原则是指在合同订立后，如果发生了订立合同时当事人不能预见并且不能克服的情况，改变了订立合同时的基础，使合同的履行失去意义或者履行合同将使当事人之间的利益发生重大失衡，应当允许当事人变更合同或者解除合同。《民法典》第五百三十三条规定："合同成立后，合同的基础条件发生了当事人在订立合同时无法预见的、不属于商业风险的重大变化，继续履行合同对于当事人一方明显不公平的，受不利影响的当事人可以与对方重新协商；在合理期限内协商不成的，当事人可以请求人民法院或者仲裁机构变更或者解除合同。人民法院或者仲裁机构应当结合案件的实际情况，根据公平原则变更或者解除合同。"

2.5.2　合同履行中的义务

1）通知义务

通知义务是指合同当事人负有将与合同有关的事项通知给对方当事人的义务。包括有关履行标的物到达对方的时间、地点、交货方式的通知，合同提存的有关事项的通知，后履行抗辩权行使时要求对方提供充分担保的通知，情势变更的通知，不可抗力的通知等。

2）协助义务

协助义务是指合同当事人在履行合同过程中应当相互给予对方必要的和能够的协助和帮助的义务。

3）保密义务

保密义务是指合同当事人负有为对方的秘密进行保守，使其不为外人知道的义务。如果因为未能为对方保守秘密，使外人知道对方的秘密，给对方造成损害的，应当对此承担责任。

2.5.3　合同履行中约定不明情况的处置

（1）合同生效后，合同的主要内容包括质量、价款或者报酬、履行地点等没有约定或者约定不明确的，当事人可以通过协商确定合同的内容。不能达成补充协议的，按照合同有关条款或者交易习惯确定。

（2）如果合同当事人双方不能达成一致意见，又不能按照合同的有关条款或者交易习惯确定，可以适用下列规定：

① 质量要求不明确的，按照强制性国家标准履行；没有强制性国家标准的，按照推荐性国家标准履行；没有推荐性国家标准的，按照行业标准履行；没有国家标准、行业标准的，按照通常标准或者符合合同目的的特定标准履行。

② 价款或者报酬不明确的，按照订立合同时履行地市场价格履行；依法执行政府定价或者政府指导价的，按照规定执行。此处所指的市场价格是指市场中的同类交易的平均价格。对于一些特殊的物品，由国家确定价格的，应当按照国家的定价来确定合同的价款或者报酬。

③ 履行地点不明确，给付货币的，在接受货币一方所在地履行；交付不动产的，在不动产所在地履行；其他标的，在履行义务一方所在地履行。

④ 履行期限不明确，债务人可以随时履行，债权人也可以随时要求履行，但应当给对方必要的准备时间。

⑤ 履行方式不明确的，按照有利于实现合同目的的方式履行。

⑥ 履行费用的负担不明确的，由履行义务一方负担；因债权人原因增加的履行费用，由债权人负担。

2.5.4　电子合同标的交付时间

通过互联网等信息网络订立的电子合同的标的为交付商品并采用快递物流方式交付的，收货人的签收时间为交付时间。电子合同的标的为提供服务的，生成的电子凭证或者实物凭证中载明的时间为提供服务时间；前述凭证没有载明时间或者载明时间与实际提供服务时间不一致的，以实际提供服务的时间为准。电子合同的标的物为采用在线传输方式交付的，合同标的物进入对方当事人指定的特定系统且能够检索识别的时间为交付时间。

2.5.5 合同中执行政府定价或者指导价的法律规定

在发展社会主义市场经济过程中，政府对经济活动的宏观调控和价格管理十分必要。《民法典》第五百一十三条规定："执行政府定价或者政府指导价的，在合同约定的交付期限内政府价格调整时，按照交付时的价格计价。逾期交付标的物的，遇价格上涨时，按照原价格执行；价格下降时，按照新价格执行。逾期提取标的物或者逾期付款的，遇价格上涨时，按照新价格执行；价格下降时，按照原价格执行。"

从《民法典》中可以看到，执行国家定价的合同当事人，由于逾期不履行合同遇到国家调整物价时，在原价格和新价格中，执行对违约方不利的那种价格，这是对不按期履行合同的一方从价格结算上给予的一种惩罚。这样规定，有利于促进双方按规定履行合同。需要注意的是，这种价格制裁只适用于当事人因主观过错而违约，不适用于因不可抗力所造成的情况。

2.5.6 关于工程垫资的司法解释

垫资承包是指建设单位未全额支付工程预付款或未按工程进度按月支付工程款（不含合同约定的质量保证金），由建筑业企业垫款施工。2019年7月1日起施行的《政府投资条例》（国务院令第712号）第二十二条规定："政府投资项目所需资金应当按照国家有关规定确保落实到位。政府投资项目不得由施工单位垫资建设。"

对于非政府投资工程，《新司法解释》第二十五条规定："当事人对垫资和垫资利息有约定，承包人请求按照约定返还垫资及其利息的，人民法院应予支持，但是约定的利息计算标准高于垫资时的同类贷款利率或者同期贷款市场报价利率的部分除外。当事人对垫资没有约定的，按照工程欠款处理。当事人对垫资利息没有约定，承包人请求支付利息的，人民法院不予支持。"

2.5.7 合同履行规则

1）向第三人履行债务的规则

合同履行过程中，由于客观情况的变化，有可能会引起合同中债权人和债务人之间债权债务履行的变更。法律规定债权人和债务人可以变更债务履行，但这并不会影响当事人的合法权益。从一定意义上来讲，债权人与债务人依法约定变更债务履行，有利于债权人实现其债权以及债务人履行其债务。

《民法典》第五百二十二条规定："当事人约定由债务人向第三人履行债务，债务人未向第三人履行债务或者履行债务不符合约定的，应当向债权人承担违约责任。法律规定或者当事人约定第三人可以直接请求债务人向其履行债务，第三人未在合理期限内明确拒绝，债务人未向第三人履行债务或者履行债务不符合约定的，第三人可以请求债务人承担违约责任；债务人对债权人的抗辩，可以向第三人主张。"从中可以看出，三方的权利义务关系如下：

（1）债权人。合同的债权人有权按照合同约定要求债务人向第三人履行合同，如果债务人未履行或者未正确履行合同义务，债权人有权追究债务人的违约责任，包括债权人和第三人的损失。

（2）债务人。债务人应当按照约定向第三人履行合同义务。如果合同本身已经因为某种原因无效或者被撤销，债务人可以依此解除自己的义务。如果债务人未经第三人同意或者违反合同约定，直接向债权人履行债务，并不能解除自己的义务。需要说明的是，一般来说，向第三人履行债务原则上不能增加履行的难度及履行费用。

（3）第三人。第三人是合同的受益人，他有以自己的名义直接要求债务人履行合同的权利。但是，如果债务人不履行义务或者履行义务不符合约定，第三人不能请求损害赔偿或者申请法院强制执行，因为债务人只对债权人承担责任。此外，合同的撤销权或解除权只能由合同当事人行使。

2）由第三人履行债务的规则

《民法典》第五百二十三条规定："当事人约定由第三人向债权人履行债务，第三人不履行债务或者履行债务不符合约定的，债务人应当向债权人承担违约责任。"第五百二十四条规定："债务人不履行债务，第三人对履行该债务具有合法利益的，第三人有权向债权人代为履行；但是，根据债务性质、按照当事人约定或者依照法律规定只能由债务人履行的除外。债权人接受第三人履行后，其对债务人的债权转让给第三人，但是债务人和第三人另有约定的除外。"从中可以看出三者的权利义务关系如下：

（1）第三人。合同约定由第三人代为履行债务，除了必须经债权人同意外，还必须事先征得第三人的同意。同时，在没有事先征得债务人同意的情况下，第三人一般也不能代为履行合同义务，否则，债务人对其行为将不负责任。

（2）债务人。第三人向债权人履行债务，并不等于债务人解除了合同的义务，而只是免除了债务人亲自履行的义务。如果第三人不履行债务或履行债务不符合约定，债务人应当向债权人承担违约责任。

（3）债权人。当合同约定由第三人履行债务后，债权人应当接受第三人的履行而无权要求债务人自己履行。但是，如果第三人不履行债务或履行债务不符合约定，债权人有权向债务人主张自己的权利。

3）提前履行规则

《民法典》第五百三十条规定："债权人可以拒绝债务人提前履行债务，但提前履行不损害债权人利益的除外。债务人提前履行债务给债权人增加的费用，由债务人负担。"

4）部分履行规则

《民法典》第五百三十一条规定："债权人可以拒绝债务人部分履行债务，但部分履行不损害债权人利益的除外。债务人部分履行债务给债权人增加的费用，由债务人负担。"部分履行规则是针对可分标的的履行而言，如果部分履行并不损害债权人的利益，债权人有义务接受债务人的部分履行。债务人部分履行必须遵循诚实信用原则，不能增加债权人的负担，如果因部分履行而增加了债权人的费用，应当由债务人承担。

5）中止履行规则

《民法典》第五百二十九条规定："债权人分立、合并或者变更住所没有通知债务人，致使履行发生困难的，债务人可以中止履行或者将标的物提存。"本条规定指明了债权人情况不明时的履行规则。债权人因自身的情况发生变化，可能对债务履行产生影响的，债权人应负有通知债务人的附随义务。如果债权人分立、合并或者变更住所时没有履行该义务，债务人可以采取中止履行的措施，当阻碍履行的原因消灭以后再继续履行。

6）债务人同一性规则

《民法典》第五百三十二条规定："合同生效后，当事人不得因姓名、名称的变更或者法定代表人、负责人、承办人的变动而不履行合同义务。"合同生效后，债务人的情况往往会发生变化，有的债务人以某一变动为理由拒绝履行原合同，这是错误的。因为这些变化仅仅是合同的外在表现形式的变更，而非履行主体的变更，债务人与名称变动前相比具有同一性，不构成合同变更和解除的理由。新的代表人应当代表原债务人履行合同义务，拒绝履行的，应承担违约责任。

2.5.8 合同履行中的抗辩权

1）抗辩权的概念和特点

合同法中的抗辩权是指在合同履行过程中，债务人对债权人的履行请求权加以拒绝或者反驳的权利。抗辩权是为了维护合同当事人双方在合同履行过程中的利益平衡而设立的一项权利。作为对债务人的一种有效的保护手段，合同履行中的抗辩权要求对方承担及时履行和提供担保等义务，可以避免自己在履行合同义务后得不到对方履行的风险，从而维护了债务人的合法权益。抗辩权具有以下特点：

（1）抗辩权的被动性。抗辩权是合同债务人针对债权人根据合同约定提出的要求债务人履行合同的请求而作出拒绝或者反驳的权利，如果这种权利经过法律认可，抗辩权便宣告成立。由此可见，抗辩权属于一种被动防护的权利，如果没有请求权，便没有抗辩权。

（2）抗辩权仅仅产生于双务合同中。双务合同中双方的权利义务是对等的，双方当事人既是债权人，又是债务人，既享有债权又承担债务，享有债权是以承担债务为条件的，为了实现债权不得不履行各自的债务。造成合同履行的关联性，即要求合同当事人双方履行债务。一方不履行债务或者对方有证据证明他将不能履行债务，另一方原则上也可以停止履行。一方当事人在请求对方履行债务时，如果自己未履行债务或者将不能履行债务，则对方享有抗辩权。

2）同时履行抗辩权

（1）同时履行抗辩权的概念

同时履行抗辩权是针对合同当事人双方的债务履行，在没有先后顺序的情况下的一种抗辩制度。同时，履行抗辩权即指双务合同的当事人一方在对方未对待给付之前，有权拒绝对方请求自己履行合同要求的权利。如果双方当事人的债务关系没有先后顺序，双方当事人应当同时履行合同义务。一方当事人在请求对方履行合同债务时，如果自己没有履行合同义务，则对方享有暂时不履行自己的债务的抗辩权。

《民法典》第五百二十五条规定："当事人互负债务，没有先后履行顺序的，应当同时履行。一方在对方履行之前有权拒绝其履行要求。一方在对方履行债务不符合约定时，有权拒绝其相应的履行请求。"

（2）同时履行抗辩权的构成条件

① 双方当事人互负对待给付。同时履行抗辩权只适用于双务合同，而且必须是双方当事人基于同一个双务合同互负债务，承担对待给付的义务。如果双方的债务是因两个或

者两个以上的合同产生的，则不能适用同时履行抗辩权。

② 双方当事人负有的对待债务没有约定履行顺序。如果合同中明确约定了当事人的履行顺序，就必须按照约定履行，应当先履行债务的一方不能对后履行的一方行使同时履行抗辩权。只有在合同中未对双方当事人的履行顺序进行约定的情况下，才会发生合同的履行顺序问题。正是由于当事人对合同的履行顺序产生了歧义，所以才应按照一定的方式来确定当事人谁先履行谁后履行，以维护双方当事人的合法权益。

③ 须对方未履行债务或未完全履行债务。这是一方能行使其同时履行抗辩权的关键条件之一。其适用的前提就是双方当事人均没有履行各自的到期债务。其中一方已经履行其债务的，则不再出现同时履行抗辩权适用的情况，另一方也应当及时对其债务作出履行，对方向其请求履行债务时，不得拒绝。

④ 双方当事人的债务已届清偿期。合同的履行以合同履行期已经届满为前提，如果合同的履行期还未到期，则不会产生履行合同义务问题，自然就不会涉及同时履行抗辩权适用问题。

（3）同时履行抗辩权的效力

同时履行抗辩权具有以下效力：

① 违法阻却的效力。违法阻却是指因其存在，使本不属于合法的行为失去其违法的根据，而变为一种合理的为法律所肯定的行为。同时履行抗辩权是法律赋予双务合同的当事人在同时履行合同债务时，保护自己利益的权利。如果对方未履行或者未完全履行债务而拒绝向对方履行债务，该行为不构成违约，而是一种正当行为。

② 对抗效力。同时履行抗辩权是一种延期的抗辩权，可以对抗对方的履行请求，而不必为自己的拒绝履行承担法律责任。因此，它不具有消灭对方请求权的效力，在被拒绝后，不影响对方再次提出履行请求。同时履行抗辩权的目的不在于完全消除或者改变自己的债务，只是延期履行自己的债务。

3）后履行抗辩权

（1）后履行抗辩权的概念

后履行抗辩权是指按照合同约定或者法律规定负有先履行债务的一方当事人，届期未履行债务或履行债务严重不符合约定条件时，相对人为保护自己的到期利益或为保证自己履行债务的条件而中止履行合同的权利。《民法典》第五百二十六条规定："当事人互负债务，有先后履行顺序，应当先履行债务一方未履行的，后履行一方有权拒绝其履行要求。先履行一方履行债务不符合约定的，后履行一方有权拒绝其相应的履行请求。"

后履行抗辩权属于负有后履行债务一方享有的抗辩权，它的本质是对先期违约的对抗，因此，后履行抗辩权可以称为违约救济权。如果先履行债务方是出于免责条款范围内（如发生了不可抗力）的原因而无法履行债务的，则该行为不属于先期违约，因此，后履行债务方不能行使后履行抗辩权。

（2）后履行抗辩权构成条件

后履行抗辩权的适用范围与同时履行抗辩权相似，只是在履行顺序上有所不同，具体为：

① 由同一双务合同互负债务，互负的债务之间具有相关性。

② 债务的履行有先后顺序。当事人可以约定履行顺序，也可以由合同的性质或交易

习惯决定。

③ 应当先履行一方不履行或者不完全履行债务。

4）不安抗辩权

（1）不安抗辩权的概念

不安抗辩权，又称保证履约抗辩权，是指按照合同约定或者法律规定负有先履行债务的一方当事人，在合同订立之后，履行债务之前或者履行过程中，有充分的证据证明后履行的一方将不会履行债务或者不能履行债务时，先履行债务方可以暂时中止履行，通知对方当事人在合理的期限内提供适当担保，如果对方当事人在合理的期限内提供担保，中止方应当恢复履行；如果对方当事人未能在合理的期限内提供适当的担保，中止履行一方可以解除合同。

《民法典》第五百二十七条规定："应当先履行债务的当事人，有确切证据证明对方有下列情形之一的，可以中止履行：（一）经营状况严重恶化；（二）转移财产、抽逃资金，以逃避债务；（三）丧失商业信誉；（四）有丧失或者可能丧失履行债务能力的其他情形。"

（2）不安抗辩权的适用条件

① 由同一双务合同互负债务并具有先后履行顺序。不安抗辩权同样也产生于双务合同中，与双务合同履行上的关联性有关。互负债务并具有先后履行顺序，是不安抗辩权的前提条件。

② 后履行一方有不履行债务或者可能丧失履行债务能力的情形。不安抗辩权设立的目的就是保证先履行的一方当事人在履行其债务后，不会因为对方不履行或者不能履行合同债务而受到损失。《民法典》中规定了四种情形，可概括为不履行或者丧失履行能力的情形。如果这些情形出现，可能危及先履行一方的债权。

③ 先履行一方有确切的证据。作为享有的权利，先履行一方在主张不安抗辩时，必须有充分的证据证明对方当事人确实存在不履行或者不能履行其债务的情形。这主要是防止先履行一方滥用不安抗辩权。如果先履行一方无法举出充分证据来证明对方丧失履行能力，则不能行使不安抗辩权，其拒绝履行合同义务的行为即违约行为，应当承担违约责任。

（3）不安抗辩权的效力

① 中止履行。不安抗辩权能够适用的原因在于可归责于对方当事人的事由，可能给先履行的一方造成不能得到对待给付的危险，先履行债务一方最可能的就是暂时不向对方履行债务。所以，中止履行是权利人首先能够采取的手段，而且，这种行为是一种正当行为，不构成违约。

② 要求对方提供适当的担保。不安抗辩权的适用并不消灭先履行一方的债务，只是因特定的情况，暂时中止履行其债务，双方当事人的债权债务关系并未解除。因此，先履行一方可要求对方在合理的期限内提供担保来消除可能给先履行债务一方造成损失的威胁，并以此决定是继续维持还是中止债权债务关系。

③ 恢复履行或者解除合同。中止履行只是暂时性的保护措施，并不能彻底保护先履行债务一方的利益。所以，为及早解除双方当事人之间的不确定的法律状态，有两种处理结果：如果对方在合理的期限内提供担保，则中止履行一方继续履行其债务；否则，可以解除合同关系。

（4）不安抗辩权的附随义务

《民法典》第五百二十八条规定："当事人依据前条规定中止履行的，应当及时通知对方。对方提供适当担保的，应当恢复履行。中止履行后，对方在合理期限内未恢复履行能力且未提供适当担保的，视为以自己的行为表明不履行主要债务，中止履行的一方可以解除合同并可以请求对方承担违约责任。"

① 通知义务。先履行债务一方主张不安抗辩权时，应当及时通知对方当事人，以避免对方因此而遭受损失，同时也便于对方获知后及时提供充分保证来消灭抗辩权。

② 举证义务。先履行债务一方主张不安抗辩时，负有举证义务，即必须能够提出充分证据来证明对方将不履行或者丧失履行债务能力的事实。如果提供不出证据或者证据不充分而中止履行的，该行为构成违约，应当承担违约责任。如果后履行一方本可以履行债务，而因对方未举证或者证据错误而导致合同被解除，由此造成的损失由先履行债务一方承担。

2.5.9　合同的保全制度

1）代位权

（1）代位权的概念

代位权是相对于债权人而言，它是指当债务人怠于行使其债权或者与该债权有关的从权利，影响债权人到期债权实现的，债权人可以向人民法院请求以自己的名义代位行使债务人对相对人的权利。代位权的核心是以自己的名义行使债务人对相对人的债权。

（2）代位权的成立条件

① 债务人对相对人享有债权。债务人对相对人享有的债权是代位权的标的，它应当是合法有效的债权，但是该权利专属于债务人自身的除外。

② 债务人怠于行使其到期债权。怠于行使债权是指债务人在债权可能行使并且应该行使的情况下消极地不行使。债务人消极地不行使权利，就可能产生债权因时效届满而丧失诉权等不利后果，可能会给债权人的债权造成损害，所以，才有行使代位权的必要。

③ 债务人不行使债权，有造成债权消灭或者丧失的危险。债务人如果暂时消极地不行使债权，对其债权存在的法律效力没有任何影响的，因而没有构成对债务人的债权消灭或者丧失的危险，就没有由债权人代为行使债权的必要，债权人的代位权也就没有适用的余地。

④ 债务人的行为对债权人造成损害。债务人怠于行使债权的行为已经对债权人的债权造成现实的损害，是指因为债务人不行使其债权，造成债务人应当增加的财产没有增加，导致债权人的债权到期时，会因此而不能全部清偿。

（3）代位权的效力

代位权的效力包括对债权人、债务人和相对人三方的效力：

① 债权人。代位权的行使范围以债权人的到期债权为限。债权人的债权到期前，债务人的债权或者与该债权有关的从权利存在诉讼时效期间即将届满或者未及时申报破产债权等情形，影响债权人的债权实现的，债权人可以代位向债务人的相对人请求其向债务人履行、向破产管理人申报或者作出其他必要的行为。债权人行使代位权胜诉时，可以代位受领债务人的债权，因而可以抵消自己对债务人的债权，让自己的债权受偿。

② 债务人。代位权的行使结果由债务人自己承担，债权人行使代位权的费用应当由债务人承担。

③ 相对人。对相对人来说，无论是债务人亲自行使其债权，还是债权人代位行使债务人的债权，均不影响其利益。如果由于债权人行使代位权而造成相对人履行费用增加的，相对人有权要求债务人承担增加的费用。相对人对债务人的抗辩，可以向债权人主张。

人民法院认定代位权成立的，由债务人的相对人向债权人履行义务，债权人接受履行后，债权人与债务人、债务人与相对人之间相应的权利义务终止。债务人对相对人的债权或者与该债权有关的从权利被采取保全、执行措施，或者债务人破产的，应依照相关法律的规定处理。

2）撤销权

（1）撤销权的概念

撤销权是相对于债权人而言，它是指债权人在债务人实施减少其财产而危及债权人的债权的积极行为时，请求法院予以撤销的权利。

（2）撤销权的成立条件

① 债务人实施了处分财产的法定行为。包括放弃到期债权、放弃债权担保、无偿转让财产等方式无偿处分财产权益，或者恶意延长其到期债权的履行期限，以明显不合理的低价转让财产、以明显不合理的高价受让他人财产或者为他人的债务提供担保等行为。这些会对债权人的债权产生不利的影响，因此，债权人可以行使撤销权以保护自己的债权。如果债务人没有产生上述行为，对债权人的债权未造成不利影响，债权人无权行使撤销权。

② 债务人的行为已经产生法律效力。对于没有产生法律效力的行为，因为在法律上不产生任何意义，对债权人的债权不产生现实影响，所以债权人不能对此行使撤销权。

③ 债务人的行为是法律行为，具有可撤销性。债务人的行为必须是可以撤销的，否则，如果财产的消灭是不可以回转的，债权人行使撤销权也于事无补，此时就没有必要行使撤销权。

④ 债务人的行为已经或者将要严重危害到债权人的债权。只有在债务人的行为对债权人的债权的实现产生现实的危害时，债权人才能行使撤销权，以消除因债务人的行为带来的危害。

（3）撤销权的法律效力

① 债权人。撤销权的行使范围以债权人的债权为限。债权人行使撤销权的必要费用，由债务人负担。债权人有权代债务人要求相对人向债务人履行或者返还财产，并在符合条件的情况下将受领的履行或财产与对债务人的债权作抵消。如果不符合抵消条件，则应当将收取的利益加入债务人的责任财产，作为全体债权的一般担保。

② 债务人。债务人的行为被撤销后，行为将自始无效，不发生行为的效果，意图免除的债务或转移的财产仍为债务人的责任财产，应当以此清偿债权。同时，应当承担债权人行使撤销权的必要费用和向相对人返还因有偿行为获得的利益。

③ 相对人。《民法典》第五百三十九条规定："债务人以明显不合理的低价转让财产、以明显不合理的高价受让他人财产或者为他人的债务提供担保，影响债权人的债权实现，

债务人的相对人知道或者应当知道该情形的，债权人可以请求人民法院撤销债务人的行为。"如果相对人对债务人负有债务，则免除债务的行为不产生法律效力，相对人应当继续履行。如果相对人已经受领了债务人转让的财产，应当返还财产。原物不能返还的，应折价赔偿。但相对人有权要求债务人偿还因有偿行为而得到的利益。

④ 债务人影响债权人的债权实现的行为被撤销的，自始没有法律约束力。

（4）撤销权的行使期限

《民法典》第五百四十一条规定："撤销权自债权人知道或者应当知道撤销事由之日起一年内行使。自债务人的行为发生之日起五年内没有行使撤销权的，该撤销权消灭。"

2.6　合同变更、转让和终止

2.6.1　合同变更

1）合同变更的概念

合同变更有两层含义，广义的合同变更包括合同三个构成要素的变更：合同主体的变更、合同客体的变更以及合同内容的变更。但是，考虑到合同的连贯性，合同的主体不能与合同的客体及内容同时变更，否则，变化前后的合同就没有联系的基础，就不能称之为合同的变更，而是一个旧合同的消灭与一个新合同的订立。

根据《民法典》规定，合同当事人的变化为合同的转让。因此，狭义的合同变更专指合同成立以后履行之前，或者在合同履行开始之后尚未履行完之前，当事人不变而合同的内容、客体发生变化的情形。合同的变更通常分为协议变更和法定变更两种。协议变更又称为合意变更，是指合同双方当事人以协议的方式对合同进行变更。《民法典》中所指的合同变更即指协议变更合同。

2）合同变更的条件

（1）当事人之间本就已经存在合同关系。合同的变更是新合同对旧合同的替代，所以必然在变更前就存在合同关系。如果没有这一作为变更基础的现存合同，就不存在合同变更，只是单纯订立了新合同，发生了新的债务。另外，原合同必须是有效合同，如果原合同无效或者被撤销，则合同自始就没有法律效力，不发生变更问题。

（2）合同变更必须有当事人的变更协议。当事人达成的变更合同的协议也是一种民事合同，因此也应符合《民法典》有关合同的订立与生效的一般规定。合同变更应当是双方当事人自愿与真实的意思表示。

（3）原合同内容发生变化。合同变更按照《民法典》的规定仅为合同内容的变更，所以合同的变更应当能起到使合同的内容发生改变的效果，否则不能认为是合同的变更。合同的变更包括：合同性质的变更、合同标的物的变更、履行条款的变更、合同担保的变更、合同所附条件的变更等。

（4）合同变更必须按照法定的方式。合同当事人协议变更合同，应当遵循自愿互利原则，给合同当事人以充分的合同自由。国家对合同当事人协议变更合同应当加以保护，但也必须从法律上实行有条件的约束，以保证当事人对合同的变更不至于危及他人、国家和社会利益。

3）合同变更的效力

双方当事人应当按照变更后的合同履行。合同变更后有下列效力：

（1）变更后的合同部分，原有的合同失去效力，当事人应当按照变更后的合同履行。合同的变更就是在保持原合同的统一性的前提下，使合同有所变化。合同变更的实质是以变更后的合同取代原有的合同关系。

（2）合同的变更只对合同未履行部分有效，不对合同中已经履行部分产生效力，除了当事人约定以外，已经履行部分不因合同的变更而失去法律依据。即合同的变更不产生追溯力，合同当事人不得以合同发生变更而要求已经履行的部分归于无效。

（3）合同的变更不影响当事人请求损害赔偿的权利。合同变更以前，一方因可归责于自己的原因而给对方造成损害的，另一方有权要求责任方承担赔偿责任，并不因合同变更而受到影响。但是合同的变更协议已经对受害人的损害给予处理的除外。合同的变更本身给一方当事人造成损害的，另一方当事人也应当对此承担赔偿责任，不得以合同的变更是双方当事人协商一致的结果为由而不承担赔偿责任。

4）合同变更内容约定不明的法律规定

合同变更内容约定不明是指当事人对合同变更的内容约定含义不清，令人难以判断约定的新内容与原合同的内容的本质区别。《民法典》第五百四十四条规定："当事人对合同变更的内容约定不明确的，推定为未变更。"有效的合同变更，必须有明确的合同内容的变更，即在保持原合同的基础上，通过对原合同作出明显的改变，而成为一个与原合同有明显区别的合同。否则，就不能认为原合同进行了变更。

微视频2-4：工程变更的法律分析

2.6.2　合同转让

1）合同转让的概念

合同转让是指合同成立后，当事人依法可以将合同中的全部或部分权利（或者义务）转让或者转移给第三人的法律行为。也就是说合同的主体发生了变化，由新的合同当事人代替了原合同当事人，而合同的内容没有改变。合同转让有两种基本形式：债权让与和债务承担。

2）债权让与

（1）债权让与的概念及法律特征

债权让与即合同权利转让，是指合同的债权人通过协议将其债权全部或者部分转移给第三人的行为。债权的转让是合同主体变更的一种形式，它是在不改变合同内容的情况下，合同债权人的变更。债权转让的法律特征有：

① 合同权利的转让是在不改变合同权利内容的基础上，由原合同的债权人将合同权利转移给第三人。

② 合同债权的转让只能是合同权利，不应包括合同义务。

③ 合同债权的转让可以是全部转让，也可以是部分转让。

④ 转让的合同债权必须是依法可以转让的债权，否则不得进行转让，转让不得进行转让的合同债权协议无效。

（2）债权让与的构成条件

根据《民法典》规定，债权让与的成立与生效的条件包括：

① 让与人与受让人达成协议。债权让与实际上就是让与人与受让人之间订立了一个合同，让与人按照约定将债权转让给受让人。合同当事人包括债权人与第三人，不包括债务人。该合同的成立、履行及法律效力必须符合法律规定，否则不能产生法律效力，转让合同无效。合同一旦生效，债权即转移给受让人，债务人对债权让与同意与否，并不影响债权让与的成立与生效。

② 原债权有效存在。转让的债权必须具有法律上的效力，任何人都不能将不存在的权利让与他人。所以，转让的债权应当是为法律所认可的具有法律约束力的债权。对于不存在或者无效的合同债权的转让，其协议是无效的，如果因此造成受让人利益上的损失，让与人应当承担赔偿责任。

③ 让与的债权具有可转让性。并非所有的债权都可以转让，必须根据合同的性质，遵循诚实信用原则以及具体情况判断是否可以转让。其标准为是否改变了合同的性质，是否改变了合同的内容，增加了债务人的负担等。

（3）债权让与的限制

根据《民法典》规定，不得进行转让的合同债权主要包括：

① 根据合同性质不得转让的合同债权，主要有：合同的标的与当事人的人身关系相关的合同债权；不作为的合同债权以及与第三人利益有关的合同债权。

② 按照当事人的约定不得转让的债权，即债权人与债务人对债权的转让作出了禁止性约定，只要不违反法律的强制性规定或者公共利益，这种约定都是有效的，债权人不得将债权进行转让。

③ 依照法律规定不得转让的债权，是指法律明文规定不得让与或者必须经合同债务人同意才能让与的债权。

④ 当事人约定非金钱债权不得转让的，不得对抗善意第三人。

（4）债权让与的效力

① 债权让与的内部效力。合同债权转让协议一旦达成，债权就发生了转移。如果合同债权进行了全部转让，则受让人取代了让与人而成为新的债权人；如果是部分转让，则受让人加入了债的关系，按照债的份额或者连带地与让与人共同享有债权。同时，受让人还享有与债权有关的从权利。所谓合同的从权利是指与合同的主债权相联系，但自身并不能独立存在的合同权利。大部分是由主合同的从合同所规定的，也有本身就是主合同内容的一部分。如被担保的权利就是主权利，担保权则为从权利。常见的从权利除了保证债权、抵押权、质押权、留置权、定金债权等外，还有违约金债权、损害赔偿请求权、合同的解除权、债权人的撤销权以及代位权等属于主合同的规定或者依照法律规定所产生的债权人的从权利。《民法典》第五百四十七条规定："债权人转让债权的，受让人取得与债权有关的从权利，但是该从权利专属于债权人自身的除外。受让人取得从权利不因该从权利未办理转移登记手续或者未转移占有而受到影响。"

② 债权让与的外部效力。债权让与通知债务人后即对债务人产生效力，包括让与人与债务人之间以及受让人与债务人之间的效力。对让与人与债务人来说，就债权转让部分，债务人不再对让与人负有任何债务，如果债务人向让与人履行债务，债务人并不能因债权清偿而解除对受让人的债务；让与人也无权要求债务人向自己履行债务，如果让与人

接受了债务人的债务履行，应负返还义务。对受让人与债务人来说，就债权转让部分，债务人应当承担让与人转让给受让人的债务，如果债务人不履行其债务，应当承担违约责任。《民法典》第五百四十八条规定："债务人接到债权转让通知后，债务人对让与人的抗辩，可以向受让人主张。"

③ 因债权转让增加的履行费用，由让与人负担。

（5）债权让与时让与人的义务

让与人必须对受让人承担下列义务：

① 将债权证明文件交付受让人。让与人对债权凭证保有利益的，由受让人自付费用取得与原债权证明文件有同等证据效力的副本。

② 将占有的质物交付受让人。

③ 告知受让人行使债权的一切必要情况。

④ 应受让人的请求作成让与证书，其费用由受让人承担。

⑤ 承担因债权让与而增加的债务人履行费用。

⑥ 提供其他为受让人行使债权所必需的合作。

同时，《民法典》第五百四十六条规定："债权人转让债权，未通知债务人的，该转让对债务人不发生效力。债权转让的通知不得撤销，但是经受让人同意的除外。"

（6）债权抵消

债权抵消是指当双方互负债务时，各以其债权充当债务的清偿，而使其债务与对方的债务在相同数额内相互消灭，不再履行。《民法典》第五百四十九条规定："有下列情形之一的，债务人可以向受让人主张抵销：（一）债务人接到债权转让通知时，债务人对让与人享有债权，且债务人的债权先于转让的债权到期或者同时到期；（二）债务人的债权与转让的债权是基于同一合同产生。"

3）债务承担

（1）债务承担的概念

债务承担又称为合同义务的转移，是指经债权人同意，债务人将债务转移给第三人的行为。债务的转移可分为全部转移和部分转移。全部转移，是指由新的债务人取代原债务人，即合同的主体发生变化，而合同内容保持不变；债务的部分转移则是指债务人将其合同义务的一部分转交给第三人，由第三人对债权人承担一部分债务，原债务人并没有退出合同关系，而是又加入了一个债务人，该债务人就其接受转让的债务部分承担责任。

《民法典》第七百九十一条规定，总承包人或者勘察、设计、施工承包人经发包人同意，可以将自己承包的部分工作交由第三人完成。第三人就其完成的工作成果与总承包人或者勘察、设计、施工承包人向发包人承担连带责任。承包人不得将其承包的全部建设工程转包给第三人或者将其承包的全部建设工程支解以后以分包的名义分别转包给第三人。由此可见，在建设工程中，法律明确规定，承包商的债务转移只能是部分转移。

（2）债务承担的构成条件

债务承担生效与成立的条件包括：

① 承担人与债务人订立债务承担合同。

② 存在有效债务。

③ 拟转移的债务具有可转移性，即性质上不能进行转让，或者法律、行政法规禁止转让的债务，不得进行转让。

④ 合同债务的转移必须取得债权人的同意。《民法典》第五百五十一条规定："债务人将债务的全部或者部分转移给第三人的，应当经债权人同意。债务人或者第三人可以催告债权人在合理期限内予以同意，债权人未作表示的，视为不同意。"第五百五十二条规定："第三人与债务人约定加入债务并通知债权人，或者第三人向债权人表示愿意加入债务，债权人未在合理期限内明确拒绝的，债权人可以请求第三人在其愿意承担的债务范围内和债务人承担连带债务。"

转移必须经债权人同意，既是债务承担的生效条件，也是债务承担与债权让与最大的不同。因为债务承担直接影响债权人的利益。债务人的信用、资历是债权人利益得以实现的保障，如果债务人不经债权人同意而将债务转移，则债权人的利益将难以确定，有可能会因为第三人履行债务能力差而使债权人的利益受损。所以，为了保护债权人的利益，债务承担必须事先征得债权人的同意。

（3）债务承担的效力

债务承担的效力主要表现在以下几个方面：

① 承担人代替了原债务人承担债务，原债务人免除债务。由于实行了债务转让，转移后的债务应当由第三人承担，债权人只能要求承担人履行债务且不得拒绝承担人的履行。同时，承担人以自己的名义向债权人履行债务并承担未履行或者不适当履行债务的违约责任，原债务人对承担人的履行不承担任何责任。需要说明的是，此处所说的债务是指经债权人同意后转让的债务，否则不能产生法律效力；同时，该债务仅限于转让部分，对部分转让的，原债务人不能免除未转移部分的债务。

② 承担人可以主张原债务人对债权人的抗辩。《民法典》第五百五十三条规定："债务人转移债务的，新债务人可以主张原债务人对债权人的抗辩；原债务人对债权人享有债权的，新债务人不得向债权人主张抵销。"既然承担人经过债务转让而处于债务人的地位，所有与所承担的债务有关的抗辩，都应当同时转让给承担人，并由其向债权人提出。承担人拥有的抗辩权包括法定的抗辩事由，如不可抗力以及在实际订立合同后发生的债务人可以对抗债权人的一切事由。但这种抗辩必须符合两个方面的条件：一是该行为必须有效；二是承担人履行的时间应当在转让债务得到债权人的同意之后，如果抗辩事由发生在债务转移之前，则为债务人自己对债权人的抗辩。

③ 承担人同时负担从债务。《民法典》第五百五十四条规定："债务人转移债务的，新债务人应当承担与主债务有关的从债务，但是该从债务专属于原债务人自身的除外。"

4）债权债务的概括转移

（1）债权债务的概括转移的概念

债权债务的概括转移是指由原合同的当事人一方将其债权债务一并转移给第三人，由第三人概括地继受这些权利和义务。《民法典》第五百五十五条规定："当事人一方经对方同意，可以将自己在合同中的权利和义务一并转让给第三人。"合同的权利和义务一并转让的，适用债权转让、债务转移的有关规定。

债权债务的概括转移一般由合同当事人一方与合同以外的第三人通过签订转让协议，约定由第三人取代合同转让人的地位，享有合同中转让人的一切权利并承担转让人在合同中的一切义务。

（2）债权债务的概括转移成立条件

① 转让人与承受人达成合同转让协议。这是债权债务的概括转移的关键。

② 原合同必须有效。原合同无效的不能产生法律效力，更不能转让。

③ 原合同为双务合同。只有双务合同才可能将债权债务一并转移，否则只能为债权让与或者是债务承担。

④ 必须经原合同双方当事人的同意。

2.6.3　合同终止

1）合同终止的基本内容

（1）合同终止的概念

合同终止，又称为合同的消灭，是指合同关系不再存在，合同当事人之间的债权债务关系终止，当事人不再受合同关系的约束。合同的终止也就是合同效力的完全终结。

（2）合同终止的条件

《民法典》第五百五十七条规定："有下列情形之一的，债权债务终止：（一）债务已经履行；（二）债务相互抵销；（三）债务人依法将标的物提存；（四）债权人免除债务；（五）债权债务同归于一人；（六）法律规定或者当事人约定终止的其他情形。合同解除的，该合同的权利义务关系终止。"

（3）合同终止的效力

合同终止，因终止原因的不同而发生不同的效力。根据《民法典》规定，除上述第五百五十七条中的第（六）项和因合同解除而终止条件以外，在消灭因合同而产生的债权债务的同时，也产生了下列效力：

① 消灭从权利。债权的担保及其他从属的权利，随合同终止而同时消灭，如为担保债权而设定的抵押权或者质权，事先在合同中约定的利息或者违约金因此而消灭。但是法律另有规定或者当事人另有约定的除外。

② 返还负债字据。负债字据又称为债权证书，是债务人负债的书面凭证。合同终止后，债权人应当将负债字据返还给债务人。如果因遗失、毁损等原因不能返还的，债权人应当向债务人出具债务消灭的字据，以证明债务的了结。

③ 债务人对同一债权人负担的数项债务种类相同，债务人的给付不足以清偿全部债务的，除当事人另有约定外，由债务人在清偿时指定其履行的债务。债务人未作指定的，应当优先履行已经到期的债务；数项债务均到期的，优先履行对债权人缺乏担保或者担保最少的债务；均无担保或者担保相等的，优先履行债务人负担较重的债务；负担相同的，按照债务到期的先后顺序履行；到期时间相同的，按照债务比例履行。

④ 债务人在履行主债务外还应当支付利息和实现债权的有关费用，其给付不足以清偿全部债务的，除当事人另有约定外，应当按照下列顺序履行：实现债权的有关费用；利息；主债务。

根据《民法典》规定，因上述第五百五十七条中的第（六）项和合同解除规定的情形合同终止的，将消灭当事人之间的合同关系及合同规定的权利义务，但并不完全消灭相互间的债务关系，对此，将适用于下列条款：

① 结算与清理。《民法典》第五百六十七条规定："合同的权利义务关系终止，不影响合同中结算和清理条款的效力。"由此可见，合同终止后，尽管消灭了合同，如果当事人在事前对合同中所涉及的金钱或者其他财产约定了清理或结算的方法，则应当以此方法作为合同终止后的处理依据，以彻底解决当事人之间的债务关系。

② 争议的解决。《民法典》第五百零七条规定："合同不生效、无效、被撤销或者终止的，不影响合同中有关解决争议方法的条款的效力。"这表明了争议条款的相对独立性，即使合同的其他条款因无效、被撤销或者终止而失去法律效力，但是争议条款的效力仍然存在。这充分尊重了当事人在争议解决问题上的自主权，有利于争议的解决。

（4）合同终止后的义务

后合同义务又称后契约义务，是指在合同关系因一定的事由终止以后，出于对当事人利益保护的需要，合同双方当事人依据诚实信用原则所负的通知、协助、保密等义务。后契约义务产生于合同关系终止以后，它与合同履行中所规定的附随义务一样，也是一种附随义务。

2）合同的解除

（1）合同解除的概念

合同的解除是指合同的一方当事人按照法律规定或者双方当事人约定的解除条件使合同不再对双方当事人具有法律约束力的行为或者合同各方当事人经协商消灭合同的行为。合同的解除是合同终止的一种特殊的方式。

合同解除有两种方式：一种称为约定解除，是双方当事人协议解除，即合同双方当事人通过达成协议，约定原有的合同不再对双方当事人产生约束力，使合同归于终止；另一种方式称为法定解除，即在合同有效成立以后，由于产生法定事由，当事人依据法律规定行使解除权而解除合同。

（2）合同解除的要件

① 存在有效合同并且尚未完全履行。合同解除是合同终止的一种异常情况，即在合同有效成立以后、履行完毕之前的期间内发生了异常情况，或者因一方当事人违约，以及发生了影响合同履行的客观情况，致使合同当事人可以提前终止合同。

② 具备了合同解除的条件。合同有效成立后，如果出现了符合法律规定或者合同当事人之间约定的解除条件的事由，则当事人可以行使解除权而解除合同。

③ 有解除合同的行为。解除合同需要一方当事人行使解除权，合同才能解除。

④ 解除产生消灭合同关系的效果。合同解除将使合同效力消灭。如果合同并不消灭，则不是合同解除而是合同变更或者合同中止。

（3）约定解除

按照达成协议时间的不同，约定解除可以分为以下两种形式：

① 约定解除。即在合同订立时，当事人在合同中约定合同解除的条件，在合同生效后履行完毕之前，一旦这些条件成立，当事人则享有合同解除权，从而可以以自己的意思表示通知对方而终止合同关系。

② 协议解除。即在合同订立以后，且在合同未履行或者尚未完全履行之前，合同双方当事人在原合同之外，又订立了一个以解除原合同为内容的协议，使原合同被解除。这不是单方行使解除权而是双方都同意解除合同。

（4）法定解除

法定解除就是直接根据法律规定的解除权解除合同，它是合同解除制度中最核心、最重要的问题。《民法典》第五百六十三条规定："有下列情形之一的，当事人可以解除合同：（一）因不可抗力致使不能实现合同目的；（二）在履行期限届满之前，当事人一方明确表示或者以自己的行为表明不履行主要债务；（三）当事人一方迟延履行主要债务，经催告后在合理期限内仍未履行；（四）当事人一方迟延履行债务或者有其他违约行为致使不能实现合同目的；（五）法律规定的其他情形。以持续履行的债务为内容的不定期合同，当事人可以随时解除合同，但是应当在合理期限之前通知对方。"由此可见，法定解除可以分为三种情况：

① 不可抗力解除权。不可抗力是指不能预见、不可避免且不能克服的客观情况。发生不可抗力，就可能造成合同不能履行。这可以分为三种情况：一是如果不可抗力造成全部义务不能履行，发生解除权。二是如果造成部分义务不能履行，且部分义务履行对债权人无意义的，发生解除权。三是如果造成履行迟延，且迟延履行对债权人无意义的，发生解除权。对不可抗力造成全部义务不能履行的，合同双方当事人均具有解除权；其他情况，只有相对人拥有解除权。

② 违约解除权。当一方当事人违约，相对人在自己的债权得不到履行的情况下，依照《民法典》第五百六十三条规定，可以行使解除权而单方解除合同。同时，《民法典》第五百八十条规定："当事人一方不履行非金钱债务或者履行非金钱债务不符合约定的，对方可以请求履行，但是有下列情形之一的除外：（一）法律上或者事实上不能履行；（二）债务的标的不适于强制履行或者履行费用过高；（三）债权人在合理期限内未请求履行。有前款规定的除外情形之一，致使不能实现合同目的的，人民法院或者仲裁机构可以根据当事人的请求终止合同权利义务关系，但是不影响违约责任的承担。"对因对方当事人未履行其债务而给自身造成的损失由违约方承担违约责任。所以，解除合同常常作为违约的一种救济方法。

③ 其他解除权。其他解除权是指除上述情形以外，法律规定的其他解除权。如在合同履行时，一方当事人行使不安抗辩权，而对方未在合理期限内提供保证的，抗辩方可以行使解除权而将合同归于无效。在《民法典》合同编第二分编中就具体合同对合同解除也作出了特别规定。对于有特别规定的解除权，应当适用特别规定而不适用上述规定。

（5）解除权的行使

① 解除权行使的方式。《民法典》第五百六十五条规定："当事人一方依法主张解除合同的，应当通知对方。合同自通知到达对方时解除；通知载明债务人在一定期限内不履行债务则合同自动解除，债务人在该期限内未履行债务的，合同自通知载明的期限届满时解除。对方对解除合同有异议的，任何一方当事人均可以请求人民法院或者仲裁机构确认解除行为的效力。当事人一方未通知对方，直接以提起诉讼或者申请仲裁的方式依法主张解除合同，人民法院或者仲裁机构确认该主张的，合同自起诉状副本或者仲裁申请书副本送达对方时解除。"

② 解除权行使的期限。《民法典》第五百六十四条规定："法律规定或者当事人约定解除权行使期限，期限届满当事人不行使的，该权利消灭。法律没有规定或者当事人没有约定解除权行使期限，自解除权人知道或者应当知道解除事由之日起一年内不行使，或者

经对方催告后在合理期限内不行使的，该权利消灭。"这条规定主要是为了维护债务人的合法权益。解除权人迟迟不行使解除权对债务人十分不利，因为债务人的义务此时处于不确定的状态，如果继续履行，一旦对方解除合同，就会给自己造成损失；如果不履行，可是合同又没有解除，他此时仍然有履行的义务。所以，解除权要尽快行使，尽量缩短合同的不确定状态。

（6）合同解除后的法律后果

合同解除后，将产生终止合同的权利义务、消灭合同的效力。效力消灭分为以下三种情况：

① 合同尚未履行的，中止履行。尚未履行合同的状态与合同订立前的状态基本相同，因而解除合同只是终止了合同的权利义务。除非合同解除是因不可归责于双方当事人的事由或者不可抗力所造成的，否则，对合同解除有过错的一方，应当对另一方承担相应的损害赔偿责任。

② 合同已经履行的，根据履行情况和合同性质，当事人可以请求恢复原状或者采取其他补救措施，并有权请求赔偿损失。

a. 恢复原状是指恢复到订立合同以前的状态，它是合同解除具有溯及力的标志和后果。恢复原状一般包括如下内容：

返还原物；受领的标的物为金钱的，应当同时返还自受领时起的利息；受领的标的物生有孳息的，应当一并返还；就应当返还之物支出了必要的或者有益的费用，可以在对方得到返还时和所得利益限度内，请求返还；应当返还之物因毁损、灭失或者其他原因不能返还的，应当按照该物的价值以金钱返还。

b. 采取其他补救措施，可能有三个方面的原因：合同的性质决定了不可能恢复原状、合同的履行情况不适合恢复原状（如建筑工程合同）以及当事人对清理问题经协商达成协议。这里所说的补救措施主要是指要求对方付款、减少价款的支付或者请求返还不当得利等。

（7）合同解除后的损失赔偿

如果合同解除是由于一方当事人违反规定或者构成违约而造成的，对方在解除合同的同时，可以要求损害赔偿，赔偿范围包括：

① 债务不履行的损害赔偿。包括履行利益和信赖利益。

② 因合同解除而产生的损害赔偿。包括：

a. 债权人订立合同所支出的必要的费用。

b. 债权人因相信合同能够履行而作准备所支出的必要费用。

c. 债权人因失去同他人订立合同的机会所造成的损失。

d. 债权人已经履行合同义务，债务人因拒不履行返还给付物的义务而给债权人造成的损失。

e. 债权人已经受领债务人的给付物时，因返还该物而支出的必要费用。

（8）合同解除后违约责任和担保责任的承担

合同因违约解除的，解除权人可以请求违约方承担违约责任，但是当事人另有约定的除外。

主合同解除后，担保人对债务人应当承担的民事责任仍应当承担担保责任，但是担保合同另有约定的除外。

（9）建设工程施工合同关于合同解除的规定

①《民法典》第八百零六条规定："承包人将建设工程转包、违法分包的，发包人可以解除合同。发包人提供的主要建筑材料、建筑构配件和设备不符合强制性标准或者不履行协助义务，致使承包人无法施工，经催告后在合理期限内仍未履行相应义务的，承包人可以解除合同。合同解除后，已经完成的建设工程质量合格的，发包人应当按照约定支付相应的工程价款；已经完成的建设工程质量不合格的，参照本法第七百九十三条的规定处理。"

②《民法典》第七百九十三条规定："建设工程施工合同无效，但是建设工程经验收合格的，可以参照合同关于工程价款的约定折价补偿承包人。建设工程施工合同无效，且建设工程经验收不合格的，按照以下情形处理：（一）修复后的建设工程经验收合格的，发包人可以请求承包人承担修复费用；（二）修复后的建设工程经验收不合格的，承包人无权请求参照合同关于工程价款的约定折价补偿。发包人对因建设工程不合格造成的损失有过错的，应当承担相应的责任。"

3）抵销

（1）法定抵销的概念

法定抵销是指合同双方当事人互为债权人和债务人时，按照法律规定，各自以自己的债权充抵对方债权的清偿，而在对方的债权范围内相互消灭。

（2）法定抵销的要件

① 双方当事人互享债权互负债务。这是抵销的首要条件。

② 互负的债权的种类、品质要相同，即合同的给付在性质上以及品质上是相同的。当事人互负债务，标的物种类、品质不相同的，经协商一致，也可以抵销。

③ 互负债权必须为到期债权。即双方当事人各自的债权均已经到了清偿期，只有这样，双方才负有清偿债务的义务。

④ 不属于不能抵销的债权。

不能抵销的债权包括：

① 按照法律规定不得抵销。又分为禁止强制执行的债务、因故意侵权行为所发生的债务、约定应当向第三人给付的债务、为第三人利益的债务。

② 依合同的性质不得抵销。

③ 当事人特别约定不得抵销。

（3）法定抵销的行使与效力

《民法典》第五百六十八条规定，当事人主张抵销的，应当通知对方。通知自到达对方时生效。抵销不得附条件或者附期限。

4）提存

（1）提存的概念

提存是指由于债权人的原因而使得债务人无法向其交付合同的标的物时，债务人将该标的物提交提存机关而消灭债务的制度。

（2）提存的条件

① 提存人具有行为能力，意思表示真实。

② 提存的债务真实、合法。

③ 存在提存的原因。包括债权人无正当理由拒绝受领、债权人下落不明、债权人死亡未确定继承人、遗产管理人，或者丧失民事行为能力未确定监护人，以及法律规定的其他情形。标的物不适于提存或者提存费用过高的，债务人依法可以拍卖或者变卖标的物，提存所得的价款。

④ 存在适宜提存的标的物。

⑤ 提存标的物与债的标的物相符。

（3）提存的方法与效力

债务人将标的物依法拍卖、变卖所得价款交付提存部门时，提存成立。提存成立的，视为债务人在其提存范围内已经交付了标的物。

标的物提存后，债务人应当及时通知债权人或者债权人的继承人、遗产管理人、监护人、财产代管人。

标的物提存后，毁损、灭失的风险由债权人承担。提存期间，标的物的孳息归债权人所有。提存费用由债权人负担。

债权人可以随时领取提存物。但是，债权人对债务人负有到期债务的，在债权人未履行债务或者提供担保之前，提存部门根据债务人的要求应当拒绝其领取提存物。

债权人领取提存物的权利，自提存之日起五年内不行使而消灭，提存物扣除提存费用后归国家所有。但是，债权人未履行对债务人的到期债务，或者债权人向提存部门书面表示放弃领取提存物权利的，债务人负担提存费用后有权取回提存物。

5）债权人免除债务

（1）免除债务的概念

免除债务是指债权人以消灭债务人的债务为目的而抛弃或者放弃债权的行为。

（2）免除债务的条件

① 免除人应当对免除的债权拥有处分权，并且不损害第三人的利益。

② 免除应当由债权人向债务人作出抛弃债权的意思表示。

③ 免除应当是无偿的。

（3）免除债务的效力

免除债务发生后，债权债务关系消灭。免除部分债务的，部分债务消灭；免除全部债务的，全部债务消灭，与债务相对应的债权也消灭。因债务消灭的结果，债务的从债务也同时归于消灭。但是债务人在合理期限内拒绝的除外。

6）债权债务混同

（1）债权债务混同的概念

债权债务混同是指因债权债务同归于一人而引起合同终止的法律行为。

（2）混同的效力

混同是债的主体变为同一人而使合同全部终止，消灭因合同而产生的债的关系。但是，在法律另有规定或者合同的标的涉及第三人的利益时，混同不发生债权债务消灭的效力。

2.7 违反合同的责任

2.7.1 合同违约责任的特点

违约责任是指合同当事人因违反合同约定而不履行债务所应当承担的责任。违约责任和其他民事责任相比较，有以下一些特点：

1）是一种单纯的民事责任

民事责任分为侵权责任和违约责任两种。尽管违约行为可能导致当事人必须承担一定的行政责任或者刑事责任，但违约责任仅限于民事责任。违约责任的后果承担形式有继续履行、采取补救措施、赔偿损失、支付违约金、定金罚则等。

2）是当事人违反合同义务产生的责任

违约责任是合同当事人不履行合同义务，或者履行合同义务不符合约定而产生的法律责任，它以合同的存在为基础。这就要求合同本身必须有效，这样合同的权利义务才能受到法律的保护。对于合同不成立、无效合同、被撤销的合同都不可能产生违约责任。

3）具有相对性

违约责任的相对性体现在：

（1）违约责任仅存在于合同当事人之间，一方违约的，由违约方向另一方承担违约责任；双方都违约，各自就违约部分向对方承担违约责任。违约方不得将责任推卸给他人。

（2）在因第三人的原因造成债务人不能履行合同义务或者履行合同义务不符合约定的情况下，债务人仍然应当向债权人承担违约责任，而不是由第三人直接承担违约责任。

（3）违约责任不涉及合同以外的第三人，违约方只向债权人承担违约责任，而不向国家或者第三人承担责任。

4）具有法定性和任意性双重特征

违约责任的任意性体现在合同当事人可以在法律规定的范围内，通过协议对双方当事人的违约责任事先作出规定，其他人对此不得进行干预。违约责任的法定性表现在：

（1）在合同当事人事先没有在合同中约定违约责任条款的情况下，在合同履行过程中，如果当事人不履行或者履行不符合约定时，违约方并不能因合同中没有违约责任条款而免除责任。《民法典》规定，当事人一方不履行合同义务或者履行合同义务不符合约定的，应当承担继续履行、采取补救措施或者赔偿损失等违约责任。

（2）当事人约定的违约责任条款作为合同内容的一部分，也必须符合法律关于合同的成立与生效要件的规定，如果事先约定的违约责任条款不符合法律规定，则这些条款将被认定为无效或者被撤销。

5）具有补偿性和惩罚性双重属性

违约责任的补偿性是指违约责任的主要目的在于弥补或者补偿非违约方因对方违约行为而遭受的损失，违约方通过承担损失的赔偿责任，弥补违约行为给对方当事人造成的损害后果。

违约责任的惩罚性体现在如果合同中约定了违约金或者法律直接规定了违约金，当合同当事人一方违约时，即使没有给相对方造成实际损失，或者造成的损失没有超过违约金，违约方也应当按照约定或者法律的规定支付违约金，这完全体现了违约金的惩罚性；如果造成的损失超过了违约金，违约方还应当对超过的部分进行补偿，这体现了补偿性。

2.7.2 违约责任的构成要件

违约责任的构成要件是确定合同当事人是否应当承担违约责任、承担何种违约责任的依据，这对于保护合同双方当事人的合法权益有着重要意义。违约责任的构成要件包括：

1）一般构成要件

合同当事人必须有违约行为。违约责任实行严格责任制度，违约行为是违约责任的首要条件，只要合同当事人有不履行合同义务或者履行合同义务不符合约定的事实存在，除了发生符合法定的免责条件的情形外，无论他主观是否有过错，都应当承担违约责任。

2）特殊构成要件

除了一般构成要件以外，对于不同的违约责任形式还必须具备一定的特定条件。违约责任的特殊构成要件因违约责任形式的不同而不同。

（1）损害赔偿责任的特殊构成要件

① 有因违约行为而导致损害的事实。一方面，损害必须是实际发生的损害，对于尚未发生的损害，不能赔偿；另一方面，损害是可以确定的，受损方可以通过举证加以确定。

② 违约行为与损害事实之间必须有因果关系。违约方在实施违约行为时必然会引起某些事实结果的发生，如果这些结果中包括对方当事人因违约方的违约行为而遭受损失，则违约方必须对此承担损害赔偿责任，以补偿对方的损失。如果违约行为与损害事实之间并没有因果关系，则违约方不需要对该损害承担赔偿责任。

（2）违约金责任形式的特殊构成要件

① 当事人在合同中事先约定了违约金，或者法律对违约金作出了规定。

② 当事人对违约金的约定符合法律规定，违约金是有效的。

（3）强制实际履行的特殊构成要件

① 非违约方在合理的期限内要求违约方继续履行合同义务。非违约方必须在合理的期限内通知对方，要求对方继续履行。否则超过了期限规定，违约方不能以继续履行来承担违约责任。

② 违约方有继续履行的能力。如果违约方因客观原因而失去了继续履行能力，非违约方也不得强迫违约方实际履行。

③ 合同债务可以继续履行。《民法典》第五百八十条规定："当事人一方不履行非金钱债务或者履行非金钱债务不符合约定的，对方可以请求履行，但是有下列情形之一的除外：（一）法律上或者事实上不能履行；（二）债务的标的不适于强制履行或者履行费用过高；（三）债权人在合理期限内未请求履行。有前款规定的除外情形之一，致使不能实现合同目的的，人民法院或者仲裁机构可以根据当事人的请求终止合同权利义务关系，但是不影响违约责任的承担。"

2.7.3 违约行为的种类

违约行为是违约责任产生的根本原因，没有违约行为，合同当事人一方就不应当承担违约责任。而不同的违约行为所产生的后果又各不相同，从而导致违约责任的形式也有所不同。按照我国《民法典》的规定，违约行为可分为预期违约和实际违约两种形式。预期违约又可分为明示毁约和默示毁约；实际违约可分为不履行合同义务和履行合同义务不符合约定。

1）预期违约

（1）预期违约的概念

预期违约又称为先期违约，是指在合同履行期限届满之前，一方当事人无正当理由而明确地向对方表示，或者以自己的行为表明将来不履行合同义务的行为。预期违约可分为明示毁约和默示毁约两种形式：明确地向对方表示不履行的，为明示毁约；以自己的行为表明不履行的，为默示毁约。

（2）预期违约的构成要件

① 在合同履行期限届满之前有将不履行合同义务的行为。在明示毁约的情况下，违约方必须明确作出将不履行合同义务的意思表示。在默示毁约的情况下，违约方的行为必须能够使对方当事人预料到，在合同履行期限届满时违约方将不履行合同义务。

② 毁约行为必须发生在合同生效后履行期限届满之前。预期违约是针对违约方在合同履行期限届满之前的毁约行为，如果在合同有效成立之前发生，则合同不会成立；如果是在合同履行期限届满之后发生，则为实际违约。

③ 毁约必须是对合同中实质性义务的违反。如果当事人预期违约的行为只是不履行合同中的非实质性义务，则该行为不会造成合同的根本目的不能实现，而只是实现的目标出现了偏差，这样的行为不属于预期违约。

④ 违约方不履行合同义务无正当理由。如果债务人有正当理由拒绝履行合同义务的，如诉讼时效届满、发生不可抗力等，则他的行为不属于预期违约。

（3）预期违约的法律后果

① 解除合同。当合同一方当事人以明示或者默示的方式表明他将在合同的履行期限届满时不履行或者不能履行合同义务，另一方当事人即享有法定的解除权，他可以单方面解除合同，同时要求对方承担违约责任。但是，解除合同的意思表示必须以明示的方式作出，在该意思表示到达违约方时即产生合同解除的效力。

② 债权人有权在合同的履行期限届满之前要求预期违约责任方承担违约责任。在预期违约情况下，为了使自己尽快从已经不能履行的合同中解脱出来，债权人有权要求违约方承担违约责任。《民法典》第五百七十八条规定："当事人一方明确表示或者以自己的行为表明不履行合同义务的，对方可以在履行期限届满前请求其承担违约责任。"

③ 履行期限届满后要求对方承担违约责任。预期违约是在合同履行期限届满之前的行为，这并不代表违约方在履行期限届满时就一定不会履行合同义务，他仍然有履行合同义务的可能性。所以，债权人也可以出于某种考虑，等到履行期限届满后，对方的预期违约行为变为实际违约时，再要求违约方承担违约责任。

2）不履行合同义务

不履行合同义务是指在合同生效后，当事人根本不按照约定履行合同义务。可分为履行不能、拒绝履行两种情况。履行不能是指合同当事人一方出于某些特定的事由而不履行或者不能履行合同义务。这些事由分为客观事由与主观事由。如果不履行或者不能履行是由于不可归责于债务人的事由产生的，则可以就履行不能的范围免除债务人的违约责任。拒绝履行是指在履行期限届满后，债务人能够履行却在无抗辩事由的情形下拒不履行合同义务的行为。这是一种比较严重的违约行为，是对债权的积极损害。

（1）拒绝履行的构成要件

① 存在合法有效的债权债务关系。

② 债务人向债权人拒不履行合同义务。

③ 拒绝履行合同义务无正当理由。

④ 拒绝履行是在履行期限届满后作出的。

（2）拒绝履行的法律后果

如果违约方拒绝履行合同义务，则他必须承担以下法律后果：

① 实际履行。如果违约方不履行合同义务，无论他是否已经承担损害赔偿责任或者违约金责任，都必须根据相对方的要求，并在能够履行的情况下，按照约定继续履行合同义务。

② 解除合同。违约方拒绝履行合同义务，表明了他不愿意继续受合同的约束，此时，相对方也有权选择解除合同的方式，同时可以向违约方主张要求其承担损害赔偿责任或者违约金责任。

③ 赔偿损失或者支付违约金、承担定金罚则。违约方拒绝履行合同义务，相对方根据实际情况可以选择强制实际履行或者解除合同后，相对人仍然有因违约方违约而遭受损害时，相对人有权要求违约方继续履行损害赔偿责任，也可以根据约定要求违约方按照约定，向相对人支付违约金或者定金罚则。

3）履行合同义务不符合约定

履行合同义务不符合约定又称不适当履行或者不完全履行，是指虽然当事人一方有履行合同义务的行为，但是其履行违反了合同约定或者法律规定。按照其特点，不适当履行又分为以下几种：

（1）迟延履行。即违约方在履行期限届满之后才作出的履行行为，或者履行未能在约定的履行期限内完成。

（2）瑕疵给付。指债务人没有完全按照合同的约定履行合同义务。

（3）提前履行。指债务人在约定的履行期限尚未届满时就履行完合同义务。

对于以上这些不适当履行，债务人都应当承担违约责任，但对提前履行，法律另有规定或者当事人另有约定的除外。

2.7.4　违约责任的承担形式

当合同当事人一方在合同履行过程中出现违约行为，在一般情况下他必须承担违约责任。违约责任的形式有以下几种：

1）继续履行

（1）继续履行的概念

如果违约方不履行合同义务，无论他是否已经承担损害赔偿责任或者违约金责任，都必须根据相对方的要求，并在能够履行的情况下，按照约定继续履行合同义务。继续履行又称强制继续履行，即如果违约方出现违约行为，非违约方可以借助于国家的强制力使其继续按照约定履行合同义务。要求违约方继续履行是合同法赋予债权人的一种权利，其目的主要是为了维护债权人的合法权益，保证债权人在违约方违约的情况下，还可以实现订立合同的目的。

（2）继续履行的构成要件

① 违约方在履行合同义务过程中有违约行为。

② 非违约方在合理期限内要求违约方继续履行合同义务。

③ 违约方能够继续履行合同义务，一方面违约方有履行合同义务的能力；另一方面合同义务是可以继续履行的。

（3）继续履行的例外

由于合同的性质等原因，有些债务主要是非金钱债务，当违约方出现违约行为后，该债务不适合继续履行。对此，《民法典》作了专门的规定，包括：

① 法律上或者事实上不能履行。

② 债务的标的不适于强制履行或者履行费用过高。

③ 债权人未在合理期限内要求违约方继续履行合同义务。

《民法典》第五百八十一条规定："当事人一方不履行债务或者履行债务不符合约定，根据债务的性质不得强制履行的，对方可以请求其负担由第三人替代履行的费用。"

2）采取补救措施

（1）采取补救措施的含义

补救措施是指在发生违约行为后，为防止损失的发生或者进一步扩大，违约方按照法律规定或者约定以及双方当事人的协商，采取修理、更换、重做、退货、减少价款或者报酬、补充数量、物资处置等手段，弥补或者减少非违约方的损失的一种违约责任形式。

采取补救措施有两层含义：一是违约方通过对已经作出的履行予以补救，如修理、更换、维修标的物等使履行符合约定；二是采取措施避免或者减少债权人的违约损失。

（2）采取补救措施的条件

① 违约方已经完成履行行为但履行质量不符合约定。

② 采取补救措施必须具有可能性。

③ 补救对于债权人而言是可行的，即采取补救措施并不影响债权人订立合同的根本目的。

④ 补救行为必须符合法律规定、约定或者经债权人同意。

3）赔偿损失

（1）赔偿损失的含义

赔偿损失是指违约方不履行合同义务或者履行合同义务不符合约定而给对方造成损失时，按照法律规定或者合同约定，违约方应当承担受损害方的违约损失的一种违约责任形式。

《民法典》第五百八十三条规定："当事人一方不履行合同义务或者履行合同义务不符合约定的，在履行义务或者采取补救措施后，对方还有其他损失的，应当赔偿损失。"

《民法典》第五百八十九条规定："债务人按照约定履行债务，债权人无正当理由拒绝受领的，债务人可以请求债权人赔偿增加的费用。在债权人受领迟延期间，债务人无须支付利息。"

（2）损害赔偿的适用条件

① 违约方在履行合同义务过程中发生违约行为。

② 债权人有损害的事实。

③ 违约行为与损害事实之间必须有因果关系。

（3）损害赔偿的基本原则

① 完全赔偿原则。完全赔偿原则是指违约方应当对其违约行为所造成的全部损失承担赔偿责任。设置完全赔偿原则的目的是补偿债权人因债务人违约所造成的损失，所以，损害的赔偿范围除了包括该违约行为给债权人所造成的直接损害外，还包括该违约行为给债权人的可得利益的损害。

② 合理限制原则。完全赔偿原则是为了保护债权人免于遭受违约损失，因此是完全站在债权人的立场上，根据公平合理原则，债权人也不能擅自夸大损害事实而给违约方造成额外损失。对此，《民法典》也对债权人要求赔偿的范围进行了限制性规定，包括：

a. 应当预见规则。《民法典》第五百八十四条规定："当事人一方不履行合同义务或者履行合同义务不符合约定，造成对方损失的，损失赔偿额应当相当于因违约造成的损失，包括合同履行后可以获得的利益；但是，不得超过违约一方订立合同时预见到或者应当预见到的因违约可能造成的损失。"

b. 减轻损害规则。《民法典》第五百九十一条规定："当事人一方违约后，对方应当采取适当措施防止损失的扩大；没有采取适当措施致使损失扩大的，不得就扩大的损失请求赔偿。当事人因防止损失扩大而支出的合理费用，由违约方承担。"

c. 损益相抵规则。损益相抵规则是指受违约损失方基于违约行为而发生违约损失的同时，又由于违约行为而获得一定的利益或者减少了一定的支出，受损方应当在其应得的损害赔偿额中，扣除其所得的利益部分。

（4）损害赔偿的计算

① 法定损害赔偿。即法律直接规定违约方应当向受损方赔偿损失时损害赔偿额的计算方法。如上文中所说的应当预见规则、减轻损害规则以及损益相抵规则，都属于《民法典》对于损害赔偿的直接规定。

② 约定损害赔偿。即合同当事人双方在订立合同时预先约定违约金或者损害赔偿金额的计算方法。《民法典》第五百八十五条规定："当事人可以约定一方违约时应当根据违约情况向对方支付一定数额的违约金，也可以约定因违约产生的损失赔偿额的计算方法。"

4）违约金

（1）违约金的概念

违约金是指当事人在合同中或订立合同后约定的，或者法律直接规定的，违约方发生违约行为时向另一方当事人支付一定数额的货币。

（2）违约金的特点

① 违约金具有约定性。对于约定违约金来说，是双方当事人协商一致的结果，是否约定违约金、违约金的具体数额都是由当事人双方协商确定的。对于法定违约金来说，法律仅规定了违约金的支付条件及违约金的大小范围，至于违约金的具体数额还是由双方当事人另行商定。

② 违约金具有预定性。约定违约金的数额是合同当事人预先在订立合同时确定的，

法定违约金也是由法律直接规定了违约金的上下浮动的范围。一方面，由于当事人知道违约金的情况，这样在合同履行过程中，违约金可以对当事人起着督促作用；另一方面，一旦违约行为发生了，双方对违约责任的处理明确简单。

③ 违约金是独立于履行行为以外的给付。违约金是违约方不履行合同义务或者履行合同义务不符合约定时向债权人支付的一定数额的货币，它并不是主债务，而是一种独立于合同义务以外的从债务。如果违约行为发生后，债权人仍然要求违约方履行合同义务而且违约方具有继续履行的可能性，违约方不得以支付违约金为由而免除继续履行合同义务的责任。

④ 违约金具有补偿性和担保性双重作用。违约金可以分为赔偿性违约金和惩罚性违约金。赔偿性违约金的目的是为了补偿债权人因债务人违约而造成的损失，这表现了违约金的补偿性；惩罚性违约金的目的是为了对违约行为进行惩罚和制裁，与违约造成的实际损失没有必然的联系，违约金的支付是以当事人有违约行为为前提，而不必证明债权人的实际损失究竟有多大，这体现了违约金具有明显的惩罚性。这是违约金不同于一般的损失赔偿金的最显著的地方，也是违约金担保作用的具体体现。

（3）约定违约金的构成要件

① 违约方存在违约行为。

② 有违约金的约定。

③ 约定的违约金条款或者补充协议必须有效。

④ 约定违约金的数额不得与违约造成的实际损失有着悬殊的差别。

《民法典》第五百八十五条规定，约定的违约金低于造成的损失的，人民法院或者仲裁机构可以根据当事人的请求予以增加；约定的违约金过分高于造成的损失的，人民法院或者仲裁机构可以根据当事人的请求予以适当减少。当事人就迟延履行约定违约金的，违约方支付违约金后，还应当履行债务。

5）定金

（1）定金的概念

定金是指合同双方当事人约定的，为担保合同的顺利履行，在订立合同时，或者订立后履行前，按照合同标的的一定比例，由一方当事人向对方给付一定数额的货币或者其他替代物。

（2）定金的特点

① 定金属于金钱担保。

② 定金的标的物为金钱或其他替代物。

③ 定金是预先交付的。

④ 定金同时也是违约责任的一种形式。

（3）定金与工程预付款的区别

定金与预付款都是当事人双方约定的，在合同履行期限届满之前由一方当事人向对方给付的一定数额的金钱，合同履行结束后可以抵作合同价款。二者的本质区别为：

① 定金的作用是担保；而预付款的主要作用是为对方顺利履行合同义务在资金上提供帮助。

② 交付定金的合同是从合同；而预付款的协议是合同内容的组成部分。

③ 定金合同只有在交付定金时才能成立；预付款主要在合同中约定合同生效时即可成立。

④ 定金合同的双方当事人在不履行合同义务时适用定金罚则；预付款交付后，不履行合同不会发生被没收或者双倍返还的效力。

⑤ 定金适用于以金钱或者其他替代物履行义务的合同；预付款只适用于以金钱履行合同义务的合同。

⑥ 定金一般为一次性给付；预付款可以分期支付。

⑦ 定金有最高限额，《民法典》规定，定金的数额由当事人约定，但是，不得超过主合同标的额的百分之二十；而预付款除了不得超过合同标的总额以外，没有最高限额的规定。

（4）定金的种类

① 立约定金。即当事人为保证以后订立合同而专门设立的定金，如工程招标投标中的投标保证金。

② 成约定金。即以定金的交付作为主合同成立要件的定金。

③ 证约定金。即以定金作为订立合同的证据，证明当事人之间存在合同关系而设立的定金。

④ 违约定金。即定金交付后，当事人一方不履行主合同义务时按照定金罚则承担违约责任。

⑤ 解约定金。即当事人为保留单方面解除合同的权利而交付的定金。

（5）定金的构成要件

① 相应的主合同及定金合同有效存在。定金合同是担保合同，其目的在于保证主合同能够实现。所以定金合同是一种从合同，是以主合同的存在为存在的前提，并随着主合同的消灭而消灭。同时，定金必须是当事人双方完全一致的意思表示，并且定金合同必须采用书面形式。

② 有定金的支付。定金具有先行支付性，定金的支付一定早于合同的履行期限，这是定金能够具备担保作用的前提条件。

③ 一方当事人有违约行为。当违约方的违约行为构成拒绝履行或者预期违约的，适用定金罚则。对于履行不符合约定的，只有在违约行为构成根本违约的情况下，才能适用定金罚则。

④ 不履行合同一方不存在不可归责的事由。如果不履行合同义务是由于不可抗力或者其他法定的免责事由造成的，不履行一方不承担定金责任。

⑤ 定金数额不得超过规定。《民法典》第五百八十六条规定："当事人可以约定一方向对方给付定金作为债权的担保。定金合同自实际交付定金时成立。定金的数额由当事人约定；但是，不得超过主合同标的额的百分之二十，超过部分不产生定金的效力。实际交付的定金数额多于或者少于约定数额的，视为变更约定的定金数额。"

（6）定金的效力

① 所有权的转移。定金一旦给付，即发生所有权的转移。收受定金一方取得定金的所有权是定金给付的首要效力，也是定金具备预付款性质的前提。

② 抵作权。在合同完全履行以后，定金可以抵作价款或者收回。

③ 没收权。如果支付定金一方因发生可归责于其的事由而不履行合同义务时，则适用于定金罚则，收受定金一方不再负返还义务。

④ 双倍返还权。如果收受定金一方因发生可归责于其的事由而不履行合同义务时，则适用于定金罚则，收受定金一方必须承担双倍返还定金的义务。

6）价格制裁

价格制裁是指执行政府定价或者政府指导价的合同当事人，由于逾期履行合同义务而遇到价格调整时，在原价格和新价格中执行对违约方不利的价格。《民法典》第五百一十三条规定，逾期交付标的物的，遇价格上涨时，按照原价格执行；价格下降时，按照新价格执行。逾期提取标的物或者逾期付款的，遇价格上涨时，按照新价格执行；价格下降时，按照原价格执行。由此可见，价格制裁对违约方来说，是一种惩罚，对债权人来说，是一种补偿其因违约所遭受损失的措施。

7）违约责任各种形式相互之间的适用情况

（1）继续履行与采取补救措施

继续履行与采取补救措施是两种相互独立的违约责任承担方式，在实际操作中，一般不会被同时适用。强制继续履行是以最终保证合同的全部权利得到实现、全部义务得到履行为目的，适用于债务人不履行合同义务的情形。

采取补救措施主要是通过补救措施，使被履行而不符合约定的合同义务能够完全得到或者基本得到履行。采取补救措施主要适用于债务人履行合同义务不符合约定的情形，尤其是质量达不到约定的情况。

（2）继续履行、采取补救措施与解除合同

无论是继续履行还是采取补救措施，其目的都是要使合同的权利义务最终得到实现，它们都属于积极的承担违约责任的形式。而解除合同属于一种消极的违约责任承担方式，一般适用于违约方的违约行为导致合同的权利义务已经不可能实现或者实现合同目的已经没有实际意义的情况。因此，继续履行及采取补救措施与解除合同之间属于两种相互矛盾的违约责任形式，两者不能被同时适用。

（3）继续履行（或采取补救措施）与赔偿损失（违约金或定金）

违约金的基本特征与赔偿损失一样，体现在它的补偿性，主要适用于当违约方的违约行为给非违约方造成损害时而提供的一种救济手段，这与继续履行（或采取补救措施）并不矛盾。所以，在承担违约责任时，赔偿损失（或违约金）可以与继续履行（或采取补救措施）同时采用。

违约金在特殊情况下与定金一样，体现在它的惩罚性，这是对违约方违约行为的一种制裁手段。但无论是继续履行还是采取补救措施都不具备这一功能，而且二者之间并不矛盾。所以，在承担违约责任时，定金（或违约金）可以与继续履行（或采取补救措施）同时采用。

需要说明的是，如果违约金是可以替代履行的，即当违约方按照约定交付违约金后，便可以免除违约方的合同履行责任，则违约金与继续履行或者采取补救措施不能同时并存；同样，如果定金是解约定金，则定金同样与继续履行或者采取补救措施不能同时并存。

（4）赔偿损失与违约金

若违约金的性质体现出赔偿性，则违约金被视为损害赔偿额的预定标准，其目的在于补偿债权人因债务人的违约行为所造成的损失。因此，违约金可以替代损失赔偿金，当债务人支付违约金以后，债权人不得要求债务人再承担支付损失赔偿金的责任。所以，违约金与损害赔偿不能同时并用。

（5）定金与违约金

《民法典》第五百八十八条规定："当事人既约定违约金，又约定定金的，一方违约时，对方可以选择适用违约金或者定金条款。定金不足以弥补一方违约造成的损失的，对方可以请求赔偿超过定金数额的损失。"当定金属于违约定金时，其性质与违约金相同。因此，两者不能同时并用。当定金属于解约定金时，其目的是解除合同，而违约金不具备此功能。因此，解约定金与违约金可以同时使用。当定金属于证约定金或成约定金时，与违约金的目的、性质和功能上俱不相同，所以两者可以同时使用。

（6）定金与损害赔偿

定金可以与损害赔偿同时使用，并可以独立计算。但在实际操作中可能会出现定金与损害赔偿的并用超过合同总价的情况，因此必须对定金的数额进行适当限制。

2.7.5　《民法典》及《新司法解释》关于工程承包违约行为的责任承担

1）《民法典》关于工程承包违约行为的责任承担

（1）《民法典》第八百条规定："勘察、设计的质量不符合要求或者未按照期限提交勘察、设计文件拖延工期，造成发包人损失的，勘察人、设计人应当继续完善勘察、设计，减收或者免收勘察、设计费并赔偿损失。"

（2）《民法典》第八百零一条规定："因施工人的原因致使建设工程质量不符合约定的，发包人有权要求施工人在合理期限内无偿修理或者返工、改建。经过修理或者返工、改建后，造成逾期交付的，施工人应当承担违约责任。"

（3）《民法典》第八百零二条规定："因承包人的原因致使建设工程在合理使用期限内造成人身损害和财产损失的，承包人应当承担赔偿责任。"

（4）《民法典》第八百零三条规定："发包人未按照约定的时间和要求提供原材料、设备、场地、资金、技术资料的，承包人可以顺延工程日期，并有权要求赔偿停工、窝工等损失。"

（5）《民法典》第八百零四条规定："因发包人的原因致使工程中途停建、缓建的，发包人应当采取措施弥补或者减少损失，赔偿承包人因此造成的停工、窝工、倒运、机械设备调迁、材料和构件积压等损失和实际费用。"

（6）《民法典》第八百零五条规定："因发包人变更计划，提供的资料不准确，或者未按照期限提供必需的勘察、设计工作条件而造成勘察、设计的返工、停工或者修改设计，发包人应当按照勘察人、设计人实际消耗的工作量增付费用。"

（7）《民法典》第八百零七条规定："发包人未按照约定支付价款的，承包人可以催告发包人在合理期限内支付价款。发包人逾期不支付的，除根据建设工程的性质不宜折价、拍卖外，承包人可以与发包人协议将该工程折价，也可以请求人民法院将该工程依法拍卖。建设工程的价款就该工程折价或者拍卖的价款优先受偿。"

（8）《民法典》第一千二百五十二条规定："建筑物、构筑物或者其他设施倒塌、塌陷造成他人损害的，由建设单位与施工单位承担连带责任，但是建设单位与施工单位能够证明不存在质量缺陷的除外。建设单位、施工单位赔偿后，有其他责任人的，有权向其他责任人追偿。"

2）《新司法解释》关于工程承包违约行为的责任承担

（1）《新司法解释》第十二条规定："因承包人的原因造成建设工程质量不符合约定，承包人拒绝修理、返工或者改建，发包人请求减少支付工程价款的，人民法院应予支持。"

（2）《新司法解释》第十三条规定："发包人具有下列情形之一，造成建设工程质量缺陷，应当承担过错责任：（一）提供的设计有缺陷；（二）提供或者指定购买的建筑材料、建筑构配件、设备不符合强制性标准；（三）直接指定分包人分包专业工程。承包人有过错的，也应当承担相应的过错责任。"

（3）《新司法解释》第十四条规定："建设工程未经竣工验收，发包人擅自使用后，又以使用部分质量不符合约定为由主张权利的，人民法院不予支持；但是承包人应当在建设工程的合理使用寿命内对地基基础工程和主体结构质量承担民事责任。"

（4）《新司法解释》第十六条规定："发包人在承包人提起的建设工程施工合同纠纷案件中，以建设工程质量不符合合同约定或者法律规定为由，就承包人支付违约金或者赔偿修理、返工、改建的合理费用等损失提出反诉的，人民法院可以合并审理。"

（5）《新司法解释》第十八条规定："因保修人未及时履行保修义务，导致建筑物毁损或者造成人身损害、财产损失的，保修人应当承担赔偿责任。保修人与建筑物所有人或者发包人对建筑物毁损均有过错的，各自承担相应的责任。"

（6）《新司法解释》第二十三条规定："发包人将依法不属于必须招标的建设工程进行招标后，与承包人另行订立的建设工程施工合同背离中标合同的实质性内容，当事人请求以中标合同作为结算建设工程价款依据的，人民法院应予支持，但发包人与承包人因客观情况发生了在招标投标时难以预见的变化而另行订立建设工程施工合同的除外。"

（7）《新司法解释》第三十五条规定："与发包人订立建设工程施工合同的承包人，依据民法典第八百零七条的规定请求其承建工程的价款就工程折价或者拍卖的价款优先受偿的，人民法院应予支持。"

（8）《新司法解释》第三十六条规定："承包人根据民法典第八百零七条规定享有的建设工程价款优先受偿权优于抵押权和其他债权。"

（9）《新司法解释》第三十七条规定："装饰装修工程具备折价或者拍卖条件，装饰装修工程的承包人请求工程价款就该装饰装修工程折价或者拍卖的价款优先受偿的，人民法院应予支持。"

（10）《新司法解释》第三十八条规定："建设工程质量合格，承包人请求其承建工程的价款就工程折价或者拍卖的价款优先受偿的，人民法院应予支持。"

（11）《新司法解释》第三十九条规定："未竣工的建设工程质量合格，承包人请求其承建工程的价款就其承建工程部分折价或者拍卖的价款优先受偿的，人民法院应予支持。"

（12）《新司法解释》第四十条规定："承包人建设工程价款优先受偿的范围依照国务院有关行政主管部门关于建设工程价款范围的规定确定。承包人就逾期支付建设工程价款的利息、违约金、损害赔偿金等主张优先受偿的，人民法院不予支持。"

（13）《新司法解释》第四十一条规定："承包人应当在合理期限内行使建设工程价款

优先受偿权，但最长不得超过十八个月，自发包人应当给付建设工程价款之日起算。"

（14）《新司法解释》第四十二条规定："发包人与承包人约定放弃或者限制建设工程价款优先受偿权，损害建筑工人利益，发包人根据该约定主张承包人不享有建设工程价款优先受偿权的，人民法院不予支持。"

2.8　合同纠纷的解决

2.8.1　当事人对合同文件的解释

合同应当是合同当事人双方完全一致的意思表示。但是，在实际操作中，由于各个方面的原因，如当事人的经验不足、素质不高、出于疏忽或是故意，对合同应当包括的条款未作明确规定，或者对有关条款用词不够准确，从而导致合同内容表达不清楚。表现在：合同中出现错误、矛盾以及两义性解释；合同中未作出明确解释，但在合同履行过程中发生了事先未考虑到的事件；合同履行过程中出现超出合同范围的事件，使得合同全部或者部分归于无效等。

一旦在合同履行过程中产生上述问题，合同当事人双方就有可能会对合同文件的理解出现偏差，从而导致合同争议。因此，如何对内容表达不清楚的合同进行正确的解释就显得尤为重要。

《民法典》第四百六十六条规定："当事人对合同条款的理解有争议的，应当依据本法第一百四十二条第一款的规定，确定争议条款的含义。合同文本采用两种以上文字订立并约定具有同等效力的，对各文本使用的词句推定具有相同含义。各文本使用的词句不一致的，应当根据合同的相关条款、性质、目的以及诚信原则等予以解释。"第一百四十二条第一款规定（部分文字内容）："有相对人的意思表示的解释，应当按照所使用的词句，结合相关条款、行为的性质和目的、习惯以及诚信原则，确定意思表示的含义。"

由此可见，合同的解释原则主要有以下几种：

1）词句解释

这种解释的原则是首先应当确定当事人双方的共同意图，据此确定合同所使用的词句和合同有关条款的含义。如果仍然不能作出明确解释，就应当根据与当事人具有同等地位的人处于相同情况下可能作出的理解来进行解释。其规则有：

（1）排他规则。如果合同中明确提及属于某一特定事项的某些部分而未提及该事项的其他部分，则可以推定为其他部分已经被排除在外。例如，某承包商与业主就某酒楼的装修工程达成协议。该酒楼包括 2 个大厅、20 个包厢和 1 个歌舞厅。在签订的合同中没有对该酒楼是全部装修还是部分装修作出具体规定，在招标文件的工程量表中仅仅开列了包括大厅和包厢在内的工程的装修要求，对歌舞厅未作要求。在工程实施过程中双方产生争议。根据上述规则，应当认为该装修合同中未包含歌舞厅的装修在内。

（2）对合同条款起草人的不利规则。虽然合同是经过双方当事人平等协商而作出的一致的意思表示，但是在实际操作过程中，合同往往是由当事人一方提供的，提供方可以根据自己的意愿对合同提出要求。这样，他对合同条款的理解应该更为全面。如果因合同的词义而产生争议，则起草人应当承担由于选用词句的含义不清而带来的风险。

（3）主张合同有效的解释优先规则。双方当事人订立合同的根本目的就是为了正确、完整地享有合同权利，履行合同义务，即希望合同最终能够得以实现。如果在合同履行过程中双方产生争议，其中有一种解释可以从中推断出若按照此解释合同仍然可以继续履行，而从其他各种对合同的解释中可以推断出合同将归于无效而不能履行，此时，应当按照主张合同仍然有效的方法来对合同进行解释。

2）整体解释

这种解释原则是指当双方当事人对合同产生争议后，应当从合同整体出发，联系合同条款上下文，从总体上对合同条款进行解释，而不能断章取义，割裂合同条款之间的联系来进行片面解释。整体解释原则包括：

（1）同类相容规则。即如果有两项以上的条款都包含同样的语句，而前面的条款又对此赋予特定的含义，则可以推断其他条款所表达的含义和前面一样。

（2）非格式条款优先于格式条款规则。即当格式合同与非格式合同并存时，如果格式合同中的某些条款与非格式合同相互矛盾时，应当按照非格式条款的规定执行。

3）合同目的解释

这种解释原则的要义是肯定符合合同目的的解释，排除不符合合同目的的解释。例如，在某装修工程合同中没有对材料的防火阻燃等要求进行事先约定，在施工过程中，承包商采用了易燃材料，业主对此产生异议。在此案例中，虽然业主未对材料的防火性能作出明确规定，但是，根据合同目的，装修好的工程必须符合《中华人民共和国消防法》的规定。所以，承包商应当采用防火阻燃材料进行装修。

4）交易习惯解释

这种解释原则是指按照该国家、该地区、该行业所采用的惯例进行解释。

5）诚实信用原则解释

诚实信用原则是合同订立和合同履行的最根本的原则，因此，无论对合同的争议采用何种方法进行解释，都不能违反诚实信用原则。

2.8.2　关于建设工程合同争议的司法解释

（1）《新司法解释》第八条规定："当事人对建设工程开工日期有争议的，人民法院应当分别按照以下情形予以认定：（一）开工日期为发包人或者监理人发出的开工通知载明的开工日期；开工通知发出后，尚不具备开工条件的，以开工条件具备的时间为开工日期；因承包人原因导致开工时间推迟的，以开工通知载明的时间为开工日期。（二）承包人经发包人同意已经实际进场施工的，以实际进场施工时间为开工日期。（三）发包人或者监理人未发出开工通知，亦无相关证据证明实际开工日期的，应当综合考虑开工报告、合同、施工许可证、竣工验收报告或者竣工验收备案表等载明的时间，并结合是否具备开工条件的事实，认定开工日期。"

（2）《新司法解释》第九条规定："当事人对建设工程实际竣工日期有争议的，人民法院应当分别按照以下情形予以认定：（一）建设工程经竣工验收合格的，以竣工验收合格之日为竣工日期；（二）承包人已经提交竣工验收报告，发包人拖延验收的，以承包人提交验收报告之日为竣工日期；（三）建设工程未经竣工验收，发包人擅自使用的，以转移占有建设工程之日为竣工日期。"

（3）《新司法解释》第十条规定："当事人约定顺延工期应当经发包人或者监理人签证等方式确认，承包人虽未取得工期顺延的确认，但能够证明在合同约定的期限内向发包人或者监理人申请过工期顺延且顺延事由符合合同约定，承包人以此为由主张工期顺延的，人民法院应予支持。当事人约定承包人未在约定期限内提出工期顺延申请视为工期不顺延的，按照约定处理，但发包人在约定期限后同意工期顺延或者承包人提出合理抗辩的除外。"

（4）《新司法解释》第十一条规定："建设工程竣工前，当事人对工程质量发生争议，工程质量经鉴定合格的，鉴定期间为顺延工期期间。"

（5）《新司法解释》第十五条规定："因建设工程质量发生争议的，发包人可以以总承包人、分包人和实际施工人为共同被告提起诉讼。"

（6）《新司法解释》第十六条规定："发包人在承包人提起的建设工程施工合同纠纷案件中，以建设工程质量不符合合同约定或者法律规定为由，就承包人支付违约金或者赔偿修理、返工、改建的合理费用等损失提出反诉的，人民法院可以合并审理。"

（7）《新司法解释》第十七条规定："有下列情形之一，承包人请求发包人返还工程质量保证金的，人民法院应予支持：（一）当事人约定的工程质量保证金返还期限届满；（二）当事人未约定工程质量保证金返还期限的，自建设工程通过竣工验收之日起满二年；（三）因发包人原因建设工程未按约定期限进行竣工验收的，自承包人提交工程竣工验收报告九十日后当事人约定的工程质量保证金返还期限届满；当事人未约定工程质量保证金返还期限的，自承包人提交工程竣工验收报告九十日后起满二年。发包人返还工程质量保证金后，不影响承包人根据合同约定或者法律规定履行工程保修义务。"

（8）《新司法解释》第十九条规定："当事人对建设工程的计价标准或者计价方法有约定的，按照约定结算工程价款。因设计变更导致建设工程的工程量或者质量标准发生变化，当事人对该部分工程价款不能协商一致的，可以参照签订建设工程施工合同时当地建设行政主管部门发布的计价方法或者计价标准结算工程价款。建设工程施工合同有效，但建设工程经竣工验收不合格的，依照民法典第五百七十七条规定处理。"

（9）《新司法解释》第二十条规定："当事人对工程量有争议的，按照施工过程中形成的签证等书面文件确认。承包人能够证明发包人同意其施工，但未能提供签证文件证明工程量发生的，可以按照当事人提供的其他证据确认实际发生的工程量。"

（10）《新司法解释》第二十一条规定："当事人约定，发包人收到竣工结算文件后，在约定期限内不予答复，视为认可竣工结算文件的，按照约定处理。承包人请求按照竣工结算文件结算工程价款的，人民法院应予支持。"

（11）《新司法解释》第二十二条规定："当事人签订的建设工程施工合同与招标文件、投标文件、中标通知书载明的工程范围、建设工期、工程质量、工程价款不一致，一方当事人请求将招标文件、投标文件、中标通知书作为结算工程价款的依据的，人民法院应予支持。"

（12）《新司法解释》第二十三条规定："发包人将依法不属于必须招标的建设工程进行招标后，与承包人另行订立的建设工程施工合同背离中标合同的实质性内容，当事人请求以中标合同作为结算建设工程价款依据的，人民法院应予支持，但发包人与承包人因客观情况发生了在招标投标时难以预见的变化而另行订立建设工程施工合同的除外。"

（13）《新司法解释》第二十四条规定："当事人就同一建设工程订立的数份建设工程施工合同均无效，但建设工程质量合格，一方当事人请求参照实际履行的合同关于工程价款的约定折价补偿承包人的，人民法院应予支持。实际履行的合同难以确定，当事人请求参照最后签订的合同关于工程价款的约定折价补偿承包人的，人民法院应予支持。"

（14）《新司法解释》第二十五条规定："当事人对垫资和垫资利息有约定，承包人请求按照约定返还垫资及其利息的，人民法院应予支持，但是约定的利息计算标准高于垫资时的同类贷款利率或者同期贷款市场报价利率的部分除外。当事人对垫资没有约定的，按照工程欠款处理。当事人对垫资利息没有约定，承包人请求支付利息的，人民法院不予支持。"

（15）《新司法解释》第二十六条规定："当事人对欠付工程价款利息计付标准有约定的，按照约定处理。没有约定的，按照同期同类贷款利率或者同期贷款市场报价利率计息。"

（16）《新司法解释》第二十七条规定："利息从应付工程价款之日开始计付。当事人对付款时间没有约定或者约定不明的，下列时间视为应付款时间：（一）建设工程已实际交付的，为交付之日；（二）建设工程没有交付的，为提交竣工结算文件之日；（三）建设工程未交付，工程价款也未结算的，为当事人起诉之日。"

（17）《新司法解释》第二十八条规定："当事人约定按照固定价结算工程价款，一方当事人请求对建设工程造价进行鉴定的，人民法院不予支持。"

2.8.3　合同争执的解决方法

1）合同争执的解决方式

当双方当事人在合同履行过程中发生争执，首先应当按照公平合理和诚实信用原则由双方当事人依据上述合同的解释方法自愿协商解决争端，或者通过调解解决争端。如果仍然不能解决争端的，则可以寻求司法途径解决。司法途径可分为仲裁和诉讼两种方式。当事人如果采用仲裁方式解决争端，应当是双方协商一致，达成仲裁协议。没有仲裁协议，一方提出申请仲裁，仲裁机关不予受理。合同争端产生后，如果双方有仲裁协议的，不应当向法院起诉，而应当通过仲裁方式解决，即使向法院起诉，法院也不应当受理。当事人没有仲裁协议或仲裁协议无效的情况下，当事人的任何一方都可以向法院起诉。

2）关于建设工程合同争执的司法解释

（1）《新司法解释》第十五条规定："因建设工程质量发生争议的，发包人可以以总承包人、分包人和实际施工人为共同被告提起诉讼。"

（2）《新司法解释》第十六条规定："发包人在承包人提起的建设工程施工合同纠纷案件中，以建设工程质量不符合合同约定或者法律规定为由，就承包人支付违约金或者赔偿修理、返工、改建的合理费用等损失提出反诉的，人民法院可以合并审理。"

（3）《新司法解释》第二十八条规定："当事人约定按照固定价结算工程价款，一方当事人请求对建设工程造价进行鉴定的，人民法院不予支持。"

（4）《新司法解释》第二十九条规定："当事人在诉讼前已经对建设工程价款结算达成协议，诉讼中一方当事人申请对工程造价进行鉴定的，人民法院不予准许。"

（5）《新司法解释》第三十条规定："当事人在诉讼前共同委托有关机构、人员对建设工程造价出具咨询意见，诉讼中一方当事人不认可该咨询意见申请鉴定的，人民法院应予准许，但双方当事人明确表示受该咨询意见约束的除外。"

（6）《新司法解释》第三十一条规定："当事人对部分案件事实有争议的，仅对有争议的事实进行鉴定，但争议事实范围不能确定，或者双方当事人请求对全部事实鉴定的除外。"

（7）《新司法解释》第三十二条规定："当事人对工程造价、质量、修复费用等专门性问题有争议，人民法院认为需要鉴定的，应当向负有举证责任的当事人释明。当事人经释明未申请鉴定，虽申请鉴定但未支付鉴定费用或者拒不提供相关材料的，应当承担举证不能的法律后果。一审诉讼中负有举证责任的当事人未申请鉴定，虽申请鉴定但未支付鉴定费用或者拒不提供相关材料，二审诉讼中申请鉴定，人民法院认为确有必要的，应当依照民事诉讼法第一百七十条第一款第三项的规定处理。"

（8）《新司法解释》第三十三条规定："人民法院准许当事人的鉴定申请后，应当根据当事人申请及查明案件事实的需要，确定委托鉴定的事项、范围、鉴定期限等，并组织当事人对争议的鉴定材料进行质证。"

（9）《新司法解释》第三十四条规定："人民法院应当组织当事人对鉴定意见进行质证。鉴定人将当事人有争议且未经质证的材料作为鉴定依据的，人民法院应当组织当事人就该部分材料进行质证。经质证认为不能作为鉴定依据的，根据该材料作出的鉴定意见不得作为认定案件事实的依据。"

（10）《新司法解释》第四十三条规定："实际施工人以转包人、违法分包人为被告起诉的，人民法院应当依法受理。实际施工人以发包人为被告主张权利的，人民法院应当追加转包人或者违法分包人为本案第三人，在查明发包人欠付转包人或者违法分包人建设工程价款的数额后，判决发包人在欠付建设工程价款范围内对实际施工人承担责任。"

（11）《新司法解释》第四十四条规定："实际施工人依据民法典第五百三十五条规定，以转包人或者违法分包人怠于向发包人行使到期债权或者与该债权有关的从权利，影响其到期债权实现，提起代位权诉讼的，人民法院应予支持"。

<h2 style="text-align:center">复习思考题</h2>

1. 合同法律的基本原则有哪些？
2. 订立合同可以采用哪些形式？合同有哪些主要条款？
3. 什么是要约和承诺？其构成要件有哪些？
4. 试用合同要约、承诺理论分析工程施工招标投标过程。
5. 什么是效力待定合同、无效合同和可撤销合同？相互之间有哪些区别？
6. 试述合同无效的种类和法律后果。
7. 合同的履行原则有哪些？
8. 合同履行中有哪些抗辩权？其构成要件及效力有哪些？在施工合同中如何应用？
9. 合同内容约定不明时应当如何处理？
10. 当事人变更合同应当注意哪些问题？施工合同变更主要有哪些？
11. 合同转让有哪些形式？其构成要件和效力有哪些？
12. 合同终止和解除的条件与法律后果如何？

云测试2-5：第2章
课程内容测试
及解题分析

13. 代位权、撤销权成立的条件和法律效力有哪些？

14. 什么是违约行为？违约责任承担形式有哪些？并分析在施工合同中的具体应用。

15. 违约责任与缔约过失责任有哪些区别？

16. 试述定金与预付款的异同。

17. 合同争议条款的解释原则有哪些？

18. 发生了合同争议应通过哪些途径加以解决？

建　设工程合同管理策划是在工程项目实施前对整个工程项目合同管理方案预先作出科学合理的安排和设计，从合同管理组织、方法、内容、程序和制度等方面预先作出计划的方案，以保证项目所有合同的圆满履行，减少合同争议和纠纷，从而保证整个项目目标的实现。本章主要介绍工程采购模式及选择、工程合同类型及选择和工程合同管理规划三部分内容。

3.1　工程采购模式及选择

3.1.1　工程采购模式的内涵

国内建筑业中习惯使用的"发包"一词在国际建筑业被称为"采购"。这里所指的"采购"，不是泛指材料和设备的采购，而是指建设项目本身的采购。项目采购是从业主角度出发，以项目为标的，通过招标进行"期货"交易。而"承包"从属于采购，服务于采购。采购决定了承包范围，业主采购的范围越大，承包商承担的风险一般就越大，对承包商技术、经济和管理水平的要求也就越高。业主为了获得理想的建筑产品或服务就必须进行"采购"，而采购的效果与采购方式的选择密切相关。项目采购方式（Project Procurement Method，PPM）就是指建筑市场买卖双方的交易方式或者业主购买建筑产品或服务所采用的方法。

英国、澳大利亚、新加坡等，以及中国香港地区，工程采购模式一般称为"Procurement Method"或者"Procurement System"，这两个名字在含义和使用上没有任何区别，本书所用的"采购模式"是直接从这两个词翻译过来的。在美国以及受美国建筑业影响比较大的国家，工程采购模式一般称为"Delivery Method"或者"Delivery System"，它们两个在含义和使用上也没有任何区别，如果把它们直接翻译成中文就是"交付方式"。英国的"Procurement Method（System）"和美国的"Delivery Method（System）"从概念上讲是完全相同的。Procurement 的意思是采购，是从购买方（业主）的角度来讲的。Delivery 的意思是交付，是从供货方（设计者、承包商、咨询管理者等）的角度来讲的。不管从哪个角度，它们的意思都是指交易，所以工程采购模式本质上就是指工程项目的交易模式。

3.1.2　工程采购模式的基本形式

目前，国际国内建筑市场普遍采用的工程采购模式有：传统采购模式（Design-Bid-Build，简称DBB），设计—建造模式（Design—Build，简称DB）、建设管理模式（Construction Management，简称CM）、设计—采购—建设模式（Engineering Procurement Construction，简称EPC）、项目管理模式（Project Management，简称PM模式）、管理承包模式（Management Contracting，简称MC）、项目融资模式（Build-Operate-Transfer，简称BOT）和项目伙伴模式（Project Partnering）等。下面对几种主要的工程采购模式进行分析比较。

1）设计—招标—建造模式（DBB模式）

该工程采购模式是传统的、国际上通用的项目管理模式，世界银行、亚洲开发银行贷款项目和采用国际咨询工程师联合会（FIDIC）合同条件的项目均采用该种模式。这种模式最突出的特点是强调工程项目的实施必须按照设计—招标—建造的顺序进行，只有一个阶段结束后另一个阶段才能开始。采用这种方法时，业主与设计商（建筑师或工程师）签订专业服务合同，建筑师或工程师负责提供项目的设计和合同文件。在设计商的协助下，通过竞争性招标将工程施工任务交给报价和质量都满足要求且/或最具资质的投标人（承包商）来完成。在施工阶段，设计专业人员通常担任重要的监督角色，并且是业主与承包商沟通的桥梁。《FIDIC土木工程施工合同条件》代表的是工程项目建设的传统模式。同传统模式一样，采用单纯的施工招标发包，在施工合同管理方面，业主与承包商为合同双方当事人，工程师处于特殊的合同管理地位，对工程项目的实施进行监督管理。DBB模式中各方合同关系和协调关系，如图3-1所示。

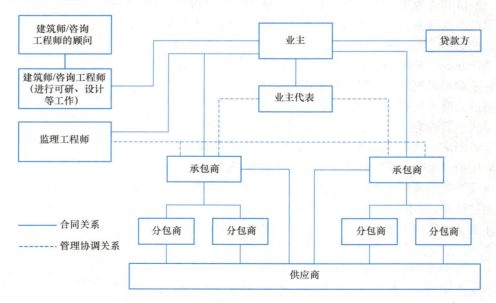

图3-1　DBB模式中各方合同关系和协调关系

DBB 模式具有如下优点：

（1）参与项目的三方，即业主、设计商（建筑师/工程师）和承包商在各自合同的约定下，行使自己的权利，并履行自己的义务，因而这种模式可以使三方的权、责、利分配明确，避免相互之间的干扰。

（2）受利益驱使以及市场经济竞争的影响，业主更愿意寻找信誉良好、技术过硬的设计咨询机构，这样具有一定实力的设计咨询公司应运而生。

（3）由于该模式长期、广泛地在世界各地采用，因而管理方法成熟，合同各方都对管理程序和内容熟悉。

（4）业主可自由选择设计咨询人员，对设计要求可进行控制。

（5）业主可自由选择监理机构实施工程监理。

DBB 模式具有如下缺点：

（1）该模式在项目管理方面的技术基础是按照线性顺序进行设计、招标、施工的管理，建设周期长，投资或成本容易失控，业主方管理的成本相对较高，设计师与承包商之间协调比较困难。

（2）由于承包商无法参与设计工作，可能造成设计的"可施工性"差，设计变更频繁，导致设计与施工协调困难，设计商和承包商之间可能发生责任推诿，使业主利益受损。

（3）该模式运作的项目周期长，业主管理的成本较高，前期投入较大，工程变更时容易引起较多的索赔。

（4）对于那些技术复杂的大型项目，该模式已显得捉襟见肘。

长期以来 DBB 模式在土木建筑工程中得到了广泛的应用。但是随着社会、科技的发展，工程建设变得越来越庞大和复杂，此种模式的缺点也逐渐突显出来。其明显的缺点是整个设计—招标—施工过程的持续时间太长；设计与施工的责任不易明确划分；设计者的设计缺乏可施工性。而工程建设领域技术的进步也使得工程建设的复杂性与日俱增，工程项目投资者在建设期的风险也在不断增大，因而一些新型的工程采购模式也就相应地发展起来。其中，较为典型和常见的是 DB 模式、CM 模式、EPC 模式、PM 模式和 BOT 模式等。

2）设计—建造模式（Design—Build，DB 模式）

DB 模式是近年来国际工程中常用的现代项目管理模式，它又被称为设计和施工（Design—Construction）、交钥匙工程（Turn—key）或者是一揽子工程（Package Deal）。通常的做法是，在项目的初始阶段业主邀请一家或者几家有资格的承包商（或具备资格的设计咨询公司），根据业主的要求或者设计大纲，由承包商会同自己委托的设计咨询公司提出初步设计和成本概算。根据不同类型的工程项目，业主也可能委托自己的顾问工程师准备更为详细的设计纲要和招标文件，中标的承包商将负责该项目的设计和施工。DB 模式是一种项目组织方式，DB 承包商和业主密切合作，完成项目的规划、设计、成本控制、进度安排等工作，甚至负责土地购买、项目融资和设备采购安装。DB 模式中各方关系，如图 3-2 所示。

FIDIC《设计—建造与交钥匙工程合同条件》中规定，承包商应按照业主的要求，负责工程的设计与实施，包括土木、机械、电气等综合工程以及建筑工程。这类"交钥匙"

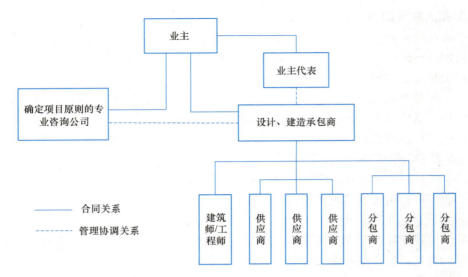

图 3-2　DB 模式中的各方关系

合同通常包括设计、施工、装置、装修和设备，承包商应向业主提供一套配备完整的设施，且在移交"钥匙"时即可投入运行。这种模式的基本特点是在项目实施过程中保持单一的合同责任，但大部分实际施工任务要以竞争性招标的方式分包出去。

DB 模式是业主和一实体采用单一合同（Single Point Contract）的管理方法，由该实体负责完成项目的设计和施工。一般来说，该实体可以是大型承包商，或具备项目管理能力的设计咨询公司，或者是专门从事项目管理的公司。这种模式主要有两个特点：

（1）具有高效率性。DB 合约签订以后，承包商就可以进行施工图设计，如果承包商本身拥有设计能力，会促使承包商积极提高设计质量，通过合理和精心的设计创造经济效益，往往达到事半功倍的效果。如果承包商本身不具备设计能力和资质，就需要委托一家或几家专业的咨询公司来做设计和咨询，承包商进行设计管理和协调，使得设计既符合业主的意图，又有利于工程施工和成本节约，使设计更加合理和实用，避免了设计与施工之间的矛盾。

（2）责任的单一性。DB 承包商对于项目建设的全过程负有全部的责任，这种责任的单一性避免了工程建设中各方相互矛盾和扯皮，也促使承包商不断提高自己的管理水平，通过科学的管理创造效益。相对于传统模式来说，承包商拥有了更大的权利，它不仅可以选择分包商和材料供应商，而且还有权选择设计咨询公司，但需要得到业主的认可。这种模式解决了项目机构臃肿、层次重叠、管理人员比例失调的现象。

DB 模式的缺点是业主无法参与建筑师/工程师的选择，工程设计可能会受施工者利益的影响等。

3）设计—采购—建设模式（Engineering Procurement Construction，简称 EPC 模式）

在 EPC 模式中，Engineering 不仅包括具体的设计工作，而且可能包括整个建设工程的总体策划以及整个建设工程组织管理的策划和具体工作；Procurement 也不是一般意义上的建筑设备、材料采购，而更多的是指专业成套设备、材料的采购；Construction 应译为"建设"，其内容包括施工、安装、试车、技术培训等。其合同结构形式，如图 3-3

所示。

EPC 模式具有以下主要特点：

（1）业主把工程的设计、采购、施工、竣工和维修服务工作全部委托给总承包商负责组织实施，业主只负责整体的、原则的、目标的管理和控制。

（2）业主可以自行组建管理机构，也可以委托专业项目管理公司代表业主对工程进行整体的、原则的、目标的管理和控制。业主介入具体项目组织实施的程度较低，总承包商更能发挥主观能动性，运用其管理经验，为业主和承包商自身创造更多的效益。

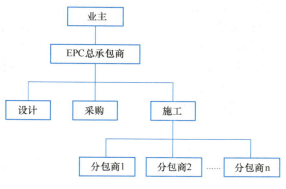

图 3-3　EPC 模式的合同结构示意图

（3）业主把管理风险转移给总承包商，因而总承包商在经济和工期方面要承担更多的责任和风险，同时承包商也拥有更多的获利机会。

（4）业主只与总承包商签订总承包合同。设计、采购、施工的实施是统一策划、统一组织、统一指挥、统一协调和全过程控制的。总承包商可以把部分工作委托给分包商完成，分包商的全部工作由总承包商对业主负责。

（5）EPC 模式还有一个明显的特点，就是合约中没有咨询工程师这个专业监控角色和独立的第三方。

（6）EPC 模式一般适用于规模较大、工期较长，且具有相当技术复杂性的工程，如化工厂、发电厂、石油开发等项目。

EPC 模式的利弊主要取决于项目的性质，实际上涉及各方利益和关系的平衡，尽管 EPC 模式给承包商提供了相当大的弹性空间，但同时也给承包商带来了较高的风险。从"利"的角度看，业主的管理相对简单，因为由单一总承包商牵头，承包商的工作具有连贯性，可以防止设计商与承包商之间的责任推诿，提高了工作效率，减少了协调工作量。由于总价固定，业主基本上不用再支付索赔及追加项目费用（当然也是利弊参半，业主转嫁了风险，同时增加了造价）。从"弊"的角度看，尽管理论上所有工程的缺陷都是承包商的责任，但实际上质量的保障全靠承包商的自觉性，他可以通过调整设计方案包括工艺等来降低成本（另一方面会影响长远意义上的质量）。因此，业主对承包商监控手段的落实十分重要，而 EPC 中业主又不能过多地参与设计方面的细节要求和意见。另外，承包商获得业主变更以及追加费用的弹性也很小。

4）建设管理模式（Construction Management，简称 CM 模式）

CM 模式是指在采用快速路径法施工（Fast Track Construction）时，从项目开始阶段业主就雇用具有施工经验的 CM 单位参与到项目实施过程中来，以便为设计师提供施工方面的建议，并随后负责管理施工的过程。这种模式改变了过去全部设计完成后才进行招标的传统模式，采取分阶段招标，由业主、CM 单位和设计商组成联合小组，共同负责组织和管理工程的规划、设计和施工。CM 单位负责工程的监督、协调及管理工作，在施工阶段定期与承包商交流，对成本、质量和进度进行监督，并预测和监控成本和进度的变化。CM 模式是由美国的查尔斯·B·汤姆逊（Charles B Thomsen）于 1968 年提出的，他认为，项目的设计过程可以看作是一个由业主和设计师共同连续地进行项目决策的过程。这些决策从粗到细，涉及项目的各个方面，而某个方面的主要决策一经确定，即可进行这个部分工程的施工。

CM 模式又称阶段发包方式，它打破过去那种等待设计图纸全部完成后，才进行招标施工的生产方式，只要完成一部分分项（单项）工程设计后，即可对该分项（单项）工程进行招标施工，由业主与各个承包商分别签订每个单项工程合同。阶段发包方式与一般招标发包方式的比较，如图 3-4 所示。

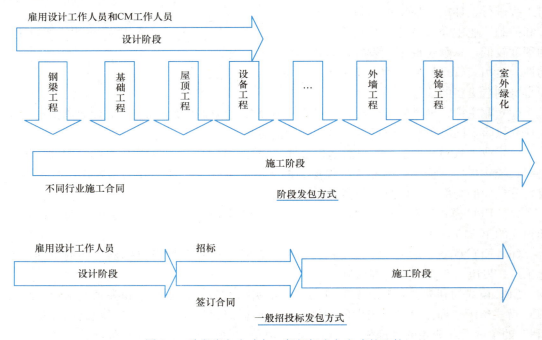

图 3-4　阶段发包方式与一般招标发包方式的比较

根据合同规定的 CM 经理的工作范围和角色，可将 CM 模式分为代理型建设管理（"Agency" CM）和风险型建设管理（"At Risk" CM）两种方式：

（1）"Agency" CM 方式。在此种方式下，CM 经理是业主的咨询和代理。业主选择代理型 CM 主要是因为其在进度计划和变更方面更具有灵活性。采用这种方式，CM 经理可只提供项目某一阶段的服务，也可以提供全过程服务。无论施工前还是施工后，CM 经理与业主是委托关系，业主与 CM 经理之间的服务合同是以固定费用或比例费用的方式计费。施工任务仍然大都通过竞标来实现，由业主与各个承包商签订施工合同。CM 经理为业主提供项目管理，但他与各个专业的承包商之间没有任何合同关系。因此，对于代理型 CM 经理来说，经济风险最小，但是声誉损失的风险却很高。

（2）"At Risk" CM 方式。采用这种形式，CM 经理同时也担任施工总承包商的角色，业主一般要求 CM 经理提出保证最高成本限额（Guaranteed Maximum Price，简称 GMP），以保证业主的投资控制，如最后结算超过 GMP，则由 CM 公司赔偿；如低于 GMP，则节约的投资归业主所有，但 CM 经理由于额外承担了保证施工成本风险，因而应该得到节约投资的奖励。有了 GMP 的规定，业主的风险减少了，而 CM 经理的风险则增加了。风险型 CM 方式中，各方关系基本上介于传统的 DBB 模式与代理型 CM 模式之间，风险型 CM 经理的地位实际上相当于一个总承包商，他与各个专业承包商之间有着直接的合同关系，并负责工程以不高于 GMP 的成本竣工，这使得他所关心的问题与代理型 CM 经理有很大的不同，尤其是随着工程成本越接近 GMP 上限，他的风险就越大，他对项目最终成本的关注也就越强烈。两种形式的各方关系，如图 3-5 所示。

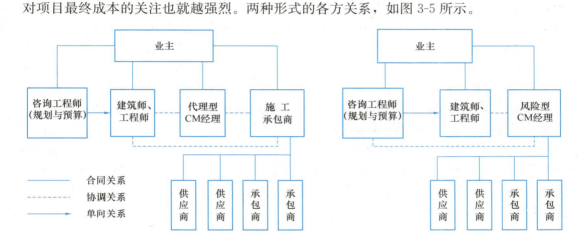

图 3-5　CM 模式下两种管理方式的各方关系

CM 模式具有如下优点：

（1）建设周期短。这是 CM 模式的最大优点。在组织实施项目时，打破了传统的设计、招标、施工的线性关系，代之以非线性的阶段施工法（Phased Construction）。CM 模式的基本思想就是缩短工程从规划、设计、施工到交付使用的周期，即采用 Fast-Track 方法，设计一部分，招标一部分，施工一部分，实现有条件的"边设计、边施工"。在这种方法中，设计与施工之间的界限将不复存在，二者在时间上产生了搭接，从而提高了项目的实施速度并缩短了项目的施工周期。

（2）CM 经理的早期介入。CM 模式改变了传统管理模式中项目各方依靠合同调解的作法，代之以依赖建筑师和（或）工程师、CM 经理和承包商在项目实施中的合作，业主在项目的初期就选定了建筑师和（或）工程师、CM 经理和承包商，由他们组成具有合作精神的项目组，完成项目的投资控制、进度计划与质量控制和设计工作，这种方法被称为项目组法。CM 经理与设计商是相互协调关系，CM 单位可以通过合理化建议来影响设计。

CM 模式的缺点：①对 CM 经理的要求较高。CM 经理所在单位的资质和信誉都应该比较高，而且具备高素质的从业人员。②分项招标导致承包费用较高。

CM 模式可以适用于：设计变更可能性较大的工程项目；时间因素最为重要的工程项目；因总体工作范围和规模不确定而无法准确定价的工程项目。

CM 模式在美国、加拿大、欧洲和澳大利亚等许多国家，被广泛地应用于大型建筑项目的采购和项目管理。在 20 世纪 90 年代进入我国之后，CM 模式也得到了一定程度上的应用，如上海证券大厦建设项目、深圳国际会议中心建设项目等。

5）项目管理模式（Project Management，简称 PM 模式）

PM 模式是指项目业主聘请一家公司（一般为具备相当实力的工程公司或咨询公司）代表业主进行整个项目过程的管理，这家公司被称为"项目管理承包商"（Project Management Contractor），简称为 PMC。PM 模式中的 PMC 受业主的委托，从项目的策划、定义、设计、施工到竣工投产全过程为业主提供项目管理服务。选用该种模式管理项目时，业主方面仅需保留很小部分的项目管理力量，对一些关键问题进行决策，而绝大部分的项目管理工作都由 PMC 来承担。PMC 是由一批对项目建设各个环节具有丰富经验的专门人才组成的，它具有对项目从立项到竣工投产进行统筹安排和综合管理的能力，能有效地弥补业主项目管理知识与经验的不足。PMC 作为业主的代表或业主的延伸，帮助业主进行项目前期策划、可行性研究、项目定义、计划、融资方案，以及在设计、采购、施工、试运行等整个实施过程中有效地控制工程质量、进度和费用，保证项目的成功实施，达到项目寿命期的技术和经济指标的最优化。PMC 的主要任务是自始至终地对业主和项目负责，这可能包括项目任务书的编制，预算控制、法律与行政障碍的排除、土地资金的筹集等，同时使设计者、工料测量师和承包商的工作能够正确地分阶段进行，在适当的时候引入指定分包商的合同和任何专业建造商的单独合同，以使业主委托的活动得以顺利进行。PM 模式各方关系图，如图 3-6 所示。

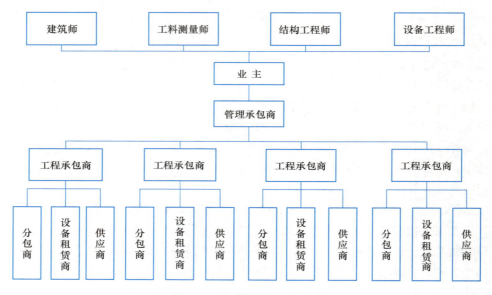

图 3-6　PM 模式的各方关系

采用 PM 模式的项目，通过 PMC 的科学管理，可大规模节约项目投资：

（1）通过项目优化设计以实现项目全寿命期成本最低。PMC 会根据项目所在地的实际条件，运用自身的技术优势，对整个项目进行全方位的技术经济分析与比较，本着功能完善、技术先进、经济合理的原则对整个设计进行优化。

（2）在完成基本设计之后通过一定的合同策略，选用合适的合同方式进行招标。PMC 会根据不同工作包的设计深度、技术复杂程度、工期长短、工程量大小等因素综合考虑采取何种合同形式，从整体上为业主节约投资。

（3）通过 PMC 的多项目采购协议及统一的项目采购策略降低投资。多项目采购协议是业主就某种商品（设备/材料）与制造商签订的供货协议。与业主签订该协议的制造商是该项目这种商品（设备、材料）的唯一供应商。业主通过此协议获得价格、日常运行维护等方面的优惠。各个承包商必须按照业主所提供的协议去采购相应的材料、设备。多项目采购协议是 PM 项目采购策略中的一个重要部分。在项目中，要适量地选择商品的类别，以免对承包商限制过多，直接影响积极性。PMC 还应负责促进承包商之间的合作，以符合业主降低项目总投资的目标，包括最优化项目内容和全面符合计划等要求。

6）建造—运营—移交模式（Build—Operate—Transfer，简称 BOT 模式）

BOT 模式的基本思路：由项目所在国的政府或所属机构为项目的建设和经营提供一种特许权协议作为项目融资的基础，由本国公司或者外国公司作为项目的投资者和经营者安排融资，承担风险，开发建设项目，并在有限的时间内经营项目获取商业利润，最后根据协议将该项目转让给相应的政府机构。BOT 方式是 20 世纪 80 年代在国外兴起的基础设施建设项目，依靠私人资本的一种融资、建造的项目管理方式，或者说是基础设施国有项目民营化。政府开放本国基础设施建设和运营市场，授权项目公司负责筹资和组织建设，建成后负责运营及偿还贷款，规定的特许期满后，再无偿移交给政府。BOT 模式的各方关系，如图 3-7 所示。

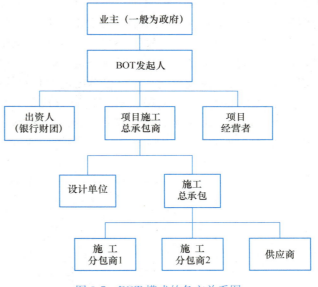

图 3-7　BOT 模式的各方关系图

BOT 模式具有如下优点：

（1）降低政府财政负担。通过采取民间资本筹措、建设、经营的方式，吸引各种资金参与道路、码头、机场、铁路、桥梁等基础设施项目建设，以便政府集中资金用于其他公共物品的投资。项目融资的所有责任都转移给私人企业，减少了政府主权借债和还本付息的责任。

（2）政府可以避免大量的项目风险。实行该种方式融资，使政府的投资风险由投资者、贷款者及相关当事人等共同分担，其中投资者承担了绝大部分风险。

（3）有利于提高项目的运作效率。项目资金投入大、周期长，由于有民间资本的参加，贷款机构对项目的审查、监督就比政府直接投资的方式更加严格。同时，民间资本为了降低风险，获得较多的收益，客观上就更要加强管理，控制造价，这从客观上为项目建设和运营提供了约束机制和有利的外部环境。

（4）BOT 项目通常由外国的公司来承包，这会给项目所在国带来先进的技术和管理经验，既给本国的承包商带来较多的发展机会，又促进了国际经济的融合。

BOT 模式具有如下缺点：

（1）公共部门和私人企业往往都需要经过一个长期的调查了解、谈判和磋商过程，导致项目前期过长，投标费用过高。

（2）投资方和贷款人风险过大，没有退路，使融资举步维艰。

（3）参与项目各方存在某些利益冲突，对融资造成障碍。

（4）机制不灵活，降低了私人企业引进先进技术和管理经验的积极性。

（5）在特许期内，政府对项目失去控制权。

BOT 模式被认为是代表国际项目融资发展趋势的一种新型结构。BOT 模式不仅得到了发展中国家政府的广泛重视和采纳，一些发达国家的政府也考虑或计划采用 BOT 模式来完成政府企业的私有化过程。迄今为止，在发达国家和地区已进行的 BOT 项目中，比较著名的有横贯英法的英吉利海峡海底隧道工程、中国香港东区海底隧道项目、澳大利亚悉尼港海底隧道工程等。20 世纪 80 年代以后，BOT 模式得到了许多发展中国家政府的重视，中国、马来西亚、菲律宾、巴基斯坦、泰国等发展中国家都有成功运用 BOT 模式的项目，如中国广东深圳的沙角火力发电 B 厂、马来西亚的南北高速公路，以及菲律宾那法塔斯尔（Novotas）一号发电站等，都是成功的案例。BOT 模式主要用于基础设施项目，包括发电厂、机场、港口、收费公路、隧道、电信、供水和污水处理设施等，这些项目都是投资较大、建设周期长和可以自己运营获利的项目。

除了以上几种工程采购模式外，还有合伙模式（Partnering）、项目总控模式（Project Controlling）、私人主动融资模式（Private Finance Initiative）以及政府与社会资本合作模式等（Private Public Partnership）。不同工程采购模式的承包范围，如图 3-8 所示。

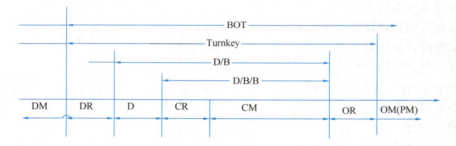

DM(Development Management)—开发管理；
DR(Design Ready)—设计准备；
D(Design)—设计；
CR(Construction Ready)—建设准备；
CM(Construction Management)—建设管理；
OR(Operation Ready)—运营准备；
OM(Operation Management)—运营管理；
PM(Property Management)—设施管理；
D/B/B(Design/Bid/Build)—设计/招标/建造（传统采购方式）；
D/B(Design/Build)—设计/建造；
Turnkey—交钥匙工程；
BOT(Build/Operate/Transfer)—设计/建造/移交

图 3-8　不同工程采购模式的承包范围

2017 版 FIDIC 系列合同条件中三种采购模式与工程项目全生命周期的关系，如图 3-9所示。

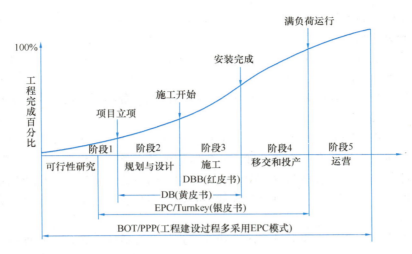

图 3-9　FIDIC 系列合同条件工程采购模式与全生命周期的关系

3.1.3　不同工程采购模式的区别

本节以传统采购模式（DBB）、设计建造模式（DB）和建设管理模式（CM）为例，介绍不同采购模式之间的区别。

1）业主介入施工活动的程度不同

（1）传统工程采购模式中，业主聘用工程师为其提供工程管理咨询，成本工程师、工料测量师或造价工程师等为其提供完善的工程成本管理服务。在国际工程中，建筑师也为业主承担大量的项目管理工作，因此，业主不用直接介入施工过程。

（2）设计建造方式中，业主缺乏为其直接服务的项目管理人员，因此在施工过程中，业主必须承担相应的管理工作。

（3）建设管理模式中，一般没有施工总承包商，业主与多数承包商直接签订工程合同。虽然 CM 经理协助业主进行工程施工管理，但业主必须适当介入施工活动。

2）设计师参与工程管理的程度不同

（1）传统模式中授予建筑师或工程师极其重要的管理地位，建筑师或工程师在项目的大多数重要决策中起决定性作用，承包商必须服从建筑师或工程师的指令，严格按合同施工。因此，在传统的项目采购方式中，设计师参与管理工作的程度最高。

（2）设计建造方式中，设计和施工均属于同一公司内部的工作，设计参与管理工作的程度也很高。设计建造承包商通常首先表现为承包商，然后才表现为设计师，在总价合同条件下，设计建造承包商更多地关注成本和进度。设计工作和工程管理工作一定程度地进行分离。

（3）建设管理模式中，设计工作和工程管理工作彻底分离。设计师虽然作为项目管理的一个重要参与方，但工程管理的中心是建设管理承包商，建设管理承包商要求设计人员在适当时间提供设计文件，配合承包商完成工程建设。

3）工作责任的明确程度不同

（1）传统工程采购模式中承包商的责任是按设计图纸施工，任何可能的工程纠纷首先从设计或施工等方面分析，然后从其他方面寻找原因。如果业主使用指定分包商，则导致工程责任划分更加复杂和困难。

（2）设计建造方式具有最明确的责任划分，承包商对工程项目的所有工作负责，即使是自然因素导致的事故，承包商也要负责。

（3）在建设管理模式中，业主和承包商直接签订工程合同，有助于明确工程责任。

4）适用项目的复杂程度不同

（1）传统工程采购模式的组织结构一般较为复杂，不适用于简单工程项目的管理。传统模式在招标前已完成所有工程的设计，并且假定设计人员比施工人员知识丰富。

（2）设计建造方式的管理职责简明，比较适用于简单的工程项目，也可以适用于较为复杂的工程项目。但是，当项目组织非常复杂时，大多数设计建造承包商并不具备相应的协调管理能力。

（3）对于非常复杂的工程项目，建设管理模式是最合适的。在建设管理模式中，建设管理承包商处于独立地位，与设计或施工均没有利益关系，因此建设管理承包商更擅长于组织协调。同样，建设管理模式也适合于简单项目。

5）工程项目建设进度的快慢不同

（1）由于传统工程采购模式在招标前必须完成设计，因此该模式下的项目进度最慢。为了克服进度缓慢的弊端，传统模式下业主经常争取让可能中标的承包商及早进行开工准备，或者设置大量暂定项目，先于施工图纸进行施工招标，但效果并不理想，时常导致问题发生。

（2）设计建造方式的工作目标明确，可让设计和施工搭接，可以提前开工。

（3）建设管理模式的建设进度最快，能保证工程快速施工，进行高水平的搭接。

6）工程早期成本的明确程度不同

工程项目的早期成本对大多数业主具有重要意义，但是由于风险因素的影响，导致工程成本具有不确定性。

（1）传统工程采购模式具有较早的成本明确程度。传统模式中工程量清单是影响成本的直接因素，如果工程量清单存在大量估计内容，则成本的不确定性就大，如果工程量已经固定，则成本的不确定性就小。

（2）设计建造方式一般采用总价合同，包含了所有工作内容。虽然承包商可能为了解决某些未预料的问题而改变了工作内容，但必须对此完全负责。从理论上而言，设计建造方式的工程成本可能较高，但早期成本最明确。

（3）建设管理模式由一系列合同组成，随着工作进展，工程成本逐渐明确。因此，工程开始时一般无法明确工程的最终成本，只有工程项目接近完成时才可能最终明确工程成本。

3.1.4　工程采购模式选择的影响因素

每种典型的工程采购模式都可以有它的变体，它们不是固定不变的，而是不断发展变化的。它们的发展变化是工程建设管理对建筑业科技进步的一种客观反映。工程采购模式的发展和变化并不是扬弃和替代的过程，不能够简单地认为后来出现的新模式就肯定比原来的模式好，采购模式的发展和变化丰富了人们对工程建设进行组织管理的方式。由于工程项目的特殊性，现实中并不存在一个通用的采购模式，选择工程采购模式的时候必须考虑各种具体因素灵活应用。

在对工程采购模式进行选择时，不能仅根据模式本身的优缺点进行选择，还要依据工程项目自身和参与各方的特点来综合考虑。不同建设项目的特点均不相同，应该根据具体情况选择最适宜的模式。影响工程采购模式选择的因素主要有三个方面。

1）工程项目特点

（1）工程项目的范围。项目的范围包括项目的起始工作、项目范围的界定与确认、项目范围计划和变更的控制。确定了项目范围也就定义了项目的工作边界，明确了项目的目标和主要交付成果。一般而言，DBB 模式和设计建造模式要求项目的范围明确，并且早在设计阶段，就已经明确了项目的要求；当工程项目的范围不太清楚，并且范围界定是逐渐明确时，比较适合 CM 模式。

（2）工程进度。时间是大多数工程中的一个重要约束条件，业主必须决定是否需要快速路径法以缩短建设工期。DBB 模式的建设工期比较长，因为建设过程一经划分后，设计与施工阶段在时间上就没有了搭接和调节工期的可能，而快速路径法则减少了这种延迟，使得设计和施工可以顺利搭接。

（3）项目复杂性。工程设计是否标准或复杂也是影响采购模式选择的一个因素。设计建造模式适用于标准设计的工程，当设计较为复杂时，DBB 模式比较适用。如果业主还有诸如快速路径等特殊要求时，CM 模式就比较适用。

（4）合同计价方式。按照工程计价方式的不同，承包商与业主的合同可以采用总价合同、单价合同或成本加酬金合同。DBB 模式、设计建造模式一般均采用总价合同，而 CM 模式则通常采用成本加酬金方式，即 CM 单位向业主收取成本和一定比例的利润，不赚取总包与分包之间的差价，与分包商的合同价格对业主也是公开的。

2）业主需求

（1）业主的协调管理。不同的工程采购模式要求业主与承包商签订的合同不同，因此项目系统内部的接口也随之不同，导致业主的组织协调和管理的工作量也有所区别。在设计建造模式下，业主的管理简单，协调工作量少，采用 DBB 模式和平行承发包模式时，业主的协调管理工作量增加。在 CM 模式下，业主的协调管理工作量介于这两者之间。

（2）投资预算估计。在 DBB 模式和平行承发包模式中，业主在施工招标前，对工程项目的投资总额较为清楚，因此有利于业主对项目投资进行预算和控制。而在设计建造模式下，由于业主和承包商之间只有一份合同，合同价格和条款都不容易准确确定，因此只能参照类似已完工程估算包干。在 CM 模式中，由于施工合同总价要随各分包合同的签订而逐步确定，因而很难在整个工程开始前确定一个总造价。

（3）价值工程研究。价值工程是降低成本、提高经济效益的有效方法，在设计方案确定后，可采用价值工程方法，通过功能分析，对造价高的功能实施重点控制，从而最终降低工程造价，实现建设项目的最佳经济效益和环境效益。如果在工程实践中，业主要求在工程设计中应用价值工程以节省投资，则可以优先选用 CM 模式。

3）业主偏好

（1）责任心。由于在设计建造模式下，总承包商承担了工程项目的设计、施工、材料和设备采购等全部工作，对工程进展中遇到的各种问题也由自己解决，因此，当业主不愿在项目建设过程中较多参与时，可以优先考虑设计建造模式。然而在这种模式下，业主对项目质量控制的难度将有所增加。因而，有些业主宁愿选择其他模式，以利于在设计与施工中的监督与平衡。

（2）业主对设计的控制。业主需要决定在设计阶段愿意多大程度地参与设计，以影响设计的最终结果。如果业主希望拥有更富创造性或是独特的外观设计，则需要更多地参与设计工作，这样，CM 模式和 DBB 模式就较为合适，但 DBB 模式由于设计与施工的阶段划分，容易造成设计方案与实际施工条件脱节，从而不利于项目的设计优化。在其他模式下，业主对设计控制的难度较大。

（3）业主承担风险的大小。随着工程项目规模不断扩大，技术越来越复杂，项目风险的影响因素也日益复杂多样。业主是否愿意在工程建设中承担较大的风险，这成为影响采购模式选取的重要因素。在设计建造模式下，有些工程项目的任务指标在工程合同中不易明确规定，因此业主和总承包商都有可能承担较大的风险。如果业主不愿承担较大的风险，则可以选用其他模式。

根据以上影响工程采购模式选取因素的分析，可建立模糊层次分析法的递阶层次结构模型，第一层为目标层，即选择合适的工程采购模式；第二层为指标层，是评价的主指标体系，即影响工程采购模式选取的主要因素；第三层为子指标层，是对第二层指标的细化；第四层为方案层，分别为可供选择的工程采购模式（图 3-10），并可利用模糊数学和层次分析法（AHP），将之运用于实际工程采购模式的优选。

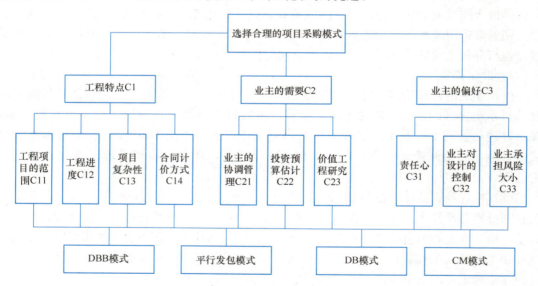

图 3-10　工程采购模式选择的层次结构模型

由于没有完全相同的两个项目，每种采购模式各有自己的优缺点，需要业主根据自己的能力、组织结构、项目特点等来选择合适的采购模式和合同类型。如表 3-1 所示，比较了传统采购模式（DBB）、设计—建造模式（DB）、建设管理模式（CM）三种模式的优缺点，供参考。

DBB、DB、CM 三种模式的优缺点　　　　　　　　表 3-1

比较内容		DBB 模式	DB 模式	CM 模式
合同类型	固定总价合同	✓	✓	✓
	单价合同	✓		
	成本加酬金合同	✓	✓	✓
优点	法律和合同判例	✓		
	合同成立前成本的确定性	✓		
	是否允许快速施工法		✓	✓
	最小的业主参与程度	✓	✓	
	通过竞争获得的成本收益	✓		
	对独特专门技术与承包商的谈判可能性		✓	✓
	没有变更协议的情况下是否允许对新合同条件调整		✓	✓
	单个公司对设计/施工过程的控制		✓	✓
	施工专门技术与设计结合的可能性		✓	✓
	运用价值工程的机会		✓	✓
	设计不能从施工专门技术获益	✓		
	设计和施工时间最长	✓		
缺点	业主/设计师与承包商的对立关系	✓		
	合同协议受变更影响	✓		
	相互制衡机制较少		✓	
	项目后期出现成本控制		✓	
	合同数额可能与承包商持续谈判而被弄复杂			✓
	不可预见条件对合同协议的影响	✓		
	由于成本牵制可能会牺牲质量		✓	
	固定价格可能不能确定	✓	✓	✓

3.2　工程合同类型及选择

　　建设工程本身的复杂性决定了工程合同的多样性，不同的合同类型对招标投标文件、合同价格确定及合同管理工作也有不同的要求。按照合同主体分类，可分为：与业主签订的合同（如咨询合同、勘察设计合同、监理合同、供应合同、工程施工合同、保险和担保合同、贷款合同等）；与承包商签订的合同（如分包合同、供应合同、运输合同、加工合同、租赁合同、劳务供应合同、保险和担保合同等）。按照承发包方式分类，可分为：勘察、设计或施工总承包合同、单位工程施工承包合同、工程项目总承包合同、工程项目总承包管理合同等。按照计价方式分类，可分为：总价合同、单价合同和成本加酬金合同。业主在招标之前，对合同总体进行策划时，不仅要择优选择工程项目的采购模式，还要选择和决定采用的合同类型。本节按照计价方式介绍工程合同类型及其选择要点。

微视频3-1：工程采购模式特征及拓展应用

微视频3-2：我国工程量清单规范中的工程合同计价方式及特点

3.2.1　总价合同及其类型

总价合同（Lump Sum Contract），是指业主付给承包商的款额在合同中是一个规定的金额，即总价。显然，使用这种合同时，对承发包工程的详细内容及各种技术经济指标都必须一清二楚，否则承发包双方都将面临蒙受一定经济损失的风险。

1）总价合同的类型

总价合同有固定总价合同、调值总价合同、固定工程量总价合同和管理费总价合同 4 种不同形式。

（1）固定总价合同

微视频3-3：工程
合同类型与
工程价款结算

固定总价合同（Fixed Lump Sum Contract）的价格计算是以图纸及规定、规范为基础，合同总价是固定的。承包商在报价时对一切费用的上升因素都已经做了估计，并已将其包含在合同价格之中。使用这种合同时，在图纸和规定、规范中应对工程作出详尽的描述。如果设计和工程范围有变更，合同总价也必须相应地进行变更。

固定总价合同适用于工期较短（一般不超过 1 年）且对最终产品的要求又非常明确的工程项目。根据这种合同，承包商将承担一切风险责任。除非承包商能事先预测到自己可能遭受的全部风险，否则他将为许多不可预见的风险因素付出代价。因此，这类合同对承包商而言，其报价一般都较高。

固定总价合同也许是近一百年甚至更长时间内人们较为熟悉的合同形式，也许现在仍然是较为普遍的合同，至少是使用较多的合同形式。由于固定总价合同的广泛应用和形式简单，它是开始理解和审核工程合同其他类型的最佳合同。

（2）调值总价合同

调值总价合同（Escalation Lump Sum Contract）的总价一般是以图纸及规定、规范为基础，按时价（Current Price）进行计算。它是一种相对固定的价格，在合同执行过程中，由于通货膨胀导致承包商的人工、材料、机械设备等成本出现变化，达到某一限度时，其合同总价也应做相应的调整。在调值总价合同中，发包人承担了通货膨胀这一不可预见的费用因素的风险，而承包人只承担施工中的有关时间和成本等因素的风险。调值总价合同适用于工期较长、工程内容和技术经济指标规定得很明确的项目。

应用得较为普遍的调价方法有文件证明法和调价公式法。通俗地讲，文件证明法就是凭正式发票向业主结算价差。为了避免因承包商对降低成本不感兴趣而引起的副作用，合同文件中应规定业主和监理工程师有权指令承包商选择价廉的供应来源。调价公式法常用的计算公式为：

$$C = C_0 \left(\alpha_0 + \alpha_1 \frac{M}{M_0} + \alpha_2 \frac{L}{L_0} + \alpha_3 \frac{T}{T_0} + \cdots + \alpha_n \frac{K}{K_0} \right)$$

式中　　　　　C——调整后的合同价；

　　　　　　　C_0——原签订合同中的价格；

　　　　　　　α_0——固定价格的加权系数，合同价格中不允许调整的固定部分的系数，
　　　　　　　　　　包括管理费用、利润，以及没有受到价格浮动影响的预计承包人以
　　　　　　　　　　不变价格开支部分；

M，L，T，$\cdots$，K——分别代表受到价格浮动影响的材料设备、劳动工资、运费等价格；

带有下标"0"的项代表原合同价，没有下标的项为付款时的价格；

α_1，α_2，$\cdots$，α_n——对应于各有关项的加权系数，一般通过对工程概算进行分解测算得到；各项加权系数之和应等于1，即 $\alpha_0 + \alpha_1 + \alpha_2 \cdots \alpha_n = 1$。

（3）固定工程量总价合同

固定工程量总价合同（Lump Sum on Firm Bill of Quantities Contract）是指由发包人或其咨询单位将发包工程按图纸和规定、规范分解成若干分部分项工程量，由承包人据此标出分项工程单价，然后将分项工程单价与分项工程量相乘，得出分项工程总价，再将各个分项工程总价相加，即构成合同总价。由于发包单位详细划定了分部分项工程，这就有利于所有投标人在统一的基础上计价报价，从而也有利于评价时进行对比分析。同时，这个分项工程量也可以作为在工程实施期间由于工程变更而调整价格的一个固定基础。

在固定工程量总价合同中，承包商不需要测算工程量，而只需要计算在实际施工中工程量的变更。因此，只要实际工程量变动不大，这种形式的合同管理起来还是比较容易的。其缺点是，由于准备划分和计算分部分项工程量将会占用很多时间，从而也就延长了设计周期，加长了招标准备的时间。

（4）管理费总价合同

管理费总价合同（Management Fee Lump Sum Contract）是业主雇用某承包公司（或服务公司）的管理专家对发包工程项目的施工进行管理和协调的合同，并由业主向承包公司支付一笔总的管理费用，这种合同就是管理费总价合同。采用这种合同的重要环节是明确具体的管理工作范围，只有做到这一点才适合采用这种合同形式。

2）固定总价合同的应用要点

固定总价合同适用于设计深度满足精确计算工程量的要求，设计图纸和技术规范对工程作出了详尽的描述，工作范围明确、具体，施工条件稳定，结构不甚复杂，规模不大，工期较短，且对最终产品要求很明确的工程项目。在采用固定总价合同时要求做到下述三点：必须完整而明确地规定承包商的工作；根据项目规模、地点和价格调整情况，应使承包商的风险是正常且能够接受的；必须将设计和施工方面的变化控制在最小的限度以内。固定总价合同的要点总结如下：

（1）固定总价合同有它独特的法律特征，即"用固定的价格完成工程"；合同文件可能不需要对完成工程所需的每一件事都做出明确的说明。

（2）评标时易于迅速选定最低报价单位；业主可以在竞争状态下确定项目造价并使之固定，并在主要开支发生前对工程成本做到心中有数。

微视频3-4：固定总价合同运作及实务

（3）在固定总价合同中，承包商的主要职责是履行合同完成工程；业主的主要职责是提供现场通道以及按照合同对已完工程进行支付；设计师的主要责任是按照合同及时签发各种付款证书和竣工证书，需要时对合同作出解释，按照标准合同规定，监督合同双方的履行情况。

（4）在固定总价合同中，没有与承包商达成一致，业主不能随意进行工程变更，不论是合同规定的（在标准形式合同中），还是双方后来达成的协议。固定总价合同如果允许工程变更，业主就要承担增加成本的风险。

（5）在固定总价合同中，承包商比业主承担更大的风险。

（6）固定总价合同要求招标前设计工作应差不多全部完成并确定，但这样一来，业主在设计和施工阶段就不能吸取承包商的知识和技能。

（7）分包合同应该包含主合同的相关条款。

（8）设计简单和标准化施工的工程最适合采用固定总价合同类型。

3.2.2　单价合同及其类型

当准备发包的工程项目内容、技术经济指标尚无法像采用总价合同时那样，可以明确、具体地加以规定时，又或是工程量可能出入较大时，则建议采用单价合同（Unit Price Contracts）形式为宜。单价合同的适用范围广泛，主要适用于招标时尚无详细设计图纸或设计内容尚不十分明确，工程量尚不够准确的工程。单价合同中，承包商承担单价变化的风险，而业主则承担工程量增减的风险，符合风险管理原理且公平合理。但在工程实施过程中，业主需要投入较多的管理力量，对完成的工程进行计量或计量复核，对与工程价格相关的物价进行核实。FIDIC 土木工程施工合同和我国的建设工程施工合同文本都采用单价合同。

之所以要采用单价合同，是因为业主虽然知道自己想要什么工程，但却不知道准确的工程数量，或者因为现场条件无法事先精确估算工程量。尽管如此，由于已经知道工程的性质和近似工程量，业主就没有必要采用成本加酬金合同形式。在单价合同下完成的工程一般不像房屋建筑那样由数目繁多的不同子项组成，相反，它是由相对较少的不同子项组成的重型工程（Heavy Engineering），但工程量通常很大，例如管道、下水道、道路和水坝等工程。有时大型工程的基础和现场工程会单独采用单价合同，而其上部结构则采用另外的合同形式。例如，由于地基下层土质信息限制，打桩工程量就不能精确地预估，因此打桩工程可采用单价合同。

1）单价合同类型

工程单价合同有估计工程量单价合同、纯单价合同和单价与包干混合式合同三种形式。

（1）估计工程量单价合同

估计工程量单价合同（Bill of Approximate Quantities Contract）是以工程量表为基础、以工程单价表为依据来计算合同价格。例如，当计算每米管线的安装价格时，除了分项工程单价表之外，还必须有一个管线安装的总工程量计算表作为计价基础。这个总工程量估算表就是常说的工程量概算表或暂估工程量清单。

业主在准备此类合同的招标文件时，委托咨询单位按分部分项工程列出工程量表并填入估算的工程量，承包商投标时在工程量表中填入各项的单价，据此计算出总价作为投标报价之用。但在每月结账时，以实际完成的工程量结算。在工程全部完成时，以竣工图最终结算工程的总价格。

采用这种合同时，要求实际完成的工程量与原估计的工程量不能有实质性的变更。不过，究竟多大范围的变更才不算实质性的变更很难确定，这是这种合同形式的一个缺点。但是，对于正常的工程项目来说，采用估计工程量单价合同，可以使承包商对其投标的工程范围有一个明确的概念。

（2）纯单价合同

在设计商还来不及提供施工详图，或虽有施工图但由于某些原因不能准确地计算工程量时，可采用纯单价合同（Straight Unit Rate Contract）。招标文件只向投标人给出各分项工程内的工作项目一览表、工程范围及必要的说明，而不提供工程量。承包商只要给出表中各项目的单价即可，将来施工时按实际工程量计算。

（3）单价与包干混合式合同

以单价合同为基础，但对其中某些不易计算工程量的分项工程（如开办项目）采用包干办法。对于能计算工程量的项目，均要求填报单价，业主将来按实际完成的工程量及合同中的单价支付价款。

2）单价合同的应用要点

单价合同的应用要点总结如下：

（1）单价是项目子项每个单位的平均价格。

（2）在单价合同中，业主只需按已约定的单价乘以实际工程量即可求得支付费用，因而可以减少意外开支。

微视频3-5：单价
合同运作及实务

（3）在单价合同中，业主在招标前无需对工程范围作出完整、详尽的规定，从而可以缩短招标准备时间。

（4）一般约定，当已完工程的工程量与合同估算工程量比较，其增减幅度超过15％时，单价合同通常要对单价进行调整。

（5）对于单价合同的招标，工程师应当注意投标人的不平衡报价。投标人通过不平衡报价可以从不同子项工程量的变化中获得好处或在项目早期获得额外的付款。

（6）单价合同要求对已完工程进行计量和对计量的工程量以单价计价；作为合同的一部分，有必要明确工程的计量方法。

（7）对于单价合同来说，业主或工程师必须对工程单位的划分作出明确的规定，以使承包商能够合理地确定单价。

3.2.3 成本加酬金合同及其类型

成本加酬金合同（Cost Plus Fee Contracts，简称 CPF 合同），也称成本补偿合同，是以实际成本加上双方商定的酬金来确定合同总价，即业主向承包商支付实际工程成本中的直接费用，按事先协议好的某一种方式支付管理费及利润的一种合同方式。这种合同形式与总价合同截然相反，在签订合同时合同价格不能确定，必须等到工程实施完成后，由实际的工程成本来决定。工程费用实报实销，业主承担着工程量和价格的双重风险；而承包商要承担的风险与前两类合同类型相比要小得多。

1）成本加酬金合同类型

（1）成本加固定酬金合同

成本加固定酬金合同（Cost Plus Fixed Fee Contracts）是指业主对承包商支付的人工、材料和设备台班费等直接成本全部予以补偿，同时还增加一笔管理费，也称作成本加固定酬金合同。所谓固定费用是指杂项费用与利润相加之和。这笔费用的总额是固定的，只有当工程范围发生变更而超出招标文件时才允许变动。所谓超出规定的范围，是指成本、工时、工期或其他可测定项目方面的变更已超出招标文件规定的数量（如±10％）。这种合同形式通常应用于设计及项目管理合同方面。

计算公式为：$C = C_d + F$

式中　C——总造价；

　　C_d——实际发生的直接费用；

　　F——给承包商数额固定不变的酬金，通常按估算成本的一定百分比确定。

（2）成本加定比费用合同

成本加定比费用合同（Cost plus Percentage Fee Contracts）与上述第（1）种相似，不同的是，所增加的费用不是一笔固定金额，而是相当于成本的一定百分比，也称作成本加定比酬金合同。

计算公式为：$C = C_d (1+p)$

式中　p——双方事先商定的酬金固定百分数。

从公式中可以看出，承包商获得的酬金将随着直接费用的增大而增加，使得工程总造价无法控制。这种合同形式无法鼓励承包商关心缩短工期或降低成本，因而对业主而言是不利的。

（3）成本加浮动酬金合同

成本加浮动酬金合同（Cost plus Incentive Fee Contracts）中的酬金是根据报价书中的成本概算指标制定的。概算指标可以是总工程量的工时数的形式，也可以是人工和材料成本的货币形式。合同中对这个指标规定了一个底点（Floor，约为工程成本概算的 60%～75%）和一个顶点（Ceiling，约为工程成本概算的 110%～135%），承包商只有在概算指标的顶点之下完成工程时，可以得到酬金。酬金的额度通常根据低于指标顶点的情况而定。当酬金加上报价书中的成本概算总额达到顶点时封顶。如果承包商的工时或工料成本超出指标顶点时，应对超出部分进行罚款，直至总费用降到顶点时

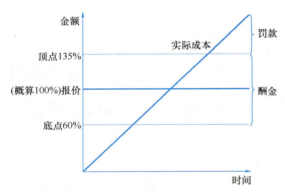

图 3-11　成本加浮动酬金合同分析

为止，如图 3-11 所示。

成本加浮动酬金合同形式有它自身的特点。当招标前所编制的图纸和规定、规范尚不充分，不能据以确定合同价格，但尚能为承包商制定一个概算指标时，使用成本加酬金的合同形式还是可取的。计算公式为：

如果：$C_d = C_0$；则：$C = C_d + F$。

　　$C_d < C_0$；则：$C = C_d + F + \Delta F$。

　　$C_d > C_0$；则：$C = C_d + F - \Delta F$。

式中　C_0——预期成本；

　　ΔF——酬金增减部分，可以是一个百分数，也可以是一个固定的绝对数。

（4）目标成本加奖励合同

在仅有初步设计和工程说明书就迫切要求开发的情况下，可根据粗略计算的工程量和适当的单价表编制概算作为目标成本。随着详细设计逐步具体化，工程量和目标成本可加

以调整，另外规定一个百分数作为酬金。最后结算时，如果实际成本高于目标成本并超过事先商定的界限（例如5%），则减少酬金；如果实际成本低于目标成本（也有一个幅度界限），则增加酬金。

用公式表示为：

$$C = C_d + p_1 C_0 + p_2 (C_0 - C_d)$$

式中 C_0——目标成本；

       p_1——基本酬金百分数；

       p_2——奖励酬金百分数。

（5）成本加固定最大酬金合同

在成本加固定最大酬金合同（Cost plus Upset Maximum Contracts）中，承包商可以从下列三个方面得到支付：

① 包括人工、材料、机械台班费以及管理费在内的全部成本。

② 占全部人工成本的一定百分比的增加费（即杂项开支费）。

③ 可调的增加费（即酬金）。

在这种形式的合同中，通常设有3项成本总额：第1项（也是主要的一笔）称为报价指标成本；第2项称为最高成本总额；第3项称为最低成本总额。

如果承包商在完成工程中所花费的工程成本总额没有超过最低成本总额时，他所花费的全部成本费用、杂项费用以及应得酬金等都可得到发包单位的支付；如果花费的总额低于最低成本总额时，还可与发包单位分享节约额。如果承包商所花费的工程成本总额在最低成本总额与报价指标成本之间时，则只有成本和杂项费用可以得到支付。如果工程成本总额在报价指标成本与最高成本总额之间时，则只有全部成本可以得到支付；超过顶点则发包单位不予支付。以上分析如图3-12所示。

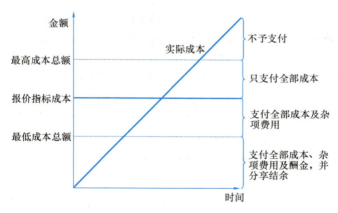

图 3-12 成本加固定最大酬金合同分析

2）成本加酬金合同中的成本界定

要合理地理解 CPF 合同形式，首先要准确理解工程成本，以及工程成本的合理构成、来源和分类等。工程成本构成（Cost of Construction Work）通常包括下列内容：

（1）工程直接成本（Direct Costs of Work）。其中包括：人工费用（Labor Costs），

材料费用（Materials Costs），工具、机械和设备费用（Tools，Plant and Equipment Costs），（现场）工程管理费用（Job Overhead Costs）。

（2）工程间接成本（Indirect Costs of Work）。其中包括：（企业）运行管理费用（Operating Overhead Costs）、利润（Profit）。

直接成本是指与特定的现场和项目相关并由它们确定的费用，但间接成本不是这样，因为它们在性质上与企业整体和企业所有项目更为密切，如表 3-2 所示。

工程成本分类与相互关系　　　　　　　　　　　　　　　　表 3-2

工程间接成本		利润	酬金（%）	工程总成本
		（企业）运行管理费用		
工程直接成本	（现场）工程管理费用	材料费	（成本加酬金合同定义的）工程成本	
		人工费		
		工具机械设备费		

云讲座3-6：工程施工总价合同结算实务

3）成本加酬金合同的应用要点

（1）CPF 合同和固定总价合同是合同的基本类型，处于高低风险相对的两端，两种合同类型的变化取决于风险的度量。

（2）对于 CPF 合同的业主来讲有两种费用：①定义的成本（通常是直接费）；②定义的酬金（通常包含工程间接成本）。成本和酬金的定义是非常关键的。

（3）工程成本包含人工、材料、机械和现场管理成本等直接成本以及企业运营成本和利润等间接成本。

（4）人工成本是指工资、法定薪酬、奖金和差旅费、住宿费、车船费等直接成本。生产效率同样会影响人工成本。

（5）材料成本受产量、质量、时间（季节性需求）、地点、信用和折扣等因素的影响。

（6）机械和设备成本由折旧、维修、投资费用和进场、出场和运行费用决定，还有工作和空闲时间的区别。

（7）现场管理成本包括监管（通常是最大的成本）、保险和担保费用、许可费用、安全和保护成本、临时服务和设施、清理、出清存货等成本。

（8）企业运营成本是那些不能直接区分和归结到特定工程的费用，包括管理人员费用、房租及办公设备、通信等办公费用。

（9）对于业主来说利润属于成本，利润率是投资回报的度量，也是量化利润的最好方法。

（10）CPF 合同的成功需要双方的信任和诚实。

（11）CPF 合同中业主通常承担较大的风险。

（12）与其他类型合同相比，CPF 合同中的业主和设计师需要更多地参与到工程和成本管理中。

3.2.4　合同类型选择

1）不同合同类型选择与比较

工程合同按其计价方式分为总价合同、单价合同和成本补偿合同。各种类型合同有其适用条件，合同双方有不同的权力与责任分配，承担不同的风险。工程实践中应根据具体情况选择合同类型，有时一个项目的不同分项有不同的合同类型。不同的合同类型具有不同的应用范围和特点，不同合同类型特点的比较如表 3-3 所示。

工程合同类型特点比较表　　　　　表 3-3

	总价合同	单价合同	成本补偿合同			
			百分数酬金	固定酬金	浮动酬金	目标成本加奖励
公式	$C = aC_0$	$C = \sum_{i=1}^{m} u_i m_i$	$C = C_d(1+p)$	$C = C_d + F$	$C = C_d + F \pm \Delta F$	$C = C_d + p_1 C_0 + p_2 (C_0 - C_d)$
应用范围	广泛	广泛	紧急工程，保密工程，为试验研究和技术发展修建工程，设计信息较少的项目，业主与承包商长期共事、相互信任的项目等			酌情
业主控制投资	易	较易	最难	难	不易	有可能
承包商风险	风险大	风险小	无风险			有风险

注：C——总造价；C_0——预期（目标）成本；C_d——实际发生的直接费用；F——规定数额的酬金；ΔF——酬金增减部分；p——酬金百分比；p_1——基本酬金百分比；p_2——奖励酬金百分比；u_i——单价；m_i——工程量。

采用何种合同类型实施工程建设，与招标前已完成的设计准备的详细程度有关。一般来讲，如果一个工程仅达到可行性研究、概念设计阶段，只需要满足主要设备、材料的订货，项目总造价的控制，技术设计和施工方案设计文件的编制等要求，多采用成本补偿合同。工程项目达到初步设计的深度，能满足设计方案中的重大技术问题和试验要求及设备制造要求等，多采用单价合同。工程项目达到施工图设计阶段，能满足设备、材料的安排，非标准设备的制造，施工图预算的编制，施工组织设计编制等，多采用总价合同。在一项合同中应注意尽量避免混用不同的计价方式。但当工程项目仓促上马，准备工作不够充分时，很可能在其发包工程合同中既包含总价合同内容，又包含单价合同或成本补偿合同内容。如表 3-4 所示，为合同类型选择与设计阶段的关系，可供参考。

合同类型选择与设计阶段参考表　　　　　表 3-4

合同类型	设计阶段	设计包括的主要内容	设计深度要求满足
总价合同	施工详图设计阶段	（1）详细设备清单； （2）详细材料清单； （3）施工详图； （4）施工图预算； （5）施工组织设计	（1）设备、材料的安排； （2）非标准设备的制造； （3）施工图预算的编制； （4）施工组织设计的编制； （5）其他施工要求
单价合同	技术设计阶段	（1）较详细的设备清单； （2）较详细的设备材料清单； （3）工程必需的设计内容； （4）修正总概算	（1）设计方案中重大技术问题的要求； （2）有关试验方面的要求； （3）有关设备制造方面的要求

续表

合同类型	设计阶段	设计包括的主要内容	设计深度要求满足
成本补偿 合同	初步 设计阶段	（1）总概算； （2）设计依据、指导思想； （3）建设规模、产品方案； （4）主要设备选型和配置； （5）主要材料需要概数； （6）主要建筑物、构筑物； （7）公用、辅助设施； （8）主要技术经济指标	（1）主要材料设备订货； （2）项目总造价控制； （3）技术设计的编制； （4）施工组织设计的编制

2）合同类型与工程采购模式的匹配关系

不同的合同类型与不同的工程采购模式之间应有一定的匹配关系。根据国内外有关资料分析，上述三种合同类型与工程采购模式相匹配的情况，如表 3-5 所示。

工程合同类型与工程采购模式的匹配关系　　　　　表 3-5

工程采购模式 ＼ 合同类型	总价合同	单价合同	成本加固定费用合同	成本加固定最大酬金合同	目标成本加奖励合同
DBB	△	★	△	—	—
DB	—	×	△	△	★
EPC	—	×	△	△	★
CM	—	×	△	△	★
PM	△	×	—	△	★

注：1. 表中"★"表示匹配；"△"表示较匹配；"—"表示不常用；"×"表示不匹配；

2. 表中相匹配分析仅适合于项目风险一般、工期不太长的情况。

（1）DBB 模式的合同类型选择。当工程项目十分确定时，采用固定总价合同；当工程确定性一般时，采用单价合同；当工程不确定时，采用成本补偿合同。在工程确定，但工期长或物价不稳定时，可考虑采用可调总价合同或单价合同。

（2）DB 和 EPC 模式的合同类型选择。这类合同范围包括工程设计，显然工程的许多内容不十分明确。因此，工程较为不确定，且承发包双方有一定的合作基础，或承包商信用较好时，可采用目标成本加奖励合同或成本加固定最大酬金合同；反之，采用成本加固定费用合同。

（3）CM 模式的合同类型选择。在工程基本明确，如初步设计完成后，CM 单位开始介入工程，一般优先考虑目标成本加奖励合同，当工程较为不确定时，业主为了控制费用也可采用成本加固定酬金合同。

（4）PM 模式的合同类型选择。这类合同属于管理服务类合同。一般项目管理公司在项目前期就介入了工作，此时工程范围可能还不明了，因此计价困难，一般是采用分阶段方式进行计价。第一阶段从项目开始到完全确定项目，如初步设计阶段。这一阶段按人工计价或一笔费用包定；此后的工程实施作为第二阶段，则可采用成本加固定最大酬金合同或目标成本加奖励合同等。

不同的合同类型都有其适用的范围，如图 3-13 所示。2017 版 FIDIC 系列合同条件中的红皮书总体上属于单价合同，黄皮书则以固定总价为主、辅以少量单价合同，而银皮书则是比较纯粹的固定总价合同。新建大中型项目很少整体上使用成本加酬金合同，但在单价合同和固定总价合同模式下，处理需要重新估价的变更和索赔事项时，常常采用成本加酬金的方式。

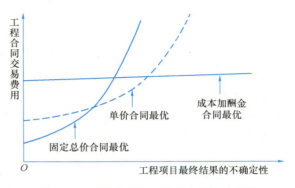

图 3-13　合同类型与工程不确定性的关系

选择工程合同类型是十分复杂的工作。具体选择何种工程采购模式，以及采用哪种与此相应的合同类型，需要根据工程建设的具体情况，包括工程的内部属性、外部属性、业主方的建设管理能力和偏好，以及工程建设环境等，对其进行详细的分析研究后，才能进行决策。采用何种合同类型不是固定不变的，有时一个项目中的不同工程部分，或不同阶段，可能采用不同类型的合同，业主必须根据实际情况，全面、反复地权衡利弊，选定最佳的合同类型。

综上所述，合同类型的选择应考虑的因素包括：业主的意愿、工程项目设计的深度、工程项目的确定性、项目的规模及其复杂程度、工程项目的技术先进性、承包商的能力和信用、工程进度的要求和市场情况、业主的管理能力、外部因素或风险等。

3.3　工程合同管理规划

3.3.1　工程合同规划的含义和作用

1）工程合同规划的含义

工程合同规划包括广义的合同规划和狭义的合同规划。广义的合同规划是整个工程建设项目的合同规划，即建设单位根据项目目标、建设条件、项目特点，结合自身项目管理模式和组织机构职能，对项目全生命周期内所发生的合同进行分析评估，确定合同的类别、数量，进而建立最佳的合同结构体系；狭义的合同规划，即对某一具体合同内容的规划，如勘察合同、设计合同、施工合同等，主要从合同类型的选择、合同条款的拟定、技术标准的选择、合同风险的识别和分配、交易模式的选择等体现合同权利义务的安排。合同规划决定着项目的组织结构及管理体制，决定合同各方责任、权利和工作的划分，对整个项目的实施和管理过程具有根本性和全局性的影响。

2）工程合同规划的作用

工程项目的风险具有多样性、系统性和全过程性。工程项目通常存在外部环境风险、项目自身风险以及项目参与主体的行为风险等多种风险，同时风险在整个项目周期中都始终存在并相互关联，从项目的前期调研、可行性研究，到项目的实施，直至项目投产后的运营，无时无刻不与风险相伴。合同规划是实现项目目标的全局性、战略性安排，是对项目采购系列活动的系统性筹划。合同规划的根本作用在于通过合理的合同体系和合同内容加以安排，有效规避工程项目的风险，从而保证项目目标和项目业主的经营目标的顺利实现。

（1）合同规划有利于推进工程项目目标的实现。合同规划是项目实施过程中的关键环节，并构成项目实施的基础，通过合同规划可以确保项目实施的经济性和有效性，进而有效降低项目成本，促进项目的顺利实施和按期完成。

（2）合同规划有助于提高合同管理的科学性和合理性。合同规划是起草招标文件和合同文件的依据，合同规划的成果通过具体的合同文件体现。通过合同规划可以合理分配各参与主体之间的权利义务，防止合同体系混乱和权利义务分配的不均衡，减少矛盾和障碍，保证工程项目协调、有序地开展。

（3）合同规划可以有效减少各个参与主体之间的纠纷。全面合理的合同规划能够保证合同体系的完备性、协调性，保证各个合同履行的完善和协调，促进各个合同目标的顺利达成，减少合同履行的争议和矛盾，顺利地实现工程项目的总目标。

3.3.2　工程合同规划的主要内容

工程合同规划必须反映工程项目的业主需求，体现和服从业主的经营战略和根本利益，并通过合同管理实现项目的投资、进度和质量控制，保证项目目标的实现。合同规划的内容应涵盖从项目前期调研、合同目标确定直至合同体系设计、合同签订、合同履行以及跟踪评估的全过程，任何一个环节的错漏，都将影响合同规划的完整性和系统性，进而影响项目目标的达成。具体而言，合同规划内容应包括：合同数量规划、合同类别规划、合同主体规划、合同条件规划、合同要素规划、合同订立规划、合同履约规划、合同变更规划以及合同跟踪评估规划。其中，合同数量规划和合同类别规划是合同规划的前提，合同主体规划、合同条件规划、合同要素规划是合同规划的核心内容，合同订立规划、合同履约规划、合同变更规划以及合同跟踪评估规划是合同规划的实质体现。工程合同规划应保证各个合同之间在合同范围、权利义务分配和合同履行程序等诸多方面相互衔接，避免因遗漏、重复和脱节等影响合同履行和合同目标的实现，保证项目建设任务的顺利完成。

3.3.3　工程合同结构分解法

1）工作分解结构（WBS）

合同结构分解来源于工作分解结构（Work Breakdown Structure，简称 WBS）。工作分解结构是按照项目发展的规律，依据一定的原则和规定，进行系统化、相互关联和协调的层次分解。结构层次越往下层，则项目组成部分的定义越详细，最后构成一份层次清晰、可以作为组织项目实施的具体工作依据。工作分解结构是制定项目进度计划、资源需求、成本预算、风险管理计划和采购计划等的重要基础。

工程项目的工作分解结构可以按照项目的实施过程进行分解，其第一层级工作分解结构如图 3-14 所示。其中的工程施工，再按照分部分项工程进行工作结构分解，则可以进一步细分成地基与基础、主体结构、建筑装饰装修、建筑给水排水等，如图 3-15 所示。

2）合同结构分解

合同结构分解是指对项目全生命周期内所需完成的工作按照合同管理的要求进行分解，直至分解至最小合同单元，并以最小合同单元为要素建立合同结构体系。合同结构分解需要建立在整个项目工作结构分解的基础上。工程项目的合同结构分解如图 3-16 所示。

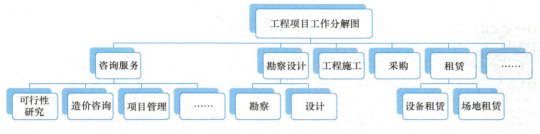

图 3-14　工程项目的工作分解图示例

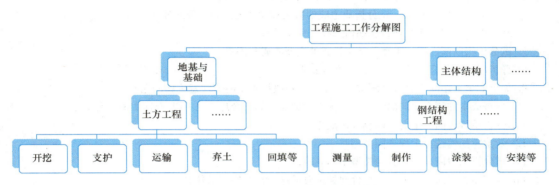

图 3-15　工程施工的工作分解图示例

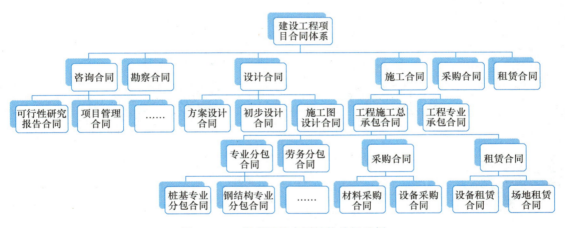

图 3-16　工程项目的合同结构分解示例

　　合同结构分解的结果包括项目合同结构体系和合同结构分解词典。项目合同结构体系是以可交付成果为导向的合同层级分解。项目合同结构体系每向下分解一层，代表着对项目工作更详细的定义。合同结构分解词典即合同结构体系说明，是指在创建项目合同结构体系过程中产生并用于支持合同结构分解的文件，是对合同结构分解组成部分的合同单元进行更为详细的描述，其内容中包括：编码、合同描述、成本预算、进度安排、质量标准、合同主体、资源配置情况以及其他属性等。

复习思考题

云测试3-7：第3章
课程内容测试
及解题分析

1. 工程采购模式有哪些？各自的主要内容、特点和适用范围是什么？

2. 试分析传统采购模式（DBB）与设计建造模式（DB）、建设管理模式（CM）的区别。

3. 工程采购模式选择有哪些影响因素？从业主角度分析如何选择合理的工程采购模式？

4. 结合典型工程案例，分析不同采购模式在具体工程中的实际应用。

5. 对于 DB 和 EPC 模式，试分析业主应如何决策设计范围和任务的分配？

6. 基础设施和房屋建筑项目应如何选择工程总承包模式？

7. 试分析当前国内推行工程总承包模式的主要障碍和困难。

8. 分析固定总价合同的定义、内涵和优缺点。

9. 如果业主采用固定总价合同招标，承包商在投标报价时应注意哪些问题？

10. 分析成本加酬金合同的定义、内涵和优缺点。如何合理定义 CPF 合同中的工程成本？

11. 分析单价合同的定义、内涵和优缺点。

12. 业主应如何选择工程合同类型？

13. 试分析承包商在三种合同类型中的风险。

14. 以实际工程为例，说明三种合同类型对最终价格的影响是什么？

15. 结合典型企业和项目实践，谈谈如何做好工程项目的合同规划工作。

4.1　工程招标投标基本制度

4.1.1　招标投标概念

招标投标是市场经济条件下进行大宗货物买卖、工程建设项目的发包与承包，以及服务项目的采购与提供时，所采用的一种交易方式。它的特点是，单一的买方设定包括功能、质量、期限、价值为主的标的，约请若干卖方通过投标进行竞争，买方从中选择优胜者并与其达成交易协议，随后按合同实现标的。

建筑产品也是商品，工程项目的建设以招标投标的方式选择实施单位，是运用竞争机制来体现价值规律的科学管理模式。工程招标指招标人用招标文件将委托的工作内容和要求告之有兴趣参与竞争的投标人，让他们按规定条件提出实施计划和价格，然后通过评审比较出信誉可靠、技术能力强、管理水平高、报价合理的可信赖单位（设计单位、监理单位、施工单位、供货单位），以合同的形式委托其完成。各投标人依据自身能力和管理水平，按照招标文件规定的统一要求投标，争取获得实施资格。属于要约和承诺特殊表现形式的招标投标是合同的形成过程，招标人需要与中标人签订明确双方权利义务的合同。招标投标制是实施项目法人责任制的重要保障措施之一。

《招标投标法》将招标与投标的过程纳入法制管理的轨道，主要内容包括通行的招标投标程序；招标人和投标人应遵循的基本规则；任何违反法律规定应承担的后果责任等。该法的基本宗旨是，招标投标活动属于当事人在法律规定范围内自主进行的市场行为，但必须接受政府行政主管部门的监督。

工程建设招标按标的内容可分为工程监理招标、工程勘察设计招标、工程项目管理招标、工程施工招标、工程总承包招标以及工程项目货物招标等。

云文档4-1：招标投标法律文件

4.1.2　开展招标投标活动的原则

我国《招标投标法》规定招标投标活动必须遵循公开、公平、公正和诚实信用的原则。

（1）公开。招标投标活动中所遵循的公开原则是指招标活动信息公开、开标活动公开、评标标准公开，以及定标结果公开。

（2）公平。招标人应给所有的投标人以平等的竞争机会，这包括给所有投标人同等的信息量、同等的投标资格要求；不设倾向性的评标条件，不得违法限制或者排斥本地区、本系统以外的法人或者其他组织参加投标，也不能以某一投标人的产品技术指标作为标的要求等。招标文件中所列合同条件的权利和义务要对等，要体现承发包双方作为民事主体的平等地位。投标人不得串通投标打压别的投标人，更不能串通起来抬高报价损害招标人的利益。

（3）公正。招标人在执行开标、评标及定标程序，评标委员会在执行评标标准时要严格照章办事，持相同尺度，不能厚此薄彼，尤其是处理迟到标、废标、无效标以及质疑过程中更要体现公正。

（4）诚实信用。诚实信用是民事活动的基本原则。招标投标的双方都要诚实守信，不得有欺骗、背信的行为。招标人不得搞内定承包人的虚假招标，也不能在招标中设圈套损害承包人的利益。投标文件中所有各项都要真实，投标人不能用虚假资质、虚假业绩投标。合同签订后，任何一方都要严格、认真地履行。

4.1.3　我国工程项目招标的范围

1）法定必须招标的工程项目

依照《招标投标法》、《必须招标的工程项目规定》（国家发展改革委令第 16 号，2018年 6 月 1 日起施行），以及国家发展改革委办公厅关于《进一步做好〈必须招标的工程项目规定〉和〈必须招标的基础设施和公用事业项目范围规定〉实施工作的通知》（发改办法规［2020］770 号）等规定，在我国境内建设的全部或者部分使用国有资金投资或者国家融资的项目包括：

（1）使用预算资金 200 万元人民币以上，并且该资金占投资额 10％以上的项目；

（2）使用国有企业、事业单位资金，并且该资金占控股或者主导地位的项目。

使用国际组织或者外国政府贷款、援助资金的项目包括：

（1）使用世界银行、亚洲开发银行等国际组织贷款、援助资金的项目；

（2）使用外国政府及其机构贷款、援助资金的项目。

不属于上述规定情形的大型基础设施、公用事业等关系社会公共利益、公众安全的项目，必须招标的具体范围由国务院发展和改革部门会同国务院有关部门按照确有必要、严格限定的原则制定，并报国务院批准。

上述规定范围内的项目，其勘察、设计、施工、监理以及与工程建设有关的重要设备、材料等的采购达到下列标准之一的，必须招标：

（1）施工单项合同估算价在 400 万元人民币以上；

（2）重要设备、材料等货物的采购，单项合同估算价在 200 万元人民币以上；

（3）勘察、设计、监理等服务的采购，单项合同估算价在 100 万元人民币以上。

同一项目中可以合并进行的勘察、设计、施工、监理以及与工程建设有关的重要设备、材料等的采购，合同估算价合计达到前款规定标准的，必须招标。

关系社会公共利益、公众安全的大型基础设施项目一般包括：煤炭、石油、天然气、电力、新能源项目；铁路、公路、管道、水运、航空以及其他交通运输业等交通运输项目；邮政、电信枢纽、通信、信息网络等邮电通信项目；防洪、灌溉、排涝、引（供）水、滩涂治理、水土保持、水力枢纽等水利项目；道路、桥梁、地铁和轻轨交通、污水排放及处理、垃圾处理、地下管道、公共停车场等城市设施项目；生态环境保护项目；其他基础设施项目。

关系社会公共利益、公众安全的公用事业项目一般包括：供水、供电、供气、供热等市政工程项目；科技、教育、文化等项目；体育、旅游等项目；卫生、社会福利等项目；商品住宅，包括经济适用房；其他公用事业项目。

2）可以不进行招标的项目

依照《中华人民共和国招标投标法》（以下简称《招标投标法》）第六十六条规定：涉及国家安全、国家秘密、抢险救灾或者属于利用扶贫资金实行以工代赈、需要使用农民工等特殊情况，不适宜进行招标的项目，按照国家有关规定可以不进行招标。

《中华人民共和国招标投标法实施条例》（以下简称《招标投标法实施条例》）第九条规定：除招标投标法第六十六条规定的可以不进行招标的特殊情况外，有下列情形之一的，可以不进行招标：

（1）需要采用不可替代的专利或者专有技术；

（2）采购人依法能够自行建设、生产或者提供；

（3）已通过招标方式选定的特许经营项目投资人依法能够自行建设、生产或者提供；

（4）需要向原中标人采购工程、货物或者服务，否则将影响施工或者功能配套要求；

（5）国家规定的其他特殊情形。

招标人为适用前款规定弄虚作假的，属于招标投标法第四条规定的规避招标。

4.1.4 招标方式

为了规范招标投标活动，保护国家利益和社会公共利益以及招标投标活动当事人的合法权益，《招标投标法》规定招标方式分为公开招标和邀请招标两大类。

1）公开招标

招标人通过新闻媒体发布招标公告，凡具备相应资质符合招标条件的法人或组织不受地域和行业限制均可申请投标。公开招标的优点是，招标人可以在较广的范围内选择中标人，投标竞争激烈，有利于将工程项目的建设交予可靠的中标人实施并取得有竞争性的报价。但其缺点是，由于申请投标人较多，一般要设置资格预审程序，而且评标的工作量也较大，所需招标时间长、费用高。

招标人选用了公开招标方式，就不得限制或者排斥本地区、本系统以外的法人或者其他组织参加投标，不得对潜在投标人实行歧视待遇。

根据规定，依法必须进行招标的项目，全部或者部分使用国有资金投资或者国有资金投资占控股或者主导地位的，都应采取公开招标。

2）邀请招标

招标人向预先选择的若干家具备相应资质、符合招标条件的法人或组织发出邀请函，将招标工程的概况、工作范围和实施条件等作出简要说明，请他们参加投标竞争。邀请对象的数目以 5～7 家为宜，但不应少于 3 家。被邀请人同意参加投标后，从招标人处获取招标文件，按规定要求进行投标报价。邀请招标的优点是，不需要发布招标公告和设置资格预审程序，节约招标费用和节省时间；由于对投诉人以往的业绩和履约能力比较了解，减小了合同履行过程中承包方违约的风险。为了体现公平竞争和便于招标人选择综合能力最强的投标人中标，仍要求在投标书内报送表明投标人资质能力的有关证明材料，作为评标时的评审内容之一（通常称为资格后审）。邀请招标的缺点是，由于邀请范围较小、选择面窄，可能排斥了某些技术或报价上有竞争实力的潜在投标人，因此投标竞争的激烈程度相对较差。

《中华人民共和国招标投标法实施条例》第七条规定：按照国家有关规定需要履行项目审批、核准手续的依法必须进行招标的项目，其招标范围、招标方式、招标组织形式应当报项目审批、核准部门审批、核准。项目审批、核准部门应当及时将审批、核准确定的招标范围、招标方式、招标组织形式通报有关行政监督部门。第八条规定：国有资金占控股或者主导地位的依法必须进行招标的项目，应当公开招标；但有下列情形之一的，可以邀请招标：

（1）技术复杂、有特殊要求或者受自然环境限制，只有少量潜在投标人可供选择；

（2）采用公开招标方式的费用占项目合同金额的比例过大。

为促进装配式建筑的推广应用，规范其招标投标活动，2016 年 5 月 1 日起施行的《江苏省装配式建筑（混凝土结构）项目招标投标活动的暂行意见》（苏建规字［2016］1号）规定，江苏省全部使用国有资金投资或者国有资金投资占控股或者主导地位的装配式建筑项目，招标发包的标段内容达到下列条件的，招标人可以采用邀请招标方式。

（1）装配式建筑主体结构的设计、施工、监理招标；

（2）设计图纸标明或在招标文件中明确的装配式建筑预制率（±0.00 以上部分，预制混凝土构件总体积占全部混凝土总体积的比率）不小于 30％。

4.1.5 工程招标投标程序

招标是招标人选择中标人并与其签订合同的过程，而投标则是投标人力争获得实施合同的竞争过程，招标人和投标人均需遵循招标投标法律和法规的规定进行招标投标活动。工程项目招标投标一般要经历招标准备、投标邀请、发售招标文件、现场勘察、标前答疑、投标、开标、评标、定标、签约等过程。如图 4-1 所示为公开招标程序，邀请招标可以参照实行。按照招标人和投标人的参与程度，可将招标过程划分为招标准备阶段、招标投标阶段和决标成交阶段。

1. 招标准备阶段的主要工作

招标准备阶段的工作由招标人单独完成，投标人不参与。主要工作包括以下几个方面。

1）选择招标方式

（1）根据工程特点和招标人的管理能力确定发包范围。

图 4-1 公开招标程序

（2）依据工程建设总进度计划确定项目建设过程中的招标次数和每次招标的工作内容。如监理招标、设计招标、施工招标、设备供应招标等。

（3）按照每次招标前准备工作的完成情况，选择合同的计价方式。如施工招标时，已完成施工图设计的中小型工程，可采用总价合同；若为初步设计完成后的大型复杂工程，则可采用单价合同。

（4）依据工程项目的特点、招标前准备工作的完成情况、合同类型等因素的影响程度，最终确定招标方式。

2）办理招标备案

招标人向建设行政主管部门办理申请招标手续。招标备案文件应包括：招标工作范围、招标方式、计划工期、对投标人的资质要求和招标项目的前期准备工作的完成情况，以及自行招标还是委托代理招标等内容。获得认可后才可以开展招标工作。

3）编制招标的有关文件

招标准备阶段应编制好招标过程中可能涉及的有关文件，保证招标活动的正常进行。这些文件大致包括：招标广告、资格预审文件、招标文件、合同协议书，以及资格预审和评标的方法。

2. 招标阶段的主要工作

公开招标时，从发布招标广告开始，若为邀请招标，则从发出投标邀请函开始，到投标截止日期为止的期间称为招标投标阶段。在此阶段，招标人应做好招标的组织工作，投标人则按招标有关文件的规定程序和具体要求进行投标报价竞争。

1）发布招标公告

招标公告的作用是让潜在的投标人获得招标信息，以便进行项目筛选，确定是否参与竞争。招标公告或投标邀请函的具体格式可由招标人自定，内容一般包括：招标单位名称；建设项目资金来源；工程项目概况和本次招标工作范围的简要介绍；购买资格预审文件的地点、时间和价格等有关事项。

2）资格预审

对潜在投标人进行资格审查，主要考察该企业总体能力是否具备完成招标工作所要求的条件。公开招标时设置资格预审程序，一是保证参与投标的法人或组织在资质和能力等方面能够满足完成招标工作的要求；二是通过评审优眩荟综合实力较强的一批申请投标人，再请他们参加投标竞争，以减小评标的工作量。资格预审程序主要包括：

（1）招标人依据项目特点编写资格预审文件。资格预审文件分为资格预审须知和资格预审表两大部分。资格预审须知内容包括：招标工程概况、工作范围介绍、对投标人的基本要求和指导投标人填写资格预审文件的有关说明。资格预审表列出了对潜在投标人的资质条件、实施能力、技术水平、商业信誉等方面需要加以了解的内容，应以应答形式给出调查文件。资格预审表开列的内容要完整、全面，能反映潜在投标人的综合素质，因为资格预审中评定过的条件在评标时一般不再重复评定，应避免不具备条件的投标人承担项目的建设任务。

（2）资格预审表是以应答方式给出调查文件。所有申请参加投标竞争的潜在投票人都可以购买资格预审文件，按其要求填报后作为投标人的资格预审文件。

（3）招标人依据工程项目特点和发包工作性质将评审划分为几大方面，如资质条件、人员能力、设备和技术能力、财务状况、工程经验、企业信誉等，并分别给予不同权重。对其中的各个方面再进一步加以细化，用以评定内容和分项评分标准。通过对各个投标人的评定和打分，确定各个投标人的综合素质得分。

（4）资格预审合格的条件。首先投标人必须满足资格预审文件规定的必要合格条件和附加合格条件，其次评定分必须在预先确定的最低分数线以上。目前采用的合格标准有两种方式：一种是限制合格者的数量，以便减少评标的工作量（如5家）。招标人按得分高低次序向预定数量的投标人发出邀请投标函，并请其予以确认。如果某一家放弃投标，则由下一家替补，以维持预定的数量；另一种是不限制合格者的数量。凡满足80％以上得分的潜在投标人均视为合格者，以保证投标的公平性和竞争性。后一种原则的缺点是，如果合格者的数量较多时，会增加评标的工作量。不论采用哪种方法，招标人都不得向他人透露有权参与竞争的潜在投标人的名称、人数以及与招标投标有关的其他情况。

（5）投标人必须满足的基本资格条件。资格预审须知中明确列出投标人必须满足的最基本条件，可以分为必要合格条件和附加合格条件两类。①必要合格条件通常包括法人地位、资质等级、财务状况、企业信誉、分包计划等具体要求，是潜在投标人应满足的最低标准。②附加合格条件，根据招标项目是否对潜在投标人有特殊要求，进而决定有无资格。普通工程项目一般承包人均可完成，可不设置附加合格条件。对于大型复杂项目，尤其是需要有专门技术、设备或经验的投标人才能完成时，则应设置此类附加合格条件。附加合格条件是为了保证承包工作能够保质、保量、按期完成，按照项目特点设定，而不是针对外地区或外系统的投标人。因此，只要不违背《招标投标法》的有关规定。招标人可以针对工程所需的特别措施或工艺的专长；专业工程施工资质；环境保护方针和保证体系；同类工程施工经历；项目经理资质要求；安全文明施工要求等方面设立附加合格条件。对于同类工程施工经历，一般以潜在投标人是否完成过与招标工程同类型和同容量工程作为衡量标准。标准不宜定得过高，否则会导致合格投标人过少，进而影响竞争；也不宜定得过低，有可能让实际不具备能力的投标人获得合同，进而导致无法按预期目的完成。还是要实施能力、工程经验与招标项目相符，才可以确保工程质量和进度按期完成。

3）招标文件

不同的招标方式，招标所用的文件是不一样的，如公开招标用的文件，应包括招标公告、资格预审（或后审）文件、投标邀请（投标资格预审合格通知书）、招标文件、标底（如果采取有标底招标）以及中标通知书等在内的全部文件，而邀请招标用的文件中则不含招标公告、投标资格审查等文件。招标的文件准备不要求全部、同时完成，可以随招标工作的进展而跟进。招标用的核心文件是发售给投标人作为投标依据的招标文件，也称标书。招标文件编制的好坏，直接关系招标的成败，要予以特别的重视，最好由具备丰富招标投标经验的工程技术专家、经济专家及法律专家合作编制。

2007年11月1日，国家发展和改革委员会等九部委联合发布了适用于一定规模以上，且设计和施工不是由同一个承包商承担的工程施工招标的《标准施工招标资格预审文件》和《标准施工招标文件》（国家发展改革委、财政部、建设部、铁道部、交通部、信息产业部、水利部、民航总局、广电总局令第56号），自2008年5月1日起在政府投资项目中试行。国务院有关行业主管部门根据《标准施工招标文件》（2007版），结合本行业施工招标特点和管理需要，可编制行业标准施工招标文件。行业标准施工招标文件重点对"专用合同条款""工程量清单""图纸""技术标准和要求"作出具体规定。2017年9月4日，国家发展和改革委员等，关于印发《标准设备采购招标文件》等五个标准招标文件的通知（发改法规［2017］1606号），文件包括《标准设备采购招标文件》《标准材料采购招标文件》《标准监理招标文件》《标准勘察招标文件》和《标准设计招标文件》，可供招标人借鉴和参考使用。

云文档4-2：标准
施工招标文件

4）现场考察

投标人在投标须知规定的时间内组织投标人自费进行现场考察。设置此程序的目的，一方面让投标人了解工程项目的现场情况、自然条件、施工条件以及周围环境条件，以便于编制投标书；另一方面也是要求投标人通过自己的实地考察确定投标的原则和策略，避免合同履行过程中投标人以不了解现场情况为理由推卸理应承担的合同责任。

5）解答投标人的质疑

投标人研究招标文件和现场考察后会以书面形式提出某些质疑和问题，招标人应及时给予书面解答。招标人对任何一位投标人所提问题的回答，必须发送给每一位投标人，以保证招标的公开和公平，但不必说明问题的来源。回答函件作为招标文件的组成部分，如果书面解答的问题与招标文件中的规定不一致，以函件的解答为准。

6）投标

（1）关于投标响应

投标人在获得招标文件后，要组织力量认真研究招标文件的内容，并对招标项目的实施条件进行调查。在此基础上结合投标人的实际情况，按照招标文件的要求编制投标文件。投标文件应当对招标文件提出的实质性要求和条件作出响应。招标项目属于建设施工的，投标文件的内容除了应该包括报价、拟派出的项目负责人与主要技术人员的简历、业绩外，还应有施工组织设计。

（2）关于投标人的工程分包

《建筑法》规定，承包商可以将其所承包工程中的部分工程发包给具有相应资质条件的分包单位，但属于施工总承包的，建筑工程主体结构的施工必须由总包单位自己完成。因此，投标人可以根据招标文件载明的项目的实际情况，将中标项目的部分非主体、非关键性的工作进行分包，但应当在投标文件中载明。

（3）关于联合体投标

两个以上法人或者其他组织可以组成一个联合体，以一个投标人的身份共同投标。联合体各方均应具备承担招标项目的相应能力。国家或者招标文件对投标人资格条件有规定的，联合体各方均应当按规定具备相应的资格条件。由同一专业的单位组成的联合体，按照资质等级较低的单位核定其资质等级。联合体各方应当签订共同投标协议，明确约定各方拟承担的工作和责任，并将共同投标协议连同投标文件一并提交招标人。联合体各方的法定代表人应签署授权书，授权其共同指定的牵头人代表联合体投标及合同履行期间的主办与协调工作。联合体中标的，联合体各方应当共同与招标人签订合同，就中标项目向招标人承担连带责任。但招标人不得强制投标人组成联合体共同投标，不得限制投标人之间的竞争。联合体成员也不得再以任何名义参加或单独参加其他联合体在同一个项目中的投标。

（4）关于投标的禁止性规定

投标人不得相互串通投标报价，不得排挤其他投标人的公平竞争行为，也不得损害招标人或者其他投标人的合法权益。投标人不得与招标人串通投标，损害国家利益、社会公共利益或者他人的合法权益。投标人不得以低于成本的报价竞标，也不得以他人名义投标或者以其他方式弄虚作假，骗取中标。

《招标投标法实施条例》第三十九条规定：禁止投标人相互串通投标。有下列情形之一的，属于投标人相互串通投标：

① 投标人之间协商投标报价等投标文件的实质性内容；

② 投标人之间约定中标人；

③ 投标人之间约定部分投标人放弃投标或者中标；

④ 属于同一集团、协会、商会等组织成员的投标人按照该组织要求协同投标；

⑤ 投标人之间为谋取中标或者排斥特定投标人而采取的其他联合行动。

《招标投标法实施条例》第四十条规定：有下列情形之一的，视为投标人相互串通投标：

① 不同投标人的投标文件由同一单位或者个人编制；

② 不同投标人委托同一单位或者个人办理投标事宜；

③ 不同投标人的投标文件载明的项目管理成员为同一人；

④ 不同投标人的投标文件异常一致或者投标报价呈规律性差异；

⑤ 不同投标人的投标文件相互混装；

⑥ 不同投标人的投标保证金从同一单位或者个人的账户转出。

《招标投标法实施条例》第四十一条规定：禁止招标人与投标人串通投标。有下列情形之一的，属于招标人与投标人串通投标：

① 招标人在开标前开启投标文件并将有关信息泄露给其他投标人；

② 招标人直接或者间接向投标人泄露标底、评标委员会成员等信息；

③ 招标人明示或者暗示投标人压低或者抬高投标报价；

④ 招标人授意投标人撤换、修改投标文件；

⑤ 招标人明示或者暗示投标人为特定投标人中标提供方便；

⑥ 招标人与投标人为谋求特定投标人中标而采取的其他串通行为。

《招标投标法实施条例》第四十二条规定：使用通过受让或者租借等方式获取的资格、资质证书投标的，属于招标投标法第三十三条规定的以他人名义投标。投标人有下列情形之一的，属于招标投标法第三十三条规定的以其他方式弄虚作假的行为：

① 使用伪造、变造的许可证件；

② 提供虚假的财务状况或者业绩；

③ 提供虚假的项目负责人或者主要技术人员简历、劳动关系证明；

④ 提供虚假的信用状况；

⑤ 其他弄虚作假的行为。

（5）关于投标文件的补充和修改

投标人应当在招标文件要求提交投标文件的截止时间前，将投标文件送达招标文件规定的投标地点。招标人收到投标文件后，应当签收保存，开标前任何单位或个人均不得开启。逾期送达或未送达指定地点的标书以及未按招标文件要求密封的标书，招标人应当拒收。投标人在招标文件要求提交投标文件的截止时间前，可以补充、修改或者撤回已提交的投标文件，并书面通知招标人。补充、修改的内容同为投标文件的组成部分。

7）关于投标文件的编制时间

从招标文件发出之日起到递交投标文件截止日的时间，应是投标人理解招标文件、进行必要的调研、完成投标文件编制所必需的合理时间，不得少于 20 天。

8）关于投标保证金

招标人可以在招标文件中要求投标人提交投标担保，投标担保可以采用投标保函或者投标保证金的方式。投标保证金可以使用支票、银行汇票等。投标保证金不得超过招标项目估算价的 2%。投标保证金有效期应当与投标有效期一致。

9）关于投标有效期

为保证招标人有足够的时间完成评标并与中标人签订合同，招标文件应当规定一个适当的投标有效期。投标有效期从投标人提交投标文件截止之日起计算。若在原投标有效期结束前发生特殊情况，招标人可以书面的形式要求所有投标人延长投标有效期。投标人同意延长的，不得要求或被允许修改其投标文件的实质性内容，但应当相应延长其投标保证金的有效期；投标人拒绝延长的，其投标失效，但投标人有权收回其投标保证金。因延长投标有效期造成投标人损失的，招标人应当给予补偿，但因不可抗力需要延长投标有效期的除外。

3. 决标成交阶段主要工作

从开标到签订合同这一期间称为决标成交阶段，是对各投标书进行评审比较，最终确定中标人的过程。

1）开标

开标是同时公开各投标人报送的投标文件的过程。开标使投标人知道其他竞争对手的要约情况，也限定了招标人员只能在这个开标结果的基础上进行评标、定标。这是招标投标公开性、公平性原则的重要体现。

开标应当在招标文件中确定的递交投标文件截止时间的同一时间公开进行。开标地点应当为招标文件中预先确定的地点。所有投标人均应参加开标会议，并可邀请公证机关、工程建设项目有关主管部门、相关银行的代表出席。政府的招标投标管理机构可派人监督开标活动。开标时，由投标人或其推选的代表检验投标文件的密封情况，也可由招标人委托的公证机构检查并公证，确认无误后，由工作人员当众拆封、宣读投标人名称、投标价格和投标文件的其他主要内容；所有在投标致函中提出的附加条件、补充声明、优惠条件、替代方案等均应宣读；如果设有标底，也应同时公布。这一过程称之为唱标。

开标过程应当记录并存档备查。开标后，任何人都不得更改投标书的内容和报价，也不得再增加优惠条件。有下列情形之一的投标文件，招标人将不予受理：

① 逾期送达的或者未送达指定地点的；

② 未按招标文件要求密封的。

2）评标

国家实行统一的评标专家专业分类标准和管理办法。具体标准和办法由国务院发展和改革部门会同国务院有关部门制定。省级人民政府和国务院有关部门应当组建综合评标专家库。依法必须进行招标的项目，其评标委员会的专家成员应当从评标专家库内相关专业的专家名单中以随机抽取的方式加以确定。任何单位和个人不得以明示、暗示等任何方式指定或者变相指定参加评标委员会的专家成员。

评标由招标人依照相关法律法规和要求组建的评标委员会专项负责。评标委员会由招标人选派的代表和有关技术、经济等方面的专家组成，人数为5人以上、单数，其中从专家库中抽取的技术、经济等方面的专家不得少于成员总数的2/3。

评标委员会成员的名单在中标结果确定之前应当保密。评标委员会成员和有关工作人员不得私下接触投标人，不得接受投标人的任何馈赠，不得参加投标人以任何形式组织的宴请、娱乐、旅游等活动，不得透露对投标文件的评审和比较、中标候选人的推荐以及与评标有关的其他情况。

评标前应组织评标委员学习招标文件，了解招标项目和招标目标，熟悉评标标准和方法，必要时还要对一些特别的问题进行讨论，以统一评标尺度，使评标更公正、更科学。当前有些地区开发了专门的电子清标软件或机器评标系统作为电子辅助评标工具，利用清标软件对投标人的单价、合价及总价进行复核，并对子项的异常偏差进行分析，为评委评标提供参考。大型工程项目的评标通常分成初步评审和详细评审两个阶段进行。

（1）初步评审。初步评审的重点在投标书的符合性审查。主要是审查投标书是否实质上响应了招标文件的要求。审查内容包括投标文件的签署情况、投标文件的完整性、与招标文件有无显著的差异和保留、投标资格是否符合要求（适用于采取资格后审招标的评标）。如果投标文件实质上不响应招标文件的要求，将作无效标处理，不允许投标人通过修改、撤销或保留其不符合要求的差异，使之成为实质性响应招标文件的投标书。评标委员会应审查每一份投标书，找出投标书与招标文件的偏差。有下列情形之一的，评标委员会应当否决其投标：

① 投标文件未经投标单位盖章和单位负责人签字；

② 投标联合体没有提交共同投标协议；

③ 投标人不符合国家或者招标文件规定的资格条件；

④ 同一投标人提交两个以上不同的投标文件或者投标报价，但招标文件要求提交备选投标的除外；

⑤ 投标报价低于成本或者高于招标文件设定的最高投标限价；

⑥ 投标文件没有对招标文件的实质性要求和条件作出响应；

⑦ 投标人有串通投标、弄虚作假、行贿等违法行为。

投标文件中有含义不明确的内容、明显文字或者计算错误，评标委员会认为需要投标人作出必要澄清、说明的，应当书面通知该投标人。投标人的澄清、说明应当采用书面形式，并不得超出投标文件的范围或者改变投标文件的实质性内容。

（2）详细评审。经初步评审合格的投标文件，评标委员会根据招标文件确定的评标标准和方法，对其进行技术评审和商务评审。对于大型的，尤其是技术复杂的招标项目，技术评审和商务评审往往是分开进行的。我国招标投标法规定评标可采用经评审的最低投标价法和综合评估法以及法律与行政法规允许的其他评标方法。

经评审的最低投标价法：一般适用于具有通用技术性能标准或者招标人对技术、性能没有特殊要求的招标项目。评标委员会只需根据招标文件中规定的评标价格调整方法，对所有投标人的投标报价以及投标文件的商务部分做必要的价格调整，而无需对投标文件的技术部分进行折价，但投标文件的技术标应当符合招标文件规定的技术要求和标准。因此，如果采用经评审的最低投标价法进行评标，那么中标候选人的投标文件应该能够满足招标文件的实质性要求，并且经评审的投标价格最低，但是投标价格低于成本的除外。

综合评估法：对于大型复杂项目，一般采用综合评估法进行评审。综合评估法不仅要评价商务标，还要评价技术标。技术标评审主要是对投标书的技术方案、技术措施、技术手段、技术装备、人员配置、组织方法和进度计划的先进性、合理性、可靠性、安全性、经济性进行分析评价。如果招标文件要求投标人派拟任项目负责人参加答辩，评标委员会应组织他们答辩，这对于了解项目负责人的工作能力、工作经验和管理水平是很有好处的。没有通过技术评审的标书，不能取得标。商务标包括投标报价和投标人资信等内容，但评标的重点是对投标报价的构成、计价方式、计算方法、支付条件、取费标准、价格调整、税费、保险及优惠条件等进行评审。在国际工程招标文件中，报关、汇率、支付方式等也是重要的评审内容。商务标评审的核心是评价报价的合理性以及投标人在履约过程中可能给招标人带来的风险。设有标底的招标，商务评标时要参考标底，但不得作为评标的唯一依据。

（3）评标报告。详细评审完成后，评标委员会应向招标人提交评标报告，作为招标人最后选择中标人的决策依据。评标报告的内容一般包括评标过程、评标标准、评审方法、评审结论、标价比较一览表或综合评估比较一览表、推荐的中标候选人、与中标候选人签约前应处理的事宜、投标人澄清（说明、补正）事项的纪要及评委之间存在的主要分歧点等。

采用经评审的最低价法的，应提交标价比较一览表，表中载明各投标人的投标报价、商务偏差调整、经评审的最终投标价。采用综合评估法的，应提交综合评估比较表，表中应载明投标人的投标报价、所作的每一处修正、对商务偏差的调整、对技术偏差的调整、对各评审因素的评估以及对每一份投标的最终评审结果。

评标报告中应按照招标文件中规定的评标方法，推荐不超过3名有排序的合格的中标候选人。如果评标委员会经过评审，认为所有投标都不符合招标文件的要求，可以否决所有投标。出现这种情况后，招标人应认真分析招标文件的有关要求以及招标过程，对招标工作范围或招标文件的有关内容作出实质性修改后重新进行招标。

评标报告由评标委员会全体成员签字。对评标结论持有异议的评标委员会成员可以书面的方式阐述其不同意见和理由。评标委员会成员拒绝在评标报告上签字且不陈述其不同意见和理由的，视为同意评标结论，评标委员会应将此记录在案。

评标的过程要保密。评标委员会成员和评标有关的工作人员不得私下接触投标人，不得透露评审、比较标书的情况，不得透露推荐中标候选人的情况以及其他与评标有关的情况。评标委员会成员应当客观、公正地履行职责，遵守职业道德，对所提出的评审意见承担个人责任。

4.1.6　定标与签约

1）定标

定标是招标人享有的选择中标人的最终决定权、决策权。招标人一般应当在评标委员会提出书面评标报告后 15 日内确定中标人，但最迟应当在投标有效期结束日 30 个工作日前确定。在确定中标人之前，招标人不得与投标人就投标价格、投标方案等实质性内容进行谈判。

招标人根据评标委员会提出的书面评标报告和推荐的中标候选人，结合自己的实际，权衡利弊，选定中标人。对于特大型、特复杂且标价很高的招标项目，也可委托咨询机构对评标结果作出评估，然后再作决策。这样做有助于提高定标的正确性，减少风险，但也带来定标需要的时间长、费用大等问题。

招标人可以授权评标委员会直接确定中标人，而自己行使定标审批权和中标通知书的签发权。招标人不得在评标委员会依法推荐的中标候选人以外确定中标人，也不得在所有投标书被评标委员会依法否决后自行确定中标人。

国有资金占控股或者主导地位的依法必须进行招标的项目，招标人应当确定排名第一的中标候选人为中标人。排名第一的中标候选人放弃中标、因不可抗力不能履行合同、不按照招标文件要求提交履约保证金，或者被查实存在影响中标结果的违法行为等情形，不符合中标条件的，招标人可以按照评标委员会提出的中标候选人名单排序依次确定其他中标候选人为中标人，也可以重新招标。

2）签发中标通知

中标通知书的主要内容有中标人名称、中标价、商签合同时间与地点、提交履约保证的方式和时间等。投标人在收到中标通知书后要出具书面回执，证实已经收到中标通知书。

中标通知书对招标人和中标人具有法律效力。中标通知书发出后，招标人改变中标结果的，或者中标人放弃中标项目的，应当依法承担法律责任。依法必须进行施工招标的工程，招标人应当自发出中标通知书之日起的 15 天内，向工程所在地县级以上地方人民政府建设行政主管部门提交招标投标情况的书面报告。书面报告应该至少包括招标范围；招标方式和发布招标公告的媒介；招标文件中投标人须知、技术条款、评标标准和方法、合同主要条款等内容；评标委员会的组成和评标报告；中标结果等。

3）提交履约担保、订立书面合同

招标人和中标人应当自中标通知书发出之日起 30 天内，按照招标文件和中标人的投标文件订立书面合同。招标人不得向中标人提出压低报价、增加工作量、缩短工期或其他违背中标人意愿的要求，以此作为签订合同的条件。合同的标的、价款、质量、履行期限等主要条款应当与招标文件和中标人的投标文件的内容一致。招标人和中标人不得再行订立背离合同实质性内容的其他协议。招标文件要求中标人提交履约保证金的，中标人应当按照招标文件的要求提交。履约保证金不得超过中标合同金额的 10%。招标人最迟应当在书面合同签订后 5 日内向中标人和未中标的投标人退还投标保证金及银行同期存款利息。

除专用合同条款另有约定外，发包人要求承包人提供履约担保的，发包人应当向承包人提供支付担保。支付担保可以采用银行保函或担保公司担保等形式，具体由合同当事人在专用合同条款中约定。

4.1.7   电子招标投标

随着建筑产业加快数字化转型升级，电子政务、电子商务的应用越来越广泛，电子化招标投标因具有高效、规范、透明、节约等特点，逐步受到了招标投标行业和社会各界的重视，电子化招标投标已经成为运用电子信息技术改造传统纸质招标投标形式，促进招标投标公开、公平、公正和诚实守信，促进行业健康、科学发展的必然趋势。

电子招标投标活动是指以数据电文形式，依托电子招标投标系统完成的全部或者部分招标投标交易、公共服务和行政监督活动。数据电文形式与纸质形式的招标投标活动具有同等法律效力。电子招标投标系统根据功能的不同，分为交易平台、公共服务平台和行政监督平台。交易平台是以数据电文形式完成招标投标交易活动的信息平台。公共服务平台是满足交易平台之间信息交换、资源共享需要，并为市场主体、行政监督部门和社会公众提供信息服务的信息平台。行政监督平台是行政监督部门和监察机关在线监督电子招标投标活动的信息平台。针对电子招标投标，国家发展改革委、工业和信息化部、监察部、住房城乡建设部、交通运输部、铁道部、水利部、商务部联合制定了《电子招标投标办法》（国家发展改革委、工业和信息化部、监察部、住房城乡建设部、交通运输部、铁道部、水利部、商务部令第 20 号）及相关附件（《电子招标投标系统技术规范》），自 2013 年 5 月 1 日起施行。

1）电子招标投标交易平台

电子招标投标交易平台按照标准统一、互联互通、公开透明、安全高效的原则以及市场化、专业化、集约化方向建设和运营。依法设立的招标投标交易场所、招标人、招标代理机构以及其他依法设立的法人组织可以按行业、专业类别，建设和运营电子招标投标交易平台。电子招标投标平台是通过计算机、网络等信息技术，对招标投标业务进行重新梳理，优化重组工作流程，在线上执行在线招标、投标、开标、评标和监督监察等一系列业务操作，最终实现高效、专业、规范、安全、低成本的招标投标管理。电子招标投标交易平台应当具备下列主要功能：

（1）在线完成招标投标全部交易过程；

（2）编辑、生成、对接、交换和发布有关招标投标数据信息；

（3）提供行政监督部门和监察机关依法实施监督和受理投诉所需的监督通道。

电子招标投标交易平台运营机构应当根据国家有关法律法规及技术规范，建立健全电子招标投标交易平台规范运行和安全管理制度，加强监控、检测，及时发现和排除隐患。应当采用可靠的身份识别、权限控制、加密、病毒防范等技术，防范非授权操作，保证交易平台的安全、稳定、可靠。应当采取有效措施，验证初始录入信息的真实性，并确保数据电文不被篡改、不遗漏和可追溯。

2）电子招标

招标人或者其委托的招标代理机构应当在其使用的电子招标投标交易平台注册登记，应当及时将资格预审文件、招标文件等电子数据加载至电子招标投标交易平台，以供潜在投标人下载或者查阅。数据电文形式的资格预审公告、招标公告、资格预审文件、招标文件等应当标准化、格式化，并应符合有关法律法规以及国家有关部门颁发的标准文本的要求。

3) 电子投标

投标人应当在资格预审公告、招标公告或者投标邀请书载明的电子招标投标交易平台注册登记，如实递交有关信息，并经电子招标投标交易平台运营机构验证。向电子招标投标交易平台递交数据电文形式的资格预审申请文件或者投标文件。投标人应当按照招标文件和电子招标投标交易平台的要求编制并加密投标文件。在投标截止时间前，除投标人补充、修改或者撤回投标文件外，任何单位和个人不得解密、提取投标文件。

4) 电子开标、评标和中标

开标时，电子招标投标交易平台自动提取所有投标文件，提示招标人和投标人按招标文件规定的方式按时在线解密。解密全部完成后，应当向所有投标人公布投标人名称、投标价格和招标文件规定的其他内容。

电子评标应当在有效监控和保密的环境下在线进行。评标中需要投标人对投标文件澄清或者说明的，招标人和投标人应当通过电子招标投标交易平台交换数据电文。

评标委员会完成评标后，应当通过电子招标投标交易平台向招标人提交数据电文形式的评标报告。依法必须进行招标的项目，中标候选人和中标结果应当在电子招标投标交易平台进行公示和公布。

招标人确定中标人后，应当通过电子招标投标交易平台以数据电文的形式向中标人发出中标通知书，并向未中标人发出中标结果通知书。招标人应当通过电子招标投标交易平台，以数据电文的形式与中标人签订合同。

招标投标活动中，下列数据电文应当按照《中华人民共和国电子签名法》和招标文件的要求进行电子签名并进行电子存档：

（1）资格预审公告、招标公告或者投标邀请书；

（2）资格预审文件、招标文件及其澄清、补充和修改文件；

（3）资格预审申请文件、投标文件及其澄清和说明文件；

（4）资格审查报告、评标报告；

（5）资格预审结果通知书和中标通知书；

（6）合同；

（7）国家规定的其他文件。

4.2 工程监理招标投标

4.2.1 工程监理招标投标的特点

工程监理招标是委托人根据国家法律法规的要求，通过招标方式择优选择监理单位的过程。中标的监理单位与委托人签订监理合同后，将依据法律、行政法规及有关的技术标准、设计文件，在授权范围内代表委托人对委托人与第三方所签订合同履行过程中的工程质量、工期和进度、建设资金使用等方面执行监理工作。即监理人凭据自己的知识、经验、技能为委托人提供监督、协调、管理的服务。监理招标的特点主要表现为：

（1）招标宗旨是对监理单位能力的选择。监理服务是监理单位的高智能投入，服务工作完成的好坏不仅依赖于执行监理业务是否遵循了规范化的管理程序和方法，更多地取决于参与监理工作人员的业务专长、经验、判断能力、创新想象力以及风险意识。因此，招标选择监理单位时，鼓励的是能力竞争，而不是价格竞争。如果忽视监理单位的资质和能力，只依据报价高低确定中标人，招标人很难采购到高质量的监理服务。

（2）监理报价在选择中居于次要地位。在一般工程项目施工、材料供应招标中，中标人选择的原则是在达到技术要求的前提下，主要考虑价格的竞争性。而监理招标则将能力选择放在第一位，因为当价格过低时监理单位很难把招标人的利益放在第一位，为了维护自身的经济利益，自然会采取减少监理人员数量或增派业务水平低、工资低的一般人员，其后果必然导致对工程项目的损害。另外，如果监理单位能提供高质量的增值服务，可以使招标人获得节约工程投资和提前投产的实际效益。当然，监理服务质量与价格之间应有合理的对应关系，高质量的服务理应获得较高的回报，所以招标人应在能力相当的投标人之间再进行价格比较。

（3）邀请投标人的数量较少。选择监理单位一般采用邀请招标，邀请数量以 3～5 家为宜。监理招标是对监理人知识、技能和经验等方面综合能力的选择，招标人基于自己的了解和信息通常会邀请有能力和实力的监理单位参加投标。

4.2.2　监理招标文件的编制

监理招标实际上是征询投标人实施监理工作的方案建议。为了指导投标人正确编制投标书，招标文件应包括以下几个方面的内容，并提供必要的资料：

1）投标须知

（1）工程项目综合说明。包括项目的主要建设内容、规模、工程等级、地点、总投资、开竣工日期。

（2）委托的监理范围和监理业务。

（3）投标文件的格式、编制、递交。

（4）无效投标文件的规定。

（5）招标文件、投标文件的澄清与修改。

（6）评标的原则等。

2）合同条件

3）业主提供的现场办公条件（包括交通、通信、住宿、办公用房等）

4）对监理单位的要求（包括对现场监理人员、检测手段、工程技术难点等方面的要求）

5）有关技术规定

6）必要的设计文件、图纸和有关资料

7）其他事项

4.2.3　监理投标的关键性工作

建设监理制已成为我国建设管理体制中的重要组成部分。建设单位往往也采取招标的办法选择建设监理单位。监理公司如何在市场竞争中取得监理标的，是关系自身生存和发展的首要问题。这就要求做好监理投标工作，通常监理投标的关键性工作主要有以下几个方面。

1）建立信息网络

在当今信息时代，建立功能强大、敏捷高效的信息网络是十分必要的。首先，在组织机构上，选择较高专业知识和水平的精干人员组建信息管理中心。其次，在手段上充分利用互联网信息量大、简洁高效的特点，广泛采集各类信息。第三，在管理方式上运用计算机建立信息库，对采集的信息进行分类和科学管理。

2）实施项目跟踪

在占有大量信息的同时，要进行信息分析和筛选，确定主要目标，对项目实施跟踪，主要做法是：重点掌握该项目建议书是否批准，可研报告是否通过，项目是否立项以及建设资金来源的构成；全面了解该项目的技术特点和施工难点以及施工工期和节点工期；了解建设管理单位、设计单位的基本情况，特别是其管理模式和主要业绩，以便在投标中做到有的放矢。

3）编制高质量的投标文件

投标文件反映了监理公司的实力与水平，这是能否中标的关键。有些单位未能中标，其主要原因就是投标文件编写的质量不高，不能达到评标委员会的要求。编制高质量的投标文件，一般应注意以下几点：

（1）认真研读招标文件，把握工程建设中的重点和难点，有些招标人发售的招标文件比较简单，这就需要与平时积累的相关资料进行对照和佐证，用以能够准确理解招标人的真实意图。

（2）重视监理大纲的编写，监理大纲是监理工作的纲领性文件。它包括对工程难点的理解、节点的控制、提出的保证措施等。监理大纲体现的是监理服务的水平和质量，也是招标人和评标专家重点审核的部分。因此，监理大纲的编写一定要做到：找准难点、分析到位、见解独特、控制有力、措施得当。有的招标文件还要求拟任总监提交对项目的理解，这实质上是考核总监是否具备丰富的监理经验、较高的组织领导水平和较强的协调解决问题的能力。监理大纲应包括（但不限于）下列内容：

① 监理工程概况；
② 监理范围、监理内容；
③ 监理依据、监理工作目标；
④ 监理机构设置、岗位职责；
⑤ 监理工作程序、方法和制度；
⑥ 拟投入的监理人员、试验检测仪器设备；
⑦ 质量、进度、造价、安全、环保监理措施；
⑧ 合同、信息管理方案；
⑨ 组织协调内容及措施；
⑩ 监理工作重点、难点分析；
⑪ 对本工程监理的合理化建议。

（3）全面展现本单位的综合实力，在投标文件中应全面、准确、如实地反映公司在资质、技术力量、主要业绩、设备仪器等方面的综合实力，并附上相关的证明材料。尤其对拟任总监、副总监以及主要专业工程师，要实事求是地写出他们的工作简历、专业年限以及获取的资格证书。在人员配备上注重老中青搭配、各种专业人才的齐全等。

（4）投标文件印制、包装的规范化。投标文件的印制与包装，从一个侧面反映了该单位的管理水平。有些投标人对此不以为然，而差错恰恰就容易出在这些"小事"上，例如标书中的错别字、外包装的整齐干净、密封章的位置等。

4）提供优质的监理服务，实现工程项目总体目标和价值增值

监理单位在投标中要树立提供优质监理服务，实现工程项目总体目标和价值增值的理念和思想。在提供优质服务的基础上获得合理的监理报酬。建设单位在选择监理单位时，也会将主要精力和重点放在投标监理单位的能力上，报价则放在次要位置上，在能力、业绩相当的投标单位之中再进行价格比较，寻找最优中标者。

4.2.4　监理投标的开标、评标与决标

1）对投标文件的评审

评标委员会对各个投标书进行审查评阅，主要考察以下几个方面的合理性：

（1）投标人的资质：包括资质等级、批准的监理业务范围、主管部门或股东单位、人员综合情况等。

（2）监理大纲。

（3）拟派项目的主要监理人员（重点审查总监理工程师和主要专业监理工程师）。

（4）人员派驻计划和监理人员的素质（通过人员的学历证书、职称证书和上岗证书反映）。

（5）监理单位提供用于工程的检测设备和仪器，或委托有关单位检测的协议。

（6）近几年监理单位的业绩及奖惩情况。

（7）监理费报价和费用组成。

（8）招标文件要求的其他情况。

在审查过程中对投标书的不明确之处可采用澄清问题会的方式，邀请投标人予以说明，并可通过与总监理工程师的会谈，考察他的风险意识、对业主建设意图的理解、应变能力、管理目标的设定等专业素质的高低。

2）对投标文件的比较

监理评标的量化比较，通常采用综合评分法对各个招标人的综合能力进行对比。依据招标项目的特点设置评分内容和分值的权重。招标文件中说明的评标原则和预先确定的记分标准，开标后不得更改，用以作为评标委员的打分依据。工程监理招标的评分内容及分值分配如表 4-1 所示。从表 4-1 中可以看出，监理招标的评标主要侧重于监理单位的资质能力、实施监理任务的计划和派驻现场监理人员的素质。

工程监理招标的评分内容及分值分配示例　　　　　　　　　　表 4-1

序号	评审内容	分值
1	投标人资质等级及总体素质	10～15
2	监理规划或监理大纲	10～20
3	监理机构：	
	3.1 总监理工程师资格及业绩	10～20
	3.2 专业配套	5～10
	3.3 职称、年龄结构等	5～10
	3.4 各专业监理工程师资格及业绩	10～15

续表

序号	评审内容	分值
4	监理取费	5～10
5	检测仪器、设备	5～10
6	监理单位业绩	10～20
7	企业奖惩及社会信誉	5～10
总计		100

4.3 工程勘察设计招标投标

4.3.1 勘察设计招标的内容及特点

1）勘察招标的基本内容及特点

招标人委托勘察任务的目的是为建设项目的可行性研究立项选址和进行设计工作取得现场的实际依据资料，有时可能还要包括某些科研工作内容。由于建设项目的性质、规模、复杂程度，以及建设地点的不同，设计所需的技术条件千差万别，设计前所需做的勘察和科研项目也就各不相同，有下列 8 大类别：

（1）自然条件观测；

（2）地形图测绘；

（3）资源探测；

（4）岩土工程勘察；

（5）地震安全性评价；

（6）工程水文地质勘察；

（7）环境评价和环境基底观测；

（8）模型试验和科研。

如果仅委托勘察任务而无科研要求，委托工作大多属于常规方法实施的内容，任务明确具体，可以在招标文件中给出数量指标，如工程地质勘探的孔位、眼数、总钻探进尺长度等。

勘察任务可以单独发包给具有相应资质的勘察单位实施，也可以将其包括在设计招标任务中。由于勘察工作所取得的技术基础资料是工程项目设计的依据，必须满足设计的需要，因此将勘察任务包括在设计招标的发包范围内，由有相应能力的设计单位完成或由其再去选择承担勘察任务的分包单位，对招标人较为有利。采用勘察设计总承包，不仅招标人和监理单位可以摆脱实施过程中可能遇到的协调义务，而且能使勘察工作直接根据设计需要进行，满足设计对勘察资料精度、内容和进度的要求，必要时还可以进行补充勘察工作。

2）设计招标的基本内容及特点

一般工程项目的设计分为初步设计和施工图设计两个阶段进行，对技术复杂而又缺乏经验的项目，在必要时还要增加技术设计阶段。为了保证设计指导思想连续地贯彻于设计的各个阶段，一般多采用技术设计招标或施工图设计招标，不单独进行初步设计招标，由中标的设计单位承担初步设计任务。招标人应依据工程项目的具体特点决定发包的工作范围，可以采用设计全过程总发包的一次性招标，也可以选择分单项或分专业的发包招标。

设计招标不同于工程项目实施阶段的施工招标、材料供应招标、设备订购招标，其特点表现为承包任务是投标人通过自己的智力劳动，将招标人对建设项目的设想变为可实施的蓝图；而后者则是投标人按设计的明确要求完成规定的物质生产劳动。因此，设计招标文件对投标人所提出的要求不那么明确具体，只是简单介绍工程项目的实施条件，预期达到的技术经济指标、投资限额、进度要求等。投标人按规定分别报出工程项目的构思方案、实施计划和报价。招标人通过开标、评标程序对各种方案进行比较，选择后确定中标人。鉴于设计任务本身的特点，设计招标应采用设计方案竞选的方式。设计招标与其他招标在程序上的主要区别表现为如下几个方面：

（1）招标文件的内容不同。设计招标文件中仅提出设计依据、工程项目应达到的技术指标、项目限定的工作范围、项目所在地的基本资料、要求完成的时间等内容，而无具体工作量。

（2）对投标书的编制要求不同。投标人的投标报价不是按规定的工程量清单填报单价后算出总价的，而是首先提出设计构思的初步方案，并论述该方案的优点和实施计划，在此基础上进一步提出报价。

（3）开标形式不同。开标时不是由招标单位的主持人宣读投标书并按报价高低排定标价次序，而是由各个投标人自己说明投标方案的基本构思和意图，以及其他实质性内容，而且不按报价高低排定标价次序。

（4）评标原则不同。评标时不过分追求投标报价的高低，评标委员则更多关注于所提供方案的技术先进性、所达到的技术指标、方案的合理性，以及对工程项目投资效益的影响。

4.3.2　勘察设计招标文件

1）勘察招标文件

勘察招标文件应当包括下列内容：

（1）投标须知；

（2）投标文件格式及主要合同条款；

（3）项目说明书，包括资金来源情况；

（4）勘察范围，对勘察进度、阶段和深度要求；

（5）勘察设计基础资料；

（6）勘察费用支付方式，对未中标人是否给予补偿及补偿标准；

（7）投标报价要求；

（8）对投标人资格审查的标准；

（9）评标标准和方法；

（10）投标有效期等。

2）设计招标文件

方案竞选的设计招标文件是指导投标人正确编标报价的依据，既要全面介绍拟建工程项目的特点和设计要求，还应详细地提出应当遵守的投标规定。

（1）招标文件的主要内容

招标文件通常由招标人委托有资质的中介机构准备，其内容应包括以下几个方面：

① 投标须知，包括所有对投标要求的有关事项。

② 设计依据文件，包括设计任务书及经过批准的有关行政文件复制件。

③ 项目说明书，包括工作内容、设计范围和深度、建设周期和设计进度要求等方面的内容，并告知建设项目的总投资限额。

④ 合同的主要条件。

⑤ 设计依据资料，包括提供设计所需资料的内容、方式和时间。

⑥ 组织现场考察和召开标前会议的时间、地点。

⑦ 投标截止日期。

⑧ 招标可能涉及的其他有关内容。

（2）设计要求文件的主要内容

招标文件中，对项目设计提出明确要求的"设计要求"或"设计大纲"是最重要的文件部分，文件大致包括以下几个内容：

① 设计文件编制的依据。

② 国家有关行政主管部门对规划方面的要求。

③ 技术经济指标的要求。

④ 平面布局的要求。

⑤ 结构形式方面的要求。

⑥ 结构设计方面的要求。

⑦ 设备设计方面的要求。

⑧ 特殊工程方面的要求。

⑨ 其他有关方面的要求，如环保、消防等。

编制设计要求文件应兼顾：①严格性，文字表达应清楚不被误解；②完整性，任务要求全面不遗漏；③灵活性，要为投标人发挥设计创造性留有充分的自由度。

4.3.3　对投标人的资格审查

无论是公开招标中对申请投标人的资格预审，还是邀请招标中采用的资格后审，对投标人审查的内容基本相同。

1）资格审查

资格审查指投标人所持有的资质的资格证书是否与招标项目的要求一致，具备实施资格。

（1）证书级别。国家和地方建设主管部门颁发的资格证书，分为"工程勘察证书"和"工程设计证书"。如果勘察任务合并在设计招标中，投标人必须同时拥有两种证书。若仅持有工程设计证书的投标人准备将勘察任务分包，必须同时提交分包人的工程勘察证书。

（2）资质级别。我国工程勘察和设计证书分为甲、乙、丙三级，不允许低资质投标人承接高等级工程的勘察、设计任务。

（3）允许承接的任务范围。由于工程项目的勘察和设计具有较强的专业性要求，还需审查证书批准允许承揽工作范围是否与招标项目的专业性质一致。

2）能力审查

判定投标人是否具备承担发包任务的能力，通常包括审查人员的技术力量和所拥有的技术设备两个方面。人员的技术力量主要考察设计负责人的资质能力，以及各类设计人员的专业覆盖面、人员数量、各级职称人员的比例等是否能够满足完成工程设计的需要。审查设备能力主要是审核开展正常勘察或设计所需的器材和设备，在种类、数量方面是否满足要求。不仅看其总拥有量，还应审查其完好程度和在其他工程上的占用情况。

3）经验审查

通过投标人报送的最近几年完成工程项目表，评定他的设计能力和水平。侧重于考察已完成的设计项目与招标工程在规模、性质、形式上是否相适应。

4.3.4　评标与定标

1）设计投标书的评审

虽然投标书的设计方案各异，需要评审的内容很多，但大致可以归纳为以下几个方面。

（1）设计方案的优劣。设计方案评审内容主要包括：设计指导思想是否正确；设计产品方案是否反映了国内外同类工程项目较为先进的水平；总体布置、场地利用系数是否合理；工艺流程是否先进；设备选型的适用性；主要建筑物、构筑物的结构是否合理，造型是否美观大方并与周围环境协调；"三废"治理方案是否有效；以及其他有关问题。

（2）投入、产出经济效益比较。主要涉及以下几个方面：建筑标准是否合理；投资估算是否超过限额；先进的工艺流程可能带来的投资回报；实现该方案可能需要的外汇估算等。

（3）设计进度快慢。评价投标书内的设计进度计划，看其能否满足招标人制定的项目建设总进度计划要求。大型复杂的工程为了缩短建设周期，初步设计完成后就进行施工招标，在施工阶段陆续提供施工详图。此时，应重点审查设计进度是否能够满足施工进度要求，避免妨碍或延误施工的顺利进行。

（4）设计资历和社会信誉。不设置资格预审的邀请招标，在评标时还应进行资格后审，作为评审比较条件之一。

（5）报价的合理性。在方案水平相当的投标人之间再进行设计报价的比较，不仅评定总价，还应审查各分项取费的合理性。

2）勘察投标书的评审

勘察投标书主要评审以下几个方面：勘察方案是否合理；勘察技术水平是否先进；各种所需勘察数据能否准确可靠；报价是否合理。

4.4　工程施工招标投标

4.4.1　施工招标资格预审

资格预审是在招标阶段对申请投标人的第一次筛选，主要对申请投标人是否具有适合招标工程的资格和总体能力进行审查。2007 年 11 月 1 日国家发展和改革委员会等九部委联合发布了《标准施工招标资格预审文件》，要求从 2008 年 5 月 1 日开始在政府投资项目中施行，该标准文件共分为资格预审公告、申请人须知、资格审查办法（合格制）和资格审查办法（有限数量制）、资格预审申请文件格式、项目建设概况等共计五章内容，全面地规范了整个施工招标资格预审的工作流程和工作内容。

1）资格预审公告

资格预审公告中的主要内容有：

（1）招标条件（包括项目名称、批文名称及编号、项目业主、资金来源、招标人等）；

（2）项目概况与招标范围（说明本次招标项目的建设地点、规模、计划工期、招标范围、标段划分等）；

（3）申请人资格要求（要求申请人具备资质和业绩条件；在人员、设备、资金等方面具备的施工能力；是否接受联合体资格预审申请等）；

（4）资格预审方法（合格制/有限数量制）；

（5）资格预审文件的获取（具体时间、详细地址、资格预审文件每套售价等）；

（6）资格预审申请文件的递交（明确递交资格预审申请文件截止时间等）；

（7）发布公告的媒介（发布公告的媒介名称）；

（8）联系方式（招标人、招标代理机构）。

云文档4-3：某施工项目招标资格预审文件示例

2）申请人须知

申请人须知是申请人正确参加资格预审的指南和指导性文件，由申请人须知前附表（表 4-2）和文字条款构成。

申请人须知前附表　　　　　　　　　　　　　　　　表 4-2

条款号	条款名称	编列内容
1.1.2	招标人	名称、地址、联系人、电话
1.1.3	招标代理机构	名称、地址、联系人、电话
	项目名称	
	建设地点	
	资金来源	
	出资比例	
	资金落实情况	
	招标范围	
	计划工期	计划工期：_____日历天 计划开工日期：___年___月___日 计划竣工日期：___年___月___日
	质量要求	
	申请人资质条件、能力和信誉	资质条件、财务要求、业绩要求、信誉要求、项目经理资格、其他要求
	是否接受联合体资格预审申请	□不接受 □接受，应满足下列要求：

条款号	条款名称	编列内容
	申请人要求澄清资格预审文件的截止时间	
	招标人澄清资格预审文件的截止时间	
	申请人确认收到资格预审文件澄清的时间	
	招标人修改资格预审文件的截止时间	
	申请人确认收到资格预审文件修改的时间	
	申请人需补充的其他材料	
	近年财务状况的年份要求	＿＿＿年
	近年完成的类似项目的年份要求	＿＿＿年
	近年发生的诉讼及仲裁情况的年份要求	＿＿＿年
	签字或盖章要求	
	资格预审申请文件副本份数	＿＿＿份
	资格预审申请文件的装订要求	
	封套上写明	招标人的地址、招标人全称 ＿＿＿（项目名称）＿＿＿标段施工招标资格预审申请文件在＿＿＿年＿＿＿月＿＿＿日＿＿＿时＿＿＿分前不得开启
	申请截止时间	＿＿＿年＿＿＿月＿＿＿日＿＿＿时＿＿＿分
	递交资格预审申请文件的地点	
	是否退还资格预审申请文件	
	审查委员会人数	
	资格审查方法	
	资格预审结果的通知时间	
	资格预审结果的确认时间	
	需要补充的其他内容	

（1）总则。包括：项目概况；资金来源和落实情况；招标范围、计划工期和质量要求；申请人资格要求（申请人应具备承担本标段施工的资质条件、能力和信誉；联合体申请资格预审应遵守的规定；申请人不得存在的情形）；语言文字；费用承担（申请人准备和参加资格预审发生的费用应自理）。

（2）资格预审文件。包括：资格预审文件的组成；资格预审文件的澄清；资格预审文件的修改。

（3）资格预审申请文件的编制。包括：资格预审申请文件的组成（资格预审申请函；法定代表人身份证明或附有法定代表人身份证明的授权委托书；联合体协议书；申请人基本情况表；近年财务状况表；近年完成的类似项目情况表；正在施工和新承接的项目情况表；近年发生的诉讼及仲裁情况；其他材料）；资格预审申请文件的编制要求；资格预审申请文件的装订、签字。

（4）资格预审申请文件的递交。包括：资格预审申请文件的密封和标识；资格预审申请文件的递交。

（5）资格预审申请文件的审查。包括：审查委员会；资格审查。

（6）通知和确认。包括：通知；解释；确认。

（7）纪律与监督。包括：严禁贿赂；不得干扰资格审查工作；保密；投诉。

（8）其他。包括：申请人的资格改变；需要补充的其他内容。

3）资格审查办法（合格制）和资格审查办法（有限数量制）

资格审查办法分为合格制、有限数量制两种方法，供招标人根据招标项目具体特点和实际需要选择使用。如无特殊情况，鼓励招标人采用合格制。审查标准分为初步审查标准和详细审查标准，如表4-3所示，资格审查办法前附表。资格预审采用合格制的，凡符合如表4-3第2.1款和第2.2款所示的规定审查标准的申请人均通过资格预审。资格预审采用有限数量制的，由审查委员会依据规定的审查标准和程序，对于通过初步审查和详细审查的资格预审申请文件进行量化打分，按得分由高到低的顺序确定通过资格预审的申请人。通过资格预审的申请人不超过规定的数量。

资格审查办法附表（合格制）　　　　　　　　　　　　　表4-3

条款号		审查因素	审查标准
2.1	初步审查标准	申请人名称	与营业执照、资质证书、安全生产许可证一致
		申请函签字盖章	有法定代表人或其委托代理人签字或加盖单位章
		申请文件格式	符合第四章"资格预审申请文件格式"的要求
		联合体申请人	提交联合体协议书，并明确联合体牵头人（如有）
		……	……
2.2	详细审查标准	营业执照	具备有效的营业执照
		安全生产许可证	具备有效的安全生产许可证
		资质等级	符合第二章"申请人须知"第2.4.1项的规定
		财务状况	符合第二章"申请人须知"第2.4.1项的规定
		类似项目业绩	符合第二章"申请人须知"第2.4.1项的规定
		信誉	符合第二章"申请人须知"第2.4.1项的规定
		项目经理资格	符合第二章"申请人须知"第2.4.1项的规定
		其他要求	符合第二章"申请人须知"第2.4.1项的规定
		联合体申请人	符合第二章"申请人须知"第2.4.2项的规定
		……	……

4）资格预审申请文件

资格预审申请文件由投标人填写，主要内容有：

（1）资格预审申请函；

（2）法定代表人身份证明；

（3）授权委托书；

（4）联合体协议书；

（5）申请人基本情况表；

（6）近年财务状况表；

（7）近年完成的类似项目情况表；

（8）正在施工的和新承接的项目情况表；

（9）近年发生的诉讼及仲裁情况；

（10）其他材料。

4.4.2　施工招标文件的编制

招标文件是投标人投标的依据文件。招标文件编制的好坏，直接关系招标的成败，而且招标文件中的很多文件将作为未来合同文件的有效组成部分，最好由具备丰富招标投标经验的工程技术专家、管理专家及法律专家合作编制，由于招标文件的内容繁多，必要时可以分卷、分章编写。2007年11月1日国家发展和改革委员会等九部委联合发布了《标准施工招标文件》及相关附件，其招标文件包括下列内容。

1）第一卷

第一章　招标公告（未进行资格预审）

内容包括：招标条件、项目概况与招标范围、投标人资格要求、招标文件的获取、投标文件的递交、发布公告的媒介、联系方式。

第一章　投标邀请书（适用于邀请招标）

内容包括：招标条件、项目概况与招标范围、投标人资格要求、招标文件的获取、投标文件的递交、确认、联系方式。

第一章　投标邀请书（代资格预审通过通知书）

第二章　投标人须知

内容包括：投标人须知前附表、总则、招标文件、投标文件、投标、开标、评标、合同授予、重新招标和不再招标、纪律和监督、需要补充的其他内容。此外，还包括：开标记录表、问题澄清通知、问题的澄清、中标通知书、中标结果通知书、确认通知等六个附表。

第三章　评标办法（经评审的最低投标价法）

内容包括：评标办法前附表、评标方法、评审标准、评标程序。

第三章　评标办法（综合评估法）

内容包括：评标办法前置表、评标方法、评审标准、评标程序。

第四章　合同条款及格式

主要内容包括：通用合同条款、专用合同条款、合同附件格式。其中通用合同条款内容包括：一般约定，发包人义务，监理人，承包人，材料和工程设备，施工设备和临时设施，交通运输，测量放线，施工安全，治安保卫和环境保护，进度计划，开工和竣工，暂停施工，工程质量，试验和检验，变更，价格调整，计量与支付，竣工验收，缺陷责任与保修责任，保险，不可抗力，违约，索赔，争议的解决。

第五章　工程量清单

内容包括：工程量清单说明、投标报价说明、其他说明、工程量清单。

2）第二卷

第六章　图纸

内容包括：图纸目录、图纸。

3）第三卷

第七章　技术标准和要求

4）第四卷

第八章　投标文件格式。

内容包括：目录、投标函及投标函附录、法定代表人身份证明、授权委托书、联合体协议书、投标保证金、已标价工程量清单、施工组织设计、项目管理机构、拟分包项目情况表、资格审查资料、其他材料。

云文档4-4：某施工项目招标文件示例

4.4.3　施工投标及管理

按照《招标投标法》的规定，投标人必须是响应招标，参加投标竞争的法人或者其他组织。投标人应具备承担招标项目的能力，国家有相关规定或者招标文件对投标人资格条件有规定的，投标人应当具备规定的资格条件。

1. 施工投标的主要工作

1）组建投标机构

为了在投标竞争中获胜，投标人平时就应该设置投标工作机构，掌握市场动态、积累有关资料。在建筑施工企业决定要参加某工程项目投标之后，最重要的工作是组建强有力的投标班子。参加投标的人员要经过认真挑选，并具备以下条件：

（1）熟悉投标工作。会拟订合同文稿，对投标、合同谈判和签约有丰富的经验。

（2）熟悉建设法律、法规。

（3）要有经济、技术人员参加。

建筑施工企业应建立一个按专业和承包地区分组的、稳定的投标班子，但应避免把投标人员和工程实施人员完全分开，即部分投标人员必须参加所投标项目的实施。这样才能减少工程失误和损失，不断总结经验，提高投标人员的水平并有利于后续工程施工的顺利进行。

2）接受资格审查

根据《招标投标法》第十八条的规定，招标人可以对投标人进行资格预审。投标人在获取招标信息后，可以从招标人处获得资格预审调查表，投标工作从填写资格预审调查表开始。

（1）为了顺利通过资格预审，投标人应在平时就将一般资格预审的有关资料准备齐全。例如，企业的财务状况、施工经验、人员能力等，最好储存在计算机中。若要填写某个项目的资格预审调查表，可将有关文件调出来加以补充完善。

（2）填表时要加强分析，即针对工程特点，填好重要信息。特别是要反映出本公司的施工经验、施工水平和施工组织能力，这往往是招标方考虑的重点。

（3）做好递交资格预审调查表后的跟踪工作，以便及时发现问题，补充资料。

3）研究招标文件

投标单位报名参加或接受邀请参加某一工程的投标，通过了资格审查，取得招标文件之后，首要的工作就是认真、仔细地研究招标文件，充分了解其内容和要求，以便有针对性地安排投标工作。研究招标文件，重点应放在投标者须知、工程范围、合同条款、设计图纸以及工程量表上，当然，对技术规范要求等也要弄清有无特殊要求。对于招标文件中的工程量清单，投标者一定要进行校核，因为这直接影响中标的机会和投标报价。在校核中，一旦发现相差较大，如发现工程量有重大出入的，特别是漏项的，投标人不能随便改变工程量，而应致函或直接找招标方澄清，请求招标方予以认可，并给予书面声明，这对于总价固定合同尤为重要。

4）调查投标环境

所谓投标环境，就是招标工程施工的自然、经济和社会条件，尤其是跨区域、跨国投标，更应加以重视。这些条件都是工程施工的制约因素，必然会影响工程成本，是投标单位报价时必须考虑的，所以在报价前要尽可能地了解清楚。凡是影响投标价格、合同谈判、合同履行的因素都应调查清楚。

（1）工程的性质及其与其他工程之间的关系。

（2）工地地形、地貌、地质、气候、交通、电力、水源等情况，有无障碍物等。

（3）工地附近有无可利用的条件，如料场开采条件、其他加工条件、设备维修条件等。

（4）工地所在地的社会治安情况等。

5）参加标前会议并提出疑问

在投标前招标人一般都要召开标前会议。投标人应在参加会议前，把招标文件或踏勘现场中存在的问题整理成书面文件，传真或邮寄到招标文件指定的地点，或在标前会议上提出来。

6）编制投标文件

投标人应严格按照招标文件的要求编制投标文件，投标文件应当对招标文件提出的实质性的要求和条件，并做出响应，投标文件一般包括下列内容：

① 投标函及投标函附录；

② 法定代表人身份证明或附有法定代表人身份证明的授权委托书；

③ 联合体协议书（如果联合投标）；

④ 投标保证金；

⑤ 已标价工程量清单；

⑥ 施工组织设计；

⑦ 项目管理机构；

⑧ 拟分包项目情况表；

⑨ 资格审查资料；

⑩ 投标人须知前附表规定的其他材料。

其中，投标报价和施工组织设计是编制投标文件的关键，下面主要介绍报价计算和施工组织设计制定。

（1）制定施工方案

施工方案是投标报价的一个前提条件，也是招标单位评标时要考虑的因素之一。施工方案应由投标单位的技术负责人主持制定，主要应考虑施工方法、施工机具的配置，各工种劳动力的安排及现场施工人员的平衡，施工进度的安排，安全措施等。施工方案的制定应在技术和工期两个方面对招标单位有吸引力，同时又有助于降低施工成本。

① 选择和确定施工方法。根据工程类型，选定可以采用的施工方法。对于一般的土

方工程、混凝土工程、房建工程、灌溉工程等比较简单的工程，则结合已有施工机械及工人技术水平来选定施工方法，努力做到节省开支、加快进度。对于大型复杂工程则要考虑几种施工方案，综合比较。例如，水利工程中的施工导流方式，对工程造价及工期均有很大影响，承包商应结合施工进度计划及施工机械设备的能力来研究确定。又如，地下开挖工程、开挖隧洞或洞室，则要进行地质资料分析，确定开挖方法。

②选择施工设备和施工设施。选择施工设备和施工设施一般与研究施工方法同时进行。在工程估价过程中还要进行施工设备的比较。例如，是修理旧设备还是购新设备、是国内采购还是国际采购、是租赁还是自备。

③编制施工进度计划。编制施工进度计划应紧密结合施工方法和施工设备的选定。施工进度计划中应提出各个时段内应完成的工程量及限定日期。施工进度计划可以用网络图表示，也可以用横道图表示。

④确定投标策略。正确的投标策略对提高中标率并获得较高的利润有着重要的作用。常用的投标策略有以信誉取胜、以低价取胜、以缩短工期取胜、以改进设计取胜，同时也可采取以退为进的策略、以长远发展为目标的策略等。应综合考虑企业目标、竞争对手情况等，来确定投标策略。

（2）报价的计算

报价计算是投标单位对承建招标工程所要发生的各种费用的计算。在进行投标报价计算时，必须首先根据招标文件复核或计算工程量。作为投标计算的必要条件，应预先确定施工方案和施工进度。此外，报价计算还必须与所采用的合同形式相协调。报价是投标的关键性工作，报价是否合理直接关系投标的成败。

①标价的组成。投标单位在对某一工程项目所进行的投标中，其最关键的工作就是计算标价。根据"招标文件范本"，关于投标价格，除非合同另有规定外，否则具有标价的工程量清单中所报的单价和合价以及报价汇总表中的价格就应包括施工设备、劳务、管理、材料、安装、维护、保险、利润、税金、政策性文件规定以及合同包含的所有风险、责任等各项费用。投标单位应按招标单位所提供的工程量计算工程项目的单价和合价。工程量清单中的每一项均需填写单价与合价，投标单位没有填写单价与合价的项目将不予支付，并认为此项费用已包括在工程量清单的其他单价和合价中。

②标价的计算依据，包括：

a. 招标单位提供的招标文件。

b. 招标单位提供的设计图纸及有关的技术说明书等。

c. 国家及地区颁发的现行建筑、安装工程预算定额以及与之相配套执行的各种费用定额等。

d. 地方现行材料预算价格、采购地点及供应方式等。

e. 因招标文件及设计图纸等不明确，经咨询后由招标单位书面答复的有关资料。

f. 企业内部制定的有关取费、价格等的规定、标准。

g. 其他与报价计算有关的各项政策、规定及调整系数。

h. 在报价的过程中，对于不可预见费用的计算必须慎重考虑，不要遗漏等。

③标价的计算过程。计算标价之前，应充分熟悉招标文件和施工图纸，了解设计意图、工程全貌，同时还要了解并掌握工程现场情况，并对招标单位提供的工程量清单进行

审核。工程量确定后，即可进行标价的计算。

标价可以按工料单价法计算，即根据已审定的工程量，按照定额或市场的单价，逐项计算每个项目的合价，分别填入招标单位提供的工程量清单内，计算出全部工程的直接费用，再根据企业自定的各项费用及法定税率，依次计算出间接费、计划利润及税金，最后得出工程总造价。对于整个计算过程，要反复进行审核，保证据以报价的基础和工程总造价的正确无误。

标价也可以按综合单价法计算，即填写工程量清单的单价，应包括人工费、材料费、机械费、其他直接费、间接费、利润、税金以及材料价差和风险金等全部费用。将全部单价汇总后，即得出工程总造价。

7）投标

投标人应当在招标文件要求提交投标文件的截止时间前，将投标文件送达招标文件规定的投标地点。招标人收到投标文件后，应当签收保存，开标前任何单位或个人均不得开启。逾期送达或未送达指定地点的标书以及未按招标文件要求密封的标书，招标人应当拒收。投标人在招标文件要求提交投标文件的截止时间前，可以补充、修改或者撤回已提交的投标文件，并书面通知招标人。补充、修改的内容同为投标文件的组成部分。

招标人可以在招标文件中要求投标人提交投标担保，投标担保可以采用投标保函或者投标保证金的方式。投标保证金可以使用支票、银行汇票等，一般不得超过投标总价的2%，最高不得超过80万元。投标保证金的有效期应超出投标有效期30天。

递交有效投标文件的投标人少于3个的，招标人必须重新组织招标。重新招标后投标人仍少于3个的，属于必须审批的建设项目，报经原审批部门批准后可以不再进行招标；其他工程项目，招标人可以自行决定不再进行招标。

从招标文件发出之日起到递交投标文件截止日的时间应是投标人理解招标文件、进行必要的调研、完成投标文件编制所必需的合理时间，不得少于20天。

两个以上法人或者其他组织可以组成一个联合体，以一个投标人的身份共同投标。联合体各方均应具备承担招标项目的相应能力。国家或者招标文件对投标人资格条件有规定的，联合体各方均应当具备规定的相应资格条件。由同一专业的单位组成的联合体，按照资质等级较低的单位核定其资质等级。联合体各方应当签订共同投标协议，明确约定各方拟承担的工作和责任，并将共同投标的协议连同投标文件一并提交给招标人。联合体各方的法定代表人应签署授权书，授权其共同指定的牵头人代表联合体投标及合同履行期间的主办与协调工作。联合体中标的，联合体各方应当共同与招标人签订合同，就中标项目向招标人承担连带责任。但招标人不得强制投标人组成联合体共同投标，不得限制投标人之间的竞争。联合体成员也不得再以任何的名义单独或参加其他联合体在同一个项目中进行投标。

投标人不得相互串通投标报价，不得排挤其他投标人的公平竞争，损害招标人或者其他投标人的合法权益。投标人不得与招标人串通投标，损害国家利益、社会公共利益或者他人的合法权益。投标人不得以低于成本的报价竞标，也不得以他人名义投标或者以其他方式弄虚作假，骗取中标。

2. 报价技巧与策略

1) 不平衡报价

不平衡报价是指在一个项目的投标总报价基本确定后，保持工程总价不变，适当调整各项目的工程单价，在不影响中标的前提下，使得结算时得到更好的经济效益的一种报价策略。通常采用的不平衡报价具体有以下几种情况。

（1）前期结算回收工程款的项目。一个有经验的投标人，往往会把投标报价中前期实施项目的单价调高，如进场费、土石方工程、基础和结构部分等，而把后期实施项目的单价调低，做到了"早收钱"。这样既能保证不影响总标价中标，又使项目早日回收资金，形成了项目资金的良性周转。

（2）招标文件的工程量清单中提供的工程量是预估的，实际结算的工程量要按合同约定的计量规则进行计量并最终确定，因此，实际结算的工程量与工程量清单的工程量有可能存在差异。如果承包商在报价过程中分析判断某一个项目的实际工程量会增加，则应相应调高单价，而且量增加得越多的条目，单价调整的幅度就越大；同时，被判断为工程量要减少的项目，则相应要调低单价，从而保证工程实施后获得较好的经济效益。

（3）在单价合同中，图纸内容不明确或有错误的项目，估计修改图纸后工程量增加的，其单价可以提高些，而减少的项目，其单价则可以降低些。

（4）暂定项目又叫任意项目或选择项目。对这类项目要做具体分析，因这一类项目开工后，应由业主研究决定是否实施和由哪一家承包商实施。如果工程不分包，确定由一家承包商施工，则其中将需要做的单价做高一些，不一定要做的则应低一些。如果工程分包，该暂定项目也可能由其他承包商施工时，则不宜报高价，以免抬高总价。

（5）有的招标文件要求投标者对工程量大的项目填报"单价分析表"，投标时可将单价分析表中的人工费及机械设备费报得较高，而材料费算得较低。这主要是为了在今后补充项目报价时可以参考选用"单价分析表"中较高的人工费和机械设备费。而材料则往往采用市场价，因而可以获得较高的收益。

不平衡报价一定要建立在对工程量清单中工程量仔细核对风险的基础上，特别是对于报低单价的项目，若工程量一旦增多，将会对承包商造成重大的损失，同时一定要控制在合理的幅度内，以免引起业主反对，甚至导致废标。如果不注意这一点，有时招标方会选出报价过高的项目，要求投标者进行单价分析，并围绕单价进行分析，对其中过高的内容进行压价，致使承包商得不偿失。

2) 多方案报价法

多方案报价有以下两种情况。

第一种情况，有些工程项目，招标方要求按某一招标方案报价后，投标者可以再提出几种可供业主参考与选择的报价方法。例如，某地面水磨石项目，工程量清单中规定的是25cm×25cm×2cm的规格，投标人应按此规格进行报价。与此同时，投标人也允许采用其他规格进行投标报价。在这种情况下，投标人可以采用更小规格（20cm×20cm×2cm）和更大规格（30cm×30cm×3cm）作为业主可供选择的报价方案。投标时要调查惯用水磨石砖的情况并询价，对于将来有可能被选择使用方案所采用的水磨石砖的单价，可适当地提高一些价格；对于当地难以提供的某种规格的地面砖，可将其价格有意抬高些，以阻挠招标方的选用。

第二种情况，是在招标文件中写明，允许投标人另行提出自己的建议。有经验的投标人除了按原招标文件如实填报标价外，常在投标致函中提出某种颇有吸引力的建议，并对报价做出相应地降低。当然，这种建议并不是要求招标方降低某技术要求和标准，而是应当通过改进工艺流程或工艺方法来降低成本，降低报价。如果属于改变材料和设备的建议，则应说明绝不降低原设计标准和要求，进而起到降低造价的作用。例如，某招标工程所提出的工期要求过于苛刻，且合同条款中规定每拖延1天的工期，罚款额为合同总价的1/1000。若要保证实现该工期的要求，则必须采取特殊的措施，从而大大增加成本；并且原设计结构方案采用框架剪力墙体系过于保守。因此，该投标人在投标文件中说明招标方的工期要求难以实现，因而按自己认为的合理工期（比业主要求的工期增加6个月）编制施工进度计划并据此报价，还建议将框架剪力墙体系改为框架体系，并对这两种结构体系进行了技术经济分析和比较，证明框架体系不仅能保证工程结构的可靠性和安全性、增加使用面积、提高空间利用的灵活性，还可以降低造价约3％。另外，需要注意的是，提出这种建议时应该列出降价数字，但不宜将建议内容写得十分详细、具体。否则，招标方可能将你的建议提交给最低报价者加以研究，并要求可能的得标者再进一步降价，这样就会形成己方建议免费提供给了竞争对手，对自己的中标十分不利。

3）区别对待报价法

以下情况，报价可高一些：施工条件差的，如场地狭窄，地处闹市的工程；专业要求高的技术密集型工程，而本公司在这方面有专长；总价低的小工程以及自己不愿意做而被邀请投标的工程；特殊的工程，如港口码头工程、地下开挖工程等；招标方对工期要求急的；投标竞争对手少的；支付条件不理想的。

以下情况，报价应低一些：施工条件好的工程；工作简单、工程量大，一般公司都能做的工程，例如一般的房建工程；本公司急于打入某一市场、某一地区；公司任务不足，尤其是机械设备等没有工地可供转移时；本公司在投标项目附近有工程，可以共享一些资源时；投标对手多，竞争激烈时；支付条件好的，如现汇支付工程。

4）增加建议方案

有时招标文件中规定，可以提一个建议方案，即可以修改原设计方案，提出投标者的方案。投标者应抓住这样的机会，组织一批有经验的设计师和施工工程师，对原招标文件的设计和施工方案仔细研究，提出更为合理的方案以吸引招标方，进而促成自己的方案中标。这种新的建议方案或是降低总造价，或是缩短工期，或是改善工程的功能。建议方案不要写得太具体，要保留方案的技术关键，防止招标方将此方案交给其他承包商。同时，要强调的是，建议方案一定要比较成熟，有很好的操作性。另外，在编制建议方案的同时，还应组织好对原招标方案的报价。

5）突然降价法

由于投标竞争激烈，为迷惑对方，可以故意泄漏一点假情报，如制造不打算参加投标、准备投高价标或因无利可图不想干的假象。等到投标截止日期之前，突然前往投标，并压低投标报价，从而使对手措手不及。

突然降价法是采用降价系数调整报价，降价系数是指投标人在投标报价时，预先考虑的一个未来可能出现的降低报价的概率，如果想在报价方面增加竞争能力，并认为这是必要的，则应在投标截止日期以前，在投递的投标补充文件内写明降低报价的最终决定。采用这种报价的好处是：

① 可以根据最后的信息，在递交投标文件的最后时刻，提出自己的竞争价格，造成竞争对手的措手不及。

② 在最后审查已编好的投标文件时，如发现某些个别失误或计算错误，可以采用调整系数的手段加以弥补，而不必全部重新计算和修改。

③ 最终降低价格的办法是由少数人在最后时刻决定的，以此避免自己真实的报价向外泄露，进而避免投标竞争失利。降低投标价格可以从两个方面入手：①降低计划利润。投标时确定的计划利润，既要考虑自己企业承建任务饱满程度的情况，又要考虑竞争对手的情况。适当地降低利润和收益目标，进而降低报价，这会提高投标中标的概率。②降低经营管理费。为了竞争的需要，可降低这部分费用，可以在施工中加强组织管理予以弥补。

4.4.4 施工招标评标

1. 施工招标评标指标的设置

（1）报价

报价是评价投标人投标书的基础，评标价是经过修正处理的报价。在评标中，报价的权重一般占 50% 以上，但什么样的评标价应该得最高分却

云文档4-5：某施工项目投标文件（清单报价）示例

是个难题。有以标底为基准的，有以标底和投标报价平均值的加权平均值为基准的，有以低于投标报价平均值的若干百分点为基准的，也有以最低标的评标价为基准的，还有以次低标的评标价为基准的。

（2）施工方案或施工组织设计

评标的内容包括施工方法是否先进、合理，进度计划及措施是否可行，质量与安全保证措施是否可靠，现场平面布置及文明施工措施是否合理，主要施工机具及劳动力配备能否满足施工需要，项目主要管理人员及工程技术人员的数量和资历是否满足施工项目的要求，施工组织设计是否完整等。

（3）工程质量

工程质量应达到国家施工验收规范合格的标准，同时必须响应招标文件的要求。

（4）工期

工期必须满足招标文件的要求。

（5）项目经理

项目经理是招标项目施工的组织者，他的经验和能力直接关系施工合同的履行。所以，在评价指标中要考虑项目经理的年龄、学历、专业技术职称等基本条件，但重要的是其施工经历、工程经验及其创优质工程的能力。

（6）信誉和业绩

重点应考虑近年施工承包的工程情况和履约情况；有无承担过与招标项目类似的工程施工任务；近期被评为市级以上优良工程的数量，施工项目或企业近年获得过的表彰和奖励；企业的经营作风和施工管理水平以及企业的信誉等。

2. 施工招标的评标标准和方法

施工招标的评标标准和方法是事先规定的，评标标准和方法要最大程度上满足公平竞争的原则，使招标人有最充分的挑选余地，并取得有利的成交条件。招标人在制定评标标

准时，应根据拟建项目的投资量和技术难易程度等实际情况，确定相应的评标标准和方法。

1）综合评分法

施工招标需要评定比较的要素较多，且各项内容的单位又不一致，如工期是天、报价是元等，因此综合评分法可以较为全面地反映投标人的素质。评标是各承包人实施工程综合能力的比较，大型复杂工程的评分标准最好设置几级评分目标，以利于评委控制打分标准，减小随意性。评分的指标体系及权重应根据招标工程项目的特点加以设定。报价部分的评分又分为用标底衡量、用复合标底衡量以及无标底比较3大类。

（1）以标底衡量报价得分的综合评分法

评标委员会首先以预先确定的允许报价浮动范围的有效投标，然后按照评标规则计算各项得分，最后以累计得分比较投标书的优劣。应予注意的是，若某投标书的总分不低，但其中某1项得分低于该项的及格分时，也应充分考虑授标给此投标人，在项目实施过程中可能存在的风险。

[例4-1] 某火电站施工采用综合单价合同的邀请招标，评标主要考察4个方面，每个方面再以百分制计分。

① 投标单位的业绩、信誉，权重0.15。内容包括：企业资质等级（30分）；企业信誉、银行信誉（20分）；同容量主体工程的施工经历（20分）；近5年质量回访记录（15分）；近3年重大质量、安全事故（15分）。

② 施工管理能力，权重0.1。内容包括：施工方案（30分）；现场组织机构（30分）；网络进度计划（20分）；质量保证体系（20分）。

③ 施工组织设计，权重0.15。内容包括：施工方案（30分）；现场组织机构（30分）；网络进度计划（20分）；质量保证体系（20分）。

④ 投标报价，权重0.6。内容包括：投标报价（60分）；单价表中人工、材料、机械费组成的合理性（30分）；三材用量的合理性（10分）。其中报价项的得分标准以 $\frac{报价-标底}{标底}$ 来衡量，当偏差范围为－（3%～5%）时得40分；－（2%～1%）时得60分；＋（2%～1%）时得50分；＋（5%～3%）时得30分。

（2）以复合标底值作为衡量标准的综合评分法

以标底作为报价评定标准时，有可能因编制的标底没有反映出较为先进的施工技术水平和管理水平，导致报价得分的评定不合理。为了弥补这一缺陷，采用标底的修正值作为衡量标准。具体步骤为：

① 计算各投标书报价的算术平均值；

② 将标书平均值与标底再作算术平均；

③ 以②算出的值为中心，按预先确定的允许浮动范围（如±10%）确定入围的有效投标书；

④ 计算入围有效标书的报价算术平均值；

⑤ 将标底和④计算的值进行平均，作为确定报价得分的衡量标准。此步计算可以是简单的算术平均，也可以采用加权平均（如标底的权重为0.4，报价的平均值权重为0.6）；

⑥ 依据评标规则确定的计算方法，按报价与标准的偏离度计算各投标书的该项得分。

（3）无标底的综合评分法

前两种方法在商务评标过程中对报价部分的评审都以预先设定的标底作为衡量条件，如果标底编制得不够合理，有可能对某些投标书的报价评分不公平。为了鼓励投标人的报价竞争，可以不预先制定标底，用反映投标人报价平均水平的某一值作为衡量基准评定各投标书的报价部分得分。此种方法在招标文件中应予以说明，即比较的标准值和报价与标准值偏差的计分方法，视报价与其偏离度的大小确定分值高低。采用较多的方法包括：

① 以最低报价为标准值。在所有投标书的报价中以报价最低者为标准（该项满分），其他投标人的报价按预先确定的偏离百分数经计算相应得分。但应注意，最低的投标报价比之次低投标人的报价，如果相差悬殊（例如20％以上），则应首先考察最低报价者是否有低于其企业成本的竞标，报价的费用组成须合理，才可以作为标准值。这种规则适用于工作内容简单，一般承包人采用常规方法都可以完成的施工内容，因此评标时更重视报价的高低。

② 以平均报价为标准值。开标后，首先计算各主要报价项的标准值。可以采用简单的算数平均值或平均值下浮某一预先规定的百分比作为标准值。标准值确定后，再按预先确定的规则，视各投标书的报价与标准值的偏离程度，计算各投标书的该项得分。对于某些较为复杂的工作任务，不同的施工组织和施工方法可能产生不同效果的情况。不应过分追求报价，而应采用投标人的报价平均水平作为衡量标准。

2）评标价法

评标委员会首先通过对各投标书的审查淘汰技术方案无法满足基本要求的投标书，然后对基本合格的标书按预定的方法将某些评审要素按一定规则折算为评审价格，并加到该标书的报价上，形成评标价。以评标价最低的标书为最优（不是投标报价最低）。评标价仅作为衡量投标人能力高低的量化比较方法，与中标人签订合同时仍以投标价格为准。可以折算成价格的评审要素一般包括：

云文档4-6：某施工项目评标办法示例

（1）投标书承诺的工期提前给项目可能带来的超前收益，以月为单位按预定计算规则折算为相应的货币值，从该投标人的报价内扣减此值；

（2）实施过程中必然发生而标书中又属明显漏项部分，给予相应的补项，增加到报价中去；

（3）技术建议可能带来的实际经济效益，按预定的比例折算后，在投标价内减去该值；

（4）投标书内提出的优惠条件可能给招标人带来的好处，以开标日为准，按一定的方法折算后，作为评审价格因素之一；

微视频4-7：施工招标文件构成及对投标报价的影响

（5）对其他可以折算为价格的要素，按照对招标人有利或不利的原则，增加或减少到投标报价中去。

3）施工招标评标案例分析

（1）工程概况

a. 工程名称：学生宿舍楼。

b. 建筑面积：6500m^2。

c. 结构类型：砖混 6 层。

d. 计划工期：190d。

e. 招标组织形式：公开招标。

f. 开标地点：×××建设工程交易市场。

g. 投标人：a、b、c、d、e、f、g 共 7 个单位（这里暂且以字母代替）。

h. 招标人设定的最高限价为：534.47 万元。

（2）评标规则

① 总则

a. 根据《中华人民共和国招标投标法》《江苏省建设工程招标投标管理办法》、《房屋建筑和市政基础设施工程施工招标投标管理办法》（建设部令第 89 号）及国家、省、市相关现行法律、法规、规章、文件的规定，本工程采用合理低价法进行评标。

b. 本工程招标人设有标底（招标人委托有资质单位编制的标底），标底预算总价的 95％为本次招标工程的最高限价。最高限价将于开标前 3 天在×××建设工程交易市场公布。

② 评标顺序及办法

a. 在初步评审中，首先确定无效投标文件（符合性审查）。投标文件出现下列情况之一的，视为重大偏差，作无效投标文件处理：

（a）投标文件未按规定密封的。

（b）投标人未按招标文件要求交纳投标保证金的。

（c）投标人（资质证书、营业执照）及投标项目经理（建造师证书、身份证）的合法身份证明原件未带至开标现场的。

b. 投标文件出现下列情况之一的视为重大偏差，作废标处理：

（a）投标文件及投标汇总表未加盖投标法人章和法定代表人或其委托代理人印章的。

（b）法定代表人身份证明或授权委托书无效的。

（c）投标文件的关键内容（工期、质量、投标报价）字迹模糊、无法辨认的。

（d）投标文件未按招标文件的要求编制的。

（e）投标人擅自减少工程造价构成的。

投标文件经过评标委员会的初步评审，确定为无效投标文件或者界定为废标的，视为未通过初步评审（即初步评审不合格），该投标文件不得进入详细评审。

c. 在详细评审中，首先进行技术标评审。投标文件的技术标（即施工组织设计或施工方案）评审按合格与不合格两个标准评定。技术标无下列内容之一的，视为重大偏差，表示技术标未能通过评审（即技术标不合格）：

（a）劳动力安排和施工机具的配置。

（b）施工现场平面布置图。

d. 技术标评审完成后进行商务标评审。除初步评审、技术标评审所列出的重大偏差外，其余均属细微偏差，细微偏差不影响投标文件的有效性。评标标底价的产生采用以下办法：

（a）有效投标人（指通过初步评审、技术标评审合格的投标人）多于或等于 5 家，则投标人预算价中去掉一个最高值和一个最低值后的所有预算价的算术平均值即为评标标底价。

（b）如有效投标人少于 5 家，则所有投标人预算价的算术平均值即为评标标底价。

（c）有效投标人的投标报价在评标标底价的 92%～100% 范围以外的为废标。

（3）评标过程

① 初步评审。投标人 e 的建造师证书原件未带至开标现场，违反初步评审第 1 条第（3）条规定，即符合性审查未通过。

② 技术标评审。投标人 b 因施工组织设计未加盖单位公章，以暗标形式编制，未按招标文件要求编制（注：招标文件要求施工组织设计以明标形式编制），违反初步评审第 2 条第（4）条规定，被评委视为存在重大偏差而认定为废标，其商务标不参与评审。

③ 商务标评审。首先通过符合性审查和技术标评审的投标人唱标，然后投标人退场，具体记录如表 4-4 所示。

投标人唱标结果记录　　　　　　　　　　　　表 4-4

投标人名称	预算总价（万元）	投标总价（万元）	工期（日历天）	质量
a	545.54	504	182	合格
c	601.11	529	182	合格
d	565.92	515	182	合格
f	609.16	510	182	合格
g	565.73	522.55	180	合格

投标人 f，因铝合金管理费 4% 未计取（注：本市建设局文件规定投标人投标时铝合金管理费按定额直接费的 4% 计取），违反初步评审第 2 条第（9）条规定，被评委视为存在重大偏差而认定为废标。投标人 c 与投标人 f 因同样原因而被评委认定为废标。

根据详细评审第 2 条第（2）条的评标标底价产生办法计算，该工程评标标底价为 559.06 万元（注：招标人公布的最高限价为 534.47 万元）。

根据详细评审第 2 条第（3）条规定，投标人 a 的投标报价在评标标底价的（100%～92%）范围以外，确定为废标。最后，评标委员会推荐中标候选人，第一名为投标人 d，第二名为投标人 g。至此，该工程评标过程基本结束，评标结果经公示 3 个工作日后，若无异议，则投标人 d 即为中标人。

（4）分析与总结

① 通过上述评标全过程，不妨假设一下，如果投标人 a、c、d、f、g 均通过初步评审和技术标评审，根据详细评审第 2 条第（2）条计算的评标标底价为 577.59 万元，则 5 家投标人的投标报价均在评标标底价的（100%～92%）范围以外，本次招标将以失败而告终，招标人需重新组织招标。但该工程工期较紧，重新招标不但浪费人力、物力、财力，更重要的是浪费时间，招标人将面对工程无法如期交付使用的风险。

② 比较各投标人的投标报价与预算总价，发现投标人 f 的让利幅度高达 16.3%，这种大幅度的让利容易导致各投标人之间的恶性竞争。所以，招标人在设定最高限价的同时，也应对投标人的让利幅度进行限制，例如要求各投标人的投标报价与其自身的预算总价相比，低于预算总价的 92% 或高于预算总价的投标报价作废标处理。这样，既可防止

投标人串标或恶意抬标，又可防止投标人以低于成本价的方式任意压低报价，给工程质量留下隐患。

③ 招标人在开标前几天公布最高限价的做法有利有弊。利是，警告所有投标人不得抬标，否则就不可能中标。弊是，若投标人串标，已公布的最高限价将是他们最好的参考依据，中标价很可能就是招标人公布的最高限价或接近于最高限价。总之，施工招标评标是一项复杂而细致的工作，影响评标结果的不确定性因素也很多，科学、合理地编制招标文件及评标办法是确保招标成功的重要保障。

复习思考题

1. 简述招标投标的原则及我国招标投标的方式。

2. 简述公开招标投标的程序。

3. 如何认定招标人与投标人的串通投标行为？以及投标人之间的相互串通投标行为？

4. 工程招标投标市场中存在哪些违法违规行为？应如何建立长效机制规范工程招标投标市场的健康发展？

5. 试分析电子招标投标系统应具备的功能内容。

6. 如何引入电子标书加解密技术，解决电子投标文件的安全性问题？

7. 如何应用人工智能等技术，开展智能评标工作？

8. 资格预审内容有哪些？如何对投标人的资格进行审查？

9. 招标文件、投标文件的构成？如何编制高质量的招标文件和投标文件？

10. 监理招标评标如何体现对高质量的智力活动的评选？

11. 编制评标标准和办法应考虑哪些因素？

12. 试述施工组织设计与投标报价的关系。

13. 设计投标书的评比内容有哪些？

14. 请列举施工投标容易出现的各种废标情况。

15. 简述装配式建筑总承包评标应考虑的因素以及合理的评分标准设置。

5.1　工程监理合同概述

工程监理是指具有相关资质的监理单位受建设单位的委托，依据国家批准的工程项目建设文件、有关工程建设的法律、法规和工程建设监理合同及其他工程建设合同，代表建设单位对第三方的工程建设实施监控的一种专业化服务活动。工程监理是一种高智能的有偿工程咨询服务；是受建设单位委托进行的；监理的主要依据是法律、法规、技术标准、相关合同及文件；监理的准则是守法、诚信、公正和科学；监理的目的是确保工程建设质量和安全，提高工程建设水平，充分发挥投资效益。

自 1988 年建设工程监理制度试点至今，我国工程监理行业已有三十多年的发展历史。近年来，我国工程监理服务多元化水平显著提升，服务模式得到有效创新，逐步形成以市场化为基础、国际化为方向、信息化为支撑的工程监理服务市场体系。行业组织结构更趋优化，形成了以主要从事施工现场监理服务企业为主体，以提供全过程工程咨询服务的综合性企业为骨干，各类工程监理企业分工合理、竞争有序、协调发展的行业布局。

5.1.1　监理合同概念和特点

工程监理合同是建设单位（委托方）与监理单位（受托人）为完成特定建设工程项目的监理任务，明确相互权利和义务关系的协议。监理合同具有以下性质和特点：

（1）具有委托合同的法律性质

在监理工作中，监理人员以其专业知识、经验、技能，受业主委托为其所签订的其他合同的履行实施监督和管理，监理人员为委托人提供监理服务。根据《民法典》第七百九十六条规定："建设工程实行监理的，发包人应当与监理人采用书面形式订立委托监理合同。发包人与监理人的权利和义务以及法律责任，应当依照本编委托合同以及其他有关法律、行政法规的规定。"因此，监理合同的法律性质为委托合同。委托合同是建立在委托人与受托人的相互信任基础之上，因此监理合同也是需要以发包人与监理人的相互信任为基础的。监理合同的标的是发包人委托监理人处理的事务。

（2）具有服务采购的特点

监理合同在招标活动中具有服务类采购的特点，和货物、工程采购相比，其标的为服务或相关服务，具有无形性、评审侧重质量而不是价格、无法存储性、易变性、不可分割性、不能再销售、采购复杂等属性。

（3）依法必须进行监理的规定

我国对于施行监理制度有明确的法律规定，如《建筑法》第三十条规定："国家推行建筑工程监理制度。国务院可以规定实行强制监理的建筑工程的范围。"根据《建设工程质量管理条例》的规定，实行监理的建设工程，建设单位应当委托具有相应资质等级的工程监理单位进行监理，也可以委托具有工程监理相应资质等级并与被监理工程的施工承包单位没有隶属关系或者其他利害关系的该工程的设计单位进行监理。按照法律法规的规定，有五类建设工程项目必须实行监理，即国家重点建设工程；大中型公用事业工程；成片开发建设的住宅小区工程；利用外国政府或者国际组织贷款、援助资金的工程；国家规定必须实行监理的其他工程。

（4）监理合同是要式合同

根据《民法典》第七百九十六条规定，发包人应当与监理人采用书面形式订立委托监理合同。《建筑法》第三十一条规定："实行监理的建筑工程，由建设单位委托具有相应资质条件的工程监理单位监理。建设单位与其委托的工程监理单位应当订立书面委托监理合同。"因此，监理合同应当采用书面形式，为要式合同。

（5）监理人的义务由法律和合同规定

工程监理单位应当在其资质等级许可的监理范围内，承担工程监理业务。工程监理单位与被监理工程的承包单位以及建筑材料、建筑构配件和设备供应单位不得有隶属关系或者其他利害关系，且工程监理单位不得转让工程监理业务。

监理人应当代表发包人依法对建设工程的设计要求和施工质量、工期和资金等方面进行监督。根据《建筑法》规定，建筑工程监理应当依照法律、行政法规及有关的技术标准、设计文件和建筑工程承包合同，对承包单位在施工质量、建设工期和建设资金使用等方面，代表建设单位实施监督。工程监理人员认为工程施工不符合工程设计要求、施工技术标准和合同约定的，有权要求建筑施工企业改正。工程监理人员发现工程设计不符合建筑工程质量标准或者合同约定的质量要求的，应当报告建设单位要求设计单位改正。监理工程师应当按照工程监理规范的要求，采取旁站、巡视和平行检验等形式，对建设工程实施监理。工程监理单位应当审查施工组织设计中的安全技术措施或者专项施工方案是否符合工程建设强制性标准。在实施监理过程中，工程监理单位发现存在安全事故隐患的，应当要求施工单位整改；情况严重的，应当要求施工单位暂时停止施工，并及时报告建设单位。施工单位拒不整改或者不停止施工的，工程监理单位应当及时向有关主管部门报告。此外，工程监理单位和监理工程师应当按照法律、法规和工程建设强制性标准实施监理，并对建设工程安全生产承担监理责任。

监理人应当在施工现场派驻具备相应资格的监理人员。根据《建设工程质量管理条例》规定，工程监理单位应当选派具备相应资格的总监理工程师和监理工程师进驻施工现场。未经监理工程师签字，建筑材料、建筑构配件和设备不得在工程上使用或者安装，施工单位不得进行下一道工序的施工。未经总监理工程师签字，建设单位不拨付工程款，不得进行竣工验收。

监理人应当履行法律规定的义务，如果违反法律的规定，则会承担民事赔偿责任、行政责任和刑事责任。例如，监理人与发包人或者建筑施工企业串通，弄虚作假、降低工程质量的，责令改正，处以罚款，降低资质等级或者吊销资质证书；有违法所得的，予以没收；造成损失的，承担连带赔偿责任；构成犯罪的，依法追究刑事责任。监理人员的违反法定义务的行为可能构成工程重大安全事故罪。《中华人民共和国刑法》第一百三十七条规定："［工程重大安全事故罪］建设单位、设计单位、施工单位、工程监理单位违反国家规定，降低工程质量标准，造成重大安全事故的，对直接责任人员，处五年以下有期徒刑或者拘役，并处罚金；后果特别严重的，处五年以上十年以下有期徒刑，并处罚金。"

2017年2月21日，国务院办公厅发布了《关于促进建筑业持续健康发展的意见》，提出要培育全过程工程咨询：鼓励投资咨询、勘察、设计、监理、招标代理、造价等企业采取联合经营、并购重组等方式发展全过程工程咨询，培育一批具有国际水平的全过程工程咨询企业。政府投资工程应带头推行全过程工程咨询，鼓励非政府投资工程委托全过程工程咨询服务。2019年3月15日，国家发展改革委、住房城乡建设部印发了《关于推进全过程工程咨询服务发展的指导意见》（发改投资规［2019］515号），提出以全过程咨询推动完善工程建设组织模式，以工程建设环节为重点，推进全过程咨询，鼓励建设单位委托咨询单位提供招标代理、勘察、设计、监理、造价、项目管理等全过程咨询服务，满足建设单位一体化服务需求，增强工程建设过程的协同性。工程建设全过程咨询服务应当由一家具有综合能力的咨询单位实施，也可由多家具有招标代理、勘察、设计、监理、造价、项目管理等不同能力的咨询单位联合实施。

5.1.2 监理合同示范文本

为规范建设工程监理活动，维护建设工程监理合同当事人的合法权益，我国相继制定了以下监理合同的示范文本：

1）1995年10月9日，为了适应建设监理事业发展的需要，提高监理委托合同签订的质量，更好地规范监理合同当事人的行为，建设部和国家工商行政管理局联合发布了《工程建设监理合同》（示范文本）（GF—95—0202）。

2）1997年6月27日，电力工业部印发了《水电工程建设监理合同（示范文本）》，该示范文本对于加强水电工程建设管理，深化改革，规范水电监理市场发挥了良好的作用。

3）1997年9月15日，交通部印发了《公路工程施工监理合同范本》，该文本适应了公路工程监理事业发展的需要，促进了公路工程监理工作制度化、规范化和科学化建设，提高了监理服务委托合同签订的质量，更好地规范了监理服务合同当事人的行为。

4）2000年2月17日，建设部和国家工商行政管理总局在对《工程建设监理合同》（示范文本）（GF—95—0202）修订的基础上，又联合发布了《建设工程委托监理合同（示范文本）》（GF—2000—0202）的通知（建建［2000］44号）。

5）2007年4月20日，水利部与国家工商行政管理总局联合印发了《水利工程施工监理合同示范文本》（GF—2007—0211），自 2007 年 6 月 1 日起施行。该文本是在《水利工程建设监理合同示范文本》（GF—2000—0211）修订基础上形成的。该示范文本对于规范水利工程建设监理市场秩序，维护建设监理合同双方的合法权益，确保水利工程建设监理健康发展均发挥了良好的作用。

6）2012 年 3 月 27 日，住房和城乡建设部与国家工商行政管理总局联合发布了《建设工程监理委托合同（示范文本）》（GF—2012—0202，以下简称《工程监理合同》）。新发布的《工程监理合同》是在 2000 年发布的《建设工程监理委托合同（示范文本）》（GF—2000—0202）的基础上修订完善而成的，2012 版的《工程监理合同》吸纳了近几年比较成熟的工程监理实践经验，严格依据现行法律法规和标准规范，并借鉴了国际工程合同管理的经验。《工程监理合同》适用于包括房屋建筑、市政工程等 14 个专业工程类别的建设工程项目，在通用条件中明确了工程监理基本工作内容，对于规范工程监理合同当事人的签约、履约行为，防止合同主体利益失衡，避免或减少合同纠纷，保障合同当事人的合法权益，维护工程监理市场秩序都将发挥积极作用。

云文档5-1：建设工程监理合同示范文本 (2012版)

7）2017 年 9 月 4 日，国家发展和改革委员会等九部委联合印发了《标准设备采购招标文件》等五个标准招标文件的通知（发改法规〔2017〕1606 号），其中包括《标准监理招标文件》等。该文件适用于依法必须招标的与工程建设有关的设备、材料等货物项目和勘察、设计、监理等服务项目。《标准监理招标文件》中的第四章包含了合同条款及格式，由通用合同条款、专用合同条款和合同附件格式三个部分组成。通用合同条款包括一般约定、委托人义务、委托人管理、监理人义务、监理要求、开始监理和完成监理、监理责任与保险、合同变更、合同价格与支付、不可抗力、违约、争议的解决共计十二个方面。

云文档5-2：标准监理招标文件 (2017版)

5.1.3　监理合同构成及解释顺序

1）监理合同的构成

工程监理合同可以有广义和狭义之分。狭义的合同是指合同文本，即合同协议书、合同标准条件、合同专用条件；广义的合同是指包括合同文本、中标人的监理投标书和监理大纲、中标通知书以及合同实施过程中双方签署的合同补充或修改文件等关系到双方权利义务的承诺和约定。一个工程监理合同由哪些部分构成，由当事人在合同协议书中约定。根据《建设工程监理委托合同（示范文本）》（GF—2012—0202）的规定，监理合同文件一般由协议书、中标通知书（适用于招标工程）或委托书（适用于非招标工程）、投标文件（适用于招标工程）或监理与相关服务建议书（适用于非招标工程）、专用条件、通用条件和附录等六个部分组成。

2）监理合同的解释顺序

合同的解释顺序是指整个监理合同文件的解释顺序，也可以说是合同文件各个组成部分的优先级，其实质是效力等级。当合同内容出现矛盾时，以解释顺序高的，即优先等级高的为准。合同的解释顺序是由合同双方在合同协议书中约定的，但实际上是这些文件形成的逆时间顺序，一般来说，后形成合同文件可以解释先形成的合同文件。合同文件的解释顺序优先级最高的是在实施过程中双方共同签署的合同补充与修正文件。根据《建设工程监理委托合同（示范文本）》（GF—2012—0202）规定，本合同使用中文书写、解释和说明。如专用条件约定使用两种及以上语言文字时，应以中文为准。组成本合同的下列文件彼此应能相互解释、互为说明。除专用条件另有约定外，本合同文件的解释顺序如下：

（1）协议书；

（2）中标通知书（适用于招标工程）或委托书（适用于非招标工程）；

（3）专用条件及附录 A（相关服务的范围和内容）、附录 B（委托人派遣的人员和提供的房屋、资料、设备）；

（4）通用条件；

（5）投标文件（适用于招标工程）或监理与相关服务建议书（适用于非招标工程）。

双方签订的补充协议与其他文件发生矛盾或歧义时，属于同一类内容的文件，应以最新签署的为准。

云文档5-3：建设工程监理规范（2013版）

5.2　工程监理合同的主要内容

5.2.1　监理投标书

这里的工程监理投标书是指中标人的投标书。工程监理投标书中的投标函及监理大纲是整个投标文件中具有实质性意义的内容。投标函是监理取费的要约和对监理招标文件的响应；而投标监理大纲则是投标人履行监理合同、开展监理工作的具体方法、措施以及人员装备的计划，是投标人为了取得监理报酬而承诺的付出和义务。

云文档5-4：某工程监理投标文件（监理大纲）示例

工程监理合同当事人应重视监理投标书在监理合同管理中的地位。严格地说，监理的报价是中标人依据其投标书，主要是监理大纲中载明的监理投入作出的。当监理委托人要求监理人提供监理投标书（监理大纲）中没有提到的内容，或监理合同其他条款中也没有约定的服务或人员装备时，监理人可就此要求进行补偿；当监理人无法按投标书配备监理人员、提供监理装备或服务时，监理委托人有权要求监理人改正或向监理人提出索赔乃至追究违约责任。

5.2.2　中标通知书

监理中标通知书是招标人对监理中标人在投标书中所作要约的全盘接受，是对中标人要约的承诺。中标通知书一旦送达中标人，就和中标人的投标书一同构成了对双方都有法律约束力的文件。直到正式的监理合同签订，中标通知书和投标书都是维系和制约监理招标投标双方的文件。

5.2.3　监理合同协议书

监理合同协议书是确定合同关系的总括性文件，定义了监理委托人和监理人，界定了监理项目及监理合同文件构成，原则性地约定了双方的义务，规定了合同的履行期。最后由双方法定代表人或其代理人签章并盖法人章后合同正式成立。主要的条款如下：

（1）委托人与监理人。

（2）工程概况：包括工程名称、工程地点、工程规模、工程概算投资额或建筑安装工程费。监理工程概况的描述，要保证对监理工程的理解不产生歧义。

（3）词语限定：协议书中相关词语的含义与通用条件中的定义与解释相同。

（4）组成本合同的文件：

① 协议书。

② 中标通知书（适用于招标工程）或委托书（适用于非招标工程）。

③ 投标文件（适用于招标工程）或监理与相关服务建议书（适用于非招标工程）。

④ 专用条件。

⑤ 通用条件。

⑥ 附录。包括附录 A：相关服务的范围和内容；附录 B：委托人派遣的人员和提供的房屋、资料、设备。

⑦ 本合同签订后，双方依法签订的补充协议也是本合同文件的组成部分。

（5）总监理工程师。包括总监理工程师姓名、身份证号码、注册号。

（6）签约酬金。包括监理酬金和相关服务酬金。相关服务酬金需要明确：

① 勘察阶段服务酬金。

② 设计阶段服务酬金。

③ 保修阶段服务酬金。

④ 其他相关服务酬金。

（7）期限。监理期限起止时间，以及相关服务期限的起止时间，包括：

① 勘察阶段服务期限。

② 设计阶段服务期限。

③ 保修阶段服务期限。

④ 其他相关服务期限。

（8）双方承诺。监理人向委托人承诺，按照本合同约定提供监理与相关服务。委托人向监理人承诺，按照本合同约定派遣相应的人员，提供房屋、资料、设备，并按本合同约定支付酬金。

（9）合同订立。包括合同订立时间和订立地点。

（10）合同双方签字盖章栏。

5.2.4　监理合同通用条件

监理合同通用条件是针对监理合同文件自身以及监理双方一般性的权利义务确定的合同条款，具有普遍性和通用性。

1）合同用语的定义

（1）"工程"是指按照本合同约定实施监理与相关服务的建设工程。

（2）"委托人"是指本合同中委托监理与相关服务的一方，及其合法的继承人或受让人。

（3）"监理人"是指本合同中提供监理与相关服务的一方，及其合法的继承人。

（4）"承包人"是指在工程范围内与委托人签订勘察、设计、施工等有关合同的当事人，及其合法的继承人。

（5）"监理"是指监理人受委托人的委托，依照法律法规、工程建设标准、勘察设计文件及合同，在施工阶段对建设工程质量、进度、造价进行控制，对合同、信息进行管理，对工程建设相关方的关系进行协调，并履行建设工程安全生产管理法定职责的服务活动。

（6）"相关服务"是指监理人受委托人的委托，按照本合同约定，在勘察、设计、保修等阶段提供的服务活动。

（7）"正常工作"指本合同订立时通用条件和专用条件中约定的监理人的工作。

（8）"附加工作"是指本合同约定的正常工作以外监理人的工作。

（9）"项目监理机构"是指监理人派驻工程负责履行本合同的组织机构。

（10）"总监理工程师"是指由监理人的法定代表人书面授权，全面负责履行本合同、主持项目监理机构工作的注册监理工程师。

（11）"酬金"是指监理人履行本合同义务，委托人按照本合同的约定给付监理人的金额。

（12）"正常工作酬金"是指监理人完成正常工作，委托人应给付监理人并在协议书中载明的签约酬金额。

（13）"附加工作酬金"是指监理人完成附加工作，委托人应给付监理人的金额。

（14）"一方"是指委托人或监理人；"双方"是指委托人和监理人；"第三方"是指除委托人和监理人以外的有关方。

（15）"书面形式"是指合同书、信件和数据电文（包括电报、电传、传真、电子数据交换和电子邮件）等可以有形地表现所载内容的形式。

（16）"天"是指第一天零时至第二天零时的时间。

（17）"月"是指按公历从一个月中任何一天开始的一个公历月时间。

（18）"不可抗力"是指委托人和监理人在订立本合同时不可预见，在工程施工过程中不可避免地发生并不能克服的自然灾害和社会性突发事件，如地震、海啸、瘟疫、水灾、骚乱、暴动、战争和专用条件约定的其他情形。

2）监理人的义务

（1）监理的范围和工作内容

监理人应认真、勤奋工作，完成监理合同约定的监理范围内的工作内容。相关服务的范围和内容在附录A中约定。除专用条件另有约定外，监理工作内容包括：

① 收到工程设计文件后编制监理规划，并在第一次工地会议7天前报委托人。根据有关规定和监理工作需要，编制监理实施细则；

② 熟悉工程设计文件，并参加由委托人主持的图纸会审和设计交底会议；

③ 参加由委托人主持的第一次工地会议；主持监理例会并根据工程需要主持或参加专题会议；

④ 审查施工承包人提交的施工组织设计，重点审查其中的质量安全技术措施、专项施工方案与工程建设强制性标准的符合性；

⑤ 检查施工承包人工程质量、安全生产管理制度及组织机构和人员资格；

⑥ 检查施工承包人专职安全生产管理人员的配备情况；

⑦ 审查施工承包人提交的施工进度计划，核查承包人对施工进度计划的调整；

⑧ 检查施工承包人的试验室；

⑨ 审核施工分包人的资质条件；

⑩ 查验施工承包人的施工测量放线成果；

⑪ 审查工程开工条件，对条件具备的签发开工令；

⑫ 审查施工承包人报送的工程材料、构配件、设备质量证明文件的有效性和符合性，并按规定对用于工程的材料采取平行检验或见证取样方式进行抽检；

⑬ 审核施工承包人提交的工程款支付申请，签发或出具工程款支付证书，并报委托人审核、批准；

⑭ 在巡视、旁站和检验过程中，发现工程质量、施工安全存在事故隐患的，要求施工承包人整改并报委托人；

⑮ 经委托人同意，签发工程暂停令和复工令；

⑯ 审查施工承包人提交的采用新材料、新工艺、新技术、新设备的论证材料及相关验收标准；

⑰ 验收隐蔽工程、分部分项工程；

⑱ 审查施工承包人提交的工程变更申请，协调处理施工进度调整、费用索赔、合同争议等事项；

⑲ 审查施工承包人提交的竣工验收申请，编写工程质量评估报告；

⑳ 参加工程竣工验收，签署竣工验收意见；

㉑ 审查施工承包人提交的竣工结算申请并报委托人；

㉒ 编制、整理工程监理归档文件并报委托人。

（2）监理与相关服务依据

监理依据包括：

① 适用的法律、行政法规及部门规章；

② 与工程有关的标准；

③ 工程设计及有关文件；

④ 本合同及委托人与第三方签订的与实施工程有关的其他合同。

双方应根据工程的行业和地域特点，在专用条件中具体约定监理依据。相关服务依据在专用条件中约定。

（3）项目监理机构和人员

监理人应组建满足工作需要的项目监理机构，配备必要的检测设备。项目监理机构的主要人员应具有相应的资格条件。本合同履行过程中，总监理工程师及重要岗位的监理人员应保持相对稳定，以保证监理工作的正常进行。

监理人可根据工程进展和工作需要调整项目监理机构人员。监理人更换总监理工程师时，应提前7天向委托人书面报告，经委托人同意后方可更换；监理人若更换项目监理机构的其他监理人员，应以相当资格与能力的人员替换，并通知委托人。监理人应及时更换有下列情形之一的监理人员：

① 严重过失行为的；

② 有违法行为不能履行职责的；

③ 涉嫌犯罪的；

④ 不能胜任岗位职责的；

⑤ 严重违反职业道德的；

⑥ 专用条件约定的其他情形。

委托人可要求监理人更换不能胜任本职工作的项目监理机构人员。

（4）履行职责

监理人应遵循职业道德准则和行为规范，严格按照法律法规、工程建设的有关标准及本合同履行职责。在监理与相关服务范围内，委托人和承包人提出的意见和要求，监理人应及时提出处置意见。当委托人与承包人之间发生合同争议时，监理人应协助委托人、承包人协商解决。当委托人与承包人之间的合同争议提交仲裁机构仲裁或人民法院审理时，监理人应提供必要的证明资料。

监理人应在专用条件约定的授权范围内，处理委托人与承包人所签订合同的变更事宜。如果变更超过授权范围，应以书面形式报委托人批准。在紧急情况下，为了保护财产和人身安全，监理人发出的指令若未能事先报委托人批准时，应在发出指令后的 24 小时内以书面形式报委托人。

除专用条件另有约定外，监理人发现承包人的人员不能胜任本职工作的，有权要求承包人予以调换。

按照住房和城乡建设部关于印发《建筑工程五方责任主体项目负责人质量终身责任追究暂行办法》的通知，监理单位总监理工程师作为建筑工程五方责任制的主体之一，应当按照法律法规、有关技术标准、设计文件和工程承包合同进行监理，对施工质量承担监理责任。其责任和义务具体为：

① 工程监理单位应当依法取得相应等级的资质证书，在其资质等级许可的范围内承担工程监理业务，并不得转让工程监理业务。

② 工程监理单位与被监理工程的施工承包单位以及建筑材料、建筑构配件和设备供应单位有隶属关系或者其他利害关系的，不得承担该项建设工程的监理业务。

③ 工程监理单位应当依照法律、法规以及有关技术标准、设计文件和建设工程承包合同，代表建设单位对施工质量实施监理，并对施工质量承担监理责任。

④ 工程监理单位应当选派具备相应资格的总监理工程师和监理工程师进驻施工现场。未经监理工程师签字，建筑材料、建筑构配件和设备不得在工程上使用或者安装，施工单位不得进行下一道工序的施工。未经总监理工程师签字，建设单位不拨付工程款，不进行竣工验收。

⑤ 监理工程师应当按照工程监理规范的要求，采取旁站、巡视和平行检验等形式，对建设工程实施监理。

微视频5-5：监理工程师法律责任及职业素养分析

（5）提交报告

监理人应按专用条件约定的种类（包括监理规划、监理月报及约定的专项报告等）、时间和份数向委托人提交监理与相关服务的报告。

（6）文件资料

在本合同履行期内，监理人应在现场保留工作所用的图纸、报告及记录监理工作的相关文件。工程竣工后，应当按照档案管理规定将监理有关文件归档。

（7）使用委托人的财产

　　监理人无偿使用附录 B 中由委托人派遣的人员和提供的房屋、资料、设备。除专用条件另有约定外，委托人提供的房屋、设备属于委托人的财产，监理人应妥善使用和保管，在本合同终止时将这些房屋、设备的清单提交委托人，并按专用条件约定的时间和方式移交。

3）委托人的义务

（1）告知

　　委托人应在委托人与承包人签订的合同中明确监理人、总监理工程师和授予项目监理机构的权限。如有变更，应及时通知承包人。

（2）提供资料

　　委托人应按照约定，无偿向监理人提供工程有关的资料，如表 5-1 所示。在本合同履行过程中，委托人应及时向监理人提供最新的与工程有关的资料。

委托人提供的资料　　　　　　　　　　　　　　　　表 5-1

名称	份数	提供时间	备注
1. 工程立项文件			
2. 工程勘察文件			
3. 工程设计及施工图纸			
4. 工程承包合同及其他相关合同			
5. 施工许可文件			
6. 其他文件			

（3）提供工作条件

　　委托人应为监理人完成监理与相关服务提供必要的条件。委托人应按照附录 B 的约定，派遣相应的人员，提供房屋、设备，可供监理人无偿使用，如表 5-2～表 5-4 所示。委托人应负责协调工程建设中的所有外部关系，为监理人履行本合同提供必要的外部条件。

委托人派遣的人员　　　　　　　　　　　　　　　　表 5-2

名称	数量	工作要求	提供时间
1. 工程技术人员			
2. 辅助工作人员			
3. 其他人员			

委托人提供的房屋　　　　　　　　　　　　　　　　表 5-3

名称	数量	面积	提供时间
1. 办公用房			
2. 生活用房			
3. 试验用房			
4. 样品用房			
用餐及其他生活条件			

委托人提供的设备 表 5-4

名称	数量	型号与规格	提供时间
1. 通信设备			
2. 办公设备			
3. 交通工具			
4. 检测和试验设备			

（4）委托人代表

委托人应授权一名熟悉工程情况的代表，负责与监理人联系。委托人应在双方签订本合同后的 7 天内，将委托人代表的姓名和职责书面告知监理人。当委托人更换委托人代表时，应提前 7 天通知监理人。

（5）委托人意见或要求

在本合同约定的监理与相关服务工作范围内，委托人对承包人的任何意见或要求应通知监理人，由监理人向承包人发出相应指令。

（6）答复

委托人应在专用条件约定的时间内，对监理人以书面形式提交并要求作出决定的事宜，给予书面答复。逾期未答复的，视为委托人认可。

（7）支付

委托人应按本合同约定，向监理人支付酬金。

4）违约责任

（1）监理人的违约责任

监理人未履行本合同义务的，应承担相应的责任。因监理人违反本合同约定给委托人造成损失的，监理人应当赔偿委托人的损失。赔偿金额的确定方法在专用条件中约定。监理人承担部分赔偿责任的，其承担赔偿金额由双方协商确定。监理人向委托人的索赔不成立时，监理人应赔偿委托人由此所产生的费用。监理人赔偿金额可按下列方法确定：

赔偿金＝直接经济损失×正常工作酬金÷工程概算投资额（或建筑安装工程费）。

（2）委托人的违约责任

委托人未履行本合同义务的，应承担相应的责任。委托人违反本合同约定造成监理人损失的，委托人应予以赔偿。委托人向监理人的索赔不成立时，应赔偿监理人由此引起的费用。委托人未能按期支付酬金超过 28 天，应按专用条件约定支付逾期付款利息。委托人逾期付款利息按下列方法确定：

逾期付款利息＝当期应付款总额×银行同期贷款利率×拖延支付天数。

（3）除外责任

因非监理人的原因，且监理人无过错，发生工程质量事故、安全事故、工期延误等造成的损失，监理人不承担赔偿责任。因不可抗力导致本合同全部或部分不能履行时，双方各自承担其因此而造成的损失、损害。

5）支付

（1）支付货币

除专用条件另有约定外，酬金均以人民币支付。涉及外币支付的，所采用的货币种类、比例和汇率在专用条件中约定。

（2）支付申请

监理人应在合同约定的每次应付款时间的 7 天前，向委托人提交支付申请书。支付申请书应当说明当期应付款总额，并列出当期应支付的款项及其金额。

（3）支付酬金

支付的酬金包括正常工作酬金、附加工作酬金、合理化建议奖励金额及费用。正常工作酬金的支付可如表 5-5 所示进行。

正常工作酬金的支付表　　　　　　　　　　　　　　　　　　表 5-5

支付次数	支付时间	支付比例	支付金额（万元）
首付款	本合同签订后 7 天内		
第二次付款			
第三次付款			
……			
最后付款	监理与相关服务期届满 14 天内		

（4）有争议部分的付款

委托人对监理人提交的支付申请书有异议时，应当在收到监理人提交的支付申请书后的 7 天内，以书面形式向监理人发出异议通知。无异议部分的款应按期支付，有异议部分的款项按合同争议条款约定办理。

6）合同生效、变更、暂停、解除与终止

（1）生效

除法律另有规定或者专用条件另有约定外，委托人和监理人的法定代表人或其授权代理人在协议书上签字并盖单位章后，本合同生效。

（2）变更

任何一方提出变更请求时，双方经协商一致后可进行变更。

除不可抗力外，因非监理人原因导致监理人履行合同期限延长、内容增加时，监理人应当将此情况与可能产生的影响及时通知委托人。增加的监理工作时间、工作内容应视为附加工作。附加工作酬金的确定方法在专用条件中约定。除不可抗力外，因非监理人原因导致本合同期限延长时，附加工作酬金可按下列方法确定：

附加工作酬金＝本合同期限延长时间（天）×正常工作酬金÷协议书约定的监理与相关服务期限（天）。

合同生效后，如果实际情况发生变化使得监理人不能完成全部或部分工作时，监理人应立即通知委托人。除不可抗力外，其善后工作以及恢复服务的准备工作应为附加工作，附加工作酬金的确定方法在专用条件中约定。监理人用于恢复服务的准备时间不应超过 28 天。除不可抗力外，其善后工作以及恢复服务的附加工作酬金可按下列方法确定：

附加工作酬金＝善后工作及恢复服务的准备工作时间（天）×正常工作酬金÷协议书约定的监理与相关服务期限（天）。

因非监理人原因造成工程概算投资额或建筑安装工程费增加时，正常工作酬金应作相应调整。调整方法在专用条件中约定。因工程规模、监理范围的变化导致监理人的正常工作量减少时，正常工作酬金应作相应调整。调整方法在专用条件中约定。正常工作酬金增加额按下列方法确定：

正常工作酬金增加额＝工程投资额或建筑安装工程费增加额×正常工作酬金÷工程概算投资额（或建筑安装工程费）。

因工程规模、监理范围的变化导致监理人的正常工作量减少时，按减少工作量的比例从协议书约定的正常工作酬金中扣减相同比例的酬金。

合同签订后，遇到与工程相关的法律法规、标准颁布或修订的，双方应遵照执行。由此引起的监理与相关服务的范围、时间、酬金变化的，双方应通过协商进行相应调整。

（3）暂停与解除

除双方协商一致可以解除本合同外，当一方无正当理由未履行本合同约定的义务时，另一方可以根据本合同约定暂停履行本合同，直至解除本合同。

在本合同有效期内，由于双方无法预见和控制的原因导致本合同全部或部分无法继续履行或继续履行已无意义，经双方协商一致，可以解除本合同或监理人的部分义务。在解除之前，监理人应作出合理安排，使开支减至最小。因解除本合同或解除监理人的部分义务导致监理人遭受的损失，除依法可以免除责任的情况外，应由委托人予以补偿，补偿金额由双方协商确定。解除本合同的协议必须采取书面形式，协议未达成之前，本合同仍然有效。

在本合同有效期内，因非监理人的原因导致工程施工全部或部分暂停的，委托人可通知监理人要求暂停全部或部分工作。监理人应立即安排停止工作，并将开支减至最小。除不可抗力外，由此导致监理人遭受的损失应由委托人予以补偿。

暂停部分监理与相关服务时间超过 182 天，监理人可发出解除本合同约定的该部分义务的通知；暂停全部工作时间超过 182 天，监理人可发出解除本合同的通知，本合同自通知到达委托人时解除。委托人应将监理与相关服务的酬金支付至本合同解除日，且应承担合同约定的责任。

当监理人无正当理由未履行本合同约定的义务时，委托人应通知监理人限期改正。若委托人在监理人接到通知后的 7 天内未收到监理人书面形式的合理解释，则可在 7 天内发出解除本合同的通知，自通知到达监理人时本合同解除。委托人应将监理与相关服务的酬金支付至限期改正通知到达监理人之日，但监理人应承担合同约定的违约责任。

监理人在专用条件约定的支付之日起 28 天后，仍未收到委托人按本合同约定应付的款项，可向委托人发出催付通知。委托人接到通知 14 天后仍未支付或未提出监理人可以接受的延期支付安排，监理人可向委托人发出暂停工作的通知并可自行暂停全部或部分工作。暂停工作后 14 天内监理人仍未获得委托人应付酬金或委托人的合理答复，监理人可向委托人发出解除本合同的通知，自通知到达委托人时本合同解除。委托人应承担合同约定的违约责任。

因不可抗力致使本合同部分或全部不能履行时，一方应立即通知另一方，可暂停或解除本合同。本合同解除后，本合同约定的有关结算、清理、争议解决方式的条件仍然有效。

（4）终止

以下条件全部满足时，本合同即告终止：

① 监理人完成本合同约定的全部工作；

② 委托人与监理人结清并支付全部酬金。

7）争议解决

（1）协商

双方应本着诚信原则协商解决彼此间的争议。

（2）调解

如果双方不能在 14 天内或双方商定的其他时间内解决本合同争议，可以将其提交给专用条件约定的或事后达成协议的调解人进行调解。

（3）仲裁或诉讼

双方均有权不经调解直接向专用条件约定的仲裁机构申请仲裁，或向有管辖权的人民法院提起诉讼。

8）其他规定

（1）外出考察费用

经委托人同意，监理人员外出考察发生的费用由委托人审核后支付。

（2）检测费用

委托人要求监理人进行的材料和设备检测所发生的费用，由委托人支付，支付时间在专用条件中约定。

（3）咨询费用

经委托人同意，根据工程需要由监理人组织的相关咨询论证会以及聘请相关专家等发生的费用由委托人支付，支付时间在专用条件中约定。

（4）奖励

监理人在服务过程中提出的合理化建议，使委托人获得经济效益的，双方在专用条件中约定奖励金额的确定方法。奖励金额在合理化建议被采纳后，与最近一期的正常工作酬金同期支付。合理化建议的奖励金额可按下列方法确定：

奖励金额＝工程投资节省额×奖励金额的概率，在专用条件中明确奖励金额的概率。

（5）守法诚信

监理人及其工作人员不得从与实施工程有关的第三方处获得任何经济利益。

（6）保密

双方不得泄露对方申明的保密资料，亦不得泄露与实施工程有关的第三方所提供的保密资料，保密事项在专用条件中约定，如委托人申明的保密事项和期限、监理人申明的保密事项和期限、第三方申明的保密事项和期限。

（7）通知

本合同涉及的通知均应当采用书面形式，并在送达对方时生效，收件人应书面予以签收。

（8）著作权

监理人对其编制的文件拥有著作权。监理人可单独或与他人联合出版有关监理与相关服务的资料。除专用条件另有约定外，如果监理人在本合同履行期间及本合同终止后两年内出版涉及本工程的有关监理与相关服务的资料，应当征得委托人的同意。

5.2.5　监理合同专用条件

专用条件是对标准条件的补充，是标准条件在具体工程项目上的具体化。在使用专用条件时要特别注意的是反映具体监理项目的实际、合同双方的特别约定，切不可把专用条件栏填写成"按标准条件执行"。监理合同需要通过专用条件来约定的内容主要有以下几个方面：

（1）适用的法律及监理依据。

（2）监理工作范围和内容。

（3）对监理人的授权范围。

（4）委托人应提供的工程资料及提供时间。

（5）委托人对监理人书面提交的事宜作出书面答复的时间。

（6）委托人代表。

（7）委托人免费向监理人提供的房屋、设备等数量和时间。

（8）委托人免费向监理人提供的工作人员以及服务人员的数量和时间。

（9）合同双方承担违约责任的方式、赔偿损失的计算方法等。

（10）监理报酬。监理报酬包括完成监理合同约定任务的正常工作酬金和附加工作酬金的计算方法、支付时间、货币种类（包括计算汇率）、金额。监理报酬可参照国家发展与改革委员会与建设部 2007 年共同颁布的《建设工程监理与相关服务收费管理规定》由合同双方协商确定，但法定必须进行监理的施工项目必须执行政府指导价，即监理收费基准价只能按《建设工程监理与相关服务收费管理规定》计算，上下浮动幅度范围不得超过20％；其他建设工程的监理收费实行市场调节价。

（11）监理人为监理项目作出特别贡献时的奖励办法。若提出的合理化建议被采纳，并给委托人带来直接的经济效益，按可计算效益额的 10％～30％奖励给监理人。

（12）约定在合同履行过程中发生争议且协商不成时，是提请仲裁委员会仲裁还是向人民法院起诉。如果是选择仲裁的，还应达成仲裁协议。

5.2.6　在履约过程中双方签署的补充协议

在监理实施的过程中，难免有一些情况会发生变化。如果这种变化超出了原合同的约定范围，就有必要在原合同的基础上进行适当的补充或修改。合同的任何修改和补充都必须与合同当事人协商一致，并经合同双方的法定代表人或其授权代理人签署才能有效。

根据我国《招标投标法》的规定，招标人和中标人不得签署实质上背离中标条件的合同，当然也包括不得签署违背中标条件的合同补充与修改文件。

复习思考题

1. 工程监理的特点是什么？对监理合同签订有何影响？

2. 监理合同的构成有哪些？其解释顺序是什么？监理合同解释顺序的作用是什么？

3. 监理合同当事人双方都有哪些权利和义务？

4. 试分析监理合同的生效、变更与终止的具体内容？

云测试5-6：第5章
课程内容测试
及解题分析

5. 什么是工程监理的正常工作、额外工作？

6. 结合我国建设法律法规的具体规定，谈谈监理工程师应承担哪些法律责任？

7. 监理工程师在工程项目疫情防控中的主要工作和职责？

8. 结合本专业特点，谈谈监理工程师应具备哪些执业能力、素质和应遵循的道德规范？

9. 结合工程实践，谈谈如何开展数字化监理工作？如何推进监理模式的信息化和智慧化？

10. 智慧工地背景下，监理工程师如何有效开展监理工作？

11. 监理行业如何转型升级、创新发展？监理企业如何向全过程咨询企业转型升级？

建设工程勘察设计合同是工程建设合同体系中一种重要的合同种类，在《民法典》合同编中适用建设工程合同专章的规定。由于勘察、设计工作是工程建设程序中首要和主导性的环节，所以对于工程建设项目来说，是否有一份完善的勘察、设计合同来规范承发包双方的合同行为、促进双方履行合同义务，对保证工程建设是否能够实现预期的投资计划、建设进度和品质目标是至关重要的。本章主要阐述建设工程勘察设计合同的主要内容、双方的权利义务与责任及勘察设计合同管理的基本过程。

6.1 工程勘察设计合同概述

6.1.1 工程勘察、设计的主要内容

1）工程勘察的主要内容

工程勘察是根据建设工程本身的特点，在查明建设工程场地范围内的地质、地理环境特征的基础上，对地形、地质和水文等要素做出分析、评价和建议，并编制建设工程勘察文件的活动。工程勘察可分为通用工程勘察和专业工程勘察。通用工程勘察包括工程测量、岩土工程勘察、岩土工程设计与检测监测、水文地质勘察、工程水文气象勘察、工程物探、室内试验等；专业工程勘察包括煤炭、水利水电、电力、长输管道、铁路、公路、通信、海洋等工程的勘察。工程勘察为地基处理、地基基础设计和施工提供详细的地基土质构成与分布、各土层的物理力学性质、持力层及承载力、变形模量等岩土设计参数，针对不良地质现象的分布设计防治措施，以达到确保工程建设的顺利进行，以及建成后能安全和正常使用的目的。

2）工程设计的主要内容

工程设计是在进行可行性研究并经过初步技术经济论证后，根据建设项目总体需求及工程地质勘察报告，对工程的外形和内在实体进行筹划、研究、构思、设计和描绘，形成设计说明书和图纸等相关文件。目前，建设工程设计分为民用建设工程设计和专业建设工程设计。

民用建设工程设计是指非生产性的居住建筑和公共建筑（如住宅、办公楼、幼儿园、学校、食堂、影剧院、商店、体育馆、旅馆、医院、展览馆等）的设计，一般分为方案设计、初步设计和施工图设计三个阶段。

专业建设工程设计是指除了民用建设工程之外的工业建筑、铁路、交通和水利等生产性工程的设计，一般分为初步设计和施工图设计两个阶段。工程设计为征用土地、设备材料的安排、非标准设备制作、编制施工组织设计、进行施工准备、编制施工图预算及施工招标等工程建设工作提供可靠的依据。

（1）方案设计（概念设计）。项目投资决策后，由咨询单位将项目策划和可行性研究提出的意见和问题，经与业主协商认可后提出的具体开展建设的设计文件，其深度应当满足编制初步设计文件和控制概算的需要。

（2）初步设计（基本设计）。其内容根据项目类型不同而有所变化。它是项目的宏观设计，即项目的总体设计、布局设计、主要的工艺流程、设备的选型和安装设计、土建工程量及费用的估算等。初步设计文件应当满足编制施工招标文件、主要设备材料订货和编制施工图设计文件的需要，是下一阶段施工图设计的基础。

（3）施工图设计（详细设计）。其主要内容是根据批准的初步设计，绘制出正确、完整和尽可能详细的建筑、安装图纸，包括建设项目部分工程的详图、零部件结构明细表、验收标准、方法、施工图预算等。此设计文件应当满足设备材料采购、非标准设备制作和施工的需要，并注明建筑工程的合理使用年限。

可以看出，建设工程勘察设计是工程建设的主导环节，它的好坏一方面关系能否体现建设工程项目在立项阶段所提出的设想，另一方面又关系能否保证后续的施工工作顺利地实施。这一环节如果出现不良的市场行为，将直接影响工程建设投资、质量和进度等目标的实现，因此需要完善、公正和合理的勘察设计合同来约束建设单位与勘察设计单位各自的行为，保证当事人的合法权益。

工程全寿命周期各个阶段对投资的影响和设计阶段控制建设项目投资的意义，如图 6-1 和图 6-2 所示。

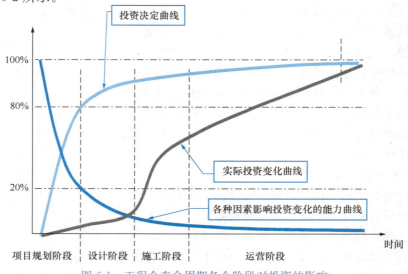

图 6-1　工程全寿命周期各个阶段对投资的影响

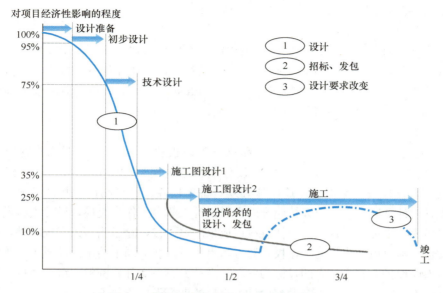

图 6-2   设计阶段控制建设项目投资的意义

6.1.2   工程勘察设计合同的定义

建设工程勘察设计合同属于建设工程合同的范畴，分为建设工程勘察合同和建设工程设计合同两种。建设工程勘察设计合同是指发包人与承包人为完成特定的勘察设计任务，明确相互权利义务关系而订立的合同。勘察设计合同的发包人一般是项目业主（建设单位）或工程总承包单位；承包人是持有国家认可的勘察设计证书的勘察和设计单位，在《民法典》中称之为勘察人和设计人。

《建设工程勘察设计合同管理办法》第五条规定，签订勘察设计合同，应当采用书面形式，参照示范文本的条款，明确约定双方的权利义务。对文本条款以外的其他事项，当事人认为需要约定的，也应采用书面形式。对可能发生的问题，要约定解决办法和处理原则。双方协商同意的合同修改文件、补充协议均为合同的组成部分。

6.1.3   工程勘察设计合同的特点

工程勘察设计的内容、性质和特点，决定了勘察设计合同除了具备建设工程合同的一般特征外，还有自身的特点。

1）特定的质量标准

勘察设计人应按国家技术规范、标准、规程和发包人的任务委托书及其设计要求进行工程勘察与设计工作。发包人不得提出或指使勘察设计单位不按法律、法规、工程建设强制性标准和设计程序进行勘察设计。此外，工程设计工作具有专属性，工程设计修改必须由原设计单位负责完成，他人（发包人或施工单位）不得擅自修改工程设计。

2）多样化的交付成果

与工程施工合同不同，勘察设计人通过自己的勘察设计行为，需要提交多样化的交付成果，一般包括结构计算书、图纸、实物模型、概预算文件、计算机软件和专利技术，以及基于 BIM 模型的数字设计产品等智力性成果。

3）阶段性的报酬支付

勘察设计费计算方式可以采用按国家规定的指导价取费、预算包干、中标价加签证和实际完成工作量结算等。在实际工作中，由于勘察设计工作往往分阶段进行，分阶段交付勘察设计成果，勘察设计费也是按阶段支付（Milestone Payment）。但由于承揽合同属于一时性合同，中间支付也属于临时支付的性质。

4）知识产权保护

《中华人民共和国著作权法》（以下简称《著作权法》）第三条，明确将建筑作品与美术作品一起列入其保护范围，建筑物、设计图、建筑模型均受到我国《著作权法》的保护，但受《著作权法》保护的建筑设计必须具备独创性、可复制性，并且必须具有审美意义。在工程设计合同中，发包人按照合同支付设计人酬金，作为交换，设计人将勘察设计成果交给发包人。因此，发包人一般拥有设计成果的财产权，除了明示条款规定外，设计人一般拥有发包人项目设计成果的著作权，双方当事人可以在合同中约定设计成果的著作权的归属。发包人应保护勘察设计人的投标书、勘察设计方案、文件、资料图纸、数据、计算机软件和专利技术等成果。发包人对勘察设计人交付的勘察设计资料不得擅自修改、复制或向第三人转让或用于本项目之外。勘察设计人也应保护发包人提供资料和文件，未经发包人同意，不得擅自修改、复制或向第三人披露。若发生上述情况，各方应负相应法律责任。

5）必需的协助义务

勘察设计人完成相关工作时，往往需要发包人提供工作条件，包括相关资料、文件和必要的生产、生活及交通条件等，并需要对所提供资料或文件的正确性和完整性负责。当发包人未履行或不完全履行相关协助义务，从而造成设计返工、停工或者修改设计的，应承担相应费用。

6.1.4 工程勘察设计合同示范文本

为了加强工程勘察设计市场管理，规范市场行为，明确签订建设工程勘察设计合同双方的技术经济责任，保护合同当事人的合法权益，以适应社会主义市场经济发展的需要，根据《中华人民共和国民法典》和《建设工程勘察设计合同条例》，建设部和国家工商行政管理总局制定了《建设工程勘察合同》和《建设工程设计合同》文本，并要求从 1996 年 10 月 1 日起在工程建设中组织试行。2000 年、2015 年又制定了《建设工程勘察合同（示范文本）》和《建设工程设计合同（示范文本）》。

1）勘察合同示范文本

勘察合同示范文本分为两种，一种是适用于岩土工程勘察、水文地质勘察（含凿井）、工程测量、工程物探等方面的勘察合同，即《建设工程勘察合同（一）》（GF—2000—0203），另一种是适用于岩土工程设计、治理、监测等方面的勘察合同，即《建设工程勘察合同（二）》（GF—2000—0204）。2016 年，住房和城乡建设部和国家工商行政管理总局又对《建设工程勘察合同（一）》（GF—2000—0203）及《建设工程勘察合同（二）》（GF—2000—0204）进行修订，制定了《建设工程勘察合同（示范文本）》（GF—2016—0203），它适用于岩土工程勘察、岩土工程设计、岩土工程物探/测试/检测/监测、水文地质勘察及工程测量等工程勘察活动，岩土工程设计也可使用《建设工程设计合同示范文本

（专业建设工程）》（GF—2015—0210）。《建设工程勘察合同》（GF—2016—0203）由合同协议书、通用合同条款和专用合同条款三部分组成。

（1）合同协议书。共计12条，主要包括工程概况、勘察范围和阶段、技术要求及工作量、合同工期、质量标准、合同价款、合同文件构成、承诺、词语定义、签订时间、签订地点、合同生效和合同份数等内容，集中约定了合同当事人基本的合同权利和义务。

（2）通用合同条款。通用合同条款是合同当事人根据《中华人民共和国民法典》《中华人民共和国建筑法》《中华人民共和国招标投标法》等相关法律法规的规定，就工程勘察的实施及相关事项对合同当事人的权利义务作出的原则性约定。通用合同条款具体包括一般约定、发包人、勘察人、工期、成果资料、后期服务、合同价款与支付、变更与调整、知识产权、不可抗力、合同生效与终止、合同解除、责任与保险、违约、索赔、争议解决及补充条款等共计17条。上述条款安排既考虑了现行法律法规对工程建设的有关要求，也考虑了工程勘察管理的特殊需要。

（3）专用合同条款。专用合同条款是对通用合同条款原则性约定的细化、完善、补充、修改或另行约定的条款。合同当事人可以根据不同建设工程的特点及具体情况，通过双方的谈判、协商对相应的专用合同条款进行修改、补充。

云文档6-1：建设工程勘察合同示范文本（2016版）

2）设计合同示范文本

设计合同示范文本也分为两种，一种是适用于非生产性的居住建筑和公共建筑（如住宅、办公楼、幼儿园、学校、食堂、影剧院、商店、体育馆、旅馆、医院、展览馆等），即《建设工程设计合同示范文本（房屋建筑工程）》（GF—2015—0209），另一种是适用于除了房屋建筑工程之外的专业建设工程（如工业建筑、铁路、交通、水利等）的设计合同，即《建设工程设计合同示范文本（专业建设工程）》（GF—2015—0210）。

《建设工程设计合同示范文本（房屋建筑工程）》（GF—2015—0209）、《建设工程设计合同示范文本（专业建设工程）》（GF—2015—0210）由合同协议书、通用合同条款和专用合同条款三部分组成。

（1）合同协议书。合同协议书集中约定了合同当事人基本的合同权利义务。包括：工程概况（工程名称、地点、规划占地面积、总建筑面积、建筑高度、建筑功能、投资估算），工程设计范围、阶段与服务内容，工程设计周期，合同价格形式与签约合同价，发包人代表与设计人项目负责人，合同文件构成，双方承诺，签订地点，补充协议，合同生效，合同份数等。

（2）通用合同条款。通用合同条款是合同当事人根据《中华人民共和国建筑法》《中华人民共和国合同法》等法律法规的规定，就工程设计的实施及相关事项，对合同当事人的权利义务作出的原则性约定。通用合同条款既考虑了现行法律法规对工程建设的有关要求，也考虑了工程设计管理的特殊需要。通用合同条款共17条，包括一般约定、发包人、设计人、工程设计资料、工程设计要求、工程设计进度与周期、工程设计文件交付、工程设计文件审查、施工现场配合服务、合同价款与支付、工程设计变更与索赔、专业责任与保险、知识产权、违约责任、不可抗力、合同解除、争议解决等。

（3）专用合同条款。专用合同条款是对通用合同条款原则性约定的细化、完善、补充、修改或另行约定的条款。合同当事人可以根据不同建设工程的特点及具体情况，通过双方的谈判、协商对相应的专用合同条款进行修改补充。在使用专用合同条款时，应注意以下事项：

① 专用合同条款的编号应与相应的通用合同条款的编号相一致。

② 合同当事人可以通过对专用合同条款的修改，满足具体房屋建筑工程或专业建设工程的特殊要求，避免直接修改通用合同条款。

③ 在专用合同条款中有横道线的地方，合同当事人可针对相应的通用合同条款进行细化、完善、补充、修改或另行约定。

云文档6-2：建设工程设计合同示范文本（2015版）

2017 年，国家发展和改革委员会等九部委联合印发了《标准设备采购招标文件》等五个标准招标文件的通知（发改法规〔2017〕1606 号），编制了《标准勘察招标文件》《标准设计招标文件》等五个标准文件（以下简称为《标准文件》）。该《标准文件》适用于依法必须招标的与工程建设有关的设备、材料等货物项目和勘察、设计、监理等服务项目。《标准文件》中的第四章包含了合同条款及格式，由通用合同条款、专用合同条款和合同附件格式三部分组成。

6.1.5　工程勘察设计合同形式

1）按合同标的分类

（1）勘察设计总承包合同。这是由具有相应资质的承包人与发包人签订的包含勘察和设计两部分内容的承包合同。其中，承包人可以是：

① 具有勘察设计双重资质的勘察设计单位。

② 拥有勘察资质的勘察单位和拥有设计资质的设计单位组成的联合体。

③ 设计单位作总承包并承担其中的设计任务，而勘察单位作勘察分包商。

勘察设计总承包合同可以有效减轻发包人的协调工作，尤其是减少了勘察与设计之间的责任推诿和扯皮。

（2）勘察合同。发包人与具有相应勘察资质的勘察人签订的委托勘察合同。

（3）设计合同。发包人与具有相应设计资质的设计人签订的委托设计合同。

2）按计价方式分类

（1）按工程造价的比例收费合同。

（2）总价合同。总价合同可以采用预算包干的方式，一次包死，不再调整；也可以采用中标价加签证的方式，当工作量发生较大的变化时，合同价也作相应的调整。第二种计价方式在勘察合同中用得较多。

（3）单价合同。即按实际完成工作量结算合同。这在工程设计合同、工程勘察合同中都有大量的使用。

6.2　工程勘察合同的主要内容

6.2.1　发包人的权利和义务

1）发包人的权利

（1）对勘察人的勘察工作有权依照合同约定实施监督，并对勘察成果予以验收。

（2）对勘察人无法胜任工程勘察工作的人员有权提出更换。

（3）拥有勘察人为其项目编制的所有文件资料的使用权，包括投标文件、成果资料和数据等。

2）发包人的义务

（1）应以书面形式向勘察人明确勘察任务及技术要求。

（2）应提供开展工程勘察工作所需要的图纸及技术资料，包括总平面图、地形图、已有水准点和坐标控制点等，若上述资料由勘察人负责搜集时，发包人应承担相关费用。

（3）应提供工程勘察作业所需的批准及许可文件，包括立项批复、占用和挖掘道路许可等。

（4）应为勘察人提供具备条件的作业场地及进场通道（包括土地征用、障碍物清除、场地平整、提供水电接口和青苗赔偿等），并承担相关费用。

（5）应为勘察人提供作业场地内的地下埋藏物（包括地下管线、地下构筑物等）的资料、图纸，没有资料、图纸的地区，发包人应委托专业机构查清地下埋藏物。若因发包人未提供上述资料、图纸，或提供的资料、图纸不实，致使勘察人在工程勘察工作过程中发生人身伤害或造成经济损失的，由发包人承担赔偿责任。

（6）应按照法律法规的规定为勘察人安全生产提供条件并支付安全生产防护费用，发包人不得要求勘察人违反安全生产管理规定进行作业。

（7）若勘察现场需要有人留守，特别是在有毒、有害等危险现场作业时，发包人应派人负责安全保卫工作；按国家有关规定，对从事危险作业的现场人员进行保健防护，并承担相关费用。发包人对安全文明施工有特殊要求时，应在专用合同条款中另行约定。

（8）应对勘察人满足质量标准的已完成的工作，按照合同约定及时支付相应的工程勘察合同价款及费用。

6.2.2　勘察人的权利和义务

1）勘察人的权利

（1）在工程勘察期间，根据项目条件和技术标准、法律法规的规定等方面的变化，有权向发包人提出增减合同工作量或修改技术方案的建议。

（2）除建设工程主体部分的勘察外，根据合同约定或经发包人同意，勘察人可以将建设工程其他部分的勘察分包给其他具有相应资质等级的建设工程勘察单位。发包人对分包的特殊要求应在专用合同条款中另行约定。

（3）对其编制的所有文件资料，包括投标文件、成果资料、数据和专利技术等拥有知识产权。

2）勘察人的义务

（1）应按勘察任务书和技术要求，并依据有关技术标准进行工程勘察工作。

（2）应建立质量保证体系，按本合同约定的时间提交质量合格的成果资料，并对其质量负责。

（3）在提交成果资料后，应为发包人继续提供后期服务。

（4）在工程勘察期间遇到地下文物时，应及时向发包人和文物主管部门报告并妥善保护。

（5）开展工程勘察活动时应遵守有关职业健康及安全生产方面的各项法律法规的规定，采取安全防护措施，确保人员、设备和设施的安全。

（6）在燃气管道、热力管道、动力设备、输水管道、输电线路、临街交通要道及地下通道（地下隧道）附近等风险性较大的地点，以及在易燃易爆地段及放射、有毒环境中进行工程勘察作业时，应编制安全防护方案并制定应急预案。

（7）应在勘察方案中列明环境保护的具体措施，并在合同履行期间采取合理措施保护作业现场环境。

6.2.3　工期

1）开工及延期开工

勘察人应按合同约定的工期进行工程勘察工作，并接受发包人对工程勘察工作进度的监督、检查。因发包人原因不能按照合同约定的日期开工，发包人应以书面形式通知勘察人，推迟开工日期并相应顺延工期。

2）成果提交日期

勘察人应按照合同约定的日期或双方同意顺延的工期提交成果资料，具体可在专用合同条款中约定。

3）发包人造成的工期延误

因以下情形造成工期延误，勘察人有权要求发包人延长工期、增加合同价款和（或）补偿费用：

（1）发包人未能按合同约定提供图纸及开工条件；

（2）发包人未能按合同约定及时支付定金、预付款和（或）进度款；

（3）变更导致合同工作量增加；

（4）发包人增加合同工作内容；

（5）发包人改变工程勘察技术要求；

（6）发包人导致工期延误的其他情形。

除专用合同条款对期限另有约定外，勘察人在上述情形发生后的 7 天内，应就延误的工期以书面形式向发包人提出报告。发包人在收到报告后 7 天内予以确认；逾期不予确认也不提出修改意见的，视为同意顺延工期。补偿费用的确认程序参照［合同价款与调整］执行。

4）勘察人造成的工期延误

勘察人因以下情形不能按照合同约定的日期或双方同意顺延的工期提交成果资料的，勘察人承担违约责任：

（1）勘察人未按合同约定的开工日期开展工作，造成工期延误的；

（2）勘察人因管理不善、组织不力等造成工期延误的；

（3）因弥补勘察人自身原因导致的质量缺陷而造成工期延误的；

（4）因勘察人的成果资料不合格导致返工，造成工期延误的；

（5）勘察人导致工期延误的其他情形。

5）恶劣的气候条件

恶劣气候条件影响现场作业，导致现场作业难以进行，造成工期延误的，勘察人有权要求发包人延长工期。

6.2.4　成果资料

1）成果质量

成果质量应符合相关技术标准和深度规定，且满足合同约定的质量要求。双方对工程勘察成果质量有争议时，由双方同意的第三方机构鉴定，所需费用及因此造成的损失，由责任方承担；双方均有责任的，由双方根据其责任分别承担。

2）成果份数

勘察人应向发包人提交成果资料四份，发包人要求增加的份数，在专用合同条款中另行约定，发包人另行支付相应的费用。

3）成果交付

勘察人按照约定时间和地点向发包人交付成果资料，发包人应出具书面签收单，内容包括成果名称、成果组成、成果份数、提交和签收日期、提交人与接收人的亲笔签名等。

4）成果验收

勘察人向发包人提交成果资料后，如需对勘察成果组织验收的，发包人应及时组织验收。除专用合同条款对期限另有约定外，发包人 14 天内无正当理由不予组织验收，视为验收通过。

6.2.5　后期服务

1）后续技术服务

勘察人应派专业技术人员为发包人提供后续技术服务，发包人应为其提供必要的工作和生活条件，后续技术服务的内容、费用和时限应由双方在专用合同条款中另行约定。

2）竣工验收

工程竣工验收时，勘察人应按发包人要求参加竣工验收工作，并提供竣工验收所需的相关资料。

6.2.6　合同价款与支付

1）合同价款与调整

依照法定程序进行招标工程的合同价款由发包人和勘察人依据中标价格载明在合同协议书中；非招标工程的合同价款由发包人和勘察人议定，并载明在合同协议书中。合同价款在合同协议书中约定后，除合同条款约定的合同价款调整因素外，任何一方不得擅自改变。

合同当事人可任选下列某一种合同价款的形式，双方可在专用合同条款中约定：

（1）总价合同

双方在专用合同条款中约定合同价款包含的风险范围和风险费用的计算方法，在约定的风险范围内合同价款不再调整。风险范围以外的合同价款调整因素和方法，应在专用合同条款中约定。

（2）单价合同

合同价款根据工作量的变化而调整，合同单价在风险范围内一般不予调整，双方可在专用合同条款中约定合同单价的调整因素和方法。

（3）其他合同价款形式

合同当事人可在专用合同条款中约定其他合同价款形式。

需调整合同价款时，合同一方应及时将调整原因、调整金额以书面的形式通知对方，双方共同确认调整金额后作为追加或减少的合同价款，与进度款同期支付。除专用合同条款对期限另有约定外，一方在收到对方的通知后 7 天内不予确认也不提出修改意见，视为已经同意该项调整。合同当事人就调整事项不能达成一致的，则按照［争议解决］的约定处理。

2）定金或预付款

实行定金或预付款的，双方应在专用合同条款中约定发包人向勘察人支付定金或预付款数额，支付时间应不迟于约定的开工日期前 7 天。发包人不按约定支付的，勘察人应向发包人发出要求支付的通知，发包人收到通知后仍不能按要求支付的，勘察人可在发出通知后推迟开工日期，并由发包人承担违约责任。定金或预付款在进度款中抵扣，抵扣办法可在专用合同条款中约定。

3）进度款支付

（1）发包人应按照专用合同条款约定的进度款支付方式、支付条件和支付时间进行支付。

（2）按照［合同价款与调整］和［变更合同价款确定］确定调整的合同价款及其他条款中约定的追加或减少的合同价款，应与进度款同期调整支付。

（3）发包人超过约定的支付时间不支付进度款，勘察人可向发包人发出要求付款的通知，发包人收到勘察人通知后仍不能按要求付款的，可与勘察人协商签订延期付款协议，经勘察人同意后可延期支付。

（4）发包人不按合同约定支付进度款的，双方又未能达成延期付款协议，勘察人可停止工程勘察作业和后期服务，由发包人承担违约责任。

4）合同价款结算

除专用合同条款另有约定外，发包人应在勘察人提交成果资料后的 28 天内，依据［合同价款与调整］和［变更合同价款确定］的约定进行最终合同价款确定，并予以全额支付。

6.2.7　变更与调整

1）变更范围与确认

变更范围是指在合同签订日后发生的以下变更：

（1）法律法规及技术标准的变化引起的变更；

（2）规划方案或设计条件的变化引起的变更；

（3）不利物质条件引起的变更；

（4）根据发包人的要求变化引起的变更；

（5）因政府临时禁令引起的变更；

（6）其他专用合同条款中约定的变更。

当引起变更的情形出现，除专用合同条款对期限另有约定外，勘察人应在 7 天内就调整后的技术方案以书面形式向发包人提出变更要求，发包人应在收到报告后 7 天内予以确认，逾期不予确认也不提出修改意见的，视为同意变更。

2）变更合同价款确定

变更合同价款按下列方法进行：

（1）合同中已有适用于变更工程的价格，按合同已有的价格变更合同价款；

（2）合同中只有类似于变更工程的价格，可以参照类似价格变更合同价款；

（3）合同中没有适用或类似于变更工程的价格，由勘察人提出适当的变更价格，经发包人确认后执行。

除专用合同条款对期限另有约定外，一方应在双方确定变更事项后 14 天内向对方提出变更合同价款报告，否则视为该项变更不涉及合同价款的变更。除专用合同条款对期限另有约定外，一方应在收到对方提交的变更合同价款报告之日起 14 天内予以确认。逾期无正当理由不予确认的，则视为该项变更合同价款报告已被确认。一方不同意对方提出的合同价款变更，按［争议解决］的约定处理。因勘察人自身原因导致的变更，勘察人无权要求追加合同价款。

6.2.8   知识产权

（1）除专用合同条款另有约定外，发包人提供给勘察人的图纸、发包人为实施工程自行编制或委托编制的反映发包人要求或其他类似性质的文件的著作权属于发包人，勘察人可以为实现本合同目的而复制、使用此类文件，但不能用于与本合同无关的其他事项。未经发包人书面同意，勘察人不得为了本合同以外的目的而复制、使用上述文件或将之提供给任何第三方。

（2）除专用合同条款另有约定外，勘察人为实施工程所编制的成果文件的著作权属于勘察人，发包人可因本工程的需要而复制、使用此类文件，但不能擅自修改或用于与本合同无关的其他事项。未经勘察人书面同意，发包人不得为了本合同以外的目的而复制、使用上述文件或将之提供给任何第三方。

（3）合同当事人保证在履行本合同过程中不侵犯对方及第三方的知识产权。勘察人在工程勘察时，因侵犯他人的专利权或其他知识产权所引起的责任，由勘察人承担；因发包人提供的基础资料导致侵权的，由发包人承担责任。

（4）在不损害对方利益情况下，合同当事人双方均有权在申报奖项、制作宣传印刷品及出版物时使用有关项目的文字和图片材料。

（5）除专用合同条款另有约定外，勘察人在合同签订前和签订时已确定采用的专利、专有技术、技术秘密的使用费已包含在合同价款中。

6.2.9   不可抗力

1）不可抗力的确认

不可抗力是在订立合同时不可合理预见，在履行合同中不可避免地发生且不能克服的自然灾害和社会突发事件，如地震、海啸、瘟疫、洪水、骚乱、暴动、战争以及专用条款约定的其他自然灾害和社会突发事件。不可抗力发生后，发包人和勘察人应收集不可抗力发生及造成损失的证据。合同当事双方对是否属于不可抗力或其损失发生争议时，按［争议解决〕的约定处理。

2）不可抗力的通知

遇有不可抗力发生时，发包人和勘察人应立即通知对方，双方应共同采取措施减少损失。除专用合同条款对期限另有约定外，不可抗力持续发生，勘察人应每隔 7 天向发包人报告一次受灾害损失情况。

除专用合同条款对期限另有约定外，不可抗力结束后 2 天内，勘察人向发包人通报受害损失情况及预计清理和修复的费用；不可抗力结束后 14 天内，勘察人向发包人提交清理和修复费用的正式报告及有关资料。

3）不可抗力后果的承担

因不可抗力发生的费用及延误的工期由双方按以下方法分别承担：

（1）发包人和勘察人若出现人员伤亡，由合同当事人双方自行负责，并承担相应的费用；

（2）勘察人机械设备损坏及停工损失，由勘察人承担；

（3）停工期间，勘察人应发包人的要求，安排管理人员及保卫人员留在作业场地，其费用由发包人承担；

（4）作业场地发生的清理、修复费用，由发包人承担；

（5）延误的工期相应顺延。

因合同一方迟延履行合同后发生不可抗力的，不能免除迟延履行方的相应责任。

6.2.10　合同生效与终止

双方在合同协议书中约定合同生效方式。发包人、勘察人履行合同的全部义务，合同价款支付完毕，本合同即告终止。合同的权利义务终止后，合同当事人应遵循诚实信用原则，履行通知、协助和保密等义务。

6.2.11　合同解除

有下列情形之一的，发包人、勘察人可以解除合同：

（1）因不可抗力致使合同无法履行；

（2）发生未按合同约定按时支付合同价款的情况，停止作业超过 28 天，勘察人有权解除合同，由发包人承担违约责任；

（3）勘察人将其承包的全部工程转包给他人，或者肢解以后以分包的名义分别转包给他人，发包人有权解除合同，由勘察人承担违约责任；

（4）发包人和勘察人协商一致可以解除合同的其他情形。

一方依据合同约定要求解除合同的，应以书面形式向对方发出解除合同的通知，并在发出通知前不少于 14 天告知对方，通知到达对方时合同即解除。对解除合同有争议的，按〔争议解决的〕约定处理。

因不可抗力致使合同无法履行时，发包人应按合同约定向勘察人支付与已完工作量相对应比例的合同价款，之后再解除合同。合同解除后，勘察人应按发包人的要求将自有设备和人员撤出作业场地，发包人应为勘察人撤出提供必要的条件。

6.2.12　责任与保险

勘察人应运用一切合理的专业技术和经验，按照公认的职业标准尽其全部职责和谨慎、勤勉地履行其在本合同项下的责任和义务。合同当事人可以按照法律法规的要求，在专用合同条款中约定履行本合同所需要的工程勘察责任保险，并使其于合同责任期内保持有效。勘察人应依照法律法规的规定为勘察作业人员购买工伤保险、人身意外伤害险和其他保险。

6.2.13　违约

1）发包人违约

（1）发包人违约情形包括：

① 合同生效后，发包人无故要求终止或解除合同；

② 发包人未按合同约定按时支付定金或预付款；

③ 发包人未按合同约定按时支付进度款；

④ 发包人不履行合同义务或不按合同约定履行义务的其他情形。

（2）发包人违约责任包括：

① 合同生效后，发包人无故要求终止或解除合同，且勘察人尚未开始勘察工作的，可不退还发包人已付的定金或发包人按照专用合同条款约定向勘察人支付违约金；勘察人已经开始勘察工作的，若完成计划工作量不足50%的，发包人应支付勘察人合同价款的50%；完成计划工作量超过50%的，发包人应支付勘察人合同价款的100%。

② 发包人发生其他违约情形时，发包人应承担由此增加的费用和工期延误损失，并给予勘察人合理的赔偿。双方可在专用合同条款内约定发包人赔偿勘察人损失的计算方法或者发包人应支付违约金的数额或计算方法。

2）勘察人违约

（1）勘察人违约情形包括：

① 合同生效后，勘察人因自身原因要求终止或解除合同；

② 因勘察人的原因不能按照合同约定的日期或合同当事人同意顺延的工期提交成果资料；

③ 因勘察人的原因造成成果资料质量达不到合同约定的质量标准；

④ 勘察人不履行合同义务或未按约定履行合同义务的其他情形。

（2）勘察人违约责任包括：

① 合同生效后，勘察人因自身原因要求终止或解除合同，勘察人应双倍返还发包人已支付的定金或勘察人按照专用合同条款约定向发包人支付违约金。

② 因勘察人原因造成工期延误的，应按专用合同条款约定向发包人支付违约金。

③ 因勘察人原因造成成果资料质量达不到合同约定的质量标准，勘察人应负责无偿给予补充完善，使其达到质量合格。因勘察人原因导致工程质量安全事故或其他事故时，勘察人除负责采取补救措施外，应通过所购买的工程勘察责任保险向发包人承担赔偿责任或根据直接经济损失的程度按专用合同条款约定向发包人支付赔偿金。

④ 勘察人发生其他违约情形时，勘察人应承担违约责任并赔偿因其违约给发包人造成的损失，双方可在专用合同条款内约定勘察人赔偿发包人损失的计算方法和赔偿金额。

6.2.14　索赔

1）发包人索赔

勘察人未按合同约定履行义务或发生错误，以及应由勘察人承担责任的其他情形，造成工期延误及发包人的经济损失，除专用合同条款另有约定外，发包人可按下列程序以书面形式向勘察人索赔：

（1）违约事件发生后 7 天内，向勘察人发出索赔意向通知。

（2）发出索赔意向通知后的 14 天内，向勘察人提出经济损失的索赔报告及有关资料。

（3）勘察人在收到发包人送交的索赔报告和有关资料或补充索赔理由、证据后，于 28 天内给予答复。

（4）勘察人在收到发包人送交的索赔报告和有关资料后的 28 天内未予答复或未对发包人作进一步要求，则视为该项索赔已被认可。

（5）当该违约事件持续进行时，发包人应阶段性地向勘察人发出索赔意向，在违约事件终了后的 21 天内，向勘察人送交索赔的有关资料和最终索赔报告。索赔答复程序与本条款第（3）、（4）项的约定相同。

2）勘察人索赔

发包人未按合同约定履行义务或发生错误以及应由发包人承担责任的其他情形，造成工期延误和（或）勘察人不能及时得到合同价款及勘察人的经济损失，除专用合同条款另有约定外，勘察人可按下列程序以书面形式向发包人索赔：

（1）违约事件发生后的 7 天内，勘察人可向发包人发出要求其采取有效措施纠正违约行为的通知；发包人收到通知的 14 天内仍不履行合同义务，勘察人有权停止作业，并向发包人发出索赔意向通知。

（2）发出索赔意向通知后的 14 天内，向发包人提出延长工期和（或）补偿经济损失的索赔报告及有关资料。

（3）发包人在收到勘察人送交的索赔报告和有关资料或补充索赔理由、证据后，于 28 天内给予答复。

（4）发包人在收到勘察人送交的索赔报告和有关资料后的 28 天内未予答复，或未对勘察人作进一步要求的，视为该项索赔已被认可。

（5）当该索赔事件持续进行时，勘察人应阶段性地向发包人发出索赔意向，在索赔事件终了后的 21 天内，向发包人送交索赔的有关资料和最终索赔报告。

6.3　工程设计合同的主要内容

云文档6-3：工程设计合同编制要点及项目示例

我国建设工程设计合同有两种示范文本：一种是房屋建筑工程设计合同示范文本；另一种是专业建设工程设计合同示范文本。这两种文本的主要内容基本上是相同的。以下主要依据《建设工程勘察设计管理条例》（国务院令第 662 号）以及《建设工程设计合同示范文本（房屋建筑工程）》（GF—2015—0209）为例，介绍工程设计合同的主要内容。

6.3.1　设计合同订立依据及合同文件构成

1）设计合同订立的目的和依据

工程设计合同的当事人就是工程设计任务的发包人和承包人。合同订立的目的是完成特定的工程建设项目的设计。合同订立的依据是有关工程建设法规、合同管理法规、工程设计的规章与标准、设计项目的建设批准文件等。设计依据是设计人按合同开展设计工作的依据，也是发包人验收设计成果的依据。《建设工程勘察设计管理条例》中列出了以下几个最基本的设计依据。

（1）项目批准文件。项目批准文件是指政府有关部门批准的建设项目成立的项目建议书、可行性研究报告或者其他准予立项文件。项目批准文件确定了该工程项目建设的总原则、总要求，是编制设计文件的主要依据。在编制建设工程设计文件中，不得擅自改变或者违背项目批准文件确定的总原则、总要求，如果确需调整变更时，必须报原审批部门重新批准。项目批准文件由发包人负责提供给设计人，变更项目批准也由发包人负责，对此双方应当在设计合同中予以约定。

（2）城乡规划。根据《中华人民共和国城乡规划法》的规定，新建、扩建和改建建筑物、构筑物、道路、管线和其他工程设施，必须提出申请，由城市规划行政部门根据城市规划提出的规划设计要求，核发建设工程规划许可证件。编制建设工程设计文件应当以这些要求和许可证作为依据，使建设项目符合所在地的城市规划的要求。编制建设工程设计文件所需的城市规划资料，以及有关许可证件一般由发包人负责申领，并提供给设计人。如需设计人提供代办及相应服务的，应当在合同中专门约定。

（3）工程建设强制性标准。我国工程建设标准体制将工程建设标准分为强制性标准和推荐性标准两类。前者是指工程建设标准中直接涉及工程质量、安全、卫生及环境保护等方面的工程建设标准强制性条文，在建设工程勘察、设计中必须严格执行的强制性条款。工程建设强制性标准是编制建设工程设计文件最重要的依据。《建设工程质量管理条例》第十九条规定："勘察、设计单位必须按照工程建设强制性标准勘察、设计，并对其勘察、设计的质量负责。"同时，对违反工程建设强制性标准的行为规定了相应的罚则。

（4）国家规定的建设工程设计深度要求。建设工程设计文件编制深度的规定包括设计文件的内容、要求、格式等具体规定，它既是编制设计文件的依据和标准，也是衡量设计文件质量的依据和标准。国家规定的建设工程设计文件的深度要求，由国务院各有关部门组织制订，电力、水利、石油、化工、冶金、机械、建筑等不同类型建设项目的建设工程设计分别执行本专业设计编制的深度规定。设计合同中可约定按国家规定的建设工程设计深度的规定执行，如建筑工程设计应当执行住房和城乡建设部组织制订的《建筑工程设计文件编制深度规定（2016版）》（建质函〔2016〕247号）以及《民用建筑设计统一标准》（GB 50352—2019）。发包人对编制建设工程设计文件深度有特殊要求的，也可以在合同中专门约定。

2）设计合同文件的构成及优先顺序

组成合同的各项文件应互相解释，互为说明。除专用合同条款另有约定外，解释合同文件的优先顺序如下：

（1）合同协议书；

　　（2）专用合同条款及其附件；

　　（3）通用合同条款；

　　（4）中标通知书（如果有）；

　　（5）投标函及其附录（如果有）；

　　（6）发包人要求（或称设计任务书）；

　　（7）技术标准；

　　（8）发包人提供的上一阶段图纸（如果有）；

　　（9）其他合同文件。

　　上述各项合同文件包括合同当事人就该项合同文件所作出的补充和修改，若属于同一类内容的文件，应以最新签署的为准。在合同履行过程中形成的与合同有关的文件均构成合同文件组成部分，并根据其性质确定优先解释顺序。

6.3.2　发包人及其主要工作

1）发包人的一般义务

　　发包人应遵守法律，并应按法律规定办理相关的许可、核准或备案手续，包括但不限于建设用地规划许可证、建设工程规划许可证等。

　　发包人负责项目各个阶段的设计文件，向有关管理部门进行送审报批等工作，并负责将报批结果书面通知设计人。因发包人原因未能及时办理前述的许可、核准或备案手续，导致设计工作量增加和（或）设计周期延长的，由发包人承担由此所增加的设计费用和（或）延长的设计周期。

　　发包人应当负责工程设计的所有外部关系的协调（包括但不限于和当地政府主管部门进行沟通、协调等工作），为设计人履行合同提供必要的外部条件，以及专用合同条款约定的其他义务。

2）任命发包人代表

　　发包人应在专用合同条款中明确其负责工程设计的发包人代表的姓名、职务、联系方式及授权范围等事项。发包人代表在发包人的授权范围内，负责处理合同履行过程中与发包人有关的具体事宜。发包人代表在授权范围内的行为由发包人承担法律责任。发包人更换发包人代表的，应在专用合同条款约定的期限内提前书面通知设计人。发包人代表不能按照合同约定履行其职责及义务，并导致合同无法继续正常履行的，设计人可以要求发包人撤换发包人代表。

3）提供资料

　　发包人应按专用合同条款约定的时间向设计人提供工程设计所必需的工程设计资料。

4）发包人决定

　　发包人在法律允许的范围内有权对设计人的设计工作、设计项目和/或设计文件作出处理决定，设计人应按照发包人的决定执行，涉及设计周期或设计费用等问题按通用合同条款〔工程设计变更与索赔〕的约定处理。发包人应在专用合同条款约定的期限内对设计人书面提出的事项作出书面决定，如发包人不在确定时间内作出书面决定，设计人的设计周期相应延长。

5）支付合同价款

发包人应按合同约定向设计人及时、足额地支付合同价款。

6）接收设计文件

发包人应按合同约定及时接收设计人提交的工程设计文件。

6.3.3　设计人及其主要工作

1）设计人的一般义务

设计人应遵守法律和有关技术标准的强制性规定，完成合同约定范围内的专业建设工程初步设计、施工图设计，提供符合技术标准及合同要求的工程设计文件，提供施工配合服务。

设计人应当按照专用合同条款约定配合发包人办理有关许可、核准或备案手续的，因设计人原因造成发包人未能及时办理许可、核准或备案手续，导致设计工作量增加和（或）设计周期延长时，由设计人自行承担由此增加的设计费用和（或）设计周期延长的责任。

设计人应当完成合同约定的工程设计其他服务，以及专用合同条款约定的其他义务。

2）任命项目负责人

项目负责人应为合同当事人所确认的人选，并在专用合同条款中明确项目负责人的姓名、执业资格及等级与注册执业证书编号或职称、联系方式及授权范围等事项，项目负责人经设计人授权后代表设计人负责履行合同。

设计人需要更换项目负责人的，应在专用合同条款约定的期限内提前书面通知发包人，并征得发包人的书面同意。未经发包人书面同意，设计人不得擅自更换项目负责人。设计人擅自更换项目负责人的，应按照专用合同条款的约定承担违约责任。

发包人有权书面通知设计人更换其认为不称职的项目负责人，通知中应当载明要求更换的理由。对于发包人有理由的更换要求，设计人应在收到书面更换通知后在专用合同条款约定的期限内进行更换。设计人无正当理由拒绝更换项目负责人的，应按照专用合同条款的约定承担违约责任。

3）设计人人员

设计人应在接到开始设计通知后的 7 天内，向发包人提交设计人项目管理机构及人员安排的报告，其内容应包括工艺、土建、设备等专业负责人名单及其岗位、注册执业资格或职称等。

设计人委派到工程设计中的设计人员应相对稳定。设计过程中如有变动，设计人应及时向发包人提交工程设计人员变动情况的报告。设计人更换专业负责人时，应提前 7 天书面通知发包人。

发包人对于设计人的主要设计人员的资格或能力有异议的，设计人应提供资料证明被质疑人员有能力完成其岗位工作或证明不存在发包人所质疑的情形。发包人要求撤换不能按照合同约定履行职责及义务的主要设计人员，设计人认为发包人有理由的，应当撤换。设计人无正当理由拒绝撤换的，应按照专用合同条款的约定承担违约责任。

4）设计分包

设计人不得将其承包的全部工程设计转包给第三人，或将其承包的全部工程设计肢解后以分包的名义转包给第三人。设计人不得将工程主体结构、关键性工作及专用合同条款中禁止分包的工程设计分包给第三人，工程主体结构、关键性工作的范围由合同当事人按照法律规定在专用合同条款中予以明确。设计人不得进行违法分包。

设计人应按专用合同条款的约定或经过发包人书面同意后进行分包，确定分包人。按照合同约定或经过发包人书面同意后进行分包的，设计人应确保分包人具有相应的资质和能力。设计人应按照专用合同条款的约定向发包人提交分包人的主要工程设计人员名单、注册执业资格或职称及执业经历等。工程设计分包不减轻或免除设计人的责任和义务，设计人和分包人就分包工程设计向发包人承担连带责任。

5）联合体设计

联合体各方应共同与发包人签订合同协议书，联合体各方应为履行合同向发包人承担连带责任。联合体各方应签订联合体协议，约定联合体各个成员的工作分工，经发包人确认后可作为合同附件。在履行合同过程中，未经发包人同意，不得修改联合体协议。联合体牵头人负责与发包人联系，并接受指示，负责组织联合体各个成员全面履行合同。

6.3.4 发包人提供资料和设计人提交设计文件

1）发包人提供资料

发包人提供必需的工程设计资料是设计人开展设计工作的依据之一，发包人提交资料的时间和质量直接影响设计人的工作成果和进度。发包人应当在工程设计前或专用合同条款约定的时间，向设计人提供工程设计所必需的工程设计资料，并对所提供资料的真实性、准确性和完整性负责。按照法律规定确需在工程设计开始后方能提供的设计资料，发包人应及时在相应工程设计文件提交给发包人前的合理期限内予以提供，合理期限应以不影响设计人的正常设计为准。

发包人提交上述文件和资料超过约定期限的，超过约定期限15天以内，设计人按本合同约定的交付工程设计文件时间相应顺延；超过约定期限15天以外时，设计人有权重新确定提交工程设计文件的时间。工程设计资料逾期提供导致增加了设计工作量的，设计人可以要求发包人另行支付相应的设计费用，并相应延长设计周期。

2）设计人提交设计文件

在建设项目确立以后，工程设计就成为工程建设最关键的环节，建设工程设计文件是设备材料采购、非标准设备制作和工程施工的主要依据，设计文件提交的时间将决定项目实施后续工作的开展，决定了项目整体建设周期的长短。因此，在设计合同中应按照项目整个建设进度的安排，合理地设计周期及各个专业设计之间的逻辑关系等。对工程设计文件提交的名称、份数、时间和地点等进行分批或分类。通常，在设计合同专用条款中可以用表格的形式对设计人提交的设计文件予以约定。

6.3.5 工程设计文件审查

1）设计文件的审查期间

设计人的工程设计文件应报发包人审查同意。除专用合同条款对期限另有约定外，自发包人收到设计人的工程设计文件以及通知之日起，发包人对设计人的工程设计文件的审查期不得超过15天。发包人不同意工程设计文件的，应以书面形式通知设计人，并说明不符合合同要求的具体内容。设计人应根据发包人的书面说明，对工程设计文件进行修改后重新报送发包人审查，审查期应重新计算。合同约定的审查期满，发包人没有做出审查结论也没有提出异议的，视为设计人的工程设计文件已获发包人同意。

2）发包人对设计文件的审查

设计人的工程设计文件不需要政府有关部门审查或批准的，设计人应当严格按照经发包人审查同意的工程设计文件进行修改，如果发包人的修改意见超出或更改了发包人要求，发包人应当根据合同［工程设计变更与索赔］的约定，向设计人另行支付费用。

3）政府有关部门对设计文件的审查

工程设计文件需政府有关部门审查或批准的，发包人应在审查同意设计人的工程设计文件后，并在专用合同条款约定的期限内，向政府有关部门报送工程设计文件，设计人应予以协助。对于政府有关部门的审查意见，不需要修改发包人要求的，设计人需按该审查意见修改设计人的工程设计文件；需要修改发包人要求的，发包人应重新提出发包人要求，设计人应根据新提出的发包人要求修改设计人的工程设计文件，发包人应当根据合同［工程设计变更与索赔］的约定，向设计人另行支付费用。

4）组织审查会议对工程设计文件进行审查

发包人需要组织审查会议对工程设计文件进行审查的，审查会议的审查形式和时间安排应在专用合同条款中加以约定。发包人负责组织工程设计文件审查会议，并承担会议费用及发包人的上级单位、政府有关部门参加的审查会议的费用。设计人有义务参加发包人组织的设计审查会议，向审查者介绍、解答、解释其工程设计文件，并提供有关补充资料。设计人有义务按照相关设计审查会议批准的文件和纪要，并依据合同约定及相关技术标准，对工程设计文件进行修改、补充和完善。

工程设计文件的审查，不减轻或免除设计人依据法律应当承担的责任。

6.3.6　设计合同价款与支付

1）设计合同价格

合同价格又称设计费，是指发包人用于支付设计人按照合同约定完成工程设计范围内全部工作的金额，包括合同履行过程中按合同约定发生的价格变化。签约合同价是指发包人和设计人在合同协议书中确定的总金额。

发包人和设计人应当在专用合同条款中明确约定合同价款各个组成部分的具体数额，主要包括：工程设计基本服务费用、工程设计其他服务费用，以及在未签订合同前发包人已经同意或接受或已经使用的设计人为发包人所做的各项工作的相应费用等。

2）合同价格形式

发包人和设计人应在合同协议书中选择下列某一种合同价格形式：

① 单价合同。单价合同是指合同当事人约定以建筑面积（包括地上建筑面积和地下建筑面积）每平方米单价或实际投资总额的一定比例等进行合同价格计算、调整和确认的建设工程设计合同，在约定的范围内合同单价不作调整。合同当事人应在专用合同条款中约定单价所包含的风险范围和风险费用的计算方法，并约定风险范围以外的合同价格的调整方法。

② 总价合同。总价合同是指合同当事人约定以发包人提供的上一个阶段的工程设计

文件及有关条件进行的合同价格计算、调整和确认的建设工程设计合同，在约定的范围内合同总价不作调整。合同当事人应在专用合同条款中约定总价包含的风险范围和风险费用的计算方法，并约定风险范围以外的合同价格的调整方法。

③ 其他价格形式。合同当事人可在专用合同条款中约定其他合同价格形式。

3）定金或预付款

定金的比例不应超过合同总价款的 20%。预付款的比例由发包人与设计人协商确定，一般不低于合同总价款的 20%。

定金或预付款的支付按照专用合同条款约定执行。发包人逾期支付定金或预付款超过专用合同条款约定的期限的，设计人有权向发包人发出要求支付定金或预付款的催告通知，发包人收到通知后 7 天内仍未支付的，设计人有权不开始设计工作或暂停设计工作。

4）进度款支付

发包人应当按照专用合同条款约定的付款条件及时向设计人支付进度款。在对已付进度款进行汇总和复核中发现错误、遗漏或重复的，发包人和设计人均有权提出修正申请。经发包人和设计人同意修正的，应在下期进度款的付款中予以支付或扣除。

5）合同价款的结算与支付

对于采取固定总价形式的合同，发包人应当按照专用合同条款的约定及时支付尾款。对于采取固定单价形式的合同，发包人与设计人应当按照专用合同条款约定的结算方式及时结清工程设计费，并将结清未支付的款项一次性支付给设计人。对于采取其他价格形式的，也应按专用合同条款的约定及时结算和支付。

6.3.7　工程设计变更与索赔

发包人变更工程设计的内容、规模、功能、条件等，应当向设计人提供书面要求。设计人在不违反法律规定以及技术标准强制性规定的前提下，应当按照发包人的要求变更工程设计。发包人变更工程设计的内容、规模、功能、条件或因提交的设计资料存在错误或作较大修改时，发包人应按设计人所耗工作量向设计人支付设计费。设计人可按合同约定，与发包人协商对合同价格和（或）完工时间共同作出可供接受的修改。

如果由于发包人要求更改而造成的项目复杂性的变更或性质的变更，使得设计人的设计工作减少，发包人可按合同约定，与设计人协商，对合同价格和/或完工时间共同作出可供接受的修改。

基准日期后，与工程设计服务有关的法律、技术标准的强制性规定的颁布及修改，由此增加的设计费用和（或）延长的设计周期由发包人承担。

如果发生设计人认为有理由提出增加合同价款或延长设计周期的要求事项，除专用合同条款对期限另有约定外，设计人应于该事项发生后的 5 天内书面通知发包人。除专用合同条款对期限另有约定外，在该事项发生后的 10 天内，设计人应向发包人提供可以证明设计人要求的书面声明，其中包括设计人关于因该事项引起的合同价款和设计周期的变化的详细计算。除专用合同条款对期限另有约定外，发包人应在接到设计人书面声明后的 5 天内，予以书面答复。逾期未答复的，视为发包人同意设计人关于增加合同价款或延长设计周期的要求。

6.3.8　专业责任与保险

设计人应运用一切合理的专业技术和经验知识，按照公认的职业标准，尽其全部职责和谨慎、勤勉地履行其在本合同项目下的责任和义务。除专用合同条款另有约定外，设计人应购买发包人认可的、履行本合同所需要的工程设计的责任保险，并使其在合同责任期内保持有效。工程设计责任保险应承担由于设计人的疏忽或过失而引发的工程质量事故，以及所造成的建设工程本身的物质损失、第三者人身伤亡、财产损失或费用的赔偿责任。

6.3.9　双方违约责任

1）发包人违约责任

① 合同生效后，因非设计人的原因发包人要求终止或解除合同，但设计人尚未开始设计工作的，不退还发包人已付的定金或发包人按照专用合同条款的约定向设计人支付违约金；已开始设计工作的，发包人应按照设计人已完成的实际工作量计算设计费，完成工作量不足一半时，按该阶段设计费的一半支付设计费；超过一半时，按该阶段设计费的全部支付设计费。

② 发包人未按专用合同条款约定的金额和期限向设计人支付设计费的，应按专用合同条款约定向设计人支付违约金。逾期超过 15 天时，设计人有权书面通知发包人中止设计工作。自中止设计工作之日起 15 天内，发包人支付相应费用的，设计人应及时根据发包人的要求恢复设计工作；自中止设计工作之日起超过 15 天后，发包人支付相应费用的，设计人有权确定重新恢复设计工作的时间，且设计周期相应延长。

③ 发包人的上级或设计审批部门对设计文件不进行审批或本合同工程停建、缓建，发包人应在事件发生之日起 15 天内，按通用合同条款［合同解除］的约定向设计人结算并支付设计费。

④ 发包人擅自将设计人的设计文件用于本工程以外的工程或交第三方使用时，应承担相应的法律责任，并应赔偿设计人因此遭受的损失。

2）设计人违约责任

① 合同生效后，设计人因自身原因要求终止或解除合同，设计人应按发包人已支付的定金金额的双倍返还给发包人或设计人，按照专用合同条款的约定向发包人支付违约金。

② 由于设计人的原因，未按专用合同条款约定的时间交付工程设计文件的，应按专用合同条款的约定向发包人支付违约金，前述违约金经双方确认后可在发包人应付设计费中扣减。

③ 设计人应对工程设计文件出现的遗漏或错误负责修改或补充。由于设计人原因产生的设计问题造成工程质量事故或其他事故时，设计人除负责采取补救措施外，应当通过所购建设工程设计责任保险向发包人承担赔偿责任，或者根据直接经济损失的程度按专用合同条款的约定向发包人支付赔偿金。

④ 设计人未经发包人同意擅自对工程设计进行分包的，发包人有权要求设计人解除未经发包人同意的设计分包合同，设计人应当按照专用合同条款的约定承担违约责任。

6.4　工程勘察设计合同管理

勘察设计合同是发包人和勘察人（设计人）在工程勘察、设计过程中的最高行为准则。勘察设计合同管理是指勘察设计合同条件的拟定、合同的签订和履行、合同的变更与解除、合同争议的解决和合同索赔等管理工作，目的是促使合同双方全面而有序地完成合同规定各方的义务与责任，从而保证工程勘察设计工作的顺利实施。

6.4.1　工程勘察设计合同主体与客体的法律地位

勘察设计合同法律关系的主体是合同双方当事人，即发包人和勘察人（设计人）；其客体是指发包人委托勘察设计的建设工程项目。合同主体与客体的地位必须符合有关法律的规定，否则合同的有效性将得不到法律的承认与保护。因此，合同管理，第一步是确认合同法律关系主体与客体是否合法。

1）勘察设计合同法律关系主体的法律地位

勘察设计合同的发包人（以下简称甲方）应当是法人或者自然人，承接方（以下简称乙方）必须具有法人资格。甲方是建设单位或者项目管理部门，乙方是持有建设行政主管部门颁发的工程勘察设计资质证书、工程勘察设计收费资格证书和工商行政管理部门核发的企业法人营业执照的工程勘察设计单位。

从发包人合同管理的角度看，发包人在选择勘察人和设计人时，审查候选勘察人（设计人）的资质证书是合同管理的首要环节。《建设工程勘察设计管理条例》（国务院令第662号）第17条规定："发包方不得将建设工程勘察、设计业务发包给不具有相应勘察、设计资质等级的建设工程勘察、设计单位。"如果发包人明知勘察人（设计人）没有资质或者资质等级达不到发包工程所要求的等级时，将工程勘察设计任务授予勘察人（设计人）是一种不合法的行为，将直接影响合同的有效性。

从勘察人（设计人）合同管理的角度看，勘察人（设计人）寻求和承接勘察设计业务时，要审查本企业的勘察设计资质等级与所承接工程所要求的等级是否相符。《建筑法》第26条、《建设工程勘察设计管理条例》第21条都明确规定，承包方必须在建设工程勘察、设计资质证书规定的资质等级和业务范围内承揽建设工程的勘察、设计业务。禁止建设工程勘察、设计单位超越其资质等级许可的范围或者以其他建设工程勘察、设计单位的名义承揽建设工程勘察、设计业务。禁止建设工程勘察、设计单位允许其他单位或者个人以本单位的名义承揽建设工程勘察、设计业务。《建筑法》第65条规定（部分内容），超越本单位资质等级承揽工程的，责令停止违法行为，处以罚款，可以责令停业整顿，降低资质等级；情节严重的，吊销资质证书；有违法所得的，予以没收。因此，勘察人（设计人）采用虚假或伪造资质、超过资质等级承揽勘察设计任务，都属于违法行为。除了所签订的合同属于无效合同外，企业还将受到法律的处罚。

2）勘察设计合同法律关系客体的法律地位

在建筑工程勘察设计示范文本中，均有条款要求发包人提供工程批准文件、用地红线、施工许可证等项目审批手续。在相关法规中，工程招标作为发包签订合同前的一个重要环节，对招标项目的法定手续有着明确的要求。《招标投标法》第九条规定，"招标项目按照国家有关规定需要履行项目审批手续的，应当先履行审批手续，取得批准。招标人应当有进行招标项目的相应资金或者资金来源已经落实，并应当在招标文件中如实载明。"《工程建设项目勘察设计招标投标办法》第九条规定："依法必须进行勘察设计招标的工程建设项目，在招标时应当具备下列条件：（一）招标人已经依法成立；（二）按照国家有关规定需要履行项目审批、核准或者备案手续的，已经审批、核准或者备案；（三）勘察设计有相应资金或者资金来源已经落实；（四）所必需的勘察设计基础资料已经收集完成；（五）法律法规规定的其他条件。"

6.4.2 工程勘察设计合同的签订程序

勘察设计合同的当事人双方进行协商，就合同的各项条款取得一致意见。合同双方法人代表或其指定的代理人在合同文本上签字，并加盖各自单位法人的公章，合同由此生效。

根据《建设工程勘察设计管理条例》第十二条规定，"建设工程勘察设计发包依法实行招标发包或直接发包。"按照《招标投标法》第三条规定，在中华人民共和国境内进行下列工程建设项目包括项目的勘察、设计施工、监理以及与工程建设有关的重要设备、材料等的采购，必须进行招标：（一）大型基础设施、公用事业等关系社会公共利益、公众安全的项目；（二）全部或者部分使用国有资金投资或者国家融资的项目；（三）使用国际组织或者外国政府贷款、援助资金的项目。《工程建设项目招标范围和规模标准规定》进一步明确，勘察设计服务的采购必须招标的项目，是上述三类项目中合同估算价在50万元人民币以上的或者项目总投资额在3000万元人民币以上的。如果上述规模标准修改了，按最新的规模标准执行。

按照《工程建设项目勘察设计招标投标办法》第四条规定："按照国家规定需要履行项目审批、核准手续的依法必须进行招标的项目，有下列情形之一的，经项目审批、核准部门审批、核准，项目的勘察设计可以不进行招标：（一）涉及国家安全、国家秘密、抢险救灾或者属于利用扶贫资金实行以工代赈、需要使用农民工等特殊情况，不适宜进行招标；（二）主要工艺、技术采用不可替代的专利或者专有技术，或者其建筑艺术造型有特殊要求；（三）采购人依法能够自行勘察、设计；（四）已通过招标方式选定的特许经营项目投资人依法能够自行勘察、设计；（五）技术复杂或专业性强，能够满足条件的勘察设计单位少于三家，不能形成有效竞争；（六）已建成项目需要改、扩建或者技术改造，由其他单位进行设计影响项目功能配套性；（七）国家规定其他特殊情形。"

6.4.3 工程勘察设计过程中的合同管理

勘察设计合同的双方当事人都应重视合同管理工作，应建立自己的合同管理的专门机构，负责勘察设计合同的起草、协商和签订工作，同时在每个勘察设计项目中指定合同管理人员参加设计项目管理班子，专门负责勘察设计合同的实施控制和管理。

1）合同资料文档管理

合同资料文档管理是合同管理的一个基本业务。勘察设计中主要合同资料包括：

（1）勘察设计招标投标文件（如果有的话）。

（2）中标通知书（如果有的话）。

（3）勘察设计合同及附件，包括委托设计任务书、工程设计收费表、补充协议书等。

（4）发包人的各种指令、签证，双方的往来书信和电函，会谈纪要等。

（5）各种变更指令、变更申请和变更记录等。

（6）各种检测、试验和鉴定报告等。

（7）勘察设计文件。

（8）勘察设计工作的各种报表、报告等。

（9）政府部门和上级机构的各种批文、文件和签证等。

2）设计进度管理

（1）工程设计进度计划

设计人应按照专用合同条款约定提交工程设计进度计划，经发包人批准后实施。工程设计进度计划是控制工程设计进度的依据，发包人有权按照工程设计进度计划中列明的关键性控制节点检查工程设计进度情况。工程设计进度计划中的设计周期应由发包人与设计人协商确定，明确约定各个阶段设计任务的完成时间区间。

工程设计进度计划不符合合同要求或与工程设计的实际进度不一致的，设计人应向发包人提交修订的工程设计进度计划，并附上有关措施和相关资料。除专用合同条款对期限另有约定外，发包人应在收到修订的工程设计进度计划后及时完成审核和批准或提出修改意见，否则视为发包人同意设计人提交的修订的工程设计进度计划。

（2）工程设计开始

发包人应按照法律规定获得工程设计所需的许可。发包人发出的开始设计通知应符合法律规定，一般应在计划开始设计日期的 7 天前向设计人发出开始工程设计工作的通知，工程设计周期自开始设计通知中载明的开始设计的日期起算。

设计人应当在收到发包人提供的工程设计资料及专用合同条款约定的定金或预付款后，开始工程设计工作。各个设计阶段的开始时间均以设计人收到的发包人发出的开始设计工作的书面通知书中载明的开始设计的日期起算。

（3）工程设计进度延误

发包人导致工程设计进度延误的情形主要有：

① 发包人未能按合同约定提供工程设计资料或所提供的工程设计资料不符合合同约定或存在错误或疏漏的。

② 发包人未能按合同约定日期足额支付定金或预付款、进度款的。

③ 发包人提出影响设计周期的设计变更要求的。

④ 专用合同条款中约定的其他情形。

发包人上述工程设计进度延误情形导致增加了设计工作量的，发包人应当另行支付相应的设计费用。

因设计人原因导致工程设计进度延误的，设计人应当按照合同条款的约定承担违约责任。设计人支付逾期完成工程设计的违约金后，不免除设计人继续完成工程设计的义务。

（4）暂停设计

① 发包人原因引起的暂停设计。因发包人原因引起暂停设计的，发包人应及时下达暂停设计指示。因发包人原因引起的暂停设计，发包人应承担由此增加的设计费用和（或）延长的设计周期。

② 设计人原因引起的暂停设计。因设计人原因引起的暂停设计，设计人应当尽快向发包人发出书面通知并按合同约定承担责任，且设计人在收到发包人复工指示后的 15 天内仍未复工的，视为设计人无法继续履行合同的情形，设计人应按合同约定解除合同并承担责任。

③ 其他原因引起的暂停设计。当出现非设计人的原因造成的暂停设计，设计人应当尽快向发包人发出书面通知。设计人的设计周期应当相应延长，导致设计人增加设计工作量的，发包人应当另行支付相应的设计费用。

④ 暂停设计后的复工。暂停设计后，发包人和设计人应采取有效措施积极消除暂停设计的影响。当工程具备复工条件时，发包人向设计人发出复工通知，设计人应按照复工通知要求复工。

（5）提前交付工程设计文件

发包人要求设计人提前交付工程设计文件的，发包人应向设计人下达提前交付工程设计文件指示，设计人应向发包人提交提前交付工程设计文件建议书，提前交付工程设计文件建议书应包括实施的方案、缩短的时间、增加的合同价格等内容。发包人接受该提前交付工程设计文件建议书的，发包人和设计人协商采取加快工程设计进度的措施，并修订工程设计进度计划，由此增加的设计费用由发包人承担。设计人认为提前交付工程设计文件的指示无法执行的，应向发包人提出书面异议，发包人应在收到异议后的 7 天内予以答复。任何情况下，发包人不得压缩合理的设计周期。

发包人要求设计人提前交付工程设计文件，或设计人提出提前交付工程设计文件的建议能够给发包人带来效益的，合同当事人可以在专用合同条款中约定提前交付工程设计文件的奖励。

3）合同实施的跟踪与监督

在发包人方面，合同的跟踪与监督就是掌握勘察人（设计人）勘察设计工作的进程，监督其是否按合同进度和合同规定的质量标准进行，发现拖延应立即督促勘察人（设计人）进行弥补，以保证勘察设计工作能够按期、按质地完成。同时，也应及时将本方的合同变更指令通知对方。

在勘察人（设计人）方面，合同的跟踪与监督就是对合同实施情况进行跟踪，将实际情况和合同资料进行对比分析，发现偏差。合同管理人员应及时将合同的偏差信息及原因分析结果和建议提供给勘察设计项目的负责人，以便及早采取措施，调整偏差。同时，合同管理人员应及时将发包人的变更指令传达到本方勘察设计项目负责人或直接传达给各专业勘察设计部门和人员。

无论是合同的哪一方，合同跟踪与监督的对象有四个：

（1）勘察设计工作的质量。工程勘察设计质量是否符合工程建设的国家标准、行业标准或地方标准？勘察设计质量监督的法律依据包括《建设工程质量管理条例》（国务院第 279 号令）、《建设工程勘察设计管理条例》（国务院令第 662 号）、《建筑工程设计招标投标管理办法》（住房城乡建设部令第 33 号）、《工程建设项目勘察设计招标投标办法》（国家八部委局第 2 号令、九部委令第 23 号对原办法作出修改）、《建设工程勘察设计合同管理办法》（建设〔2000〕50 号）、《建设工程勘察设计资质管理规定》（建设部第 160 号令）、《工程设计资质标准》（建市〔2007〕86 号）、《工程勘察设计收费管理规定》（计价格［2002］10 号）、《建筑工程设计文件编制深度规定（2016 版）》（建质函［2016］247 号）、《市政公用工程设计文件编制深度规定》（2013 年版）（建质［2013］57 号）、《实施工程建设强制性标准监督规定》（建设部令第 81 号，后于 2015、2021 年均有修正）等。

（2）勘察设计工作量。合同规定的勘察设计任务是否完成？有无合同规定以外的增加勘察设计任务或附加勘察设计项目？

（3）勘察设计进度。勘察设计工作的总体进展状况？分析项目勘察设计是否能在合同规定的期限内完成？各专业勘察设计的进展如何，是否按计划进行，相互之间是否能衔接配套，不会相互延误？

（4）项目的设计概算。所提出的勘察设计方案的设计概算是否超过了合同中发包人的投资计划额？

4）合同变更管理

勘察设计合同的变更表现为设计图纸和说明的非勘察设计错误的修改、勘察设计进度计划的变动、勘察设计规范的改变、增减合同中约定的勘察设计工作量等。这些变更导致了合同双方的责任变化。例如，由于发包人产生了新的想法，要求设计人对按合同进度计划已经完成的设计图纸进行返工修改，这就增加了设计人的合同责任及费用开支，并拖延了设计进度。对此，发包人应给予设计人应得的补偿，这往往又是引起双方合同纠纷的原因。合同变更是合同管理中频繁遇到的一个工作内容。在合同变更管理中要注意以下几个方面：

（1）应尽快提出或下达变更要求或指令。因为时间拖得越长，造成的损失越多，双方的争执就越大。

（2）应迅速而全面地落实和执行变更指令。对于勘察人（设计人）来说，迅速地执行发包人的变更指令，调整工作部署，可以减少费用和时间的浪费。这种浪费往往被认为是勘察人（设计人）管理失误造成的，难以得到补偿。

（3）应严格遵守变更程序。即变更指令应以书面形式下达，如果是口头指令，勘察人（设计人）应在指令执行后立即得到发包人的书面认可。若非紧急情况，双方应首先签署变更协议，对变更的内容、变更后的费用与工期的补偿达成一致意见后，再下达变更指令。

6.4.4   工程勘察设计合同的索赔管理

在勘察设计合同履行的过程中，由于合同一方因合同另一方未能履行或未能正确履行合同中所规定的义务而受到损失，则可以向另一方提出索赔。勘察设计合同中通常规定各分项索赔费用限额或合同总索赔费用限额。

1）勘察人（设计人）向发包人提出索赔要求

勘察人（设计人）在下列情况下可向发包人提出索赔要求：

（1）发包人不能按合同要求及时提交满足勘察设计要求的资料，致使勘察设计人员无法正常开展勘察设计工作，勘察人（设计人）可提出延长合同工期索赔。

（2）因发包人未能履行其合同规定的责任或在勘察设计中途提出变更要求，而造成勘察设计工作的返工、停工、窝工或修改设计，勘察人（设计人）可向发包人提出增加设计费和延长合同工期索赔。

（3）发包人不按合同规定按时支付价款，勘察人（设计人）可提出合同违约金索赔。

（4）因其他原因，属发包人责任造成勘察人（设计人）利益损害时，勘察人（设计人）可提出增加设计费的索赔。

2）发包人向勘察人（设计人）提出索赔要求

发包人在下列情况下可向勘察人（设计人）提出索赔：

（1）勘察人（设计人）未能按合同规定工期提交勘察设计文件，拖延了项目建设工期，发包人可向勘察人（设计人）提出违约金索赔。

（2）由于勘察人（设计人）提交的勘察设计成果错误或遗漏，使发包人在工程施工或使用时遭受损失，发包人可向勘察人（设计人）提出减少支付设计费或赔偿索赔。

（3）因勘察人（设计人）的其他原因造成发包人损失的，发包人可向勘察人（设计人）提出索赔。

6.4.5　工程勘察设计合同管理实际问题与案例

在实际勘察设计合同管理工作中，尤其要注意以下问题。

1）主体不合格问题

（1）以"×××基建办"或"×××工程指挥部"等之类的名义，作为发包的法人主体签署的合同，因主体不合格，从而形成无效合同。

（2）政府对房地产开发企业也实行行业准入制度，并有相应的资质分级，为越级开发或者超越其营业执照范围的开发建设所签订的勘察设计合同无效。

（3）合同任一方使用以被工商行政管理部门吊销营业执照或者被撤销行业资质的企业作为法人主体，其所签订的勘察设计合同是无效的。

（4）合同任一方资质证书期限到期而又未及时办理续期的法人主体，其所签订的合同的效力得不到保证。

2）客体不合法或不详

这个问题在勘察设计合同履行中所引起纠纷的比例最大。主要有两种情况：

（1）合同内容不合法。如某些发包人故意隐瞒，甚至修改有关城市规划等主管部门关于容积率、绿化率、建筑限高、建筑规模、建筑标准等方面的要求，委托勘察设计单位按自己的意愿进行服务并签订合同，引起勘察设计企业工作返工、合同延期、落标等一系列后果、纠纷和不良影响的发生。

（2）合同规定勘察设计任务内容不详。每一个勘察设计合同都是针对特定的对象、特定的条件而制定的特殊约定，但由于某些发包人对该方面的业务不熟悉，委托设计任务书或合同中未能将委托内容详细提供，而在合同执行中又要求承包人提供未被委托的服务，从而引起的各种纠纷。

3）代理人问题

在工程勘察设计市场上存在着一些代理人，作为中介，代理发包人或承包人签订合同。尽管《民法典》第172条规定，"行为人没有代理权、超越代理权或者代理权终止后，仍然实施代理行为，相对人有理由相信行为人有代理权的，该代理行为有效"。但这是指代理行为有效，并不是指签订的合同是有效的。在这种情况下，如果行为人未经被代理人追认代理权，对被代理人不发生效力，由行为人承担责任。所以，如果没有被代理人的授权，所签订的勘察设计合同不一定是成立的。在实际勘察设计合同管理中，需要注意代理人是否取得被代理人的书面授权文件。

[案例6-1]甲建设单位新建一市政构筑物，与乙设计院和丙工程公司分别订立了设计合同和施工合同。工程按期竣工，不久后，新建的市政构筑物的一侧墙壁出现裂缝塌落。甲建设单位为此找到丙工程公司，要求该公司承担责任。丙工程公司认为其严格按施工合同履行了义务，不应承担责任。之后，经勘验，墙壁裂缝是由于地基不均匀沉降所引起。于是，甲建设单位又找到设计院，认为设计院结构设计图纸出现差错，造成墙壁的裂缝，设计院应承担事故责任。设计院则认为，其设计图纸所依据的地质资料是甲建设单位自己提供的，不同意承担责任。于是，甲建设单位状告丙工程公司和乙设计院，要求该两家单位承担相应责任。法院审理后查明，甲建设单位提供的地质资料不是新建市政构筑物的地质资料，而是相邻地块的有关资料，对于该情况，事故发生前乙设计院一无所知。判决乙设计院承担一定的民事责任。

本案涉及两个合同关系，其中施工合同的主体是甲建设单位和丙工程公司，设计合同的主体是甲建设单位和乙设计院。根据查明的事实，导致市政构筑物墙壁出现裂缝并塌落的事故原因是地基不均匀沉降，与施工无关，所以丙工程公司不应承担责任。但是，乙设计院认为，错误的设计图纸即地质资料系甲建设单位提供的故不承担责任的辩称不成立。《民法典》第八百条规定：[勘察人、设计人对勘察、设计的责任]"勘察、设计的质量不符合要求或者未按照期限提交勘察、设计文件拖延工期，造成发包人损失的，勘察人、设计人应当继续完善勘察、设计，减收或者免收勘察、设计费并赔偿损失。"本案按照设计合同，甲建设单位应当提供准确的地质资料，但工程设计质量的好坏直接影响工程的施工质量以及整个工程质量的好坏，设计院应当对本单位完成的设计图纸的质量负责，对于有关的设计文件应当符合能够真实地反映工程地质、水文地质状况，评价准确，数据可靠的要求。本案中，设计院在整个设计过程中未对甲建设单位提供的地质资料进行认真审查，造成设计差错，应当承担相应的违约责任，而甲建设单位提供错误的地质资料，应当承担主要责任。

[案例6-2]北京某房地产开发公司（下称甲开发公司）欲开发建设某大厦，经甲开发公司与南京某建筑设计公司（下称乙设计公司）协商，2009年3月双方签订了委托设计合同书，合同规定由乙设计公司为甲开发公司开发建设的某大厦的工程做设计，设计费用为人民币105万元。此外，乙设计公司在完成该大厦的总体设计和施工设计后，还应当向甲开发公司制作该大厦200：1的模型一件，制作费用为人民币15万元。合同没有就设计作品的著作权的归属做明确的规定。合同签订后，乙设计公司依照合同规定完成了相关设计并制作模型一件。甲开发公司在支付了设计费人民币23万元后以资金没有到位，且以该设计不能令甲开发公司满意为由要求解除合同，并退还了乙设计公司相关的图纸及其说明。

2010年3月，乙设计公司发现甲开发公司建设的某大厦已经完成土建施工，而且其销售现场摆的大厦模型与设计公司的模型基本一样。经调查了解，甲开发公司在退还乙设计公司的图纸时进行了备份。后委托另一家丙设计公司进行设计，并在乙设计公司之前设计的基础上完成了全部设计，模型也由甲开发公司委托某模型公司按照乙设计公司的模型重新制作。

2010 年 6 月，乙设计公司在掌握了以上证据后，即委托律师向甲开发公司及丙设计公司、某模型公司提出索赔要求。经律师调解，甲开发公司、丙设计公司及某模型公司共计向乙设计公司支付了赔偿费用人民币 75 万元后，本案终结。

本案是实践中典型的侵害工程设计图纸及其说明、工程模型著作权的案件。依照《中华人民共和国著作权法》第三条之规定，工程设计、产品设计图纸及其说明是受著作权法保护的作品。该作品的著作权由创作该作品的公民、法人或者非法人单位享有。作品的著作权人依法享有发表作品的权利，在作品上署名的权利，修改作品的权利，保护作品完整的权利，使用该作品或者许可他人使用该作品并获得报酬的权利。未经著作权人同意使用其作品和未支付报酬使用其作品的行为均是侵害著作权的违法行为，依法应当承担侵权民事责任。

本案中，甲开发公司委托乙设计公司完成某大厦的工程设计，依照《著作权法》第十九条之规定：受委托创作的作品，著作权的归属由委托人和受托人通过合同约定；合同未作明确约定或者没有订立合同的，著作权属于受托人。因此，如果甲开发公司委托乙设计公司完成设计时已经明确约定设计作品的著作权的归属，则按照合同的规定确定设计作品的著作权的归属。就本案而言，甲开发公司与乙设计公司没有在合同中约定著作权的归属，因此某大厦工程设计的著作权应当属于乙设计公司。

如果甲开发公司与乙设计公司继续履行原委托设计合同的规定，则甲开发公司依照该合同的规定享有使用该工程设计图纸的权利是明确的。但本案中，甲开发公司与乙设计公司解除了设计合同，则甲开发公司不能依照设计合同的规定使用该产品；甲开发公司若想使用该作品，必须取得乙设计公司的同意或者许可。

甲开发公司未经乙设计公司同意擅自使用设计公司的作品——工程设计图纸，则是侵害乙设计公司著作权的行为；丙设计公司没有取得原著作权人即乙设计公司的同意，擅自使用和修改乙设计公司的工程图纸的行为也侵害了乙设计公司的著作权；某模型公司未经原著作权人——乙设计公司的同意擅自复制乙设计公司模型的行为，同样是侵害乙设计公司著作权的行为，因此他们均应当承担侵害著作权的民事责任。

6.5　国际工程设计合同

6.5.1　国际工程设计业务和咨询服务

"咨询服务"一词广泛地应用于国际工程和一些发达国家，它是指利用专家的知识、经验、信息和技术等为客户提供知识与技术密集型的服务。咨询人（常称为"咨询工程师"）与客户（委托方）为此而签订的合同，称为"咨询服务合同"。根据国际咨询工程师联合会、世界银行等国际组织和机构对咨询工程师的定义，咨询服务一般可分为以下四种类型：

（1）投资前的研究。主要是对具体项目做投资前的调查研究。

（2）准备性服务（可行性研究和工程设计等）。这类服务包括详细的资金安排、经营费用估算、详细设计、交钥匙项目的实施规范及准备土建施工项目和设备采购项目的招标等。有时，客户也要求，在编写采购文件、决定保险要求、承包商的资格要求、承包商的资格预审、标书分析及授标建议等方面，咨询工程师需提供咨询服务。

（3）项目实施性服务（施工监理与项目管理等）。受客户委托进行工程施工监理和项目管理，如检查和催促项目进度、审批承包商和供货人呈交的货物发货清单以及对合同有关文件进行解释等。项目实施性服务还包括：帮助客户采购工程设备和材料，对同一项目的各个承包人和供货人的各项投入资源进行协调，以及各种设施试运转等。

（4）技术性援助。为客户提供支援性的各种技术咨询服务，如制定开发计划和部门计划，机构制度的建立和健全，组织和管理方面的调查研究，员工应具备的条件与素质的研究及培训等。

由此可以看出，在国际工程中设计业务属于咨询服务范畴。

6.5.2　国际工程设计合同的主要内容

国际咨询工程师联合会（FIDIC）1991 年编制出版了《业主/咨询工程师标准服务协议书》（白皮书）的标准文本，推荐用于国际工程和国内工程的投资前研究、设计、施工监理和项目管理的咨询服务合同。2017 年 FIDIC 又出版了《客户/咨询工程师（单位）服务协议书范本》（第 5 版），适用于由雇主主导的设计团队以及由承包商主导的设计团队的设计和施工委托，一般用于投资前和可行性研究、详细设计以及施工管理和项目管理。2017 年版白皮书强化了咨询工程师（单位）所承担的谨慎义务和职责，在咨询协议书起草方面参考了全球最新实践，客户与咨询工程师（单位）之间的风险分配更加平衡，更加强调专业人员在适当技能、谨慎和适合用途方面的义务，增加了可用保险的相关条款。

咨询工程师应具有为同等规模和复杂性的项目提供服务的经验，在不扩展该义务的前提下，服务必须满足协议书规定的功能和目的。该义务不会使咨询工程师（单位）对因不可预见或无法控制的事件造成的有缺陷或不足的服务承担责任，因此，该义务应由任何职业责任保险的保单进行充分保障。这既有利于客户又有利于咨询工程师（单位），并且代表了双方之间适当的风险平衡。

2017 版《客户/咨询工程师（单位）服务协议书范本》由协议书格式、通用条件和专用条件组成。通用条件包括：一般规定、客户、咨询工程师（单位）、开始和完成、服务变更、服务暂停和协议书终止、付款、责任、保险、争端和仲裁。

下面着重介绍 2017 年版本中"协议书"的形式和"通用条件"的主要内容。

1）协议书

下面是 2017 年版协议书的格式。

由 ［客户名称］

　　［客户地址］

（下称"客户"）

和

　　［咨询工程师（单位）名称］

　　［咨询工程师（单位）地址］

（下称"咨询工程师（单位）"）之间

鉴于：

客户欲请咨询工程师（单位）履行一定的服务，即

［服务简述］

并已接受咨询工程师（单位）为履行上述服务所提出的报价/建议书。

客户和咨询工程师（单位）兹达成协议如下：

1. 本协议书中的词语和措辞应与"客户/咨询工程师（单位）服务协议书范本通用条件的第1.1款中分别赋予它们的含义相同。

2. 下列文件应被视为构成本协议书的组成部分，应作为其一部分阅读和解释，并应按以下顺序排序：

（a）本协议书格式。

（b）客户/咨询工程师（单位）服务协议书范本：

　（i）专用条件；

　（ii）通用条件；

（c）附录1～附录5。

（d）根据第1.1.1项规定纳入协议书的客户的任何中标函。

（e）根据第1.1.1项规定纳入协议书的咨询工程师（单位）的任何报价/建议书。

3. 鉴于客户将根据本协议书的规定给咨询工程师（单位）付款，咨询工程师（单位）在此同意遵守本协议书的规定向客户履行服务。

4. 鉴于咨询工程师（单位）履行的服务，客户在此同意按本协议书规定的时间和方式，向其支付本协议书规定的应付款项。

客户授权代表签字：　　　　咨询工程师（单位）授权代表签字：

签字　　　　　　　　　　　签字

姓名　　　　　　　　　　　姓名

职务　　　　　　　　　　　职务

日期　　　　　　　　　　　日期

2）通用条件

通用条件包括十个部分，共63条。下面是通用条件的主要内容。

（1）定义与解释

对合同条件中涉及的措辞和词语的含义界定，包括：项目、服务、客户、咨询工程师（单位）、协议书、天、年、当地货币等。

（2）咨询工程师（咨询单位）

①服务范围。咨询工程师（单位）应履行附录1［服务范围］中规定的服务。咨询工程师（单位）应履行根据协议书不时修订的进度计划提供的服务。

②谨慎标准。咨询工程师应具有为同等规模和复杂性的项目提供服务的经验，在不扩展该义务的前提下，服务必须满足协议书规定的功能和目的。咨询工程师（单位）应遵守适用于服务和协议书的所有法规、法令、条例和其他形式的标准、实践准则和法律。

③客户财产。任何由客户提供或支付的供咨询工程师（单位）使用的物品都属于客

户的财产，咨询工程师（单位）应合理保护客户的此类财产，直到服务完成和/或将此类财产归还给客户。

④ 咨询工程师（单位）人员。咨询工程师建议的拟在工程所在国工作的关键人员的资格和经验应得到客户的认可。客户不得无理拒绝此类认可。作为协议书一部分的咨询工程师（单位）报价/建议书中包含的人员，应视为在签订协议书时就已被客户接受。如果咨询工程师（单位）认为其人员在工程所在国期间的健康、安全或保障因例外事件受到损害，则有权按照［服务暂停］的规定暂停全部服务或部分服务，并将这些人员从工程所在国撤出，直至例外事件停止。

⑤ 咨询工程师（单位）代表。咨询工程师（单位）应通知客户任命的咨询工程师（单位）代表的权利和权限范围。如果客户要求，则咨询工程师（单位）应指定一人与工程所在国的客户代表进行联络。

⑥ 施工管理。咨询工程师（单位）应按照专用条件和附录1［服务范围］的规定，履行工程合同中规定的工程师、雇主代表、项目经理或类似人员的规定职能。咨询工程师（单位）应根据服务范围提供施工管理服务。如果工程合同规定咨询工程师（单位）的权利须经客户事先批准，客户应将对咨询工程师（单位）权利的限制在工程合同中加以明确，或根据工程合同规定以书面的形式告知承包商。如果工程合同授权咨询工程师（单位）在履行任务时确认、确定或行使自由裁量权，则咨询工程师（单位）应在客户和承包商之间公平行事，作出独立的专用判断，并运用合理的技能谨慎尽职。

（3）客户

① 信息。客户应在一个合理的时间内免费向咨询工程师（单位）提供他能够获取的并与服务有关的所有信息和任何进一步的信息。

② 决定。客户应在一个合理的时间内就咨询工程师（单位）以书面形式提交给自己的所有事项作出书面决定、批准、同意、指示或变更，以免延误服务。

③ 协助。在工程所在国，客户应尽其所地能对咨询工程师（单位），其他人员和家属以及分包咨询工程师提供协助，包括：提供出入境、居留、工作和出境所需的文件；在服务所需的任何地方提供畅通无阻的通道；个人物品和服务所需货物的进出口和清关；紧急情况下的遣返；为咨询工程师（单位）提供必要的授权，以允许咨询工程师（单位）为服务客户进口个人使用的外币；以及提供咨询工程师（单位）获取其他组织信息所需的渠道等。

④ 客户的资金安排。客户应在收到咨询工程师（单位）任何请求后的28天内向咨询工程师（单位）提交合理的证据，证明已作出并正在保持资金安排，以使客户能够根据附录3［报酬和付款］或协议书的任何其他规定及时付款。如果客户打算对其资金安排进行任何重大改变，则应向咨询工程师（单位）发出通知，并附详细的证明材料。如果合理行事的咨询工程师（单位）对客户提交改变的建议和/或证明材料不满意，则咨询工程师（单位）有权根据［暂停服务］的规定暂停服务。

⑤ 客户设备和设施的提供。客户出于服务的目的应向咨询工程师（单位）提供附录2中所述的设备和设施，并适当考虑进度计划，且不收取费用。

⑥ 客户人员的提供。经与咨询工程师（单位）协商，客户应根据附录2中的要求，自费从自己的雇员中挑选和提供为咨询工程师所需的合格人员。根据适用法律的要求，此

类人员只能接受咨询工程师（单位）的指示。

⑦ 客户代表。客户应告之咨询工程师（单位）任命的客户代表的权利范围和授权事项。

（4）开始和完成

① 协议书生效。协议书应自完成正式协议书所需的最新签字之日起生效（"生效日期"）。

② 服务的开始和完成。咨询工程师（单位）应在开始日期后合理可行的情况下尽快开始履行服务，并应在完成时间内完成全部服务。

③ 进度计划。咨询工程师（单位）应在开始日期后的 14 天内提交其进度计划，应至少包括：实施服务的顺序和时间；向客户交付任何部分服务的关键日期；需要向咨询工程师（单位）提供的客户或第三方的决定、同意、批准或信息交流的关键日期；附录 4［进度计划］中规定的任何其他要求。咨询工程师（单位）应始终保持审核进度计划，并应在必要时对其进行修改，以遵守协议书上的规定。

④ 延误。如因以下原因而延误服务的完成，咨询工程师（单位）有权延长完成时间：服务变更；由客户或客户的其他咨询工程师、承包商或其他第三方造成的或可归因于其的任何延误、阻碍或阻止；例外事件；根据协议书有权延长的任何其他事件或情况。如果延误导致咨询工程师（单位）产生例外费用，则商定的报酬应按［对咨询工程师（单位）付款］的规定进行调整。咨询工程师（单位）应尽快签发通知，将例外费用的发生情况告知客户。

⑤ 例外事件。如果一方因例外事件无法履行协议书规定的义务，则该方应向另一方发出通知，描述该例外事件并评估对该方履行义务的能力的影响。只要例外事件的影响阻止了义务的履行，就应免除已发出通知的一方履行此类义务。如果例外事件导致服务范围发生变化，客户应按照［变更］条款的规定签发服务变更。如果例外事件导致服务完成时间延误，咨询工程师（单位）有权按照［延误］条款的规定，延长完成时间。

（5）服务变更

① 变更。客户可在服务完成前的任何时间签发变更通知，对服务进行变更。客户可要求咨询工程师（单位）就拟议的变更提交建议书。如果建议书被客户接受，则客户应通过签发变更通知确认变更。任何此类变更不得实质性改变服务的范围或性质。

服务变更的内容包括：对附录 1［服务范围］或附录 2［由客户提供的人员、设备、设施和其他地方的服务］的修订；部分服务的删减，但仅限于客户不再需要此类删减的服务；履行服务的特定顺序或时间发生改变；服务实施方法的改变；要求签发变更的协议书规定；以及由咨询工程师（单位）提交，并由客户书面接受的建议书。

② 变更价值和影响协议书。客户和咨询工程师（单位）应商定任何变更的价值或其计算方法，包括其对服务其他部分、进度计划和完成时间的影响。

任何变更的价值应根据或基于附录 3［报酬和付款］中的费率或价格的确定。如果费率或价格不适用于变更，则双方应商定新的费率。

变更的价值及其对进度计划的影响应由客户以书面形式同意，并向咨询工程师（单位）确认。如果双方无法达成一致，客户可指示咨询工程师（单位）开始变更工作，咨询工程师（单位）应遵守此类指示，并按照附录 3［报酬和付款］中规定的费率和价格得到补偿。

(6) 服务暂停和协议书终止

① 服务暂停。客户可出于任何原因，可提前 28 天通知咨询工程师（单位），自行决定暂停全部或部分服务。咨询工程师（单位）可暂停全部或部分服务的情况包括：未能及时收到服务报酬；发生例外事件，包括［咨询工程师（单位）人员的安全和保障］规定的事件；客户未能满足［客户的资金安排］的要求。

② 服务暂停的恢复。咨询工程师（单位）应在收到客户指示恢复服务的通知后的 28 天内恢复服务。咨询工程师（单位）应在导致暂停的事项停止后，在合理可行的范围内尽快恢复服务。

③ 服务暂停的影响。服务暂停期间，咨询工程师（单位）应在合理可行的情况下，确保服务的安保、维护和保管，以防止损坏或损失。在暂停和恢复服务期间，如果咨询工程师（单位）导致例外费用的发生，应尽快签发通知告知客户，商定的报酬应按照［对咨询工程师（单位）的付款］的规定进行调整。咨询工程师（单位）应采取合理措施减轻暂停服务的影响。

④ 协议书终止。由客户终止的情况包括：如果咨询工程师（单位）违反协议书的重要条款，客户可向咨询工程师（单位）发出通知，说明违约情况和协议书要求的补救措施，咨询工程师（单位）未能及时采取补救措施的；如果咨询工程师（单位）破产或资不抵债、进行清算等，客户可在适用法律允许的范围内，在发出适当通知后立即终止协议书；如果咨询工程师（单位）违反［反腐败］的规定，客户可在送达适当通知后立即终止协议书；如果例外事件导致服务暂停超过 168 天，客户可提前 14 天通知咨询工程师（单位），之后终止协议书。

由咨询工程师（单位）终止的情况包括：如果客户自行决定暂停服务或发生例外事件暂停服务超过 168 天，咨询工程师（单位）可提前 14 天通知客户，之后终止协议书；如果客户未能及时支付报酬或客户资金安排不符合规定而暂停服务超过 42 天，咨询工程师（单位）可提前 14 天通知客户，之后终止协议书；如果客户破产或资不抵债、进行清算等，咨询工程师（单位）可在适用法律允许的范围内，在发出适当通知后立即终止协议书；如果客户违反［反腐败］的规定，咨询工程师（单位）可在送达适当通知后立即终止协议书。

(7) 付款

① 对咨询工程师（单位）的付款。客户应按附录 3［报酬和付款］中的详细规定，向咨询工程师（单位）支付服务费用（包括服务变更）。

② 付款时间。除非附录 3［报酬和付款］另有规定，否则应在咨询工程师（单位）开具发票之日起 28 天内向咨询工程师（单位）支付应付款额。如果客户逾期支付，客户应按照附录 3［报酬和付款］规定的费率，就逾期金额按月复利支付逾期利息。

③ 付款货币。支付的货币为协议书附录 3［报酬和付款］中规定的货币。以下情况可被视为适用［例外事件］的规定：工程所在国阻止或延迟将本币转到国外；在工程所在国限制外币的可用性或使用；对咨询工程师（单位）从国外将外币转入工程所在国作本币消费，以及随后将外币或本币再转至国外，征收相同金额的税款或差别汇率，造成咨询工程师（单位）资金上的不利影响。

④ 有关第三方对咨询工程师（单位）的收费。客户应为咨询工程师（单位）为工程所在国政府或授权的第三方所要求的支付款项办理豁免，若未能豁免，应由客户补偿。

⑤ 有争议的发票。如果客户对咨询工程师（单位）提交的发票中的任何事项或部分事项提出质疑，客户应及时发出拒绝付款的通知，并说明理由，但不得延误支付发票的剩余部分。

⑥ 独立审计。咨询工程师（单位）应保留能清楚证明有关时间和费用的最新记录。除协议书规定了一次性付款外，客户可在完成或终止服务的 12 个月内，至少提前 14 天通知咨询工程师（单位），要求由其指定的具有专业资格的会计师组成的独立而知名的公司，对咨询工程师（单位）申报的任何时间和费用记录进行审计。任何此类审计费用均应由客户承担。

（8）责任

① 违约责任。如果任何一方对对方负有责任，则违约一方应对另一方支付赔偿费，赔偿额应限于因此类违约而直接遭受的可合理预见的损失或损害的数额，并应限于合同规定的此类赔偿的最高限额。

② 责任限度。任何一方向另一方支付赔偿的最大数额应限于"专用条件"中规定违约的赔偿最高数额，该限额不影响［付款时间］规定的任何融资费用，也不影响因违约方故意和鲁莽的违约、欺诈、欺诈性失实陈述或鲁莽的不当行为引起的索赔。

（9）保险

咨询工程师（单位）应购买并维持职业责任保险和公共责任保险，保险金额应足以覆盖其协议书规定的责任。此类保险应向具有国际声誉和信誉的保险公司投保，咨询工程师（单位）应确保保单承保的最低金额不低于专用条件中规定的金额。

咨询工程师（单位）应在服务期间购买并维持工人赔偿保险或雇主责任保险，以及适用法律要求的任何其他保险。

当客户要求时，咨询工程师（单位）应出示保险凭证，以证明其保险范围仍在维持。如果任何保险被保险人或承保人取消，咨询工程师（单位）应立即通知客户。

（10）争端和仲裁

① 友好解决争端。如果产生因协议书或与协议书有关的任何争端，在一方发出书面请求后的 28 天内，双方高级代表应举行会议，以尝试友好解决争端。如果在收到书面请求后的 56 天内仍未能解决争端，不管是否召开会议，则任何一方可以将争端提交裁决。

② 裁决。任何一方可根据附录 5［裁决规则］中的规定，将协议书引起的或与协议书有关的任何争端提交裁决。裁决员应由双方商定，如未能达成商定，则应按照裁决规则指定。

双方因自行承担裁决产生的费用，裁决员应无权将费用裁定给任何一方。裁决员可决定由哪一方承担裁决员的费用以及按何种比例承担。

如果任一方对裁决员的决定不满意，不满意方应在收到裁决员决定后的 28 天内，向另一方发出不满意通知，并抄送裁决员，说明争端事项和不满意原因。

无论任一方是否发出了对裁决员裁决的结果不满意通知，任何裁决员的决定一经签发，对双方均具有约束力。任一方在收到裁决员决定后的 28 天内没有发出不满意通知，则该决定应为最终决定，对双方均有约束力。

③ 仲裁。对于裁决员的决定尚未成为最终和具有约束力的争端，应通过国际仲裁最终解决。除非双方另有商定，否则按以下规定处理：争端应根据国际商会仲裁规则最终解决；争端应按照该规则指定一名或三名仲裁员解决；仲裁应以专用条件中规定的主导语言进行。

仲裁员有权开启、审核并修改裁决员的任何裁决或决定。仲裁可在服务完成之前或之后开始，双方的义务不因服务过程中进行的任何仲裁而改变。

④ 未能遵守裁决员的决定。如果一方未能遵守裁决员的任何决定，无论是具有约束力或最终约束力的，另一方可在不损害其可能拥有的任何其他权利的情况下，直接将其提交仲裁。仲裁庭应有权通过简易程序或其他快速程序，命令执行该决定，不论是通过临时措施或暂行措施或裁决。在裁决员做出有约束力但不是最终决定的情况下，此类临时或暂行措施或裁决应以明确保留为前提，即保留双方对争端案情的权利，直至通过裁决解决为止。

3）专用条件的附录

专用条件包括服务范围；由客户提供的人员、设备、设施和其他方的服务；报酬和付款；进度计划；以及裁决规则 5 个附录，这些附录构成本协议书的组成部分。

（1）服务范围

服务范围应尽可能全面、明确，并应明确范围之外的事项。详细描述服务的功能和目的，确保功能和目的与服务范围一致，并用可以衡量和验证的术语进行描述。咨询工程师（单位）必须保证，通过使用协议书规定的谨慎标准是可以实现功能和目的的。应规定咨询工程师（单位）要满足何种施工管理要求，包括咨询工程师（单位）行事所依据的工程合同格式（如 FIDIC 红皮书）。如果不属于客户的责任，则应规定服务与其他方提供的服务之间的接口管理责任。咨询工程师（单位）可参考 FIDIC 有关编写服务范围的指南。

（2）由客户提供的人员、设备、设施和其他方的服务

应尽可能详尽地列出客户要提供的人员、设备、设施的要求；应尽可能详尽地列出和描述要代表客户提供的其他方的服务。

（3）报酬和付款

该附录至少应包括：应支付给咨询工程师（单位）履行服务的商定的报酬，无论是总价、费率，还是两者的组合；支付条件、费用百分比、时间表、总价；用于变更或例外费用的费率和价格；付款次数；提交发票的过程和付款方式；价格变化、通货膨胀等；支付货币；融资费用使用的费率；付款以外的税费；允许的支出等。

（4）进度计划

本附录应明确服务的开始日期和完成日期，以及双方之间接收或传递信息的任何关键日期，与其他方之间的接口义务也应在此注明。

本附录应规定客户对活动次序或顺序的任何要求，以及客户对服务的审核和批准期限的任何要求。如果客户有要求，应规定用于生成进度计划的任何特定程序软件。应规定咨询工程师（单位）每月向客户提供的信息，以报告该进度计划的执行情况。

（5）裁决规则

双方应共同确保具有适当资格的裁决员的任命；应明确裁决员的任命条件；应明确向裁决员支付规定的费用和开支；以及取得裁决员决定的程序等。

6.5.3　国际工程设计合同的签订

国际工程咨询服务合同的签订一般遵循以下程序。

1）业主编制委托任务大纲

业主在招聘咨询工程师之前，首先应将需要委托咨询工程师完成的任务和事项系统地整理出来，编制任务大纲。任务大纲一般包括：

（1）对咨询工作目的的准确说明；

（2）对所需咨询服务的范围和时间的要求；

（3）业主应提供的设施与服务条件；

（4）需要咨询工程师提供的设施与服务。

2）确定咨询工程师初选名单（长名单）

业主根据自己掌握的各咨询工程师的资料或向有关机构咨询，列出本项目咨询工程师的初选名单。

3）确定精选名单（短名单）

业主根据各咨询工程师的专业能力、社会信誉、经验和咨询专家的情况，从初选名单进行筛选，确定一个精选名单。

4）业主发出邀请信

业主向精选名单中的咨询工程师发出邀请信，招请咨询工程师递交建议书。邀请信包括任务大纲和咨询工程师的选择与评审程序等。

5）咨询工程师编制和提交建议书

咨询工程师根据邀请信的要求，及时编制并向业主提交建议书。建议书一般包括建议函、咨询公司机构设置和人员配备及工作经历介绍、目前正在进行的其他咨询工作业务、拟在项目上采用的技术方法、工作计划与进度、要求业主提供的服务与支持等。

6）业主评审建议书

业主通常从咨询公司是否具有足够的经验、提出的计划与方法是否合理、咨询专家与人员配备是否具备资格与经验并满足数量要求等几个方面对建议书进行评审，采用选择程序中确定的方法，通过打分确定咨询公司的排名。按照排名顺序，进行合同谈判。

7）合同谈判与签订

业主与在竞争中获胜的咨询工程师进行合同谈判。合同谈判的主要内容包括职责范围与工作计划、人员配备、所需业主提供的服务与设施、财务条款和合同条件等。所有谈判内容必须按规定程序逐条讨论，达成一致后才可进行下一条的谈判。谈判双方在各方面达成一致后，就可以签订合同。若未取得一致意见，业主就可邀请排名第二的咨询工程师进行谈判、签订合同，以此类推。

微视频6-4：基于BIM的数字一体化设计与数字成果交付

复习思考题

1. 工程勘察和工程设计包括哪些主要内容？

云测试6-5：第6章课程内容测试及解题分析

2. 工程设计包括几个阶段？试分析工程设计对建设项目的投资影响。

3. 签订工程设计合同的前提和依据？

4. 工程勘察设计合同主体的主要权利、义务和责任有哪些？

5. 结合我国建设法律法规和工程实践，谈谈设计师的法律责任和其所应具备的道德素养。

6. 设计单位如何控制设计进度和设计质量？

7. 分析设计变更的合同管理流程以及对建设项目目标的影响。

8. 作为建筑工程五方责任主体的勘察单位项目负责人和设计单位项目负责人应承担哪些责任？

9. 基于BIM的一体化设计的数字产品有哪些？设计合同中应增加哪些条款和规定？

10. 试比较并分析国际工程设计合同和我国工程设计合同之间的异同之处。

11. 以某装配式建筑为实际背景，分析其全生命周期设计内容以及设计合同的主要条款。

12. 分析国际工程设计合同的主要内容和特点，以及与国内设计合同的区别。

7.1 工程施工合同概述

7.1.1 工程施工合同的概念

工程施工合同是发包人（建设单位、业主或总包单位）与承包人（施工单位）之间为完成商定的建设工程项目，确定双方权利和义务的协议。依照施工合同，承包人应完成一定的建筑、安装工程任务，发包人应提供必要的施工条件并支付工程价款。工程施工合同是建设工程的主要合同，是工程建设质量控制、进度控制、投资控制的主要依据。在市场经济条件下，建设市场主体之间相互的权利义务关系主要是通过合同确立的，因此，在建设领域加强对施工合同的管理具有十分重要的意义。国家立法机关、国务院、国家建设行政管理部门都十分重视施工合同的规范工作，2020 年 5 月 28 日第十三届全国人大第三次会议通过、2021 年 1 月 1 日生效实施的《中华人民共和国民法典》合同编中对建设工程合同做了专编规定，《中华人民共和国建筑法》《中华人民共和国招标投标法》《建设工程施工合同管理办法》等也有许多涉及建设工程施工合同的规定，这些法律法规是我国建设工程施工合同订立和管理的法律依据。

施工合同的当事人是发包人和承包人，双方是平等的民事主体，双方签订施工合同，必须具备相应资质条件和履行施工合同的能力。

发包人是指在协议书中约定、具有工程发包主体资格和支付工程价款能力的当事人，以及取得该当事人资格的合法继承人。可以是具备法人资格的国家机关、事业单位、国有企业、集体企业、私营企业、经济联合体和社会团体，也可以是依法登记的个人合伙、个体经营户或个人，即一切以协议、法院判决或其他合法完备手续取得发包人的资格，承认全部合同条件，能够而且愿意履行合同规定义务的合同当事人。与发包人合并的单位、兼并发包人的单位、购买发包人合同和接受发包人出让的单位和人员（合法继承人），均可成为发包人，履行合同规定的义务，享有合同规定的权利。

发包人必须具备组织协调能力或委托给具备相应资质的监理单位承担。《政府投资条例》（自 2019 年 7 月 1 日起施行）第二十二条规定："政府投资项目所需资金应当按照国家有关规定确保落实到位。政府投资项目不得由施工单位垫资建设。"

承包人是指在协议书中约定、被发包人接受的具有工程施工承包主体资格的当事人，以及取得该当事人资格的合法继承人。承包人必须具备有关部门核定的资质等级并持有营业执照等证明文件。根据《建筑法》第十三条规定，从事建筑活动的建筑施工企业、勘察单位、设计单位和工程监理单位，按照其拥有的注册资本、专业技术人员、技术装备和已完成的建筑工程业绩等资质条件，划分为不同的资质等级，经资质审查合格，取得相应等级的资质证书后，方可在其资质等级许可的范围内从事建筑活动。在施工合同实施过程中，工程师受发包人委托对工程进行管理。施工合同中的工程师是指本工程监理单位委派的总监理工程师或发包人指定的履行本合同的代表，其具体身份和职权由发包人、承包人在专用条款中约定。

7.1.2　工程施工合同的特点

1）合同标的物的特殊性

施工合同的标的物是特定建筑产品，不同于其他一般商品。首先建筑产品的固定性和施工生产的流动性是区别于其他商品的根本特点。建筑产品是不动产，其基础部分与大地相连，不能移动，这就决定了每个施工合同相互之间具有不可替代性，而且施工队伍、施工机械必须围绕建筑产品不断移动。其次，由于建筑产品各有其特定的功能要求，其实物形态千差万别，种类庞杂，其外观、结构、使用目的、使用人都各不相同，这就要求每一个建筑产品都需要单独的设计和施工，即使可重复利用的标准设计或重复使用的图纸，也应采取必要的修改设计才能施工，造成建筑产品的单体性和生产的单件性。再次，建筑产品体积庞大，消耗的人力、物力、财力多，一次性投资额大。所有这些特点，必然在施工合同中表现出来，使得施工合同在明确标的物时，需要将建筑产品的幢数、面积、层数或高度、结构特征、内外装饰标准和设备安装要求等一一规定清楚。

2）合同内容的多样性和复杂性

施工合同实施过程中涉及的主体有多种，且其履行期限长、标的额大。涉及的法律关系，除承包人与发包人的合同关系外，还涉及与劳务人员的劳动关系、与保险公司的保险关系、与材料设备供应商的买卖关系、与运输企业的运输关系，还涉及监理单位、分包人、保证单位等。施工合同除了应当具备合同的一般内容外，还应对安全施工、专利技术使用、地下障碍和文物发现、工程分包、不可抗力、工程设计变更、材料设备供应、运输和验收等内容作出规定。所有这些，都决定了施工合同的内容具有多样性和复杂性的特点，要求合同条款必须具体明确和完整。

3）合同履行期限的长期性

由于建设工程结构复杂、体积大、材料类型多、工作量大，使得工程生产周期都较长。因为工程建设的施工应当在合同签订后才开始，且需要加上合同签订后到正式开工前的施工准备时间和工程全部竣工验收后、办理竣工结算及保修期间。在工程的施工过程中，还可能因为不可抗力、工程变更、材料供应不及时、一方违约等原因而导致工期延误，因而施工合同的履行期限具有长期性，变更较为频繁，合同争议和纠纷也比较多。

4）合同监督的严格性

由于施工合同的履行对国家经济发展、公民的工作与生活都有着重大影响，因此，国家对施工合同的监督是十分严格的。具体表现在以下几个方面：

（1）合同主体监督的严格性。建设工程施工合同主体一般是法人。发包人一般是经过批准进行工程项目建设的法人，必须有国家批准的建设项目，落实投资计划，并且应当具备相应的协调能力；承包人则必须具备法人资格，而且应当具备相应的从事施工的资质。无营业执照或无承包资质的单位不能作为建设工程施工合同的主体，资质等级低的单位不能越级承包建设工程。

（2）合同订立监督的严格性。订立建设工程施工合同必须以国家批准的投资计划为前提，即使是国家投资以外的、以其他方式筹集的投资也要受到当年的贷款规模和批准限额的限制，纳入当年投资规模的平衡，并经过严格的审批程序。建设工程施工合同的订立，还必须符合国家关于建设程序的规定。考虑到建设工程的重要性和复杂性，在施工过程中经常会发生影响合同履行的各种纠纷，因此，《中华人民共和国合同法》要求：建设工程施工合同应当采用书面形式。

（3）合同履行监督的严格性。在施工合同的履行过程中，除了合同当事人应当对合同进行严格的管理外，合同的主管机关（工商行政管理部门）、住房和城乡建设主管部门、合同双方的上级主管部门、金融机构、解决合同争议的仲裁机关或人民法院，还有税务部门、审计部门及合同公证机关或鉴证机关等机构和部门，都要对施工合同的履行进行严格的监督。

7.1.3　工程施工合同订立

1）订立施工合同应具备的条件

（1）初步设计已经批准；

（2）工程项目已经列入年度建设计划；

（3）有能够满足施工需要的设计文件和有关技术资料；

（4）建设资金和主要建筑材料设备来源已经落实；

（5）对于招投标工程，中标通知书已经下达。

2）订立施工合同应当遵守的原则

（1）遵守国家法律、法规和国家计划原则。订立施工合同，必须遵守国家法律、法规，也应遵守国家的建设计划和其他计划（如贷款计划）。建设工程施工对经济发展、社会生活有多方面的影响，国家有许多强制性的管理规定，施工合同当事人都必须遵守。

（2）平等、自愿、公平的原则。签订施工合同当事人双方都具有平等的法律地位，任何一方都不得强迫对方接受不平等的合同条件。当事人有权决定是否订立合同和合同内容，合同内容应当是双方当事人真实意思的体现，合同内容还应当是公平的，不能单纯损害一方的利益。对于显失公平的施工合同，当事人一方有权申请人民法院或仲裁机构予以变更或撤销。

（3）诚实信用的原则。当事人订立施工合同应该诚实信用，不得有欺诈行为，双方应当如实将自身和工程的情况介绍给对方。在施工合同履行过程中，当事人也应遵守信用，严格履行合同。

3）订立施工合同的程序

施工合同的订立同样包括要约和承诺两个阶段。其订立方式有直接发包和招标发包两种。对于必须进行招标的建设项目，工程建设的施工都应通过招标投标确定承包人。

中标通知书发出后，中标人应当与招标人及时签订合同。《招标投标法》规定：招标人和中标人应当自中标通知书发出之日起 30 天内，按照招标文件和中标人的投标文件订立书面合同。招标人和中标人不得再行订立背离合同实质性内容的其他协议。

7.1.4　建设工程施工合同示范文本简介

为了规范和指导合同当事人双方的行为，完善合同管理制度，解决施工合同中存在的合同文本不规范、条款不完备、合同纠纷多等问题，1991 年 3 月 31 日就发布了《建设工程施工合同示范文本》（GF—91—0201），1999 年 12 月 24 日又颁发了修改后的《建设工程施工合同示范文本》（GF—1999—0201）。该文本适用于土木工程，包括各类公用建筑、民用住宅、工业厂房、交通设施及线路、管道的施工和设备安装。《建设工程施工合同示范文本》（GF—1999—0201）由"协议书""通用条款""专用条款"三部分组成，并附有三个附件。

2007 年 11 月 1 日国家发展和改革委员会等九部委联合发布了《标准施工招标文件》及相关附件，要求从 2008 年 5 月 1 日开始在政府投资项目中施行，该标准施工招标文件中的合同条款及格式包括：通用条款、专用条款和合同附件格式（包括合同协议书、履约担保格式、预付款担保格式）。

2013 年 4 月 3 日住房和城乡建设部和国家工商行政管理总局根据最新颁布和实施的工程建设有关法律、法规，总结十多年施工合同示范文本推行的经验，借鉴国际通用土木工程施工合同的成熟经验和有效作法，结合我国建设工程施工的实际情况，又颁布了《建设工程施工合同（示范文本）》（GF—2013—0201）。

云文档7-1：建设工程施工合同示范文本(2017版)

2017 年 9 月 22 日，住房和城乡建设部和国家工商行政管理总局根据《住房城乡建设部 财政部关于印发建设工程质量保证金管理办法的通知》（建质〔2017〕138 号）中对缺陷责任期及工程质量保证金的修改内容，对《建设工程施工合同（示范文本）》（GF—2013—0201）进行了修订，制定了最新的《建设工程施工合同（示范文本）》（GF—2017—0201）（以下简称《2017 版施工合同》）。

1）"2017 版施工合同"的适用范围

"2017 版施工合同"适用于房屋建筑工程、土木工程、线路管道和设备安装工程、装修工程等建设工程的施工承发包活动，合同当事人可以结合建设工程的具体情况，根据"2017 版施工合同"订立合同，并按照法律法规的规定和合同约定承担相应的法律责任及合同权利义务。

2）"2017 版施工合同"的组成

"2017 版施工合同"由合同协议书、通用合同条款和专用合同条款三个部分组成，并有 11 个协议书附件。

（1）合同协议书

合同协议书共计 13 条，集中约定了合同当事人基本的合同权利义务。包括：

① 工程概况。包括工程名称、工程地点、工程立项批准文号、资金来源、工程内容（群体工程应附《承包人承揽工程项目一览表》）、工程承包范围。

② 合同工期。包括计划开工日期、计划竣工日期、工期总日历天数。工期总日历天数与根据计划开竣工日期计算的工期天数不一致的，以工期总日历天数为准。

③ 质量标准。应明确达到的工程质量等级和标准。

④ 签约合同价和合同价格形式。包括签约合同价（包括安全文明施工费、材料和工程设备暂估价金额、专业工程暂估价金额、暂列金额等），以及合同价格形式。

⑤ 项目经理。应明确承包人派出的项目经理。

⑥ 合同文件构成。本协议书与下列文件一起构成合同文件：

a. 中标通知书（如果有）；

b. 投标函及其附录（如果有）；

c. 专用合同条款及其附件；

d. 通用合同条款；

e. 技术标准和要求；

f. 图纸；

g. 已标价工程量清单或预算书；

h. 其他合同文件。

在合同订立及履行过程中形成的与合同有关的文件均构成合同文件组成部分。上述各项合同文件包括合同当事人就该项合同文件所作出的补充和修改，属于同一类内容的文件，应以最新签署的为准。专用合同条款及其附件须经合同当事人签字或盖章。

⑦ 承诺。双方合同当事人承诺包括：

a. 发包人承诺按照法律规定履行项目审批手续、筹集工程建设资金，并按照合同约定的期限和方式支付合同价款。

b. 承包人承诺按照法律规定及合同约定组织完成工程施工，确保工程质量和安全，不进行转包及违法分包，并在缺陷责任期及保修期内承担相应的工程维修责任。

c. 发包人和承包人通过招标投标形式签订合同的，双方理解并承诺不再就同一工程另行签订与合同实质性内容相背离的协议。

⑧ 词语含义。本协议书中词语含义与通用合同条款中赋予的含义相同。

⑨ 签订时间。

⑩ 签订地点。

⑪ 补充协议。合同未尽事宜，合同当事人另行签订补充协议，补充协议是合同的组成部分。

⑫ 合同生效。应明确合同生效的条件或方式。

⑬ 合同份数。

（2）通用合同条款

通用合同条款共20条，包括一般约定、发包人、承包人、监理人、工程质量、安全文明施工与环境保护、工期和进度、材料与设备、试验与检验、变更、价格调整、合同价格、计量与支付、验收和工程试车、竣工结算、缺陷责任与保修、违约、不可抗力、保险、索赔和争议解决。上述条款安排既考虑了现行法律法规对工程建设的有关要求，又考虑了建设工程施工管理的特殊需要。

（3）专用合同条款

专用合同条款是对通用合同条款原则性约定的细化、完善、补充、修改或另行约定的条款。合同当事人可以根据不同建设工程的特点及具体情况，通过双方的谈判、协商，对相应的专用合同条款进行修改补充。在使用专用合同条款时，应注意以下事项：

① 专用合同条款的编号应与相应的通用合同条款的编号一致。

② 合同当事人可以通过对专用合同条款的修改，满足具体建设工程的特殊要求，避免直接修改通用合同条款。

③ 在专用合同条款中有横道线的地方，合同当事人可针对相应的通用合同条款进行细化、完善、补充、修改或另行约定；如无细化、完善、补充、修改或另行约定，则填写"无"或划"/"。

（4）协议书附件

① 附件1：承包人承揽工程项目一览表，包括单位工程名称、建设规模、建筑面积、结构形式、层数、生产能力、设备安装内容、合同价格、开工日期、竣工日期。

② 附件2：发包人供应材料设备一览表，包括材料设备品种、规格型号、单位、数量、单价、质量等级、供应时间、送达地点等。

③ 附件3：工程质量保修书，包括工程质量保修范围和内容、质量保修期（分别规定地基基础工程和主体结构工程、屋面防水工程、有防水要求的卫生间、房间和外墙面的防渗、装修工程、电气管线、给水排水管道、设备安装工程、供热与供冷系统、住宅小区内的给水排水设施、道路等配套工程、其他项目等的保修期）、缺陷责任期、质量保修责任、保修费用、双方约定的其他工程质量保修事项。

④ 附件4：主要建设工程文件目录，包括文件名称、套数、费用、质量、移交时间、责任人。

⑤ 附件5：承包人用于本工程施工的机械设备表，包括机械或设备名称、规格型号、数量、产地、制造年份、额定功率（kW）、生产能力等。

⑥ 附件6：承包人主要施工管理人员表，包括承包人的总部人员、现场人员（含项目经理、项目副经理、技术负责人、造价管理、质量管理、材料管理、计划管理、安全管理）、其他人员的姓名、职务、职称、主要资历、经验及承担过的项目。

⑦ 附件7：分包人主要施工管理人员表，包括分包人的总部人员、现场人员（含项目经理、项目副经理、技术负责人、造价管理、质量管理、材料管理、计划管理、安全管理）、其他人员的姓名、职务、职称、主要资历、经验及承担过的项目。

⑧ 附件8：履约担保格式，包括担保人、担保责任形式、担保金额、担保有效期、赔偿支付条件和时间、争议处理等内容。

⑨ 附件9：预付款担保格式，包括担保人、担保责任形式、担保金额、担保有效期、赔偿支付条件和时间、争议处理等内容。

⑩ 附件10：支付担保格式，包括担保人、保证的范围及保证金额、保证的方式及保证期间、承担保证责任的形式、代偿的安排、保证责任的解除、免责条款、争议解决、保函的生效等内容。

⑪ 附件11：暂估价一览表，包括材料暂估价表、工程设备暂估价表、专业工程暂估

价表三种，具体内容包括名称、单位、数量、单价、合价等。

7.2　建设工程施工合同的主要内容

本节按照《建设工程施工合同（示范文本）》（GF—2017—0201）介绍通用条款的主要内容。

云文档7-2：建设工程工程量清单计价规范（2013版）

7.2.1　一般约定

1）词语定义与解释

合同协议书、通用合同条款、专用合同条款中的下列词语具有本款所赋予的含义，包括6大类，共45个词语。

（1）合同

① 合同：指根据法律规定和合同当事人约定具有约束力的文件，构成合同的文件包括合同协议书、中标通知书（如果有）、投标函及其附录（如果有）、专用合同条款及其附件、通用合同条款、技术标准和要求、图纸、已标价工程量清单或预算书以及其他合同文件。

云文档7-3：建设工程施工合同编制要点及项目示例

② 合同协议书：指构成合同的由发包人和承包人共同签署的称为"合同协议书"的书面文件。

③ 中标通知书：指构成合同的由发包人通知承包人中标的书面文件。

④ 投标函：指构成合同的由承包人填写并签署的用于投标的称为"投标函"的文件。

⑤ 投标函附录：指构成合同的附在投标函后的称为"投标函附录"的文件。

⑥ 技术标准和要求：指构成合同的施工应当遵守的或指导施工的国家、行业或地方的技术标准和要求，以及合同约定的技术标准和要求。

⑦ 图纸：指构成合同的图纸，包括由发包人按照合同约定提供或经发包人批准的设计文件、施工图、鸟瞰图及模型等，以及在合同履行过程中形成的图纸文件。图纸应当按照法律规定审查合格。

⑧ 已标价工程量清单：指构成合同的由承包人按照规定的格式和要求填写并标明价格的工程量清单，包括说明和表格。

⑨ 预算书：指构成合同的由承包人按照发包人规定的格式和要求编制的工程预算文件。

⑩ 其他合同文件：指经合同当事人约定的与工程施工有关的具有合同约束力的文件或书面协议。合同当事人可以在专用合同条款中进行约定。

（2）合同当事人及其他相关方

① 合同当事人：指发包人和（或）承包人。

② 发包人：指与承包人签订合同协议书的当事人及取得该当事人资格的合法继承人。

③ 承包人：指与发包人签订合同协议书的，具有相应工程施工承包资质的当事人及取得该当事人资格的合法继承人。

④ 监理人：指在专用合同条款中指明的，受发包人委托按照法律规定进行工程监督管理的法人或其他组织。

⑤ 设计人：指在专用合同条款中指明的，受发包人委托负责工程设计并具备相应工程设计资质的法人或其他组织。

⑥ 分包人：指按照法律规定和合同约定，分包部分工程或工作，并与承包人签订分包合同的具有相应资质的法人。

⑦ 发包人代表：指由发包人任命并派驻施工现场，在发包人授权范围内行使发包人权利的人。

⑧ 项目经理：指由承包人任命并派驻施工现场，在承包人授权范围内负责合同履行，且按照法律规定具有相应资格的项目负责人。

⑨ 总监理工程师：指由监理人任命并派驻施工现场进行工程监理的总负责人。

（3）工程和设备

① 工程：指与合同协议书中工程承包范围对应的永久工程和（或）临时工程。

② 永久工程：指按合同约定建造并移交给发包人的工程，包括工程设备。

③ 临时工程：指为完成合同约定的永久工程所修建的各类临时性工程，不包括施工设备。

④ 单位工程：指在合同协议书中指明的，具备独立施工条件并能形成独立使用功能的永久工程。

⑤ 工程设备：指构成永久工程的机电设备、金属结构设备、仪器及其他类似的设备和装置。

⑥ 施工设备：指为完成合同约定的各项工作所需的设备、器具和其他物品，但不包括工程设备、临时工程和材料。

⑦ 施工现场：指用于工程施工的场所，以及在专用合同条款中指明作为施工场所组成部分的其他场所，包括永久占地和临时占地。

⑧ 临时设施：指为完成合同约定的各项工作所服务的临时性生产和生活设施。

⑨ 永久占地：指专用合同条款中指明为实施工程需永久占用的土地。

⑩ 临时占地：指专用合同条款中指明为实施工程需要临时占用的土地。

（4）日期和期限

① 开工日期：包括计划开工日期和实际开工日期。计划开工日期是指合同协议书约定的开工日期；实际开工日期是指监理人按照本通用条款［开工通知］约定发出的符合法律规定的开工通知中载明的开工日期。

② 竣工日期：包括计划竣工日期和实际竣工日期。计划竣工日期是指合同协议书约定的竣工日期；实际竣工日期按照本通用条款［竣工日期］的约定确定。

③ 工期：指在合同协议书约定的承包人完成工程所需的期限，包括按照合同约定所作的期限变更。

④ 缺陷责任期：指承包人按照合同约定承担缺陷修复义务，且发包人预留质量保证金的期限，自工程实际竣工日期起计算。

⑤ 保修期：指承包人按照合同约定对工程承担保修责任的期限，从工程竣工验收合格之日起计算。

⑥ 基准日期：招标发包的工程以投标截止日前28天的日期为基准日期，直接发包的工程以合同签订日前28天的日期为基准日期。

⑦ 天：除特别指明外，均指日历天。合同中按天计算时间的，开始当天不计入，从次日开始计算，期限最后一天的截止时间为当天 24：00 时。

（5）合同价格和费用

① 签约合同价：指发包人和承包人在合同协议书中确定的总金额，包括安全文明施工费、暂估价及暂列金额等。

② 合同价格：指发包人用于支付承包人按照合同约定完成承包范围内全部工作的金额，包括合同履行过程中按合同约定发生的价格变化。

③ 费用：指为履行合同所发生的或将要发生的所有必需的开支，包括管理费和应分摊的其他费用，但不包括利润。

④ 暂估价：指发包人在工程量清单或预算书中提供的用于支付必然发生但暂时不能确定价格的材料、工程设备的单价、专业工程以及服务工作的金额。

⑤ 暂列金额：指发包人在工程量清单或预算书中暂定并包括在合同价格中的一笔款项，用于工程合同签订时尚未确定或者不可预见的所需材料、工程设备、服务的采购，施工中可能发生的工程变更、合同约定调整因素出现时的合同价格调整以及发生的索赔、现场签证确认等的费用。

⑥ 计日工：指合同履行过程中，承包人完成发包人提出的零星工作或需要采用计日工计价的变更工作时，按合同中约定的单价计价的一种方式。

⑦ 质量保证金：指按照本通用条款［质量保证金］约定承包人用于保证其在缺陷责任期内履行缺陷修补义务的担保。

⑧ 总价项目：是指在现行国家、行业以及地方的计量规则中无工程量计算规则，在已标价工程量清单或预算书中以总价或以费率形式计算的项目。

（6）其他

书面形式：指合同文件、信函、电报、传真等可以有形地表现所载内容的形式。

2）合同文件及优先顺序

组成合同的各项文件应互相解释，互为说明。除专用合同条款另有约定外，解释合同文件的优先顺序如下：

（1）合同协议书。

（2）中标通知书（如果有）。

（3）投标函及其附录（如果有）。

（4）专用合同条款及其附件。

（5）通用合同条款。

（6）技术标准和要求。在专用条款中约定：

① 适用于工程的国家标准、行业标准、工程所在地的地方性标准，以及相应的规范、规程等，合同当事人有特别要求的，应在专用合同条款中约定。

② 发包人要求使用国外标准、规范的，发包人负责提供原文版本和中文译本，并在专用合同条款中约定提供标准规范的名称、份数和时间。

③ 发包人对工程的技术标准、功能要求高于或严于现行国家、行业或地方标准的，应当在专用合同条款中予以明确。除专用合同条款另有约定外，应视为承包人在签订合同前已充分预见前述技术标准和功能要求的复杂程度，签约合同价中已包含由此产生的

费用。

（7）图纸。

（8）已标价工程量清单或预算书。

（9）其他合同文件。

上述各项合同文件包括合同当事人就该项合同文件所作出的补充和修改，属于同一类内容的文件，应以最新签署的为准。

在合同订立及履行过程中形成的与合同有关的文件均构成合同文件组成部分，并根据其性质确定优先解释顺序。

合同以中国的汉语简体文字编写、解释和说明。合同当事人在专用合同条款中约定使用两种以上的语言时，汉语为优先解释和说明合同的语言。

3）图纸和承包人文件

（1）图纸的提供和交底

发包人应按照专用合同条款约定的期限、数量和内容向承包人免费提供图纸，并组织承包人、监理人和设计人进行图纸会审和设计交底。发包人最迟不得晚于本通用条款［开工通知］载明的开工日期的前14天向承包人提供图纸。因发包人未按合同约定提供图纸导致承包人费用增加和（或）工期延误的，按照本通用条款［因发包人原因导致工期延误］约定办理。

（2）图纸的错误

承包人在收到发包人提供的图纸后，发现图纸存在差错、遗漏或缺陷的，应及时通知监理人。监理人接到该通知后，应附具相关的意见并立即报送发包人，发包人应在收到监理人报送通知后的合理时间内作出决定。合理时间是指发包人在收到监理人的报送通知后，尽其努力且不懈怠地完成图纸修改补充所需的时间。

（3）图纸的修改和补充

图纸需要修改和补充的，应经图纸原设计人及审批部门同意，并由监理人在工程或工程相应部位施工前将修改后的图纸或补充图纸提交给承包人，承包人应按修改或补充后的图纸施工。

（4）承包人文件

承包人应按照专用合同条款的约定提供应当由其编制的与工程施工有关的文件，并按照专用合同条款约定的期限、数量和形式提交监理人，并由监理人报送发包人。除专用合同条款另有约定外，监理人应在收到承包人文件后7天内审查完毕，监理人对承包人文件有异议的，承包人应予以修改，并重新报送监理人。监理人的审查并不减轻或免除承包人根据合同约定应当承担的责任。

（5）图纸和承包人文件的保管

除专用合同条款另有约定外，承包人应在施工现场另外保存一套完整的图纸和承包人文件，以供发包人、监理人及有关人员在工程检查时使用。

4）交通运输

（1）出入现场的权利

除专用合同条款另有约定外，发包人应根据施工需要，负责取得出入施工现场所需的批准手续和全部权利，以及取得因施工所需修建道路、桥梁以及其他基础设施的权利，并承担相关手续费用和建设费用。承包人应协助发包人办理修建场内外道路、桥梁以及其他基础设施的手续。承包人应在订立合同前查勘施工现场，并根据工程规模及技术参数合理预见工程施工所需的进出施工现场的方式、手段、路径等。因承包人未合理预见，所增加的费用和（或）延误的工期由承包人承担。

（2）场外交通

发包人应提供场外交通设施的技术参数和具体条件，承包人应遵守有关交通法规，严格按照道路和桥梁的限制荷载行驶，执行有关道路限速、限行、禁止超载的规定，并配合交通管理部门的监督和检查。场外交通设施无法满足工程施工需要的，由发包人负责完善并承担相关费用。

（3）场内交通

发包人应提供场内交通设施的技术参数和具体条件，并应按照专用合同条款的约定向承包人免费提供满足工程施工所需的场内道路和交通设施。因承包人原因造成上述道路或交通设施损坏的，承包人负责修复并承担由此增加的费用。除发包人按照合同约定提供的场内道路和交通设施外，承包人负责修建、维修、养护和管理施工所需的其他场内临时道路和交通设施。发包人和监理人可以为了实现合同目的使用承包人修建的场内临时道路和交通设施。

场外交通和场内交通的边界由合同当事人在专用合同条款中约定。

（4）超大件和超重件的运输

由承包人负责运输的超大件或超重件，应由承包人负责向交通管理部门办理申请手续，发包人给予协助。运输超大件或超重件所需的道路和桥梁临时加固改造的费用和其他有关费用，由承包人承担，但专用合同条款另有约定除外。

（5）道路和桥梁的损坏责任

因承包人运输造成施工场地内外公共道路和桥梁损坏的，由承包人承担修复损坏的全部费用和可能引起的赔偿。

（6）水路和航空运输

本款前述各项的内容适用于水路运输和航空运输，其中"道路"一词的含义包括河道、航线、船闸、机场、码头、堤防以及水路或航空运输中其他相似结构物；"车辆"一词的含义包括船舶和飞机等。

5）工程量清单错误的修正

除专用合同条款另有约定外，发包人提供的工程量清单，应被认为是准确和完整的。出现下列情形之一时，发包人应予以修正，并相应调整合同价格：

（1）工程量清单存在缺项、漏项的。

（2）工程量清单偏差超出专用合同条款约定的工程量偏差范围的。

（3）未按照国家现行计量规范强制性规定计量的。

7.2.2　发包人主要工作

1）获得许可或批准

发包人应遵守法律，并办理法律规定由其办理的许可、批准或备案，包括但不限于建设用地规划许可证、建设工程规划许可证、建设工程施工许可证、施工所需临时用水、临时用电、中断道路交通、临时占用土地等许可和批准。发包人应协助承包人办理法律规定的有关施工证件和批件。

因发包人原因未能及时办理完毕前述许可、批准或备案，由发包人承担由此增加的费用和（或）延误的工期，并支付承包人合理的利润。

2）任命发包人代表和人员

发包人应在专用合同条款中明确其派驻施工现场的发包人代表的姓名、职务、联系方式及授权范围等事项。发包人代表在发包人的授权范围内，负责处理合同履行过程中与发包人有关的具体事宜。发包人代表在授权范围内的行为由发包人承担法律责任。发包人更换发包人代表的，应提前 7 天书面通知承包人。

发包人代表不能按照合同约定履行其职责及义务，并导致合同无法继续正常履行的，承包人可以要求发包人撤换发包人代表。不属于法定必须监理的工程，监理人的职权可以由发包人代表或发包人指定的其他人员行使。

发包人应要求，在施工现场的发包人及相关人员遵守法律及有关安全、质量、环境保护、文明施工等规定，并保障承包人免于承受因发包人及相关人员未遵守上述要求给承包人造成的损失和责任。

发包人及相关人员包括发包人代表及其他由发包人派驻施工现场的人员。

3）提供施工现场、施工条件和基础资料

（1）提供施工现场

除专用合同条款另有约定外，发包人应最迟于开工日期 7 天之前向承包人移交施工现场。

（2）提供施工条件

除专用合同条款另有约定外，发包人应负责提供施工所需要的条件，包括：

① 将施工用水、电力、通信线路等施工所必需的条件接至施工现场内。

② 保证向承包人提供正常施工所需要的进入施工现场的交通条件。

③ 协调处理施工现场周围地下管线和邻近建筑物、构筑物、古树名木的保护工作，并承担相关费用。

④ 按照专用合同条款约定应提供的其他设施和条件。

（3）提供基础资料

发包人应当在移交施工现场前向承包人提供施工现场及工程施工所必需的毗邻区域内供水、排水、供电、供气、供热、通信、广播电视等地下管线资料，气象和水文观测资料，工程地质勘察资料，相邻建筑物、构筑物和地下工程等有关基础资料，并对所提供资料的真实性、准确性和完整性负责。

按照法律规定确需在开工后方能提供的基础资料，发包人应尽其所能努力并及时地在相应工程施工前的合理期限内提供，合理期限应以不影响承包人的正常施工为限。

（4）逾期提供的责任

因发包人原因未能按合同约定及时向承包人提供施工现场、施工条件、基础资料的，由发包人承担由此所增加的费用和（或）延误的工期。

4）提供资金来源证明及支付担保

除专用合同条款另有约定外，发包人应在收到承包人要求提供资金来源证明的书面通

知后的 28 天内，向承包人提供能够按照合同约定支付合同价款的相应资金来源证明。发包人要求承包人提供履约担保的，发包人应当向承包人提供支付担保。支付担保可以采用银行保函或担保公司担保等形式，具体由合同当事人在专用合同条款中约定。

5）支付合同价款

发包人应按合同约定向承包人及时支付合同价款。

6）组织竣工验收

发包人应按合同约定及时组织竣工验收。

7）签署现场统一管理协议

发包人应与承包人、由发包人直接发包的专业工程的承包人签订施工现场统一管理协议，明确各方的权利义务。施工现场统一管理协议作为专用合同条款的附件。

7.2.3 承包人义务和主要工作

1）承包人的一般义务

承包人在履行合同过程中应遵守法律和工程建设标准规范，并履行以下义务：

（1）按法律规定，办理应由承包人提供的许可和批准，并将办理结果书面报送发包人留存；

（2）按法律规定和合同约定完成工程，并在保修期内承担保修义务；

（3）按法律规定和合同约定采取施工安全和环境保护措施，办理工伤保险，确保工程及人员、材料、设备和设施的安全；

（4）按合同约定的工作内容和施工进度的要求，编制施工组织设计和施工措施计划，并对所有施工作业和施工方法的完备性和安全可靠性负责；

（5）在进行合同约定的各项工作时，不得侵害发包人与他人使用公用道路、水源、市政管网等公共设施的权利，避免对邻近的公共设施产生干扰，承包人占用或使用他人的施工场地，影响他人作业或生活的，应承担相应责任；

（6）按照本通用条款［环境保护］的约定，负责施工场地及其周边环境与生态的保护工作；

（7）按照本通用条款［安全文明施工］的约定，采取施工安全措施，确保工程及其人员、材料、设备和设施的安全，防止因工程施工造成的人身伤害和财产损失；

（8）将发包人按合同约定支付的各项价款专用于合同工程，且应及时支付其雇用人员工资，并及时向分包人支付合同价款；

（9）按照法律规定和合同约定编制竣工资料，完成竣工资料立卷及归档，并按专用合同条款约定的竣工资料的套数、内容、时间等要求移交发包人；

（10）应履行的其他义务。

2）项目经理

（1）承包人任命项目经理

项目经理应为合同当事人所确认的人选，并在专用合同条款中明确项目经理的姓名、职称、注册执业证书编号、联系方式及授权范围等事项，项目经理经承包人授权后代表承包人负责履行合同。项目经理应是承包人正式聘用的员工，承包人应向发包人提交项目经理与承包人之间的劳动合同，以及承包人为项目经理缴纳社会保险的有效证明。承包人不提交上述文件的，项目经理无权履行职责，发包人有权要求更换项目经理，由此所增加的费用和（或）延误的工期由承包人承担。

（2）项目经理应常驻施工现场

项目经理应常驻施工现场，且每月在施工现场的时间不得少于专用合同条款约定的天数。项目经理不得同时担任其他项目的项目经理。项目经理确需离开施工现场时，应事先通知监理人，并取得发包人的书面同意。项目经理的通知中应载明临时代行其职责的人员的注册执业资格、管理经验等资料，该人员应具备履行相应职责的能力。承包人违反上述约定的，应按照专用合同条款的约定，承担违约责任。

（3）紧急情况下的项目经理职责

项目经理按合同约定组织工程实施。在紧急情况下为确保施工安全和人员安全，在无法与发包人代表和总监理工程师及时取得联系时，项目经理有权采取必要的措施保证与工程有关的人身、财产和工程的安全，但应在 48 小时内向发包人代表和总监理工程师提交书面报告。

（4）项目经理更换

① 承包人更换项目经理。承包人需要更换项目经理的，应提前 14 天书面通知发包人和监理人，并征得发包人的书面同意。通知中应载明继任项目经理的注册执业资格、管理经验等资料，继任项目经理继续履行前任项目经理约定的职责。未经发包人书面同意，承包人不得擅自更换项目经理。承包人擅自更换项目经理的，应按照专用合同条款的约定承担违约责任。

② 发包人更换项目经理。发包人有权书面通知承包人更换其认为不称职的项目经理，通知中应当载明要求更换的理由。承包人应在接到更换通知后 14 天内向发包人提出书面的改进报告。发包人收到改进报告后仍要求更换的，承包人应在接到第二次更换通知的 28 天内进行更换，并将新任命的项目经理的注册执业资格、管理经验等资料书面通知发包人。继任项目经理继续履行前任项目经理约定的职责。承包人无正当理由拒绝更换项目经理的，应按照专用合同条款的约定承担违约责任。

3）承包人及相关人员

（1）承包人提交人员名单和信息

除专用合同条款另有约定外，承包人应在接到开工通知后的 7 天内，向监理人提交承包人项目管理机构及施工现场人员安排的报告，其内容应包括合同管理、施工、技术、材料、质量、安全、财务等主要施工管理人员名单及其岗位、注册执业资格等，以及各工种技术工人的安排情况，并同时提交主要施工管理人员与承包人之间的劳动关系证明和缴纳社会保险的有效证明。

（2）承包人更换主要施工管理人员

承包人派驻到施工现场的主要施工管理人员应相对稳定。施工过程中如有变动，承包人应及时向监理人提交施工现场人员变动情况的报告。承包人更换主要施工管理人员时，应提前 7 天书面通知监理人，并征得发包人的书面同意。通知中应当载明继任人员的注册执业资格、管理经验等资料。特殊工种的作业人员均应持有相应的资格证明，监理人可以随时检查。

（3）发包人要求撤换主要施工管理人员

发包人对于承包人主要施工管理人员的资格或能力有异议的，承包人应提供资料以证明被质疑人员有能力完成其岗位工作或不存在发包人所质疑的情形。发包人要求撤换不能按照合同约定履行职责及义务的主要施工管理人员的，承包人应当撤换。承包人无正当理由拒绝撤换的，应按照专用合同条款的约定承担违约责任。

（4）主要施工管理人员应常驻现场

除专用合同条款另有约定外，承包人的主要施工管理人员离开施工现场每月累计不超过5天的，应报监理人同意；离开施工现场每月累计超过5天的，应通知监理人，并征得发包人的书面同意。主要施工管理人员离开施工现场前应指定一名有经验的人员临时代行其职责，该人员应具备履行相应职责的资格和能力，且应征得监理人或发包人的同意。承包人擅自更换主要施工管理人员，或前述人员未经监理人或发包人同意擅自离开施工现场的，应按照专用合同条款约定承担违约责任。

4）承包人现场查勘

承包人应对基于发包人按照本通用条款［提供基础资料］提交的基础资料所做出的解释和推断负责，但因基础资料存在错误、遗漏导致承包人解释或推断失实的，由发包人承担责任。承包人应对施工现场和施工条件进行查勘，并充分了解工程所在地的气象条件、交通条件、风俗习惯以及其他与完成合同工作有关的其他资料。因承包人未能充分查勘、了解前述情况或未能充分估计前述情况所可能产生后果的，承包人承担由此所增加的费用和（或）被延误的工期。

5）分包确定和管理

（1）分包的一般约定

承包人不得将其承包的全部工程转包给第三人，或将其承包的全部工程肢解后以分包的名义转包给第三人。承包人不得将工程的主体结构、关键性工作及专用合同条款中禁止分包的专业工程分包给第三人，主体结构、关键性工作的范围由合同当事人按照法律规定在专用合同条款中予以明确。

承包人不得以劳务分包的名义转包或违法分包工程。

（2）分包的确定

承包人应按专用合同条款的约定进行分包，确定分包人。已标价工程量清单或预算书中给定暂估价的专业工程，按照本通用条款［暂估价］确定分包人。按照合同约定进行分包的，承包人应确保分包人具有相应的资质和能力。工程分包不减轻或免除承包人的责任和义务，承包人和分包人就分包工程向发包人承担连带责任。除合同另有约定外，承包人应在分包合同签订后的7天内向发包人和监理人提交分包合同副本。

（3）分包管理

承包人应向监理人提交分包人的主要施工管理人员表，并对分包人的施工人员进行实名制管理，包括但不限于进出场管理、登记造册以及各种证照的办理。

（4）分包合同价款

除本通用条款［暂估价］约定的情况或专用合同条款另有约定外，分包合同价款由承包人与分包人结算，未经承包人同意，发包人不得向分包人支付分包工程价款；生效法律文书要求发包人向分包人支付分包合同价款的，发包人有权从应付承包人工程款中扣除该部分款项。

（5）分包合同权益的转让

分包人在分包合同项下的义务持续到缺陷责任期届满以后的，发包人有权在缺陷责任期届满前，要求承包人将其在分包合同项下的权益转让给发包人，承包人应当转让。除转让合同另有约定外，转让合同生效后，由分包人向发包人履行义务。

6）工程照管与成品、半成品保护

除专用合同条款另有约定外，自发包人向承包人移交施工现场之日起，承包人应负责照管工程及工程相关的材料、工程设备，直到颁发工程接收证书之日止。在承包人负责照管期间，因承包人原因造成工程、材料、工程设备损坏的，由承包人负责修复或更换，并承担由此增加的费用和（或）延误的工期。对合同内分期完成的成品和半成品，在工程接收证书颁发前，由承包人承担保护责任。因承包人原因造成成品或半成品损坏的，由承包人负责修复或更换，并承担由此增加的费用和（或）延误的工期。

7）履约担保

发包人需要承包人提供履约担保的，由合同当事人在专用合同条款中约定履约担保的方式、金额及期限等。履约担保可以采用银行保函或担保公司担保等形式，具体由合同当事人在专用合同条款中约定。因承包人原因导致工期延长的，继续提供履约担保所增加的费用由承包人承担；非因承包人原因导致工期延长的，继续提供履约担保所增加的费用由发包人承担。

8）联合体

联合体各方应共同与发包人签订合同协议书。联合体各方应为履行合同向发包人承担连带责任。联合体协议经发包人确认后作为合同附件。在履行合同过程中，未经发包人同意，不得修改联合体协议。联合体牵头人负责与发包人和监理人联系，并接受指示，负责组织联合体各成员全面履行合同。

7.2.4　监理人一般规定和主要工作

1）监理人的一般规定

工程实行监理的，发包人和承包人应在专用合同条款中明确监理人的监理内容及监理权限等事项。监理人应当根据发包人授权及法律规定，代表发包人对工程施工相关事项进行检查、查验、审核、验收，并签发相关指示，但监理人无权修改合同，且无权减轻或免除合同约定的承包人的任何责任与义务。除专用合同条款另有约定外，监理人在施工现场的办公场所、生活场所由承包人提供，所发生的费用由发包人承担。

2）监理人员

发包人授予监理人对工程实施监理的权力由监理人派驻施工现场的监理人员行使，监理人员包括总监理工程师及监理工程师。监理人应将授权的总监理工程师和监理工程师的姓名及授权范围以书面形式提前通知承包人。更换总监理工程师的，监理人应提前7天书面通知承包人；更换其他监理人员，监理人应提前48小时书面通知承包人。

3）监理人的指示

监理人应按照发包人的授权发出监理指示。监理人的指示应采用书面形式，并经其授权的监理人员签字。紧急情况下，为了保证施工人员的安全或避免工程受损，监理人员可以口头形式发出指示，该指示与书面形式的指示具有同等法律效力，但必须在发出口头指示后的 24 小时内补发书面监理指示，补发的书面监理指示应与口头指示一致。

监理人发出的指示应送达承包人项目经理或经项目经理授权接收的人员。因监理人未能按合同约定发出指示、指示延误或发出了错误指示而导致承包人费用增加和（或）工期延误的，由发包人承担相应责任。除专用合同条款另有约定外，总监理工程师不应将[商定或确定]约定应由总监理工程师作出确定的权力授权或委托给其他监理人员。

承包人对监理人发出的指示有疑问的，应向监理人提出书面异议，监理人应在 48 小时内对该指示予以确认、更改或撤销，监理人逾期未回复的，承包人有权拒绝执行上述指示。

监理人对承包人的任何工作、工程或其采用的材料和工程设备未在约定的或合理期限内提出意见的，视为批准，但不免除或减轻承包人对该工作、工程、材料、工程设备等应承担的责任和义务。

4）商定或确定

合同当事人进行商定或确定时，总监理工程师应当会同合同当事人尽量通过协商达成一致，不能达成一致的，由总监理工程师按照合同约定审慎做出公正的确定。

总监理工程师应将确定以书面形式通知发包人和承包人，并附详细依据。合同当事人对总监理工程师的确定没有异议的，按照总监理工程师的确定执行。任何一方合同当事人有异议，按照本通用条款[争议解决]约定处理。争议解决前，合同当事人暂按总监理工程师的确定执行；争议解决后，争议解决的结果与总监理工程师的确定不一致的，按照争议解决的结果执行，由此所造成的损失由责任人承担。

7.2.5   施工合同的进度控制条款

微视频7-4：2017
版建设工程施工
合同文本的特点
及新制度

进度控制目标是项目管理的主要目标。进度控制是施工合同管理的重要组成部分。施工合同的进度控制可以分为施工准备阶段、施工阶段和竣工验收阶段的进度控制。

1）施工准备阶段的进度控制

（1）合同工期的约定

工期是指在合同协议书约定的承包人完成工程所需的期限，包括按照合同约定所作的期限变更，按总日历天数（包括法定节假日）计算的承包天数。合同工期是施工的工程从开工起到完成专用条款约定的全部内容，工程达到竣工验收标准所经历的时间。承发包双方必须在协议书中明确约定工期，包括开工日期（包括计划开工日期和实际开工日期）和竣工日期（包括计划竣工日期和实际竣工日期）。计划开工日期是指合同协议书约定的开工日期；实际开工日期是指监理人按照通用条款[开工通知]约定发出的符合法律规定的开工通知中载明的开工日期。计划竣工日期是指合同协议书约定的竣工日期；实际竣工日期按照通用条款[竣工日期]的约定确定。工程竣工验收通过，实际竣工日期为承包人送交竣工验收报告的日期；工程按发包人要求修改后通过竣工验收的，实际竣工日期为承包人修改后提请发包人验收的日期。合同当事人应当在开工日期前做好一切开工的准备工作，承包人则应当按约定的开工日期开工。

对于群体工程，双方应在合同附件中具体约定不同单位工程的开工日期和竣工日期。对于大型、复杂的工程项目，除了约定整个工程的开工日期、竣工日期和合同工期的总日历天数外，还应约定重要里程碑事件的开工与竣工日期，以确保工期总目标的顺利实现。

（2）提交施工组织设计

① 施工组织设计的内容。施工组织设计应包含以下内容：

a. 施工方案；

b. 施工现场平面布置图；

c. 施工进度计划和保证措施；

d. 劳动力及材料供应计划；

e. 施工机械设备的选用；

f. 质量保证体系及措施；

g. 安全生产、文明施工措施；

h. 环境保护、成本控制措施；

i. 合同当事人约定的其他内容。

② 施工组织设计的提交和修改。除专用合同条款另有约定外，承包人应在合同签订后的 14 天内，但至迟不得晚于［开工通知］载明的开工日期前 7 天，向监理人提交详细的施工组织设计，并由监理人报送发包人。除专用合同条款另有约定外，发包人和监理人应在监理人收到施工组织设计后的 7 天内确认或提出修改意见。对发包人和监理人提出的合理意见和要求，承包人应自费修改完善。根据工程实际情况需要修改施工组织设计的，承包人应向发包人和监理人提交修改后的施工组织设计。

（3）编制和修订施工进度计划

① 施工进度计划的编制。承包人应按照施工组织设计的约定提交详细的施工进度计划，施工进度计划的编制应当符合国家法律规定和一般工程实践惯例，施工进度计划经发包人批准后实施。施工进度计划是控制工程进度的依据，发包人和监理人有权按照施工进度计划检查工程进度情况。

② 施工进度计划的修订。施工进度计划不符合合同要求或与工程的实际进度不一致的，承包人应向监理人提交修订的施工进度计划，并附具有关措施和相关资料，由监理人报送发包人。除专用合同条款另有约定外，发包人和监理人应在收到修订的施工进度计划后的 7 天内完成审核和批准或提出修改意见。

发包人和监理人对承包人提交的施工进度计划的确认，不能减轻或免除承包人根据法律规定和合同约定应承担的任何责任或义务。

（4）开工

① 开工准备。除专用合同条款另有约定外，承包人应按照施工组织设计约定的期限，向监理人提交工程开工报审表，经监理人报发包人批准后执行。开工报审表应详细说明按施工进度计划正常施工所需的施工道路、临时设施、材料、工程设备、施工设备、施工人员等落实情况以及工程的进度安排。除专用合同条款另有约定外，合同当事人应按约定完成开工准备工作。

② 开工通知。发包人应按照法律规定获得工程施工所需的许可。经发包人同意后，监理人发出的开工通知应符合法律规定。监理人应在计划开工日期 7 天前向承包人发出开工通知，工期自开工通知中载明的开工日期起算。

除专用合同条款另有约定外，因发包人原因造成监理人未能在计划开工日期之日起

90 天内发出开工通知的，承包人有权提出价格调整要求，或者解除合同。发包人应当承担由此增加的费用和（或）延误的工期，并向承包人支付合理利润。

（5）测量放线

① 发包人及时提供测量基准点等书面资料。除专用合同条款另有约定外，发包人应在至迟不得晚于本通用条款［开工通知］载明的开工日期的前 7 天通过监理人向承包人提供测量基准点、基准线和水准点及其书面资料。发包人应对其提供的测量基准点、基准线和水准点及其书面资料的真实性、准确性和完整性负责。

承包人发现发包人提供的测量基准点、基准线和水准点及其书面资料存在错误或疏漏的，应及时通知监理人。监理人应及时报告发包人，并会同发包人和承包人予以核实。发包人应就如何处理和是否继续施工作出决定，并通知监理人和承包人。

② 承包人负责施工测量放线工作。承包人负责施工过程中的全部施工测量放线工作，并配置具有相应资质的人员、合格的仪器、设备和其他物品。承包人应矫正工程的位置、标高、尺寸或基准线中出现的任何差错，并对工程各部分的定位负责。

施工过程中对施工现场内水准点等测量标志物的保护工作由承包人负责。

2）施工阶段的进度控制

（1）发包人代表或总监理工程师对进度计划的检查与监督

开工后，承包人必须按照发包人代表或总监理工程师确认的进度计划组织施工，接受发包人代表或总监理工程师对进度的检查、监督，检查、督促的依据一般是双方已经确认的月度进度计划。一般情况下，发包人代表或总监理工程师每月检查一次承包人的进度计划执行情况，由承包人提交一份上月进度计划的实际执行情况和本月的施工计划。同时，发包人代表或总监理工程师还应进行必要的现场实地检查。

若工程实际进度与经过确认的进度计划不相符时，承包人应按发包人代表或总监理工程师的要求提出改进措施，经发包人代表或总监理工程师确认后执行。但是，对于因承包人自身的原因导致实际进度与进度计划不符时，所有的后果都应由承包人自行承担，承包人无权就改进措施追加合同价款，发包人代表或总监理工程师也不对改进措施的效果负责。如果采用改进措施后，经过一段时间，工程的实际进展赶上了进度计划，则仍可按原进度计划执行。如果采用改进措施一段时间后，工程的实际进展仍明显与进度计划不符，则发包人代表或总监理工程师可以要求承包人修改原进度计划，并经发包人代表或总监理工程师确认后执行。但是，这种确认并不是发包人代表或总监理工程师对工程延期的批准，而只是要求承包人在合理的状态下施工。因此，如果承包人按修改后的进度计划施工仍不能按期竣工的，承包人仍应承担相应的违约责任。发包人代表或总监理工程师应当随时了解施工进度计划在执行过程中所存在的问题，并帮助承包人予以解决，特别是承包人无力解决的内外关系协调问题。

（2）工期延误

① 因发包人原因导致工期延误。在合同履行过程中，因下列情况导致工期延误和（或）费用增加的，由发包人承担由此延误的工期和（或）增加的费用，且发包人应支付承包人合理的利润：

a. 发包人未能按合同约定提供图纸或所提供的图纸不符合合同约定的；

b. 发包人未能按合同约定提供施工现场、施工条件、基础资料、许可、批准等开工条件的；

  c. 发包人提供的测量基准点、基准线和水准点及其书面资料存在错误或疏漏的；

  d. 发包人未能在计划开工日期之日起 7 天内同意下达开工通知的；

  e. 发包人未能按合同约定日期支付工程预付款、进度款或竣工结算款的；

  f. 监理人未按合同约定发出指示、批准等文件的；

  g. 专用合同条款中约定的其他情形。

因发包人原因未按计划开工日期开工的，发包人应按实际开工日期顺延竣工日期，确保实际工期不低于合同约定的工期总日历天数。因发包人原因导致工期延误需要修订施工进度计划的，按照本通用条款［施工进度计划的修订］的规定执行。

② 因承包人原因导致工期延误。因承包人原因造成工期延误的，可以在专用合同条款中约定逾期竣工违约金的计算方法和逾期竣工违约金的上限。承包人支付逾期竣工违约金后，不免除承包人继续完成工程及修补缺陷的义务。

（3）不利物质条件

不利物质条件是指有经验的承包人在施工现场遇到的不可预见的自然物质条件、非自然的物质障碍和污染物，包括地表以下物质条件和水文条件以及专用合同条款约定的其他情形，但不包括气候条件。

承包人遇到不利物质条件时，应采取克服不利物质条件的合理措施继续施工，并及时通知发包人和监理人。通知应载明不利物质条件的内容以及承包人认为不可预见的理由。监理人经发包人同意后应当及时发出指示，指示构成变更的，按本通用条款［变更］的约定执行。承包人因采取合理措施而增加的费用和（或）延误的工期由发包人承担。

（4）异常恶劣的气候条件

异常恶劣的气候条件是指在施工过程中遇到的，有经验的承包人在签订合同时不可预见的，对合同履行造成实质性影响的，但尚未构成不可抗力事件的恶劣气候条件。合同当事人可以在专用合同条款中约定异常恶劣的气候条件的具体情形。

承包人应采取克服异常恶劣的气候条件的合理措施继续施工，并及时通知发包人和监理人。监理人经发包人同意后应当及时发出指示，指示构成变更的，按本通用条款［变更］的约定办理。承包人因采取合理措施而增加的费用和（或）延误的工期由发包人承担。

（5）暂停施工

① 发包人原因引起的暂停施工。因发包人原因引起暂停施工的，监理人经发包人同意后，应及时下达暂停施工指示。情况紧急且监理人未及时下达暂停施工指示的，按照本通用条款［紧急情况下的暂停施工］执行。因发包人原因引起的暂停施工，发包人应承担由此增加的费用和（或）延误的工期，并支付承包人合理的利润。

② 承包人原因引起的暂停施工。因承包人原因引起的暂停施工，承包人应承担由此增加的费用和（或）延误的工期，且承包人在收到监理人复工指示后 84 天内仍未复工的，视为本通用条款［承包人违约的情形］约定的承包人无法继续履行合同的情形。

③ 指示暂停施工。监理人认为有必要时，并经发包人批准后，可向承包人作出暂停施工的指示，承包人应按监理人指示暂停施工。

④ 紧急情况下的暂停施工。因紧急情况需暂停施工，且监理人未及时下达暂停施工

指示的，承包人可先暂停施工，并及时通知监理人。监理人应在接到通知后 24 小时内发出指示，逾期未发出指示，视为同意承包人暂停施工。监理人不同意承包人暂停施工的，应说明理由，承包人对监理人的答复有异议，按照本通用条款［争议解决］的约定处理。

⑤ 暂停施工后的复工。暂停施工后，发包人和承包人应采取有效措施积极消除暂停施工的影响。在工程复工前，监理人会同发包人和承包人确定因暂停施工造成的损失，并确定工程复工条件。当工程具备复工条件时，监理人应经发包人批准后向承包人发出复工通知，承包人应按照复工通知要求复工。承包人无故拖延和拒绝复工的，承包人承担由此增加的费用和（或）延误的工期；因发包人原因无法按时复工的，按照本通用条款［因发包人原因导致工期延误］的约定办理。

⑥ 暂停施工持续 56 天以上。监理人发出暂停施工指示后 56 天内未向承包人发出复工通知，除该项停工属于本通用条款［承包人原因引起的暂停施工］及［不可抗力］约定的情形外，承包人可向发包人提交书面通知，要求发包人在收到书面通知后的 28 天内准许已暂停施工的部分或全部工程继续施工。发包人逾期不予批准的，则承包人可以通知发包人，将工程受影响的部分视为按本通用条款［变更的范围］的可取消工作。

暂停施工持续 84 天以上不复工的，且不属于本通用条款［承包人原因引起的暂停施工］及［不可抗力］约定的情形，并影响整个工程以及合同目的实现的，承包人有权提出价格调整要求，或者解除合同。解除合同的，按照本通用条款［因发包人违约解除合同］的规定执行。

⑦ 暂停施工期间的工程照管。暂停施工期间，承包人应负责妥善照管工程并提供安全保障，由此增加的费用由责任方承担。

⑧ 暂停施工的措施。暂停施工期间，发包人和承包人均应采取必要的措施确保工程质量及安全，防止因暂停施工扩大损失。

（6）变更

① 变更的范围。除专用合同条款另有约定外，合同履行过程中发生以下情形的，应按照本条约定进行变更：

a. 增加或减少合同中任何工作，或追加额外的工作；

b. 取消合同中任何工作，但转由他人实施的工作除外；

c. 改变合同中任何工作的质量标准或其他特性；

d. 改变工程的基线、标高、位置和尺寸；

e. 改变工程的时间安排或实施顺序。

② 变更权。发包人和监理人均可以提出变更。变更指示均通过监理人发出，监理人发出变更指示前应征得发包人同意。承包人收到经发包人签认的变更指示后，方可实施变更。未经许可，承包人不得擅自对工程的任何部分进行变更。涉及设计变更的，应由设计人提供变更后的图纸和说明。如变更超过原设计标准或批准的建设规模时，发包人应及时办理规划、设计变更等审批手续。

③ 变更程序。

a. 发包人提出变更。发包人提出变更的，应通过监理人向承包人发出变更指示，变更指示应说明计划变更的工程范围和变更的内容。

b. 监理人提出变更建议。监理人提出变更建议的，需要向发包人以书面形式提出变更计划，说明计划变更工程范围和变更的内容、理由，以及实施该变更对合同价格和工期的影响。发包人同意变更的，由监理人向承包人发出变更指示。发包人不同意变更的，监理人无权擅自发出变更指示。

c. 变更执行。承包人收到监理人下达的变更指示后，认为不能执行，应立即提出不能执行该变更指示的理由。承包人认为可以执行变更的，应当书面说明实施该变更指示对合同价格和工期的影响，且合同当事人应当按照本通用条款［变更估价］的约定确定变更估价。

④ 变更或承包人合理化建议引起的工期调整。

因变更引起工期变化的，合同当事人均可要求调整合同工期，由合同当事人按照本通用条款［商定或确定］的规定，并参考工程所在地的工期定额标准确定增减工期天数。

承包人提出合理化建议的，应向监理人提交合理化建议说明，说明建议的内容和理由，以及实施该建议对工期和合同价格的影响，合理化建议由监理人审查并报送发包人，合理化建议经发包人批准的，监理人应及时发出变更指示，由此引起的工期变化和合同价格调整按照合同的相关规定执行。

3）竣工验收阶段的进度控制

（1）实际竣工日期的确定

工程经竣工验收合格的，以承包人提交竣工验收申请报告之日为实际竣工日期，并在工程接收证书中载明；因发包人原因，未在监理人收到承包人提交的竣工验收申请报告42天内完成竣工验收的，或完成竣工验收不予签发工程接收证书的，以提交竣工验收申请报告的日期为实际竣工日期；工程未经竣工验收，发包人擅自使用的，以转移占有工程之日为实际竣工日期。

（2）提前竣工

发包人要求承包人提前竣工的，发包人应通过监理人向承包人下达提前竣工指示，承包人应向发包人和监理人提交提前竣工建议书，提前竣工建议书应包括实施的方案、缩短的时间、增加的合同价格等内容。发包人接受该提前竣工建议书的，监理人应与发包人和承包人协商采取加快工程进度的措施，并修订施工进度计划，由此增加的费用由发包人承担。承包人认为提前竣工指示无法执行的，应向监理人和发包人提出书面异议，发包人和监理人应在收到异议后7天内予以答复。任何情况下，发包人不得压缩合理工期。

发包人要求承包人提前竣工，或承包人提出提前竣工的建议能够给发包人带来效益的，合同当事人可以在专用合同条款中约定提前竣工的奖励。

7.2.6　施工合同的质量控制条款

质量控制是项目管理的主要目标。工程施工质量控制是合同履行中的重要环节。施工合同的质量控制涉及许多方面的因素，任何一个方面的缺陷和疏漏，都会使工程质量无法达到预期的标准。承包人应按照合同约定的标准、规范、图纸、质量等级以及工程师发布的指令认真施工，并达到合同约定的质量等级。在施工过程中，承包人要随时接受工程师对材料、设备、中间部位、隐蔽工程、竣工工程等质量的检查、验收与监督。

微视频7-5：工程施工合同条款结构及其相互影响分析

1）质量标准和要求

（1）质量标准约定

工程质量标准必须符合现行国家有关工程施工质量验收规范和标准的要求。有关工程质量的特殊标准或要求由合同当事人在专用合同条款中约定。

（2）达不到质量标准的处理。

因发包人原因造成工程质量未达到合同约定标准的，由发包人承担由此增加的费用和（或）延误的工期，并支付承包人合理的利润。因承包人原因造成工程质量未达到合同约定标准的，发包人有权要求承包人返工直至工程质量达到合同约定的标准为止，并由承包人承担由此增加的费用和（或）延误的工期。

（3）质量争议的处理

合同当事人对工程质量有争议的，由双方协商确定的工程质量检测机构鉴定，由此产生的费用及因此造成的损失，由责任方承担。合同当事人均有责任的，由双方根据其责任分别承担。合同当事人无法达成一致的，按照本通用条款［商定或确定］执行。

2）质量保证措施

（1）发包人的质量管理

发包人应按照法律规定及合同约定完成与工程质量有关的各项工作。

（2）承包人的质量管理

承包人按照本通用条款［施工组织设计］的约定向发包人和监理人提交工程质量保证体系及措施文件，建立完善的质量检查制度，并提交相应的工程质量文件。对于发包人和监理人违反法律规定和合同约定的错误指示，承包人有权拒绝实施。

承包人应对施工人员进行质量教育和技术培训，定期考核施工人员的劳动技能，严格执行施工规范和操作规程。承包人应按照法律规定和发包人的要求，对材料、工程设备以及工程的所有部位及其施工工艺进行全过程的质量检查和检验，并作详细记录，编制工程质量报表，报送监理人审查。此外，承包人还应按照法律规定和发包人的要求，进行施工现场取样试验、工程复核测量和设备性能检测，提供试验样品、提交试验报告和测量成果以及其他工作。

（3）监理人的质量检查和检验

监理人按照法律规定和发包人授权对工程的所有部位及其施工工艺、材料和工程设备进行检查和检验。承包人应为监理人的检查和检验提供方便，包括监理人到施工现场，或制造、加工地点，或合同约定的其他地方进行察看和查阅施工原始记录。监理人为此进行的检查和检验，不免除或减轻承包人按照合同约定应当承担的责任。

监理人的检查和检验不应影响施工正常进行。监理人的检查和检验影响施工正常进行的，且经检查检验不合格的，影响正常施工的费用由承包人承担，工期不予顺延；经检查检验合格的，由此增加的费用和（或）延误的工期由发包人承担。

3）材料和工程设备的质量控制

（1）发包人供应材料与工程设备

发包人自行供应材料、工程设备的，应在签订合同时在专用合同条款的附件《发包人供应材料设备一览表》中明确材料、工程设备的品种、规格、型号、数量、单价、质量等级和送达地点。

承包人应提前 30 天通过监理人以书面形式通知发包人供应材料与工程设备进场。承包人按照本通用条款［施工进度计划的修订］的约定修订施工进度计划时，需同时提交经修订后的发包人供应材料与工程设备的进场计划。

（2）承包人采购材料与工程设备

承包人负责采购材料、工程设备的，应按照设计和有关标准要求采购，并提供产品合格证明及出厂证明，对材料、工程设备质量负责。合同约定由承包人采购的材料、工程设备，发包人不得指定生产厂家或供应商，发包人违反本款约定指定生产厂家或供应商的，承包人有权拒绝，并由发包人承担相应责任。

（3）材料与工程设备的接收与拒收

① 发包人提供材料、设备的责任。

发包人应按《发包人供应材料设备一览表》约定的内容提供材料和工程设备，并向承包人提供产品合格证明及出厂证明，对其质量负责。发包人应提前 24 小时以书面形式通知承包人、监理人材料和工程设备到货时间，承包人负责材料和工程设备的清点、检验和接收。

发包人提供的材料和工程设备的规格、数量或质量不符合合同约定的，或因发包人原因导致交货日期延误或交货地点变更等情况的，按照［发包人违约］的约定办理。

② 承包人提供材料、设备的责任。

承包人采购的材料和工程设备，应保证产品质量合格，承包人应在材料和工程设备到货前 24 小时通知监理人检验。承包人进行永久设备、材料的制造和生产的，应符合相关质量标准，并向监理人提交材料的样本以及有关资料，并应在使用该材料或工程设备之前获得监理人同意。

承包人采购的材料和工程设备不符合设计或有关标准要求时，承包人应在监理人要求的合理期限内将不符合设计或有关标准要求的材料、工程设备运出施工现场，并重新采购符合要求的材料、工程设备，由此增加的费用和（或）延误的工期，由承包人承担。

（4）材料与工程设备的保管与使用

① 发包人供应材料、设备的保管与使用。

发包人供应的材料和工程设备，承包人清点后由承包人妥善保管，保管费用由发包人承担，但已标价工程量清单或预算书已经列支或专用合同条款另有约定的除外。因承包人原因发生丢失毁损的，由承包人负责赔偿；监理人未通知承包人清点的，承包人不负责材料和工程设备的保管，由此导致丢失毁损的由发包人负责。发包人供应的材料和工程设备使用前，由承包人负责检验，检验费用由发包人承担，不合格的不得使用。

② 承包人采购材料、设备的保管与使用。

承包人采购的材料和工程设备由承包人妥善保管，保管费用由承包人承担。法律规定材料和工程设备使用前必须进行检验或试验的，承包人应按监理人的要求进行检验或试验，检验或试验费用由承包人承担，不合格的不得使用。发包人或监理人发现承包人使用不符合设计或有关标准要求的材料和工程设备时，有权要求承包人进行修复、拆除或重新采购，由此增加的费用和（或）延误的工期，由承包人承担。

（5）禁止使用不合格的材料、设备

监理人有权拒绝承包人提供的不合格材料或工程设备，并要求承包人立即进行更换。

监理人应在更换后再次进行检查和检验，由此增加的费用和（或）延误的工期由承包人承担。监理人发现承包人使用了不合格的材料和工程设备，承包人应按照监理人的指示立即改正，并禁止在工程中继续使用不合格的材料和工程设备。

发包人提供的材料或工程设备不符合合同要求的，承包人有权拒绝，并可要求发包人更换，由此增加的费用和（或）延误的工期由发包人承担，并支付承包人合理的利润。

（6）样品

① 样品的报送与封存。

需要承包人报送样品的材料或工程设备，样品的种类、名称、规格、数量等要求均应在专用合同条款中约定。样品的报送程序如下：

a. 承包人应在计划采购前 28 天向监理人报送样品。承包人报送的样品均应来自供应材料的实际生产地，且提供的样品的规格、数量足以表明材料或工程设备的质量、型号、颜色、表面处理、质地、误差和其他要求的特征。

b. 承包人每次报送样品时应随附申报单，申报单应载明报送样品的相关数据和资料，并标明每件样品对应的图纸号，预留监理人批复意见栏。监理人应在收到承包人报送的样品后 7 天内向承包人回复经发包人签认的样品审批意见。

c. 经发包人和监理人审批确认的样品应按约定的方法封样，封存的样品作为检验工程相关部分的标准之一。承包人在施工过程中不得使用与样品不符的材料或工程设备。

d. 发包人和监理人对样品的审批确认仅为确认相关材料或工程设备的特征或用途，不得被理解为对合同的修改或改变，也并不减轻或免除承包人任何的责任和义务。如果封存的样品修改或改变了合同约定，合同当事人应当以书面协议予以确认。

② 样品的保管。

经批准的样品应由监理人负责封存于现场，承包人应在现场为保存样品提供适当和固定的场所，并保持适当和良好的存储环境条件。

（7）材料与工程设备的替代

① 替代材料和设备的使用规定。出现下列情况需要使用替代材料和工程设备的，承包人应按照合同约定的程序执行：

a. 基准日期后生效的法律规定禁止使用的；

b. 发包人要求使用替代品的；

c. 因其他原因必须使用替代品的。

② 替代材料和设备的使用程序。承包人应在使用替代材料和工程设备 28 天前书面通知监理人，并附下列文件：

a. 被替代的材料和工程设备的名称、数量、规格、型号、品牌、性能、价格及其他相关资料；

b. 替代品的名称、数量、规格、型号、品牌、性能、价格及其他相关资料；

c. 替代品与被替代产品之间的差异以及使用替代品可能对工程产生的影响；

d. 替代品与被替代产品的价格差异；

e. 使用替代品的理由和原因说明；

f. 监理人要求的其他文件。

监理人应在收到通知后的 14 天内向承包人发出经发包人签认的书面指示；监理人逾

期发出书面指示的，视为发包人和监理人同意使用替代品。

③ 替代材料和设备的价格确定。发包人认可使用替代材料和工程设备的，替代材料和工程设备的价格，按照已标价工程量清单或与预算书相同项目的价格认定；无相同项目的，参考相似项目价格认定；既无相同项目也无相似项目的，按照合理的成本与利润构成的原则，由合同当事人按照本通用条款［商定或确定］确定价格。

（8）施工设备和临时设施

① 承包人提供的施工设备和临时设施。承包人应按合同进度计划的要求，及时配置施工设备和修建临时设施。进入施工场地的承包人设备需经监理人核查后才能投入使用。承包人更换合同约定的承包人设备的，应报监理人批准。除专用合同条款另有约定外，承包人应自行承担修建临时设施的费用，需要临时占地的，应由发包人办理申请手续并承担相应费用。

② 发包人提供的施工设备和临时设施。发包人提供的施工设备或临时设施在专用合同条款中约定。

③ 要求承包人增加或更换施工设备。承包人使用的施工设备不能满足合同进度计划和（或）质量要求时，监理人有权要求承包人增加或更换施工设备，承包人应及时增加或更换，由此增加的费用和（或）延误的工期由承包人承担。

（9）材料与设备专用要求

承包人运入施工现场的材料、工程设备、施工设备以及在施工场地建设的临时设施，包括备品备件、安装工具与资料，必须专用于工程。未经发包人批准，承包人不得运出施工现场或挪作他用；经发包人批准，承包人可以根据施工进度计划撤走闲置的施工设备和其他物品。

4）隐蔽工程检查

（1）承包人自检

承包人应当对工程隐蔽部位进行自检，并经自检确认是否具备覆盖条件。

（2）检查程序

除专用合同条款另有约定外，工程隐蔽部位经承包人自检确认具备覆盖条件的，承包人应在共同检查前的 48 小时书面通知监理人检查，通知中应载明隐蔽检查的内容、时间和地点，并应附有自检记录和必要的检查资料。

监理人应按时到场并对隐蔽工程及其施工工艺、材料和工程设备进行检查。经监理人检查确认质量符合隐蔽要求，并在验收记录上签字后，承包人才能进行覆盖。经监理人检查质量不合格的，承包人应在监理人指示的时间内完成修复，并由监理人重新检查，由此增加的费用和（或）延误的工期由承包人承担。

除专用合同条款另有约定外，监理人不能按时进行检查的，应在检查前 24 小时向承包人提交书面延期要求，但延期不能超过 48 小时，由此导致工期延误的，工期应予以顺延。监理人未按时进行检查，也未提出延期要求的，视为隐蔽工程检查合格，承包人可自行完成覆盖工作，并作相应记录报送监理人，监理人应签字确认。监理人事后对检查记录有疑问的，可按本通用条款［重新检查］的约定重新检查。

（3）重新检查

承包人覆盖工程隐蔽部位后，发包人或监理人对质量有疑问的，可要求承包人对已覆盖的部位进行钻孔探测或揭开重新检查，承包人应遵照执行，并在检查后重新覆盖恢复原状。经检查证明工程质量符合合同要求的，由发包人承担由此增加的费用和（或）延误的工期，并支付承包人合理的利润；经检查证明工程质量不符合合同要求的，由此增加的费用和（或）延误的工期由承包人承担。

（4）承包人私自覆盖

承包人未通知监理人到场检查，私自将工程隐蔽部位覆盖的，监理人有权指示承包人钻孔探测或揭开检查，无论工程隐蔽部位的质量是否合格，由此增加的费用和（或）延误的工期均由承包人承担。

5）不合格工程的处理

因承包人原因造成工程不合格的，发包人有权随时要求承包人采取补救措施，直至达到合同要求的质量标准，由此增加的费用和（或）延误的工期由承包人承担。无法补救的，按照本通用条款［拒绝接收全部或部分工程］的约定执行。

因发包人原因造成工程不合格的，由此增加的费用和（或）延误的工期由发包人承担，并支付承包人合理的利润。

6）试验与检验

（1）试验设备与试验人员

承包人根据合同约定或监理人指示进行的现场材料试验，应由承包人提供试验场所、试验人员、试验设备以及其他必要的试验条件。监理人在必要时可以使用承包人提供的试验场所、试验设备以及其他试验条件，进行以工程质量检查为目的的材料复核试验，承包人应予以协助。

承包人应按专用合同条款的约定提供试验设备、取样装置、试验场所和试验条件，并向监理人提交相应的进场计划表。承包人配置的试验设备要符合相应试验规程的要求，并经过具有资质的检测单位检测，且在正式使用该试验设备前，需要经过监理人与承包人共同校定。

承包人应向监理人提交试验人员的名单及其岗位、资格等证明资料，试验人员必须能够熟练进行相应的检测试验，承包人对试验人员的试验程序和试验结果的正确性负责。

（2）取样

试验属于自检性质的，承包人可以单独取样。试验属于监理人抽检性质的，可由监理人取样，也可以由承包人的试验人员在监理人的监督下取样。

（3）材料、工程设备和工程的试验和检验

承包人应按合同约定进行材料、工程设备和工程的试验和检验，并为监理人对上述材料、工程设备和工程的质量检查提供必要的试验资料和原始记录。按合同约定，应由监理人与承包人共同进行试验和检验的，承包人负责提供必要的试验资料和原始记录。

试验属于自检性质的，承包人可以单独进行试验。试验属于监理人抽检性质的，监理人可以单独进行试验，也可由承包人与监理人共同进行。承包人对由监理人单独进行的试验结果有异议的，可以申请重新共同进行试验。约定共同进行试验的，监理人未按照约定参加试验的，承包人可自行试验，并将试验结果报送监理人，监理人应承认该试验结果。

监理人对承包人的试验和检验结果有异议的，或为查清承包人试验和检验成果的可靠性要求承包人重新试验和检验的，可由监理人与承包人共同进行。重新试验和检验的结果证明该项材料、工程设备或工程的质量不符合合同要求的，由此增加的费用和（或）延误的工期由承包人承担；重新试验和检验结果证明该项材料、工程设备和工程符合合同要求的，由此增加的费用和（或）延误的工期由发包人承担。

（4）现场工艺试验

承包人应按合同约定或监理人指示进行现场工艺试验。对大型的现场工艺试验，监理人认为必要时，承包人应根据监理人提出的工艺试验要求，编制工艺试验措施计划，报送监理人审查。

7）分部分项工程验收

分部分项工程质量应符合国家有关工程施工验收规范、标准及合同约定，承包人应按照施工组织设计的要求完成分部分项工程施工。

除专用合同条款另有约定外，分部分项工程经承包人自检合格并具备验收条件的，承包人应提前 48 小时通知监理人进行验收。监理人不能按时进行验收的，应在验收前 24 小时向承包人提交书面延期要求，但延期不能超过 48 小时。监理人未按时进行验收，也未提出延期要求的，承包人有权自行验收，监理人应认可验收结果。分部分项工程未经验收的，不得进入下一道工序施工。分部分项工程的验收资料应当作为竣工资料的组成部分。

8）工程试车

（1）试车程序

工程需要试车的，除专用合同条款另有约定外，试车内容应与承包人承包范围相一致，试车费用由承包人承担。工程试车应按如下程序进行：

① 单机无负荷试车。具备单机无负荷试车条件，承包人组织试车，并在试车前 48 小时书面通知监理人，通知中应载明试车内容、时间、地点。承包人准备试车记录，发包人根据承包人要求为试车提供必要条件。试车合格的，监理人在试车记录上签字。监理人在试车合格后不在试车记录上签字，自试车结束满 24 小时后视为监理人已经认可试车记录，承包人可继续施工或办理竣工验收手续。

监理人不能按时参加试车，应在试车前的 24 小时以书面形式向承包人提出延期要求，但延期不能超过 48 小时，由此导致工期延误的，工期应予以顺延。监理人未能在前述期限内提出延期要求，又不参加试车的，视为认可试车记录。

② 无负荷联动试车。具备无负荷联动试车条件，发包人组织试车，并在试车前 48 小时以书面形式通知承包人。通知中应载明试车内容、时间、地点和对承包人的要求，承包人按要求做好准备工作。试车合格，合同当事人在试车记录上签字。承包人无正当理由不参加试车的，视为认可试车记录。

③ 投料试车。如需进行投料试车的，发包人应在工程竣工验收后组织投料试车。发包人要求在工程竣工验收前进行或需要承包人配合时，应征得承包人同意，并在专用合同条款中约定有关事项。

投料试车合格的，费用由发包人承担；因承包人原因造成投料试车不合格的，承包人应按照发包人要求进行整改，由此产生的整改费用由承包人承担；非因承包人原因导致投料试车不合格的，如发包人要求承包人进行整改的，由此产生的费用由发包人承担。

（2）试车责任

① 设计原因。因设计原因导致试车达不到验收要求的，发包人应要求设计人修改设

计，承包人按修改后的设计重新安装。发包人承担修改设计、拆除及重新安装的全部费用，工期相应顺延。

② 承包人原因。因承包人原因导致试车达不到验收要求，承包人按监理人要求重新安装和试车，并承担重新安装和试车的费用，工期不予顺延。

③ 设备制造原因。因工程设备制造原因导致试车达不到验收要求的，由采购该工程设备的合同当事人负责重新购置或修理，承包人负责拆除和重新安装，由此增加的修理、重新购置、拆除及重新安装的费用及延误的工期由采购该工程设备的合同当事人承担。

9）竣工验收

竣工验收是全面考核建设工作，检查是否符合设计要求和工程质量的重要环节。工程未经竣工验收或竣工验收未通过的，发包人不得使用。发包人强行使用时，由此发生的质量问题及其他问题，由发包人承担责任。但在此情况下，发包人主要是对强行使用直接产生的质量问题和其他问题承担责任，不能免除承包人对工程的保修等责任。

（1）竣工验收条件

工程具备以下条件的，承包人可以申请竣工验收：

① 除发包人同意的甩项工作和缺陷修补工作外，合同范围内的全部工程以及有关工作，包括合同要求的试验、试运行以及检验均已完成，并符合合同要求。

② 已按合同约定编制了甩项工作和缺陷修补工作清单以及相应的施工计划。

③ 已按合同约定的内容和份数备齐竣工资料。

（2）竣工验收程序

除专用合同条款另有约定外，承包人申请竣工验收的，应当按照以下程序进行：

① 承包人向监理人报送竣工验收申请报告，监理人应在收到竣工验收申请报告后 14 天内完成审查并报送发包人。监理人审查后认为尚不具备验收条件的，应通知承包人在竣工验收前承包人还需完成的工作内容，承包人应在完成监理人通知的全部工作内容后，再次提交竣工验收申请报告。

② 监理人审查后认为已具备竣工验收条件的，应将竣工验收申请报告提交发包人，发包人应在收到经监理人审核的竣工验收申请报告后的 28 天内审批完毕并组织监理人、承包人、设计人等相关单位完成竣工验收。

③ 竣工验收合格的，发包人应在验收合格后的 14 天内向承包人签发工程接收证书。发包人无正当理由逾期不颁发工程接收证书的，自验收合格后的第 15 天起视为已颁发工程接收证书。

④ 竣工验收不合格的，监理人应按照验收意见发出指示，要求承包人对不合格工程返工、修复或采取其他补救措施，由此增加的费用和（或）延误的工期由承包人承担。承包人在完成不合格工程的返工、修复或采取其他补救措施后，应重新提交竣工验收申请报告，并按本项约定的程序重新进行验收。

⑤ 工程未经验收或验收不合格，发包人擅自使用的，应在转移占有工程后 7 天内向承包人颁发工程接收证书；发包人无正当理由逾期不颁发工程接收证书的，自转移占有后的第 15 天起视为已颁发工程接收证书。

除专用合同条款另有约定外，发包人不按照本项约定组织竣工验收、颁发工程接收证书的，每逾期一天，应以签约合同价为基数，按照中国人民银行发布的同期、同类贷款基准利率支付违约金。

（3）拒绝接收全部或部分工程

对于竣工验收不合格的工程，承包人完成整改后，应当重新进行竣工验收，经重新组织验收仍不合格的，且无法采取措施补救的，则发包人可以拒绝接收不合格工程，因不合格工程导致其他工程不能正常使用的，承包人应采取措施确保相关工程的正常使用，由此增加的费用和（或）延误的工期由承包人承担。

（4）移交、接收全部与部分工程

除专用合同条款另有约定外，合同当事人应当在颁发工程接收证书后的 7 天内完成工程的移交。发包人无正当理由不接收工程的，发包人自应当接收工程之日起，承担工程照管、成品保护、保管等与工程有关的各项费用，合同当事人可以在专用合同条款中另行约定发包人逾期接收工程的违约责任。

承包人无正当理由不移交工程的，承包人应承担工程照管、成品保护、保管等与工程有关的各项费用，合同当事人可以在专用合同条款中另行约定承包人无正当理由不移交工程的违约责任。

10）提前交付单位工程的验收

发包人需要在工程竣工前使用单位工程的，或承包人提出提前交付已经竣工的单位工程且经发包人同意的，可进行单位工程验收，验收的程序按照本通用条款［竣工验收］的约定进行。

验收合格后，由监理人向承包人出具经发包人签认的单位工程接收证书。已签发单位工程接收证书的单位工程由发包人负责照管。单位工程的验收成果和结论作为整体工程竣工验收申请报告的附件。

发包人要求在工程竣工前交付单位工程，由此导致承包人费用增加和（或）工期延误的，由发包人承担由此增加的费用和（或）延误的工期，并支付承包人合理的利润。

11）施工期运行

施工期运行是指合同工程尚未全部竣工，其中某项或某几项单位工程或工程设备安装已竣工，根据专用合同条款约定，需要投入施工期运行的，经发包人按本通用条款［提前交付单位工程的验收］的约定验收合格，证明能确保安全后，才能在施工期投入运行。在施工期运行过程中发现工程或工程设备损坏或存在缺陷的，由承包人按本通用条款［缺陷责任期］的约定进行修复。

12）竣工退场

（1）现场清理

颁发工程接收证书后，承包人应按以下要求对施工现场进行清理：

① 施工现场内残留的垃圾已全部清除出场；

② 临时工程已拆除，场地已进行清理、平整或复原；

③ 按合同约定应撤离的人员、承包人施工设备和剩余的材料，包括废弃的施工设备和材料，已按计划撤离施工现场；

④ 施工现场周边及其附近道路、河道的施工堆积物，已全部清理；

⑤ 施工现场其他场地清理的工作已全部完成。

施工现场的竣工退场费用由承包人承担。承包人应在专用合同条款约定的期限内完成竣工退场，逾期未完成的，发包人有权出售或另行处理承包人遗留的物品，由此支出的费用由承包人承担，发包人出售承包人遗留物品所得款项，在扣除必要费用后应返还承包人。

（2）地表还原

承包人应按发包人要求恢复临时占地及清理场地，承包人未按发包人的要求恢复临时占地，或者场地清理未达到合同约定要求的，发包人有权委托其他人恢复或清理，所发生的费用由承包人承担。

13）缺陷责任与工程保修

承包人应按法律、行政法规或国家关于工程质量保修的有关规定，在工程移交发包人后，因承包人原因产生的质量缺陷，承包人应承担质量缺陷责任和保修义务。所谓质量缺陷是指工程不符合国家或行业现行的有关技术标准、设计文件以及合同中对质量的要求。缺陷责任期届满，承包人仍应按合同约定的工程各部位保修年限承担保修义务。

承包人应在工程竣工验收之前，与发包人签订质量保修书，作为施工合同附件，其有效期限至保修期满。

（1）缺陷责任期

① 缺陷责任期期限。缺陷责任期从工程通过竣工验收之日起计算，合同当事人应在专用合同条款约定缺陷责任期的具体期限，但该期限最长不得超过 24 个月。单位工程先于全部工程进行验收，经验收合格并交付使用的，该单位工程缺陷责任期自单位工程验收合格之日起算。因承包人原因导致工程无法按合同约定期限进行竣工验收的，缺陷责任期从实际通过竣工验收之日起计算。因发包人原因导致工程无法按合同约定期限进行竣工验收的，在承包人提交竣工验收报告的 90 天后，工程自动进入缺陷责任期；发包人未经竣工验收擅自使用工程的，缺陷责任期自工程转移占有之日起开始计算。

② 缺陷责任期期限的延长。缺陷责任期内，由承包人原因造成的缺陷，承包人应负责维修，并承担鉴定及维修费用。如承包人不维修也不承担费用，发包人可按合同约定从保证金或银行保函中扣除，费用超出保证金额的，发包人可按合同约定向承包人进行索赔。承包人维修并承担相应费用后，不免除对工程的损失赔偿责任。发包人有权要求承包人延长缺陷责任期，并应在原缺陷责任期届满前发出延长通知。但缺陷责任期（含延长部分）最长不能超过 24 个月。由他人原因造成的缺陷，发包人负责组织维修，承包人不承担费用，且发包人不得从保证金中扣除费用。

③ 缺陷责任期期限内的试验。任何一项缺陷或损坏修复后，经检查证明其影响了工程或工程设备的使用性能，承包人应重新进行合同约定的试验和试运行，试验和试运行的全部费用应由责任方承担。

④ 颁发缺陷责任期终止证书。除专用合同条款另有约定外，承包人应于缺陷责任期届满后的 7 天内向发包人发出缺陷责任期届满通知，发包人应在收到缺陷责任期满通知后的 14 天内核实承包人是否履行缺陷修复义务，承包人未能履行缺陷修复义务的，发包人有权扣除相应金额的维修费用。发包人应在收到缺陷责任期届满通知后的 14 天内，向承包人颁发缺陷责任期终止证书。

（2）保修责任

① 工程保修期。

工程保修期从工程竣工验收合格之日起算，具体分部分项工程的保修期由合同当事人在专用合同条款中约定，但不得低于法律、法规规定的法定最低保修年限。在工程保修期内，承包人应当根据有关法律规定以及合同约定承担保修责任。发包人未经竣工验收擅自使用工程的，保修期自转移占有之日起算。

② 保修费用处理。

保修期内，修复的费用按照以下约定处理：

a. 保修期内，因承包人原因造成工程的缺陷、损坏，承包人应负责修复，并承担修复的费用以及因工程的缺陷、损坏造成的人身伤害和财产损失；

b. 保修期内，因发包人使用不当造成工程的缺陷、损坏，可以委托承包人修复，但发包人应承担修复的费用，并支付承包人合理利润；

c. 因其他原因造成工程的缺陷、损坏，可以委托承包人修复，发包人应承担修复的费用，并支付承包人合理的利润，因工程的缺陷、损坏造成的人身伤害和财产损失由责任方承担。

③ 修复通知。

在保修期内，发包人在使用过程中，发现已接收的工程存在缺陷或损坏的，应书面通知承包人予以修复，但情况紧急必须立即修复缺陷或损坏的，发包人可以口头通知承包人并在口头通知后的 48 小时内书面确认，承包人应在专用合同条款约定的合理期限内到达工程现场并修复缺陷或损坏。

④ 未能修复。

因承包人原因造成工程的缺陷或损坏，承包人拒绝维修或未能在合理期限内修复缺陷或损坏，且经发包人书面催告后仍未能修复的，发包人有权自行修复或委托第三方修复，所需费用由承包人承担。但修复范围超出缺陷或损坏范围的，超出范围部分的修复费用由发包人承担。

⑤ 承包人出入权。

在保修期内，为了修复缺陷或损坏，承包人有权出入工程现场，除情况紧急必须立即修复缺陷或损坏外，承包人应提前 24 小时通知发包人进场修复的时间。承包人进入工程现场前应获得发包人同意，且不应影响发包人正常的生产经营，并应遵守发包人有关保安和保密等规定。

7.2.7　施工合同的投资控制条款

投资控制是项目管理的主要目标，投资控制是施工合同履行中的重要组成部分，涉及承包人实际成本控制和项目利润实现，也关系到发包人项目投资大小以及项目盈利水平，因此是双方重点关注的合同条款。

1）合同价格形式

发包人和承包人应在合同协议书中选择下列某一种合同价格形式。

（1）单价合同

单价合同是指合同当事人约定以工程量清单及其综合单价进行合同价格计算、调整和确认的建设工程施工合同，在约定的范围内合同单价不作调整。合同当事人应在专用合同条款中约定综合单价包含的风险范围和风

微视频7-6：工程施工合同管理与造价控制

险费用的计算方法，并约定风险范围以外的合同价格的调整方法，其中因市场价格波动引起的调整按本通用条款〔市场价格波动引起的调整〕的约定执行。

（2）总价合同

总价合同是指合同当事人约定以施工图、已标价工程量清单或预算书及有关条件进行合同价格计算、调整和确认的建设工程施工合同，在约定的范围内合同总价不作调整。合同当事人应在专用合同条款中约定总价包含的风险范围和风险费用的计算方法，并约定风险范围以外的合同价格的调整方法，其中因市场价格波动引起的调整按本通用条款〔市场价格波动引起的调整〕的约定执行，因法律变化引起的调整按〔法律变化引起的调整〕的约定执行。

（3）其他价格形式

合同当事人可在专用合同条款中约定其他合同价格形式。合同当事人可以根据实际情况选择成本加酬金或者定额计价等方式计取工程价款。

2）预付款

（1）预付款的支付

预付款的支付按照专用合同条款约定执行，但至迟应在开工通知载明的开工日期7天前支付。预付款应当用于材料、工程设备、施工设备的采购及修建临时工程、组织施工队伍进场等。

除专用合同条款另有约定外，预付款在进度付款中同比例扣回。在颁发工程接收证书前，提前解除合同的，尚未扣完的预付款应与合同价款一并结算。

发包人逾期支付预付款超过7天的，承包人有权向发包人发出要求预付的催告通知，发包人收到通知后的7天内仍未支付的，承包人有权暂停施工，并按本通用条款〔发包人违约的情形〕的规定执行。

（2）预付款担保

发包人要求承包人提供预付款担保的，承包人应在发包人支付预付款7天前提供预付款担保，专用合同条款另有约定的除外。预付款担保可采用银行保函、担保公司担保等形式，具体由合同当事人在专用合同条款中约定。在预付款完全扣回之前，承包人应保证预付款担保持续有效。

发包人在工程款中逐期扣回预付款后，预付款担保额度应相应减少，但剩余的预付款担保金额不得低于未被扣回的预付款金额。

3）计量

（1）计量原则

工程量计量按照合同约定的工程量计算规则、图纸及变更指示等进行。工程量计算规则应以相关的国家标准、行业标准等为依据，由合同当事人在专用合同条款中约定。

（2）计量周期

除专用合同条款另有约定外，工程量的计量按月进行。

（3）单价合同的计量

除专用合同条款另有约定外，单价合同的计量按照本项约定执行。

① 承包人应于每月25日向监理人报送上月20日至当月19日已完成的工程量报告，并附具进度付款申请单、已完成工程量报表和有关资料。

② 监理人应在收到承包人提交的工程量报告后 7 天内完成对承包人提交的工程量报表的审核并报送发包人，以确定当月实际完成的工程量。监理人对工程量有异议的，有权要求承包人进行共同复核或抽样复测。承包人应协助监理人进行复核或抽样复测，并按监理人要求提供补充计量资料。承包人未按监理人要求参加复核或抽样复测的，监理人复核或修正的工程量视为承包人实际完成的工程量。

③ 监理人未在收到承包人提交的工程量报表后的 7 天内完成审核的，承包人报送的工程量报告中的工程量视为承包人实际完成的工程量，据此计算工程价款。

（4）总价合同的计量

除专用合同条款另有约定外，按月计量支付的总价合同，按照本项约定执行：

① 承包人应于每月 25 日向监理人报送上月 20 日至当月 19 日已完成的工程量报告，并附具进度付款申请单、已完成工程量报表和有关资料。

② 监理人应在收到承包人提交的工程量报告后的 7 天内完成对承包人提交的工程量报表的审核并报送发包人，以确定当月实际完成的工程量。监理人对工程量有异议的，有权要求承包人进行共同复核或抽样复测。承包人应协助监理人进行复核或抽样复测并按监理人要求提供补充计量资料。承包人未按监理人要求参加复核或抽样复测的，监理人审核或修正的工程量视为承包人实际完成的工程量。

③ 监理人未在收到承包人提交的工程量报表后的 7 天内完成复核的，承包人提交的工程量报告中的工程量视为承包人实际完成的工程量。

总价合同采用支付分解表计量支付的，可以按照本通用条款［总价合同的计量］的约定进行计量，但合同价款按照支付分解表进行支付。

4）工程进度款支付

（1）付款周期

除专用合同条款另有约定外，付款周期应按照本通用条款［计量周期］的约定与计量周期保持一致。

（2）进度付款申请单的编制

除专用合同条款另有约定外，进度付款申请单应包括下列内容：

① 截至本次付款周期，已完成工作所对应的金额。

② 根据本通用条款［变更］，应增加和扣减的变更金额。

③ 根据本通用条款［预付款］约定，应支付的预付款和扣减的返还预付款。

④ 根据本通用条款［质量保证金］约定，应扣减的质量保证金。

⑤ 根据本通用条款［索赔］，应增加和扣减的索赔金额。

⑥ 对已签发的进度款支付证书中出现错误的修正，应在本次进度付款中支付或扣除的金额。

⑦ 根据合同约定，应增加和扣减的其他金额。

（3）进度付款申请单的提交

① 单价合同进度付款申请单的提交。单价合同的进度付款申请单，按照本通用条款［单价合同的计量］约定的时间，按月向监理人提交，并附上已完成工程量报表和有关资料。单价合同中的总价项目按月进行支付分解，并汇总列入当期进度付款申请单。

② 总价合同进度付款申请单的提交。

总价合同按月计量支付的，承包人按照本通用条款［总价合同的计量］约定的时间，按月向监理人提交进度付款申请单，并附上已完成工程量报表和有关资料。总价合同按支付分解表支付的，承包人应按照本通用条款［支付分解表］及［进度付款申请单的编制］的约定向监理人提交进度付款申请单。

③ 其他价格形式合同的进度付款申请单的提交。合同当事人可在专用合同条款中约定其他价格形式合同的进度付款申请单的编制和提交程序。

（4）进度款审核和支付

① 进度款审核。除专用合同条款另有约定外，监理人应在收到承包人进度付款申请单以及相关资料后的 7 天内完成的审查并报送发包人，发包人应在收到后的 7 天内完成审批并签发进度款支付证书。发包人逾期未完成审批且未提出异议的，视为已签发进度款支付证书。

② 对进度付款申请单异议的处理。发包人和监理人对承包人的进度付款申请单有异议的，有权要求承包人修正和提供补充资料，承包人应提交修正后的进度付款申请单。监理人应在收到承包人修正后的进度付款申请单及相关资料后的 7 天内完成审查并报送发包人，发包人应在收到监理人报送的进度付款申请单及相关资料后的 7 天内，向承包人签发无异议部分的临时进度款支付证书。存在争议的部分，按照本通用条款［争议解决］的约定处理。

③ 进度款支付。除专用合同条款另有约定外，发包人应在进度款支付证书或临时进度款支付证书签发后的 14 天内完成支付，发包人逾期支付进度款的，应按照中国人民银行发布的同期、同类贷款基准利率支付违约金。

发包人签发进度款支付证书或临时进度款支付证书，并不表明发包人已同意、批准或接受了承包人完成的相应部分的工作。

（5）进度付款的修正

在对已签发的进度款支付证书进行阶段汇总和复核中发现错误、遗漏或重复的，发包人和承包人均有权提出修正申请。经发包人和承包人同意的修正，应在下期进度付款中支付或扣除。

（6）支付分解表

① 支付分解表的编制要求。

a. 支付分解表中所列的每期付款金额，应为本通用条款［进度付款申请单的编制］项下的估算金额；

b. 实际进度与施工进度计划不一致的，合同当事人可按照本通用条款［商定或确定］修改支付分解表；

c. 不采用支付分解表的，承包人应向发包人和监理人提交按季度编制的支付估算分解表，用于支付参考。

② 总价合同支付分解表的编制与审批。

a. 除专用合同条款另有约定外，承包人应根据本通用条款［施工进度计划］约定的施工进度计划、签约合同价和工程量等因素对总价合同按月进行分解，编制支付分解表。承包人应当在收到监理人和发包人批准的施工进度计划后的 7 天内，将支付分解表及编制支付分解表的支持性资料报送监理人。

b. 监理人应在收到支付分解表后的 7 天内完成审核并报送发包人。发包人应在收到经监理人审核的支付分解表后的 7 天内完成审批，经发包人批准的支付分解表为有约束力的支付分解表。

c. 发包人逾期未完成支付分解表审批的，也未及时要求承包人进行修正和提供补充资料的，则承包人提交的支付分解表视为已经获得发包人批准。

③ 单价合同的总价项目支付分解表的编制与审批。

除专用合同条款另有约定外，单价合同的总价项目，由承包人根据施工进度计划和总价项目的总价构成、费用性质、计划发生时间和相应工程量等因素按月进行分解，形成支付分解表，其编制与审批参照总价合同支付分解表的编制与审批执行。

（7）支付账户

发包人应将合同价款支付至合同协议书中约定的承包人账户。

5）变更估价

（1）变更估价原则

除专用合同条款另有约定外，变更估价按照本款约定处理：

① 已标价工程量清单或预算书中有相同项目的，按照相同项目单价认定。

② 已标价工程量清单或预算书中无相同项目，但有类似项目的，参照类似项目的单价认定。

③ 变更导致实际完成的变更工程量与已标价工程量清单或预算书中列明的该项目工程量的变化幅度超过 15％的，或已标价工程量清单或预算书中无相同项目及类似项目单价的，按照合理的成本与利润构成的原则，由合同当事人按照［商定或确定］确定变更工作的单价。

（2）变更估价程序

承包人应在收到变更指示后的 14 天内，向监理人提交变更估价申请。监理人应在收到承包人提交的变更估价申请后的 7 天内审查完毕并报送发包人，监理人对变更估价申请有异议，通知承包人修改后重新提交。发包人应在承包人提交变更估价申请后的 14 天内审批完毕。发包人逾期未完成审批或未提出异议的，视为认可承包人提交的变更估价申请。

因变更引起的价格调整，应计入最近一期的进度款中支付。

（3）承包人的合理化建议对合同价格的影响

承包人提出合理化建议的，应向监理人提交合理化建议说明，说明建议的内容和理由，以及实施该建议对合同价格和工期的影响。

云讲座7-7：工程施工合同变更调价实务

合理化建议监理人审查后并报送发包人，合理化建议经发包人批准的，监理人应及时发出变更指示，由此引起的合同价格调整按照本通用条款［变更估价］的约定执行。合理化建议降低了合同价格或者提高了工程经济效益的，发包人可对承包人给予奖励，奖励的方法和金额在专用合同条款中加以约定。

6）暂估价

暂估价中包含的专业分包工程、服务、材料和工程设备的明细由合同当事人在专用合同条款中约定。

（1）依法必须招标的暂估价项目

对于依法必须招标的暂估价项目，采取以下第 1 种方式进行确定。合同当事人也可以在专用合同条款中选择其他招标方式。

第 1 种方式：对于依法必须招标的暂估价项目，由承包人招标，对该暂估价项目的确认和批准按照以下约定执行：

① 承包人应当根据施工进度计划，在招标工作启动前的 14 天将招标方案通过监理人报送发包人审查，发包人应当在收到承包人报送的招标方案后的 7 天内批准或提出修改意见。承包人应当按照经过发包人批准的招标方案开展招标工作。

② 承包人应当根据施工进度计划，提前 14 天将招标文件通过监理人报送发包人审批，发包人应当在收到承包人报送的相关文件后的 7 天内完成审批或提出修改意见；发包人有权确定招标控制价并按照法律规定参加评标。

③ 承包人与供应商、分包人在签订暂估价合同前，应当提前 7 天将确定的中标候选供应商或中标候选分包人的资料报送发包人，发包人应在收到资料后的 3 天内与承包人共同确定中标人；承包人应当在签订合同后的 7 天内，将暂估价合同副本报送发包人留存。

第 2 种方式：对于依法必须招标的暂估价项目，由发包人和承包人共同招标确定暂估价供应商或分包人的，承包人应按照施工进度计划，在招标工作启动前的 14 天通知发包人，并提交暂估价招标方案和工作分工。发包人应在收到后的 7 天内确认。确定中标人后，由发包人、承包人与中标人共同签订暂估价合同。

（2）不属于依法必须招标的暂估价项目

除专用合同条款另有约定外，对于不属于依法必须招标的暂估价项目，采取以下第 1 种方式确定。

第 1 种方式：对于不属于依法必须招标的暂估价项目，按本项约定确认和批准。

① 承包人应根据施工进度计划，在签订暂估价项目的采购合同、分包合同前的 28 天向监理人提出书面申请。监理人应当在收到申请后的 3 天内报送发包人，发包人应当在收到申请后的 14 天内给予批准或提出修改意见，发包人逾期未予批准或提出修改意见的，视为该书面申请已获得同意。

② 发包人认为承包人确定的供应商、分包人无法满足工程质量或合同要求的，发包人可以要求承包人重新确定暂估价项目的供应商、分包人。

③ 承包人应当在签订暂估价合同后的 7 天内，将暂估价合同副本报送发包人留存。

第 2 种方式：承包人按照本通用条款［依法必须招标的暂估价项目］约定的第 1 种方式确定暂估价项目。

第 3 种方式：承包人直接实施的暂估价项目。

承包人具备实施暂估价项目的资格和条件的，经发包人和承包人协商一致后，可由承包人自行实施暂估价项目，合同当事人可以在专用合同条款约定具体事项。

因发包人原因导致暂估价合同订立和履行迟延的，由此增加的费用和（或）延误的工期由发包人承担，并支付承包人合理的利润。因承包人原因导致暂估价合同订立和履行迟延的，由此增加的费用和（或）延误的工期由承包人承担。

7）暂列金额

暂列金额应按照发包人的要求使用，发包人的要求应通过监理人发出。合同当事人可以在专用合同条款中协商确定有关事项。

8) 计日工

需要采用计日工方式的，经发包人同意后，由监理人通知承包人以计日工计价方式实施相应的工作，其价款按列入已标价工程量清单或预算书中的计日工计价项目及其单价进行计算；已标价工程量清单或预算书中无相应的计日工单价的，按照合理的成本与利润构成的原则，由合同当事人按照本通用条款［商定或确定］确定变更工作的单价。

采用计日工计价的任何一项工作，承包人应在该项工作实施过程中，每天提交以下报表和有关凭证报送监理人审查：

（1）工作名称、内容和数量；

（2）投入该工作的所有人员的姓名、专业、工种、级别和耗用工时；

（3）投入该工作的材料类别和数量；

（4）投入该工作的施工设备型号、台数和耗用台时；

（5）其他有关资料和凭证。

计日工由承包人汇总后，列入最近一期的进度付款申请单，由监理人审查并经发包人批准后列入进度付款。

9) 价格调整

（1）市场价格波动引起的调整

除专用合同条款另有约定外，市场价格波动超过合同当事人约定的范围，合同价格应当调整。合同当事人可以在专用合同条款中约定选择以下某一种方式对合同价格进行调整。

第1种方式：采用价格指数进行价格调整。

① 价格调整公式。因人工、材料和设备等价格波动影响合同价格时，根据专用合同条款中约定的数据，按以下公式计算差额并调整合同价格：

$$\Delta P = P_0 \left[A + \left(B_1 \times \frac{F_{t1}}{F_{01}} + B_2 \times \frac{F_{t2}}{F_{02}} + B_3 \times \frac{F_{t3}}{F_{03}} + \cdots + B_n \times \frac{F_{tn}}{F_{0n}} \right) - 1 \right]$$

式中　　　　　　　ΔP——需调整的价格差额；

P_0——约定的付款证书中承包人应得到的已完成工程量的金额，此项金额应不包括价格调整、不计质量保证金的扣留和支付、预付款的支付和扣回，约定的变更及其他金额已按现行价格计价的，也不计在内；

A——定值权重（即不调部分的权重）；

B_1，B_2，B_3，$\cdots$，B_n——各可调因子的变值权重（即可调部分的权重），为各可调因子在签约合同价中所占的比例；

F_{t1}，F_{t2}，F_{t3}，$\cdots$，F_{tn}——各可调因子的现行价格指数，指约定的付款证书相关周期最后一天的前42天的各可调因子的价格指数；

F_{01}，F_{02}，F_{03}，$\cdots$，F_{0n}——各可调因子的基本价格指数，指基准日期的各可调因子的价格指数。

以上价格调整公式中的各可调因子、定值和变值权重，以及基本价格指数及其来源在投标函附录价格指数和权重表中约定，非招标订立的合同，由合同当事人在专用合同条款中约定。价格指数应首先采用工程造价管理机构发布的价格指数，无前述价格指数时，可采用工程造价管理机构发布的价格代替。

② 暂时确定调整差额。在计算调整差额时，无现行价格指数的，合同当事人同意暂用前次价格指数计算。实际价格指数有调整的，合同当事人进行相应调整。

③ 权重的调整。因变更导致合同约定的权重不合理时，按照本通用条款〔商定或确定〕执行。

④ 因承包人原因工期延误后的价格调整。因承包人原因未按期竣工的，对合同约定的竣工日期后继续施工的工程，在使用价格调整公式时，应采用计划竣工日期与实际竣工日期的两个价格指数中较低的一个作为现行价格指数。

第 2 种方式：采用造价信息进行价格调整。

合同履行期间，因人工、材料、工程设备和机械台班价格波动影响合同价格时，人工、机械使用费按照国家或省、自治区、直辖市建设行政管理部门、行业建设管理部门或其授权的工程造价管理机构发布的人工、机械使用费系数进行调整；需要进行价格调整的材料，其单价和采购数量应由发包人审批，发包人确认需调整的材料单价及数量，作为调整合同价格的依据。

① 人工单价发生变化且符合省级或行业建设主管部门发布的人工费调整规定，合同当事人应按省级或行业建设主管部门或其授权的工程造价管理机构发布的人工费等文件调整合同价格，但承包人对人工费或人工单价的报价高于发布价格的除外。

② 材料、工程设备价格变化的价款调整按照发包人提供的基准价格，按以下风险范围规定执行：

a. 承包人在已标价工程量清单或预算书中载明的材料单价低于基准价格的：除专用合同条款另有约定外，合同履行期间的材料单价涨幅以基准价格为基础超过 5％时，或材料单价跌幅以在已标价工程量清单或预算书中载明材料单价为基础超过 5％时，其超过部分据实调整。

b. 承包人在已标价工程量清单或预算书中载明材料单价高于基准价格的：除专用合同条款另有约定外，合同履行期间的材料单价跌幅以基准价格为基础超过 5％时，材料单价涨幅以在已标价工程量清单或预算书中载明材料单价为基础超过 5％时，其超过部分据实调整。

c. 承包人在已标价工程量清单或预算书中载明材料单价等于基准价格的，除专用合同条款另有约定外，合同履行期间材料单价涨跌幅以基准价格为基础超过 ±5％时，其超过部分据实调整。

d. 承包人应在采购材料前将采购数量和新的材料单价报发包人核对，发包人确认用于工程时，发包人应确认采购材料的数量和单价。发包人在收到承包人报送的确认资料后5 天内不予答复的视为认可，作为调整合同价格的依据。未经发包人事先核对，承包人自行采购材料的，发包人有权不予调整合同价格。发包人同意的，可以调整合同价格。

前述基准价格是指由发包人在招标文件或专用合同条款中给定的材料、工程设备的价格，该价格原则上应当按照省级或行业建设主管部门或其授权的工程造价管理机构发布的信息价格进行编制。

③ 施工机械台班单价或施工机械使用费发生变化，超过省级或行业建设主管部门或

其授权的工程造价管理机构规定的范围时，按规定调整合同价格。

第 3 种方式：专用合同条款约定的其他方式。

（2）法律变化引起的调整

基准日期后，法律变化导致承包人在合同履行过程中所需要的费用发生除本通用条款 [市场价格波动引起的调整] 约定以外的情况而增加时，由发包人承担由此增加的费用；减少时，应从合同价格中予以扣减。基准日期后，因法律变化造成工期延误时，工期应予以顺延。

因法律变化引起的合同价格和工期调整，若合同当事人无法达成一致，由总监理工程师按本通用条款 [商定或确定] 的约定处理。

因承包人原因造成工期延误，在工期延误期间出现法律变化的，由此所增加的费用和（或）延误的工期由承包人承担。

10）施工中涉及的其他费用

（1）化石、文物

在施工现场发掘的所有文物、古迹以及具有地质研究或考古价值的其他遗迹、化石、钱币或物品属于国家所有。一旦发现上述文物，承包人应采取合理、有效的保护措施，防止任何人员移动或损坏上述物品，并立即报告有关政府行政管理部门，同时通知监理人。

发包人、监理人和承包人应按有关政府行政管理部门的要求采取妥善的保护措施，由此所增加的费用和（或）延误的工期由发包人承担。若承包人发现文物后不及时报告或隐瞒不报，致使文物丢失或损坏的，应赔偿相关损失，并承担相应的法律责任。

（2）安全文明施工费

① 安全文明施工的要求。

承包人应当按照有关规定编制安全技术措施或者专项施工方案，建立安全生产责任制度、治安保卫制度及安全生产教育培训制度，并按安全生产法律规定及合同约定履行安全职责，如实编制工程安全生产的有关记录，接受发包人、监理人及政府安全监督部门的检查与监督。

承包人在工程施工期间，应当采取措施保持施工现场平整，物料堆放整齐。工程所在地有关政府行政管理部门有特殊要求的，按照其要求执行。合同当事人对文明施工有其他要求的，可以在专用合同条款中明确。

② 安全文明施工费的承担。

安全文明施工费由发包人承担，发包人不得以任何形式扣减该部分费用。因基准日期后合同所适用的法律或政府有关规定发生变化，增加的安全文明施工费由发包人承担。

承包人经发包人同意采取合同约定以外的安全措施所产生的费用，由发包人承担。未经发包人同意的，如果该措施避免了发包人的损失，则发包人在避免损失的额度内承担该措施费。如果该措施避免了承包人的损失，由承包人承担该措施费。

③ 安全文明施工费的支付。

除专用合同条款另有约定外，发包人应在开工后的 28 天内预付安全文明施工费总额的 50%，其余部分与进度款同期支付。发包人逾期支付安全文明施工费超过 7 天的，承包人有权向发包人发出要求预付的催告通知，发包人收到通知后的 7 天内仍未支付的，承包人有权暂停施工，并按 [发包人违约的情形] 执行。

④ 安全文明施工费应专款专用。

承包人对安全文明施工费应专款专用，承包人应在财务账目中单独列项备查，不得挪作他用，否则发包人有权责令其限期改正；逾期未改正的，可以责令其暂停施工，由此增加的费用和（或）延误的工期由承包人承担。

⑤ 紧急情况处理及费用的承担。

在工程实施期间或缺陷责任期内发生危及工程安全的事件，监理人通知承包人进行抢救，承包人声明无能力或不愿立即执行的，发包人有权雇佣其他人员进行抢救。此类抢救按合同约定属于承包人义务的，由此增加的费用和（或）延误的工期由承包人承担。

11）竣工结算

（1）竣工结算申请

除专用合同条款另有约定外，承包人应在工程竣工验收合格后的 28 天内向发包人和监理人提交竣工结算申请单，并提交完整的结算资料，有关竣工结算申请单的资料清单和份数等要求由合同当事人在专用合同条款中约定。除专用合同条款另有约定外，竣工结算申请单应包括以下内容：

① 竣工结算合同价格。

② 发包人已支付承包人的款项。

③ 应扣留的质量保证金。

④ 发包人应支付承包人的合同价款。

（2）竣工结算审核

① 除专用合同条款另有约定外，监理人应在收到竣工结算申请单后的 14 天内完成核查并报送发包人。发包人应在收到监理人提交的经审核的竣工结算申请单后的 14 天内完成审批，并由监理人向承包人签发经发包人签认的竣工付款证书。监理人或发包人对竣工结算申请单有异议的，有权要求承包人进行修正和提供补充资料，承包人应提交修正后的竣工结算申请单。

发包人在收到承包人提交竣工结算申请单后的 28 天内未完成审批且未提出异议的，视为发包人认可承包人提交的竣工结算申请单，并自发包人收到承包人提交的竣工结算申请单后的第 29 天起视为已签发竣工付款证书。

② 除专用合同条款另有约定外，发包人应在签发竣工付款证书后的 14 天内，完成对承包人的竣工付款。发包人逾期支付的，按照中国人民银行发布的同期、同类贷款基准利率支付违约金；逾期支付超过 56 天的，按照中国人民银行发布的同期、同类贷款基准利率的两倍支付违约金。

③ 承包人对发包人签认的竣工付款证书有异议的，对于有异议部分应在收到发包人签认的竣工付款证书后的 7 天内提出异议，并由合同当事人按照专用合同条款约定的方式和程序进行复核，或按照本通用条款［争议解决］的约定处理。对于无异议的部分，发包人应签发临时竣工付款证书，并按上述第②项完成付款。承包人逾期未提出异议的，视为认可发包人的审批结果。

（3）甩项竣工协议

发包人要求甩项竣工的，合同当事人应签订甩项竣工协议。在甩项竣工协议中应明确，合同当事人按照本通用条款［竣工结算申请］及［竣工结算审核］的约定，对已完合格工程进行结算，并支付相应的合同价款。

12）质量保证金

经合同当事人协商一致扣留质量保证金的，应在专用合同条款中予以明确。在工程项目竣工前，承包人已经提供履约担保的，发包人不得同时预留工程质量保证金。

（1）承包人提供质量保证金的方式

承包人提供质量保证金有以下三种方式：

① 质量保证金保函。

② 相应比例的工程款。

③ 双方约定的其他方式。

除专用合同条款另有约定外，质量保证金原则上采用上述第①种方式。

（2）质量保证金的扣留

质量保证金的扣留有以下三种方式：

① 在支付工程进度款时逐次扣留，在此情形下，质量保证金的计算基数不包括预付款的支付、扣回以及价格调整的金额。

② 工程竣工结算时一次性扣留质量保证金。

③ 双方约定的其他扣留方式。

除专用合同条款另有约定外，质量保证金的扣留原则上采用上述第①种方式。

发包人累计扣留的质量保证金不得超过工程价款结算总额的 3%。如承包人在发包人签发竣工付款证书后的 28 天内提交质量保证金保函，发包人应同时退还扣留的作为质量保证金的工程价款；保函金额不得超过工程价款结算总额的 3%。

发包人在退还质量保证金的同时，按照中国人民银行发布的同期、同类贷款基准利率支付利息。

（3）质量保证金的退还

缺陷责任期内，承包人认真履行合同约定的责任，到期后，承包人可向发包人申请返还保证金。

发包人在接到承包人返还保证金申请后，应于 14 天内会同承包人按照合同约定的内容进行核实。如无异议，发包人应当按照约定将保证金返还给承包人。对于返还期限没有约定或者约定不明确的，发包人应当在核实后的 14 天内将保证金返还给承包人，逾期未返还的，依法承担违约责任。发包人在接到承包人返还保证金申请后的 14 天内不予答复，经催告后，14 天内仍不予答复的，视同认可承包人的返还保证金申请。

发包人和承包人对保证金预留、返还以及工程维修质量、费用有争议的，按该通用条款约定的争议和纠纷解决程序处理。

13）最终结清

（1）最终结清申请单

① 除专用合同条款另有约定外，承包人应在缺陷责任期终止证书颁发后的 7 天内，按专用合同条款约定的份数向发包人提交最终结清申请单，并提供相关证明材料。最终结清申请单应列明质量保证金、应扣除的质量保证金、缺陷责任期内发生的增减费用。

② 发包人对最终结清申请单内容有异议的，有权要求承包人进行修正和提供补充资料，承包人应向发包人提交修正后的最终结清申请单。

（2）最终结清证书和支付

① 除专用合同条款另有约定外，发包人应在收到承包人提交的最终结清申请单后的14 天内完成审批并向承包人颁发最终结清证书。发包人逾期未完成审批，又未提出修改意见的，视为发包人同意承包人提交的最终结清申请单，且自发包人收到承包人提交的最终结清申请单后的 15 天起视为已颁发最终结清证书。

② 除专用合同条款另有约定外，发包人应在颁发最终结清证书后的 7 天内完成支付。发包人逾期支付的，按照中国人民银行发布的同期、同类贷款基准利率支付违约金；逾期支付超过 56 天的，按照中国人民银行发布的同期、同类贷款基准利率的两倍支付违约金。

③ 承包人对发包人颁发的最终结清证书有异议的，按本通用条款［争议解决］的约定办理。

7.2.8　施工合同的安全、健康和环境（SHE）控制条款

安全、健康和环境目标是现代项目管理的主要目标，安全、健康和环境控制条款是工程施工合同的重要组成部分。

1）安全控制（Safety Management）

按照《中华人民共和国安全生产法》（2021 修订版）的规定和要求，安全生产工作应当以人为本，坚持人民至上、生命至上，把保护人民生命安全摆在首位，牢固树立安全发展理念，坚持安全第一、预防为主、综合治理的方针，构建安全风险分级管控和隐患排查治理双重预防机制，健全风险防范化解机制，从源头上防范化解重大安全风险，提高安全生产水平，确保安全生产。

（1）安全生产要求

合同履行期间，合同当事人均应当遵守国家和工程所在地有关安全生产的要求，合同当事人有特别要求的，应在专用合同条款中明确施工项目安全生产标准化的达标目标及相应事项。承包人有权拒绝发包人及监理人强令承包人违章作业、冒险施工的任何指示。

在施工过程中，如遇到突发的地质变动、事先未知的地下施工障碍等影响施工安全的紧急情况，承包人应及时报告监理人和发包人，发包人应当及时下令停工并报政府有关行政管理部门采取应急措施。因安全生产需要暂停施工的，按照本通用条款［暂停施工］的约定执行。

（2）安全生产保证措施

承包人应当按照有关规定编制安全技术措施或者专项施工方案，建立安全生产责任制度、治安保卫制度及安全生产教育培训制度，并按安全生产法律规定及合同约定履行安全职责，如实编制工程安全生产的有关记录，接受发包人、监理人及政府安全监督部门的检查与监督。

（3）特别安全生产事项

承包人应按照法律规定进行施工，开工前做好安全技术交底工作，施工过程中做好各项安全防护措施。承包人为实施合同而雇用的特殊工种的人员应受过专门的培训，并应实际取得政府有关管理机构颁发的上岗证书。

承包人在动力设备、输电线路、地下管道、密封防震车间、易燃易爆地段以及临街交通要道附近施工时，应于施工开始前向发包人和监理人提出安全防护措施等相关要求，经

发包人认可后实施。

实施爆破作业，在放射、毒害性环境中施工（含储存、运输、使用）及使用毒害性、腐蚀性物品施工时，在施工前 7 天，承包人应书面通知发包人和监理人，并报送相应的安全防护措施要求，经发包人认可后实施。

需单独编制危险性较大分部分项专项工程施工方案的，以及要求进行专家论证的，超过一定规模的危险性较大的分部分项工程，承包人应及时编制和组织论证其相关可行性。

（4）治安保卫

除专用合同条款另有约定外，发包人应与当地公安部门协商，在现场建立治安管理机构或联防组织，统一管理施工场地的治安保卫事项，履行合同工程的治安保卫职责。

发包人和承包人除了应该协助现场治安管理机构或联防组织维护施工场地的社会治安外，还应该做好包括生活区在内的各自管辖区的治安保卫工作。

除专用合同条款另有约定外，发包人和承包人应在工程开工后的 7 天内共同编制施工场地的治安管理计划，并制定应对突发治安事件的紧急预案。在工程施工过程中，发生暴乱、爆炸等恐怖事件，以及群殴、械斗等群体性突发治安事件的，发包人和承包人应立即向当地政府报告。发包人和承包人应积极协助当地有关部门采取措施平息事态，防止事态扩大，尽量避免人员伤亡和财产损失。

（5）文明施工

承包人在工程施工期间，应当采取措施保持施工现场平整，物料堆放整齐。工程所在地的有关政府行政管理部门有特殊要求的，按其要求执行。合同当事人对文明施工有其他要求的，可以在专用合同条款中加以明确。

在工程移交之前，承包人应当从施工现场清除承包人的全部工程设备、多余材料、垃圾和各种临时工程，并保持施工现场清洁整齐。经发包人书面同意，承包人可在发包人指定的地点，保留承包人履行保修期内的各项义务所需要的材料、施工设备和临时工程。

（6）紧急情况处理

在工程实施期间或缺陷责任期内发生危及工程安全的事件，监理人通知承包人进行抢救，承包人声明无能力或不愿立即执行的，发包人有权雇佣其他人员进行抢救。此类抢救按合同约定属于承包人义务的，由此所增加的费用和（或）延误的工期由承包人承担。

（7）事故处理

工程施工过程中发生事故的，承包人应立即通知监理人，监理人应立即通知发包人。发包人和承包人应立即组织人员和设备进行紧急抢救和抢修，减少人员伤亡和财产损失，防止事故进一步扩大，并注意保护事故现场。需要移动现场物品时，应作出标记和书面记录，妥善保管有关证据。发包人和承包人应按国家有关规定，及时、如实地向有关部门报告事故发生的情况，以及正在采取的紧急措施等。

（8）安全生产责任

① 发包人的安全责任。发包人应负责赔偿以下各种情况造成的损失：

a. 工程或工程的任何部分对土地的占用所造成的第三者财产损失；

b. 由于发包人的原因，在施工场地及其毗邻地带所造成的第三者人身伤亡和财产损失；

c. 由于发包人的原因，对承包人、监理人所造成的人员人身伤亡和财产损失；

d. 由于发包人的原因，所造成的发包人自身人员的人身伤害以及财产损失。

② 承包人的安全责任。由于承包人的原因，在施工场地内及其毗邻地带造成的发包人、监理人以及第三者人员的伤亡和财产损失，由承包人负责赔偿。

2) 健康控制（Health Management）

（1）劳动保护

承包人应按照法律规定安排现场施工人员的劳动和休息时间，保障劳动者的休息时间，并支付合理的报酬和费用。承包人应依法为其履行合同所雇用的人员办理必要的证件、许可、保险和注册等，承包人应督促其分包人为分包人所雇用的人员办理必要的证件、许可、保险和注册等。

承包人应按照法律规定保障现场施工人员的劳动安全，并提供劳动保护，并应按国家有关劳动保护的规定，采取有效的防止粉尘、降低噪声、控制有害气体和保障高温、高寒、高空作业安全等劳动保护措施。承包人雇佣人员在施工中受到伤害的，承包人应立即采取有效措施进行抢救和治疗。

承包人应按法律规定安排工作时间，保证其雇佣人员享有休息和休假的权利。因工程施工的特殊需要而占用休假日或延长工作时间的，应不超过法律规定的限度，并按法律规定给予补休或付酬。

（2）生活条件

承包人应为其履行合同所雇用的人员提供必要的膳宿条件和生活环境；承包人应采取有效措施预防传染病，保证施工人员的健康，并定期对施工现场、施工人员生活基地和工程进行防疫和卫生的专业检查和处理，在远离城镇的施工场地，还应配备必要的伤病防治和急救的医务人员与医疗设施。

3) 环境控制（Environment Management）

承包人应在施工组织设计中列明环境保护的具体措施。在合同履行期间，承包人应采取合理措施保护施工现场环境。对施工作业过程中可能引起的大气、水、噪声以及固体废物污染采取具体可行的防范措施。

承包人应当承担因其原因引起的环境污染侵权损害赔偿责任，因上述环境污染引起纠纷而导致暂停施工的，由此所增加的费用和（或）延误的工期由承包人承担。

7.2.9 施工合同的其他约定

1) 不可抗力

（1）不可抗力的确认

不可抗力是指合同当事人在签订合同时不可预见，在合同履行过程中不可避免且不能克服的自然灾害和社会性突发事件，如地震、海啸、瘟疫、骚乱、戒严、暴动、战争和专用合同条款中约定的其他情形。

不可抗力发生后，发包人和承包人应收集证明不可抗力发生及不可抗力造成损失的证据，并及时、认真地统计所造成的损失。合同当事人对于是否属于不可抗力或其损失的意见不一致的，由监理人按第4.4款［商定或确定］的约定处理。发生争议时，按本通用条款［争议解决］的约定处理。

（2）不可抗力的通知

合同一方当事人遇到不可抗力事件，使其履行合同义务受到阻碍时，应立即通知合同的另一方当事人和监理人，书面说明不可抗力和受阻碍的详细情况，并提供必要的证明。

不可抗力持续发生的，合同一方当事人应及时向合同另一方当事人和监理人提交中间报告，说明不可抗力和履行合同受阻的情况，并于不可抗力事件结束后的 28 天内提交最终报告及有关资料。

（3）不可抗力后果的承担

不可抗力引起的后果及造成的损失由合同当事人按照法律规定及合同约定各自承担。不可抗力发生前已完成的工程应当按照合同约定进行计量支付。不可抗力导致的人员伤亡、财产损失、费用增加和（或）工期延误等后果，由合同当事人按以下原则承担：

① 永久工程、已运至施工现场的材料和工程设备的损坏，以及因工程损坏造成的第三方人员伤亡和财产损失由发包人承担。

② 承包人施工设备的损坏由承包人承担。

③ 发包人和承包人承担各自人员伤亡和财产的损失。

④ 因不可抗力影响承包人履行合同约定的义务，已经引起或将要引起工期延误的，应当顺延工期，由此导致承包人停工的费用损失由发包人和承包人合理分担，停工期间必须支付的工人工资由发包人承担。

⑤ 因不可抗力引起或将要引起工期延误的，若发包人要求赶工，由此所增加的赶工费用由发包人承担。

⑥ 承包人在停工期间按照发包人要求照管、清理和修复工程的费用，由发包人承担。

不可抗力发生后，合同当事人均应采取措施，尽量避免和减少损失的扩大，任何一方当事人没有采取有效措施导致损失扩大的，应对扩大的损失承担责任。因合同一方迟延履行合同义务，在迟延履行期间遭遇不可抗力的，不免除其违约责任。

（4）因不可抗力解除合同

因不可抗力导致合同无法履行，连续超过 84 天或累计超过 140 天的，发包人和承包人均有权解除合同。合同解除后，由双方当事人按照本通用条款［商定或确定］的规定，商定或确定发包人所应支付的款项，该款项包括：

① 合同解除前承包人已经完成工作的价款。

② 承包人为工程订购并已交付给承包人的，或承包人有责任接受交付的材料、工程设备和其他物品的价款。

③ 发包人要求承包人退货或解除订货合同而产生的费用，或因不能退货或解除合同而产生的损失。

④ 承包人撤离施工现场以及遣散承包人及相关人员的费用。

⑤ 按照合同约定，在合同解除前应支付给承包人的其他款项。

⑥ 按照合同约定，扣减承包人应向发包人支付的款项。

⑦ 双方商定或确定的其他款项。

除专用合同条款另有约定外，合同解除后，发包人应在商定或确定上述款项后的 28 天内完成上述款项的支付。

2）保险

（1）工程保险

除专用合同条款另有约定外，发包人应投保建筑工程一切险或安装工程一切险；发包人委托承包人投保的，因投保产生的保险费和其他相关费用由发包人承担。

（2）工伤保险

发包人应依照法律规定参加工伤保险，并为在施工现场的全部员工办理工伤保险，缴纳工伤保险费，并要求监理人及由发包人为履行合同聘请的第三方依法参加工伤保险。

承包人应依照法律规定参加工伤保险，并为其履行合同的全部员工办理工伤保险，缴纳工伤保险费，并要求分包人以及由承包人为履行合同所聘请的第三方依法参加工伤保险。

（3）其他保险

发包人和承包人可以为其施工现场的全部人员办理意外伤害保险并支付保险费，包括其员工及为履行合同聘请的第三方的人员，具体事项由合同当事人在专用合同条款中加以约定。除专用合同条款另有约定外，承包人应为其施工设备等办理财产保险。

（4）持续保险

合同当事人应与保险人保持联系，使保险人能够随时了解工程实施中的变动，并确保按保险合同条款要求持续保险。

（5）保险凭证

合同当事人应及时向另一方当事人提交其已投保的各项保险的凭证和保险单复印件。

（6）未按约定投保的补救

发包人未按合同约定办理保险，或未能使保险持续有效的，则承包人可代为办理，所需费用由发包人承担。发包人未按合同约定办理保险，导致未能得到足额赔偿的，由发包人负责补足。

承包人未按合同约定办理保险，或未能使保险持续有效的，则发包人可代为办理，所需费用由承包人承担。承包人未按合同约定办理保险，导致未能得到足额赔偿的，由承包人负责补足。

（7）通知义务

除专用合同条款另有约定外，发包人变更除工伤保险之外的保险合同时，应事先征得承包人的同意，并通知监理人；承包人变更除工伤保险之外的保险合同时，应事先征得发包人的同意，并通知监理人。保险事故发生时，投保人应按照保险合同规定的条件和期限及时向保险人报告。发包人和承包人应当在知道保险事故发生后及时通知对方。

3）担保

除专用合同条款另有约定外，发包人要求承包人提供履约担保的，发包人应当向承包人提供支付担保。

（1）承包人提供履约担保

发包人需要承包人提供履约担保的，由合同当事人在专用合同条款中约定履约担保的方式、金额及期限等。履约担保可以采用银行保函或担保公司担保等形式。因承包人原因导致工期延长的，由承包人继续提供履约担保所增加的费用；非因承包人原因导致工期延长的，由发包人继续提供履约担保所增加的费用。

（2）发包人提供资金来源证明和支付担保

除专用合同条款另有约定外，发包人应在收到承包人要求提供资金来源证明的书面通知后 28 天内，向承包人提供能够按照合同约定支付合同价款的相应资金来源证明。发包人要求承包人提供履约担保的，发包人应当向承包人提供支付担保。支付担保可以采用银行保函或担保公司担保等形式，具体由合同当事人在专用合同条款中加以约定。

4）索赔

索赔包括承包人的索赔和发包人的索赔。

（1）承包人的索赔

① 索赔程序。

根据合同约定，承包人认为有权得到追加付款和（或）延长工期的，应按以下程序向发包人提出索赔：

a. 承包人应在知道或应当知道索赔事件发生后的 28 天内，向监理人递交索赔意向通知书，并说明发生索赔事件的事由；承包人未在前述的 28 天内发出索赔意向通知书的，丧失要求追加付款和（或）延长工期的权利；

b. 承包人应在发出索赔意向通知书后的 28 天内，向监理人正式递交索赔报告；索赔报告应详细说明索赔理由以及要求追加的付款金额和（或）延长的工期，并附必要的记录和证明材料；

c. 索赔事件具有持续影响的，承包人应按合理时间间隔继续递交延续索赔通知，说明持续影响的实际情况和记录，列出累计的追加付款金额和（或）工期延长天数；

d. 在索赔事件影响结束后的 28 天内，承包人应向监理人递交最终索赔报告，说明最终要求索赔的追加付款金额和（或）延长的工期，并附必要的记录和证明材料。

② 对承包人索赔的处理。

a. 监理人应在收到索赔报告后的 14 天内完成审查，并报送发包人。监理人对索赔报告存在异议的，有权要求承包人提交全部原始记录副本；

b. 发包人应在监理人收到索赔报告或有关索赔的进一步证明材料后的 28 天内，由监理人向承包人出具经发包人签认的索赔处理结果。发包人逾期答复的，则被视为认可承包人的索赔要求；

c. 承包人接受索赔处理结果的，索赔款项在当期进度款中进行支付；承包人不接受索赔处理结果的，按照本通用条款［争议解决］的约定处理。

（2）发包人的索赔

① 索赔程序。

根据合同约定，发包人认为有权得到赔付金额和（或）延长缺陷责任期的，监理人应向承包人发出通知并附有详细的证明。发包人应在知道或应当知道索赔事件发生后的 28 天内通过监理人向承包人提出索赔意向通知书，发包人未在前述的 28 天内发出索赔意向通知书的，丧失要求赔付金额和（或）延长缺陷责任期的权利。发包人应在发出索赔意向通知书后的 28 天内，通过监理人向承包人正式递交索赔报告。

② 对发包人索赔的处理。

a. 承包人收到发包人提交的索赔报告后，应及时审查索赔报告的内容、查验发包人的证明材料；

b. 承包人应在收到索赔报告或有关索赔的进一步证明材料后的 28 天内，将索赔处理的结果答复给发包人。如果承包人未在上述期限内作出答复的，则视为对发包人索赔要求的认可；

c. 承包人接受索赔处理结果的，发包人可从应支付给承包人的合同价款中扣除赔付的金额或延长缺陷责任期；发包人不接受索赔处理结果的，按本通用条款〔争议解决〕的约定处理。

（3）提出索赔的期限

① 承包人按本通用条款〔竣工结算审核〕约定接收竣工付款证书后，应被视为已无权再提出在工程接收证书颁发前所发生的任何索赔。

② 承包人按本通用条款〔最终结清〕提交的最终结清申请单中，只限于提出工程接收证书颁发后发生的索赔。提出索赔的期限自接受最终结清证书时终止。

5）违约责任

（1）发包人的违约责任

① 发包人违约的情形。

a. 因发包人原因，未能在计划开工日期之前的 7 天内下达开工通知的；

b. 因发包人原因，未能按合同约定支付合同价款的；

c. 发包人违反本通用条款〔变更的范围〕的约定，自行实施被取消的工作或转由他人实施的；

d. 发包人提供的材料、工程设备的规格、数量或质量不符合合同约定的，或因发包人原因导致交货日期延误或交货地点变更等情况的；

e. 因发包人违反合同约定造成暂停施工的；

f. 发包人无正当理由没有在约定期限内发出复工指示的，导致承包人无法复工的；

g. 发包人明确表示或者以其行为表明不履行合同主要义务的；

h. 发包人未能按照合同约定履行其他义务的。

发包人发生除本项第 g 项以外的违约情况时，承包人可向发包人发出通知，要求发包人采取有效措施纠正违约行为。发包人收到承包人通知后的 28 天内仍不纠正违约行为的，承包人有权暂停相应部位的工程施工，并通知监理人。

② 发包人违约的责任。

发包人应承担因其违约给承包人增加的费用和（或）延误的工期，并支付承包人合理的利润。此外，合同当事人可在专用合同条款中另行约定发包人违约责任的承担方式和计算方法。发包人承担违约责任的方式有以下 4 种：

a. 赔偿损失。赔偿损失是发包人承担违约责任的主要方式，其目的是补偿因违约给承包人所造成的经济损失。承发包人双方应当在专用条款内约定发包人赔偿承包人所损失的计算方法。损失赔偿额相当于因违约所造成的损失，包括合同履行后可以获得的利益，但不得超过发包人在订立合同时预见或者应当预见到的因违约可能造成的损失。

b. 支付违约金。支付违约金的目的是补偿承包人的损失，双方在专用条款中约定发包人应当支付违约金的数额或计算方法。

c. 顺延工期。对于因为发包人违约而延误的工期，应相应顺延。

d. 继续履行。发包人违约后，承包人要求发包人继续履行合同的，发包人应在承担上述违约责任后继续履行施工合同。

（2）承包人的违约责任

① 承包人违约的情形。

a. 承包人违反合同约定进行转包或违法分包的；

b. 承包人违反合同约定采购和使用不合格的材料和工程设备的；

c. 因承包人的原因导致工程质量不符合合同要求的；

d. 承包人违反本通用条款［材料与设备专用要求］的约定，未经批准，私自将已按照合同约定进入施工现场的材料或设备撤离施工现场的；

e. 承包人未能按施工进度计划及时完成合同约定的工作，造成工期延误的；

f. 承包人在缺陷责任期及保修期内，未能在合理期限对工程缺陷进行修复，或拒绝按发包人的要求进行修复的；

g. 承包人明确表示或者以其行为表明不能履行合同主要义务的；

h. 承包人未能按照合同约定履行其他义务的。

承包人发生除本项第 g 项约定以外的其他违约情况时，监理人可向承包人发出整改通知，要求其在指定的期限内改正。

② 承包人违约的责任。

承包人应承担因其违约行为而增加的费用和（或）延误的工期。此外，合同当事人可在专用合同条款中另行约定承包人违约责任的承担方式和计算方法。承包人承担违约责任的方式有以下 4 种：

a. 赔偿损失。承发包人双方应在专用条款内约定承包人赔偿发包人损失的计算方法。损失的赔偿数额应相当于因违约所造成的损失，包括合同履行后可以获得的利益，但不得超过承包人在订立合同时预见或者应当预见到的因违约可能造成的损失。

b. 支付违约金。双方可以在专用条款中约定承包人应当支付违约金的数额或计算方法。发包人在确定违约金的费率时，一般要考虑几个因素，即发包人盈利损失；由于工期延长而引起的贷款利息增加；工程拖期所带来的附加监理费；由于本工程拖期竣工，导致不能按时使用，租用其他建筑物时的租赁费等。

c. 采取补救措施。对于施工质量不符合要求的违约，发包人有权要求承包人采取返工、修理、更换等补救措施。

d. 继续履行。承包人违约后，如果发包人要求承包人继续履行合同，则承包人承担上述违约责任后仍应继续履行施工合同。

（3）担保人承担责任

如果施工合同双方的当事人设定了担保方式，一方违约后，另一方可按双方约定的担保条款，要求提供担保的第三人承担相应的责任。

（4）第三人造成的违约责任

在履行合同过程中，一方当事人因第三人的原因造成违约的，应当向对方当事人承担违约责任。一方当事人和第三人之间的纠纷，应依照法律规定或者按照约定加以解决。

6）施工合同的解除

（1）可以解除合同的情形

① 发包人承包人协商一致，可以解除合同。

② 因发包人违约解除合同。除专用合同条款另有约定外，承包人按本通用条款［发包人违约的情形］约定暂停施工满 28 天后，发包人仍不纠正其违约行为并致使合同目的

不能实现的，或出现［发包人违约的情形］第 g 项约定的违约情况，承包人有权解除合同，发包人应承担由此所增加的费用，并支付承包人合理的利润。

③ 因承包人违约解除合同。除专用合同条款另有约定外，出现本通用条款［承包人违约的情形］第 g 项约定的违约情况时，或监理人发出整改通知后，承包人在指定的合理期限内仍不纠正违约行为并致使合同目的不能实现的，发包人有权解除合同。合同解除后，因继续完成工程的需要，发包人有权使用承包人在施工现场的材料、设备、临时工程、承包人文件和由承包人或以其名义编制的其他文件，合同当事人应在专用合同条款约定相应费用所应承担的方式。发包人继续使用的行为不免除或减轻承包人所应承担的违约责任。

④ 因不可抗力致使合同无法履行，发包人承包人可以解除合同。

（2）解除合同的程序

合同当事人一方依据上述约定要求解除合同的，应以书面形式向对方发出解除合同的通知，并在发出通知前提前告知对方，通知到达对方时合同解除。对解除合同有争议的，双方可按本通用条款［争议解决］的约定处理。合同解除后，不影响双方在合同中约定的结算和清理条款的效力。

（3）合同解除后的善后处理

① 因发包人违约，解除合同后的付款。承包人按照本款约定解除合同的，发包人应在解除合同后的 28 天内支付下列款项，并解除履约担保：

a. 合同解除前所完成工作的价款；

b. 承包人为工程施工订购并已付款的材料、工程设备和其他物品的价款；

c. 承包人撤离施工现场以及遣散承包人及其他相关人员的款项；

d. 按照合同约定，在合同解除前应支付的违约金；

e. 按照合同约定，应当支付给承包人的其他款项；

f. 按照合同约定，应退还的质量保证金；

g. 因解除合同给承包人所造成的损失。

合同当事人未能就解除合同后的结清达成一致的，按照本通用条款［争议解决］的约定处理。承包人应妥善做好已完工程和与工程有关的已购材料、工程设备的保护和移交工作，并将施工设备和人员撤出施工现场，发包人应为承包人撤出提供必要的条件。

② 因承包人违约，解除合同后的处理。因承包人原因导致合同解除的，则合同当事人应在合同解除后的 28 天内完成估价、付款和清算，并按以下约定执行：

a. 合同解除后，按本通用条款［商定或确定］的约定来商定或确定承包人实际完成工作对应的合同价款，以及承包人已提供的材料、工程设备、施工设备和临时工程等的价值；

b. 合同解除后，承包人应支付的违约金；

c. 合同解除后，因解除合同给发包人所造成的损失；

d. 合同解除后，承包人应按照发包人的要求和监理人的指示完成现场的清理和撤离；

e. 发包人和承包人应在合同解除后进行清算，出具最终结清付款证书，结清全部款项。

因承包人违约解除合同的，发包人有权暂停对承包人的付款，查清各项付款和已扣款项。发包人和承包人未能就合同解除后的清算和款项支付达成一致的，按照本通用条款〔争议解决〕的约定处理。

③ 采购合同权益转让。因承包人违约解除合同的，发包人有权要求承包人将其为实施合同而签订的材料和设备的采购合同的权益转让给发包人，承包人应在收到解除合同通知后的 14 天内，协助发包人与采购合同的供应商达成相关的转让协议。

7）争议解决

（1）和解

合同当事人可以就争议自行和解，自行和解达成协议的，经双方签字并盖章后作为合同补充文件，双方均应遵照执行。

（2）调解

合同当事人可以就争议请求建设行政主管部门、行业协会或其他第三方进行调解，调解达成协议的，经双方签字并盖章后作为合同补充文件，双方均应遵照执行。

（3）争议评审

合同当事人在专用合同条款中约定采取争议评审方式解决争议以及评审规则，并按下列约定执行：

① 争议评审小组的确定。

合同当事人可以共同选择一名或三名争议评审员，组成争议评审小组。除专用合同条款另有约定外，合同当事人应当自合同签订后的 28 天内，或者争议发生后的 14 天内，选定争议评审员。

选择一名争议评审员的，由合同当事人共同确定；选择三名争议评审员的，先由合同当事人各自选定一名，第三名成员为首席争议评审员，由合同当事人共同确定或由合同当事人委托已选定的争议评审员共同确定，或由专用合同条款约定的评审机构指定第三名首席争议评审员。除专用合同条款另有约定外，评审员的薪酬由发包人和承包人各承担一半。

② 争议评审小组的决定。

合同当事人可在任何时间，将与合同有关的任何争议共同提请争议评审小组进行评审。争议评审小组应秉持客观、公正原则，充分听取合同当事人的意见，依据相关法律、规范、标准、案例经验及商业惯例等，自收到争议评审申请报告后的 14 天内作出书面决定，并说明理由。合同当事人可以在专用合同条款中对本项事项另行约定。

③ 争议评审小组决定的效力。

争议评审小组作出的书面决定，经合同当事人签字确认后，对双方均具有约束力，双方均应遵照执行。任何一方当事人不接受争议评审小组决定或不履行争议评审小组决定的，双方可选择采用其他争议解决方式。

（4）仲裁或诉讼

因合同及合同有关事项所产生的争议，合同当事人可以在专用合同条款中约定以下某一种方式解决争议：

① 向约定的仲裁委员会申请仲裁。

② 向有管辖权的人民法院提起诉讼。

（5）争议解决条款效力

合同有关争议解决的条款独立存在，合同的变更、解除、终止、无效或者被撤销均不影响其效力。

8）合同的生效与终止

（1）合同的生效

双方在合同协议书中约定本合同的生效方式，双方当事人可选择以下某一种方式：

① 本合同于××年××月××日签订，自即日起生效。

② 本合同双方约定应进行公（鉴）证，自公（鉴）证之日起生效。

③ 本合同签订后，自发包人提供支付担保、承包人提供履约担保后生效。

④ 其他方式等。

（2）合同的终止

承包人按照合同规定完成了所有的施工、竣工和保修义务，发包人支付了所有工程进度款、竣工结算款，向承包人颁发最终结清证书，并在颁发最终结清证书后的 7 天内完成最终支付，施工合同正常终止。

复习思考题

云测试7-8：第7章
课程内容测试及
解题分析

1. 试述施工合同的概念和特点？

2. 什么是施工合同工期和施工期？

3. 简述《建设工程施工合同文本（示范文本）》（GF—2017—0201）的组成及特点？

4. 发包人和承包人的工作有哪些？

5. 简述工程师的产生及职权。

6. 在施工工期上，发包人和承包人的义务各是什么？

7. 简述施工进度计划的提交及确认。

8. 简述工期顺延的理由及确认程序。

9. 发包人供应的材料设备与约定不符时应如何处理？

10. 工程验收有哪些内容，如何进行隐蔽工程和中间验收？

11. 简述工程试车的组织和责任。

12. 承包人在何种情况下可以要求调整合同价款？

13. 简述变更价款的确定程序和确定方法。

14. 因不可抗力导致的费用增加及延误的工期如何分担？

15. 描述工程竣工验收和竣工结算的流程和步骤。

16. 施工合同对工程分包有何规定？

17. 施工合同双方在工程保险上有何义务？

18. 简述施工合同争议的解决方式？

19. 哪些情况下施工合同可以解除？

20. 智慧工地的背景下，施工合同管理应补充和加强哪些工作？

21. 结合区块链技术，谈谈如何加强施工合同智慧管理？

22. 结合工程实际，如何控制施工合同中规定的工期、质量、投资以及环境和安全目标？

23. 结合我国建设法律法规的具体规定，谈谈项目经理应具备的专业能力和职业道德？应承担哪些法律责任？

8.1　工程总承包合同管理概述

8.1.1　工程总承包合同的含义和特点

1）工程总承包合同的含义

工程总承包是指从事工程总承包的企业受业主委托，按照合同约定对工程项目的勘察、设计、采购、施工、试运行（竣工验收）等实行全过程或若干阶段的承包。工程总承包的具体方式、工作内容和责任等，由业主与工程总承包企业在合同中约定。工程总承包模式主要包括设计－建造（De-sign-Build，简称DB）、交钥匙工程（Turnkey）和设计－采购－施工（Engineering Procurement Construction，简称EPC）。根据工程项目的不同规模、类型和业主要求，工程总承包还可采用设计—采购总承包（E—P）、采购—施工总承包（P—C）等方式。

工程总承包合同是指发包人与承包人之间为完成特定的工程总承包任务，明确相互权利义务关系而订立的合同。工程总承包合同的发包人一般是项目业主（建设单位）；承包人是持有国家认可的相应资质证书的工程总承包企业。按照建设部《关于培育发展工程总承包和工程项目管理企业的指导意见》（建市［2003］30号）的规定，对从事工程总承包业务的企业不专门设立工程总承包资质。具有工程勘察、设计或施工总承包资质的企业可以在其资质等级许可的工程项目范围内开展工程总承包业务。工程勘察、设计、施工企业也可以组成联合体对工程项目进行联合总承包。工程总承包企业可依法将所承包工程中的部分工作发包给具有相应资质的分包企业，工程总承包单位按照总承包合同的约定对建设单位负责，分包单位按照分包合同的约定对总承包单位负责；总承包单位和分包单位就分包工程对建设单位承担连带责任。

2）工程总承包合同的特点

工程总承包的内容、性质和特点，决定了工程总承包合同除了具备建设工程合同的一般特征外，还有自身的特点。

（1）设计施工一体化。工程项目总承包商不仅负责工程设计与施工（Design and Building），还需负责材料与设备的供应工作（Procurement）。因此，如果工程出现质量缺陷，总承包商将承担全部责任，不会导致设计、施工等多方之间相互推卸责任的情况；同时设计与施工的深度交叉，有利于缩短建设周期，降低工程造价。

（2）投标报价复杂。工程总承包合同价格不仅包括工程设计与施工费用，根据双方合同约定的情况，还可能包括设备购置费、总承包管理费、专利转让费、研究试验费、不可预见风险费用和财务费用等。签订总承包合同时，由于尚缺乏详细计算投标报价的依据，不能分项详细计算各个费用项目，通常只能依据项目环境调查情况，参照类似已完工程的资料和其他历史成本数据完成项目成本估算。

（3）合同关系单一。在工程总承包合同中，业主将规定范围内的工程项目实施任务委托给总承包商负责，总承包商一般具有很强的技术和管理的综合能力，业主的组织和协调任务量少，只需面对单一的承包商，合同关系简单，工程责任目标明确。

（4）合同风险转移。由于业主将工程完全委托给承包商，并常常采用固定总价合同的方式，将项目风险的绝大部分转移给了承包商。承包商除了承担施工过程中的风险外，还需承担设计及采购等更多的风险。特别是发包人要求或在只完成概念设计的情况下，就得签订总价合同，和传统模式下的合同相比，承包商所承担的风险要大得多，这就要求承包商具有较高的管理水平和丰富的工程经验。

（5）价值工程应用。在工程总承包合同中，承包商负责设计和施工，打通了设计与施工的界面障碍，在设计阶段便可以考虑设计的可施工性问题（Construction Ability），对降低成本、提高利润有重要的影响。承包商还可根据自身丰富的工程经验，对发包人要求和设计文件提出合理化建议，从而降低工程投资，改善项目质量或缩短项目工期。因此，在工程总承包合同中常包括"价值工程"或"承包商合理化建议"与"奖励"条款。

（6）知识产权保护。由于工程总承包模式常被运用于石油化工、建材、冶金、水利、电厂、节能建筑等项目，其所设计的成果文件中常常包含多项专利或著作权，总承包合同中一般会有关于知识产权及其相关权益的约定。承包商的专利使用费一般包含在投标报价中。

8.1.2　国内工程总承包合同文本

1）标准设计施工总承包招标文件

云文档8-1：建设项目工程总承包管理规范（2017版）

国家发展改革委会同工业和信息化部、财政部、住房和城乡建设部、交通运输部、铁道部、水利部、广电总局、中国民用航空局，编制了《简明标准施工招标文件》和《标准设计施工总承包招标文件》（发改法规〔2011〕3018号），自2012年5月1日起实施，在政府投资项目中试行，其他项目也可参照使用。其中，《标准设计施工总承包招标文件》（2012版）第四章"合同条款及格式"，包括通用合同条款、专用合同条款以及3个合同附件格式（合同协议书、履约担保格式、预付款担保格式）。通用合同条款共24条，包括一般约定，发包人义务，监理人，承包人，设计，材料和工程设备，施工设备和临时设施，交通运输，测量放线，安全、治安保卫和环境保护，开始工作和竣工，暂停工作，工程质量，试验和检验，变更，价格调整，合同价格与支付，竣工试验和竣工验收，缺陷责任与保修责任，保险，不可抗力，违约，索赔，争议的解决。

2）建设项目工程总承包合同示范文本

2020 年 11 月 25 日，依据《中华人民共和国民法典》《中华人民共和国建筑法》《中华人民共和国招标投标法》以及其他相关的法律、法规，住房和城乡建设部、市场监管总局对《建设项目工程总承包合同示范文本（试行）》（GF—2011—0216）进行了修订，制定了《建设项目工程总承包合同（示范文本）》（GF—2020—0216）（以下简称《示范文本》），自 2021 年 1 月 1 日起执行，2011 版示范文本同时废止。

（1）《示范文本》的适用范围及性质

《示范文本》适用于房屋建筑和市政基础设施项目工程总承包承发包活动。工程总承包是指承包人受发包人委托，按照合同约定对工程建设项目的设计、采购、施工（含竣工试验）、试运行等实施阶段，实行全过程或若干阶段的工程承包。《示范文本》为推荐使用的非强制性使用文本。合同当事人可结合建设工程具体情况，参照《示范文本》订立合同，并按照法律法规和合同约定承担相应的法律责任及合同权利义务。

云文档8-2：建设
项目工程总承包
合同示范文本
（2020版）

（2）《示范文本》的组成

《示范文本》由合同协议书、通用合同条件和专用合同条件三部分组成。

《示范文本》合同协议书共计 11 条，主要包括：工程概况、合同工期、质量标准、签约合同价与合同价格形式、工程总承包项目经理、合同文件构成、承诺、订立时间、订立地点、合同生效和合同份数，集中约定了合同当事人基本的合同权利义务。

通用合同条件是合同当事人根据《民法典》《建筑法》等法律法规的规定，就工程总承包项目的实施及相关事项，对合同当事人的权利义务作出的原则性约定。通用合同条件共计 20 条，具体条款分别为：一般约定，发包人，发包人的管理，承包人，设计，材料、工程设备，施工，工期和进度，竣工试验，验收和工程接收，缺陷责任与保修，竣工后试验，变更与调整，合同价格与支付，违约，合同解除，不可抗力，保险，索赔和争议解决。前述条款安排既考虑了现行法律法规对工程总承包活动的有关要求，也考虑了工程总承包项目管理的实际需要。

专用合同条件是合同当事人根据不同建设项目的特点及具体情况，通过双方的谈判、协商对通用合同条件原则性约定细化、完善、补充、修改或另行约定的合同条件。专用合同条件包括 6 个附件，即发包人要求、发包人供应材料设备一览表、工程质量保修书、主要建设工程文件目录、承包人主要管理人员表和价格指数权重表。

8.2 工程总承包合同重点条款

以下主要按照住房和城乡建设部、国家工商行政管理总局联合制定的《建设项目工程总承包合同（示范文本）》（GF—2020—0216）以及国家发展和改革委员会等九部委联合编制的《标准设计施工总承包招标文件》第四章"合同条款及格式"，说明建设工程总承包合同与建设工程施工合同不同的重点条款。

1）合同文件组成及优先顺序

工程总承包合同是指根据法律规定和合同当事人约定具有约束力的文件，构成合同的文件包括合同协议书、中标通知书（如果有）、投标函及其附录（如果有）、专用合同条件及其附件、通用合同条件、《发包人要求》、承包人建议书、价格清单以及双方约定的其他合同文件。

组成合同的各项文件应互相解释，互为说明。除专用合同条件另有约定外，解释合同文件的优先顺序如下：

（1）合同协议书；

（2）中标通知书（如果有）；

（3）投标函及投标函附录（如果有）；

（4）专用合同条件及《发包人要求》等附件；

（5）通用合同条件；

（6）承包人建议书；

（7）价格清单；

（8）双方约定的其他合同文件。

上述各项合同文件包括合同当事人就该项合同文件所作出的补充和修改，属于同一类内容的文件，应以最新签署的为准。

在合同订立及履行过程中形成的与合同有关的文件，均构成合同文件组成部分，并根据其性质确定优先解释顺序。

2）发包人要求

发包人要求指构成合同文件组成部分的名为《发包人要求》的文件，其中列明工程的目的、范围、设计与其他技术标准和要求，以及合同双方当事人约定对其所作的修改或补充。"发包人要求"是招标文件的有机构成，工程总承包合同签订后，也是合同文件的组成部分，对双方当事人具有法律约束力。承包人应认真阅读、复核"发包人要求"，发现错误的，应及时书面通知发包人。"发包人要求"中的错误导致承包人增加费用和（或）工期延误的，发包人应承担由此增加的费用和（或）工期延误，并向承包人支付合理利润。发包人要求违反法律规定的，承包人发现后应书面通知发包人，并要求其改正。发包人收到通知书后不予改正或不予答复的，承包人有权拒绝履行合同义务，直至解除合同。发包人应承担由此引起的承包人全部损失。

"发包人要求"应尽可能清晰准确，对于可以进行定量评估的工作，发包人要求不仅应明确规定其产能、功能、用途、质量、环境、安全，并且要规定偏离的范围和计算方法，以及检验、试验、试运行的具体要求。对于承包人负责提供的有关设备和服务，对发包人人员进行培训和提供一些消耗品等，在发包人的要求中应一并明确规定。"发包人要求"通常包括但不限于以下内容：

（1）功能要求：包括工程的目的、规模、性能保证指标（性能保证表）、产能保证指标等。

（2）工程范围：①包括的工作：包括永久工程的设计、采购、施工范围，临时工程的设计与施工范围，竣工验收工作范围，技术服务工作范围，培训工作范围，保修工作范围等。②工作界区。③发包人提供的现场条件：包括施工用电、施工用水、施工排水、施工道路。④发包人提供的技术文件：除另有批准外，承包人的工作需要遵照发包人需求任务书、发包人已完成的设计文件。

（3）工艺安排或要求（如有）。

（4）时间要求：包括开始工作时间、设计完成时间、进度计划、竣工时间、缺陷责任期和其他时间要求等。

（5）技术要求：包括设计阶段和设计任务，设计标准和规范，技术标准和要求，质量标准，设计、施工和设备监造、试验（如有），样品，发包人提供的其他条件，如发包人或其委托的第三人提供的设计、工艺包、用于试验检验的工器具等，以及据此对承包人提出的予以配套的要求。

发包人对于工程的技术标准、功能要求高于或严于现行国家、行业或地方标准的，应当在《发包人要求》中予以明确。除专用合同条件另有约定外，应视为承包人在订立合同前已充分预见前述技术标准和功能要求的复杂程度，签约合同价中已包含由此产生的费用。

（6）竣工试验：第一阶段，如对单车试验等的要求，包括试验前准备。第二阶段，如对联动试车、投料试车等的要求，包括人员、设备、材料、燃料、电力、消耗品、工具等必要条件。第三阶段，如对性能测试及其他竣工试验的要求，包括产能指标、产品质量标准、运营指标、环保指标等。

（7）竣工验收。

（8）竣工后试验（如有）。

（9）文件要求：包括设计文件及其相关审批、核准、备案要求，沟通计划，风险管理计划，竣工文件和工程的其他记录，操作和维修手册，其他承包人文件等。

（10）工程项目管理规定：包括质量、进度〔包括里程碑进度计划（如果有）〕、支付、HSE（健康、安全与环境管理体系）、沟通、变更等。

（11）其他要求：包括对承包人的主要人员资格的要求，相关审批、核准和备案手续的办理，对项目业主人员的操作培训，分包，设备供应商，缺陷责任期的服务要求等。

《标准设计施工总承包招标文件》中要求"发包人要求"用13个附件清单明确列出，主要包括性能保证表，工作界区图，发包人需求任务书，发包人已完成的设计文件，承包人文件要求，承包人及相关人员资格要求及审查规定，承包人设计文件审查规定，承包人采购审查与批准规定，材料、工程设备和工程试验规定，竣工试验规定，竣工验收规定，竣工后试验规定，工程项目管理规定。

3）设计文件与协调

（1）承包人的设计范围

按照我国工程建设基本程序、工程设计依据工作进程和深度的不同，一般按初步设计、施工图设计两个阶段进行，技术上复杂的建设项目可按初步设计、技术设计和施工图设计三个阶段进行。民用建筑工程设计一般分为方案设计、初步设计和施工图设计三个阶段。国际上一般分为概念设计（Concept Design）、基本设计（Basic Engineering）和详细设计（Detailed Engineering）三个阶段。

① 方案设计（概念设计）是项目投资决策后，由咨询单位将项目策划和可行性研究

微视频8-3：建设项目工程总承包合同"发包人"要求编写指南

提出的意见和问题，经与业主协商认可后提出的具体开展建设的设计文件，其深度应当满足编制初步设计文件和控制概算的需要。

② 初步设计（基本设计）的内容根据项目类型的不同而有所变化，一般来说，它是项目的宏观设计，即项目的总体设计、布局设计、主要的工艺流程、设备的选型和安装设计、土建工程量及费用的估算等。初步设计文件应当满足编制施工招标文件、主要设备材料订货和编制施工图设计文件的需要，是下一个阶段施工图设计的基础。

③ 施工图设计（详细设计）的主要内容是根据批准的初步设计，绘制出正确、完整和尽可能详细的建筑、安装图纸，包括建设项目部分工程的详图、零部件结构明细表、验收标准、方法、施工图预算等。此设计文件应当满足设备材料采购、非标准设备制作和施工的需要，并注明建筑工程合理的使用年限。

在工程总承包合同中应明确定义出设计的范围，确定谁应该参与设计以及所参与的程度。承包人的设计范围可以是施工图设计，也可以是初步设计和施工图设计，还可以包括方案设计、初步设计、施工图设计的所有设计，由双方在总承包合同中加以明确。

承包人应按合同约定的工作内容和进度要求，编制设计、施工的组织和实施计划，并对所有设计、施工作业和施工方法，以及全部工程的完备性和安全可靠性负责。承包人不得将设计和施工的主体、关键性工作分包给第三人。除专用合同条款另有约定外，未经发包人同意，承包人也不得将非主体、非关键性工作分包给第三人。

（2）承包人的设计义务

承包人应按照法律规定，以及国家、行业和地方的规范和标准，以及《发包人要求》和合同约定完成设计工作和设计相关的其他服务，并对工程的设计负责。承包人应根据工程实施的需要及时向发包人和工程师说明设计文件的意图，解释设计文件。除合同另有约定外，承包人完成设计工作所应遵守的法律规定，以及国家、行业和地方的规范和标准，均应视为在基准日适用的版本。基准日之后，前述版本发生重大变化，或者有新的法律，以及国家、行业和地方的新的规范和标准实施的，承包人应向工程师提出遵守新规定的建议。发包人或其委托的工程师应在收到建议后 7 天内发出是否遵守新规定的指示。发包人或其委托的工程师指示遵守新规定的，按照变更条款执行，或者在基准日后，因法律变化导致承包人在合同履行中所需费用发生除合同约定的物价波动引起的调整以外的增减时，工程师应根据法律、国家或省、自治区、直辖市有关部门的规定，商定或确定需要调整的合同价格。

（3）承包人设计进度计划

承包人应按照发包人要求，在合同进度计划中专门列出设计进度计划，报发包人批准后执行。承包人需按照经批准后的计划开展设计工作。

因承包人原因影响设计进度的，未能按合同进度计划完成工作，或工程师认为承包人工作进度不能满足合同工期要求的，承包人应采取措施加快进度，并承担加快进度所增加的费用。发包人或其委托的工程师有权要求承包人提交修正的进度计划、增加投入资源并加快设计进度。由于承包人原因造成工期延误，承包人应支付逾期竣工违约金。逾期竣工违约金的计算方法和最高限额应在专用合同条款中加以约定。承包人支付逾期竣工违约金，不免除承包人完成工作及修补缺陷的义务。

因发包人原因影响设计进度的，按合同约定的变更条款处理。

（4）承包人文件审查

根据《发包人要求》应当通过工程师报发包人审查同意的承包人文件，承包人应当按照《发包人要求》约定的范围和内容及时报送审查。除合同另有约定外，自工程师收到承包人文件以及承包人的通知之日起，发包人对承包人文件审查期不超过 21 天。承包人的设计文件对于合同约定有偏离的，应在通知中说明。承包人需要修改已提交的承包人文件的，应立即通知工程师，并向工程师提交修改后的承包人文件，审查期重新起算。

发包人同意承包人文件的，应及时通知承包人，发包人不同意承包人文件的，应在审查期限内通过工程师以书面形式通知承包人，并说明不同意的具体内容和理由。

承包人对发包人的意见按以下方式处理：

① 发包人的意见构成变更的，承包人应在 7 天内通知发包人按照［变更与调整］中关于发包人指示变更的约定执行，若双方对是否构成变更无法达成一致的，则按［争议解决］的约定执行。

② 因承包人原因导致无法通过审查的，承包人应根据发包人的书面说明，对承包人文件进行修改后重新报送发包人审查，审查期重新起算。因此，引起的工期延长和必要的工程费用增加，由承包人负责。

合同约定的审查期满，发包人没有做出审查结论也没有提出异议的，视为承包人文件已获发包人的同意。

发包人对承包人文件的审查和同意不得被理解为对合同的修改或改变，也并不减轻或免除承包人任何的责任和义务。

承包人文件，不需要政府有关部门或专用合同条件约定的第三方审查单位审查或批准的，承包人应当严格按照经发包人审查同意的承包人文件设计和实施工程。

发包人需要组织审查会议对承包人文件进行审查的，审查会议的审查形式、时间安排、费用承担，在专用合同条件中加以约定。发包人负责组织承包人文件审查会议，承包人有义务参加发包人组织的审查会议，向审查者介绍、解答、解释承包人文件，并提供有关补充资料。

发包人有义务向承包人提供审查会议的批准文件和纪要。承包人有义务按照相关审查会议批准的文件和纪要，并依据合同约定及相关技术标准，对承包人文件进行修改、补充和完善。

承包人文件，需政府有关部门或专用合同条件约定的第三方审查单位审查或批准的，发包人应在审查同意承包人文件后 7 天内，向政府有关部门或第三方报送承包人文件，承包人应予以协助。

对于政府有关部门或第三方审查单位的审查意见，不需要修改《发包人要求》的，承包人需按该审查意见修改承包人的设计文件；需要修改《发包人要求》的，承包人应按本款［承包人的合理化建议］的约定执行。

承包人文件存在错误、遗漏、含混、矛盾、不充分之处或其他缺陷的，无论承包人是否根据本款获得了同意，承包人均应自费，对前述问题所带来的缺陷和工程问题进行改正，并按照［承包人文件审查］的要求，重新送工程师审查，审查日期从工程师收到文件之日开始重新计算。因此项原因重新提交审查文件导致的工程延误和必要费用的增加由承包人承担。《发包人要求》的错误导致承包人文件错误、遗漏、含混、矛盾、不充分或其他缺陷的除外。

4）工期和进度

（1）开始工作

经发包人同意后，工程师应提前 7 天向承包人发出经发包人签认的开始工作通知，工期自开始工作通知中载明的开始工作日期起算。

因发包人原因造成实际开始现场施工日期迟于计划开始现场施工日期后第 84 天的，承包人有权提出价格调整要求，或者解除合同。发包人应当承担由此所增加的费用和（或）被延误的工期，并向承包人支付合理利润。

（2）竣工日期

承包人应在合同协议书约定的工期内完成合同工作。工程的竣工日期以约定为准，并在工程接收证书中写明。

因发包人原因，在工程师收到承包人竣工验收申请报告 42 天后未进行验收的，视为验收合格，实际竣工日期以提交竣工验收申请报告的日期为准，但发包人由于不可抗力不能进行验收的除外。

（3）项目实施计划

项目实施计划是依据合同和经批准的项目管理计划进行编制并用于对项目实施进行管理和控制的文件，应包含概述、总体实施方案、项目实施要点、项目初步进度计划以及合同当事人在专用合同条件中约定的其他内容。

承包人应在合同订立后 14 天内，向工程师提交项目实施计划，工程师应在收到项目实施计划后 21 天内确认或提出修改意见。对工程师提出的合理意见和要求，承包人应自费修改完善。根据工程实施的实际情况，需要修改项目实施计划的，承包人应向工程师提交修改后的项目实施计划。

（4）项目进度计划

承包人应按照约定编制并向工程师提交项目初步进度计划，经工程师批准后实施。工程师应在 21 天内批复或提出修改意见，否则该项目初步进度计划视为已得到批准。对工程师提出的合理意见和要求，承包人应自费修改完善。经工程师批准的项目初步进度计划称为项目进度计划，是控制合同工程进度的依据，工程师有权按照进度计划检查工程进度情况。承包人还应根据项目进度计划，编制更为详细的分阶段或分项的进度计划，由工程师批准。

项目进度计划应当包括设计、承包人文件提交、采购、制造、检验、运达现场、施工、安装、试验的各个阶段的预期时间以及设计和施工组织方案说明等，其编制应当符合国家法律规定和一般工程实践惯例。项目进度计划的具体要求、关键路径及关键路径变化的确定原则、承包人提交的份数和时间等，在专用合同条件约定。

项目进度计划不符合合同要求或与工程的实际进度不一致的，承包人应向工程师提交修订的项目进度计划，并附具有关措施和相关资料。工程师也可以直接向承包人发出修订项目进度计划的通知，承包人如接受，应按该通知修订项目进度计划，报工程师批准。承包人如不接受，应当在 14 天内予以答复，如未按时答复则视作已接受修订项目进度计划通知中的内容。

工程师应在收到修订的项目进度计划后的 14 天内完成审批或提出修改意见，如未按时答复则视作已批准承包人修订后的项目进度计划。工程师对承包人提交的项目进度计划的确认，不能减轻或免除承包人根据法律规定和合同约定应承担的任何责任或义务。

项目进度计划的修订并不能减轻或者免除双方应承担的合同责任。

（5）进度报告

项目实施过程中，承包人应进行实际进度记录，并根据工程师的要求编制月进度报告，并提交给工程师。进度报告应包含以下主要内容：

① 工程设计、采购、施工等各个工作内容的进展报告。

② 工程施工方法的一般说明。

③ 当月工程实施介入的项目人员、设备和材料的预估明细报告。

④ 当月实际进度与进度计划对比分析，以及提出未来可能引起工期延误的情形，同时提出应对措施；需要修订项目进度计划的，应对项目进度计划的修订部分进行说明。

⑤ 承包人对于解决工期延误所提出的建议。

⑥ 其他与工程有关的重大事项。

（6）工期延误

① 因发包人原因导致工期延误。

在合同履行过程中，因下列情况导致工期延误和（或）费用增加的，由发包人承担由此所延误的工期和（或）增加的费用，且发包人应支付承包人合理的利润：

a. 根据约定构成一项变更的；

b. 发包人违约，导致工期延误和（或）费用增加的；

c. 发包人、发包人代表、工程师或发包人聘请的任意第三方造成或引起的任何延误、妨碍和阻碍；

d. 发包人未能依据约定提供材料和工程设备导致工期延误和（或）费用增加的；

e. 发包人原因导致的暂停施工；

f. 发包人未及时履行相关合同义务，造成工期延误的其他原因。

② 承包人原因导致工期延误。

由于承包人的原因，未能按项目进度计划完成工作，承包人应采取措施加快进度，并承担加快进度所增加的费用。

由于承包人原因造成工期延误并导致逾期竣工的，承包人应支付逾期竣工违约金。逾期竣工违约金的计算方法和最高限额在专用合同条件中约定。承包人支付逾期竣工违约金，不免除承包人完成工作及修补缺陷的义务，且发包人有权从工程进度款、竣工结算款或约定提交的履约担保中扣除相当于逾期竣工违约金的金额。

③ 行政审批迟延。

合同约定范围内的工作需国家有关部门审批的，发包人和（或）承包人应按照专用合同条件约定的职责分工完成行政审批报送。因国家有关部门审批迟延造成工期延误的，竣工日期相应顺延；造成费用增加的，双方在其各自负责的范围内自行承担。

④ 异常恶劣的气候条件。

异常恶劣的气候条件是指在施工过程中遇到的，有经验的承包人在订立合同时不可预见的，对合同履行造成实质性影响的，但尚未构成不可抗力事件的恶劣气候条件。合同当事人可以在专用合同条件中约定异常恶劣的气候条件的具体情形。

承包人应采取克服异常恶劣的气候条件的合理措施继续施工，并及时通知工程师。工程师应当及时发出指示，指示构成变更的，按约定办理。承包人因采取合理措施而延误的工期，由发包人承担相关费用。

（7）工期提前

发包人指示承包人提前竣工且被承包人接受的，应与承包人共同协商采取加快工程进度的措施和修订项目进度计划。发包人应承担承包人由此所增加的费用，增加的费用按约定执行；发包人不得以任何理由要求承包人超过合理程度进而压缩工期。承包人有权不接受提前竣工的指示，工期按照合同约定执行。

承包人提出提前竣工的建议且发包人接受的，应与发包人共同协商采取加快工程进度的措施和修订项目进度计划。发包人应承担承包人由此所增加的费用，增加的费用按约定执行，并向承包人支付专用合同条件约定的相应奖励金。

（8）暂停工作

① 由发包人暂停工作。

发包人认为必要时，可通过工程师向承包人发出经发包人签认的暂停工作通知，应列明暂停原因、暂停的日期及预计暂停的期限。承包人应按该通知暂停工作。

承包人因执行暂停工作通知而造成费用的增加和（或）工期延误的由发包人承担，并有权要求发包人支付合理的利润，但由承包人原因造成发包人暂停工作的除外。

② 由承包人暂停工作。

因承包人原因所造成部分或全部工程的暂停，承包人应采取措施尽快复工并追赶进度，由此所造成费用的增加或工期的延误由承包人承担。因此造成逾期竣工的，承包人应按第 8.7.2 项［因承包人原因导致工期延误］承担逾期竣工违约责任。

合同履行过程中发生下列情形之一的，承包人可向发包人发出通知，要求发包人采取有效措施予以纠正。发包人收到承包人通知后的 28 天内仍不予以纠正的，承包人有权暂停施工，并通知工程师。承包人有权要求发包人延长工期和（或）增加费用，并支付合理利润。

a. 发包人拖延、拒绝批准付款申请和支付证书，或未能按合同约定支付价款，导致付款延误的；

b. 发包人未按约定履行合同其他义务导致承包人无法继续履行合同的，或者发包人明确表示暂停或实质上已暂停履行合同的。

③ 暂停工作期间的工程照管。

不论何种原因引起暂停工作的，暂停工作期间，承包人应负责对工程、工程物资及文件等进行照管和保护，并提供安全保障，由此所增加的费用应按约定承担。

因承包人未能尽到照管、保护的责任造成损失的，使发包人的费用增加，（或）竣工日期延误的，承包人应按本合同约定承担责任。

④ 拖长的暂停。

由发包人暂停工作持续超过 56 天的，承包人可向发包人发出要求复工的通知。如果发包人没有在收到书面通知后的 28 天内准许已暂停工作的全部或部分继续工作，承包人有权根据约定，要求以变更方式调减受暂停影响的部分工程。发包人的暂停超过 56 天且暂停影响整个工程了，承包人有权根据约定，发出解除合同的通知。

（9）复工

收到发包人的复工通知后，承包人应按通知时间复工；发包人通知的复工时间应当给予承包人必要的准备复工时间。

不论何种原因引起的暂停工作，双方均可要求对方一同对受到暂停影响的工程、工程设备和工程物资进行检查，承包人应将检查结果及需要恢复、修复的内容和估算通知发包人。

发生的恢复、修复价款及工期延误的后果由责任方承担。

5）竣工验收

（1）竣工验收条件

工程具备以下条件的，承包人可以申请竣工验收：

① 除因变更与调整导致的工程量删减和扫尾工作清单列入缺陷责任期内完成的扫尾工程和缺陷修补工作外，合同范围内的全部单位/区段工程以及有关工作，包括合同要求的试验和竣工试验均已完成，并符合合同要求。

② 已按合同约定编制了扫尾工作和缺陷修补工作清单以及相应的实施计划。

③ 已按合同约定的内容和份数备齐竣工资料。

④ 合同约定要求在竣工验收前应完成的其他工作。

（2）竣工验收程序

① 承包人向工程师报送竣工验收申请报告，工程师应在收到竣工验收申请报告后的 14 天内完成审查并报送发包人。工程师审查后认为尚不具备竣工验收条件的，应在收到竣工验收申请报告后的 14 天内通知承包人，并指出在颁发接收证书前承包人还需进行的工作内容。承包人完成工程师通知的全部工作内容后，应再次提交竣工验收申请报告，直至工程师同意为止。

② 工程师同意承包人提交的竣工验收申请报告的，或工程师收到竣工验收申请报告后的 14 天内不予答复的，视为发包人收到并同意承包人的竣工验收申请，发包人应在收到该竣工验收申请报告后的 28 天内进行竣工验收。工程经竣工验收合格的，以竣工验收合格之日为实际竣工日期，并在工程接收证书中载明；完成竣工验收但发包人不予签发工程接收证书的，视为竣工验收合格，以完成竣工验收之日为实际竣工日期。

③ 竣工验收不合格的，工程师应按验收意见发出指示，要求承包人对不合格的工程予以返工、修复或采取其他补救措施，由此所增加的费用和（或）延误的工期由承包人承担。承包人在完成不合格工程的返工、修复或采取其他补救措施后，应重新提交竣工验收申请报告，并按本项约定的程序重新进行验收。

④ 因发包人原因，未在工程师收到承包人竣工验收申请报告之日起的 42 天内完成竣工验收的，以承包人提交竣工验收申请报告之日作为工程实际竣工日期。

⑤ 工程未经竣工验收，发包人擅自使用的，以转移占有工程之日为实际竣工日期。

发包人不按照约定组织竣工验收、颁发工程接收证书的，每逾期一天，应以签约合同价为基数，按照贷款市场报价利率（LPR）支付违约金。

（3）单位/区段工程的验收

发包人根据项目进度计划安排，在全部工程竣工前需要使用已经竣工的单位/区段工程时，或承包人提出经发包人同意时，可进行单位/区段工程验收。验收合格后，由工程师向承包人出具经发包人签认的单位/区段工程验收证书。单位/区段工程的验收成果和结论作为全部工程竣工验收申请报告的附件。

发包人在全部工程竣工前，使用已接收的单位/区段工程导致承包人费用增加的，发包人应承担由此增加的费用和（或）工期延误，并支付承包人合理的利润。

（4）工程的接收

根据工程项目的具体情况和特点，可按工程或单位/区段工程进行接收，并在专用合同条件中具体约定接收的先后顺序、时间安排和其他要求。

除按本条约定已经提交的资料外，接收工程时承包人需提交竣工验收资料的类别、内容、份数和提交时间，并在专用合同条件中进行具体约定。

发包人无正当理由不接收工程的，发包人自应当接收工程之日起，承担工程照管、成品保护、保管等与工程有关的各项费用，合同当事人可以在专用合同条件中另行约定发包人逾期接收工程的违约责任。

承包人无正当理由不移交工程的，承包人应承担工程照管、成品保护、保管等与工程有关的各项费用，合同当事人可以在专用合同条件中另行约定承包人无正当理由不移交工程的违约责任。

（5）接收证书

承包人应在竣工验收合格后向发包人提交约定的质量保证金，发包人应在竣工验收合格且工程具备接收条件后的 14 天内向承包人颁发工程接收证书，但承包人未提交质量保证金的，发包人有权拒绝颁发。发包人拒绝颁发工程接收证书的，应向承包人发出通知，说明理由并指出在颁发接收证书前承包人需要做的工作，以及需要修补的缺陷和承包人需要提供的文件。

发包人向承包人颁发的接收证书，应注明工程或单位/区段工程经验收合格的实际竣工日期，并列明不在接收范围内的，在收尾工作和缺陷修补完成之前对工程或单位/区段工程预期使用目的没有实质影响。

竣工验收合格而发包人无正当理由逾期不颁发工程接收证书的，自验收合格后的第 15 天起视为已颁发工程接收证书。

工程未经验收或验收不合格，发包人擅自使用的，应在转移占有工程后的 7 天内向承包人颁发工程接收证书；发包人无正当理由逾期不颁发工程接收证书的，自转移占有后的第 15 天起视为已颁发工程接收证书。

（6）竣工退场

颁发工程接收证书后，承包人应对施工现场进行清理，并撤离相关人员，使施工现场处于以下状态，直至工程师检验合格为止：

① 施工现场内残留的垃圾已被全部清除出场。

② 临时工程已拆除，场地已按合同约定进行清理、平整或复原。

③ 按合同约定应撤离的人员、承包人提供的施工设备和剩余的材料，包括废弃的施工设备和材料，已按计划撤离施工现场。

④ 施工现场周边及其附近道路、河道的施工堆积物，已全部清理。

⑤ 施工现场其他竣工退场工作已全部完成。

施工现场的竣工退场费用由承包人承担。承包人应在专用合同条件约定的期限内完成竣工退场，逾期未完成的，发包人有权出售或另行处理承包人遗留的物品，由此支出的费用由承包人承担。发包人出售承包人遗留物品所得款项，在扣除必要费用后剩余金额应返还承包人。

（7）人员撤离

除了经工程师同意需在缺陷责任期内继续工作和使用的人员、施工设备和临时工程外，承包人应按专用合同条件约定和工程师的要求将其余的人员、施工设备和临时工程撤离施工现场或拆除。除专用合同条件另有约定外，缺陷责任期满时，承包人的人员和施工设备应全部撤离施工现场。

6）缺陷责任与保修

（1）工程保修的原则

在工程移交发包人后，因承包人原因产生的质量缺陷，承包人应承担质量缺陷责任和保修义务。缺陷责任期届满，承包人仍应按合同约定的工程各个部位的保修年限承担保修义务。

（2）缺陷责任期

缺陷责任期原则上从工程竣工验收合格之日起计算，合同当事人应在专用合同条件中约定缺陷责任期的具体期限，但该期限最长不得超过 24 个月。

单位/区段工程先于全部工程进行验收，经验收合格并交付使用的，该单位/区段工程缺陷责任期自单位/区段工程验收合格之日起算。因发包人原因导致工程未在合同约定期限内进行验收，但工程经验收合格的，以承包人提交竣工验收报告之日起计算；因发包人原因导致工程未能进行竣工验收的，在承包人提交竣工验收报告 90 天后，工程自动进入缺陷责任期；发包人未经竣工验收擅自使用工程的，缺陷责任期自工程转移占有之日起开始计算。

由于承包人原因造成某项缺陷或损坏，使某项工程或工程设备不能按原定目标使用而需要再次检查、检验和修复的，发包人有权要求承包人延长该项工程或工程设备的缺陷责任期，并应在原缺陷责任期届满前发出延长通知，但缺陷责任期最长不得超过 24 个月。

（3）缺陷调查

① 承包人缺陷调查。

如果发包人指示承包人调查任何缺陷的原因，承包人应在发包人的指导下进行调查。承包人应在发包人指示中说明的日期或与发包人达成一致的其他日期开展调查。除非该缺陷应由承包人负责自费进行修补，承包人有权就调查的成本和利润获得费用给付。

如果承包人未能根据本款开展调查，该调查可由发包人开展。但应将上述调查开展的日期通知承包人，承包人可自费参加调查。如果该缺陷应由承包人自费进行修补，则发包人有权要求承包人支付发包人因调查产生的合理费用。

② 缺陷责任。

缺陷责任期内，由承包人原因造成的缺陷，承包人应负责维修，并承担鉴定及维修费用。如承包人不维修也不承担费用，发包人可按合同约定从质量保证金中予以扣除，费用超出质量保证金金额的，发包人可按合同约定向承包人进行索赔。承包人维修并承担相应费用后，不免除对工程的损失赔偿责任。发包人在使用过程中，发现已修补的缺陷部位或部件还存在质量缺陷的，承包人应负责修复，直至检验合格为止。

③ 修复费用。

发包人和承包人应共同查清缺陷或损坏的原因。经查验，属于承包人原因造成的，应由承包人承担修复的费用。经查验，属于非承包人原因造成的，发包人应承担修复的费用，并支付承包人合理的利润。

④ 修复通知。

在缺陷责任期内，发包人在使用过程中，发现已接收的工程存在缺陷或损坏的，应书面通知承包人予以修复，但情况紧急必须立即修复缺陷或损坏的，发包人可以口头通知承包人并在口头通知后的 48 小时内进行书面确认，承包人应在专用合同条件约定的合理期限内到达工程现场并修复缺陷或损坏。

⑤ 在现场外修复。

在缺陷责任期内，承包人认为设备中的缺陷或损害不能在现场得到迅速修复，承包人应当向发包人发出通知，请求发包人同意把这些有缺陷或者损害的设备移出现场进行修复，通知应当注明有缺陷或者损害的设备及维修的相关内容，发包人可要求承包人按移出设备的全部重置成本增加质量保证金的数额。

⑥ 未能修复。

因承包人原因造成工程的缺陷或损坏，承包人拒绝维修或未能在合理期限内修复缺陷或损坏，且经发包人书面催告后仍未能修复的，发包人有权自行修复或委托第三方进行修复，所需费用由承包人承担。但修复范围超出缺陷或损坏范围的，超出范围部分的修复费用由发包人承担。

如果工程或工程设备的缺陷或损害使发包人实质上失去了工程的整体功能，发包人有权向承包人追回已支付的工程款项，并要求其赔偿发包人相应的损失。

（4）缺陷修复后的进一步试验

任何一项缺陷修补后的 7 天内，承包人应向发包人发出通知，告知已修补的情况。如适用重新试验的，还应建议重新试验。发包人应在收到重新试验通知后的 14 天内予以答复，逾期未进行答复的视为同意重新试验。承包人未建议重新试验的，发包人也可在缺陷修补后的 14 天内指示进行必要的重新试验，以证明已修复的部分符合合同要求。

所有的重复试验应按照适用于先前试验的条款进行，但应由责任方承担修补工作的成本和重新试验的风险和费用。

（5）承包人出入权

在缺陷责任期内，为了修复缺陷或损坏，承包人有权出入工程现场，除情况紧急必须立即修复缺陷或损坏外，承包人应提前 24 小时通知发包人进场修复的时间。承包人进入工程现场前应获得发包人同意，且不应影响发包人正常的生产经营，并应遵守发包人有关安保和保密等规定。

（6）缺陷责任期终止证书

除专用合同条件另有约定外，承包人应于缺陷责任期届满前的 7 天内向发包人发出缺陷责任期即将届满的通知，发包人应在收到通知后的 7 天内核实承包人是否履行缺陷修复义务，承包人未能履行缺陷修复义务的，发包人有权扣除相应金额的维修费用。发包人应在缺陷责任期届满之日，向承包人颁发缺陷责任期终止证书，并返还质量保证金。

如承包人在施工现场还留有人员、施工设备和临时工程的，承包人应当在收到缺陷责任期终止证书后的 28 天内，将上述人员、施工设备和临时工程撤离施工现场。

（7）保修责任

因承包人原因导致的质量缺陷责任，由合同当事人根据有关法律规定，在专用合同条件和工程质量保修书中约定工程质量保修范围、期限和责任。

7）变更与调整

（1）发包人变更权

变更指示应经发包人同意，并由工程师发出经发包人签认的变更指示。除约定的情况外，变更不应包括准备将任何工作删减并交由他人或发包人自行实施的情况。承包人收到变更指示后，方可实施变更。未经许可，承包人不得擅自对工程的任何部分进行变更。

（2）承包人的合理化建议

承包人提出的合理化建议，应向工程师提交合理化建议说明，说明建议的内容、理由以及实施该建议对合同价格和工期的影响。

除专用合同条件另有约定外，工程师应在收到承包人提交的合理化建议后的 7 天内审查完毕并报送发包人，发现其中存在技术上的缺陷，应通知承包人修改。发包人应在收到工程师报送的合理化建议后的 7 天内审批完毕。合理化建议经发包人批准的，工程师应及时发出变更指示，由此引起的合同价格调整按照［变更估价］约定执行。发包人不同意变更的，工程师应书面通知承包人。

合理化建议降低了合同价格、缩短了工期或者提高了工程经济效益的，双方可以按照专用合同条件的约定进行利益分享。

（3）变更程序

发包人提出变更的，应通过工程师向承包人发出书面形式的变更指示，变更指示应说明计划变更的工程范围和变更的内容。

承包人收到工程师下达的变更指示后，认为不能执行，应在合理期限内提出不能执行该变更指示的理由。承包人认为可以执行变更的，应当书面说明实施该变更指示需要采取的具体措施以及对合同价格和工期的影响，且合同当事人应当按照［变更估价］约定确定变更估价。

除专用合同条件另有约定外，变更估价应按照下列约定处理：

① 合同中未包含价格清单的，合同价格应按照所执行的变更工程的成本加利润调整。

② 合同中包含价格清单的，合同价格应按照如下规则进行调整：

a. 价格清单中有适用于变更工程项目的，应采用该项目的费率和价格；

b. 价格清单中没有适用但有类似于变更工程项目的，可在合理范围内参照类似项目的费率或价格；

c. 价格清单中没有适用也没有类似于变更工程项目的，该工程项目应按成本加利润原则进行调整，以适用于新的费率或价格。

承包人应在收到变更指示后的 14 天内，向工程师提交变更估价申请。工程师应在收到承包人提交的变更估价申请后的 7 天内审查完毕并报送发包人，工程师对变更估价申请有异议的，通知承包人修改后重新进行提交。发包人应在承包人提交变更估价申请后的

14 天内审批完毕。发包人逾期未完成审批或未提出异议的，则被视为认可承包人提交的变更估价申请。

因变更引起的价格调整应计入最近一期的进度款中进行支付。因变更引起工期变化的，合同当事人均可以要求调整合同工期，由合同当事人按照［商定或确定］并参考工程所在地的工期定额标准确定增减工期天数。

（4）暂列金额

除专用合同条件另有约定外，每一笔暂列金额只能按照发包人的指示全部或部分使用，并对合同价格进行相应调整。付给承包人的总金额应仅包括发包人已指示的，与暂列金额相关的工作、货物或服务的应付款项。

对于每笔暂列金额，发包人可以指示用于下列支付：

① 发包人指示变更，决定对合同价格和付款计划表（如有）进行调整的，由承包人实施的工作（包括要提供的工程设备、材料和服务）。

② 承包人购买的工程设备、材料、工作或服务，应支付包括承包人已付（或应付）的实际金额以及相应的管理费等费用和利润［管理费和利润应以实际金额为基数，根据合同约定的费率（如有）或百分比计算］。

发包人根据上述①和（或）②指示支付暂列金额的，可以要求承包人提交其供应商提供的全部或部分要实施的工程或拟购买的工程设备、材料、工作或服务的项目报价单。发包人可以发出通知指示承包人接受其中的一个报价或指示撤销支付，发包人在收到项目报价单的 7 天内未作回应的，承包人应有权自行接受其中任何一个报价。

（5）计日工

需要采用计日工方式的，经发包人同意后，由工程师通知承包人以计日工计价方式实施相应的工作，其价款按列入价格清单或预算书中的计日工计价项目及其单价进行计算；价格清单或预算书中无相应的计日工单价的，按照合理的成本与利润构成的原则，由工程师确定计日工的单价。

采用计日工计价的任何一项工作，承包人应在该项工作实施过程中，每天提交以下报表和有关凭证报送工程师审查：①工作名称、内容和数量；②投入该工作的所有人员的姓名、专业、工种、级别和耗用工时；③投入该工作的材料类别和数量；④投入该工作的施工设备型号、台数和耗用台时；⑤其他有关资料和凭证。

计日工由承包人汇总后，列入最近一期进度付款申请单，由工程师审查并经发包人批准后列入进度付款。

（6）暂估价

暂估价是指发包人在项目清单中给定的，用于支付必然发生但暂时不能确定价格的专业服务、材料、设备、专业工程的金额。项目清单是指发包人提供的载明工程总承包项目勘察费（如果有）、设计费、建筑安装工程费、设备购置费、暂估价、暂列金额和双方约定的其他费用的名称和相应数量等内容的项目明细。

对于依法必须招标的暂估价项目，专用合同条件约定由承包人作为招标人的，招标文件、评标方案、评标结果应报送发包人批准。与组织招标工作有关的费用应当被认为已经包括在承包人的签约合同价中。专用合同条件约定由发包人和承包人共同作为招标人的，与组织招标工作有关的费用在专用合同条件中加以约定。具体的招标程序以及发包人和承包人权利义务关系可在专用合同条件中约定。暂估价项目的中标金额与价格清单中所列暂估价的金额差以及相应的税金等其他费用应列入合同价格。

对于不属于依法必须招标的暂估价项目，承包人具备实施暂估价项目的资格和条件的，经发包人和承包人协商一致后，可由承包人自行实施暂估价项目，具体的协商和估价程序以及发包人和承包人权利义务关系可在专用合同条件中约定。确定后的暂估价项目金额与价格清单中所列暂估价的金额差以及相应的税金等其他费用应列入合同价格。

因发包人原因导致暂估价合同订立和履行迟延的，由此所增加的费用和（或）延误的工期由发包人承担，并支付承包人合理的利润。因承包人原因导致暂估价合同订立和履行迟延的，由此所增加的费用和（或）延误的工期由承包人承担。

（7）法律变化引起的调整

基准日期后，法律变化导致承包人在合同履行过程中所需要的费用发生除［市场价格波动引起的调整］约定以外的增加时，由发包人承担由此增加的费用；减少时，应从合同价格中予以扣减。基准日期后，因法律变化造成工期延误时，工期应予以顺延。

（8）市场价格波动引起的调整

主要工程材料、设备、人工价格与招标时基期价相比，波动幅度超过合同约定幅度的，双方按照合同约定的价格调整方式进行调整。

发包人与承包人在专用合同条件中约定采用《价格指数权重表》的，适用于本项约定。未列入《价格指数权重表》的费用不因市场变化而调整。双方约定采用其他方式调整合同价款的，以专用合同条件的具体约定为准。

双方当事人可以将部分主要工程材料、工程设备、人工价格及其他双方认为应当根据市场价格调整的费用列入附件6［价格指数权重表］，并根据价格调整公式计算差额并调整合同价格。

8）合同价格与支付

（1）合同价格形式

除专用合同条件中另有约定外，本合同为总价合同，除根据［变更与调整］，以及合同中其他相关增减金额的约定进行调整外，合同价格不做调整。

除专用合同条件另有约定外：

① 工程款的支付应以合同协议书约定的签约合同价格为基础，按照合同约定进行调整。

② 承包人应支付根据法律规定或合同约定的应该由其支付的各项税费，除［法律变化引起的调整］约定外，合同价格不应因这些税费进行调整。

③ 价格清单列出的任何数量仅为估算的工作量，不得将其视为要求承包人实施的工程的实际或准确的工作量。在价格清单中列出的任何工作量和价格数据应仅限用于变更和支付的参考资料，而不能用于其他目的。

合同约定工程的某部分按照实际完成的工程量进行支付的，应按照专用合同条件的约定进行计量和估价，并据此调整合同价格。

（2）预付款

预付款的额度和支付按照专用合同条件约定加以执行。预付款应当专用于承包人为合同工程的设计和工程实施购置材料、工程设备、施工设备、修建临时设施以及组织施工队伍进场等合同工作。

预付款在进度付款中同比例扣回。在颁发工程接收证书前，提前解除合同的，尚未扣完的预付款应与合同价款一并结算。

发包人逾期支付预付款超过7天的，承包人有权向发包人发出要求其预付的催告通知，发包人收到通知后的7天内仍未支付的，承包人有权暂停施工，并按［发包人违约的情形］执行。

发包人指示承包人提供预付款担保的，承包人应在发包人支付预付款7天前提供预付款担保，专用合同条件另有约定的除外。预付款担保可采用银行保函、担保公司担保等形式，具体由合同当事人在专用合同条件中约定。在预付款完全扣回之前，承包人应保证预付款担保持续有效。

发包人在工程款中逐期扣回预付款后，预付款担保额度应相应减少，但剩余的预付款担保金额不得低于未被扣回的预付款金额。

（3）工程进度付款

① 工程进度付款申请。

人工费的申请：人工费应按月支付，工程师应在收到承包人人工费付款申请单以及相关资料后的7天内完成审查并报送发包人，发包人应在收到后的7天内完成审批并向承包人签发人工费支付证书，发包人应在人工费支付证书签发后的7天内完成支付。已支付的人工费部分，发包人支付进度款时应予以相应扣除。

承包人应在每月月末向工程师提交进度付款申请单，该进度付款申请单应包括下列内容：

　　a. 截至本次付款周期内已完成工作对应的金额；

　　b. 扣除约定已扣除的人工费金额；

　　c. 根据约定应增加和扣减的变更金额；

　　d. 根据约定应支付的预付款和扣减的返还预付款；

　　e. 根据约定应预留的质量保证金金额；

　　f. 应增加和扣减的索赔金额；

　　g. 对已签发的进度款支付证书中出现错误的修正，应在本次进度付款中支付或扣除的金额；

　　h. 根据合同约定应增加和扣减的其他金额。

② 进度付款审核和支付。

工程师应在收到承包人进度付款申请单以及相关资料后的7天内完成审查并报送发包人，发包人应在收到后的7天内完成审批并向承包人签发进度款支付证书。发包人逾期（包括因工程师原因延误报送的时间）未完成审批且未提出异议的，视为已签发进度款支付证书。

工程师对承包人的进度付款申请单有异议的，有权要求承包人修正和提供补充资料，承包人应提交修正后的进度付款申请单。工程师应在收到承包人修正后的进度付款申请单及相关资料后的7天内完成审查并报送发包人，发包人应在收到工程师报送的进度付款申请单及相关资料后的7天内，向承包人签发无异议部分的进度款支付证书。存在争议的部分，按照争议解决的约定处理。

发包人应在进度款支付证书签发后的 14 天内完成支付，发包人逾期支付进度款的，按照贷款市场报价利率（LPR）支付利息；逾期支付超过 56 天的，按照贷款市场报价利率（LPR）的两倍支付利息。

发包人签发进度款支付证书，不表明发包人已同意、批准或接受了承包人完成的相应部分的工作。

③ 进度付款的修正。

在对已签发的进度款支付证书进行阶段汇总和复核中发现错误、遗漏或重复的，发包人和承包人均有权提出修正申请。经发包人和承包人同意的修正，应在下期进度付款中支付或扣除。

（4）付款计划表

① 付款计划表的编制要求：

a. 付款计划表中所列的每期付款金额，应为每期进度款的估算金额。

b. 实际进度与项目进度计划不一致的，合同当事人可修改付款计划表。

c. 不采用付款计划表的，承包人应向工程师提交按季度编制的支付估算付款计划表，用于支付参考。

② 付款计划表的编制与审批

a. 承包人应根据约定的项目进度计划、签约合同价和工程量等因素对总价合同进行分解，确定付款期数、计划每期达到的主要形象进度和（或）完成的主要计划工程量（含设计、采购、施工、竣工试验和竣工后试验等）等目标任务，编制付款计划表。其中，人工费应按月确定付款期和付款计划。承包人应当在收到工程师和发包人批准的项目进度计划后的 7 天内，将付款计划表及编制付款计划表的支持性资料报送工程师。

b. 工程师应在收到付款计划表后的 7 天内完成审核并报送发包人。发包人应在收到经工程师审核的付款计划表后的 7 天内完成审批，经发包人批准的付款计划表为有约束力的付款计划表。

c. 发包人逾期未完成付款计划表审批的，也未及时要求承包人进行修正和提供补充资料的，则承包人提交的付款计划表视为已经获得发包人批准。

（5）竣工结算

① 竣工结算申请。

承包人应在工程竣工验收合格后的 42 天内向工程师提交竣工结算申请单，并提交完整的结算资料，有关竣工结算申请单的资料清单和份数等要求由合同当事人在专用合同条件中约定。

竣工结算申请单应包括以下内容：

a. 竣工结算合同价格。

b. 发包人已支付承包人的款项。

c. 采用［承包人提供质量保证金的方式］第（2）种方式提供质量保证金的，应当列明应预留的质量保证金金额；采用其他方式提供质量保证金的，应当按［质量保证金］提供相关文件作为附件。

d. 发包人应支付承包人的合同价款。

② 竣工结算审核。

a. 工程师应在收到竣工结算申请单后的 14 天内完成核查并报送发包人。发包人应在收到工程师提交的经审核的竣工结算申请单后的 14 天内完成审批，并由工程师向承包人签发经发包人签认的竣工付款证书。工程师或发包人对竣工结算申请单有异议的，有权要求承包人进行修正和提供补充资料，承包人应提交修正后的竣工结算申请单。

发包人在收到承包人提交的竣工结算申请书后的 28 天内未完成审批且未提出异议的，视为发包人认可承包人提交的竣工结算申请单，并自发包人收到承包人提交的竣工结算申请单后的第 29 天起视为已签发竣工付款证书。

b. 发包人应在签发竣工付款证书后的 14 天内，完成对承包人的竣工付款。发包人逾期支付的，按照贷款市场报价利率（LPR）支付违约金；逾期支付超过 56 天的，按照贷款市场报价利率（LPR）的两倍支付违约金。

c. 承包人对发包人签认的竣工付款证书有异议的，对于有异议部分应在收到发包人签认的竣工付款证书后的 7 天内提出异议，并由合同当事人按照专用合同条件约定的方式和程序进行复核，或按照争议解决约定处理。对于无异议部分，发包人应签发临时竣工付款证书，并按本款第 b 项完成付款。承包人逾期未提出异议的，视为认可发包人的审批结果。

（6）质量保证金

经合同当事人协商一致提供质量保证金的，应在专用合同条件中予以明确。在工程项目竣工前，承包人已经提供履约担保的，发包人不得同时要求承包人提供质量保证金。

① 承包人提供质量保证金的方式：

a. 质量保证担保；

b. 相应比例的工程款；

c. 双方约定的其他方式。

质量保证金原则上采用上述第 a 种方式，且承包人应在工程竣工验收合格后的 7 天内，向发包人提交工程质量保证担保。承包人提交工程质量保证担保时，发包人应同时返还预留的作为质量保证金的工程价款（如有）。但不论承包人以何种方式提供质量保证金，累计金额均不得高于工程价款结算总额的 3％。

② 质量保证金的预留。

双方约定采用预留相应比例的工程款的方式提供质量保证金有以下三种方式：

a. 按专用合同条件的约定在支付工程进度款时逐次预留，直至预留的质量保证金总额达到专用合同条件约定的金额或比例为止。在此情形下，质量保证金的计算基数不包括预付款的支付、扣回以及价格调整的金额；

b. 工程竣工结算时一次性预留质量保证金；

c. 双方约定的其他预留方式。

质量保证金的预留原则上采用上述第 a 种方式。如承包人在发包人签发竣工付款证书后的 28 天内提交工程质量保证担保，发包人应同时返还预留的作为质量保证金的工程价款。发包人在返还本条款项下的质量保证金的同时，按照中国人民银行同期、同类存款基准利率支付利息。

③ 质量保证金的返还。

缺陷责任期内，承包人应认真履行合同约定的责任，缺陷责任期满，发包人向承包人颁发缺陷责任期终止证书后，承包人可向发包人申请返还质量保证金。

发包人在接到承包人返还质量保证金申请后，应于 7 天内将质量保证金返还承包人，逾期未返还的，应承担违约责任。发包人在接到承包人返还质量保证金申请后的 7 天内不予答复的，视同认可承包人的返还质量保证金申请。

发包人和承包人对质量保证金预留、返还以及工程维修质量、费用有争议的，按约定的争议和纠纷解决程序处理。

（7）最终结清

① 最终结清申请单。

a. 承包人应在缺陷责任期终止证书颁发后的 7 天内，按专用合同条件约定的份数向发包人提交最终结清申请单，并提供相关证明材料。最终结清申请单应列明质量保证金、应扣除的质量保证金、缺陷责任期内发生的增减费用。

b. 发包人对最终结清申请单内容有异议的，有权要求承包人进行修正和提供补充资料，承包人应向发包人提交修正后的最终结清申请单。

② 最终结清证书和支付。

a. 发包人应在收到承包人提交的最终结清申请单后的 14 天内完成审批并向承包人颁发最终结清证书。发包人逾期未完成审批，又未提出修改意见的，视为发包人同意承包人提交的最终结清申请单，且自发包人收到承包人提交的最终结清申请单后的 15 天起视为已颁发最终结清证书。

b. 发包人应在颁发最终结清证书后的 7 天内完成支付。发包人逾期支付的，按照贷款市场的报价利率（LPR）支付利息；逾期支付超过 56 天的，按照贷款市场报价利率（LPR）的两倍支付利息。

c. 承包人对发包人颁发的最终结清证书有异议的，按争议解决的约定办理。

9）违约

（1）承包人违约

在履行合同的过程中发生下列情况之一的，属承包人违约：

① 承包人的原因导致的承包人文件、实施和竣工的工程不符合法律法规、工程质量验收标准以及合同约定。

② 承包人违反合同约定进行转包或违法分包的。

③ 承包人违反合同约定，未经监理人批准，擅自将已按合同约定进入施工场地的施工设备、临时设施或材料撤离施工场地。

④ 承包人违反合同约定采购和使用了不合格材料或工程设备。

⑤ 因承包人原因导致工程质量不符合合同要求的。

⑥ 承包人未能按项目进度计划及时完成合同约定的工作，造成工期延误。

⑦ 由于承包人原因未能通过竣工试验或竣工后试验的。

⑧ 承包人在缺陷责任期及保修期内，未能在合理期限对工程缺陷进行修复，或拒绝按发包人指示进行修复的。

⑨ 承包人明确表示或者以其行为表明不履行合同主要义务的。

⑩ 承包人未能按照合同约定履行其他义务的。

承包人发生除上述第⑦项、第⑨项约定以外的其他违约情况时，工程师可在专用合同条件约定的合理期限内向承包人发出整改通知，要求其在指定的期限内改正。

承包人违约的责任：承包人应承担因其违约行为而增加的费用和（或）延误的工期。此外，合同当事人可在专用合同条件中另行约定承包人违约责任的承担方式和计算方法。

（2）发包人违约

在履行合同过程中发生下列情形之一的，属发包人违约：

① 因发包人原因导致开始工作日期延误的。

② 因发包人原因未能按合同约定支付合同价款的。

③ 发包人违反约定，自行实施被取消的工作或转由他人实施的。

④ 因发包人违反合同约定造成工程暂停施工的。

⑤ 工程师无正当理由没有在约定期限内发出复工指示，导致承包人无法复工的。

⑥ 发包人明确表示或者以其行为表明不履行合同主要义务的。

⑦ 发包人未能按照合同约定履行其他义务的。

通知改正：发包人发生除上述第⑥项以外的违约情况时，承包人可向发包人发出通知，要求发包人采取有效措施纠正违约行为。发包人收到承包人通知后 28 天内仍不纠正违约行为的，承包人有权暂停相应部位工程实施，并通知工程师。

发包人违约的责任：发包人应承担因其违约给承包人增加的费用和（或）延误的工期，并支付承包人合理的利润。此外，合同当事人可在专用合同条件中另行约定发包人违约责任的承担方式和计算方法。

（3）第三人造成的违约

在履行合同过程中，一方当事人因第三人的原因造成违约的，应当向对方当事人承担违约责任。一方当事人和第三人之间的纠纷，依照法律规定或者按照约定解决。

10）合同解除

（1）由发包人解除合同

① 因承包人违约，导致合同解除。

除专用合同条件另有约定外，发包人有权基于下列原因，以书面形式通知承包人解除合同，发包人应在发出正式解除合同通知的 14 天前告知承包人其解除合同的意向，除非承包人在收到该解除合同意向通知后的 14 天内采取了补救措施，否则发包人可向承包人发出正式解除合同通知，立即解除合同。解除日期应为承包人收到正式解除合同通知的日期，但在第 e 项的情况下，发包人无须提前告知承包人其解除合同意向，可直接发出正式解除合同的通知，立即解除合同：

a. 承包人未能遵守履约担保的约定；

b. 承包人未能遵守有关分包和转包的约定；

c. 承包人实际进度明显落后于进度计划，并且未按发包人的指令采取措施并修正进度计划；

d. 工程质量有严重缺陷，承包人无正当理由使修复开始的日期拖延达 28 天以上的；

e. 承包人破产、停业清理或进入清算程序，或有情况表明承包人将进入破产和（或）清算程序，已有对其财产的接管令或管理令，与债权人达成和解，或为其债权人的利益在财产接管人、受托人或管理人的监督下营业，或采取了任何行动或发生任何事件（根据有关适用法律）具有与前述行动或事件相似的效果；

f. 承包人明确表示或以自己的行为表明不履行合同，或经发包人以书面形式通知其履约后仍未能依约履行合同，或以不适当的方式履行合同；

g. 未能通过的竣工试验、未能通过的竣工后试验，使工程的任何部分和（或）整个工程丧失了主要使用功能、生产功能；

h. 因承包人的原因暂停工作超过 56 天，且暂停影响了整个工程，或因承包人的原因暂停工作超过 182 天；

i. 承包人未能遵守竣工日期规定，延误超过 182 天；

j. 工程师发出整改通知后，承包人在指定的合理期限内仍不纠正违约行为并致使合同目的不能实现的。

② 因承包人违约，合同解除后关于承包人的义务。

合同解除后，承包人应按以下约定执行：

a. 除了为保护生命、财产或工程安全、清理和必须执行的工作外，停止执行所有被通知解除的工作，并将相关人员撤离现场。

b. 经发包人批准，承包人应将与被解除合同相关的和正在执行的分包合同及相关的责任和义务转让至发包人和（或）发包人指定方的名下，包括永久性工程及工程物资，以及相关工作。

c. 移交已完成的永久性工程及负责已运抵现场的工程物资。在移交前，妥善做好已完工程和已运抵现场的工程物资的保管、维护和保养。

d. 将发包人提供的所有信息及承包人为本工程编制的设计文件、技术资料及其他文件移交给发包人。在承包人留有的资料文件中，销毁与发包人提供的所有信息相关的数据及资料的备份。

e. 移交相应实施阶段已经付款的并已完成的和尚待完成的设计文件、图纸、资料、操作维修手册、施工组织设计、质检资料、竣工资料等。

③ 因承包人违约，合同解除后关于估价、付款和结算的约定。

因承包人原因导致合同解除的，则合同当事人应在合同解除后的 28 天内完成估价、付款和清算，并按以下约定执行：

a. 合同解除后，按商定或确定承包人实际完成工作对应的合同价款，以及承包人已提供的材料、工程设备、施工设备和临时工程等的价值；

b. 合同解除后，承包人应支付的违约金；

c. 合同解除后，发包人所遭受的损失；

d. 合同解除后，承包人应按照发包人的指示完成现场的清理和撤离；

e. 发包人和承包人应在合同解除后进行清算，出具最终结清付款证书，结清全部款项。

因承包人违约导致解除合同的，发包人有权暂停对承包人的付款，查清各项付款和已扣款项，发包人和承包人未能就合同解除后的清算和款项支付达成一致的，按照争议解决的约定进行处理。

④ 因承包人违约，合同解除的权益转让。

合同解除后，发包人可以继续完成工程，和（或）安排第三人完成。发包人有权要求承包人将其为实施合同而订立的材料和设备的订货合同或任何服务合同利益转让给发包人，并在承包人收到解除合同通知后的 14 天内，依法办理转让手续。发包人和（或）第三人有权使用承包人在施工现场的材料、设备、临时工程、承包人文件和由承包人或以其名义编制的其他文件。

（2）由承包人解除合同

① 因发包人违约，导致合同解除。

除专用合同条件另有约定外，承包人有权基于下列原因，以书面形式通知发包人解除合同，承包人应在发出正式解除合同通知的 14 天前告知发包人其解除合同的意向，除非发包人在收到该解除合同意向通知后的 14 天内采取了补救措施，否则承包人可向发包人发出正式解除合同通知，立即解除合同。解除日期应为发包人收到正式解除合同通知的日期，但在第 e 项的情况下，承包人无须提前告知发包人其解除合同的意向，可直接发出正式解除合同通知，立即解除合同：

a. 承包人就发包人未能遵守关于发包人的资金安排发出通知后的 42 天内，仍未收到合理的证明；

b. 在规定的付款时间到期后的 42 天内，承包人仍未收到应付款项；

c. 发包人实质上未能根据合同约定履行其义务，构成根本性违约；

d. 发承包双方订立本合同协议书后的 84 天内，承包人未收到开始工作通知；

e. 发包人破产、停业清理或进入清算程序，或情况表明发包人将进入破产和（或）清算程序或发包人资信严重恶化，已有对其财产的接管令或管理令，与债权人达成和解，或为其债权人的利益在财产接管人、受托人或管理人的监督下营业，或采取了任何行动或发生任何事件（根据有关适用法律）具有与前述行动或事件相似的效果；

f. 发包人未能遵守约定提交支付担保；

g. 发包人未能执行通知改正的约定，致使合同目的不能实现的；

h. 因发包人的原因暂停工作超过 56 天且暂停影响到整个工程，或因发包人的原因暂停工作超过 182 天的；

i. 因发包人原因造成开始工作日期迟于承包人收到中标通知书（或在无中标通知书的情况下，订立本合同之日）后第 84 天的。

发包人接到承包人解除合同意向通知后的 14 天内，发包人随后给予了付款，或同意复工，或继续履行其义务，或提供了支付担保等，承包人应尽快安排并恢复正常工作；因此而造成的工期延误，竣工日期顺延；承包人因此而增加的费用，由发包人承担。

② 因发包人违约，合同解除后关于承包人的义务。

合同解除后，承包人应按以下约定执行：

a. 除为保护生命、财产、工程安全的工作外，停止所有进一步的工作；承包人因执行该保护工作而产生费用的，由发包人承担。

b. 向发包人移交承包人已获得支付的承包人文件、生产设备、材料和其他工作。

c. 从现场运走除了安全需要以外的所有属于承包人的其他货物，并撤离现场。

③ 因发包人违约，合同解除后关于付款的约定。

承包人按照本款约定解除合同的，发包人应在解除合同后的 28 天内支付下列款项，并退还履约担保：

a. 合同解除前所完成工作的价款。

b. 承包人为工程施工订购并已付款的材料、工程设备和其他物品的价款；发包人付款后，该材料、工程设备和其他物品归发包人所有。

c. 承包人为完成工程所发生的，而发包人未支付的金额。

d. 承包人撤离施工现场以及遣散承包人及相关人员的款项。

e. 按照合同约定，在合同解除前应支付的违约金。

f. 按照合同约定，应当支付给承包人的其他款项。

g. 按照合同约定，应返还的质量保证金。

h. 因解除合同给承包人造成的损失。

承包人应妥善做好已完工程和与工程有关的已购材料、工程设备的保护和移交工作，并将施工设备和人员撤出施工现场，发包人应为承包人的撤出提供必要条件。

（3）合同解除后的事项

合同解除后，由发包人或由承包人解除合同的结算及结算后的付款约定仍然有效，直至解除合同的结算工作结清。

双方对解除合同或解除合同后的结算有争议的，按照争议解决的约定处理。

11）索赔

（1）索赔的提出

根据合同约定，任意一方认为有权得到追加/减少付款、延长缺陷责任期和（或）延长工期的，应按以下程序向对方提出索赔：

① 索赔方应在知道或应当知道索赔事件发生后的 28 天内，向对方递交索赔意向通知书，并说明发生索赔事件的事由；索赔方未在前述的 28 天内发出索赔意向通知书的，丧失要求追加/减少付款、延长缺陷责任期和（或）延长工期的权利。

② 索赔方应在发出索赔意向通知书后的 28 天内，向对方正式递交索赔报告；索赔报告应详细说明索赔理由以及要求追加的付款金额、延长缺陷责任期和（或）延长的工期，并附必要的记录和证明材料。

③ 索赔事件具有持续影响的，索赔方应每月递交延续索赔通知，说明持续影响的实际情况和记录，列出累计的追加付款金额、延长缺陷责任期和（或）工期延长天数。

④ 在索赔事件影响结束后的 28 天内，索赔方应向对方递交最终索赔报告，说明最终要求索赔的追加付款金额、延长缺陷责任期和（或）延长的工期，并附必要的记录和证明材料。

⑤ 承包人作为索赔方时，其索赔意向通知书、索赔报告及相关索赔文件应向工程师提出；发包人作为索赔方时，其索赔意向通知书、索赔报告及相关索赔文件可自行向承包人提出或由工程师向承包人提出。

（2）承包人索赔的处理程序

① 工程师收到承包人提交的索赔报告后，应及时审查索赔报告的内容、查验承包人的记录和证明材料，必要时工程师可要求承包人提交全部原始记录副本。

② 工程师应按商定或确定追加的付款和（或）延长的工期，并在收到上述索赔报告或有关索赔的进一步证明材料后及时书面告知发包人，并在 42 天内，将发包人书面认可的索赔处理结果答复给承包人。工程师在收到索赔报告或有关索赔的进一步证明材料后的

42 天内不予答复的，视为认可索赔。

③ 承包人接受索赔处理结果的，发包人应在作出索赔处理结果答复后的 28 天内完成支付。承包人不接受索赔处理结果的，按照争议解决约定处理。

（3）发包人索赔的处理程序

① 承包人收到发包人提交的索赔报告后，应及时审查索赔报告的内容、查验发包人证明材料。

云文档8-4：建设项目工程总承包招标文件和合同文件示例

② 承包人应在收到上述索赔报告或有关索赔的进一步证明材料后的 42 天内，将索赔处理结果答复给发包人。承包人在收到索赔通知书或有关索赔的进一步证明材料后的 42 天内不予答复的，视为认可索赔。

③ 发包人接受索赔处理结果的，发包人可从应支付给承包人的合同价款中扣除赔付的金额或延长缺陷责任期；发包人不接受索赔处理结果的，按争议解决约定处理。

（4）提出索赔的期限

① 承包人接收竣工付款证书后，应被认为已无权再提出在合同工程接收证书颁发前所发生的任何索赔。

② 承包人提交的最终结清申请单中，只限于提出工程接收证书颁发后发生的索赔。提出索赔的期限均自接收最终结清证书时终止。

8.3　装配式建筑总承包合同管理要点

8.3.1　装配式建筑基本内涵与要求

微视频8-5：装配式建筑总承包合同管理要点

（1）基本内涵

《装配式建筑评价标准》GB/T 51129—2017 将装配式建筑（Prefabricated Building）定义为：用预制部品部件在工地装配而成的建筑。装配式建筑是将传统建造方式中的大量现场作业工作转移到工厂进行，在工厂加工制作好建筑用构件和配件（如楼板、墙板、楼梯、阳台等），运输到建筑施工现场，通过可靠的连接方式在现场装配安装而成的建筑。相对于以现浇混凝土建筑为代表的传统建筑，装配式建筑的生产过程发生了质的变化。传统的现浇混凝土建筑属于项目式生产，产品在一个固定的位置，将生产设备搬到产品所在地；而装配式建筑属于装配线式生产，类似于玩具的组装、电器和汽车的装配，要求产品标准化程度高、产量高，并且能连续生产，因而，装配式建筑的生产应遵循工业装配线生产的客观规律。

装配线生产有以下优点：一是生产率高，适用于大量生产标准化产品；二是生产管理与控制相对比较简单；三是原材料、零部件的搬运可大大减少现场生产过程中所需制品的数量，降低了成本；四是工人培训周期短、培训费用低，对工人技术要求低，有利于降低人工成本；五是生产稳定均衡，有利于产品质量的控制。装配线生产的基本特点有：一是现代企业管理标准化、专业化、简单化得以实现；二是生产过程是连续而均衡地进行；三是各生产工序必须按一定的顺序进行；四是各道工序必须同步作业、重复完成规定的操作。

（2）行业发展要求

2017 年 2 月 21 日，国务院办公厅发布《关于促进建筑业持续健康发展的意见》（国办发〔2017〕19 号）提出加快推行工程总承包：装配式建筑原则上应采用工程总承包模式。政府投资工程应完善建设管理模式，带头推行工程总承包。住房和城乡建设部《"十四五"建筑业发展规划》（建市〔2022〕11 号）提出：到 2025 年装配式建筑占新建建筑的 30％以上，要大力发展装配式建筑，积极推进高品质钢结构住宅建设，鼓励学校、医院等公共建筑优先采用钢结构，培育一批装配式建筑生产基地；加快建筑机器人研发和应用，积极推进建筑机器人在生产、施工、维保等环节的典型应用，辅助和替代"危、繁、脏、重"施工作业。

下面将以装配式建筑为例，分析装配式建筑总承包合同的管理要点。

8.3.2　装配式建筑总承包合同的设计管理

工程总承包项目的设计应由具备相应设计资质和能力的企业承担。设计应满足合同约定的技术性能、质量标准和工程的可施工性、可操作性及可维修性的要求。设计管理应由承包人的设计经理负责，并适时组建项目设计组。在项目实施过程中，设计经理应接受承包人的项目经理和设计管理部门的管理。工程总承包项目应将采购纳入设计程序。设计组应负责请购文件的编制、报价技术评审和技术谈判、供应商图纸资料的审查和确认等工作。

1）承包人的设计工作和要求

（1）承包人的设计范围

按照我国工程建设基本程序，工程设计依据工作进程和深度的不同，一般按初步设计、施工图设计两个阶段进行，技术上复杂的建设项目可按初步设计、技术设计和施工图设计三个阶段进行。民用建筑工程设计一般分为方案设计、初步设计和施工图设计三个阶段。国际上一般分为概念设计（Concept Design）、基本设计（Basic Engineering）和详细设计（Detailed Engineering）三个阶段。

在工程总承包合同中应明确地定义设计的范围，确定谁应该参与设计及参与的程度。承包人的设计范围可以是施工图设计，也可以是初步设计和施工图设计，还可以是包括方案设计、初步设计、施工图设计的所有设计，由双方在总承包合同中加以明确。

承包人应按合同约定的工作内容和进度要求，编制设计、施工的组织和实施计划，并对所有设计、施工作业和施工方法，以及全部工程的完备性和安全可靠性负责。承包人不得将设计和施工的主体、关键性工作分包给第三人。除专用合同条款另有约定外，未经发包人同意，承包人也不得将非主体、非关键性工作分包给第三人。

如某装配式住宅项目工程总承包合同规定的承包人的设计报价范围包括：初步设计费、施工图设计（包括基坑支护设计、供配电设计及其他的专项设计）及出图等所有相关费用、配合图纸审查（根据需要提供相应范围内的施工图预算，以满足施工图审查的需要），以及设计现场配合费、咨询调研论证（含专家费）等相关费用。另外，设计报价还包含以下内容的费用：

① 包括设计文件审查、专项设计、后续服务。后续服务包括：施工现场设计服务、设计修改、变更、专项方案咨询服务等服务工作（在合同履行过程中，由于国家政策或规范调整以及发包人提出的重大变更，需重新进行规划或施工图审查的不在此范围内）。

② 还必须承担为保证本项目完整性的所有设计内容（含各专项、专业工程设计，垄断专业专项设计除外）和项目实施的全方位、全过程设计。

③ 设计任务书中的全部相关内容。

④ 设计及施工工程中的 BIM 集成管理等。

（2）装配式建筑的设计要求

装配式建筑系统可划分为：主体结构系统、建筑设备及管线系统、建筑围护系统和装饰装修系统，四个系统下又有子系统（图 8-1）。装配式建筑总承包需要系统的设计方法，应按照一体化、标准化集成的设计方法，体现"设计、加工、装配"一体化和"建筑、结构、机电、内装"一体化，将装配式建筑的结构主体、内装系统、机电设备、围护结构集成为一个有机的整体。

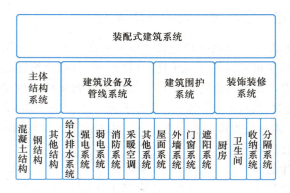

图 8-1　装配式建筑设计系统构成

装配式建筑设计按照住房和城乡建设部印发《建筑工程设计文件编制深度规定（2016版）》（建质函［2016］247 号）的相关要求，应包含装配式建筑专篇专项设计说明、图纸以及装配率计算书。装配式建筑专项设计说明书应单独成章，应采用建筑信息模型技术。装配式建筑初步设计文件一般内容，如表 8-1 所示。

装配式建筑初步设计文件一般内容　　　　　　　　　　　　　　　　表 8-1

序号	项目	主要内容
1	概况	（1）装配式建筑楼栋组成、项目特点和装配式建筑目标及预评价等级。 （2）项目采用装配式建筑技术的选项内容及主要技术措施
2	设计依据	（1）与装配式建筑设计有关的国家及相关省市技术标准、规定。 （2）建设单位提供的有关使用要求或部品部件等技术资料。 （3）政府主管部门对项目有关装配式建筑的管理要求
3	建筑设计说明	（1）说明围护墙和内隔墙的材料性能要求（包括主要规格、墙体材质、密度、防火、防水、保温隔热、隔声、抗风、抗震、耐撞击、气密性、耐久性等）、施工方式（砌筑或者非砌筑）。 （2）简述围护墙与保温隔热、装饰一体化的情况，内隔墙与管线、装修一体化的情况。 （3）建筑全装修内容：建筑装修材料表（包含楼地面、墙面、天棚、门窗的建筑做法）；建筑设施配置情况。 （4）当采用楼地面的干式作业时应说明做法。 （5）当采用集成厨房、集成卫生间、整体收纳等部品时应说明做法

续表

序号	项目	主要内容
4	结构设计说明	1）结构设计 （1）装配式建筑结构体系选用说明、抗震等级等。 （2）竖向预制构件（墙、支撑、承重墙、延性墙板等）和水平预制构件（梁、板、楼梯、阳台、空调板等）布置情况。 （3）采用高精度模板的说明。 （4）关键技术问题的解决方法、特殊技术的说明，结构重要节点的说明或简图、结构预制构件的连接方式。 2）主要结构材料 装配式建筑结构采用的混凝土强度等级、钢筋种类、钢绞线或高强钢丝种类、钢材牌号、预制构件连接材料、特殊材料或产品（如成品拉索、锚具、铸钢件、成品支座、阻尼器等）的说明。 3）结构分析 （1）对关键节点、接缝应根据实际情况进行补充分析；对超过《装配式混凝土建筑技术标准》GB/T 51231—2016 第 5 章规定的尚应进行性能化分析或专项论证。 （2）装配式建筑结构分析输入的补充参数说明。 （3）列出主要控制性计算结果，可以采用图表方式表示；对计算结果进行必要的分析和说明。 4）简述生产、运输、施工要求 对预制构件生产、运输、施工安装提出原则性要求（如构件规格、重量、堆放场地等要求）。 5）其他需要说明的内容 必要时提出试验要求，如进行连接试验等
5	建筑电气设计说明	（1）与全装修相关的各功能房间设备、管线分离及一体化设计原则。 （2）说明集成厨房、集成卫生间设备的选型和接口方式。 （3）说明预留孔洞、沟槽的做法要求，预埋套管位置，管材材质及接口方式。 （4）防雷设计应说明引下线的设置方式及确保有效接地所采用的措施
6	给水排水设计说明	（1）与全装修相关的各个功能房间设备、管线分离及一体化设计原则。 （2）说明集成厨房、集成卫生间设备的选型和接口方式。 （3）说明预留孔洞、沟槽的做法要求，预埋套管位置，管材材质及接口方式，管道、管件及附件、室内消火栓箱等在预制构件中的敷设方式及处理原则。 （4）说明集成卫生间排水形式
7	供暖通风与空气调节设计说明	（1）与全装修相关的各个功能房间设备、管线分离及一体化设计原则。 （2）说明管材材质及接口方式，预留孔洞、沟槽做法要求，预埋套管、管道安装方式和原则等

（3）承包人的设计义务

承包人应按照法律规定，以及国家、行业和地方的规范和标准完成设计工作，并符合发包人要求。除合同另有约定外，承包人完成设计工作所应遵守的法律规定，以及国家、行业和地方的规范和标准，均应视为在基准日适用的版本。基准日之后，前述版本发生重大变化，或者有新的法律，以及国家、行业和地方的新的规范和标准实施的，承包人应向发包人或发包人委托的监理人提出遵守新规定的建议。发包人或其委托的监理人应在收到建议后规定的时间内发出是否遵守新规定的指示。发包人或其委托的监理人指示遵守新规定的，按照变更条款执行，或者在基准日后，因法律变化导致承包人在合同履行中所需费用发生除合同约定的物价波动引起的调整以外的增减时，监理人应根据法律、国家或省、自治区、直辖市有关部门的规定，商定或确定需要调整的合同价格。

（4）设计审查

承包人的设计文件应报发包人审查同意。审查的范围和内容在发包人要求中加以约定。除合同另有约定外，自监理人收到承包人的设计文件以及承包人的通知之日起，发包人对承包人的设计文件审查期不得超过合同规定的天数。承包人的设计文件对于合同约定有偏离的，应在通知中说明。承包人需要修改已提交的承包人设计文件的，应立即通知监理人，并向监理人提交修改后的承包人的设计文件，审查期重新起算。装配式建筑初步设计专篇审查要点如表 8-2 所示。

装配式建筑初步设计专篇审查要点　　　　　　　　　　表 8-2

项目	审查内容
一般要求	建筑信息模型是否符合本要点的规定
专项设计说明书	
工程概况	（1）装配式建筑的基本信息、目标、等级是否正确。 （2）采用装配式建筑技术的选项及技术措施是否合理
设计依据	（1）采用的与装配式建筑设计有关的标准、规定是否齐全、正确，版本是否有效。 （2）部品部件的依据是否有效。 （3）采用的政府对项目有关装配式建筑的要求是否齐全、正确
建筑设计说明	（1）围护墙和内隔墙的材料选择是否合理。 （2）围护墙与保温隔热、装饰的一体化说明是否满足装配式建筑标准、评价标准的要求，内隔墙与管线、装修的一体化说明是否满足装配式建筑标准、评价标准的要求。 （3）全装修说明是否满足装配式建筑评价标准的要求。 （4）楼地面是否为干法作业。 （5）集成厨房、集成卫生间、整体收纳的做法是否满足装配式建筑标准、评价标准的要求
结构设计说明	
结构设计	（1）预制装配式建筑结构体系概述，如结构高度、高宽比、规则性、结构类型等是否符合《装配式混凝土建筑技术标准》GB/T 51231—2016 第 5.1 节。结构体系对应抗震等级是否符合《装配式混凝土建筑技术标准》GB/T 51231—2016 的要求。 （2）预制构件布置（包括平面与竖向）是否表示明确：现浇部位设置是否符合《装配式混凝土建筑技术标准》GB/T 51231—2016 第 5.1.7 条的规定。 （3）高精度模板使用位置说明是否准确、合理。 （4）对本工程装配式建筑的关键技术问题的解决方法、特殊技术、结构重要节点及连接方式是否清楚合理。 （5）钢结构、木结构计算分析是否满足相应规范的要求
主要结构材料	预制装配式结构中使用的主要材料是否符合《装配式混凝土建筑技术标准》GB/T 51231—2016 第 5.2 节的规定

续表

项目	审查内容
结构分析	（1）装配式建筑结构分析所采用的软件是否通过有关部门的鉴定。 （2）装配式建筑结构分析所采用的计算假定和计算模型，是否符合工程实际，是否符合《装配式混凝土建筑技术标准》CB/T 51231—2016 的要求。 （3）当房屋高度、规则性、结构类型、节点连接构造、构件形式和构造等不符合《装配式混凝土建筑技术标准》GB/T 51231—2016 或者抗震设防标准有特殊要求时，是否进行了结构抗震性能化设计；结构在设防烈度及罕遇地震作用下的内力及变形分析，是否符合《装配式混凝土建筑技术标准》GB/T 51231—2016、《建筑抗震设计规范》GB 50011—2010 的有关规定。 （4）装配式建筑结构分析时，主要参数的取值是否符合《装配式混凝土建筑技术标准》GB/T 51231—2016 要求。 （5）控制性计算结果是否满足《装配式混凝土建筑技术标准》GB/T 51231—2016 的要求。对计算结果的分析、说明是否准确、合理。 （6）钢结构、木结构计算分析是否满足相应规范的要求
生产、运输、施工要求	对预制构件生产、运输、施工安装提出的原则性要求是否合理
建筑电气设计说明	（1）与全装修有关的设备、管线分离及一体化描述是否合理。 （2）集成厨房、集成卫生间设备选型和接口方式是否合理。 （3）管材接口方式、预留空洞、沟槽、预埋管线等设计原则是否合理。 （4）防雷设计是否合理
给水排水设计说明	（1）与全装修有关的设备、管线分离及一体化描述是否合理。 （2）集成厨房、集成卫生间设备选型和接口方式是否合理。 （3）管材接口方式、预留空洞、沟槽、预埋管线等设计原则是否合理。 （4）集成卫生间排水形式是否合理
供暖通风与空气调节设计说明	（1）与全装修有关的设备、管线分离及一体化描述是否合理。 （2）管材接口方式、预留空洞、沟槽、预埋套管等设计原则是否合理
装配式建筑预评价表	预评价表填写是否完整，与项目设计实际情况是否一致，评价是否符合装配式建筑评价标准的要求，评价结论是否合理
专项图纸	
总平面图	是否标注了装配式建筑的范围
建筑专业图纸	（1）平面图中非砌筑墙体、干法作业楼地面、集成厨房、集成卫生间、公用管井标注是否完整、正确。 （2）立面图中预制构件板块的立面示意及拼缝的位置是否完整、正确。 （3）重要构造做法是否合理
结构专业图纸	（1）预制结构构件标注是否完整。 （2）主要结构或关键性节点、支座及连接节点是否满足《装配式混凝土建筑技术标准》GB/T 51231—2016 及钢结构、木结构相关标准的要求
建筑电气专业图纸	典型全装修功能房间的设备设施布置是否完整合理
给水排水专业图纸	典型全装修功能房间的设备设施布置是否完整合理
供暖通风与空气调节专业图纸	典型全装修功能房间的设备设施布置是否完整合理

续表

项目	审查内容
专项计算书	
装配率计算书	装配率计算书是否和设计说明、图纸一致，是否满足相关标准的要求
结构计算书	装配式计算参数、结构模型选择、关键连接节点，是否符合《装配式混凝土建筑技术标准》GB/T 51231—2016 及钢结构、木结构相关标准的要求

发包人不同意设计文件的，应通过监理人以书面形式通知承包人，并说明不符合合同要求的具体内容。承包人应根据监理人的书面说明，对设计文件进行修改后重新报送发包人审查，审查期应重新计算。合同约定的审查期满，发包人没有做出审查结论也没有提出异议的，视为承包人的设计文件已获发包人同意。

承包人的设计文件不需要政府有关部门审查或批准的，承包人应当严格按照经发包人审查同意的设计文件进行设计并实施工程。设计文件需政府有关部门审查或批准的，发包人应在审查同意承包人的设计文件后的规定时间内，向政府有关部门报送设计文件，承包人应予以协助。

对于政府有关部门的审查意见，不需要修改发包人要求的，承包人需按该审查意见修改承包人的设计文件；需要修改发包人要求的，发包人应重新提出发包人要求，承包人应根据新提出的发包人要求修改承包人的设计文件。上述情形还应适用变更条款、发包人要求中的错误条款的有关约定。

政府有关部门审查批准的，承包人应当严格按照批准后的承包人的设计文件进行设计并实施工程。

2）承包人的设计管理要点

（1）设计执行计划

设计执行计划应由设计经理或项目经理负责组织编制，经承包人有关职能部门评审后，由项目经理批准实施。

设计执行计划编制的依据应包括：合同文件；本项目的有关批准文件；项目计划；项目的具体特性；国家或行业的有关规定和要求；工程总承包企业管理体系等有关要求。

设计执行计划一般包括下列主要内容：设计依据；设计范围；设计的原则和要求；组织机构及职责分工；适用的标准规范清单；质量保证程序和要求；进度计划和主要控制点；技术经济要求；安全、职业健康和环境保护要求；与采购、施工和试运行的接口关系及要求。

设计执行计划应满足合同约定的质量目标和要求，同时应符合承包人的质量管理体系要求。设计执行计划应明确项目费用控制指标、设计人工时指标，宜建立项目设计执行效果测量基准。设计进度计划应符合项目总进度计划的要求，满足设计工作的内部逻辑关系及资源分配、外部约束等条件，与工程勘察、采购、施工和试运行的进度协调一致。

（2）设计实施

设计组应执行已批准的设计执行计划，满足计划控制目标的要求。设计经理应组织对设计基础数据和资料进行检查和验证。设计组应按项目协调程序，对设计进行协调管理，并按承包人有关专业条件管理规定，协调和控制各专业之间的接口关系。设计组应按项目设计评审程序和计划进行设计评审，并保存评审活动结果的证据。设计组应按设计执行计划与采购和施工等进行有序的衔接并处理好接口关系。

初步设计文件应满足主要设备、材料订货和编制施工图设计文件的需要。施工图设计文件应满足设备、材料采购，非标准设备制作和施工以及试运行的需要。设计选用的设备、材料，应在设计文件中注明其规格、型号、性能、数量等技术指标，其质量要求应符合合同要求和国家现行相关标准的有关规定。在施工前，项目部应组织设计交底或培训。设计组应依据合同约定，承担施工和试运行阶段的技术支持和服务。

（3）设计控制

设计经理应组织检查设计执行计划的执行情况，分析进度偏差，制定有效措施。设计进度的控制点应包括：设计各专业间的条件关系及其进度；初步设计完成和提交时间；关键设备和材料请购文件的提交时间；设计组收到设备、材料供应商最终技术资料的时间；进度关键线路上的设计文件提交时间；施工图设计完成和提交时间；设计工作结束时间。

（4）设计质量控制点

设计质量应按项目质量管理体系的要求进行控制，制定控制措施。设计经理及各专业负责人应填写规定的质量记录，并向承包人方面的职能部门反馈项目设计的质量信息。设计质量控制点应包括下列主要内容：

① 设计人员资格的管理；

② 设计输入的控制；

③ 设计策划的控制；

④ 设计技术方案的评审；

⑤ 设计文件的校审与会签；

⑥ 设计输出的控制；

⑦ 设计确认的控制；

⑧ 设计变更的控制；

⑨ 设计技术支持和服务的控制。

设计组应按合同变更程序进行设计变更管理。设计变更应对技术、质量、安全和材料数量等提出要求。设计组应按设备、材料控制程序，统计设备、材料数量，并提出请购文件。请购文件包括请购单、设备材料规格书和数据表、设计图纸、适用的标准规范和其他有关的资料和文件。

设计经理及各专业负责人应配合控制人员进行设计费用进度的综合检测和趋势预测，分析偏差原因，提出纠正措施。

（5）设计收尾

设计经理及各专业的负责人应根据设计执行计划的要求，除应按合同要求提交设计文件外，尚应完成为关闭合同所需要的相关文件。设计经理及各专业的负责人应根据项目文件管理规定，收集、整理设计图纸、资料和有关记录，组织编制项目设计文件总目录并存档。设计经理应组织编制设计完工报告，并参与项目完工报告的编制工作，将项目设计的经验与教训反馈给承包人及有关职能部门。

8.3.3　装配式建筑总承包合同的费用管理

1）工程总承包费用的构成

建设项目工程总承包费用项目一般由勘察费、设计费、建筑安装工程费、设备购置费、总承包其他费组成。工程总承包中所有项目均应包括成本、利润和税金。建设项目工程总承包应采用总价合同，除合同另有约定外，合同价款不予调整。

（1）勘察费：发包人按照合同约定支付给承包人用于完成建设项目进行工程水文地质勘察所发生的费用。

（2）设计费：发包人按照合同约定支付给承包人用于完成建设项目进行工程设计所发生的费用。包括方案设计、初步设计、施工图设计费和竣工图编制费；该费用应根据可行性研究及方案设计后、初步设计后的发包范围加以确定。

（3）建筑安装工程费：发包人按照合同约定支付给承包人用于完成建设项目所发生的建筑工程和安装工程所需的费用，不包括应列入设备购置费的设备价值。

（4）设备购置费：发包人按照合同约定支付给承包人用于完成建设项目，需要采购的设备费用和为生产准备的没有达到固定资产标准的工具、器具的费用，不包括应列入安装工程费的工程设备（建筑设备）的价值。

（5）总承包其他费：发包人按照合同约定支付给承包人应当分摊计入相关项目的各项费用。主要包括：研究试验费、土地租用占道及补偿费、总承包管理费、临时设施费、招标投标费、咨询和审计费、检验检测费、系统集成费、财务费、专利及专有技术使用费、工程保险费、法律服务费等其他专项费。

（6）暂列金额：发包人为工程总承包项目预备的用于项目建设期内不可预见的费用，包括项目建设期内超过工程总承包发包范围增加的工程费用，一般自然灾害处理、超规超限设备运输以及超出合同约定风险范围外的价格波动等因素变化而增加的，发生时按照合同约定支付给承包人的费用。已签约合同价中的暂列金额应由发包人掌握使用。暂列金额如有余额应归发包人所有。

2）清单编制

工程总承包项目清单应由具有编制能力的招标人或受其委托、具有相应资质的工程造价咨询人编制。投标人应在项目清单上自主报价，形成价格清单。

清单分为可行性研究或方案设计后清单、初步设计后清单。编制项目清单应依据：相关计量计价规范；经批准的建设规模、建设标准、功能要求、发包人要求等。除另有规定和说明者外，价格清单应视为已经包括完成该项目所列（或未列）的全部工程内容。项目清单和价格清单列出的数量，不视为要求承包人实施工程的实际或准确的工程量。价格清单中列出的工程量和价格应仅作为合同约定的变更和支付的参考，不能用于其他目的。

房屋建筑工程在初步设计后发包的装配式混凝土结构工程清单如表 8-3 所示，钢结构工程清单如表 8-4 所示，木结构工程清单如表 8-5 所示。

装配式混凝土结构工程量清单   表 8-3

项目编码	项目名称及特征	计量单位	计量规则	工程内容
01××07001	装配式钢筋混凝土柱	m³	按设计图示尺寸以体积计算	
01××07002	装配式钢筋混凝土梁	m³	按设计图示尺寸以体积计算	
01××07003	装配式钢筋混凝土叠合梁（底梁）	m³	按设计图示尺寸以体积计算	
01××07004	装配式钢筋混凝土楼板（底板）	m³	按设计图示尺寸以体积计算	
01××07005	装配式钢筋混凝土外墙面板（PCF）	m³	按设计图示尺寸以体积计算	
01××07006	装配式钢筋混凝土墙板	m³	按设计图示尺寸以体积计算	
01××07007	装配式钢筋混凝土外墙挂板	m³	按设计图示尺寸以体积计算	包括成品装配式钢筋混凝土构件、运输、安装、吊装、注浆、接缝处理、表面处理、打样、成品保护
01××07008	装配式钢筋混凝土内墙板	m³	按设计图示尺寸以体积计算	
01××07009	装配式钢筋混凝土楼梯	m³	按设计图示尺寸以体积计算	
01××07010	装配式钢筋混凝土阳台板	m³	按设计图示尺寸以体积计算	
01××07011	装配式钢筋混凝土凸（飘）窗	m³	按设计图示尺寸以体积计算	
01××07012	装配式钢筋混凝土烟道、通风通	1. m³ 2. 根	按设计图示尺寸以体积计算 按设计图示数量以根计算	
01××07013	装配式钢筋混凝土其他构件	m³	按设计图示尺寸以体积计算	
01××07014	装配式隔墙	m²	按图示尺寸以垂直投影面积计算，扣除门窗洞口面积和每个面积>0.3m²的孔洞所占面积；过梁、圈梁、反边、构造柱等并入轻质隔墙面积计算	包括轻质隔墙；构造柱、过梁、圈梁、现浇带的混凝土、钢筋、模板及支架（撑）；螺栓、铁件、表面处理、打样、成品保护

注：（1）装配式其他构件包括装配式空调板、线条、成品风帽等小型装配式钢筋混凝土构件。
（2）装配式隔墙是指由工厂生产的，具有隔声、防火、防潮等性能，且满足空间功能和美学要求的部品集成，并主要采用干式工法装配而成的隔墙。

钢结构工程量清单   表 8-4

项目编码	项目名称及特征	计量单位	计量规则	工程内容
01××08001	钢网架	t	按设计图示尺寸以质量计算，不扣除孔眼的质量，焊条、铆钉等不另行增加质量	包括成品钢构件、运输、拼装、安装、吊装、探伤、防火、防腐、油漆及连接构造、表面处理、打样、成品保护

续表

项目编码	项目名称及特征	计量单位	计量规则	工程内容
01××08002	钢屋架、钢托架、钢桁架	(1) 榀；(2) t	(1) 以榀计量，按设计图示数量计算；(2) 以吨计量，按设计图示尺寸以质量计算；不扣除孔眼的质量，焊条、铆钉、螺栓等不另行增加质量	包括成品钢构件、运输、拼装、安装、吊装、探伤、防火、防腐、油漆及连接构造、表面处理、打样、成品保护
01××08003	钢柱	t	按设计图示尺寸以质量计算，不扣除孔眼的质量，焊条、铆钉等不另行增加质量	包括成品钢构件、运输、拼装、安装、吊装、探伤、防火、防腐、油漆及连接构造、表面处理、打样、成品保护
01××08004	钢梁	t	按设计图示尺寸以质量计算，不扣除孔眼的质量，焊条、铆钉等不另行增加质量	包括成品钢构件、运输、拼装、安装、吊装、探伤、防火、防腐、油漆及连接构造、表面处理、打样、成品保护
01××08005	钢楼板、墙板	m²	按设计图示尺寸以铺设水平投影面积计算	包括成品钢构件、运输、拼装、安装、吊装、防火、防腐、油漆及连接构造、表面处理、打样、成品保护
01××08006	钢楼梯	t	按设计图示尺寸以质量计算，不扣除孔眼的质量，焊条、铆钉等不另行增加质量	包括成品钢构件、运输、拼装、安装、吊装、探伤、防火、防腐、油漆及连接构造、表面处理、打样、成品保护
01××08007	其他钢构件	t	按设计图示尺寸以质量计算，不扣除孔眼的质量，焊条、铆钉等不另行增加质量	包括成品钢构件、运输、拼装、安装、吊装、探伤、防火、防腐、油漆及连接构造、表面处理、打样、成品保护

木结构工程量清单   表 8-5

项目编码	项目名称及特征	计量单位	计量规则	工程内容
01××09001	木屋架	(1) 榀；(2) m³	(1) 以榀计量，按设计图示数量计算；(2) 以立方米计量，按设计图示的规格尺寸以体积计算	包括木构件、运输、安装、吊装、防火、防潮、防腐、腻子、油漆、连接构造、表面处理、打样、成品保护
01××09002	木柱	m³	按设计图示尺寸以体积计算	
01××09003	木梁	m³	按设计图示尺寸以体积计算	
01××09004	木檩	m³	按设计图示尺寸以体积计算	
01××09005	木楼梯	(1) m²；(2) m³	(1) 按设计图示尺寸以水平投影面积计算；不扣除宽度≤300mm 的楼梯井，伸入墙内部分不计算；(2) 以立方米计量，按设计图示的规格尺寸以体积计算	包括木构件、运输、安装、吊装、防火、防潮、腻子、油漆、螺栓铁件、支座、填缝材料、连接构造、表面处理、打样、成品保护

续表

项目编码	项目名称及特征	计量单位	计量规则	工程内容
01××09006	其他木构件	m³	按设计图示尺寸以体积计算	包括木构件、运输、安装、吊装、防火、防潮、防腐、腻子、油漆、连接构造、表面处理、打样、成品保护
01××09007	屋面木基层	m²	(1) 按图示尺寸以体积计算； (2) 按图示尺寸以斜面积计算	包括椽子、塑板、运输、安装、吊装、防火、防潮涂料、螺栓铁件、连接构造、表面处理、打样、成品保护

3）最高投标限价

国有资金投资的建设工程总承包项目招标，招标人应编制最高投标限价。最高投标限价应由具有编制能力的招标人或受其委托具有资质的工程造价咨询人编制和复核。工程造价咨询人接受招标人委托编制最高投标限价，不得就同一工程再次接受投标人委托编制投标报价。招标人应在发布招标文件时公布最高投标限价。投标人的投标报价高于最高投标限价的，其投标报价应视为无效。

最高投标限价编制与复核依据如下：

（1）相关计量计价规范；

（2）国家或省级、行业建设主管部门颁发的相关文件；

（3）经批准的建设规模、建设标准、功能要求、发包人要求；

（4）拟定的招标文件；

（5）可行性研究报告及方案设计，或初步设计；

（6）与建设工程项目相关的标准、规范等技术资料；

（7）其他的相关资料。

工程总承包项目清单费用应按下列规定计列：

（1）勘察费。根据不同阶段的发包内容，参照同类或类似项目的勘察费计列。

（2）设计费。根据不同阶段的发包内容，参照同类或类似项目的设计费计列。

（3）建筑安装工程费。在可行性研究报告或方案设计后发包的，按照现行的投资估算方法计列；初步设计后发包的按照现行的设计概算的方法计列；也可以采用其他计价方法编制计列，或参照同类或类似项目的此类费用并考虑价格指数计列。

（4）设备购置费。应按照批准的设备选型，根据市场价格计列。批准采用进口设备的，包括相关进口、翻译等费用。设备购置费＝设备价格＋设备运杂费＋备品备件费。

（5）总承包其他费。根据建设项目的可行性研究报告、方案设计或初步设计后发包的不同要求和工作范围计列。

① 研究试验费：根据不同阶段的发包内容，参照同类或类似项目的研究试验费计列。

② 土地租用、占道及补偿费：参照工程所在地职能部门的规定计列。

③ 总承包管理费：可参考《基本建设项目建设成本管理规定》（财政部财建［2016］504 号）附件 2 规定的项目建设管理费计算（表 8-6），按照不同阶段的发包内容调整计列；也可参照同类或类似工程的此类费用计列。

项目建设管理费总额控制数费率表　　　　　　　　　　　表 8-6

工程总概算	费率（%）	算例（万元）	
		工程总概算	项目建设管理费
1000 以下	2	1000	$1000 \times 2\% = 20$
1001～5000	1.5	5000	$20 + (5000 - 1000) \times 1.5\% = 80$
5001～10000	1.2	10000	$80 + (10000 - 5000) \times 1.2\% = 140$
10001～50000	1	50000	$140 + (50000 - 10000) \times 1\% = 540$
50001～100000	0.8	100000	$540 + (100000 - 50000) \times 0.8\% = 940$
1000000 以上	0.4	200000	$940 + (200000 - 100000) \times 0.4\% = 1340$

④ 临时设施费：根据建设项目特点，参照同类或类似工程的临时设施计列，不包括已列入建筑安装工程费用中的施工企业临时设施费。

⑤ 招标投标费：参照同类或类似工程的此类费用计列。

⑥ 咨询和审计费：参照同类或类似工程的此类费用计列。

⑦ 检验检测费：参照同类或类似工程的此类费用计列。

⑧ 系统集成费：参照同类或类似工程的此类费用计列。

⑨ 财务费：参照同类或类似工程的此类费用计列。

⑩ 专利及专有技术使用费：按专利使用许可或专有技术使用合同规定计列，专有技术以省、部级鉴定批准为准。

⑪ 工程保险费：按照选择的投保品种，依据保险费率计算。

⑫ 法律服务费：参照同类或类似工程的此类费用计列。

（6）暂列金额：根据不同阶段的发包内容，参照现行的投资估算或设计概算计列。

4）合同价款约定

依法必须招标的项目，合同双方应在中标通知书发出之日起 30 日内，依据招标文件和投标文件的实质性条款签署书面协议。招标文件与投标文件不一致时，以投标文件为准。依法可以不招标的项目，合同双方可通过谈判等方式自主确定合同条款。

合同双方应在合同中约定如下条款：

（1）勘察费、设计费、设备购置费、总承包其他费的总额、分解支付比例及时间。

（2）建筑安装工程费计量的周期及工程进度款的支付比例或金额及支付时间。

（3）设计文件提交发包人审查的时间及时限。

（4）合同价款的调整因素、方法、程序、支付及时间。

（5）竣工结算价款编制与核对、支付及时间。

（6）提前竣工的奖励及误期赔偿的额度。

（7）质量保证金的比例或数额、预留方式及缺陷责任期。

（8）违约责任以及争议解决方法。

（9）与合同履行有关的其他事项。

承包人应在合同生效后合同约定的时间内，编制工程总进度计划和工程项目管理及实施方案报送发包人审批。工程总进度计划和工程项目管理及实施方案应按工程准备、勘察、设计、采购、施工、初步验收、竣工验收、缺陷修复和保修等分阶段编制详细细目，作为控制合同工程进度以及工程款支付分解的依据。除合同另有约定外，承包人应根据项目清单的价格构成、费用性质、计划发生时间和相应工作量等因素，按照以下分类和分解原则，结合约定的合同进度计划，形成支付分解报告（表 8-7）。

合同价款支付分解表   表 8-7

编码	项目名称	分项总额	首次支付	二次支付	三次支付	四次支付	五次支付	
	勘察费							
	（1）设计费； （2）方案设计费； （3）初步设计费； （4）施工图设计费； （5）竣工图编制费							
	总承包其他费							
	设备购置费							
	建安工程费							
	合计							

注：本表在承包人在投标报价时根据发包人在招标文件明确的进度款支付周期与报价填写，签订合同时，双方协商调整达成一致后，作为合同附件。

相关费用支付说明如下：

（1）勘察费。按照勘察成果文件的时间，进行支付分解。

（2）设计费。按照提供设计阶段性成果文件的时间、对应的工作量进行支付分解。

（3）总承包其他费。按照项目清单中的费用，结合约定的合同进度计划拟完成的工程量或者比例进行分解。

（4）设备购置费。按订立采购合同、进场验收、安装就位等阶段约定的比例进行支付分解。

（5）建筑安装工程费。宜按照合同约定的工程进度计划对应的工程形象进度节点和对应比例进行分解。

承包人应在收到经发包人批准的合同进度计划后，在合同约定的时间内，将支付分解报告以及形成支付分解报告的支持性资料报发包人审批，发包人应在收到承包人报送的支付分解报告后，在合同约定的时间内予以批准或提出修改意见，经发包人批准的支付分解报告为有合同约束力的支付分解表。合同进度计划修订的，应相应修改支付分解表，并报发包人批准。

5）合同价款调整

基准日期后，因国家的法律、法规、规章、政策和标准、规范发生变化引起工程造价变化的，应调整合同价款。因发包人变更建设规模、建设标准、功能要求和发包人要求的，应按照下列规定调整合同价款：

（1）价格清单中有适用于变更工程项目的，应采用该项目的单价。

（2）价格清单中没有适用但有类似于变更工程项目的，可在合理范围内参照类似项目的单价。

（3）价格清单中没有适用也没有类似于变更工程项目的，应由承包人根据变更工程资料、计量规则，通过市场调查等取得有合法依据的市场价格提出变更工程项目的单价，并报发包人确认后调整。

因人工、主要材料的价格波动超出了合同约定的范围，影响合同价格时，根据合同中约定的价格指数和权重表（表8-8），按以下公式计算差额并调整合同价款：

$$\Delta P = P_0\left[A+\left(B_1\times\frac{F_{t1}}{F_{01}}+B_2\times\frac{F_{t2}}{F_{02}}+B_3\times\frac{F_{t3}}{F_{03}}+\cdots+B_n\times\frac{F_{tn}}{F_{0n}}\right)-1\right]$$

式中　　　　ΔP——需调整的价格差额；

P_0——约定的付款证书中，承包人应得到已经完成工程量的金额。此项金额不应包括价格调整、不计质量保证金的扣留和支付、预付款的支付和扣回。约定的变更及其他金额已按现行价格计价的，也不计入在内；

A——定值权重（即不调部分的权重）；

$B_1,B_2,B_3,\cdots,B_n$——各可调因子的变值权重（即可调部分的权重），为各可调因子在投标函投标总报价中所占的比例；

$F_{t1},F_{t2},F_{t3},\cdots,F_{tn}$——各可调因子的现行价格指数，指约定的付款证书相关周期最后一天的前42天的各可调因子的价格指数；

$F_{01},F_{02},F_{03},\cdots,F_{0n}$——各可调因子的基本价格指数，指基准日期的各可调因子的价格指数。

价格指数权重表　　　　　　　　　　　表8-8

序号	名称		变值权重 B			基本价格指数 F_0		现行价格指数 F_t		备注
			代号	范围	建议	代号	指数	代号	指数	
	变值部分	人工费	B_1	__至__		F_{01}		F_{t1}		
		钢材	B_2	__至__		F_{02}		F_{t2}		
		水泥	B_3	__至__		F_{03}		F_{t3}		
		商品混凝土	B_4	__至__		F_{04}		F_{t4}		
	定值部分权重 A									
	合计		1			—		—		

注：（1）"名称""基本价格指数"栏由招标人填写，基本价格指数应首先采用工程造价管理机构发布的价格指数，没有时，可采用发布的价格代替。

　　（2）"变值权重"由投标人根据该项人工、材料价值在投标总报价中所占的比例填写，1减去其比例为定值权重。

　　（3）"现行价格指数"按约定的付款证书相关周期最后一天的前42天的各项价格指数填写，该指数应首先采用工程造价管理机构发布的价格指数，没有时，可采用发布的价格代替。

6）工程结算与支付

（1）预付款及支付

发包人支付承包人预付款的比例一般不得低于签约合同价（扣除暂列金额）的 10%，不宜高于签约合同价（扣除暂列金额）的 30%。

承包人应按合同约定向发包人提交预付款支付申请。发包人应在收到支付申请的规定时间内进行核实，向承包人发出预付款支付证书，并在签发支付证书后的规定时间内向承包人支付预付款。

预付款应从每一个支付期所应支付给承包人的工程进度款中扣回，直到扣回的金额达到发包人支付的预付款金额为止。

（2）期中结算与支付

合同双方应按照合同约定的时间、程序和方法，办理期中价款结算，支付进度款。

① 勘察费应根据勘察工作进度，按约定的支付分解进行支付，勘察工作结束，经发包人确认后，发包人应全额支付勘察费。

② 设计费应根据分阶段出图的进度，按约定的支付分解进行支付，设计文件全部完成，经发包人审查确认后，发包人应全额支付设计费。

③ 建筑安装工程进度款支付周期应与合同约定的形象进度节点计量周期一致。承包人应在每个计量周期计量后的规定时间内向发包人提交已完工程进度款支付申请，份数应满足合同要求。支付申请应详细说明此周期认为的应得的款额，包括承包人已达到进度节点所需要支付的价款。承包人按照合同约定调整的价款和得到发包人确认的索赔金额列入本周期应增加的金额中。

④ 设备采购前，承包人应将采购的设备名称、品牌、技术参数或规格、型号等报送发包人，经发包人认可后采购，发包人验收合格后应全额支付设备购置费。

⑤ 总承包其他费应按合同约定的支付分解的金额、时间支付。

发包人应在收到承包人进度款支付申请后的规定时间内，根据形象进度和合同约定对申请内容予以核实，确认后向承包人支付进度款。发包人未按照约定支付进度款的，承包人可催告发包人支付，并有权获得延迟支付的利息；发包人在付款期满后的规定时间内仍未支付的，承包人可在付款期满后的规定时间起暂停施工。发包人应承担由此增加的费用和（或）延误的工期，向承包人支付合理利润，并承担违约责任。

7）竣工结算与支付

竣工结算价为扣除暂列费用后的签约合同价加（减）合同价款调整和索赔。合同工程完工后，承包人应在提交竣工验收申请时向发包人提交竣工结算文件。发包人应在收到承包人提交的竣工结算文件后的 28 天内审核完毕。发包人在收到承包人竣工结算文件后的 28 天内，不审核竣工结算或未提出审核意见的，视为承包人提交的竣工结算文件已被发包人认可，竣工结算办理完毕。承包人在收到发包人提出的核实意见后的 28 天内，不确认也未提出异议的，视为发包人提出的核实意见已被承包人认可，竣工结算办理完毕。

发包人委托造价咨询人审核竣工结算的，工程造价咨询人应在 28 天内审核完毕，审核结论与承包人竣工结算文件不一致的，应提交给承包人复核，承包人应在 14 天内将同意审核结论或不同意见的说明提交工程造价咨询人，工程造价咨询人收到承包人提出的异议后，应再次复核，承包人逾期未提出书面异议，视为工程造价咨询人审核的竣工结算文件已经承包人认可。

承包人应根据办理的竣工结算文件，向发包人提交竣工结算款支付申请。该申请应包括下列内容：

（1）竣工结算总额。

（2）已支付的合同价款。

（3）应扣留的质量保证金。

（4）应支付的竣工付款金额。

发包人应在收到承包人提交竣工结算款支付申请后的 7 天内予以核实，向承包人支付结算款。发包人未按照约定支付竣工结算款的，承包人可催告发包人支付，并有权获得延迟支付的利息。竣工结算核实后 56 天内仍未支付的，除法律另有规定外，承包人可与发包人协商将该工程折价，也可直接向人民法院申请将该工程依法拍卖。承包人就该工程折价或拍卖的价款优先受偿。

8）质量保证金

承包人未按照合同约定履行属于自身责任的工程缺陷的修复义务的，发包人有权从质量保证金中扣除用于缺陷修复的各项支出。在合同约定的缺陷责任期终止后的 14 天内，发包人应将剩余的质量保证金返还给承包人。剩余质量保证金的返还，并不能免除承包人按照法律法规规定和（或）合同约定应承担的质量保修责任和应履行的质量保修义务。

9）最终结清

承包人应按照合同约定的期限向发包人提交最终结清支付申请。发包人对最终结清支付申请有异议的，有权要求承包人进行修正和提供补充资料。承包人修正后，应再次向发包人提交修正后的最终结清支付申请。发包人应在收到最终结清支付申请后的 14 天内予以核实，向承包人支付最终结清款。若发包人未在约定的时间内核实，又未提出具体意见的，视为承包人提交的最终结清支付申请已被发包人认可。发包人未按期最终结清支付的，承包人可催告发包人支付，并有权获得延迟支付的利息。承包人对发包人支付的最终结清款有异议的，按照合同约定的争议解决方式处理。

10）全过程进度——费用控制

总承包项目的综合管理是项目经理的职责。有经验的项目经理能熟练地协调、平衡和控制设计、采购、施工之间及项目管理各要素之间的相互影响，满足或超出项目业主的需求和期望。综合管理的重要表现就是在保证工程质量的前提下，尽量使项目进度深度交叉，从而缩短工程建设总周期。进度交叉会带来返工的风险，但同时创造缩短建设周期提高投资效益的机会。有经验的总承包商或项目经理能权衡和把握进度交叉的风险和机会，采取合理措施，在可接受的风险条件下，协调设计、采购、施工之间合理、

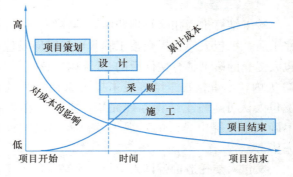

图 8-2　EPC 模式的各阶段交叉及成本关系

有序和深度交叉，在保证各自合理周期的前提下，可使总承包项目的建设总周期缩短（图 8-2）。据统计，采用 EPC 模式建设工程比采用传统的 DBB 模式要节省 20%～30% 的

工期，既降低了融资费用，又能使工程提早投入运行，并产生收益。

EPC 总承包项目管理着眼于全过程的费用控制，关注每一个经济增长点，因而有可能使工程总造价降至最低。如果 E、P、C 分别承包，虽然设计商会对初步设计做概算，但对概算的准确性责任不大，设计人员更关注的是先进性和可靠性，经济性的观念比较薄弱。只有在 EPC 工程总承包的模式下，项目经理才会要求实行定额设计及设备、材料的采购定价，超出定额或定价的要经过批准。

通过合格供货厂商采购设备、材料，既能保证供货进度和质量，价格又比较合理，还能避免返工造成的浪费。施工过程中 EPC 总承包商严格的管理和积极主动的变更控制，可以大大降低施工成本。EPC 全过程的费用控制，使工程造价比传统的管理模式降低，并让 EPC 总承包这种组织实施方式显示出了强大的生命力。

8.3.4 装配式建筑总承包合同的质量管理

装配式建筑工程的建设、勘察、设计、施工、监理、部品部件生产等单位，要建立健全质量安全保证体系，依法依规地对工程质量安全负责。为深入推进建筑产业现代化，进一步强化装配式建筑工程质量安全管理，例如江苏省住房和城乡建设厅于 2017 年 3 月 24 日专门发布了《装配式混凝土结构工程质量控制要点》的公告（［2017］第 8 号），2019 年 9 月 6 日印发了《关于加强江苏省装配式建筑工程质量安全管理的意见（试行）》的通知（苏建质安［2019］380 号），2019 年 10 月又发布了《装配式混凝土建筑工程质量检测工作指引》的公告（［2019］第 23 号）。

1）质量安全责任

（1）建设单位质量安全责任

① 在装配式建筑工程建设过程中，建设单位对其质量安全负首要责任，并负责装配式建筑工程设计、部品部件生产、施工、监理、检测等单位之间的综合协调。

② 将装配式建筑工程交予有能力从事装配式建筑工程设计（含 BIM 应用）的设计单位进行设计。按有关规定将装配式建筑工程施工图设计文件送至施工图审查机构审查。当发生影响结构安全或重要使用功能的变更时，应按规定进行施工图设计变更并送原施工图审查机构审查。

③ 将预制构件加工图交予有能力的单位进行设计。在部品部件生产前组织设计、部品部件生产、施工、监理等单位进行设计交底和会审工作。组织相关人员对首批同类型的部品部件、首个施工段、首层进行验收。

④ 对于采用无现行工程建设标准的技术、工艺、材料的，应当按照《建设工程勘察设计管理条例》《实施工程建设强制性标准监督规定》有关条款和相关标准规范的规定，经审定合格后使用。

（2）工程总承包单位质量安全责任

采用工程总承包模式的项目，工程总承包单位对其承包工程的设计、采购、施工等全过程建设工程质量安全负责。

（3）勘察单位质量安全责任

勘察单位应严格按照国家和省级有关法律法规、现行工程建设标准进行勘察，对勘察质量负责。

（4）设计单位质量安全责任

① 应严格按照国家和省级有关法律法规、现行工程建设标准进行设计，对设计质量负责。

② 施工图设计文件的内容和深度应符合现行《建筑工程设计文件编制深度规定（2016 版）》及省级装配式建筑的相关技术要求，满足后续预制构件加工图编制和施工的需要。在各个专业的施工图设计总说明中均应配备装配式专项设计说明。结构专业装配式专项说明应包括设计依据、配套图集，以及预制构件生产和检验、运输和堆放、现场安装、装配式结构验收的要求。结构专业设计图纸中应包括预制构件设计图纸（含预制构件详图）。

③ 施工图设计文件对工程本体可能存在的重大风险控制应进行专项说明，对于涉及工程质量和安全的重点部位及环节应进行标注，提出保障工程周边环境安全和工程施工质量安全的意见，必要时还应进行专项设计。

④ 预制构件加工图设计的内容和深度应符合有关专项设计的规定，依据施工图设计进行，满足制作、运输与施工要求。预制构件加工图由施工图设计单位完成，或由具备相应设计能力的单位完成，并经施工图设计单位审核通过。

⑤ 施工图设计文件经审查合格后，设计单位受建设单位委托编制预制构件加工图，或审核其他单位编制的预制构件加工图。设计单位向部品部件生产、施工、监理单位进行设计交底，并参与装配式建筑专项施工方案的讨论；按照合同约定和设计文件中明确的节点、事项和内容，提供现场指导服务；参加建设单位组织的部品部件、装配式结构、施工样板质量验收，并对部品部件生产和装配式施工是否符合设计要求进行检查。

（5）部品部件生产单位质量安全责任

① 对生产的部品部件质量负责。

② 加强生产过程质量控制。根据有关标准、施工图设计文件、预制构件加工图等，编制生产方案，生产方案需经部品部件生产单位技术负责人审批；严格按照相关程序对部品部件的各工序质量进行检查，完成各项质量保证资料。

③ 加强成品部品部件的质量管理，建立部品部件全过程可追溯的质量管理制度。

④ 严格落实标准规范、施工图结构设计说明以及预制构件加工图设计中的运输要求，有效防止部品部件在运输过程中的损坏。

（6）施工单位质量安全责任

① 根据装配式建筑施工的特点，建立健全质量安全保证体系，完善质量安全管理制度。

② 对部品部件施工的关键工序编制专项施工方案，经施工单位技术负责人审核，并按有关规定报送监理单位或建设单位审查；对于超过一定规模的危险性较大的分部分项工程专项施工方案，组织专家论证会，论证通过后严格按方案实施。

③ 对进场部品部件的质量进行检验，建立健全部品部件施工安装过程质量检验制度和追溯制度。

④ 装配式建筑工程施工前，按照专项施工方案进行技术交底和安全培训，并编制装配式建筑工程施工应急预案，组织应急救援演练；应进行部品部件试安装。

⑤ 对关键工序、关键部位进行全程摄像，对影像资料进行统一编号、存档。

（7）监理单位质量安全责任

① 针对装配式建筑的特点，编制监理规划、实施细则，必要时可安排监理人员驻厂。

② 对施工组织设计、施工方案进行审查。

③ 核查施工管理人员及安装作业人员的培训情况；组织施工、部品部件生产单位对进入施工现场的部品部件进行进场验收；对部品部件的施工安装进行全过程监理，对关键工序进行旁站，并留存相应的影像资料。

④ 逐层核查施工情况，发现施工单位未按要求进行施工时，签发监理通知单，责令其限时改正，并及时向建设单位或有关主管部门报告。

2）部品部件质量控制

（1）预制构件加工图设计

部品部件生产前，应根据施工图的设计文件对节点连接构造及水、电、暖通、装修集成等的相关要求进行预制构件加工图设计。严格按照审核通过的加工图进行生产。

（2）试验检测手段

部品部件生产单位应当具备相应的生产工艺设施，并具有完善的质量管理体系和必要的试验检测手段。

（3）材料质量检测及复试

部品部件生产单位应当按照有关规定和技术标准，对主要原材料以及与部品部件配套的材料进行质量检测及复试。

（4）建立管理台账

部品部件生产单位针对原材料进场验收检验、加工图设计及审核、部品部件生产过程管理和质量检验等环节建立管理台账。部品部件的钢筋、预埋件、预留管线等隐蔽工程在隐蔽前应报监理等单位进行检查验收，并形成相关验收文件，留存对应影像资料。

（5）套筒灌浆连接的抗拉强度试验

在部品部件采用钢筋套筒灌浆连接时，由具有相应资质的检测单位在部品部件生产前进行钢筋套筒灌浆连接接头的抗拉强度试验，每种规格的连接接头每 1000 个中试件数量不应少于 3 个，并出具相关报告。

（6）受力构件和异形构件验收

对于同类型主要受力构件和异形构件的首个构件，由部品部件生产单位通知建设、设计、施工、监理等单位进行验收，验收合格后批量生产。

（7）部品部件标识

部品部件生产单位应对部品部件进行标识，并将标识设置在便于现场识别的部位。部品部件应当按照品种、规格分区分类存放，并按规定设置标牌。部品部件出厂时应附质量合格文件及相关证明材料（含钢筋、连接件、灌浆套筒、结构性能、混凝土强度等检测报告）。

3）施工过程质量安全控制

（1）现场部品部件的检查验收

施工单位对进入现场的部品部件应全数检查验收，部品部件的预埋件、预留钢筋和洞口坐标偏差以及安全性等不符合要求的责令退场，不得使用。

（2）模拟施工和工艺试验

施工单位在套筒灌浆施工前进行工艺试验和主要竖向受力构件的模拟节点施工，其他连接方式应按照标准或专项方案进行工艺试验。

（3）部品部件节点连接要求

部品部件节点连接应符合以下要求：

① 在钢筋套筒灌浆连接、钢筋浆锚搭接连接的部品部件就位前，应对套筒、预留孔及被连接钢筋的规格、位置、数量、长度等进行检查，符合要求后方可吊装。

② 部品部件安装就位后应及时校准，校准后应采取临时固定措施。

③ 安装完成后的节点应按有关规定及时采取有效的检测方法进行实体质量检查。

（4）施工起重机械检验

施工起重机械的选用、安装、拆卸及使用执行相关规范、标准、规定，并经具有相应资质的检测机构检验合格后方可投入使用。施工起重机械设备安装（拆卸）单位，应当依法取得建设行政主管部门核发的资质证书和安全生产许可证书，其编制的起重机械安装（拆卸）工程专项施工方案，应在施工总承包和监理单位审核后，告知工程所在地的县级以上建设主管部门。

（5）部品部件吊装作业要求

部品部件吊装作业要遵循《建筑与市政施工现场安全卫生与职业健康通用规范》GB 55034—2022、《建筑施工起重吊装工程安全技术规范》JGJ 276—2012、《江苏省装配式混凝土结构建筑工程施工安全管理导则》等规范的相关内容，并符合以下要求：

① 严格执行吊装令制度。部品部件吊装前，施工、监理单位已对吊装的安全生产措施、条件等进行了全面检查，并取得吊装令。

② 拟吊装的首批同类型部品部件已通过验收，出厂和进场检验措施已落实；施工组织方案及吊装专项方案经过评审，并已向相关人员进行了交底。

③ 施工起重机械的司机、司索、信号工等特殊工种均持有效的特殊作业资格证书上岗作业；吊装人员、灌浆人员经培训并通过考核；灌浆连接已进行模拟操作，检测结果符合要求。

④ 现场吊装作业具备可靠的作业场所，无其他材料或机械妨碍吊装设备使用；高处作业专用操作平台、临时支撑体系等已按照方案落实，并经验收符合要求。

⑤ 吊装作业前已对吊具、吊点等进行检查，焊接类吊具应进行验算并经验收合格，严禁使用不合格的吊具。

⑥ 在吊装作业过程中已设置警戒线，防止无关人员进入警戒区域。安全防护设施到位，有可行的应急预案。

⑦ 部品部件吊装就位后、固定前，应对部品部件的完好性进行检查，满足质量安全要求的，方可进行下道工序。

⑧ 部品部件安装就位后的临时固定措施应保证其处于安全状态。在部品部件连接接头未达到设计工作状态或未形成稳定的结构体系前，不得拆除部品部件的临时固定措施。

（6）装配式建筑质量检测

根据2019年10月江苏省住房和城乡建设厅制定发布的《装配式混凝土建筑工程质量

检测工作指引》，明确了建设单位、设计单位、施工单位、监理单位、预制构件生产单位、检测机构的检测管理规定和责任。对于装配式混凝土建筑工程的质量检测，主要包括三大部分：

预制构配件进场检验包括：

① 质量技术资料。

② 预制构配件的外观质量检查。

③ 预制构件外观尺寸偏差检验。

④ 灌浆套筒的位置及外露钢筋位置、长度偏差检验。

⑤ 预制构件上的配件检查。

⑥ 预制构配件表面的标识检查。

⑦ 叠合构件的粗糙面检查。

⑧ 预制构件结构性能的检验。

⑨ 饰面砖粘结强度的检验。

预制构配件安装与连接检验包括：

① 灌浆套筒及浆锚搭接材料的检测。

② 坐浆材料检查。

③ 钢筋机械连接检测。

④ 钢筋焊接连接检测。

⑤ 构件型钢焊接连接检测。

⑥ 构件螺栓连接检测。

⑦ 套筒灌浆连接、浆锚搭接节点质量检测。

⑧ 后浇混凝土强度检测。

⑨ 密封材料检测。

装配式混凝土结构实体质量检测包括：

① 缺陷检查。

② 工地现场后浇筑构件实体检验。

③ 安装质量检测。

④ 外围护部品检测。

⑤ 防水性能检测。

⑥ 其他相关工程检测。

4）工程验收

装配式混凝土结构工程验收除应当符合《装配式结构工程施工质量验收规程》DGJ 32/J184—2016规定外，还应当符合国家相关标准的规定。

（1）首个施工段的专项验收

现场首层或首个施工段安装完成后，由建设单位组织设计、施工、监理和预制构件生产单位等相关责任主体对部品部件连接、灌浆、外围护部品部件密封防水等进行共同专项验收，并形成验收文件。

（2）连接节点隐蔽验收

监理和施工单位应对每一个连接接头质量、接缝处理等进行隐蔽验收，特别要加强预制构件竖向套筒灌浆、浆锚搭接等连接节点的验收，形成隐蔽验收记录，对连接节点质量按有关规定进行检测，并应留存灌浆施工过程、连接节点检测和工序验收等相关影像资料，验收合格后方可进行下道工序。

（3）质量问题处理

安装过程中，若出现影响结构安全及主要使用功能的质量问题时，由设计单位出具处理方案，处理完成后再由建设单位组织专项验收。

（4）验收文件和记录

装配式混凝土结构工程施工质量验收时，提供下列文件和记录：

① 设计及变更文件、预制构件制作和安装深化设计图、施工组织设计（专项施工方案）。

② 原材料、预制构配件等的出厂质量证明文件和进场抽样检测报告，钢筋灌浆套筒连接接头的抗拉强度试验报告。

③ 施工记录（测量记录、安装记录、钢筋套筒灌浆连接或者钢筋浆锚搭接连接的施工检验记录和影像资料等）。

④ 监理旁站记录及影像资料。

⑤ 有关安全及功能的检验项目的现场检测报告。

⑥ 外墙防水施工质量检验记录。

⑦ 隐蔽工程检验项目检查验收记录。

⑧ 分部（子分部）工程所含分项工程及检验批质量验收记录。

⑨ 工程重大质量事故处理方案。

⑩ 按照其他国家和省级地方标准的要求，应当提供相应的文件和记录。

云测试8-6：第8章
课程内容测试
及解题分析

复习思考题

1. 试述工程总承包合同的概念和特点。
2. 什么是发包人要求？其主要内容是什么？如何合理编写发包人要求？
3. 分析工程总承包合同中承包人的设计范围和设计义务。
4. 什么是暂估价？如何估价和支付？
5. 分析工程总承包合同中的竣工试验和竣工验收流程。
6. 分析工程总承包合同中的竣工结算的内容和流程。
7. 分析工程总承包合同中的承包人的违约责任以及违约处理。
8. 分析工程总承包合同中的发包人的违约责任以及违约处理。
9. 结合装配式建筑工程实践，如何开展工程总承包合同的设计管理和质量控制？
10. 结合工程实际，如何控制工程总承包合同中规定的工期、质量、投资以及环境和安全目标？

9.1　全过程工程咨询概述

1）全过程工程咨询的含义

全过程工程咨询是指对建设项目全生命周期提供组织、管理、经济和技术等各有关方面的工程咨询服务，可包括项目的全过程工程项目管理、投资决策综合性咨询、勘察、设计、招标采购、造价咨询、监理、运营维护咨询以及 BIM 咨询等专业咨询服务。全过程工程咨询服务可采用多种组织方式，由投资人授权一家单位负责或牵头，为项目从决策至运营持续提供局部或整体解决方案以及管理服务。全过程工程咨询是一项运用系统思维与整体思维，对工程建设全过程进行的综合管理。这种综合管理不是有关知识、各个管理部门、各个进展阶段的简单叠加和简单联系，而是以系统论与整体论思想为基础，实现知识门类的有机融合、各个管理部门的协调整合、各个进展阶段的无缝衔接。

改革开放以来，我国工程咨询服务逐步形成了投资咨询、招标代理、勘察、设计、监理、造价、项目管理等专业化的咨询服务业态。投资者或建设单位在固定资产投资项目决策、工程建设、项目运营过程中，对综合性、跨阶段、一体化的咨询服务需求日益增强。这种需求与现行制度造成的单项服务供给模式之间的矛盾日益突出。为深入贯彻习近平新时代中国特色社会主义思想和党的二十大精神，深化工程领域咨询服务供给侧结构性改革，破解工程咨询市场供需矛盾，必须完善政策措施，创新咨询服务组织实施方式，大力发展以市场需求为导向、满足委托方多样化需求的全过程工程咨询服务模式。遵循项目周期规律和建设程序的客观要求，在项目决策和建设实施两个阶段，着力破除制度性障碍，重点培育发展投资决策综合性咨询和工程建设全过程咨询。《国务院办公厅关于促进建筑业持续健康发展的意见》（国办发［2017］19 号），《国家发展改革委 住房城乡建设部关于推进全过程工程咨询服务发展的指导意见》（发改投资规［2019］515 号）等要求，鼓励投资咨询、勘察、设计、监理、招标代理、造价等企业采取联合经营、并购重组等方式发展全过程工程咨询，培育一批具有国际水平的全过程工程咨询企业。政府投资工程应带头推行全过程工程咨询，鼓励非政府投资工程委托全过程工程咨询服务。在民用建筑项目中，充分发挥建筑师的主导作用，鼓励提供全过程工程咨询服务。培育具备勘察、设计、监理、招标代理、造价等业务能力的全过程工程咨询企业。

2）全过程工程咨询的服务阶段和主要内容

全过程工程咨询可划分为项目决策、勘察设计、招标采购、工程施工、竣工验收、运营维护六个阶段。全过程工程咨询单位承担的全过程工程咨询工作内容包括：

（1）项目决策阶段：服务内容包括但不限于：项目策划管理、项目报批管理、机会研究、策划咨询、规划咨询、项目建议书、可行性研究、投资估算、方案比选等。

（2）勘察设计阶段：服务内容包括但不限于：勘察管理、设计管理、初步勘察、方案设计、初步设计、设计概算、详细勘察、设计方案经济比选与优化、施工图设计、施工图预算等。

（3）招标采购阶段：服务内容包括但不限于：合同管理、招标采购管理、招标策划、市场调查、招标文件（含工程量清单、投标限价）编审、合同条款策划、招标投标过程管理等。

（4）工程施工阶段：服务内容包括但不限于：投资管理、进度管理、质量管理、安全生产管理、工程质量、造价、进度控制，勘察及设计现场配合管理，安全生产管理，工程变更、索赔及合同争议处理，技术咨询，工程文件资料管理，安全文明施工与环境保护管理等。

（5）竣工验收阶段：服务内容包括但不限于：收尾管理、竣工策划、竣工验收、竣工资料管理、竣工结算、竣工移交、竣工决算、质量缺陷期管理等。

（6）运营维护阶段：服务内容包括但不限于：项目后评价、运营管理、项目绩效评价、设施管理、资产管理等。

全过程工程咨询单位可根据建设单位的委托，独立承担项目全过程的全部专业咨询服务，全面整合项目建设过程中所需的全过程工程项目管理、投资决策综合性咨询、勘察、设计、招标采购、造价咨询、监理、运营维护咨询以及 BIM 咨询等咨询服务业务；也可提供菜单式服务，即"1+N"模式，"1"是指全过程工程项目管理（必选项），"N"包括但不限于：投资决策综合性咨询、勘察、设计、招标采购、造价咨询、监理、运营维护咨询以及 BIM 咨询等专业咨询（可选项）。

3）全过程工程咨询服务的特点

（1）咨询服务范围广：全过程工程咨询从决策阶段直至运维阶段，对所有专业咨询服务进行集成管理，使得咨询成果具有连贯性、全面性；服务内容包含项目的全过程技术咨询和管理咨询；提升了项目整体策划和系统把控的能力。通过全过程工程咨询服务，打造优质的建设项目产品，提高建设项目的综合效益。

（2）强调综合集成：全过程工程咨询服务不是将各个阶段进行简单相加，而是要通过多阶段集成化咨询服务，为建设单位创造价值。全过程工程咨询要避免传统的"碎片化"咨询服务，避免将工程项目要素分阶段独立运作以致出现漏洞和制约，要综合考虑项目质量、安全、环保、投资、工期等目标以及合同管理、资源管理、信息管理、技术管理、风险管理、沟通管理等要素之间的相互制约和影响关系，从技术经济角度实现综合集成。

（3）注重智力性和高附加值服务。全过程工程咨询单位要运用工程技术、经济学、管理学、法学等多学科知识和经验，为建设单位提供智力服务。如：投资机会研究、建设方案策划和比选、融资方案策划、招标方案策划、建设目标分析论证、价值工程等。全过程工程咨询不只是简单地为建设单位"打杂"，只是协助委托方办理相关报批手续等，需要全过程工程咨询单位拥有一批高水平复合型人才，需要具备策划决策能力、组织领导能力、资源整合能力、集成管控能力、专业技术能力、协调解决能力等。应用科学理论、方法、知识和技术，使咨询成果经得起时间和历史的检验，为建设项目全生命周期提供价值增值服务。全过程工程咨询的科学化程度决定了全过程工程咨询服务的水平和质量，进而决定了咨询结果是否可信、可靠、可用。

4）全过程工程咨询服务实施准则

（1）坚持以客户需求为本，以实现建设项目预期目的为中心，以投资控制为抓手，以提高工程质量、保障安全生产和满足工期要求为基点，全面落实全过程工程咨询服务管理责任制，推进绿色建造与环境保护，促进科技进步与管理创新，实现工程建设项目的最佳效益。

（2）工程咨询服务集成化管理。将项目策划、工程设计、招标、造价咨询、工程监理、项目管理等咨询服务作为整体统一管理，形成具有连续性、系统性、集成化的全过程工程咨询管理系统。通过多种咨询服务的组合，提高业主的管理效率。

（3）促进工程全寿命价值实现。不同的工程咨询服务都要立足于工程的全寿命期。以工程全寿命期的整体最优作为目标，注重工程全寿命期的可靠、安全和高效率运行，资源节约、费用优化，反映工程全寿命期的整体效率和效益。

（4）提升工程咨询企业的多业务集成能力。促进投资咨询、设计、监理、招标代理、造价等企业采取联合经营、并购重组等方式发展全过程工程咨询。提升工程咨询企业的多业务集成能力。

（5）建立建设单位和咨询机构间合作信任关系。全过程工程咨询服务是为建设单位定制，建设单位将不同程度地参与咨询实施过程的控制，并对许多决策工作有最终决定权。同时，咨询工作质量形成于服务过程中，最终质量水平取决于业主和全过程工程咨询单位之间互相协调程度。因此需要建立相互信任的合作关系。

云文档9-1：江苏省全过程工程咨询服务合同示范文本和全过程工程咨询服务导则

5）全过程工程咨询服务的招投标文件内容

招标人应当按照项目特点、服务需求编制全过程工程咨询招标文件。招标文件一般包括以下内容：

（1）投标须知；

（2）项目说明，包括项目概况、项目资金来源、最高投标限价、费用支付方式、咨询服务期限等内容；

（3）招标范围及要求，包括招标内容及范围、联合体要求、需执行的相关技术标准、规范、质量标准和要求；

（4）资格审查标准；评标标准和定标方法；

（5）投标文件编制要求，包括投标单位资信业绩、服务团队、工作大纲的编制深度、设计方案编制任务书、投标报价的编制内容和要求等；

（6）投标担保要求；

（7）拟签订合同的主要条款。

招标人负责提供与招标项目有关的基础资料，并保证所提供资料的真实性、完整性。招标人根据招标项目类别、工程规模、委托内容、服务需求等，依法合理地设立投标人资质、类似工程业绩、项目负责人资格等，不得以不合理的条件限制、排斥潜在投标人。全过程工程咨询投标文件包含设计方案的，招标人应当在招标文件中明确对达到招标文件规定要求的未中标单位的经济补偿方式。

投标人应当根据招标文件要求和自身情况编制投标文件。投标文件一般包括下列内容：（1）投标函及附录；

（2）法定代表人身份证明或授权委托书；

（3）服务费用情况；

（4）资格审查资料；

（5）全过程工程咨询工作大纲；

（6）设计方案；

（7）承诺书；

（8）其他资料。

全过程工程咨询服务评标办法原则上采用综合评估法。评审的主要因素包括资信业绩、服务团队、全过程工程咨询工作大纲、设计方案、投标报价等。

6）全过程工程咨询合同的含义

全过程工程咨询合同是指建设单位（或投资人）和全过程咨询单位之间为完成商定的项目全过程工程咨询服务，明确相互权利义务关系的基础上而订立的合同。建设单位应将全过程工程项目管理、投资决策综合性咨询、勘察、设计、招标采购、造价咨询、监理、运营维护咨询以及 BIM 咨询等各专业咨询业务，整合委托给一家全过程工程咨询单位（或联合体）承担；建设单位也可按菜单模式将项目的各专业咨询业务的一项或多项委托给多家咨询单位分别承担，建设单位与各咨询单位分别签订委托合同，但应明确承担全过程工程项目管理业务的单位为统筹单位，由其负责项目各专业咨询的管理、协调与服务，同时投资人应明确统筹单位和其他各咨询单位的权利、义务和责任。

全过程工程咨询单位应具有国家现行法律规定的与工程规模和委托工作内容相适应的勘察、设计、监理、造价咨询等资质，可以是一家具有综合能力的独立咨询单位，也可以是由多家具有招标代理、勘察、设计、监理、造价、项目管理等不同能力组成的咨询联合体。由多家咨询单位联合实施的，应当明确牵头单位及各单位的权利、义务和责任。全过程咨询单位应当具有与工程规模及委托内容相适应的资质条件。全过程咨询服务单位应当自行完成自有资质证书许可范围内的业务，在保证整个工程项目完整性的前提下，按照合同约定或经建设单位同意，可将自有资质证书许可范围外的咨询业务依法依规择优委托给具有相应资质或能力的单位，全过程咨询单位应对被委托单位的委托业务负总责。同一项目的全过程工程咨询企业与工程总承包、施工、材料设备供应单位之间不得有利害关系。

工程建设全过程咨询项目负责人应当取得工程建设类注册执业资格且具有工程类、工程经济类高级职称，并具有类似工程经验。对于工程建设全过程咨询服务中承担工程勘察、设计、监理或造价咨询业务的负责人，应具有法律法规规定的相应执业资格。全过程咨询服务单位应根据项目管理需要配备具有相应执业能力的专业技术人员和管理人员。设计单位在民用建筑中实施全过程咨询的，要充分发挥建筑师的主导作用。

9.2 全过程工程咨询合同内容及管理

本节根据 2024 年 2 月 23 日住房和城乡建设部和国家市场监管总局发布的《房屋建筑和市政基础设施项目工程建设全过程咨询服务合同（示范文本）》（GF—2024—2612），以及江苏省、深圳市等发布的全过程工程咨询服务合同示范文本，介绍全过程工程咨询服务合同的主要内容。

全过程工程咨询服务合同示范文本一般由合同协议书、通用合同条款、专用合同条款等部分组成。

合同协议书明确了合同当事人基本的合同权利义务，具体条款包括：项目概况、服务内容、委托人代表与咨询项目总负责人、签约合同价、服务期限、合同文件构成、承诺、词语含义、合同订立和生效。

通用合同条款是合同当事人根据《中华人民共和国民法典》《中华人民共和国建筑法》《中华人民共和国招标投标法》及相关法律法规，就工程建设全过程咨询服务的提供及相关事项，对合同当事人的权利义务作出的原则性规定，既考虑了现行法律法规对工程建设全过程咨询服务活动的有关要求，也考虑了合同当事人的实际需要，兼顾各项工程咨询服务的通常做法。具体条款包括：一般约定，委托人，受托人，咨询服务要求及成果，进度计划、延误和暂停，服务费用和支付，变更和服务费用调整，知识产权，保险，不可抗力，违约责任，合同解除，争议解决。

专用合同条款是合同当事人根据建设工程项目特点及具体情况，通过双方谈判、协商，对通用合同条款的原则性约定进行细化、完善、补充、修改或另行约定的合同条款。专用合同具体条款包括：一般约定，委托人，受托人，咨询服务要求及成果，进度计划、延误和暂停，服务费用和支付，变更和服务费用调整，知识产权，保险，不可抗力，违约责任，合同解除，争议解决。

9.2.1 全过程工程咨询服务合同协议书

协议书是委托人（一般为建设单位）和受托人（一般为咨询单位）双方就合同内容协商达成一致意见后，相互承诺履行合同而签署的协议。协议书包括工程概况、服务范围及工作内容、服务期限、质量标准、合同价格等合同主要内容，明确了组成合同的所有文件，并约定了合同订立时间、地点和合同份数，集中约定了合同当事人双方基本的权利义务。协议书一般包括以下具体内容：

（1）项目概况：包括项目名称、项目地点、建设内容、建设规模、投资金额、资金来源、资金到位情况、项目周期等。

（2）服务内容：工程建设全过程咨询（包括工程报批报建服务、工程勘察设计管理、工程勘察设计服务、工程造价咨询、工程招标采购咨询、施工项目管理、工程监理服务等）、其他专项咨询（包括项目融资咨询、信息技术咨询、风险管理咨询、项目后评价咨询、建筑节能与绿色建筑咨询、工程保险咨询等）。具体服务内容应根据合同约定达成一致的委托人的委托范围和实际需求进行选择。受托人向委托人提供投资决策综合性咨询等服务的，可在合同附件中另行约定。

（3）委托人代表与咨询项目总负责人：明确委托人代表和咨询项目总负责人的身份证号和其他注册证件号。

（4）签约合同价：包括本项目工程建设全过程咨询服务的签约合同价，以及签约合同价具体构成及合同价计取方式。

（5）服务期限：包括本项目工程建设全过程咨询服务的开始、结束时间以及总日历天数。

（6）合同文件构成：构成本合同的文件包括：本合同协议书；招标文件（如有）；中标通知书（如有）；投标函及其附录（如有）；专用合同条款及附件；通用合同条款；技术标准和要求；其他合同文件。

云文档9-2:《房屋建筑和市政基础设施项目工程建设全过程咨询服务合同（示范文本)》GF—2024—2612

（7）双方承诺：委托人向受托人承诺，按照法律法规履行项目审批、核准或备案手续，按照合同约定派遣相应人员，提供咨询服务所需的资料和条件，并按照合同约定的期限和方式支付服务费用及其他应支付款项。受托人向委托人承诺，按照法律法规、相关标准及合同约定提供工程建设全过程咨询服务。

（8）合同订立和生效：包括合同订立时间、合同订立地点，以及双方约定本合同自双方签字盖章后成立以及生效条件。

9.2.2 全过程工程咨询服务合同通用条款主要内容

1）委托人的一般义务

（1）遵守法律法规

委托人应遵守法律法规，办理法律法规规定由其办理的审批、核准或备案，并将与咨询服务有关的相应结果书面通知受托人。因委托人原因未能及时办理完毕前述审批、核准或备案手续，导致服务开支增加和（或）服务期限延长时，由委托人承担责任，但因受托人未能根据合同约定提供相应咨询成果而导致委托人不能按时办理前述审批、核准或备案手续的除外。

（2）提供外部协调和条件

除合同另有约定外，委托人应向受托人提供咨询服务所涉及的必要外部关系的协调以及与其他组织联系的信息和方式，以便受托人收集需要的信息，为受托人履行职责提供外部条件。委托人应在工程合同中或根据工程合同约定及时向相关承包商、供应商、其他咨询方等提供受托人及咨询项目总负责人的名称或姓名、服务内容、权限及其他必要信息，并负责就受托人与委托人以及委托人的相关承包商、供应商、其他咨询方等之间的职权边界予以协调和明确。

（3）提供相关资料、设备和设施

委托人应在不影响受托人根据服务进度计划开展咨询服务的时间内，按照专用合同条款约定，向受托人提供相关资料、设备和设施。如果受托人履行服务时另需其他人员的服务，委托人应按照专用合同条款约定，及时提供其他人员的服务，以保证咨询服务能够按服务进度计划进行。

（4）委托人代表和人员

委托人应指定一位有适当相关资格或经验的管理人员作为委托人代表，并在专用合同条款中明确其姓名、职务、联系方式及授权范围等事项。委托人代表在委托人的授权范围内，负责处理合同履行过程中与委托人有关的具体事宜，作为联系人就合同约定的咨询服务事项与受托人进行联系。委托人更换委托人代表的，应在专用合同条款约定的期限内提前书面通知受托人。委托人员包括委托人代表及其他由委托人派驻咨询服务现场的人员。委托人应要求委托人员在服务现场遵守法律法规及有关安全、质量、环境保护等规定，不超越合同约定和授权范围向受托人提出要求或发出指示，并保障受托人免于承受因委托人员未遵守前述要求给受托人造成的损失和责任。

（5）及时支付服务费用

委托人应按合同约定向受托人及时支付服务费用。

（6）书面决定和解答

除合同另有约定外，委托人应在不影响受托人根据服务进度计划开展咨询服务的时间内，对受托人以书面形式提出的事项做出书面决定。受托人在执行委托人意见时提出有关问题的，委托人应及时予以解答。因委托人原因未能答复或答复不及时导致服务开支增加和（或）服务期限延长的，由委托人承担责任。

2）受托人的一般义务

（1）提供咨询服务

受托人应根据本合同约定的咨询服务内容和要求提供咨询服务。

受托人在履行合同义务时，应严格按照法律法规、强制性标准及合同约定，谨慎、勤勉地履行职责，维护委托人的合法利益，保证服务成果质量。

（2）组建咨询服务机构

受托人应按照本合同约定组建能够满足咨询服务需要的咨询服务机构并完成咨询服务。受托人及其咨询人员应满足法律法规有关规定。在保证整个工程项目完整性的前提下，由受托人按照合同约定将自有资质证书许可范围外的咨询业务依法依规择优委托其他咨询单位实施的，该被委托的其他咨询单位应具有相应能力或水平。

（3）配备称职的咨询项目总负责人和咨询人员

咨询项目总负责人应为合同协议书及专用合同条款中约定的人选，并应具有履行相应职责的资格、能力和经验。双方应在合同协议书及专用合同条款中明确咨询项目总负责人的基本信息及授权范围等事项。受托人需要更换咨询项目总负责人的，应在专用合同条款约定的期限内提前书面通知委托人，并征得委托人书面同意。受托人擅自更换咨询项目总负责人的，应按照专用合同条款的约定承担违约责任。委托人有权书面通知受托人更换不称职的咨询项目总负责人，通知中应载明要求更换的理由。受托人无正当理由拒绝更换咨询项目总负责人的，应按照专用合同条款约定承担违约责任。

受托人应按照专用合同条款的约定，根据项目管理需要配备和派遣能胜任本职工作及具备相应能力和经验、满足法律法规规定的相应执业资格的各专项咨询负责人，以及其他专业技术人员和管理人员。双方应在专用合同条款中明确各专项咨询负责人的基本信息及授权范围等事项。

（4）定期报告咨询服务工作进展

在履行合同期间，受托人应使委托人保持对咨询服务进展的了解，并定期向委托人报告咨询服务工作进展。

（5）使用委托人的财产

任何由委托人支付费用并提供给受托人使用的物品均属于委托人财产。受托人有权无偿使用合同约定的由委托人提供的设备、设施、资料。受托人应采取合理的措施保护委托人提供的设备、设施及其他财产，直至咨询服务完成并将其退还给委托人。保护委托人财产所产生的合理费用应由委托人承担。

3）咨询服务要求及成果

（1）咨询服务依据

委托人应根据合同约定，向受托人提供与咨询服务有关的资料和信息。委托人提供上述资料和信息超过约定期限，导致服务开支增加和（或）服务期限延长的，由委托人承担责任。委托人应对所提供资料和信息的真实性、准确性、合法性与完整性负责。委托人未按照合同约定提供必要的资料和信息，影响服务成果质量或导致服务开支增加和（或）服务期限延长的，由委托人承担责任。

委托人应遵守法律法规和技术标准，不得以任何理由要求受托人违反法律法规，压缩合理服务期限，降低技术标准和工程质量、安全标准提供咨询服务。咨询服务有关的特殊标准和要求由双方在专用合同条款中约定。委托人对主要技术指标有要求的，经委托人与受托人协商一致后应在专用合同条款中约定。因委托人原因导致主要技术指标变更的，委托人应承担相应责任。因受托人原因导致主要技术指标未达到合同要求的，受托人应承担相应违约责任。

（2）咨询服务成果要求

服务成果应符合法律法规、相关标准及合同约定。咨询服务成果具体内容和要求在专用合同条款中约定。受托人应对其咨询服务成果的真实性、有效性和科学性负责。因受托人原因造成咨询服务成果不合格的，委托人有权要求受托人采取补救措施，直至达到合同要求的质量标准，受托人应按合同约定承担相应违约责任。因委托人原因造成咨询服务成果不合格的，受托人应采取补救措施，直至达到合同要求的质量标准，由此导致费用增加和（或）服务期限延长的，由委托人承担责任。

（3）咨询服务成果交付

受托人应按照合同约定的咨询服务成果交付时间向委托人交付咨询服务成果，委托人应出具书面签收单。委托人要求受托人提前交付咨询服务成果的，应向受托人下达提前交付的书面通知并明确提前交付的内容，但委托人不得压缩合理服务期限。委托人要求受托人提前交付咨询服务成果的，或受托人提出提前交付咨询服务成果的建议能够给委托人带来效益的，合同当事人可在合同关于服务费用和支付的条款中约定对提前交付咨询服务成果的奖励。

（4）咨询服务成果审查

除专用合同条款另有约定外，委托人收到受托人提交的咨询服务成果后，应在21天内做出审查结论或提出异议。委托人对咨询服务成果有异议的，应以书面形式通知受托人，并说明咨询服务成果不符合合同要求的具体内容。

委托人需要组织审查会议对咨询服务成果进行审查的，审查会议的形式、组织方和时间安排，应在专用合同条款中约定。咨询服务成果审查会议费用及委托人上级单位、政府有关部门参加审查会议的人员费用由委托人承担。受托人应参加委托人组织的审查会议，向审查人员介绍、解答、解释其咨询服务成果，并提供有关补充资料。

咨询服务成果需政府有关部门审查或批准的，委托人应在专用合同条款约定的期限内将审查同意的咨询服务成果报送政府有关部门，受托人应予以协助。委托人对咨询服务成果的审查，不减轻或免除受托人依据法律法规应承担的责任。

（5）管理和配合服务

受托人应根据合同约定及相关法律法规规定，对工程合同相关的承包商、供应商、其他咨询方或委托人在工程合同下的其他相对方进行管理和配合服务。此类管理和配合服务包括但不限于：

① 招标代理人应根据招标采购需要，与投标人、评标人、政府有关部门等相关方进行联系协调；

② 勘察人应积极提供勘察配合服务，进行勘察技术交底，参与施工验槽，委派专业人员及时配合解决与勘察有关的问题，参与地基基础验收和工程竣工验收等工作；

③ 设计人应积极提供设计配合服务，进行设计技术交底、施工现场服务，参与施工过程验收、试运行、工程竣工验收等工作；

④ 监理人应根据法律法规、工程建设标准、勘察设计文件及合同，在施工阶段对建设工程质量、造价、进度进行控制，对合同、信息进行管理，对工程建设相关方的关系进行协调，并履行建设工程安全生产管理法定职责；

⑤ 造价咨询受托人应与承包商等项目各参与方就项目资金使用、价款的确定和调整、竣工结算等工程造价相关事宜进行联系与沟通，协调项目参与各方的关系，确保项目投资控制目标的实现；

⑥ 项目管理人应对招标代理、勘察、设计、监理、造价咨询等服务及相关活动进行统筹管理工作。

4）进度计划、延误和暂停

（1）服务进度计划

受托人应按照专用合同条款约定，提交服务进度计划。服务进度计划应至少包括下列内容：

① 受托人为按时完成所有咨询服务而计划开展的各项咨询服务顺序和时间；

② 合同约定的各项咨询服务成果交付委托人的关键日期；

③ 需要委托人或第三方提供决策、同意、批准或资料的关键日期；

④ 合同关于进度计划条款约定的其他要求。

咨询服务应在专用合同条款约定的时间或期限内开始和完成，按照合同约定延期的除外。

（2）服务进度延误

合同履行过程中，因发生下列情形造成咨询服务进度延误，属于非受托人原因导致的咨询服务进度延误：

① 委托人未能按合同约定提供有关资料或所提供的有关资料不符合合同约定或存在

错误或疏漏的；

② 委托人未能按合同约定提供咨询服务工作条件、设施场地、人员服务的；

③ 委托人对咨询服务进行变更的；

④ 委托人或委托人的承包商、供应商、其他咨询方等使咨询服务受到障碍或延误的；

⑤ 委托人未按合同约定日期足额付款的；

⑥ 不可抗力；

⑦ 专用合同条款中约定的其他情形。

除专用合同条款另有约定外，因非受托人原因导致咨询服务进度延误后 7 天内，受托人应向委托人发出要求延期的书面通知，并在咨询服务进度延误后 14 天内提交要求延期的书面说明供委托人审查。委托人收到受托人要求延期的说明后，应在 7 天内进行审查并就是否延长服务期限、修订服务进度计划及延期天数向受托人进行书面答复。

因受托人原因导致咨询服务进度延误的，受托人应承担违约责任。专用合同条款约定逾期违约金的，受托人还应根据约定的逾期违约金计算方法和最高限额支付逾期违约金。受托人支付逾期违约金后，不免除受托人继续完成咨询服务的义务。

（3）服务暂停

委托人可根据项目进展情况，以书面通知方式指示受托人暂停部分或全部咨询服务工作，并在通知中列明暂停的日期及预计暂停的期限。发生下列情形时，受托人可暂停全部或部分咨询服务：

① 委托人未能按期支付款项，且委托人未根据第 6.3 款［有争议部分的付款］就未付款项发出异议通知的。受托人应提前 28 天向委托人发出暂停通知；

② 发生不可抗力。受托人应根据第 10.2 款［不可抗力的通知］尽快向委托人发出通知，且应尽力避免或减少咨询服务的暂停；

③ 专用合同条款约定的其他情形。

服务暂停相关事项应按以下方式处理：

① 对于受托人在服务暂停前根据合同约定已经履行的咨询服务，委托人应支付相应的服务费用；

② 受托人应在服务暂停期间做好服务成果的保管，采取合理的措施保证服务成果的安全、完整，以避免毁损；

③ 服务暂停导致的延误应根据合同相关规定修订服务进度计划；

④ 除不可抗力及受托人原因导致的服务暂停外，服务暂停和恢复所产生的费用应由委托人承担。因委托人原因导致服务暂停的，委托人应向受托人支付合理的费用。双方应根据合同相关规定调整受托人的服务费用支付。

5）服务费用和支付

（1）服务费用

委托人和受托人应在合同中明确约定服务费用的组成和计取方式，包括变更和调整的计取方式。除合同另有约定外，合同约定的服务费用均已包含国家规定的增值税税金。

委托人和受托人应在合同中明确约定受托人为履行合同发生的差旅费、通信费、复印费、材料和设备检测费等服务开支是否已包含在服务费用内，以及服务费用中未包括的服务开支的计取和支付方式。

对于受托人在咨询服务过程中提出合理化建议并被委托人采纳，以及受托人提供咨询服务节约项目投资额、受托人提前交付服务成果等使委托人获得效益或规避潜在风险的情形，双方可在合同中约定奖励机制和奖励费用的计取、支付方式。

（2）支付程序和方式

受托人应在合同约定的每一个应付款日的至少 7 天前，向委托人提交支付申请书，并附必要的证明材料复印件。支付申请书应包括下列款项的金额及明细：

① 当期已完成咨询服务对应的服务费用；

② 受托人为提供咨询服务所产生的、不包含在服务费用内的合理服务开支；

③ 受托人提供咨询服务节约项目投资额等，根据合同约定应对受托人进行奖励的金额；

④ 应增加或扣减的变更调整金额；

⑤ 根据合同违约责任约定应增加或扣减的索赔或违约金额；

⑥ 对已付款中出现的错误、遗漏或重复的修订，应在当期付款中支付或扣除的金额；

⑦ 合同约定应增加和扣减的其他金额。

委托人未能按期支付款项的，应按照专用合同条款约定向受托人支付逾期付款违约金。委托人支付逾期付款违约金不影响受托人按合同约定行使暂停或终止咨询服务的权利。

未经受托人书面同意，委托人不应以存在针对受托人的索赔等原因，扣留其应付款项，除非仲裁委员会或法院根据仲裁或诉讼规定将应付款项裁决或判决给委托人。

合同终止时，即使未到支付服务费用的日期，受托人有权获得已完成咨询服务的相应付款。

（3）结算和审核

委托人与受托人应按合同约定及时进行服务费用和其他费用的结算及合同尾款支付。对于按照服务时间计取的服务费用及按照实际发生计取的服务开支，受托人应保存能够明确有关服务时间和服务开支的完整记录，并根据委托人的合理要求提供上述记录。

在咨询服务期限内和咨询服务完成或终止后的一年内，委托人可向受托人提前不少于14 天发出通知，要求由委托人或其指定的第三方审核受托人提出的与咨询服务相关的服务时间和服务开支记录。审核应在正常的营业时间、保存记录的办公场所开展，受托人应给予合理配合，审核费用应由委托人承担。委托人不得以审核为由拖延支付和结算服务费用。

6）变更和服务费用调整

（1）变更情形

除专用合同条款另有约定外，合同履行过程中发生下列情形的，应按合同约定进行服务变更：

① 因非受托人原因导致项目的内容、规模、功能、条件、投资额发生变化的；

② 委托人提供的资料及根据合同应提供的设备、设施和人员发生变化的；

③ 委托人改变咨询服务范围、内容、方式的；

④ 委托人改变咨询服务的履行顺序和服务期限的；

⑤ 基准日期后，因项目所在地及提供咨询服务所在地的法律法规发生变动、强制性

标准的颁布和修改而引起服务费用和（或）服务期限改变的；

⑥ 委托人或委托人的承包商、供应商、其他咨询方等使咨询服务受到障碍或延长的；

⑦ 专用合同条款约定的其他服务变更情形。

上述服务变更不应实质性地改变咨询服务合同性质。

（2）变更程序

咨询服务完成前，委托人可通过签发服务变更通知发起对咨询服务的变更。委托人也可先要求受托人就即将采取的服务变更拟定建议书。委托人接受服务变更建议书后，应签发服务变更通知以确认该服务变更。

受托人认为委托人发出的指示或其他事件构成服务变更的，应在合理可行的情况下尽快将该事件对服务进度计划、相关服务费用的影响通知委托人。除专用合同条款另有约定外，委托人应在收到通知14天内签发服务变更通知或取消该指示，或作出该指示或事件不会导致服务变更的解释。受托人可在收到进一步的通知后7天内根据合同有关争议解决的规定将该事件作为争议提交，否则受托人应遵守委托人的进一步通知。委托人逾期签发服务变更通知、进一步通知或其他意见的，视为委托人认可该指示或事件构成服务变更。

委托人签发服务变更通知后，受托人应受到该通知的约束，除非受托人向委托人发出以下有证据支持的通知：

① 受托人不具备实施服务变更的技术和资源；

② 受托人认为服务变更将实质性地改变咨询服务的程度或性质；

③ 委托人签发的服务变更通知存在违反法律法规或强制性标准的情形。

（3）价格调整和变更影响

服务变更可能影响其他部分的咨询服务、服务进度计划和服务期限或增加受托人工作量的，委托人和受托人应对此服务变更引起的服务费用调整和计算方式，包括对其他部分的咨询服务影响、服务进度计划和服务完成日期的影响，以及增加的服务工作量达成一致。

下列情形下，委托人可直接向受托人发出开始执行服务变更的指令：

① 受托人收到服务变更通知14天后，双方未能确认服务变更的所有影响并达成一致；

② 在服务变更工作开始前，双方无法确认服务变更的所有影响并达成一致。

除专用合同条款另有约定外，受托人完成咨询服务所应遵守的法律法规规定，以及国家、行业、团体和地方的规范和标准，均应视为在基准日期适用的版本。基准日期之后，前述版本发生重大变化，或有新的法律法规，以及国家、行业、团体和地方的规范和标准实施的，受托人应向委托人提出遵守新规定的建议，对强制性规定或标准应遵照执行。因委托人采纳受托人的建议或遵守基准日期后新的强制性规定或标准，导致服务开支增加和（或）服务期限延长的，由委托人承担责任。

7）知识产权

（1）知识产权归属和许可

委托人创造、开发和拥有的知识产权均属于委托人，但委托人应向受托人授予受托人提供咨询服务而合理必需的，使用委托人知识产权的免许可费、可转许可的普通许可。

受托人独立于合同而创造、开发和拥有的知识产权均属于受托人。除专用合同条款另有约定外，受托人为提供咨询服务而创造或开发的知识产权，包括但不限于受托人编制的各类书面文件，均属于受托人。但受托人应向委托人授予委托人利用咨询服务或项目而合理必需的，使用受托人知识产权的相关许可。除专用合同条款另有约定外，许可费用视为包含在服务费用中，不再另行计取。受托人转让为提供咨询服务而创造或开发的知识产权的，委托人享有以同等条款优先受让的权利。

（2）知识产权保证

受托人和委托人保证，己方是拥有所提供的服务成果或资料的知识产权权利人，或已获得知识产权权利人的相关许可。受托人或委托人因使用对方提供的服务成果或资料而导致侵犯第三方的知识产权或其他权利的，提供方须与该第三方交涉并承担由此而引起的一切法律责任，并应在法律法规允许的情况下自担费用，确保合法的权利人将相关权利转让或授予委托人或受托人。

（3）知识产权许可的撤销

委托人根据合同约定正当地终止合同的，有权撤销其所授予的知识产权许可，但双方另有约定的除外。

委托人未能履行合同约定的任何付款义务，受托人有权通过提前 28 天发出通知的方式撤销其根据合同授予委托人的任何知识产权许可。

8）保险

（1）受托人保险

受托人应按照相关法律法规要求和专用合同条款约定，投保委托人认可、履行合同所需要的工程相关保险。除专用合同条款另有约定外，保险费用视为包含在服务费用中，不再另行计取。

（2）保险的其他约定

受托人应保证工程相关保险在合同约定的责任期限内持续有效，合同责任期延长的，受托人应及时续保，续保费用的承担由双方协商确定。受托人应根据委托人要求及时提交已投保的各项保险的凭证和保险单复印件，以证明工程相关保险持续有效。

工程相关保险发生变更或提前终止的，受托人应立即就此通知委托人，并另行提供符合要求的保险。除因委托人原因引起保险变更或提前终止外，由此产生的保险费用由受托人承担。保险事故发生后，相关保险的投保人和被保险人应按照保险合同约定的条款和期限及时向保险人报告。受托人和委托人应在得知相关保险事故发生后及时通知对方。

9）违约责任

（1）委托人违约

除专用合同条款另有约定外，在合同履行过程中发生的下列情形，属于委托人违约：

① 委托人未能按合同约定提供有关资料或所提供的有关资料不符合合同约定或存在错误或疏漏的；

② 委托人未能按合同约定提供咨询服务工作条件、设施场地、人员服务的；

③ 委托人擅自将受托人的成果文件用于本项目以外的项目或交由第三方使用的；

④ 委托人未按合同约定日期足额付款的；

⑤ 委托人未能按照合同约定履行其他义务的。

委托人违约的，受托人可向委托人发出通知，要求委托人在指定的期限内采取有效措施纠正违约行为。委托人应根据合同约定承担因其违约给受托人增加的费用和（或）因服务期限延长等造成的损失，并支付受托人合理的费用。委托人违约责任的承担方式和计算方法可在专用合同条款中约定。

（2）受托人违约

除专用合同条款另有约定外，在合同履行过程中发生的下列情形，属于受托人违约：

① 由于受托人原因，未按合同约定的时间和质量交付咨询服务成果的；

② 由于受托人原因，造成工程质量事故或其他事故的，或造成影响到结构安全、使用安全、公共安全或严重影响使用功能的质量缺陷的；

③ 由于受托人原因，造成建筑施工安全生产事故或形成安全生产重大隐患的；

④ 受托人未经委托人同意，擅自将咨询服务转让给第三方或交由其他咨询单位实施的；

⑤ 未经委托人书面同意，受托人擅自更换咨询项目总负责人、专项咨询负责人及其他主要咨询人员的；

⑥ 受托人未能按照合同约定履行其他义务的。

受托人违约的，委托人可向受托人发出通知，要求受托人在指定的期限内采取有效措施纠正违约行为。受托人应根据合同约定承担因其违约给委托人增加的费用和（或）因服务期限延误等造成的损失。受托人违约责任的承担方式和计算方法可在专用合同条款中约定。

（3）责任期限

责任期限自合同生效之日开始，至专用合同条款中约定的期限或法律法规规定的期限终止。工程勘察、设计和监理等影响工程质量的服务内容的责任期限应延长至法律法规规定的相应责任期。

（4）责任限制

任何一方承担违约责任，应仅限于下列情形：

① 因违约直接造成合理可预见的损失；

② 除专用合同条款另有约定外，最大赔偿额不应超过工程建设全过程咨询服务费用；

③ 除合同另有约定外，受托人被认为应与第三方共同向委托人负责的，受托人支付的赔偿比例应仅限于因其违约而应负责的部分。

在提供与工程合同相关的咨询服务时，受托人仅根据合同约定对委托人承担违约责任，而不应就工程合同下的相对方履行工程合同所产生的责任对委托人承担责任。在法律法规允许的前提下，委托人应尽合理努力保护受托人免受工程合同下的相对方提起的、与工程合同相关的索赔而导致的损失。

因任何一方故意或疏忽大意违约、欺诈、虚假陈述等不当行为造成损失，其损失赔偿不受合同责任限制约定所限制。

10）合同解除

（1）由委托人解除合同

除专用合同条款另有约定外，有下列情形之一的，委托人可提前 14 天向受托人发出通知解除合同：

① 未经委托人同意，受托人将咨询服务全部或部分交由第三方实施的；

② 受托人未履行其义务或履行义务不符合合同约定，委托人向受托人发出通知，列

明违约情况和补救要求，受托人在此通知发出后 28 天内未能对违约进行补救的；

③ 不可抗力导致咨询服务暂停超过 182 天的；

④ 受托人违反法律法规或强制性标准的；

⑤ 受托人宣告破产或无力偿还债务的；

⑥ 专用合同条款约定的其他合同解除情形。

（2）由受托人解除合同

除专用合同条款另有约定外，有下列情形之一的，受托人可提前 14 天向委托人发出通知解除合同：

① 咨询服务已根据委托人书面指示暂停超过 182 天；

② 因委托人未能按期支付款项，受托人暂停咨询服务超过 42 天；

③ 咨询服务因不可抗力暂停超过 182 天；

④ 受托人违反法律法规或强制性标准的；

⑤ 委托人宣告破产或无力偿还债务；

⑥ 专用合同条款约定的其他合同解除情形。

（3）合同解除的后果

委托人根据合同约定解除合同的，具有下列权利：

① 要求受托人移交其截至合同解除之日履行咨询服务义务所必需的所有文件和其他服务成果；

② 要求受托人按照合同违约责任规定赔偿因合同解除直接导致的合理费用损失。

受托人应根据其在合同解除前已履行的咨询服务获得服务费用。受托人根据合同约定解除合同的，有权要求委托人按照合同违约责任约定赔偿因合同解除直接导致的合理费用损失。合同解除不应损害或影响合同解除前已发生的双方责任和义务。

11）争议解决

（1）和解

因合同及合同有关事项产生的争议，合同当事人应本着诚信原则，通过友好协商解决。双方可就争议自行和解，自行和解达成的协议经双方签名并盖章后作为合同补充文件，双方均应遵照执行。

（2）调解

合同当事人不能在收到和解通知后的 14 天内或双方另行商定的其他时间内解决争议的，可就合同争议请求相关行政主管部门、行业协会或双方另行约定的第三方进行调解，调解达成协议的，经双方签名并盖章后作为合同补充文件，双方均应遵照执行。

（3）争议评审

合同当事人在专用合同条款中约定采取争议评审方式及评审规则解决争议的，应在合同签订后 28 天内或争议发生后 14 天内，协商确定一名或三名争议评审员组成争议评审小组。

选择一名争议评审员的，由合同当事人共同确定；选择三名争议评审员的，各自选定一名，第三名成员为首席争议评审员，由双方共同确定或由双方委托已选定的争议评审员共同确定，或由专用合同条款约定的评审机构指定。除专用合同条款另有约定外，争议评审费用由双方各承担一半。

合同当事人可将与合同有关的任何争议共同提请争议评审小组进行评审。争议评审小组应秉持客观、公正原则，自收到争议评审申请报告后 14 天内做出书面决定，并说明理由。

争议评审小组做出的书面决定经合同当事人签名确认后，对双方具有约束力，双方应遵照执行。任何一方当事人不接受争议评审小组决定或不履行争议评审小组决定的，双方可选择采用其他争议解决方式。

（4）仲裁或诉讼

因合同及合同有关事项产生的争议，合同当事人可在专用合同条款中约定以下一种方式解决争议：

① 向约定的仲裁委员会申请仲裁；

② 向有管辖权的人民法院起诉。

（5）争议解决条款效力

合同有关争议解决的条款独立存在，合同是否成立、变更、解除、终止、无效、失效、未生效或者被撤销均不影响其效力。

云文档9-3：《建设项目全过程工程咨询标准》T/CECS 1030—2022

云测试9-4：第9章课程内容测试及解题分析

复习思考题

1）全过程工程咨询的定义、特点？与传统工程咨询的区别有哪些？

2）全过程工程咨询的服务阶段和主要内容包括哪些？

3）全过程工程咨询合同的特点有哪些？

4）结合工程实践，谈谈工程咨询总负责人应具备的知识、能力和素养？

5）传统工程咨询企业应如何向全过程工程咨询企业转型升级？

6）结合企业实践，谈谈全过程工程咨询企业如何加强知识管理？

7）结合工程实际，如何加强全过程工程咨询合同的过程管理？

10.1　建设工程物资采购合同概述

1）建设工程物资采购的合同分类

工程项目建设需要采购大量的建筑材料和永久工程设备，建设工程物资采购合同涉及买卖合同和承揽合同两大类。采购建筑材料和定型生产的中小型设备，由于规格、质量有统一标准属于买卖合同范畴，主要特点是采购方不关心合同标的生产过程，条款内容集中于交货阶段的责任约定（以下简称"物资采购合同"）。采购永久工程的大型设备，生产厂家订立合同后才开始生产制作，采购方关注制造过程，而且交货后还可能包括安装或指导安装的服务（以下简称"大型设备采购合同"）。因此，两类合同的内容有很大区别。

2）物资采购合同与大型设备采购合同的主要区别

（1）合同标的物的特点不同

① 物资采购合同标的是物的转移，而大型设备订购合同标的是完成约定的工作，并表现为一定的劳动成果。大型设备采购合同的定作物是供货方按照采购方提出的特殊要求加工制造的，或虽有定型生产的设计和图纸但不是批量生产的产品。还可能是采购方根据工程项目特点，对生产厂家定型设计的设备图纸提出更改某些技术参数或结构要求后，厂家再进行制造。

② 物资采购合同的标的物可以是合同成立时已经存在的，也可能是签订合同时还未生产的，而后是按采购方要求的数量进行生产的。而作为大型设备采购合同的标的物，必须是合同成立后供货方依据采购方的要求而制造的特定产品，它在合同签约前并不存在。

（2）合同条款内容涉及的范围不同

① 物资采购合同的采购方只能在合同约定期限到来时要求供货方履行，一般不过问供货方是如何组织生产的。而大型设备采购合同的供货方必须按照采购方交付的任务和要求去完成工作，在不影响供货方正常制造的情况下，采购方还要对加工制造过程中的质量和工期等进行检查和监督，一

般情况下都派有驻厂代表或聘请监理工程师（也称设备监造）负责对生产过程进行监督控制。

② 物资采购合同中订购的货物不一定是供货方自己生产的，也可以通过各种渠道去组织货源，完成供货任务。而大型设备采购合同则要求供货方必须用自己的劳动、设备、技能独立地完成定作物的加工制造。

③ 物资采购合同的供货方按质、按量、按期将订购货物交付采购方后即完成了合同义务。而设备订购合同中有时还可能包括要求供货方承担设备安装，或在其他供货方进行设备安装时提供协助、指导，以及对生产技术人员的培训等服务内容。

10.2 建筑材料和中小型设备采购合同

10.2.1 建设工程物资采购合同的特点

1）合同内容涉及的范围

工程项目建设中需要大量的水泥、钢材、木材、电缆等建筑材料，经常采用批量订购分期交货的方式采购。物资采购合同主要围绕采购标的物的交货约定条款内容，不涉及材料的生产过程，主要保证供货方按质、按量、按期交货，采购方按时付款。

2）合同当事人

物资采购合同的当事人是采购方和供货方。采购方可能是工程发包人，也可能是承包人，依据施工合同的承包方式来确定。施工中使用的建筑材料采购责任，按照施工合同专用条款的约定执行。通常分为发包人负责采购供应；承包人负责采购，包工包料承包；大宗建筑材料由发包人采购供应，地方材料和数量较少的材料由承包人负责三类方式。

采购合同的供货人，可以是生产厂家，也可以是从事物资流转业务的供应商。由于采购方不关注物资的生产过程，因此供货方可以是采购标的的生产厂家或供货商，不论其是法人还是经济组织，只要他具有合法经营的资格及履行合同义务能力即可作为合同的当事人，而不像设计合同、施工合同、监理合同等需要承包方具备相应的资质要求。虽然供货商不直接生产采购的标的物，仅负责组织货源和运输的物资供应公司，但作为合同的一方当事人，如果交付的货物不符合合同要求，存在质量缺陷、交付的数量短少或拖延交货时间，仍需直接对采购方承担合同约定的责任。

10.2.2 物资采购合同的订立

1. 国内物资采购合同的主要条款

采购建筑材料和通用设备的合同，分为约首、合同条款和约尾三部分。约首主要写明采购方和供货方的单位名称、合同编号和签订约地点。约尾是双方当事人就条款内容达成一致后，最终签字盖章使合同生效的有关内容，包括签字的法定代表人或委托代理人；开户银行和账号；合同的有效起止日期等。双方在合同中的权利和义务，均由条款部分来约定。国内物资购销合同的示范文本（工矿产品订购合同）包括以下主要条款：

① 产品名称、商标、型号、订购数量、合同金额、供货时间及每次供应数量。

② 质量要求、技术标准、供货方对质量负责的条件和期限。

③ 交（提）货地点、方式。

④ 运输方式及到达站（港）的费用负担责任。

⑤ 验收方式及提出异议的期限。

⑥ 包装标准、包装物的供应与回收和费用负担。

⑦ 超欠幅度、损耗及计算方法。

⑧ 随机备品、配件、工具数量及供应办法。

⑨ 结算方式及期限。

⑩ 违约责任。

⑪ 如需提供担保，应签订担保书作为合同附件。

⑫ 解决合同争议的方法。

⑬ 其他约定事项。

2017 年 9 月 4 日，国家发展改革委会同九部委《关于印发〈标准设备采购招标文件〉等五个标准招标文件的通知》（发改法规〔2017〕1606 号），编制了《标准材料采购招标文件》等五个标准文件（以下简称《标准文件》）。该《标准文件》适用于依法必须招标的与工程建设有关的设备、材料等货物项目和勘察、设计、监理等服务项目。《标准材料采购招标文件》适用于材料采购招标，其中的第四章包含了合同条款及格式，由通用合同条款、专用合同条款和合同附件格式三个部分组成。通用合同条款包括：一般约定、合同范围、合同价格与支付、包装、标记、运输和交付、检验和验收、相关服务、质量保证期、履约保证金、保证、违约责任、合同的解除、争议的解决等十二个方面。合同附件格式包括合同协议书和履约保证金格式。

2. 订立合同约定的内容

建设工程物资采购合同的标的品种繁多，供货条件差异较大，是工程项目建设涉及数量最多、合同条款差异较大的合同。就某一具体合同而言，订立合同时应依据采购标的物的特点对范本规定的条款加以详细约定。

云文档10-1：标准材料采购招标文件（2017版）

1）标的物的约定

（1）物资名称。合同标的物应按行业主管部门颁布的产品目录规定正确填写，不能用习惯名称或自行命名，以免产生由于订货差错而造成物资积压、缺货、拒收或拒付等情况。订购产品的商品牌号、品种、规格型号是标的物的具体化，综合反映产品的内在素质和外观形态，因此应填写清楚。订购特定产品，最好还注明其用途，以免事后产生不必要的纠纷。但对品种、型号、规格、等级明确的产品，则不必再注明用途，如订购 32.5级硅酸盐水泥，名称本身就已说明了它的品种、规格和等级要求。

云文档10-2：标准设备采购招标文件（2017版）

（2）质量要求和技术标准。产品质量应满足规定用途的特性指标。因此，合同内必须约定产品应达到的质量标准。约定质量标准的一般原则是：

① 按颁布的国家标准执行。

② 无国家标准而有部颁标准的产品，按部颁标准执行。

③ 没有国家标准和部颁标准作为依据时，可按企业标准执行。

④ 没有上述标准，或虽有上述某一标准但采购方有特殊要求时，按双方在合同中商定的技术条件、样品或补充的技术要求执行。

合同内必须写明执行的质量标准代号、编号和标准名称。采购成套产品时，合同内也需规定附件的质量要求。

（3）产品的数量。合同内约定产品数量时，应写明订购产品的计量单位、供货数量、允许的合理磅差范围和计算方法。凡国家、行业或地方规定有计量标准的产品，合同中应按统一标准注明计量单位。应予以注意的是，某些建筑材料或产品有计量换算问题，应按标准计量单位签订订购数量。如国家规定的平板玻璃计量单位为标准重量箱，即某一厚度的玻璃每一块有标准尺寸，在每一个标准箱中规定放置若干块。因此，采购方则要依据设计图纸计算所需玻璃的平方米数后，按重量箱换算系数折算成订购的标准重量箱数，并写明在合同中，而不能用平方米数作为计量单位。

订购数量必须在合同内注明，尤其是一次订购分期供货的合同，还应明确每次交货的时间、地点、数量。对于某些机电产品，要明确随机的易耗品备件和安装修理专用工具的数量。若为成套供应的产品，需明确成套的供应范围，详细列出成套设备清单。为了避免合同履行过程中发生的纠纷，一般建筑材料的购销合同中，应列明每次交货时允许的交货数量与订购数量之间的合理磅差、自然损耗的计算方法，以及最终的合理尾差范围。

2）订购产品的交付

建设物资采购供应合同与施工进度密切相关，供货方必须严格按照合同约定的时间交付订购的货物。延误交货将导致工程施工的停工待料，不能使建设项目及时发挥效益。提前交货通常采购方也不同意接受，一方面货物将占用施工现场有限的场地影响施工，另一方面增加了采购方的仓储保管费用。如供货方提前将500吨水泥发运到施工现场，而买受人仓库已满则只能露天存放，为了防潮则需要投入很多人员和物资以进行维护和保管。签订合同时，双方应明确约定的内容主要包括：

（1）产品的交付方式。订购物资或产品的供应方式，可以分为采购方到合同约定地点自提货物和供货方负责将货物送达指定地点两大类；供货方送货又可细分为将货物负责送抵现场或委托运输部门代运两种形式。为了明确货物的运输责任，应在相应条款内写明所采用的交（提）货方式、交（接）货物的地点、接货单位（或接货人）的名称。

（2）交货期限。货物的交（提）货期限，是指货物交接的具体时间要求。它不仅关系合同是否按期履行，还可能会出现货物意外灭失或损坏时的责任承担问题。合同内应对交（提）货期限写明月份或更具体的时间（如旬、日）。如果合同内规定为分批交货时，还需注明各个批次的交货时间，以便明确责任。

（3）产品包装。凡国家或行政主管部门对包装有技术规定的产品，应按技术规定的类型、规格、容量、印刷标志，以及产品的盛放、衬垫、封袋方法等要求加以执行。无技术规定可循的某些专用产品，双方应在合同内约定包装方法。除特殊情况外，包装材料一般由供货方负责并包括在产品价格内，不得向采购方另行收取费用。如果采购方对包装提出特殊要求时，双方应在合同内商定，超过原标准费用的部分，由采购方承担。反之，若议定的包装标准低于有关规定标准时，相应降低产品价格。对于可以多次使用的包装材料，或使用一次后还可以加工利用的包装物，双方应协商回收的办法作为合同附件。包装物的回收办法可以采用以下两种形式之一：①押金回收。适用于专用的包装物，如电缆卷筒、集装箱、大中型木箱等；②折价回收。适用于可以多次利用的包装器材，如油桶等。回收办法中还要明确规定回收品的质量、回收价格、回收期限和验收办法等事项。

3）产品验收

合同内应对验收明确以下几个方面的问题：

（1）验收依据。供货方交付产品时，可以作为双方验收依据的资料包括：①双方签订的采购合同；②供货方提供的发货单、计量单、装箱单及其他有关凭证；③合同内约定的质量标准。应写明执行的标准代号、标准名称；④产品合格证、检验单；⑤图纸、样品或其他技术证明文件；⑥双方当事人共同封存的样品。

（2）验收方法。具体写明检验的内容和手段，以及检测应达到的质量标准。对于抽样检查的产品，还应约定抽检的比例和取样的方法，以及双方共同认可的检测单位。

（3）对产品提出异议的时间和办法。合同内应具体写明采购方对不合格产品提出异议的时间和拒付货款的条件。采购方提出的书面异议中，应说明检验情况，出具检验证明和对于不符合规定的产品提出具体的处理意见。凡因采购方使用、保管、保养不善等原因导致的质量下降，供货方不承担责任。在接到采购方的书面异议通知后，供货方应在 10 天内（或合同商定的时间内）负责处理，否则即视为默认采购方提出的异议和处理意见。

4）货款结算

合同内应明确约定以下各项内容：

（1）办理结算的时间和手续。合同内首先需明确是验单付款还是验货付款，然后再约定结算方式和结算时间。尤其对分批交货的物资，每批交付后应在多少天内支付货款也应明确注明。结算方式可以是现金支付、转账结算或异地托收承付。现金结算只适用于成交货物数量少，且金额小的购销合同；转账结算适用于相同城市或相同地区内的结算；托收承付适用于合同双方不在同一个城市的结算方式。

（2）拒付货款条件。采购方有权部分或全部拒付货款的情况大致包括：①交付货物的数量少于合同约定，拒付少交部分货款；②有权拒付质量不符合合同要求的部分货物的货款；③供货方交付的货物多于合同规定的数量且采购方不同意接收部分的货物，在承付期内可以拒付。

（3）逾期付款的利息。合同内应规定采购方逾期付款应偿付违约金的计算办法。

5）违约责任

当事人任何一方不能正确履行合同义务时，均应以违约金的形式承担违约赔偿责任。双方应通过协商，将各种可能违约情况的违约金的计算办法在合同条款内写明。

3. 国际物资采购合同的主要差异

随着全球经济一体化以及我国经济的快速发展，工程建设项目也日益向大型化、复杂化、技术水平先进化的方向发展。物资设备的采购已从原来只限于国内市场的范围，转向面对国际大市场。由于国际采购的特殊性，故而国际采购合同比国内采购合同要相对复杂得多。国际采购合同除包括国内采购合同所应遵循的基本原则外，还将涉及有关价格，国际运输、保险、关税等方面的问题，以及支付方式中的汇率、支付手段等内容。国际货物买卖合同具有涉外因素，调整国际货物买卖合同的法律涉及不同国家的法律制度、国际贸易公约或国际贸易惯例。

由于国际采购货物的买卖都是按照货物的价格条件成交，而在国际贸易中，货物的价格不同于国内采购时，其价格仅反映货物的生产成本和供货商计取的利润，它还涉及货物交接过程中各种费用由哪一方承担，并反映了双方权利义务的划分。采购方就某一产品进行询价时，对方可能报出几种价格，并非此产品的出厂价在浮动，而是说明不同价格中除了出厂价之外，在货物交接过程中还会发生许多其他费用。按照国际惯例，不同的计价合同类型反映出采购方和供货方之间在货物交接过程中不同的权利和责任。

1）到岸价（CIF价）合同

这种计价方式是国际上采用最多的合同类型，也可称之为成本、保险加运费合同。按照国际商会《2010年国际贸易术语解释通则》中的规定，合同双方的责任应分别为：

（1）供货方责任

① 提供符合合同规定的货物。提供符合采购合同规定的货物和商业发票或相等的通信单证，以及合同可能要求的证明货物符合合同标准的任何其他凭证。

② 许可证、批准证件及海关手续。自行承担风险和费用，取得出口许可证或其他官方批准证件，并办理货物出口所必需的一切海关手续。

③ 运输合同与保险合同。按照通常条件自行负担费用订立运输合同；根据合同约定自行负担费用取得货物保险，使采购方或任何其他对货物拥有保险权益的人直接向保险人索赔，并向采购方提供保险单或其他形式的保险凭证。

④ 交付运输。在规定的日期或期间内，在装运港将货物交付至船上。

⑤ 风险转移。除采购方第④项责任外，承担货物灭失或损坏的一切风险，直至货物在装运港已越过船舷时为止。

⑥ 费用划分。支付运费、保险费以及出口所需的一切关税、捐税和官方收取的费用。

⑦ 通知采购方。给予采购方货物已装船的充分通知，以及为使采购方采取通常必要的措施能够提取货物所需要的其他任何通知。

⑧ 交货凭证。除非另有约定，应自行负担费用，毫不迟延地向采购方提供约定目的港通常所需的运输单证。

⑨ 核查、包装、标记。根据供货方责任第④项所需的货物支付核查费用。根据包装要求安排货物运输，并自行负担费用。

⑩ 其他义务。

（2）采购方责任

① 支付价款。根据采购合同的规定支付价款。

② 许可证、批准证件及海关手续。采购方自行承担风险及费用，取得进口许可证或其他官方批准证件，办理货物进口以及必要时须经由另一个国家过境运输所需的一切海关手续。

③ 受领货物。在指定的目的港从承运人那里接收货物。

④ 风险转移。自货物在装运港已越过船舷起，承担货物灭失或损坏的一切风险。

⑤ 费用划分。支付进口税、捐税及其他各项清关手续费。

⑥ 通知供货方。在采购方有权确定装运货物的时间和/或目的港时，给予供货方充分的通知。

⑦ 接收凭证。根据供货方第⑧项责任，接受符合合同规定的运输单证。

⑧ 货物检验。除非另有规定，否而应正常支付装运前货物的检验费用，出口国有关当局的强制检验除外。

⑨ 其他义务。

从以上责任分担可以看出，CIF价的合同规定，除了在供货方所在国进行的发运前的货物检验费用由采购方承担外，运抵目的港前所发生的各种费用支出均由供货方承担，即这些开支应计入货物价格之内。这些费用包括：货物包装费、出口关税、制单费、租船费、装船费、海运费、运输保险费，以及到达目的港卸船前可能发生的各种费用。而采购方则负责卸船及以后所发生的各种费用开支，包括卸船费、港口仓储费、进口关税、进口检验费、国内运输费等。另外，CIF价采用的是验单付款方式，即供货方是按货单交货、凭单索付的原则向对方交付合同规定的一切有效单证。采购方审查无误后即应通过银行拨付，而不是验货后再付款。这里可能有某种风险，即供货方已向船主交了货，向保险公司办理了投保手续，并将合同规定的一切单据交付给银行即可拿到货款。尽管采购方尚未见到货物，只要提货单和一切单据内容符合合同规定，采购方银行即应向对方银行拨付此笔款项。如果到货后发现存在货物损坏、短少或灭失的情况时，只要发运单与合同要求相符，供货方不负责任，只能由采购方会同有关方面查找受损原因后，向海运公司或保险公司索赔。

2) 离岸价（FOB价）合同

离岸价合同与到岸价（CIF价）合同的主要区别表现在费用承担责任的划分上。离岸价合同由采购方负责租船定仓，办理好有关手续后，将装船时间、船名、泊位通知供货方。供货方负责包装、供货方所在国的内陆运输、办理出口有关手续、装船时货物吊运过船舷前发生的有关费用等。采购方负责租船订仓、装船后的平仓、办理海运保险，以及货物运达目的港后的所有费用开支。风险责任的转移，也以货物装船吊运至船上越过船舷空间的时间作为风险转移的时间界限。

3) 成本加运费价（C&F价）合同

成本加运费价合同与到岸价（CIF价）合同的主要差异，仅为办理海运保险的责任和费用的承担不同。由到岸价合同双方责任的划分可以看出，尽管合同规定由供货方负责办理海运保险并支付保险费，但这只是属于为采购方代办的性质，因为合同规定供货方承担风险责任的时间仅限于货物在启运港吊运过船舷空间时为止。也就是说，虽然由供货方负责办理海运保险并承担该项费用支出，但在海运过程中若出现货物损坏或灭失时，他不负有向保险公司索赔的责任，仍由采购方向保险公司索赔，供货方只承担采购方向保险公司索赔时的协助义务。由于这一原因，从到岸价合同演变出成本加运费价合同，即其他责任和费用都与到岸价规定相同，只是将办理海运保险的一项工作，转由采购方负责办理，并承担其费用支出。

10.2.3 物资采购合同的履行管理

1) 交货期限

合同履行过程中，判定是否按期交货或提货，依照约定的交（提）货方式不同，可能有以下几种情况：

① 供货方送货到现场。供货方送货到现场的交货日期，以采购方接收货物时在货单上签收的日期为准。

② 供货方负责代运货物。供货方负责代运货物，以发货时承运部门签发货单上的戳记日期为准。合同内约定采用代运方式时，供货方必须根据合同规定的交货期、数量、到

站、接货人等，按期编制运输作业计划，办理托运、装车（船）、查验等发货手续，并将货运单、合格证等寄给对方，以便采购方在指定车站或码头接货。如果因单证不齐导致采购方无法接货，由此所造成的站场存储费和运输罚款等额外支出费用，应由供货方承担。

③ 采购方自提。采购方自提产品，以供货方通知提货的日期为准。但供货方的提货通知中，应给对方合理预留必要的途中时间。采购方如果不能按时提货，则应承担逾期提货的违约责任。当供货方早于合同约定日期发出提货通知时，采购方可根据施工的实际需要和仓储保管能力，决定是否按通知的时间提前提货。他有权拒绝提前提货，也可以按通知时间提货后仍按合同规定的交货时间付款。

实际交（提）货日期早于或迟于合同规定的期限，都应视为提前或逾期交（提）货，由有关方承担相应责任。

2） 交货验收的依据

按照合同的约定，供货方交付产品时，可以作为双方验收依据的资料包括：

① 双方签订的采购合同。

② 供货方提供的发货单、计量单、装箱单及其他有关凭证。

③ 合同内约定的质量标准。应写明执行的标准代号、标准名称。

④ 产品合格证、检验单。

⑤ 图纸、样品或其他技术证明文件。

⑥ 双方当事人共同封存的样品。

3） 交货数量的检验

（1） 供货方代运货物的到货检验

由供货方代运的货物，采购方在站场提货地点应与运输部门共同验货，以便发现灭失、短少、损坏等情况时，能及时分清责任。采购方接收后，运输部门便不再负责。属于交运前出现的问题，由供货方负责；运输过程中发生的问题，由运输部门负责。

（2） 现场交货的数量检验方法

① 衡量法。即根据各种物资不同的计量单位进行检尺、检斤，以衡量其长度、面积、体积、重量是否与合同约定的一致。如胶管衡量其长度；钢板衡量其面积；木材衡量其体积；钢筋衡量其重量等。

② 理论换算法。如管材等各种定尺、倍尺的金属材料，量测其直径和壁厚后，再按理论公式换算验收。换算依据为国家规定的标准或合同约定的换算标准。

③ 查点法。采购定量包装的计件物资，如袋装水泥的交货清点，只要查点到货数量即可。包装内的产品数量或重量应与包装物标明的一致，否则应由厂家或封装单位负责。

（3） 交货数量的允许增减范围

合同履行过程中，经常会发生发货数量与实际验收数量不符，或实际交货数量与合同约定的交货数量不符的情况。其原因可能是供货方的责任，也可能是运输部门的责任，或由于运输过程中的合理损耗。前两种情况要追究有关方的责任。第三种情况则应控制在合理的范围之内。有关主管部门对通用的物资和材料规定了货物交接过程中允许的合理磅差和尾差界限，如果合同约定供应的货物无规定可循，也应在条款内约定合理的差额界限，以免交接验收时发生合同争议。交付货物的数量在合理的尾差和磅差内，不按多交或少交对待，双方互不退补。超过界限范围时，按合同约定的方法计算多交或少交部分的数量。

合同内对磅差和尾差规定出合理的界限范围，既可以划清责任，还可为供货方合理组织发运提供灵活变通的条件。如果超过合理范围，则按实际交货数量计算。不足部分由供货方补齐或退回不足部分的货款。采购方同意接收的多交付部分，需进一步支付溢出数量货物的货款。但在计算多交或少交数量时，应按订购数量与实际交货数量进行比较，均不再考虑合理磅差和尾差因素。

4）交货质量检验

（1）质量责任

不论采用何种交接方式，采购方均应在合同规定的由供货方对质量负责的条件和期限内，对交付产品进行验收和试验。某些必须安装运转后才能发现内在质量缺陷的设备，应于合同内规定保修期。在此期限内，凡检测不合格的物资或设备，均由供货方负责。如果采购方在规定的时间内未提出质量异议，或因其使用、保管、保养不善造成的质量下降，供货方不再负责。

（2）验收方法

合同内应具体写明检验的内容和手段，以及检测应达到的质量标准。对于抽样检查的产品，还应约定抽检的比例和取样的方法，以及双方共同认可的检测单位。质量验收的方法可以采用：

① 经验鉴别法。即通过目测、手触或以常用的检测工具量测后，判定质量是否符合要求。

② 物理试验。根据对产品的性能检验目的，可以进行拉伸试验、压缩试验、冲击试验、金相试验及硬度试验等。

③ 化学分析。即抽出一部分样品进行定性分析或定量分析的化学试验，以确定其内在质量。

（3）对产品质量提出异议的时间和办法

合同内应具体写明采购方对不合格产品提出异议的时间和拒付货款的条件。采购方提出的书面异议中，应说明检验情况，出具检验证明和对不符合规定产品提出具体处理意见。凡因采购方使用、保管、保养不善等原因导致的质量下降，供货方不承担责任。在接到采购方的书面异议通知后，供货方应在合同商定的时间内负责处理，否则即视为默认采购方提出的异议和处理意见。如果当事人双方对产品的质量检测、试验结果发生争议，应按《中华人民共和国标准化法实施条例》（国务院令53号）的规定，以标准化行政主管部门设置的检验机构或者授权其他单位的检验机构的检验数据为准。

5）合同的变更或解除

合同履行过程中，如需变更合同内首先容或解除合同，都必须依据合同法的有关规定予以执行。一方当事人要求变更或解除合同时，在未达成新的协议以前，原合同仍然有效。要求变更或解除合同一方应及时将自己的意图通知对方，对方也应在接到书面通知后的15天内或合同约定的时间内予以答复，逾期不答复的视为默认。

物资采购合同变更的内容可能涉及订购数量的增减、包装物标准的改变、交货时间和地点的变更等方面。采购方对合同内约定的订购数量不得少要或不要，否则要承担中途退货的责任。只有当供货方不能按期交付货物，或交付的货物存在严重的质量问题而影响工程使用时，采购方认为继续履行合同已成为不必要，才可以拒收货物，甚至解除合同关系。如果采购方要求变更到货地点或接货人，应在合同规定的交货期限前的40天通知供货方，以便供货方修改发运计划和组织运输工具。迟于上述规定期限，双方应当立即协商处理。如果已不可能变更或变更后会发生额外费用支出，其后果均应由采购方负责。

6）支付结算管理

（1）货款结算

① 支付货款的条件。合同内首先需要明确的是验单付款还是验货后付款，然后再约定结算方式和结算时间。验单付款是指委托供货方代运的货物，供货方把货物交付承运部门并将运输单证寄给采购方，采购方在收到单证后应在合同约定的期限内立即予以支付的结算方式。尤其是对分批交货的物资，每批交付后应在多少天内支付货款也应明确注明。

② 结算支付的方式。结算方式可以是现金支付、转账结算或异地托收承付。现金结算只适用于成交货物数量少，且金额小的购销合同；转账结算适用于相同城市或相同地区内的结算；托收承付适用于合同双方不在同一个城市的结算方式。

（2）拒付货款

采购方拒付货款，应当按照中国人民银行结算办法的拒付规定办理。采购方对拒付货款的产品必须负责接收，并妥为保管不准动用。如果发现被动用，由银行代供货方扣收货款，并按逾期付款对待。采用托收承付结算时，如果采购方的拒付手续超过承付期，银行不予受理。采购方有权部分或全部拒付货款的情况大致包括：

① 交付货物的数量少于合同约定，拒付少交部分的货款。

② 拒付质量不符合合同要求部分货物的货款。

③ 供货方交付的货物多于合同规定的数量，且采购方不同意接收部分的货物，在承付期内可以拒付。

10.2.4　违约责任

1）供货方的违约责任

供货方的违约行为可能包括不能按合同约定的数量供货和不能按期供货两种情况，由于这两种错误行为给对方造成的损失不同，因此所承担的违约责任的形式也不完全一样。

（1）交货数量不符合约定的责任

① 不能交付合同约定数量的货物。如果因供货方所应承担的责任原因导致不能全部或部分交货，应按合同约定的违约金比例乘以不能交货部分货款计算违约金。若违约金不足以偿付采购方所受到的实际损失时，可以修改违约金的计算方法，使实际受到的损害能够得到合理的补偿。如施工供货方为了避免停工待料，不得不以较高的价格紧急采购不能供应部分的货物而受到的价差损失等。

② 交货数量与合同不符。交付的数量多于合同规定，且采购方不同意接受时，可在承付期内拒付多交部分的贷款和运杂费。合同双方在同一个城市，采购方可以拒收多交部分；双方不在同一个城市，采购方应先把货物接收下来并负责保管，然后将详细情况和处理意见在到货后的10天内通知对方。当交付的数量少于合同规定时，采购方凭借有关的合法证明在承付期内可以拒付少交部分的货款，也应在到货后的10天内将详情和处理意

见通知对方。供货方接到通知后应在 10 天内予以答复，否则视为同意对方的处理意见。

（2）未按期交付货物

供货方不能按期交货的行为，又可以进一步区分为逾期交货和提前交货两种情况。

① 逾期交货。不论合同内规定由供货方将货物送达指定地点交接，还是采购方去自提，均要按合同约定，依据逾期交货部分货款价格计算违约金。对于约定由采购方自提货物而不能按期交付时，若发生采购方的其他额外损失，这笔实际开支的费用也应由供货方承担。如采购方已按期派车到指定地点接收货物，而供货方又不能交付时，则派车损失应由供货方支付相关费用。发生逾期交货事件后，供货方还应在发货前与采购方就发货的有关事宜进行协商。若采购方仍需要货物时，可继续发货照数补齐，并承担逾期付货责任；如果采购方认为已不再需要货物，有权在接到发货协商通知后的 15 天内，通知供货方办理解除合同的手续。若逾期不予答复，则视为同意供货方继续发货。

② 提前交付货物。属于约定由采购方自提货物的合同，采购方接到对方发出的提前提货通知后，可以根据自己的实际情况拒绝提前提货；对于供货方提前发运或交付的货物，采购方仍可按合同规定的时间付款，而且对多交货的部分，以及品种、型号、规格、质量等不符合合同规定的产品，在代为保管期内实际支出的保管、保养等费用由供货方承担。在代为保管期限内，若不是因采购方保管不善等原因而导致的损失，仍由供货方负责。

（3）产品的质量缺陷

交付货物的品种、型号、规格、质量不符合合同规定，如果采购方同意使用时，应当按质论价；若采购方不同意使用时，由供货方负责包换或包修。不能修理或调换的产品，按供货方不能交货对待。

（4）供货方的运输责任

主要涉及包装责任和发运责任两个方面。

① 合理的包装是安全运输的保障，供货方应按合同约定的标准对产品进行包装。凡因包装不符合规定而造成货物运输过程中的损坏或灭失，均由供货方负责赔偿。

② 供货方如果将货物错发到货地点或接货人时，除应负责按合同规定继续正常运至正确的到货地点或接货人外，还应承担对方因此多支付的一切实际费用和逾期交货的违约金。供货方应按合同约定的路线和运输工具发运货物，如果未经对方同意私自变更运输工具或路线，应自行承担由此所增加的费用。

2）采购方的违约责任

（1）不按合同约定接收货物

合同签订以后或履行过程中，采购方要求中途退货，应向供货方支付按退货部分货款总额计算的违约金。对于实行供货方送货或代运的物资，采购方违反合同规定拒绝接货，要承担由此所造成的货物损失和运输部门的罚款。约定为自提的产品，采购方不能按期提货的，除需支付按逾期提货的货款总值计算延期付款的违约金之外，还应承担逾期提货时间内供货方实际发生的代为保管、保养费用。逾期提货，可能是未按合同约定的日期提货；也可能是已同意供货方逾期交付货物，而接到提货通知后未在合同规定的时限内按时提货两种情况。

（2）逾期付款

采购方逾期付款，应按照合同内约定的计算办法，支付逾期付款利息。按照中国人民银行有关延期付款的规定，延期付款利率一般按每天万分之五计算。

（3）货物交接地点错误的责任

不论是由于采购方在合同内错填到货地点或接货人，还是未在合同约定的时限内及时将变更的到货地点或接货人通知对方，导致供货方送货或代运过程中不能顺利交接货物，所产生的后果均由采购方承担。责任范围包括，自行运到所需地点或承担供货方及运输部门按采购方要求改变交货地点的一切额外支出。

10.3　大型设备采购合同管理

10.3.1　大型设备制造和安装合同的特点

1）合同当事人

大型设备采购合同指采购方（通常为业主，也可能是供货方）与供货方（大多为生产厂家，也可能是供货商）为提供工程项目所需的大型复杂设备而签订的合同。

2）订购合同标的物的特点

大型设备采购合同的标的物可能是需要专门加工制作的非标准产品，也可能是生产厂家定型设计的产品，由于其大型化、制造周期长、产品价值高、技术复杂，但市场需求量却又较小，一般没有现货供应，待双方签订合同后由供货方专门进行加工制作。

设备的设计是生产厂家自行开发、设计、研制的定型产品，不同厂家生产的同样性质和相同容量设备在产品，在具体参数的使用上又存在很大的差异。由于合同标的金额高，产品的好坏对项目周期的预期投资效益影响很大，因此采购方需要通过招标选择承包方。招标文件中一般只提出设备容量和功能要求，不规定型号和品牌，供货方在投标书内要对投标设备明确写明具体的参数指标。这些指标不仅作为评标的比较条件，也在合同履行过程中帮助订购方判定供货方是否按合同履行了义务的标准。

3）合同内容涉及的承包工作范围

合同规定的承包范围包括设计、设备制造、运输、安装、调试和保修全过程。虽然投标设备是投标厂家定型生产的设备，承包工作的设计可能涉及以下两种情况：一种是采购方出于项目特点，要求对定型设备的某些方面进行局部修改，以满足功能的特殊要求；另一种情况是由供货方负责按照设备的安装和运行要求，完成与主体工程土建施工相关衔接部位的设计。鉴于设备的生产、安装是一个连续的过程，应该由一个供货方实施。但鉴于我国目前能够承担大型设备安装工作的生产厂家较少，目前的发包和承包方式中有几类不同的模式。

① 设备制造和安装施工分别发包，生产厂家承包设备制造并负责指导安装，施工企业承担设备安装任务。由于存在设备采购和施工安装两个合同，需要采购方和工程师协调，工作量较大，且经常发生事故或事件的责任不易准确界定的问题。

② 总包后再分包的模式。总包商可能是设备的生产厂家，由他再与安装供货方订立分包合同。另一类为安装供货方总承包，他对厂家的制造过程进行监督，并在厂家指导下

进行安装施工，然后由厂家负责设备调试。

4）对合同履行全过程实施监督

采购方聘请工程师对合同全过程的履行进行监督、协调和管理，制造阶段的工程师管理有时也称"设备监造"。工程师的工作包括：

① 组织对设计图纸的审查；

② 对制造设备使用材料的监督；

③ 对制造过程进行必要的检查和试验；

④ 设备运抵现场的协调管理；

⑤ 设备安装施工过程的监督、协调和管理；

⑥ 安装工程的竣工检验；

⑦ 保修期间，设备达到正常生产状态后的性能考核试验等。

10.3.2 合同的订立

1）合同条款的主要内容

当事人双方在合同内根据具体订购设备的特点和要求，约定以下几个方面的内容：合同中的词语定义；合同标的；供货范围；合同价格；付款；交货和运输；包装与标记；技术服务；质量监造与检验；安装、调试、时运和验收；保证与索赔；保险；税费；分包与外购；合同的变更、修改、中止和终止；不可抗力；合同争议的解决；其他。

为了对合同中某些约定条款所涉及的内容作出更为详细的说明，还需要编制一些附件作为合同的一个组成部分。附件通常可能包括：技术规范；供货范围；技术资料的内容和交付安排；交货进度；监造、检验和性能验收试验；价格表；技术服务的内容；分包和外购计划；大部件说明表等。

2）订立合同应约定的主要内容

合同内容来源于招标文件和投标文件，需要明确约定的内容通常包括以下几个方面。

（1）承包工作范围。大型复杂设备的采购在合同内约定的供货方承包范围可能包括：

① 按照采购方的要求对生产厂家定型设计图纸的局部修改。

② 设备制造。

③ 提供配套的辅助设备。

④ 设备运输。

⑤ 设备安装（或指导安装）。

⑥ 设备调试和检验。

⑦ 提供备品、备件。

⑧ 对采购方的运行管理人员、操作人员和维修人员的技术培训等。

合同内容涵盖从设计到竣工的全部工作内容，但对具体项目而言可能为全部工作，也可能只是其中的部分工作，因此承包工作范围必须明确、具体。如果采购方对供货方制造的设备没有特殊要求，按照定型图纸即可生产和完成安装工作，则可以不包括供货方的设计内容。但若采购方对定型设备提出相应的改进要求，则承包内容中应包括设备的设计和与土建工程连接的设备基础工程设计。设备产品应明确设备供货范围，包括主机、辅机、配套设备、专用修理工具、备品备件等。施工工作需明确工程范围，是工程的全部工作，还是包括基础土建在内的安装工作。服务工作包括培训和售后服务两个部分，培训工作涉及培训时间、地点、人数和内容等；售后服务主要为供货方的维修站点以及缺陷通知期后取得备品备件的地点和方式等。

（2）性能参数表。性能参数表是包括在资料表中供货方对提供设备的主要性能指标表。作为供货方承诺的设备性能指标参数，将在"竣工试验"和"竣工后试验"中作为考察供货方是否按照合同规定履行义务的标准。

3）试验

专用条件内应详细开列设备制造和安装施工阶段所需要进行的各种试验，包括"竣工试验"，但不包括"竣工后试验"。约定试验的时间、地点、内容、检验方法和检测标准等。试验可以在供货方所有的制造厂、施工现场进行，也可以在委托的专门检测机构进行。

有关试验的明确约定，既可以保证试验在项目实施过程中按规定的程序进行，也可以明确区分工程师指示的试验是合同规定的检查，还是属于额外的检查试验。

10.3.3 合同价格与支付

1）合同价格

设备采购合同通常采用固定总价合同，在合同交货期内为不变价格。合同价内包括合同设备（含备品备件、专用工具）、技术资料、技术服务等费用，还包括合同设备的税费、运杂费、保险费等与合同有关的其他费用。

2）付款

支付的条件、支付的时间和费用内容应在合同内具体约定。目前，大型设备采购合同较多采用如下的程序。

（1）设备价款的支付程序。订购的合同设备价款可以分四次支付：

① 设备制造前供货方提交履约保函和金额为合同设备价格 10% 的商业发票后，采购方支付合同设备价格的 10% 作为预付款。

② 供货方按交货顺序在规定的时间内将每批设备（部组件）运到交货地点，并将该批设备的商业发票、清单、质量检验合格证明、货运提单提供给采购方，支付该批设备价格的 40%。

③ 设备安装完毕并通过竣工检验后，支付合同价的 40%。

④ 剩余合同设备价格的 10% 作为设备保证金，待每套设备保证期满没有问题，采购方签发设备最终验收证书后支付。

（2）技术服务费的支付。合同约定的技术服务费分两次支付：

① 第一批设备交货后，采购方支付给供货方该套合同设备技术服务费的 30%。

② 每套合同设备通过该套机组性能验收试验，初步验收证书签署后，采购方支付该套合同设备技术服务费的 70%。

（3）运杂费的支付。运杂费在设备交货时由供货方分批向采购方结算，结算总额为合同规定的运杂费。

3）采购方的支付责任

付款时间以采购方银行承付的日期为实际支付日期，若此日期晚于规定的付款日期，即从规定的日期开始，按合同约定计算迟付款违约金。

10.3.4　违约责任

为了保证合同双方的合法权益，应在合同内约定承担违约责任的条件、违约金的计算办法和违约金的最高赔偿限额。违约金通常包括以下几个方面内容。

1）供货方的违约责任

（1）延误责任的违约金

① 按合同约定的设备延误到货的违约金方法计算。

② 未能按合同规定时间交付，严重影响施工的关键技术资料的违约金，按合同约定的计算办法。

③ 因技术服务的延误、疏忽或错误导致工程延误的违约金，按合同约定方法计算。

（2）质量责任的违约金

经过二次性能试验后，一项或多项性能指标仍达不到保证指标时，各项具体性能指标的违约金按合同约定的方法计算。

（3）由于供货方责任导致采购方人员的返工费

如果供货方委托采购方的施工人员进行加工、修理、更换设备，或由于供货方设计图纸错误以及因供货方技术服务人员的指导错误造成返工，供货方应承担因此所发生合理费用的责任。向采购方支付的费用可按发生时的费率水平计算。

计算公式：

$$P = ah + M + cm$$

式中　P——总费用（元）；

　　　a——人工费［元/（小时·人）］；

　　　h——人员工时（小时·人）；

　　　M——材料费（元）；

　　　C——机械台班数（台·班）；

　　　m——每台机械设备的台班费［元/（台·班）］。

（4）不能供货的违约金

合同履行过程中如果因供货方原因不能交货，按合同约定不能交货部分的设备价格的百分比计算违约金。

2）采购方的违约责任

延期付款违约金按合同约定的计算办法。延期付款利息的计算办法按合同约定的利率计算。如果因采购方原因中途要求退货，按退货部分设备价格约定的百分比计算违约金。在违约责任条款内还应分别列明任何一方严重违约时，对方可以单方面终止合同的条件、终止程序和后果责任。

10.3.5　设备设计阶段的合同管理

1）供货方提供设计依据和检验资料

设备制造前，供货方应向工程师提交设备的设计、制造和检验的标准以及制造阶段的质量保证体系，可以包括与设备监造有关的标准、图纸、资料、工艺要求。

2）对设计文件的审查

采购方对生产厂家定型设计的图纸需要作部分改动要求时，对修改后的设计要进行慎重审查。在合同约定的时间内，工程师应组织有关方面和人员进行会审，之后尽快给予同意与否的答复。审查的结果可能为：

① 同意供货方的设计。设计图纸经过工程师认可后，供货方即可按设计图纸开始制造。但由于做好满足采购方要求的设计是供货方的义务，因此工程师的认可程度并不能解除供货方由于设计错误或缺陷而应承担的责任。

② 不同意供货方的设计。经过专家审查后，对供货方设计可能有两种不满意的情况：①设计缺陷属于局部问题。工程师可针对设计图纸上的缺陷部分提出改进建议，要求供货方"修改后开始制造"，如何改进属于供货方的责任。供货方按照工程师的指示修改后，不再需要经过工程师的再次审查。②设计存在严重缺陷。工程师书面指出缺陷之处后，要求供货方修改后再次提交工程师进行审查。

3）供货方要求修改设计

如果供货方希望对此前已提交审核并经认可的任何设计或文件进行修改，应立即通知工程师，随后仍需再次经过工程师的批准后方可执行。凡在合同中说明需要经过工程师审核的文件，未经认可供货方不得执行。

10.3.6　设备制造阶段的合同管理

1）供货方按期报送有关文件

① 在合同约定的时间内向工程师提交设备的设计、制造和检验的标准。包括与设备监造有关的标准、图纸、资料、工艺要求。

② 合同设备开始投料制造时，向工程师提供整套设备的生产计划。

③ 每个月月末均应提供月报表，说明本月包括工艺过程和检验记录在内的实际生产进度，以及下一月的生产、检验计划。中间检验报告需说明检验的时间、地点、过程、试验记录，以及不一致性的原因分析和改进措施。

2）工程师的监造

派驻制造厂的工程师负责设备的监造工作，对供货方提供合同设备的关键部位进行质量监督和协调。但质量监造并不解除供货方对合同设备质量应负的责任。

（1）质量监督

① 工程师的监督责任。A. 工程师在制造现场的监造检验和见证，应尽量结合供货方工厂的实际生产过程进行，不应影响正常的生产进度（不包括发现重大问题时的停工检验）。B. 工程师应按时参加合同规定的检查和试验。若工程师不能按供货方通知的时间及时到场，供货方工厂的试验工作可以正常进行，试验结果有效。但是工程师有权在事后进行了解、查阅、复制检查试验报告和结果。若供货方未及时通知工程师而单独检验，采购方将不予承认该检验结果，供货方应在工程师在场的情况下进行该项试验。

② 监造方式。工程师的监造实行现场见证和文件见证两种方式。A. 现场见证。以巡视的方式监督生产制造过程，检查使用的原材料、元器件的质量是否合格，制造操作工艺是否符合技术规范的要求等；接到供货方的通知后，参加合同内规定的中间检查试验和出厂前的检查试验；在认为必要时，有权要求进行合同内没有规定的检验。如对某一部分的

焊接质量有疑问，可以对该部分进行无损探伤试验。B. 文件见证。指对所进行的检查或检验认为质量达到合同规定的标准后，在检查或试验记录上签署认可意见，以及就制造过程中的有关问题发给供货方相关的文件。

③ 按合同内约定的监造内容。在专用条件的相应条款内应对监造内容给予明确说明，以便工程师进行检查和试验。具体内容应包括监造的部套（以订购范围确定）；每套的监造内容；监造方式（可以是现场见证、文件见证或停工待检之一）；检验的数量等。检查和试验的范围可以包括：A. 原材料和元器件的进厂检验；B. 部件的加工检验和实验；C. 出厂前预组装检验；D. 包装检验等。供货方使用的所有合同设备、部件（包括分包与外购部分），在生产过程中都需要进行严格的检验和试验，出厂前还需进行部套或整机总装试验。所有检查、试验和总装（装配）必须有正式的记录文件。只有以上所有工作完成后才能出厂发运。这些正式记录的文件和合格证明提交给工程师，作为技术资料的一部分。此外，供货方还应在随机附带的文件中提供合格证和质量证明文件。

④ 制造质量缺陷。A. 工程师在监造中对发现的设备和材料的质量问题，或不符合规定标准的包装有权提出改正意见并暂不予以签字时，供货方需采取相应改进措施保证交货质量。无论工程师是否要求和是否知道，供货方均有义务主动及时地向工程师提供设备制造过程中出现的较大的质量缺陷和问题。在工程师没有发布相应指示前，供货方不得擅自处理。B. 工程师发现重大问题要求停工检验时，供货方应当遵照执行。C. 不论工程师是否参与监造与出厂检验，或者参加了监造与检验并签署了监造与检验报告，均不能被视为免除供货方对设备质量所应担负的责任。

（2）对生产进度的监督

① 对供货方在合同设备开始投料制造前，应向工程师提交整套设备的生产计划。

② 每个月月末供货方均应向工程师提供月报表，以说明本月包括制造工艺过程和检验记录在内的实际生产进度，以及下一个月的生产、检验计划。中间检验报告需说明检验的时间、地点、过程、试验记录，以及不一致性原因分析和改进措施。工程师审查同意后，作为对制造进度控制和与其他合同及外部关系进行协调的依据。

3）设备运输

（1）货物发运前的准备

① 货物包装。大型生产设备包括主机、辅机、配件等，性质各异、内容繁多、数量大，既有耐碰撞的机械产品又有易损的电子产品。大型设备通常为分阶段、分批以部件形式发运，至施工现场后再进行组装。供货方对每批发运的货物应按照安全运输的原则进行认真包装，避免运输过程中发生损失。工程师对发运前的货物包装应进行认真的检查。

② 运输保险。按照通用条件的规定，供货方需对货物进行保险。由于工程保险只对发生在施工现场发生的保险范围内的灭失和损害承担赔偿责任，准备交运的货物从材料加工起其产品就已具有较高的实际价值，供货方应当办理从制造厂至施工现场，为其在运输过程中可能发生的损失投保运输保险。

③ 供货方取得发运许可。合同条件规定，供货方应在获得工程师的允许后将任何货物发运至现场。没有得到工程师的允许，不得运送任何货物。因为施工场地狭窄，大型设备运至现场后将占用大量的场地，对其他供货方正在进行的土建工程施工造成了障碍，为了便于工程师的协调管理，供货方发运前需要取得工程师的同意。另一种情况，可能涉及

某项生产设备属于大件运输，采购方需要与公用交通管理部门办理批准手续，以及对运输途径的道路和桥梁进行必要的加宽和加固工作。基于上述考虑，也允许在合同专用条件内规定，对于超出某一规定尺寸或重量的货物，发运前需要取得工程师的许可。

④ 发运通知。供货方向承运部门办理申请发运设备所需的运输工具计划，负责合同设备从制造厂到现场交货地点的运输。供货方在每批货物备妥及装运车辆（船）发出的合理时间内，应将该批货物的相关信息及时通知采购方和工程师，以便工程师协调组织现场接收，具体内容如下：合同号；机组号；货物备妥发运日；货物名称及编号和价格；货物总毛重；货物总体积；总包装件数；交运车站（码头）的名称、车号（船号）和运单号；重量超过 20 吨或尺寸超过 9m×3m×3m 的每件特大型货物的名称、重量、体积和件数，以及对每件该类设备（部件）还必须标明的重心和吊点位置，并附有草图。

（2）到货接收

① 接收。采购方的现场人员应在接到发运通知后做好接货的准备工作，包括通行的道路、储存方案、场地清理、保管工作等，并按时到运输部门提货。

② 到货检验。设备的制造、运输、交接都属于供货方义务的范围，工程师对运抵现场的货物质量要进行监督。

③ 货物清点。双方代表共同根据运单和装箱单对货物的包装、外观和件数进行清点。如果发现任何不符之处，经过双方代表确认属于制造厂家的责任后，由厂家处理解决。

④ 开箱检验。货物运到现场后，双方代表应尽快共同进行开箱检验，如果采购方未通知供货方自行开箱，或每一批设备到达现场后在合同规定时间内不开箱，产生的后果由采购方承担。

在约定的时间，双方代表共同检验货物的数量、规格和质量，检验结果和记录对双方有效。如果发生货物的损害、缺陷、短少时，按以下情况分担责任：

① 现场检验时，如发现设备由于制造商的原因（包括运输）有任何损坏、缺陷、短少或不符合合同中规定的质量标准和规范时，应做好记录，并由双方代表签字，各执一份，作为向供货方提出修理或更换的索赔依据。

② 由于采购方卸货、保管等原因造成货物的损坏或短缺，供货方接到采购方的通知后，应尽快提供或替换相应的部件，但费用由采购方承担。

③ 供货方如对采购方提出的修理、更换、索赔要求有异议，应在接到采购方的书面通知后，在合同约定的时间内派代表赴现场同采购方代表共同复验。

④ 双方代表在共同检验中对检验记录不能取得一致意见时，可由双方委托的权威第三方检验机构进行裁定检验。检验结果对双方都有约束力，检验费用由责任方负担。

10.3.7　设备安装阶段的合同管理

1）现场的使用

如果属于供货方负责设备的安装，应在获得工程师允许使用现场的通知后，供货方的施工人员才可以进入安装工程施工现场。为了保障同时在现场施工的承包商都能按计划顺利进行施工，供货方应将其作业限制在合同规定的范围内，以及经工程师同意作为工作场地的附加区域内。施工期间，供货方应保持施工现场不存在障碍，并妥善存放和处置任何供货方的设备或剩余材料，保持文明施工。

2）安装施工

在供货方的施工人员进行设备安装时，应遵守安全程序，使用恰当、精细和科学的方法认真作业，保证设备安装达到合同要求的标准。如果供货方只提供安装服务，而由采购方选择的施工承包商负责设备安装，则供货方应提供必要的现场服务。供货方的现场服务通常可能涉及以下几个方面。

① 派出必要的现场服务人员。供货方现场服务人员的职责包括指导安装和调试、处理设备的质量问题、参加试车和验收试验等。

② 技术交底。安装和调试前，供货方的技术服务人员应向安装施工人员进行技术交底，讲解和示范将要进行工作的程序和方法。对合同约定的重要工序，供货方的技术服务人员要对施工情况进行确认和签证，否则安装施工不能进行下一道工序。经过确认和签证的工序，如果因技术服务人员指导错误而发生问题，由供货方负责。

③ 指导安装。整个安装过程应在供货方的现场技术服务人员的指导下进行，重要工序须经供货方现场技术服务人员签字确认。安装、调试过程中，若安装承包商未按供货方的技术资料规定和现场技术服务人员指导、未经供货方现场技术服务人员签字确认而出现问题，安装承包商自行负责（设备质量问题除外）；若安装承包商按供货方技术资料规定和现场技术服务人员的指导施工，经供货方现场技术服务人员签字确认后出现的问题，由供货方承担责任。

④ 调试。设备安装完毕后的调试工作由供货方的技术人员负责，或承包商的安装人员在其指导下进行。供货方应尽快解决调试中出现的设备问题，其所需的时间应不应超过合同约定的时间，否则将视为对安装承包商施工的延误，需赔偿相应的损失。

10.3.8　竣工检验阶段的合同管理

竣工试验包括总体工程竣工试验和单项工程分部移交前的竣工试验。竣工试验并未涵盖检验设备性能指标各个方面的检查和检验，只是考察机组的运行是否达到可以移交采购方使用的要求。

1）竣工试验应满足的条件

由于工程竣工是工程师颁发工程接收证书前的一项重要工作，证明供货方已按合同规定履行了施工安装和竣工义务，因此合同约定范围内的工作全部完成后，供货方才可以向工程师申请进行竣工试验。

（1）施工完成。工程设备的安装施工完毕，并进行了相应的设备调试。

（2）提交相应的文件。供货方依照合同规定，提交了竣工文件和操作维修手册，并经过工程师的认可。

① 竣工文件。包括：A. 施工情况的竣工记录。如实记载竣工工程各个部分的准确位置、尺寸和已实施工作的详细说明。由于这些记录是施工过程在现场的记录，故经过整理后向工程师提供 2 套副本。B. 竣工图。说明整个工程实际实施完毕的实际情况，并取得工程师对它们的尺寸、基准系统，以及其他相关细节的同意。

② 操作和维修手册。手册的内容和详细程度应能满足设备投入运行后采购方操作、维修、拆卸、重新组装、调整和修复生产设备的需要。

（3）人员培训任务的完成。对采购方人员的培训可以在现场或其他地点进行，培训费用由哪一方承担也需在合同中写明。如果合同中有培训任务的约定，供货方应在竣工前完成培训工作，以便采购方接收工程后能够顺利投入设备的运行。

2）竣工试验

（1）确定竣工试验的时间。供货方将他准备好的可以进行竣工试验的日期提前通知工程师。接到通知后，工程师应确定进行竣工试验的具体日期。

（2）竣工试验程序。竣工试验由供货方负责组织，具体工程竣工试验的内容、步骤、考察的数据等在专用条件内应有详细的规定。竣工试验可能包括电气、液压和机械试验的组合，通过工程连续运行以考察设备的可靠性、产量、效率等。由于设备从安装阶段的静态转入动态运行，竣工试验按如下顺序进行：

① 启动前试验。应包括适当的检验和性能试验（干或冷的性能试验），以证明每项生产设备都能安全地承受下一个阶段的试验。

② 启动试验。应包括规定的运行试验，以证明工程或分项工程能根据规定在所有可应用的操作条件下安全运行。通常从无负荷试车的空运开始，逐步过渡到带负荷运行，且每一个阶段均应按技术规范要求的程序维持一定的持续时间，以检验设备的质量。

③ 试运行。通过试运行，考核设备运行是否可靠，是否符合合同的规定。包括：检验设备的质量，产出品和副产品的质量，生产效率，电力、材料和其他资源的消耗等。由于不同设备要求的试运行时间不同，如水力发电机组要求连续运转 72 小时，而火力发电机组则要求连续运行 168 小时。因此，试运行的时间应按照采购方文件中要求的规定执行。

（3）试验结果。竣工试验完成后，供货方应提交竣工试验报告。工程师依据竣工试验检验的数据，可能判定合格或不合格两种情况。试验合格，工程师应在验收报告上签字确认。如果不合格，工程师应书面指出工程缺陷，要求供货方修复后在相同的条件下进行重新试验。若重新试验仍未能通过竣工试验的情况，工程师的处理原则包括：

① 再次进行重复竣工试验。适用于存在的缺陷，通过再次修理可以改正的情况。

② 拒收。适用于严重不易修复的缺陷，采购方按照供货方违约的原则终止合同，拒绝接收工程，并要求供货方予以赔偿。

③ 折价接收工程。存在的缺陷不影响工程的使用，但某些试验的参数未达到合同约定的指标，可按照供货方违约的责任折价接收工程。

10.3.9　竣工后试验

进入设备保修期后，供货方的另一项重要工作是参加"竣工后试验"。在我国目前的工程实践中又称为"性能验收"或"性能指标达标考核"。竣工试验只是检验设备安装完毕后是否能够顺利而安全地运行。但各项具体的技术性能指标是否达到了供货方在合同内承诺的持续稳定运行状态下的保证值，还无法判定。因此，合同中均要约定，设备移交生产稳定运行多少个月以后，再进行竣工后试验。

1）试验日期

竣工后试验应在采购方接收工程后满足试验条件的合理时间内尽快进行，但对于某些类型的工程试验可能有必要在一年中的某个特定季节内，如水利发电机组应在汛期后，水库蓄水水位较高的时间进行。采购方应在试验准备工作完成的 21 天前通知供货方，除非另有商定。采购方确定的试验日期应为预计准备工作完成后的 14 天内开始，具体日期由采购方确定后通知供货方。如果因采购方对竣工后试验的无故拖延，致使供货方受到损害，供货方可以提出索赔，要求采购方补偿相应的费用和利润。

2）组织竣工后试验

由于合同规定，竣工后试验的时间为采购方已将设备正式投产运行期间，这项验收试验由采购方负责，供货方参加。采购方应为进行竣工后试验提供必要的电力、设备、燃料、仪器、劳力、材料，以及具有适当资质和经验的工作人员。按照操作和维修手册的规定编制试验大纲，与供货方讨论后确定，在供货方指导下进行试验。采购方应提供试验所需的测点、一次性元件和装设的试验仪表，以及做好技术配合和人员配合工作。

供货方未在商定的时间和地点参加试验，采购方可以自行进行试验，供货方应承认试验数据的正确性。竣工后试验的结果由双方整理和评价，对采购方人员不正确使用工程所造成的影响应予以考虑，合理区分责任。在不影响合同设备安全、可靠运行的条件下，如有个别微小缺陷，供货方在双方商定的时间内负责免费修理，可以视为通过竣工后试验。

3）未能通过竣工后试验

（1）准许供货方进入现场。由于工程已进入正常的运行状态，工程或某分项工程未能通过试验，供货方建议对工程进行调整和修正，采购方为了保障生产的顺利进行，可以通知供货方只能在采购方方便的时候才能给予供货方进入权。准许进入现场后，供货方应在采购方通知的合理期限内对工程进行调整和修复缺陷。如果供货方为调查缺陷原因或进行调整及进行修复缺陷工作，等待采购方准入通知期间，采购方无故拖延许可，致使供货方增加了费用，其有权按索赔程序获得包括利润在内的合理补偿。

（2）重复试验。如果竣工后试验达不到合同规定的一项或多项性能的保证值，则双方应共同分析原因，澄清责任，由责任一方采取措施。未能通过的原因可能来自多个方面，诸如设计、制造、安装以及采购方的使用等。任何一方可以要求重复进行竣工后试验，包括对已完成修复缺陷工作后任何相关部分的试验。在第一次试验结束后，按双方约定的时间进行第二次重复试验，重复试验的次数没有限定。

（3）未能通过试验的后果。经过多次重复试验，如果合同设备经过性能测试检验，表明仍未能达到合同约定的一项或多项保证指标时，应按照专用条件相约定的违约赔偿金计算方法，作为供货方未能履约，支付给采购方的赔偿费。如供货方在投标文件中承诺的锅炉热效应满足 98.4%，而实际试验值为 97.6%，则按照专用条件约定的每相差 1% 应承担的违约赔偿金计算，给采购方支付相应的赔偿费。之后供货方不再需要进行相关的竣工后试验，视为通过竣工后试验。若采购方仍不能对工程最终接受，只有待保修期满，工程运行经受考验，满足合同规定的条件后，才可以解除供货方的责任。

微视频10-3：
装配式建筑部品
部件采购与
供应管理

复习思考题

云测试10-4：
第10章课程内容
测试及解题分析

1. 材料采购合同如何进行交货的检验？

2. 材料采购合同履行过程中，哪些情况采购方可以拒付货款？

3. 设备采购合同承包内容包括哪些工作？

4. 采购方对设备制造的监造包括哪些监督工作？

5. 设备安装完工后，确认供货方的质量是否达到合同要求需要进行哪些检验？若不合格该如何处理？

6. 基于建筑产业互联网平台，如何做好建筑材料采购合同管理？

11.1　FIDIC 合同条件概述

1）FIDIC 组织简介

FIDIC（Fédération Internationale Des Ingénieurs Conseils，简称 FIDIC）是"国际咨询工程师联合会"法语名称的缩写。该组织在每个国家或地区只吸收一个独立的咨询工程师协会作为团体会员，至今已有 60 多个发达国家和发展中国家或地区的成员，因此它是国际上最具有权威性的咨询工程师组织。中国工程咨询协会代表我国已于 1996 年正式加入 FIDIC 组织。

2）FIDIC 出版的合同条件

为了规范国际工程咨询和承包活动，FIDIC 先后发表过很多重要的管理文件和标准化的合同文件范本。目前作为惯例已成为国际工程界公认的标准化合同格式，有适用于工程咨询的《业主/咨询工程师标准服务协议书》（白皮书），适用于施工承包的《土木工程施工合同条件》（红皮书）、《电气与机械工程合同条件》（黄皮书）、《设计—建造与交钥匙工程合同条件》（橘皮书）和《土木工程施工分包合同条件》。为了适应国际建筑市场发展的需要，FIDIC 于 1999 年 9 月又出版了一套新的合同条件，包括《施工合同条件》（Conditions of Contract for Construction）（新红皮书）、《生产设备与设计—施工合同条件》（Conditions of Contract for Plant and Design Build）（新黄皮书）、《设计采购施工（EPC）/交钥匙工程合同条件》（Conditions of Contract for EPC/Turnkey Projects）（银皮书）及《简明合同格式》（Short Form of Contract）（绿皮书），这四本合同条件统称为 1999 年第一版。2008 年还出版了《设计—建造与运营项目合同条件》（Conditions of Contract for Design，Build and Operate Projects）（金皮书）。2017 年 12 月，FIDIC 在伦敦举办的国际用户会议上正式发布了 1999 版系列合同条件中前三本的第 2 版，简称 2017 版。FIDIC 合同范本分类如图 11-1 所示。

微视频11-1：
国际工程合同
概述

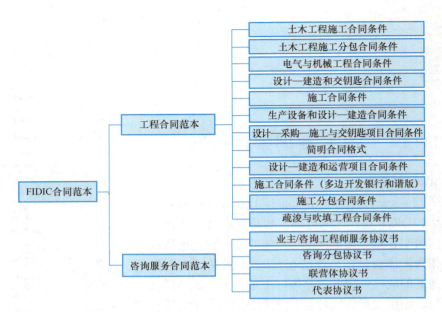

图 11-1　FIDIC 合同范本分类图

（1）土木工程施工合同条件

《土木工程施工合同条件》是 FIDIC 最早编制的合同文本，也是其他几个合同条件的基础。该文本适用于业主（或业主委托的第三人）提供设计的工程施工承包，是以单价合同为基础（也允许其中部分工作以总价合同承包），被广泛用于土木建筑工程施工、安装承包的标准化合同格式。《土木工程施工合同条件》的主要特点表现为：条款中责任的约定以招标选择承包商为前提，合同履行过程中应建立以工程师为核心的管理模式。

（2）电气与机械工程合同条件

《电气与机械工程合同条件》适用于大型工程的设备提供和施工安装，承包工作范围包括设备的制造、运送、安装和保修几个阶段。这个合同条件是在《土木工程施工合同条件》基础上编制的，针对相同情况制定的条件完全照抄《土木工程施工合同条件》的规定。与《土木工程施工合同条件》的区别主要表现为：一是该合同涉及的不确定风险的因素较少，但实施阶段的管理程序较为复杂，因此条目少、款数多；二是支付管理程序与责任划分基于总价合同。这个合同一般适用于大型项目中的安装工程。

（3）设计—建造与交钥匙工程合同条件

微视频11-2：
国际工程合同
变革

FIDIC 编制的《设计—建造与交钥匙工程合同条件》适用于总承包的合同文本，承包工作内容包括设计、设备采购、施工、物资供应、安装、调试和保修。这种承包模式可以减少设计与施工之间的脱节或矛盾，而且有利于节约投资。该合同文本是基于不可调价的总价承包编制的合同条件。土建施工和设备安装部分的责任，基本上套用《土木工程施工合同条件》和《电气与机械工程合同条件》的相关约定。交钥匙合同条件既可以用于单一合同施工的项目，也可以作为多合同项目中的一个合同，如承包商负责提供各项设计、单项构筑物或整套设施的承包。

（4）土木工程施工分包合同条件

FIDIC 编制的《土木工程施工分包合同条件》是与《土木工程施工合同条件》配套使用的分包合同文本。分包合同条件可用于承包商和由其选定的分包商，或与业主选择的指定分包商签订的合同。分包合同条件的特点是：既要保持与主合同条件中分包工程部分规定的权利义务约定一致，又要区分负责实施分包工作当事人改变后两个合同之间的差异。

11.2　FIDIC 施工合同条件及管理

《土木工程施工合同条件》是 FIDIC 最早编制的合同文本，也是其他几个 FIDIC 合同条件的基础。住房和城乡建设部与国家工商行政管理总局联合颁发的《建设工程施工合同（示范文本）》采用了很多《土木工程施工合同条件》的条款（详见第 7 章），本节主要介绍 2017 版 FIDIC 土木工程施工合同条件。与 1999 版系列合同条件相比，业主与承包商之间的风险分配原则不变，合同条件的应用范围不变；业主和承包商的职责和义务基本不变，通用合同条件的整体架构基本不变。2017 版的主要变化体现在：通用条件结构略有调整、通用条件内容大幅增加、融入更多的项目管理理念、加强工程师地位和作用、将索赔和争端区别对待、强调合同双方相互对待的关系等。

微视频11-3：
FIDIC合同
主要内容

11.2.1　部分重要词语和概念

1）合同（Contract）

这里的合同实际上是全部合同文件的总称。通用条件的条款规定，构成对业主和承包商有约束力的合同文件包括以下几个方面的内容：

（1）合同协议书（Contract Agreement）。指业主发出中标函的 28 天内，接到承包商提交的有效履约保证后，双方签署的法律性标准化格式文件。为了避免履行合同过程中产生争议，专用条件指南中最好注明接受的合同价格、基准日期和开工日期。

（2）中标函（Letter of Acceptance）。指业主签署的对投标书的正式接受函，可能包含作为备忘录记载的合同签订前，谈判时可能达成一致并共同签署的补遗文件。

（3）投标函（Letter of Tender）。指承包商填写并签字的法律性投标函和投标函附录，包括报价和对招标文件及合同条款的确认文件。

（4）合同专用条件（Particular Conditions）。

（5）合同通用条件（General Conditions）。

（6）规范（Specification）。指承包商履行合同义务期间所应遵循的准则，也是工程师进行合同管理的依据，即合同管理中通常所称的技术条款。除了工程各个主要部位的施工所应达到的技术标准和规范以外，还可以包括以下若干方面的内容：对承包商文件的要求；应由业主获得的许可；对基础、结构、工程设备、通行手段的阶段性占有；承包商的设计；放线的基准点、基准线和参考标高；合同涉及的第三方；环境限制；电、水、气和其他现场供应设施；业主的设备和免费提供的材料；指定分包商；合同内规定承包商应为业主提供的人员和设施；承包商负责采购材料和设备所需提供的样本；制造和施工过程中的检验；竣工检验；暂列金额等。

（7）图纸（Drawing）。指包含在合同中的工程图纸，及由业主（或其代表）根据合同颁发的、对图纸的增加和修改。

（8）资料表（Schedules）以及其他构成合同一部分的文件，包括：

① 资料表。由承包商填写并随投标函一起提交的文件，包括工程量表、数据、列表、费率和单价等。

② 构成合同一部分的其他文件。在合同协议书或中标函中列明范围的文件（包括合同履行过程中构成对双方有约束力的文件）。

2）履约担保与保险（Contract Security and Insurance）

（1）承包商提供的担保

合同条款中规定，承包商在签订合同时应提供履约担保，接受预付款前应提供预付款担保。在范本中给出了担保书的格式，分为企业法人提供的保证书和金融机构提供的保函两类格式。保函均为不需承包商确认违约的无条件担保形式。

① 履约担保的保证期限。履约保函应担保承包商圆满完成施工和保修的义务，而非仅到工程师颁发工程接收证书为止，应到工程师颁发"履约证书"。但工程接收证书的颁发是对承包商按合同约定圆满完成施工义务的证明，此时承包商应承担的义务仅为保修义务。因此，范本中推荐的履约保函格式说明，如果双方有约定的话，允许颁发整个工程的接收证书之后，将履约保函的担保金额减少一定的百分比。2017版则规定了，当变更或调整导致合同价格相比中标价增加或减少20%以上时，业主可以要求承包商增加履约担保金额，承包商也可减少履约担保金额，如因业主要求导致承包商成本的增加，此时应该适用变更条款。

② 业主凭保函索赔。由于无条件保函对承包商的风险较大，因此通用条件中明确规定了4种情况下业主可以凭履约保函索赔，其他情况则按合同约定的违约责任条款对待。这些情况包括：

a. 专用条款内约定的缺陷通知期满后仍未能解除承包商的保修义务时，承包商应延长履约保函有效期而未延长的；

b. 按照业主索赔或争议、仲裁等决定，承包商未向业主支付相应款项的；

c. 缺陷通知期内，承包商接到业主修补缺陷通知后的42天内未派人修补的；

d. 由于承包商的严重违约行为致使业主终止合同的。

（2）业主提供的担保

大型工程建设资金的融资可能包括从某些国际援助机构、开发银行等筹集的款项，这些机构往往要求业主应保证履行向承包商付款的义务，因此在专用条件范例中，增加了业主应向承包商提交"支付保函"的可选择使用的条款，并附有保函格式。业主提供的支付保函担保金额可以按总价或分项合同价的百分比计算，担保期限至缺陷通知期满后的6个月之内，并且为无条件担保，使合同双方的担保义务对等。通用条件的条款中未明确规定业主必须向承包商提供支付保函，具体工程的合同内是否包括此条款，取决于业主主动选用或融资机构的强制性规定。如表11-1所示，列出了2017版系列合同条件中的主要保函种类。

（3）工程保险

工程保险是工程项目风险管理的重要手段。2017版系列合同条件中，工程保险主要包括以下内容：工程保险的总体要求、保险类型、投保责任方、保险标的、保险覆盖范围、保险金额、免赔额、保险期限、除外责任等。2017 版系列合同条件中的主要保函，如图 11-2 所示。

2017 版系列合同条件中的主要保函　　　　表 11-1

类型	提交时间	生效时间	有效期	备注
投标保函	随投标书一同递交	开后立即生效	投标函有效期后的 35 天	
预付款保函	申请预付款前	收到预付款后生效	预付款偿还完（格式中建议为预计的竣工时间后的 70 天）	保函额度随预付款偿还而递减
履约保函	收到中标通知书的 28 天（银皮书为签订合同协议书的 28 天内）	开后立即生效	履约证书签发并完成现场清理（格式中建议为预计的缺陷通知期后的 70 天）	在项目竣工签发接收证书后，额度可以适当减少
保留金保函	扣留的保留金累积已达保留金上限的 60%	开后立即生效	履约证书签发并完成现场清理（格式中建议为预计的缺陷通知期后的 70 天）	建议保留金保函在收到保留金后生效
支付保函	FIDIC 未做规定，但考虑保函的功能，应在开工日前提供	开后立即生效	业主完成其支付义务（格式中建议为预计的缺陷通知期后的 6 个月）	应可随业主的支付而减少额度

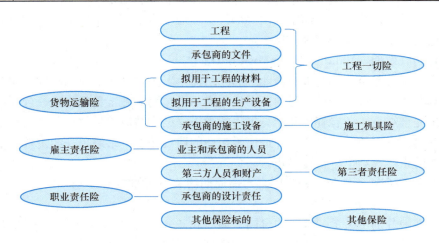

图 11-2　2017 版系列合同条件中的保险种类与标的关系图

　　2017 版系列合同条件新增了"职业责任险"。承包商对其所负责的设计投保职业责任险，以保障承包商在履行设计义务的过程中因任何行为、错误或遗漏所引起的责任。如果合同数据中有规定，该职业责任险还应保障承包商在履行设计责任过程中因任何行为、错误或遗漏引起的已完工工程（或区段、部分、主要生产设备）不符合预期目的责任。承包商职业责任险的责任范围是由于设计的疏忽或过失而引发的意外事故所造成的工程自身的物质损失，以及第三者的人身伤亡或财产损失。由设计缺陷所引发的意外事故，此责任范围远远大于工程一切险附加的"设计师风险扩展条款"中的范围，后者仅赔偿有设计缺陷的工程部分，在发生意外事故后造成其他没有缺陷的工程部分受损、修复该部分受损工程的损失，而不用赔偿有设计缺陷的工程部分，且不承担第三者责任。

3）合同履行中的期限概念

（1）合同工期（Time for Completion）

合同工期在合同条件中使用"竣工时间"的概念，指所签合同内注明的完成全部工程的时间，加上合同履行过程中因非承包商所应负的责任导致变更和索赔事件发生后，经工程师批准顺延工期之和。如有分部移交工程，也需在专用条件的条款内明确约定。合同内约定的工期指承包商在投标书附录中承诺的竣工时间。合同工期的时间界限作为衡量承包商是否按合同约定期限履行施工义务的标准。

（2）施工期（Time for Construction）

从工程师合同约定发布的"开工令"中指明的应开工之日起，至工程接收证书注明的竣工日止的日历天数，为承包商的施工期。用施工期与合同工期相比较，用以判定承包商的施工是提前竣工还是延误竣工。

（3）缺陷通知期（Defects Notification Period）

缺陷通知期即国内施工文本所指的工程保修期，自工程接收证书中写明的竣工日开始，至工程师颁发履约证书为止的日历天数。尽管工程移交前进行了竣工检验，但也只是证明承包商的施工工艺达到了合同规定的标准，设置缺陷通知期的目的是为了考验工程在动态运行条件下是否达到了合同中技术规范的要求。因此，从开工之日起至颁发履约证书日止，承包商要对工程的施工质量负责。合同工程的缺陷通知期及分阶段移交工程的缺陷通知期，应在专用条件内具体约定。次要部位工程通常为半年；主要工程及设备大多为一年；个别重要设备也可以约定为一年半。

（4）合同有效期（Validity Period of Contract）

自合同签字日起至承包商提交给业主的"结清单"生效日止，施工承包合同对业主和承包商均具有法律约束力。颁发履约证书只是表示承包商的施工义务终止，合同约定的权利义务并未完全结束，还有管理和结算等手续尚未完结。结清单生效指业主已按工程师签发的最终支付证书中的金额付款，并退还承包商的履约保函。结清单一经生效，承包商在合同内享有的索赔权利也将自行终止。

2017版系列合同条件与工程合同全寿命周期的关系，如图11-3所示。

4）合同价格（Contract Price）

通用条件中分别定义了"接受的合同款额"和"合同价格"的概念。"接受的合同款额"指业主在"中标函"中对实施、完成和修复工程缺陷所接受的金额，来源于承包商的投标报价并对其确认。"合同价格"则指按照合同各个条款的约定，承包商完成建造和保修任务后，对所有合格工程有权获得的全部工程款。最终结算的合同价可能与中标函中注明的所应接受的合同款额不相等，究其原因，涉及以下几个方面因素的影响：

（1）合同类型特点

《土木工程施工合同条件》适用于大型复杂工程采用单价合同的承包方式。为了缩短建设周期，通常在初步设计完成后就开始施工招标，在不影响施工进度的前提下陆续发放

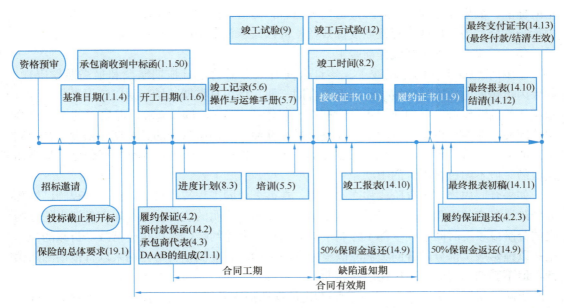

图 11-3　2017 版系列合同条件与工程合同全寿命周期的关系

施工图，因此，承包商根据已报价的工程量清单，各项工作内容项下的工程量一般为概算工程量。合同履行过程中，承包商实际完成的工程量可能多于或少于清单中的估计量。单价合同的支付原则是：按承包商实际完成的工程量乘以清单中相应工作内容的单价，结算该部分工作的工程款。

（2）可调价合同

大型复杂工程的施工工期较长，通用条件中包括合同工期在内的因物价变化对施工成本产生影响后计算调价费用的条款，每次支付工程进度款时均要考虑所约定的可调价范围内的项目，在当地市场价格的涨落变化。而这笔调价款没有包含在中标价格内，仅在合同条款中约定了调价原则和调价费用的计算方法。

（3）发生了应由业主承担责任的事件

在合同履行过程中，可能因业主的行为或发生了应由他承担风险责任的事件后，导致承包商增加了施工成本，合同相应条款都规定应对承包商受到的实际损害予以补偿。

（4）承包商的质量责任

合同履行过程中，如果承包商没有完全或正确地履行合同义务，业主可凭工程师出具的证明，从承包商应得工程款项内扣减掉给业主带来损失的该部分款额。

① 不合格材料和工程的重复检验费用由承包商承担。工程师对承包商采购的材料和施工的工程通过检验后发现质量未达到合同规定的标准，承包商应自费改正并在相同条件下进行重复检验，重复检验所发生的额外费用由承包商承担。

② 承包商没有改正忽视质量的错误行为。当承包商不能在工程师限定的时间内将不合格的材料或设备移出施工现场，以及在限定的时间内没有或无力修复缺陷工程，业主可以雇用其他人来完成，该项费用应从承包商处扣回。

③ 折价接收部分有缺陷的工程。某项处于非关键部位的工程施工质量未达到合同规

定的标准，如果业主和工程师经过适当考虑后，确信该部分的质量缺陷不会影响总体工程的运行安全，为了保证工程按期发挥效益，可以与承包商协商后折价接收。

（5）承包商延误工期或提前竣工

① 因承包商责任的延误竣工。签订合同时双方需约定日拖期赔偿和最高赔偿限额。如果因承包商的原因导致竣工时间迟于合同工期，将按日拖期赔偿额乘以延误天数，计算拖期违约的赔偿金，并向业主支付误期损害赔偿费（Delay Damage），但要以约定的最高赔偿限额向业主赔偿延迟发挥工程效益的最高款额。专用条款中的日拖期赔偿额要视合同金额的大小决定，可在 0.03%～0.2%合同价的范围内约定具体的数额或百分比，最高赔偿限额一般不超过合同价的 10%。

如果合同内规定了分阶段移交的工程，在整个合同工程竣工日期以前，工程师已对部分分阶段移交的工程颁发了工程接收证书，且证书中注明的该部分工程竣工日期未超过约定的分阶段竣工时间，则全部工程剩余部分的日拖期违约赔偿额应相应折减。折减的原则是：以拖延竣工部分的合同金额除以整个合同工程的总金额，所得比例乘以日拖期的赔偿额，但不影响约定的最高赔偿限额。即

折减的误期损害赔偿金/天＝合同约定的误期损害赔偿金/天×拖期部分工程的合同金额÷合同工程总金额

误期损害赔偿总金额＝折减的误期损害赔偿金/天×延误天数（≤最高赔偿限额）

② 提前竣工。承包商通过自己的努力使工程提前竣工，是否应给予奖励，这在施工合同条件中应列入可选择条款一类。业主要看提前竣工的工程或区段是否能让其得到提前使用的收益，而决定该条款的取舍。如果招标工作内容仅为整体工程中的部分工程，且这部分工程的提前不能单独发挥效益，则没有必要鼓励承包商提前竣工，可以不设奖励条款。若选用奖励条款，则需在专用条件中具体约定奖金的计算办法。

当合同内约定有部分分项工程的竣工时间和奖励办法时，为了使业主能够在完成全部工程之前占有并启用工程的某些部分，以便提前发挥效益，约定的分项工程完工日期应固定不变。也就是说，不能因该部分工程施工过程中出现非承包商应负责原因导致的工程师批准的顺延合同工期，进而对计算奖励的应竣工时间进行调整（除非合同中另有规定）。

（6）包含在合同价格之内的暂列金额（Provisional Sum）

某些项目的工程量清单中包括"暂列金额"款项，尽管这笔款额计入在合同价格内，但其使用权却归工程师控制。暂列金额实际上是一笔业主方的备用金，用于招标时对尚未确定或出现不可预见项目意外情况的储备金额。施工过程中工程师有权依据工程进展的实际需要，经业主同意后，用于施工或提供物资、设备，以及技术服务等内容的开支，也可以作为供意外用途的开支。他有权全部使用、部分使用或完全不用。

工程师可以发布指示，要求承包商或其他人完成暂列金额项内的开支工作。因此，只有当承包商按工程师的指示完成暂列金额款项内开支的工作任务后，才能从其中获得相应支付。由于暂列金额是用于招标文件规定的承包商必须完成的承包工作之外的费用，承包商报价时不能将承包范围内发生的间接费、利润、税金等摊入其中，所以他即使未能获得暂列金额内的支付，也并不损害其利益。在承包商接受工程师的指示完成暂列金额款项内支付的工作时，应按照工程师的要求提供有关凭证，包括报价单、发票、收据等结算支付的证明材料。

5）指定分包商（Nominated Sub-Contractor）

（1）指定分包商的概念

指定分包商是由业主（或工程师）指定（或选定）、完成某项特定工作内容，并与承包商签订分包合同的特殊分包商。合同条款规定，业主有权将部分工程项目的施工任务或涉及提供材料、设备、服务等工作内容发包给指定分包商实施。

合同规定，有些施工任务需要指定分包商。在招标阶段划分合同包时，某部分施工的工作内容要求具备较强的专业技术，一般承包单位不具备相应的能力，但如果以一个单独的合同对待又局限于现场的施工条件或合同管理的复杂性，故工程师无法合理地进行协调管理。为避免各独立合同之间的干扰，只能将这部分工作发包给指定的分包商实施。由于指定分包商是与承包商签订分包合同，因而在合同关系和管理关系等方面与一般分包商处于同等地位，对其施工过程中的监督、协调工作也同样纳入承包商的管理之中。指定分包工作的内容包括部分工程的施工，供应工程所需的货物、材料、设备，设计，提供技术服务等。

（2）指定分包商的特点

虽然指定分包商与一般分包商处于相同的合同地位，但二者并不完全一致，主要差异体现在以下几个方面：

① 选择分包单位的权利不同。承接指定分包工作任务的单位由业主或工程师选定，而一般分包商则由承包商选择。

② 分包合同的工作内容不同。指定分包工作属于承包商无力完成，不属于合同约定的应由承包商必须完成的工作范围，即承包商投标报价时没有将这部分工作摊入间接费、管理费、利润、税金中，因此不损害承包商的合法权益。而一般分包的工作，则为承包商承包工作范围的一部分。

③ 工程款的支付开支项目不同。为了不损害承包商的利益，给指定分包商的付款应从暂列金额内开支。而对一般分包商的付款，则从工程量清单中相应的工作内容项中支付。由于业主选定的指定分包商要与承包商签订分包合同，并需指派专职人员负责施工过程中的监督、协调、管理等工作，因此也应在分包合同中具体约定双方的权利和义务，明确收取分包管理费的标准和方法。如果施工中需要指定分包商，在招标文件中应给予较为详细的说明，承包商在投标书中填写收取分包合同价的某百分比作为协调管理费。该费用包括现场管理费、公司管理费和利润。

④ 业主对分包商利益的保护不同。尽管指定分包商与承包商签订分包合同后，按照权利义务关系，指定分包商应直接由承包商负责，但由于指定分包商终究是业主选定的，而且其工程款的支付是从暂列金额中开支的，因此，在合同条件内列有保护指定分包商的条款。通用条件规定，承包商在每个月月末报送工程进度款支付报表时，工程师有权要求他出示以前给指定分包商付款的证明。如果承包商没有合法理由扣押了指定分包商上个月应得的工程款，业主有权按工程师出具的证明从本月应得款内扣除这笔金额，直接付给指定分包商。对于一般分包商则无此类规定，业主和工程师不介入一般分包合同履行的监督。

⑤ 承包商对分包商违约行为所承担的责任范围不同。除非承包商对指定分包商发布

了错误的指示，故而承包商要承担责任。否则，对于指定分包商的任何违约行为，因其给业主或第三者造成了损害从而导致索赔或诉讼，承包商不承担责任。如果一般分包商有违约行为，业主将其视为承包商的违约行为，按照主合同的规定追究承包商的责任。

（3）指定分包商的选择

特殊专项工作的实施要求指定分包商拥有某方面的专业技术或专门的施工设备、独特的施工方法。业主和工程师往往根据所积累的资料、信息，也可能依据以前与之交往的经验，对其信誉、技术能力、财务能力等比较了解，通过议标的方式进行选择。若没有理想的合作者，也可以就这部分承包商不善于实施的工作内容，采用招标的方式选择指定分包商。

某项工作将由指定分包商负责实施，是招标文件规定的，并已由承包商在投标时予以认可。因此，他不能反对该项工作由指定分包商完成，还应负责协调管理工作。但业主必须保护承包商合法的利益不受侵害，这是选择指定分包商的基本原则。因此，当承包商有合法理由时，有权拒绝某一单位作为指定分包商。为了保证工程施工的顺利进行，业主选择指定分包商时，应首先征求承包商的意见，不能强行要求承包商接受，其有理由反对或是拒绝分包商与承包商签订的，保障承包商利益不受损害的分包合同，可指定分包商。

6）解决合同争议的方式

任何合同争议均交由仲裁或诉讼解决，一方面会导致合同关系的破裂；另一方面解决起来费时、费钱，且对双方的信誉有不利影响。为了解决因工程师处理得不够公正的决定所带来不良结果，通用条件中增加了"争端裁决委员会"（The Dispute Adjudication Board），用以处理合同争议的问题。

（1）解决合同争议的程序

① 提交工程师决定。FIDIC 编制施工合同条件的基本出发点之一是，合同履行过程中建立以工程师为核心的项目管理模式。因此，不论是承包商的索赔还是业主的索赔均应首先提交给工程师。任何一方要求工程师作出决定时，他应首先与双方协商，尽力达成一致。如果未能达成一致，则应按照合同规定并适当考虑有关情况后作出公平的决定。

② 提交争端裁决委员会决定。双方起因于合同的任何争端，包括对工程师签发的证书、作出的决定、指示、意见，或对估价不接受时，可将争议提交合同争端裁决委员会，并将副本送交对方和工程师。裁决委员会在收到提交的争议文件后的 84 天内作出合理的裁决。作出裁决后的 28 天内，任何一方未提出不满意裁决的通知，此裁决即为最终的决定。

③ 双方协商。任何一方对裁决委员会的裁决不满意，或裁决委员会在 84 天内未能作出裁决，在此期限后的 28 天内应将争议提交仲裁。仲裁机构在收到申请后的 56 天才开始审理，这段时期内要求双方尽力以友好的方式协商解决合同争议。

④ 仲裁。如果双方仍未能通过协商解决争议，则只能由合同约定的仲裁机构最终解决。

（2）争端裁决委员会

① 组成。签订合同时，业主与承包商通过协商组成裁决委员会。裁决委员会可选定为 1 名或 3 名成员，一般由 3 名成员组成。合同每一方应提名 1 位成员，由对方批准。然后，双方应与这两名成员共同商定第三位成员，并且第三位成员将作为主席。成员应对承

包合同的履行有经验；在合同的解释方面有经验；能流利地使用合同中规定的交流语言。

② 性质。争端裁决委员会的裁决属于非强制性，但具有法律效力的行为。相当于我国法律中解决合同争议的调解，但其性质属于个人委托。

③ 工作。由于裁决委员会的主要任务是解决合同争议，因此不同于工程师，不需要常驻工地。裁决委员会的成员对工程的实施应定期进行现场考察，了解施工进度和实际潜在的问题。一般在关键施工作业期到现场进行考察，但两次考察的时间间隔不应大于 140 天。每次考察离开现场前，应向业主和承包商提交考察报告。接到任何一方的申请后，应在工地或其他选定的地点处理争议的有关问题。

④ 报酬。付给委员的酬金分为月聘请费和日酬金两部分，由业主与承包商平均负担。争端裁决委员会到现场考察和处理合同争议的时间按日酬金计算，相当于咨询费。

⑤ 成员的义务。保证公正处理合同争议，是其最基本的义务。虽然当事人双方各提名 1 位成员，但他不能代表任何一方的单方利益，因此合同规定：

a. 在业主与承包商双方同意的任何时候，他们可以共同将事宜提交给争端裁决委员会，请他们提出意见。没有另一方的同意，任何一方不得就任何事宜向争端裁决委员会征求建议。

b. 争端裁决委员会或其中的任何成员不应从业主、承包商或工程师处单方面获得任何经济利益或其他利益。

c. 不得在业主、承包商或工程师处担任咨询顾问或其他职务。

d. 合同争议提交仲裁时，不能被任命为仲裁人，只能作为证人向仲裁机构提供争端证据。

（3）争端裁决程序

① 接到业主或承包商任何一方的请求后，争端裁决委员会应确定会议的时间和地点。解决争议的地点可以在工地或其他地点进行。

② 争端裁决委员会成员审阅各方提交的材料。

③ 召开听证会，充分听取各方的陈述，审阅证明材料。

④ 调解合同争议，并作出决定。

11.2.2　合同风险责任的划分

合同履行过程中可能发生的某些风险，即使是有经验的承包商在准备投标时也无法合理预见。就业主利益而言，不应该要求承包商在其报价中计入这些不可能合理预见风险的损害补偿费，以取得有竞争性的合理报价。通用条件内，以投标截止日期第 28 天定义为"基准日"作为业主与承包商划分合同风险的时间点。在此日期后发生的，作为一个有经验的承包商，在投标阶段不可能合理地预见风险事件。故而应按承包商受到的实际影响给予相应补偿。若业主获得好处，承包商也应取得相应的利益。某一不利于承包商的风险损害事件是否应给予其相应补偿，工程师不是简单地看承包商的报价内包括或未包括对此事件的费用。而是看，作为有经验的承包商在投标阶段能否合理地预见，以此作为判定的准则。

1）业主应承担的风险

（1）例外事件

有关风险责任的划分，2017 版系列合同条件将 1999 版的"不可抗力"改名为"例外事件"，指的是合同双方都不能预见、不能避免，也无法克服的各类特殊风险事件，主要包括 6 类事件：

① 战争、敌对行动（不论宣战与否）、入侵、外敌行为。

② 叛乱、恐怖主义、革命、暴动、军事政变、篡夺政权或内战。

③ 承包商及其相关人员和分包商及其他雇员以外的人员所造成的骚动、喧闹或混乱。

④ 非仅涉及承包商及其相关人员和分包商及其他雇员的罢工或停工。

⑤ 战争军火、爆炸物质、电离辐射或放射性污染，但可能因承包商使用此类军火、炸药、辐射或放射性引起的除外。

⑥ 自然灾害，如地震、海啸、火山活动、飓风或台风。

前 5 类属于"人祸"，最后一类属于"天灾"。对于第 1 类情况，承包商可获得工期和费用索赔；第 2～第 5 类情况，承包商可获得工期索赔，如果这些情况发生在工程所在国，承包商还可索赔费用；第 6 类情况，承包商只能索赔工期。

（2）不可预见的外界条件（Unforeseeable Physical Conditions）

① 不可预见的外界条件的范围。承包商在施工过程中遇到不利于施工的外界自然条件；人为干扰；招标文件和配图均未能说明的外界障碍物、污染物的影响；招标文件未提供或与提供资料不一致的地表以下的地质和水文条件，但不包括气候条件。

② 承包商及时发出通知。遇到上述情况后，承包商递交给工程师的通知中应具体描述该外界条件，并说明为什么承包商认为是不可预见的原因。发生这类情况后，承包商应继续实施工程，采用在此外界条件下合适的以及合理的措施，并且应该遵守工程师给予的任何指示。

③ 工程师与承包商进行协商并作出决定。判定原则是：

a. 承包商在多大程度上对该外界条件不可预见。事件的原因可能属于业主风险，或有经验的承包商应该能够提前合理预见，也可能双方都应负有一定的责任，工程师应合理划分责任或责任程度。

b. 不属于承包商责任的事件影响程度，评定损害或损失的额度。

c. 与业主和承包商协商或决定补偿之前，还应审查是否在工程类似部分（如有时）出现过其他外界条件，比承包商在提交投标书时合理预见的物质条件更为有利的情况。如果在一定程度上承包商遇到过类似更为有利的条件，工程师还应确定补偿时对此有利条件而应支付费用的扣除，并与承包商作出商定或决定，及时加入合同价格和支付证书中（作为扣除）。

d. 对工程类似部分所遇到的有利条件所作出的对已支付工程款的调整结果，不应导致合同价格的减少，即如果承包商不依据"不可预见的物质条件"提出索赔时，便不考虑类似情况下承包商得到的好处。另外，对有利部分的扣减不应超过不利部分的补偿金额。

（3）其他不能合理预见的风险

这些情况包括：

① 由汇率变化影响的外币支付部分。当合同内约定给承包商的全部或部分付款为某种外币，或约定整个合同期内始终以承包商报价所依据的投标汇率为不变汇率，按约定百分比支付某种外币时，汇率的实际变化对支付外币的计算不产生影响。若合同内规定按支

付日当天的汇率为标准，则支付时需随汇率的市场浮动进行换算。由于合同期内汇率的浮动变化是双方签约时无法预计的情况，不论采用何种方式，业主均应承担汇率实际变化对工程总造价影响的风险，即可能对其有利，也可能不利。

② 法令、政策变化对工程成本的影响。如果基准日后，由于法律、法令和政策变化引起承包商实际投入成本的增加，应由业主给予补偿。若导致施工成本的减少，也应由业主获得其中的好处，如施工期内国家或地方对税收的调整等。

2）承包商应承担的风险义务

在施工现场，属于不包括在保险范围内的，因承包商的施工、管理等失误或违约行为，导致对工程、业主人员造成的伤害及财产损失，应承担责任。依据合同通用条款的规定，承包商对业主的全部责任不应超过专用条款约定的赔偿最高限额。若未约定，则不应超过中标的合同金额。但对于因欺骗、有意违约或轻率的不当行为所造成的损失，赔偿的责任金额则不受限额的限制。

微视频11-4：
国际工程合同
签订前的现场
考察重点

11.2.3　施工阶段的合同管理

1）施工进度管理

2017 版 FIDIC 土木工程施工合同条件的进度管理主要包括：进度计划、进度计划编制软件、进度报告、工期延误索赔、误期损害赔偿、竣工试验计划、竣工后试验计划等内容。

（1）进度计划

① 承包商编制施工进度计划。承包商应在合同约定的日期开工，工程师则应提前通知承包商开工日期。承包商收到开工通知后的合理时间内，按工程师要求的格式和详细程度提交施工进度计划，说明为完成施工任务而打算采用的施工方法、施工组织方案、进度计划安排以及按季度列出根据合同预计应支付给承包商费用的资金估算表。合同履行过程中，一个准确的施工计划对合同涉及的有关各方都有重要的作用，不仅要求承包商按计划施工，而且工程师也应按计划做好保证施工顺利进行的协调管理工作，同时也是判定业主是否延误移交施工现场、迟发图纸以及其他应提供的材料、设备，成为影响施工应承担责任的依据。

② 进度计划的内容。2017 版系列合同条件规定，承包商应提交一份用于工程实施的初始进度计划，该进度计划一般包括以下 11 项内容：

a. 工程和各个区段（如果有）的开工日期及竣工时间。

b. 承包商根据合同数据载明的时间获得现场的日期，或在合同数据未明确的情况下承包商要求业主提供现场日期。

c. 承包商实施工程的步骤、顺序以及各个阶段工作持续的时间，这些工作包括设计、承包商文件的编制与提交、采购、制造、检查、运抵现场、施工、安装、指定分包商的工作、启动前试验、启动试验和试运行。

d. 业主要求或合同条件中载明的承包商提交文件的审核期限。

e. 检查和试验的顺序与时间。

f. 对于修订版的进度计划，还应包括修复工程（如果需要）的顺序和时间。

g. 所有活动的逻辑关联、关系及其最早和最晚开始日期，以及结束日期、时差和关键路线，所有这些活动的详细程度均应满足业主的要求。

h. 当地法定休息日和节假日。

i. 生产设备和材料的所有关键交付日期。

j. 对于修订版进度计划和每个活动，应包括实际进度情况、延误程度和延误对其他活动的影响。

k. 进度计划的支撑报告应包括：涉及所有主要阶段的工程实施情况的描述；对承包商采用的工程实施方法的概述；详细展示承包商对于工程实施的各个阶段，现场所要求投入的各类人员和施工设备的估计；如果是修订版的进度计划，则需标识出与上一版进度计划的不同，以及承包商克服进度延误的建议。

③ 进度计划的确认。承包商有权按照他认为最合理的方法进行施工组织，工程师不应干预。工程师对承包商提交的施工计划的审查主要涉及以下几个方面：

a. 计划实施工程的总工期和重要阶段的里程碑工期是否与合同的约定一致；

b. 承包商各个阶段准备投入的机械和人力资源计划能否保证计划的实现；

c. 承包商拟采用的施工方案与同时实施的其他合同是否有冲突或干扰等。

如果出现上述情况，工程师可以要求承包商修改计划方案。由于编制计划和按计划施工是承包商的基本义务之一，因此，承包商提交计划的 21 天内，工程师未提出需修改计划的通知，即认为该计划已被工程师认可。

（2）工程师对施工进度的监督

① 月进度报告。为了便于工程师对合同的履行进行有效的监督和管理，协调各个合同之间的配合，承包商每个月都应向工程师提交进度报告，说明前一阶段的进度情况和施工中存在的问题，以及下一个阶段的实施计划和准备采取的相应措施。2017 版系列合同条件规定，承包商应按业主要求中的格式编制并提交月度进度报告，该进度报告一般包括以下 8 项内容：

a. 图表和详细进度说明，内容应涉及设计、承包商文件、采购、制造、到货、施工、安装、启动前试验、启动试验和试运行；

b. 显示生产设备制造进度和现场内外实施进度的照片或视频；

c. 对于每一项重要的生产设备和材料，给出制造商的名称、制造地点、完成进度百分比，以及开始制造、承包商检查、试验、装运和抵达现场的实际与预期日期；

d. 第 6.10 款［承包商的记录］中详细的人员和施工设备使用记录；

e. 质量管理文件、检查报告、试验结果和合规验证性文件；

f. 变更清单和根据第 20.2.1 款［索赔通知］发出的通知清单；

g. 健康与安全统计数据，包含危险事件、与环境和公共关系相关活动的详细资料；

h. 实际进度与计划进度的对比，包含可能影响工程竣工的不利事件和拟计划采取措施的详细资料。

② 施工进度计划的修订。当工程师发现实际进度与计划进度严重偏离时，不论实际进度是超前还是滞后，为了使进度计划有实际指导意义，其随时有权指示承包商编制改进的施工进度计划，并再次提交工程师，认可后予以执行。新进度计划将代替原来的计划。也允许在合同内明确规定，每隔一段时间（一般为 3 个月）承包商都应对施工计划进行一

次修改，并经过工程师认可。按照合同条件的规定，工程师在管理中应注意两点：一是不论何方承担责任，其原因导致实际进度与计划进度不符，承包商都无权对修改进度计划的工作要求额外支付；二是工程师对修改后的进度计划的批准，并不意味着承包商可以摆脱合同规定，逃避其所应承担的责任。例如，承包商因自身管理失误，使得实际进度严重滞后于计划进度。若按他实际的施工能力，修改后的进度计划，其竣工日期将迟于合同规定的日期。工程师考虑此计划已包括了承包商所有可挖掘的潜力，只能按此执行故而批准。但之后，承包商仍要承担合同规定的延期违约赔偿责任。

（3）顺延合同工期

2017 版系列合同条件规定，承包商可以提出延长合同工期的条件，包括以下几种情况：

a. 变更（无需遵守第 20.2 款）［索赔款项和/或 EOT］规定的程序。

b. 根据本合同条款，有权获得延长工期的条件。

c. 异常不利的气候条件。业主按第 2.5 款［现场数据和参照项］提供给承包商的数据和（或）项目所在国发布的关于现场的气候数据，这些发生在现场的不利的气候条件是不可预见的。

d. 由于流行病或政府行为导致不可预见的人员或货物（或业主供应的材料）的短缺；或由业主及其相关人员、承包商造成或引起的任何延误、妨碍或阻碍。

2）施工质量管理

质量是工程的生命，质量管理是工程项目管理最重要的方面，2017 版系列合同条件对质量管理提出了更为详细的要求，主要内容包括：质量管理总体要求；生产设备、材料与工艺的检验；竣工试验；工程接收；缺陷责任；竣工后试验等。

（1）承包商的质量体系（QMS）与合规验证体系（CVS）

通用条件规定，承包商应按照合同的要求建立一套质量管理体系（Quality Management System，简称 QMS），包括：确保与工程、货物、工艺或试验相关的通信文件、承包商文件、竣工记录、运维手册、实时记录可以被追踪的程序；确保工程实施界面和不同分包商工作界面的协调和管理恰当的程序；承包商文件提交的程序等。在每一个工作阶段开始实施之前，承包商应将所有工作程序的细节和执行文件提交给工程师，供其参考。工程师有权审查质量体系的任何方面，包括月进度报告中包含的质量文件，对于不完善之处可以提出改进要求。由于保证工程质量是承包商的基本义务，当其遵守工程师认可的质量体系施工，并不能解除依据合同应承担的任何职责、义务和责任。

承包商还应建立合规验证体系（Compliance Verification System，简称 CVS），以验证设计、生产设备、材料、工作或工艺符合合同要求，还包括承包商实施的全部检验和实验结果的报告方式。如果任何检验或试验被证明不符合合同，则应根据通用条款的［缺陷和拒收］进行修补或被拒收。QMS 侧重于承包商在项目实施过程中保证质量和相关文件可被追踪；CVS 侧重于承包商在项目实施过程中和竣工后采取措施验证设计、材料、工作等符合合同规定。CVS 应与合同规定的检验、检查、试验等结合使用，是各种检验、检查和试验汇总而形成的体系性文件。

（2）现场资料

承包商的投标书表明他在投标阶段对招标文件中提供的图纸、资料和数据进行过认真审查和核对，并通过现场考察和质疑，已取得了对工程可能产生影响的有关风险、意外事故及其他情况的全部必要资料。承包商对施工中涉及的以下相关事宜的资料应有充分的了解。

① 现场的现状和性质，包括资料中提到的地表以下的条件情况。

② 水文和气候条件。

③ 为实施和完成工程及修复工程缺陷所约定的工作范围和性质。

④ 工程所在地的法律、法规和雇用劳务的习惯性做法。

⑤ 承包商要求的通行道路、食宿、设施、人员、电力、交通、供水及其他服务。

业主同样有义务向承包商提供基准日后得到的所有相关资料和数据。不论是招标阶段提供的资料，还是后续提供的资料，业主都应对资料和数据的真实性和正确性负责，但对承包商依据资料的理解、解释或推论导致的错误不承担责任。

（3）质量的检查和检验

为了保证工程的质量，工程师除了按合同规定进行正常的检验外，还可以在必要时依据变更程序，指示承包商按变更规定检验的位置或细节进行附加检验或试验等。由于额外检查和试验是基准日前承包商无法合理预见的情况，涉及的费用和工期变化视检验结果是否合格划分责任归属。

（4）对承包商设备的控制

工程质量的好坏和施工进度的快慢，很大程度上取决于投入施工的机械设备、临时工程这些在数量和型号上的满足程度。而且，承包商在投标书中报送的设备计划是业主决标时考虑的主要因素之一。因此，通用条款规定了以下几点：

① 承包商自有的施工设备。承包商自有的施工机械、设备、临时工程和材料，一经运抵施工现场后就被视为专门为本合同工程施工之用。除了运送承包商人员和物资的运输车辆以外，对于其他施工机具和设备，虽然承包商拥有所有权和使用权，但未经工程师的批准，不能将其中的任何一部分运出施工现场。作出上述规定的目的是为了保证本工程的施工，但并非绝对不允许在施工期内承包商将自有设备运出工地。某些使用台班数较少的施工机械在现场闲置期间，如果承包商的其他合同工程需要使用时，可以向工程师申请暂时运出。当工程师依据施工计划考虑该部分机械暂时不用而同意其运出时，应同时指示何时必须运回以保证本工程施工之用，要求承包商遵照执行。对于后期施工不再使用的设备，竣工前经过工程师批准后，承包商可以提前撤出工地。

② 承包商租赁的施工设备。承包商从他处租赁施工设备时，应在租赁协议中规定在协议有效期内发生承包商违约解除合同时，设备所有人应以相同的条件将该施工设备转租给发包人或发包人邀请承包本合同的其他承包商。

③ 要求承包工程增加或更换的施工设备。若工程师发现承包商使用的施工设备影响了工程进度或施工质量时，其有权要求承包商增加或更换施工设备，由此所增加的费用和工期延误的责任由承包商承担。

（5）环境保护

承包商的施工应遵守有关环境保护的法律和法规，采取一切合理措施保护现场内外的环境，限制因施工作业引起的污染、噪声或其他对公众人身和财产造成的损害和妨碍。施工所产生的颗粒物、地面排水和排污不能超过环保规定的数值。

3）工程变更管理（Variation Management）

工程变更，是指施工过程中出现了与签订合同时的预计条件不一致的情况，而需要改变原定施工承包范围内的某些工作内容。工程变更不同于合同变更，前者对合同条件内约定的业主和承包商的权利义务没有实质性改动，只是对施工方法、内容作局部性改动，属于正常的合同管理，按照合同的约定由工程师发布变更指令即可；而后者则属于对原合同需进行实质性改动，应由业主和承包商通过协商达成一致后，以补充协议的方式变更。土建工程受自然条件等外界的影响较大，工程情况比较复杂，且在招标阶段应依据初步设计的图纸进行招标。因此，在施工合同履行过程中不可避免地会发生变更。

（1）变更的类型（Type of Variation）

2017 版系列合同条件中变更的类型有 6 种：

① 合同中任何工作的工程量的改变（但此类工程量的变化不一定构成变更）。

② 任何工作的质量或其他特性的改变。

③ 工程任何部位的标高、位置和（或）尺寸的变化。

④ 任何工作删减。但删减未经双方同意，由他人实施的除外。

⑤ 永久工程所需的任何附加工作、生产设备、材料或服务，包括任何有关的竣工试验、钻孔、其他试验或勘测工作。

⑥ 实施工程的顺序或时间安排的变动。

（2）变更发起的途径

2017 版系列合同条件中变更发起的途径有 3 种：

① 业主或工程师直接发布变更指令，指示承包商进行变更。

② 业主或工程师要求承包商提交变更建议书，对建议书评估后，再决定是否实施变更。

③ 承包商主动提出的带有价值工程理念且对合同双方都有利的变更建议，由业主方最终决定是否实施变更，如变更能够带来收益，则合同双方可以商议一个利益分配的比例。

（3）变更程序（Variation Procedure）

颁发工程接收证书前的任何时间，工程师可以通过发布变更指令或以要求承包商递交建议书的任何一种方式提出变更。

① 变更指令。工程师在业主授权范围内根据施工现场的实际情况，在确属需要时有权发布变更指令。指令的内容应包括详细的变更内容、变更工程量、变更项目的施工技术要求和有关部门文件图纸以及变更处理的原则。

② 要求承包商递交建议书后再确定的变更。其程序为：

a. 工程师将计划变更事项通知承包商，并要求他递交实施变更的建议书。

b. 承包商应尽快予以答复。一种情况可能是，通知工程师由于受到某些非自身原因的限制而无法执行此项变更，如无法得到变更所需的物资等，工程师应根据实际情况和工程的需要再次发出取消、确认或修改变更指令的通知。另一种情况是，承包商依据工程师的指示递交实施此项变更的说明，内容包括：将需要实施的工作的说明书以及该工作实施的进度计划；承包商依据合同规定对进度计划和竣工时间作出任何必要的修改建议，并提出工期顺延的要求；承包商对变更估价的建议，提出变更费用要求。

c. 工程师作出是否变更的决定，尽快通知承包商说明批准与否并提出意见。

d. 承包商在等待答复期间，不应延误任何工作。

e. 工程师发出的每一项实施变更的指令，均应要求承包商记录支出的费用。

f. 承包商提出的变更建议书，只是作为工程师决定是否实施变更的参考。除了工程师作出指示或批准以总价的方式进行支付的情况外，每一项变更都应依据计量工程量进行估价和支付。

（4）变更估价

① 变更估价的原则。承包商按照工程师的变更指令实施变更工作后，往往会涉及对变更工程的估价问题。变更工程的价格或费率往往是双方协商时的焦点。计算变更工程应采用的费率或价格，可分为三种情况：

a. 变更工作在工程量表中有同种工作内容的单价，应以该费率计算变更工程费用。实施变更工作未导致工程施工组织和施工方法发生实质性变动，不应调整该项目的单价。

b. 工程量表中，虽然列有同类工作的单价或价格，但对具体的变更工作而言已不适用，则应在单价或价格的基础上制定合理的新单价或价格。

c. 变更工作的内容在工程量表中没有同类工作的费率和价格，应按照与合同单价水平相一致的原则，确定新的费率或价格。任何一方不能以工程量表中没有此项价格为借口，将变更工作的单价定得过高或过低。

② 可以调整合同工作单价的原则。具备以下条件时，允许对某一项工作规定的费率或价格加以调整：

a. 此项工作实际测量的工程量比工程量表或其他报表中规定的工程量的变动幅度大于 10%；

b. 工程量的变更与该项工作规定的具体费率的乘积超过了所能接受合同款额的 0.01%；

c. 此工程量的变更直接造成该项工作每单位工程量费用的变动幅度超过 1%。

③ 删减原定工作后对承包商的补偿。工程师发布删减工作的变更指令后，承包商不再实施这部分工作，合同价格中包括的直接费部分没有受到损害，但摊销在该部分的间接费、税金和利润，实际上无法合理回收。因此，承包商可以就其损失向工程师发出通知，并提供具体的证明资料，工程师与合同双方协商后确定一笔补偿金额加入到合同价中。

（5）承包商申请的变更

承包商根据工程施工的具体情况，可以向工程师提出对合同内任何一个项目或工作的详细变更请求报告。未经过工程师批准，承包商不得擅自变更；若工程师同意，则按工程师发布变更指令的程序执行。

① 承包商提出变更建议。承包商可以随时向工程师提交一份书面建议。承包商认为如果采纳建议将可能：

a. 加速完工；

b. 降低业主实施、维护或运行工程的费用；

c. 对业主而言，能提高竣工工程的效率或价值；

d. 为业主带来其他利益。

② 承包商应自费编制此类建议书。

③ 如果工程师批准了承包商的建议，包括一项对部分永久工程的设计的改变。通用条件的条款规定，如果双方没有其他协议，承包商应设计该部分工程。如果他不具备设计资质，也可以委托有资质的单位进行分包。变更的设计工作应按合同中承包商负责设计的规定执行，包括：

a. 承包商应按合同中说明的程序向工程师提交该部分工程的承包商的文件；

b. 承包商的文件必须符合规范和图纸的要求；

c. 承包商应对该部分工程负责，并且该部分工程完工后应适合合同中规定的工程的预期目的；

d. 在开始竣工检验之前，承包商应按规范规定向工程师提交竣工文件以及操作和维修手册。

④ 接受变更建议的估价。如果此改变造成该部分工程的合同价值减少，工程师应与承包商商定或决定一笔费用，并将之加入合同价格。这笔费用应是以下金额差额的 50％：

a. 合同价的减少。由此改变所造成的合同价值的减少，不包括依据后续法规变化作出的调整和因物价浮动调价所作的调整；

b. 变更对使用功能的影响。考虑到质量、预期寿命或运行效率的降低，对业主而言已变更工作价值上的减少（如有时）。

如果降低工程功能的价值 B 大于减少合同价格 A 对业主的好处，则没有该笔奖励费用。

4）工程计量与支付管理

计量与支付是工程项目管理的核心问题。2017 版系列合同条件中的计量与支付管理要点包括：计量与估价、预付款、保留金、期中支付申请、期中支付证书、延误的支付、竣工报表与最终支付、最终支付证书等。

（1）预付款（Advance Payment）

预付款又称动员预付款，是业主为了帮助承包商解决施工前期开展工作时的资金短缺，从未来的工程款中提前支付的一笔款项。合同工程是否有预付款，以及预付款金额的多少、支付（分期支付的次数及时间）和扣还方式等均要在专用条款内约定。通用条件内针对预付款金额不少于合同价 22％的情况规定了管理程序。

① 动员预付款的支付。预付款的数额由承包商在投标书内确认。承包商需首先将银行出具的履约保函和预付款保函交给业主并通知工程师，工程师在 21 天内签发"预付款支付证书"，业主按合同约定的数额和外币比例支付预付款。预付款保函金额始终保持与预付款等额，即随着承包商对预付款的偿还，逐渐递减保函金额。

② 动员预付款的扣还。预付款在分期支付工程进度款的支付中按百分比扣减的方式进行偿还。

a. 起扣。自承包商获得工程进度款累计总额达到合同总价（减去暂列金额）10％的那个月起扣。

b. 每次支付时的扣减额度。本月证书中承包商应获得的合同款额（不包括预付款及保留金的扣减）中扣除 25％作为预付款的偿还，直至还清全部预付款。

即 每次扣还金额＝（本次支付证书中承包商应获得的款额－本次应扣的保留金）×25％

c. 如果在颁发工程接收证书前，根据业主终止、承包商暂停和终止、不可抗力条款规定的终止前预付款尚未还清，则全部余额应立即成为承包商对业主的到期应付款。

（2）用于永久工程的设备和材料预付款

由于合同条件是针对包工包料承包的单价合同编制的，因此规定由承包商自筹资金采购工程材料和设备，只有当材料和设备用于永久工程后，才能将这部分费用计入工程进度款中用以支付结算。通用条件的条款规定，为了帮助承包商解决订购大宗主要材料和设备所占用资金的周转，订购物资经工程师确认合格后，按发票价值的80%作为材料预付的款额，包括在当月应支付的工程进度款内。双方也可以在专用条款内修正这个百分比，目前施工合同的约定通常在60%～90%范围内。

① 承包商申请支付材料预付款。专用条款中规定的工程材料的采购应满足以下条件后，承包商向工程师提交预付材料款的支付清单：

a. 材料的质量和储存条件符合技术条款的要求；

b. 材料已到达工地并经承包商和工程师共同验点入库；

c. 承包商按要求提交了订货单、收据价格证明文件（包括运至现场的费用）。

② 工程师核查提交的证明材料。预付款金额为经过工程师审核后，实际材料价格乘以合同约定的百分比，这些应包括在月进度付款签证中。

③ 预付材料款的扣还。材料不宜经大宗采购后，在工地储存时间过久，为避免材料变质或锈蚀，应尽快用于工程。通用条款规定，当已预付款项的材料或设备用于永久工程，构成永久工程合同价格的一部分后，在计量工程量的承包商应得款内扣除预付的款项，扣除金额与预付金额的计算方法相同。专用条款内也可以约定其他扣除方式，如每次预付的材料款在付款后的约定月内（最长不超过6个月），每个月平均扣回。

（3）业主的资金安排

为了保障承包商按时获得工程款的支付，通用条件内规定，如果合同内没有约定支付表，当承包商提出要求时，业主应提供资金安排计划。

① 承包商根据施工计划向业主提供不具约束力的各个阶段的资金需求计划：

a. 接到工程开工通知后的28天内，承包商应向工程师提交每一个总价承包项目的价格分解建议表；

b. 第一份资金需求估价单应在开工日期后的42天内提交；

c. 根据施工的实际进展，承包商应按季度提交修正的估价单，直到工程的接收证书已经颁发为止。

② 业主应按承包商的实施计划做好资金安排。通用条件规定：

a. 接到承包商的请求后，应在28天内提供合理的证据，表明其已作出了资金安排，并将一直坚持实施这种安排。此安排能够使业主按照合同的规定支付合同价格（按照当时的估算值）的款额。

b. 如果业主欲对其资金安排做出任何实质性变更，应向承包商发出通知并提供详细的资料。

③ 若业主未能按照资金安排计划和支付的规定执行，承包商可提前21天以上通知业主，将要暂停工作或降低工作速度。

（4）保留金（Retention Money）

保留金是按合同约定从承包商应得的工程进度款中相应扣减的一笔金额，其保留在业主手中，作为约束承包商严格履行合同义务的措施之一。当承包商有一般违约行为使业主受到损失时，可从该项金额内直接扣除损害赔偿费。例如，承包商未能在工程师规定的时间内修复有缺陷的工程部位，业主雇用其他人完成后，这笔费用可从保留金内扣除。

① 保留金的约定。承包商在投标书附录中按招标文件提供的信息和要求确认了每次扣留保留金的百分比和保留金限额。每次月进度款支付时扣留的百分比一般为 $5\%\sim10\%$，累计扣留的最高限额为合同价的 $2.5\%\sim5\%$。

② 每次期中支付时扣除的保留金。从首次支付工程进度款开始，用该月承包商完成合格的工程应得款加上因后续法规政策变化的调整和市场价格浮动变化的调价款为基数，乘以合同约定保留金的百分比作为本次工程进度款支付时应扣留的保留金。逐月累计，扣到合同约定保留金的最高限额为止。

③ 保留金的返还。扣留承包商的保留金，分两次返还。

第一次：颁发工程接收证书后的返还。

a. 颁发了整个工程的接收证书时，将保留金的前一半支付给承包商。

b. 如果颁发的接收证书只是限于一个区段或工程的一部分，则：返还金额＝保留金总额×移交工程区段或部分工程的合同价值÷最终合同价值的估算值×40%

第二次：保修期满颁发履约证书后将剩余保留金返还。

a. 整个合同的缺陷通知期满，返还剩余的保留金。

b. 如果颁发的履约证书只限于一个区段或工程的一部分，则在这个区段的缺陷通知期满后，并不全部返还该部分剩余的保留金，则：返还金额＝保留金总额×移交工程区段（或部分工程的合同价值）÷最终合同价值的估算值×40%

合同内以履约保函和保留金两种手段作为约束承包商忠实履行合同义务的措施，当承包商严重违约而使合同不能继续顺利履行时，业主可以凭履约保函向银行获取损害赔偿；而因承包商的一般违约行为令业主蒙受损失时，通常利用保留金补偿损失。履约保函和保留金的约束期均是承包商负有施工义务的责任期限（包括施工期和保修期）。

④ 保留金保函代换保留金。当保留金已累计扣留到保留金限额的 60% 时，为了使承包商有较为充裕的流动资金用于工程施工，可以允许承包商提交保留金保函代换保留金。业主返还保留金限额的 50%，剩余部分待颁发履约证书后再返还。保函金额在颁发接收证书后不进行递减。

微视频11-5：
国际工程合同
保留金扣留
与释放示例

（5）物价浮动对合同价格的调整

对于施工工期较长的合同，为了合理分担市场价格浮动变化对施工成本影响的风险，在合同内要约定调价的方法。通用条款内规定为公式法调价。

① 调价公式：

$$P_n = a + b \times L_n/L_0 + c \times M_n/M_0 + d \times E_n/E_0 + \cdots$$

式中　P_n——第 n 期内所完成的工作以相应货币所估算的合同价值所采用的调整倍数，此期间通常是 1 个月，除非投标函附录中另有规定；

　　　a——在数据调整表中规定的一个系数，代表合同支付中不调整的部分；

　b、c、d——数据调整表中规定的系数，代表与实施工程有关的每项费用因素的估算比例，如分别对应劳务、设备和材料等费用；

L_n、E_n、M_n——第 n 期间时使用的现行费用指数或参照价格，以该期间（具体的支付证书的相关期限）最后一天之前的第 49 天当天，对于相关表中的费用因素适用的费用指数或参照价格确定；

L_0、E_0、L_0——基本费用参数或参照价格。

如果承包商未能在竣工时间内完成工程，则应利用下列指数或价格，对价格作出调整，取其中对业主有利的部分执行。

a. 适用于工程竣工时间期满前的第 49 天的各指数或价格。

b. 现行指数或价格。

② 可调整的内容和基价。承包商在投标书内填写，并在签订合同前的谈判中确定。

③ 延误竣工。分为：

a. 非承包商应负责原因的延误。工程竣工前每一次支付时，调价公式继续有效。

b. 承包商应负责原因的延误。在后续支付时，分别计算应竣工日和实际支付日的调价款，经过对比后按照对业主有利的原则执行。

（6）基准日期（Base Date）后法规变化引起的价格调整

在基准日期（基准日期指递交投标书截止日期前的第 28 天的日期）后，国家的法律、行政法规或国务院有关部门的规章，以及工程所在地的省、自治区、直辖市的地方法规或规章发生变更，导致施工所需的工程费用发生增减变化，工程师与当事人双方协商后可以调整合同金额。如果导致变化的费用包括在调价公式中，则不再予以考虑。较多的情况发生于工程建设承包商需交纳的税费变化，这是当事人双方在签订合同时不可能合理预见的情况，因此可以调整相应的费用。

（7）工程进度款的支付程序

① 工程量计量。工程量清单中所列的工程量仅是对工程的估算量，不能作为承包商完成合同规定施工义务的结算依据。每次支付工程进度款前，均需通过测量来核实实际完成的工程量，以计量值作为支付依据。

采用单价合同的施工工作内容应以计量的数量作为支付进度款的依据。而总价合同或单价包干混合式合同中按总价承包的部分，可以按图纸工程量作为支付依据，仅对变更部分予以计量。

② 承包商提供报表。2017 版系列合同条件规定，承包商应于合同约定的每个支付周期的期末之后，提交期中报表。期中报表应包括以下依次列明的金额，并附支持资料（含进度报告）：

a. 直至支付周期末承包商已完成的工程及提供文件的估价（包括变更工作，但不包括以下第 b～第 j 项），一般应列明前期累计金额、当期金额和截至目前的累计金额；

b. 因法律变化和成本（物价）变化而应进行的调整；

c. 根据约定比例应扣减的保留金，直至保留金到达限额；

d. 应拨付和/或返还的预付款；

e. 拟用于工程的生产设备和材料款的支付和/或返还；

f. 根据合同应增加或扣减的其他金额，包括商定或决定的金额；

g. 属于暂定金额而增加的金额；

h. 应返还的保留金；

i. 因承包商使用业主提供的临时设施而扣减的金额；

j. 所有前期支付证书中被证明应扣减的金额。

③ 工程师签证。工程师接到报表后，对承包商完成的工程形象、项目、质量、数量以及各项价款的计算进行核查。若有疑问时，可要求承包商共同复核工程量。在收到承包商的支付报表后的 28 天内，按核查结果以及总价承包分解表中核实的实际完成情况签发支付证书。工程师可以不签发证书或扣减承包商报表中部分金额的情况包括：

a. 合同内约定有工程师签证的最小金额时，本月应签发的金额小于签证的最小金额，工程师不出具月进度款的支付证书。本月付款接转下月，超过最小签证金额后一并支付。

b. 承包商提供的货物或施工的工程不符合合同要求，可扣发修正或重置相应的费用，直至修整或重置工作完成后再支付。

c. 承包商未能按合同规定进行工作或履行义务，并且工程师已经通知了承包商，则可以扣留该工作或义务的价值，直至工作或义务履行为止。

工程进度款支付证书属于临时支付证书，工程师有权对以前签发过的证书中发现的错、漏或重复提出更改或修正，承包商也有权提出更改或修正，经双方复核同意后，将增加或扣减的金额纳入本次签证中。

④ 业主支付。承包商的报表经过工程师认可并签发工程进度款的支付证书后，业主应在接到证书后及时给承包商付款。业主的付款时间不应超过工程师收到承包商的月进度付款申请单后的 56 天。如果逾期支付将承担延期付款的违约责任，延期付款的利息按银行贷款利率加一定百分比（如 3%）计算。

11.2.4　竣工验收阶段的合同管理

1）竣工检验和移交工程

（1）竣工检验（Tests on Completion）

承包商完成工程并准备好竣工报告所需报送的资料后，应提前 21 天将某一确定的日期通知工程师，说明此日期后已准备好进行竣工检验。工程师应指示在该日期后的 14 天内的某日进行。此项规定同样适用于按合同规定分部移交的工程。

（2）颁发工程接收证书（Taking over Certificate）

工程通过竣工检验达到了合同规定的"基本竣工"要求后，承包商在他认为可以完成移交工作前的 14 天，以书面形式向工程师申请颁发接收证书。基本竣工是指工程已通过竣工检验，能够按照预定目的交给业主占用或使用，而非完成了合同规定的包括扫尾、清理施工现场及不影响工程使用的某些次要部位缺陷修复工作后的最终竣工，剩余工作允许承包商在缺陷通知期内继续完成。这样的规定有助于准确判定承包商是否按合同规定的工期完成了施工义务，也有利于业主尽早使用或占有工程，及时发挥工程效益。

工程师接到承包商申请后的 28 天内，如果认为已满足竣工条件，即可颁发工程接收证书；若不满足，则应书面通知承包商，指出还需完成哪些工作后才达到基本竣工条件。工程接收证书中包括确认工程达到竣工的具体日期。工程接收证书颁发后，不仅表明承包商对该部分工程的施工义务已经完成，而且对工程照管的责任也转移给业主。

2017 版系列合同条件规定，如果工程被划分为若干区段，承包商可针对每一个区段申请接收证书，当合同约定可按区段接收时，需在合同数据中对区段进行定义，并对每一个区段对应的保留金、竣工时间和误期损害赔偿费进行约定。如果业主在颁发接收证书前使用了工程的某一部分，该部分被视为已移交给业主，承包商不再对该部分负有照管责任，此时，业主应立即针对该部分颁发接收证书。如果承包商由于业主接收或使用该部分工程造成了承包商的成本增加，承包商有权根据成本加利润进行相应的索赔。

（3）特殊情况下的证书颁发程序

① 业主提前占用工程。工程师应及时颁发工程接收证书，并确认业主占用日为竣工日。提前占用或使用表明该部分工程已达到竣工要求，对工程的照管责任也相应地转移给业主，但承包商对该部分工程的施工质量缺陷仍负有责任。工程师颁发接收证书后，应尽快给承包商采取必要措施完成竣工检验的机会。

② 因非承包商原因导致不能进行规定的竣工检验。有时也会出现施工已达到竣工条件，但由于不应由承包商负责的主观或客观原因不能进行竣工检验。如果等条件具备，进行竣工试验后再颁发接收证书，既会因推迟竣工时间而影响对承包商是否按期竣工的合理判定，也会产生在这段时间内对该部分工程的使用和照管责任区分不明。针对此种情况，工程师应以本该进行竣工检验日签发工程接收证书，将这部分工程移交给业主照管和使用。工程虽已接收，仍应在缺陷通知期内进行补充检验。当竣工检验条件具备后，承包商应在接到工程师指令进行竣工检验通知的 14 天内完成检验工作。由于非承包商原因导致缺陷通知期内进行的补检，属于承包商在投标阶段不能合理地预见到的情况，该项检查试验比正常检验多支出的费用应由业主承担。

（4）工程照管和保障

工程照管和保障是工程合同的重点问题，2017 版系列合同条件规定了以下内容：工程照管职责、工程照管责任、知识产权与工业产权、承包商对业主的保障、业主对承包商的保障、共同保障等。

2）未能通过竣工检验

（1）重新检验（Retesting）

如果工程或某区段未能通过竣工检验，承包商对缺陷进行修复和改正，在相同条件下应重复进行此类未通过的试验和对任何相关工作的竣工进行检验。

（2）重复检验仍未能通过

当整个工程或某区段未能通过重复竣工检验时，工程师应有权选择以下任何一种处理方法：

① 指示再进行一次重复的竣工检验；

② 如果由于该工程缺陷致使业主基本上无法享用该工程或区段所带来的全部利益，拒收整个工程或区段（视情况而定），在此情况下，业主有权获得承包商的赔偿。赔偿金额包括下列两项：

a. 业主为整个工程或该部分工程（视情况而定）所支付的全部费用以及融资费用；

b. 拆除工程、清理现场和将永久设备和材料退还给承包商所支付的费用。

如果业主同意的话，也可以颁发一份接收证书，折价接收该部分工程。合同价格应按照由于此类失误而给业主造成的减少的价值数额，给予相应的扣减。

3）竣工结算

（1）承包商报送竣工报表（Statement at Completion）

颁发工程接收证书后的 84 天内，承包商应按工程师规定的格式报送竣工报表。报表内容包括：

① 到工程接收证书中指明的竣工日止，根据合同完成全部工作的最终价值。

② 承包商认为应该支付给他的其他款项，如要求的索赔款、应退还的部分保留金等。

③ 承包商认为根据合同应支付给他的估算总额。所谓"估算总额"是这笔金额还未经过工程师审核同意。估算总额应在竣工结算报表中单独列出，以便工程师签发支付证书。

（2）竣工结算与支付

工程师接到竣工报表后，应对照竣工图进行工程量详细核算，对其他支付要求进行审查，然后再依据检查结果签署竣工结算的支付证书。此项签证工作，工程师也应在收到竣工报表后的 28 天内完成。业主依据工程师的签证予以支付。

11.2.5　缺陷通知期阶段的合同管理

1）工程缺陷责任（Defects Liability）

（1）承包商在缺陷通知期内所应承担的义务

工程师在缺陷通知期内可就以下事项向承包商发布指令：

① 将不符合合同规定的永久设备或材料从现场移走并进行替换。

② 将不符合合同规定的工程拆除并重建。

③ 实施任何因保护工程安全而需进行的紧急工作，不论事件起因于事故，还是不可预见的事件或其他事件。

（2）承包商的补救义务

承包商应在工程师指令的合理时间内完成上述工作。若承包商未能遵守指令，业主有权雇用其他人实施并予以付款。如果属于承包商应承担的责任范围，业主有权按照业主索赔的程序向承包商追偿。

（3）缺陷修补费用承担

2017 版系列合同条件规定，业主接收工程后，在缺陷通知期内，如果出现了缺陷或损害，由承包商进行修补，修补工作完成后，修补和重新试验的费用由缺陷的责任方承担。在缺陷通知期内，如果承包商认为有必要在现场外修复生产设备，承包商应通知业主请求同意。作为同意的条件，业主可以要求承包商提交与生产设备价值相当的保函。

如果缺陷是由以下原因之一导致的，调查缺陷和修补缺陷的费用应由承包商承担：

①非业主负责的设计；②生产设备、材料或工艺不符合合同；③由承包商原因导致的不当操作或维护；④承包商未遵守合同下的其他义务造成的。

如果缺陷是由其他原因导致的，承包商有权索赔调查成本加利润，此时缺陷修补工作可视为工程师根据变更条款指令的变更。如果承包商无故延误修补工作，且该缺陷修补工作本应由承包商承担费用，业主有权向承包商索赔修补费用，且有权通过索赔获得性能赔偿费，甚至可以终止合同。

2）履约证书（Performance Certificate）

履约证书是承包商已按合同规定完成全部施工义务的证明，因此，该证书颁发后工程师就无权再指示承包商进行任何施工工作，承包商即可办理最终结算手续。缺陷通知期内，工程圆满地通过运行考验，工程师应在期满后的 28 天内，向业主签发解除承包商承担工程缺陷责任的证书，并将副本送给承包商。但此时仅意味承包商与合同有关的实际义务已经完成，而合同尚未终止，剩余双方的合同义务只限于财务和管理方面的内容。业主应在证书颁发后的 14 天内，退还承包商的履约保证书。

缺陷通知期满时，如果工程师认为还存在影响工程运行或使用的较大缺陷，可以延长缺陷通知期，推迟颁发证书，但缺陷通知期的延长不应超过竣工日后的 2 年。

3）最终结算（Final Settlement）

最终结算是指颁发履约证书后，对承包商完成全部工作价值的详细结算，以及根据合同条件对应付给承包商的其他费用进行核实，确定合同的最终价格。

颁发履约证书后的 56 天内，承包商应向工程师提交最终报表草案，以及工程师要求提交的有关资料。最终报表草案要详细说明根据合同完成的全部工程价值和承包商依据合同认为还应支付给他的任何进一步款项，如剩余的保留金及缺陷通知期内发生的索赔费用等。

微视频11-6：
国际工程合同
管理实务

工程师审核后与承包商协商，对最终报表草案进行适当的补充或修改后形成最终报表。承包商将最终报表送交工程师的同时，还需向业主提交一份"结清单"（Written Discharge），进一步证实最终报表中的支付总额，作为同意与业主终止合同关系的书面文件。工程师在接到最终报表和结清单附件后的 28 天内签发最终支付证书（Final Payment Certificate），业主应在收到证书后的 56 天内支付。只有当业主按照最终支付证书的金额予以支付并退还履约保函后，结清单才能生效，承包商的索赔权也即行终止。

11.2.6　索赔与争端管理

1）索赔管理

（1）索赔与变更的区别

2017 版系列合同条件将变更和索赔处理程序明确分开，如果合同双方就变更或索赔事项不能协商解决，均直接进入争端处理程序，经争端解决程序仍不能达成一致的，最终只能进入仲裁程序。在工程实践中，经常因为将变更与索赔混淆，最终导致处理不当。在确定是进入变更程序还是索赔程序之前，首先要识别和确定是变更还是索赔，主要应考虑两个问题：是否对工程本身造成了实质性改变；是否按合同规定的要求发出了索赔意向通知，或是业主方是否已经发布变更指令。

（2）索赔类型

2017 版系列合同条件中将索赔分为三种类型：

① 第一类索赔，业主关于额外费用增加（或合同价格的扣减）以及缺陷通知期延长的索赔；

② 第二类索赔，承包商关于额外费用增加和（或）工期延长的索赔；

③ 第三类索赔，合同一方向另一方要求或主张其他任何方面的权利或救济，包括对

工程师（业主）给出的任何证书、决定、指示、通知、意见或估计等相关事宜的索赔，但不包括上述第一类和第二类索赔有关的权利。

（3）索赔时效

2017 版系列合同条件将 1999 版的业主向承包商的索赔与承包商向业主的索赔程序合并为同一程序，并设置了两个索赔时效要求：

① 要求索赔方在规定的时间内发出索赔意向通知书；

② 要求索赔方在索赔事件影响结束后，在规定的时间内提交索赔报告。

如果超过了规定的时间，索赔方仍可申诉理由，如果工程师（或业主代表）认为理由成立，索赔仍可视为有效，这加大了工程师或业主代表的权力，但也使索赔的处理过程变得复杂且不确定。

2）合同终止

合同终止是工程项目合同实施过程中出现的极端情况，一旦发生，后果可能很严重。2017 版系列合同条件分别从［由业主终止］和［由承包商终止］规定了合同终止时的处理程序。合同终止的情况有：

（1）由于承包商违约，业主终止合同；

（2）由于业主违约，承包商终止合同（含业主不能按时付款和业主自行终止）；

（3）外部因素造成的合同终止（如法律变化或其他外部因素造成的终止）。

3）责任限度

责任限度是合同双方关注的重点和难点问题，2017 版系列合同条件规定了合同双方的责任限度。责任方对另一受害方直接损失的赔偿责任限于合同约定的如下几个方面：

（1）误期损害赔偿；

（2）变更指令；

（3）业主自便终止后的支付；

（4）承包商终止后的支付；

（5）知识产权与工业产权；

（6）承包商的保障；

（7）业主的保障。

承包商的责任限度不包含：业主提供的材料和业主的施工设备、临时公用设施、知识产权与工业产权、承包商的保障等所涉及的费用。承包商承担的总体合同责任不能超过合同数据中约定的责任额度，若没有约定，即默认为中标合同额。若属于合同某一方的欺诈、严重渎职、故意违约、毫无顾忌地行为不轨，则不在本条款责任限度的范围之内。

4）争端解决

2017 版系列合同条件设置了争端解决替代方式（Alternative Disputes Resolution，简称 ADR）中的一种 DAAB，要求双方在正式签订合同之初就要成立，DAAB 相关规定的要点包括：DAAB 的成员要求、责任与权力、成立与解散、争端解决程序，以及 DAAB 与仲裁等。

5）仲裁

由于仲裁的经济性、专业性和快捷性等优势，且仲裁裁决具有法律约束力，仲裁常常是合同双方争端的最终解决方式，仲裁的要点包括：仲裁

微视频11-7：
国际工程合同
争议解决案例

地点、规则、语言、仲裁员的选择，以及仲裁的执行等。

11.3　FIDIC 总承包合同条件及管理

FIDIC 总承包合同条件主要包括《生产设备与设计—施工合同条件》（Conditions of Contract for Plant and Design Build）（新黄皮书）、《设计采购施工（EPC）/交钥匙工程合同条件》（Conditions of Contract for EPC/Turnkey Projects）（银皮书）、《设计—建造与运营项目合同条件》（Conditions of Contract for Design，Build and Operate Projects）（金皮书）。

《生产设备与设计—施工合同条件》（新黄皮书）：主要用于电气和（或）机械设备供货、建筑或工程的设计与施工。这种合同通常的情况是由承包商按照业主要求，设计和提供生产设备和（或）其他工程，可以包括土木、机械、电气和（或）构筑物的任何组合。FIDIC《生产设备与设计—施工合同条件》是 1988 年出版的《电气与机械工程合同条件》（黄皮书）与 1995 年出版的《设计—建造与交钥匙工程合同条件》（橘皮书）基础上重新编写的。与新红皮书一样有 20 条（170 款），其中 80％的条款的名称及内容是相同的。

《设计采购施工（EPC）/交钥匙工程合同条件》（银皮书）：FIDIC《设计采购施工（EPC）/交钥匙工程合同条件》（1999 年第 1 版）是在 1995 年《设计—建造与交钥匙工程合同条件》（橘皮书）的基础上重新编写的。"银皮书"适用于以交钥匙方式为业主承建工厂、电力、石油开发以及基础设施的"设计—采购—施工"的总承包项目。这种模式适用于业主希望事先能确定工程项目的总价和工期，为此宁愿承包商报出较高的价格，但也要承担较大的风险。不少私人融资项目以及一些国家的公共部门都趋向采用此类模式。"银皮书"通用条件共有 20 条（166 款）。

《设计—建造与运营项目合同条件》（2008 年第 1 版）（金皮书）是在 1999 年《生产设备与设计—施工合同条件》（新黄皮书）的基础上，加入了有关运营和维护的要求和内容编写的。与"设计—建造"（DB）模式相比，"设计—建造—运营"（DBO）模式的主要特点是将项目的设计、施工以及长期的运营和维护工作，一并交给一个承包商来完成。对业主来说，这一模式易于保证项目在运营期满前一直处于良好的运营状态，减少由于设计失误或建造质量差等原因导致在缺陷通知期（DBO 用"保留期"）期满后出现的各种问题和造成的损失。在 DBO 模式下，承包商不仅负责项目的设计和建造，而且负责在项目建成后提供持续性的运营服务，这将鼓励承包商在进行设计的同时考虑项目的建造费用和运营费用，采用工程项目全生命期费用管理的理念，以实现全生命期的费用控制目标。

以下主要介绍《生产设备与设计—施工合同条件》（新黄皮书）与新红皮书不同的条款。

（1）业主的要求（Employer's Requirements）

业主的要求——"输出规范"，即业主想从项目得到的东西。取消了对工程师公正性的要求，移除了工程师的设计责任。留给工程师的工作是代表业主以提纲的格式拟定工程的程度、范围、目标、初步设计或概念设计以及其他的技术细节、规范、放线详细资料、要求的检验制度和项目设计、施工、操作和维护的原则。提纲的格式和技术细节应在"业主的要求"中明确规定，这是新黄皮书引入的新条款。"业主的要求"对于理解黄皮书非常关键。它是"合同"定义的一部分，在通用条款中有 24 个子款明确提到了该文件。如果由于"业主的要求"中的错误，导致承包商延误工期、费用增加，承包商可以据此提出索赔。

在实践中，起草"业主的要求"是项目成功或失败的主要原因，也是产生争端的主要来源。需要在众多的对比特征中权衡和考虑。

① 业主的要求应当是完备的，包括要求的形状、类型、质量、偏差、功能型标准、安全标准以及对永久工程终身费用限制的所有参数；在施工期间和施工后必须成功通过的检验；永久工程的预期和规定的性能；设计周期和持续期；完工后如何操作和维护；提交的手册；提供备件的详细资料和费用。但工程师对参数的规定不能限制承包商的设计创新能力，不能对承包商的设计义务有所影响。

② 必须明确定义业主要求的内容，但又足够灵活，可以吸收承包商设计、施工专业的有创造性的意见，发挥设计建造合同的长处。

③ 业主的要求应该让业主选择最合适的投标人，但又不要求在投标阶段让投标人正确地选择承包商所需的必要信息以外的信息。

④ 业主的要求必须足够详细，从而可以确定项目的目标，但又不限制承包商对工程进行适当设计的能力，或寻求最合适解决方案的创造力，并能对投标人的设计进行评估。

（2）设计（Design）

① 承包商的一般设计义务。

新黄皮书适用承包商负责全部或大部分设计的项目。一般将设计分为三个阶段：

a. 业主（代表）进行的概念设计，约占设计的 10%；包含在"业主的要求"中；

b. 每个投标人进行的初步设计，包含在投标书中（包括永久设备和设计建造的建议书）；

c. 最后的施工图设计（承包商的文件），包括两个阶段：总体布置图和详细施工图。承包商的文件包括计算书、计算机软件（程序）、图纸、手册、模型等，可能需要提交业主审核或批准。

承包商应按"业主的要求"中的标准进行设计，并对设计负责。承包商的设计人员或设计分包商应具备必需的经验和能力，承包商应将拟雇用的设计人员或设计分包商名单及详细情况提交工程师，并取得其同意。

当收到开工通知后，承包商应仔细检查业主的要求，包括设计标准及计算书，以及放线的基准依据等。如发现错误，应在投标书附录规定的期限内通知工程师，工程师应决定是否将变更通知承包商。如果这些错误是一个有经验的承包商在提交投标书前本应可以发现而未能发现的，则不能给予工期和费用调整。

② 业主对"承包商的文件"编制要求。

承包商的文件包括：业主的要求中规定的技术文件、满足法规要求报批的文件、竣工文件，以及操作和维修手册等。

如业主的要求中规定承包商的文件应提交工程师审核或批准时，则应按规定提交，工程师的审核期一般不超过 21 天。对于需要提交工程师审批的文件：

a. 工程师应通知承包商是否批准，如承包商在审核期满时仍未收到工程师的通知，则应视为工程师已批准该文件。在工程师批准前，相应部分的工程不能开工。

b. 若承包商希望修改已提交的文件，应立即通知工程师，并按上述程序将修改的文件报工程师。工程师可指示承包商编制进一步的文件。

任何此类审批不解除承包商的任何义务和责任。如果承包商的文件中出现错误、缺陷、不一致等问题，即使已得到批准或同意，也应由承包商自行修正。

③ 承包商在设计过程中应遵循的基本原则。

承包商应承诺其设计、文件、施工和竣工的工程符合工程所在国的法律以及包括变更的合同的各项文件。承包商的设计、文件、施工和竣工应符合工程所在国的技术标准，建筑、施工和环境方面的法律，工程产品的法律，以及业主的要求中规定的相关标准。上述法律为业主接收工程时通行的法律，标准为基准日期所适用的版本，如在基准日期后版本有修改或更新，承包商应通知工程师，并提交建议书，如工程师认为需要修改，则构成变更。

④ 承包商在工程移交前必须提交的文件。

承包商应编制一套完整的竣工记录保存在现场，并应在竣工检验开始前提交给工程师两套副本。承包商还应按工程师的要求提交竣工图给工程师审核。在颁发接收证书前，承包商应按业主的要求中的规定向工程师提交竣工图的副本，否则不能认为工程已完工，也不能接收。

在竣工检验开始前，承包商应向工程师提交暂行的操作和维修手册，其详细程度应能达到业主操作和调试生产设备的要求。在工程师收到此手册的最终版本以及业主的要求，为此目的规定的其他手册前，不能认为工程已按接受要求竣工。

承包商应根据业主的要求中的具体规定，对业主的人员进行操作和维修培训。如合同有规定，在培训完成前，不能认为工程已竣工。

（3）竣工检验（Tests on Completion）

承包商在按照"竣工文件"和"操作和维修手册"的规定提交各种文件后进行竣工检验，承包商应提前 21 天将可以进行每项竣工检验的日期通知工程师，检验应在该日期后的 14 天内，由工程师指定的日期进行。除专用条款中另有说明外，竣工检验应按下列顺序进行：

① 启动前检验。应包括适当的检查和（"干"或"冷"）性能检验，以证明每项生产设备都能安全地承受下一个阶段的启动检验。

② 启动检验。包括规定的运行检验，以证明工程或区段能在所有可应用的操作条件下安全运行。

③ 试运行。证明工程或区段运行可靠，符合合同要求。

试运行不构成业主的验收，除另有说明外，试运行期间生产的产品属于业主。

（4）修补缺陷的费用（Costs of Remedying Defects）

以下原因造成的缺陷，由承包商承担风险和费用：

① 工程设计，由业主负责的部分设计除外。

② 生产设备、材料和工艺不符合合同的要求。

③ 涉及培训、竣工文件以及操作和维修手册等，由承包商负责的事项所产生的不当操作或维修。

④ 承包商未遵守任何其他义务。

上述原因以外造成的缺陷，业主应立即通知承包商修复并按照变更处理。

（5）竣工后检验（Tests after Completion）

① 竣工后检验的程序。

若合同规定了竣工后检验，则业主应：

a. 为竣工后检验提供必要的电力、设备、燃料、仪器、劳动力、材料以及有资质和经验的人员；

b. 按照承包商提供的操作和维修手册进行竣工后检验，可要求承包商参加并给予指导。

此类检验应在工程或区段被业主接收后的合理、可行的时间内尽快进行，业主应提前21 天将可以开始进行竣工后检验的日期通知承包商，除非另有商定，这些检验应在该日期后的 14 天内由业主决定的日期进行。如承包商未参加，业主可自行进行该检验，承包商应承认该检验结果。竣工后的检验由双方共同整理并评价该检验结果，评价时应考虑业主提前使用该工程的影响。

② 延误的检验。

如因业主的原因拖延了竣工后的检验，从而导致承包商产生了额外的费用，承包商可向工程师提出费用索赔和利润。如因非承包商原因，竣工后检验未能在缺陷通知期或双方商定的期限内完成，则应视为工程或区段的竣工后检验已完成。

③ 重复检验。

如果工程或某区段未能通过竣工后检验，承包商应按合同要求修复缺陷。其后，任何一方均可要求按原来的条件再重复进行竣工后检验。如果未通过且重新检验是由于承包商的设计、工艺、材料、生产设备引起的，并导致了业主的额外费用，业主可提出索赔。

④ 未能通过竣工后检验。

如果工程或区段未能通过竣工后检验，则：

a. 若在合同中规定了相应的损害赔偿费，当承包商在缺陷通知期内向业主支付了此笔费用，则可认为已通过了竣工后检验。

b. 如承包商提议对工程或区段进行调整或修正，他需要报告业主，在业主同意的时间内才能进入并进行调整或修正，如在缺陷通知期内业主未给予答复，则可以认为已通过了竣工后的检验。

如果承包商申请进入工程或生产设备去调查未通过竣工后检验的原因，或进行调整或修正，业主无故延误给予许可，导致承包商的额外费用，承包商有权通知工程师索赔相应费用和利润，工程师应就此作出决定。

（6）变更和调整（Variations and Adjustments）

① 有权变更。

在颁发接收证书前，工程师有权变更，并可要求承包商就变更提出建议书，但变更不应包括准备交给他人实施的任何工作的删减。承包商应执行变更指令，但以下情况除外：

a. 如果不能得到相应的货物；

b. 变更将降低工程的安全性或适用性；

c. 对于保证表的完成产生不利影响时。

此时承包商可暂不执行，并应迅速通知业主，业主收到通知后应取消，或确认，或改变原来的指示。

② 价值工程。

承包商可随时向工程师提交建议书，只要他认为此建议可以缩短工期、降低造价、提高工程运行效率和（或）价值，或对业主产生其他效益。承包商应自费编制此建议书。

③ 变更程序。

如果工程师在发布变更指令前要求承包商提交建议书，他应尽快提交。建议书包括：变更工作的实施方法和计划；对工程总进度计划的调整以及变更费用的估算。工程师收到建议书后应尽快表态，此时承包商应照常工作。对每次变更，工程师应按照合同规定，商定或确定调整合同价格（包括利润）和付款计划表，并应考虑承包商提交的价值工程的建议。

（7）合同价格和支付（The Contract Price and Payment）

① 合同价格。

除专用条件另有规定外：

a. 合同价格应以中标合同金额为总价包干，但可按合同规定调整；

b. 承包商应支付合同要求其支付的一切税费，但立法变更时允许调整；

c. 资料表中可能给出的任何工程量是估计值，不能作为要求承包商实施工程的实际工程量；

d. 资料表中可能给出的任何工程量或价格仅应用于资料表说明的用途，不一定适用于其他目的。

如果工程的任何部分是按实际工程量进行支付，应遵循专用条件规定，并相应调整和决定合同价格。

② 申请期中支付证书。

承包商应按合同规定的支付期限的最后一天（如无规定，则在每个月月末）。之后，按工程师同意的格式向他提交一式 6 份的月报表，列出自己认为有权获得的款额，同时附上进度报告等证明文件。月报表的内容和顺序如下：

a. 截至月末，已实施的工程和承包商的估算合同价值（包括变更）；

b. 立法变动和费用波动导致的增减款额；

c. 保留金的扣除：按投标书附录规定的百分比乘以上述两项款额之和，一直扣到保留金限额为止；

d. 预付款的支付与扣还；

e. 为生产设备和材料的预支款和扣除还款；

f. 其他应追加或减扣的款项（如索赔款等）；

g. 扣除所有以前支付证书中已经确认的款额。

③ 保留金的支付。

工程师签发接收证书后，支付保留金的 50%。

（8）争议（Disputes）

争端裁决委员会（DAB）的任命是临时的，即只有在争议发生时才任命。在一方向另一方提交争议意向通知书后的 28 天内，双方联合任命 DAB 成员，当他们对争议作出决定时，"临时 DAB"成员的任期即期满。而红皮书是常设 DAB，在投标书附录中规定的时间内任命，其默认时间是开工日期后的 28 天内。

11.4   FIDIC 分包合同条件及管理

FIDIC 编制的是与《施工合同条件》配套使用的分包合同文本。分包合同条件可用于承包商与其选定的分包商，或与雇主选择的指定分包商签订的合同。分包合同条件的特点是，既要保持与主合同条件中分包工程部分规定的权利义务约定一致，又要区分负责实施分包工作当事人改变，后两个合同之间的差异。

11.4.1   分包合同的订立管理

1）分包合同的特点

分包合同是承包商将主合同内对雇主承担义务的部分工作交给分包商实施，双方约定相互之间的权利义务的合同。分包工程既是主合同的一部分，又是承包商与分包商签订合同的标的物，但分包商完成这部分工作的过程中仅对承包商承担责任。由于分包工程同时存在于主从两个合同内的特点，承包商又居于两个合同当事人的特殊地位，因此承包商会将主合同中对分包工程承担的风险在分包合同内以条款约定的形式合理地转移给分包商。

2）分包合同的订立

承包商可以采用邀请招标或议标的方式与分包商签订分包合同。

（1）分包工程的合同价格

承包商采用邀请招标或议标方式选择分包商时，通常要求对方就分包工程进行报价，然后与其协商，进而形成合同。分包合同的价格应为承包商发出"中标通知书"中接受的价格。由于承包商在分包合同履行过程中负有对分包商的施工进行监督、管理、协调等责任，应收取相应的分包管理费，并非将主合同中该部分工程的价格都转付给分包商，因此分包合同的价格不一定等于主合同中所约定的该部分工程价格。

（2）分包商应充分了解主合同对分包工程规定的义务

签订合同过程中，为了能让分包商合理预计分包工程施工中可能承担的风险，以及分包工程的施工能够满足主合同要求顺利进行，应使分包商充分了解在分包合同中应承担的义务。承包商除了提供分包工程范围内的合同条件、图纸、技术规范和工程量清单外，还应提供主合同的投标书附录、专用条件的副本及通用条件中任何不同于标准化范本条款规定的细节。承包商应允许分包商查阅主合同，或应分包商的要求提供一份主合同副本。但以上允许查阅和提供的文件中，不包括主合同中的工程量清单及承包商的报价细节。因为在主合同中分包工程的价格是承包商合理预计风险后，在自己的施工组织方案的基础上对雇主进行的报价，而分包商则应根据对分包合同的理解向承包商报价。

3）划分分包合同责任的基本原则

为了保护当事人双方的合法权益，分包合同通用条件中明确规定了双方履行合同中应遵循的基本原则。

（1）保护承包商的合法权益不受损害

① 分包商应承担并履行与分包工程有关的主合同，其中规定了承包商的所有义务和责任，保障承包商免于承担由于分包商的违约行为带给自己的连带责任。雇主可根据主合

同，要求承包商负责的损害赔偿或任何第三方的索赔。如果发生此类情况，承包商可以从应付给分包商的款项中扣除这笔金额，且不排除采用其他方法弥补所受到的损失。

②不论是承包商选择的分包商，还是雇主选定的指定分包商，均不允许与雇主有任何私下的约定。

③为了约束分包商忠实履行合同义务，承包商可以要求分包商提供相应的履约保函。当工程师颁发履约证书后的28天内，将保函退还分包商。

④没有征得承包商的同意，分包商不得将任何部分转让或分包出去。但分包合同条件也明确规定，属于提供劳务和按合同规定标准采购材料的分包行为，可以不经过承包商批准。

（2）保护分包商合法权益的规定

①任何不应由分包商承担责任的事件所导致的竣工期限延长、施工成本增加和修复缺陷的费用，均应由承包商给予补偿。

②承包商应保障分包商免于承担因非分包商责任引起的索赔、诉讼或损害赔偿，保障程度应与雇主按主合同保障承包商的程度相类似（但不超过此程度）。

11.4.2 分包合同的履行管理

1）分包合同的管理关系

分包工程的施工涉及两个合同，因此比主合同的管理复杂。

（1）雇主对分包合同的管理。雇主不是分包合同的当事人，对分包合同权利义务如何约定也不参与意见，与分包商没有任何合同关系。但作为工程项目的投资方和施工合同的当事人，他对分包合同的管理主要表现为对分包工程的批准。

（2）工程师对分包合同的管理。工程师仅与承包商建立监理与被监理的关系，对分包商在现场的施工不承担协调管理的义务。工程师依据主合同对分包工作内容及分包商的资质进行审查，行使确认权或否定权；对分包商使用的材料、施工工艺、工程质量进行监督管理。为了准确地区分合同责任，工程师就分包工程施工发布的任何指示均应发给承包商。分包合同内明确规定，分包商接到工程师的指示后不能立即执行，需要得到承包商的同意才可实施。

（3）承包商对分包合同的管理。承包商作为两个合同的当事人，不仅对雇主承担整个合同工程按预期目标实现的义务，还对分包工程的实施负有全面管理的责任。承包商需委派代表对分包商的施工进行监督、管理和协调，承担如同主合同履行过程中工程师的职责。承包商的管理工作主要通过发布一系列指示来实现。接到工程师就分包工程发布的指示后，应将其要求列入自己的管理工作内容，并及时以书面确认的形式转发给分包商令其遵照执行。也可以根据现场的实际情况自主地发布有关的协调、管理指令。

2）分包工程的支付管理

分包合同履行过程中的施工进度和质量管理的内容与施工合同管理基本一致，但支付管理由于涉及两个合同的管理，与施工合同不尽相同。无论是施工期内的阶段支付，还是竣工后的结算支付，承包商都要进行两个合同的支付管理。

（1）分包合同的支付程序。分包商在合同约定的日期，向承包商报送该阶段施工的支付报表。承包商代表经过审核后，将其列入主合同的支付报表内一并提交工程师批准。承包商应在分包合同约定的时间内支付分包工程款，逾期支付要计算拖期利息。

（2）承包商代表对支付报表的审查。接到分包商的支付报表后，承包商代表首先对照分包合同工程量清单中的工作项目、单价或价格，复核取费的合理性和计算的正确性，并依据分包合同的约定扣除预付款、保留金、对分包工程施工支持的实际应收款项、分包管理费等。之后，核准该阶段应付给分包商的金额。然后，再将分包工程完成工作的项目内容及工程量，按主合同工程量清单中的取费标准计算，填入向工程师报送的支付报表内。

（3）承包商不承担逾期付款责任的情况。工程师不认可分包商报表中的某些款项；雇主拖延支付给承包商经过工程师签证后的应付款；分包商、承包商或与雇主之间因涉及工程量或报表中某些支付要求，发生争议。这三种情况，承包商代表在应付款日之前及时将扣发或缓发分包工程款的理由通知分包商，则不承担逾期付款责任。

3）分包工程变更管理

承包商代表接到工程师依据主合同发布的涉及分包工程变更指令后，以书面确认的方式通知分包商，也有权根据工程的实际进展情况自主发布有关变更指令的。

分包商执行了工程师发布的变更指令，进行变更工程量计量及对变更工程进行估价时应请分包商参加，以便合理确定分包商所应获得的补偿款额和工期延长时间。承包商依据分包合同单独发布的指令，大多与主合同没有关系，通常属于增加或减少分包合同规定的部分工作内容；为了整个合同工程的顺利实施，改变分包商原定的施工方法、作业次序或时间等。若变更指令的起因不属于分包商的责任，承包商应给分包商相应的费用补偿和分包合同工期的顺延。如果工期不能顺延，则要考虑赶工措施及相应的费用。进行变更工程估价时，应参考分包合同工程量表中相同或类似工作的费率来核定。如果没有可参考项目，或表中的价格不适用于变更工程时，应通过协商确定一个公平合理的费用，加到分包合同价格内。

4）分包合同的索赔管理

分包合同履行过程中，当分包商认为自己的合法权益受到损害，不论事件的责任起因是雇主或是工程师，还是承包商应承担的义务，他都只能向承包商提出索赔要求，并将事件发生后的现场同期记录保存好。

（1）应由雇主承担责任的索赔事件。分包商向承包商提出索赔要求后，承包商应首先分析事件的起因和影响，并依据两个合同判明责任。如果认为分包商的索赔要求合理，且原因属于主合同约定，应由雇主承担风险责任或行为责任的事件，要及时按照主合同规定的索赔程序，以承包商的名义就该事件向工程师递交索赔报告。承包商应定期将此项索赔所采取的步骤和进展情况通报分包商。这类事件可能是：

① 应由雇主承担风险的事件，如施工中遇到了不利的外界障碍或施工图纸出现错误等；

② 雇主的违约行为，如拖延支付工程款等；

③ 工程师的失职行为，如发布错误的指令、协调管理不利，导致对分包工程施工的干扰等；

④ 执行工程师发布指令后各方对补偿不满意，如对变更工程的估价相关方认为过少等。

如果事件的影响仅使分包商受到损害，承包商的行为属于代为索赔。若承包商就同一事件也受到了损害，分包商的索赔就作为承包商索赔要求的一部分。索赔获得批准，顺延的工期加到分包合同工期上去，得到支付的索赔款按照公平、合理的原则转交给分包商。

承包商处理这类分包商索赔时还应注意两个基本原则：一是从雇主处获得批准的索赔款，是承包商就该索赔要求分包商承担责任的先决条件；二是分包商没有按规定的程序及时提出索赔，导致承包商不能按主合同规定的程序提出索赔，不仅不承担责任，而且为了减小事件的影响，承包商为分包商采取的任何补救措施所产生的费用，由分包商承担。

（2）应由承包商承担责任的事件。此类索赔产生于承包商与分包商之间，工程师不参与索赔的处理，双方应通过协商加以解决。原因往往是由于承包商的违约行为或分包商执行承包商代表的指令所导致的。分包商按规定程序提出索赔后，承包商代表要客观地分析事件的起因和产生的实际损害，然后依据分包合同分清责任。

复习思考题

1. 谈谈 FIDIC《土木工程施工合同条件》的特点和适用范围。

2. FIDIC 施工合同条件中，在合同履行过程中划分了几个重要的期限？

3. 试分析 FIDIC 条件下合同履行的担保方式、内容和特点。

4. 试分析 FIDIC《土木工程施工合同条件》中业主和承包商承担的风险。

5. 试分析 FIDIC 条件下最终结算的合同价与中标函注明的合同价可能不相等的原因。

6. 哪些情况属于工程变更？变更估价应遵循哪些原则？

7. 指定分包商与一般分包商有哪些区别？结合中国实际谈谈应如何选择指定分包商。

8. FIDIC《土木工程施工合同条件》中对质量控制作了哪些规定？

9. 中期支付工程进度款时，应如何核定本月应支付给承包商的款额？

10.《土木工程施工合同条件》支付程序与《建设工程施工合同（示范文本）》有哪些差异？

11. 试分析工程接收证书和履约证书有何作用。

12. 结合国际工程实际，试绘制保留金的扣留与释放图。

13. 试分析 FIDIC 总承包合同条件的适用范围、特点以及与《土木工程施工合同条件》之间的区别。

14. 分包商的索赔可能来源于哪些原因？

云测试11-8：
第11章课程内容
测试及解题分析

建
设
工
程
索
赔
及
管
理

12.1　建设工程索赔基本理论

12.1.1　索赔的基本概念

工程索赔在国际建筑市场上是合同当事人保护自身正当权益、弥补工程损失、提高经济效益的重要和有效的手段。许多国际工程项目，承包商通过成功的索赔能使工程收入增加，达到工程造价的 5%～10%，甚至有些工程的索赔额超过了合同额本身。"中标靠低价，盈利靠索赔"便是许多国际承包商的经验总结。索赔管理以其本身花费较小、经济效果明显而受到承包商的高度重视。在我国，由于对工程索赔的认识尚不够全面、正确，在有些地区、部门或行业，还不同程度地存在着业主忌讳索赔、不准索赔，承包商索赔意识不强、不敢索赔、不会索赔，而监理工程师不懂如何正确处理索赔工作等现象。因此，应当加强对索赔理论和方法的研究，在工程实践中健康地开展工程索赔工作。

1）索赔的概念及特点

（1）索赔含义

索赔（Claim）一词具有较为广泛的含义，其一般含义是指对某事、某物权利的一种主张、要求、坚持等。工程索赔通常是指在工程合同履行过程中，合同当事人一方因非自身责任或对方不履行或未能正确履行合同而受到经济损失或权利损害时，通过一定的合法程序向对方提出经济或时间补偿的要求。索赔是一种正当的权利要求，它是发包人、工程师和承包人之间一项正常的、大量发生且普遍存在的合同管理业务，是一种以法律和合同为依据的、合情合理的行为。

（2）索赔特征

① 索赔是双向的，不仅承包人可以向发包人索赔，发包人同样也可以向承包人索赔。由于实践中发包人向承包人索赔发生的频率相对较低，而且在索赔处理中，发包人始终处于主动和有利的地位，他可以直接从应付工程款中扣抵或没收履约保函、扣留保留金甚至留置承包商的材料设备作为抵押等，来实现自己的索赔要求。因此在工程实践中，大量

发生的、处理比较困难的是承包人向发包人的索赔，也是索赔管理的主要对象和重点内容。承包人的索赔范围非常广泛，一般认为只要因非承包人自身责任造成工程工期延长或成本增加，都有可能向发包人提出索赔。

② 只有实际发生了经济损失或权利损害，一方才能向对方索赔。经济损失是指发生了合同外的额外支出，如人工费、材料费、机械费、管理费等额外开支；权利损害是指虽然没有经济上的损失，但造成了一方权利上的损害，如由于恶劣气候条件对工程进度的不利影响，承包人有权要求工期延长等。因此，发生了实际的经济损失或权利损害，应是一方提出索赔的一个基本前提条件。

③ 索赔是一种未经对方确认的单方行为，它与工程签证不同。在施工过程中签证是承发包双方就额外费用补偿或工期延长等达成一致的书面证明材料和补充协议，它可以直接作为工程款结算或最终增减工程造价的依据，而索赔则是单方面的行为，对对方尚未形成约束力，这种索赔要求能否得到最终实现，必须通过确认（如双方协商、谈判、调解或仲裁、诉讼）后才能实现。

归纳起来，索赔具有如下一些本质特征：

① 索赔是要求给予补偿（赔偿）的一种权利、主张。

② 索赔的依据是法律法规、合同文件及工程建设惯例，但主要是合同文件。

③ 索赔是因非自身原因导致的，要求索赔一方没有过错。

④ 与原合同相比，已经发生了额外的经济损失或工期损害。

⑤ 索赔必须有切实有效的证据。

⑥ 索赔是单方行为，双方还没有达成协议。

实质上索赔的性质属于经济补偿行为，而不是惩罚。索赔是一种正当的权利或要求，是合情、合理、合法的行为，它是在正确履行合同的基础上争取合理的偿付，不是无中生有、无理争利。索赔同守约、合作并不矛盾、对立，只要是符合有关规定的、合法的或者符合有关惯例的，就应该理直气壮、主动地向对方索赔。大部分索赔都可以通过和解或调解等方式获得解决，只有在双方坚持己见而无法达成一致时才会提交仲裁或诉诸法院求得解决，即使诉诸法律程序，也应当被看成是遵法守约的正当行为。索赔的关键在于"索"，你不"索"，对方就没有任何义务主动地来"赔"。同样，"索"得乏力、无力，即索赔依据不充分、证据不足、方式方法不当，也是很难成功的。国际工程的实践经验告诉我们，一个不敢索赔、不会索赔的承包人最终是要亏损的。

（3）索赔与违约责任的区别

① 索赔事件的发生，不一定在合同文件中有约定；而工程合同的违约责任，则必然是合同所约定的。

② 索赔事件的发生，可以是一定行为造成（包括作为和不作为），也可以是不可抗力事件所引起的；而追究违约责任，必须要有合同不能履行或不能完全履行的违约事实的存在，发生不可抗力可以免除追究当事人的违约责任。

③ 索赔事件的发生，可以是合同当事人一方引起，也可以是任何第三人的行为引起；而违反合同则是由于当事人一方或双方的过错造成的。

④ 一定要有造成损失的结果才能提出索赔，因此索赔具有补偿性；而合同违约不一定要造成损失结果，因为违约具有惩罚性。

⑤ 索赔的损失结果与被索赔人的行为不一定存在法律上的因果关系，如因业主（发包人）指定分包人原因造成承包人损失的，承包人可以向业主索赔等；而违反合同的行为与违约事实之间存在因果关系。

2）索赔的起因

引起工程索赔的原因非常多和复杂，主要涉及以下几个方面：

① 工程项目的特殊性。现代工程规模大、技术性强、投资额大、工期长、材料设备价格变化快。工程项目的差异性大、综合性强、风险大，使得工程项目在实施过程中存在许多不确定的变化因素，而合同则必须在工程开工前签订，它不可能对工程项目所有的问题都能作出合理的预见和规定，而且发包人在工程实施过程中还会有许多新的决策，这一切使得合同变更比较频繁，而合同变更必然会导致项目工期和成本的变化。

② 工程项目内外部环境的复杂性和多变性。工程项目的技术环境、经济环境、社会环境、法律环境的变化，诸如地质条件变化、材料价格上涨、货币贬值、国家政策、法规的变化等，会在工程实施过程中经常发生，使得工程的实际情况与计划的实施过程不一致，这些因素同样会导致工程工期和费用的变化。

③ 参与工程建设主体的多元性。由于工程参与单位多，一个工程项目往往会有发包人、总承包人、工程师、分包人、指定分包人、材料设备供应人等众多参加单位，各个方面的技术、经济关系错综复杂，相互联系而又相互影响，只要一方失误，不仅会造成自己的损失，还会影响其他合作者，造成他人损失，从而导致索赔和争执。

④ 工程合同的复杂性及易出错性。工程合同文件多且复杂，经常会出现措辞不当、缺陷、图纸错误，以及合同文件前后自相矛盾或者可作不同解释等问题，容易造成合同双方对合同文件理解不一致，从而出现索赔的情况。

⑤ 投标的竞争性。现代土木工程市场竞争激烈，承包人的利润水平逐步降低。在竞标时，大部分靠低标价甚至保本价中标，回旋余地较小。特别是在招标投标过程中，每个合同专用文件内的具体条款，一般是由发包人自己或委托工程师、咨询单位编写后列入招标文件，编制过程中承包人没有发言权，虽然承包人在投标书的致函中或与发包人进行谈判的过程中，可以要求修改某些对他而言风险较大的条款内容，但不能要求修改的条款数目过多，否则就构成对招标文件有实质上的背离，会被发包人拒绝。因而，工程合同在实践中往往会出现发包人与承包人风险分担不公，把主要风险转嫁给承包人一方，稍有条件变化，承包人即处于亏损的边缘，这必然迫使其寻找一切可能的索赔机会来降低自己所承担的风险。因此，索赔实质上是工程实施阶段承包人和发包人之间，在承担工程风险比例上的合理再分配。这也是目前国内外土木工程市场上，无论在数量、款额上索赔均呈现增长趋势的一个重要原因。

以上这些问题会随着工程的逐步开展而不断暴露出来，使工程项目必然受到影响，导致工程项目成本和工期的变化，这就是索赔形成的根源。因此，索赔的发生，不仅是一个索赔意识或合同观念的问题，从本质上讲，索赔也是一种客观存在。

3）索赔管理的特点和原则

要健康地开展索赔工作，必须全面认识索赔，完整理解索赔，端正索赔动机，才能正确地对待索赔，规范索赔行为，合理地处理索赔事件。因此，发包人、工程师和承包人应对索赔工作的特点有个全面的认识和理解。

（1）索赔工作贯穿工程项目始终

合同当事人要做好索赔工作，必须从签订合同起，直至履行合同的全过程中，要认真注意采取预防保护措施，建立健全索赔业务的各项管理制度。

在工程项目的招标、投标和合同签订阶段，作为承包人应仔细研究工程所在国的法律、法规及合同条件，特别是关于合同范围、义务、付款、工程变更、违约及罚款、特殊风险、索赔时限和争议解决等条款，必须在合同中明确规定当事人各方的权利和义务，以便为将来可能的索赔提供合法的依据和基础。在合同执行阶段，合同当事人应密切注视对方的合同履行情况，不断寻求索赔机会。同时，自身应严格履行合同义务，防止被对方索赔。

一些缺乏工程承包经验的承包人，由于对索赔工作的重要性认识不够，往往在工程开始时并不重视，等到发现不能获得应当得到的偿付时才匆忙研究合同中的索赔条款，汇集所需要的数据和论证材料，但此时已经陷入被动局面，有的经过旷日持久的争执、交涉乃至诉诸法律程序，仍难以索回应得的补偿或损失，影响了自身的经济效益。

（2）索赔是工程技术和法律相融的综合学问和艺术

索赔问题涉及的层面相当广泛，既要求索赔人员具备丰富的工程技术知识与实际施工经验，使得索赔问题的提出具有科学性和合理性，符合工程实际情况，又要求索赔人员通晓法律与合同知识，使得提出的索赔具有法律依据和事实证据。并且，还要求在索赔文件的准备、编制和谈判等方面具有一定的艺术性，使索赔的最终解决表现出一定程度的伸缩性和灵活性。这就对索赔人员的素质提出了很高的要求，他们的个人品格和才能对索赔成功的影响很大。索赔人员应当是头脑冷静、思维敏捷、处事公正、性格刚毅且有耐心，并具有以上多种才能的综合性人才。

（3）影响索赔成功的相关因素

索赔能否获得成功，除了上述方面的条件以外，还与企业的项目管理基础工作密切相关，主要有以下 4 个方面：

① 合同管理。合同管理与索赔工作密不可分，有的学者认为索赔就是合同管理的一部分。从索赔角度看，合同管理可以分为合同分析和合同日常管理两个部分。合同分析的主要目的是为索赔提供法律依据。合同日常管理则是收集、整理施工中所发生一切事件的详细记录，包括图纸、订货单、会谈纪要、来往信件、变更指令、气象图表、工程照片等，并加以科学归档和管理，形成一个能够清晰描述和反映整个工程全过程的数据库，其目的是为索赔及时提供全面、正确、合法有效的各种证据。

② 进度管理。工程进度管理不仅可以指导整个施工的进程和次序，还可以通过工期计划与实际进度的比较、研究和分析，找出影响工期的各种因素，分清各方责任，及时向对方提出延长工期及相关费用的索赔，并为工期索赔值的计算提供依据和各种基础数据。

③ 成本管理。成本管理的主要内容有编制成本计划、控制和审核成本支出、进行计划成本与实际成本的动态比较分析等。它可以为费用索赔提供各种费用的计算数据和其他信息。

④ 信息管理。索赔文件的提出、准备和编制需要大量工程施工中的各种信息，这些信息要在索赔时限内高质量地准备好，离开了当事人平时的信息管理是不行的。应该采用计算机进行信息管理。

4）工程索赔的作用

随着世界经济全球化和一体化进程的加快以及中国加入 WTO 以后，中国引进外资和涉外工程要求按照国际惯例进行工程索赔管理，中国建筑业走向国际建筑市场同样要求按国际惯例进行工程索赔管理。工程索赔的健康开展，对于培育和发展建筑市场，促进建筑业的发展，提高工程建设的效益，将发挥非常重要的作用。工程索赔的作用主要有如下几个方面：

① 索赔是合同和法律赋予正确履行合同者免受意外损失的权利，索赔是当事人一种保护自己、避免损失、增加利润、提高效益的重要手段。

② 索赔是落实和调整合同双方经济责、权、利关系的手段，也是合同双方风险分担的又一次合理再分配。离开了索赔，合同责任就不能全面体现，合同双方的责、权、利关系就难以平衡。索赔促使工程造价更合理，索赔的正常开展可以把原来打入工程报价中的一些不可预见的费用，改为实际发生的损失进行支付，有助于降低工程报价，使工程造价更为实事求是。

③ 索赔是合同实施的保证。索赔是合同法律效力的具体体现，对合同双方形成约束条件，特别能对违约者起到警示作用，违约方必须考虑违约后的后果，从而尽量减少其违约行为的发生。

④ 索赔对提高企业和工程项目管理水平起着重要的促进作用。我国的承包人在许多项目上提不出或提不好索赔，与其企业管理松散混乱、计划实施不严、成本控制不力等有着直接关系；没有正确的工程进度网络计划就难以证明延误的发生及天数；没有完整翔实的记录，就缺乏索赔定量要求的基础。因而索赔有利于促进双方加强内部管理，严格履行合同，有助于双方提高管理素质，加强合同管理，维护市场的正常秩序。

⑤ 索赔有助于政府转变职能，使合同当事人双方依据合同和实际情况实事求是地协商工程造价和工期，可以使政府从繁琐的调整概算和协调双方关系等微观管理工作中解脱出来。

⑥ 索赔有助于承发包双方更快地熟悉国际惯例，熟练掌握索赔和处理索赔的方法与技巧，有助于对外开放和对外工程承包的开展。

但是，也应当强调指出，如果承包人单靠索赔的手段来获取利润并非正途。往往一些承包人采取有意压低标价的方法以获取工程，为了弥补自己的损失，又试图靠索赔的方式来获取利润。从某种意义上讲，这种经营方式有很大的风险。能否得到这种索赔的机会是难以确定的，其结果也并不可靠，采用这种策略的企业也很难维持健康稳定的发展。因此，承包人运用索赔手段来维护自身利益，以求增加企业效益和谋求自身发展，应基于对索赔概念的正确理解和全面认识，既不必畏惧索赔，也不可利用索赔搞投机钻营。

12.1.2　索赔的分类

由于索赔贯穿于工程项目全过程，可能发生的范围比较广，其分类随标准、方法的不同而不同，主要有以下几种分类方法。

1）按索赔有关当事人分类

（1）承包人与发包人之间的索赔。这类索赔大都是关于工程量计算、变更、工期、质量和价格方面的争议，也有中断或终止合同等其他违约行为的索赔。

（2）总承包人与分包人之间的索赔。其内容与（1）大致相似，但大多数是分包人向总包人索要付款和赔偿，及承包人向分包人罚款或扣留支付款等。

（1）、（2）两种涉及工程项目建设过程中施工条件或施工技术、施工范围等变化所引发的索赔，一般发生频率高，索赔费用大，有时也被称为施工索赔。

（3）发包人或承包人与供货人、运输人之间的索赔。其内容多系商贸方面的争议，如货品质量不符合技术要求、数量短缺、交货拖延、运输损坏等。

（4）发包人或承包人与保险人之间的索赔。此类索赔多系被保险人受到灾害、事故或其他损害或损失，按保险单向其投保的保险人索赔。

（3）、（4）两种在工程项目是在实施过程中，物资采购、运输、保管、工程保险等方面的活动所引发的索赔事项，又称商务索赔。

2）按索赔的依据分类

（1）合同内索赔。合同内索赔是指索赔所涉及的内容可以在合同文件中找到依据，并可根据合同规定明确划分责任。一般情况下，合同内索赔的处理和解决要顺利一些。

（2）合同外索赔。合同外索赔是指索赔所涉及的内容和权利难以在合同文件中找到依据，但可从合同条文引申含义和合同适用法律或政府颁发的有关法规中找到索赔的依据。

（3）道义索赔。道义索赔是指承包人在合同内或合同外都找不到可以索赔的依据，因而没有提出索赔的条件和理由。但承包人认为自己有要求补偿的道义基础，可以对其所遭受的损失提出具有优惠性质的补偿要求，即道义索赔。道义索赔的主动权在发包人手中，发包人一般在下面四种情况下，可能会同意并接受这种索赔：第一，若另找其他承包人，费用会更大；第二，为了树立自己的形象；第三，出于对承包人的同情和信任；第四，谋求与承包人的相互理解以及更为长久的合作。

3）按索赔目的分类

（1）工期索赔。即由于非承包人自身原因造成拖期的，承包人要求发包人延长工期，推迟原规定的竣工日期，避免违约误期罚款等。

（2）费用索赔。即要求发包人补偿费用损失，调整合同价格，弥补经济损失。

4）按索赔事件的性质分类

（1）工程延期索赔。因发包人未按合同要求提供施工条件，如未及时交付设计图纸、施工现场、道路等，或因发包人指令工程暂停或不可抗力事件等原因造成工期拖延的，承包人对此提出索赔。

（2）工程变更索赔。由于发包人或工程师指令增加或减少工程量或增加附加工程、修改设计、变更施工顺序等，造成工期延长和费用增加，承包人对此提出索赔。

（3）工程终止索赔。由于发包人违约或发生了不可抗力事件等造成工程非正常终止，承包人因蒙受经济损失而提出索赔。

（4）工程加速索赔。由于发包人或工程师指令承包人加快施工速度，缩短工期，引起承包人的人、财、物的额外开支而提出的索赔。

（5）意外风险和不可预见因素索赔。在工程实施过程中，因人力不可抗拒的自然灾害、特殊风险以及一个有经验的承包人通常不能合理预见的不利施工条件或客观障碍，如地下水、地质断层、溶洞、地下障碍物等引起的索赔。

（6）其他索赔。如因货币贬值、汇率变化、物价、工资上涨、政策法令变化等原因引起的索赔。

这种分类能明确指出每一项索赔的根源所在，使发包人和工程师便于审核分析。

5）按索赔处理方式分类

（1）单项索赔。单项索赔就是采取一事一索赔的方式，即在每一件索赔事项发生后，报送索赔通知书，编报索赔报告，要求单项解决支付，不与其他的索赔事项混在一起。单项索赔是针对某一干扰事件提出的，在影响原合同正常运行的干扰事件发生时或发生后，由合同管理人员立即处理，并在合同规定的索赔有效期内向发包人或工程师提交索赔要求和报告。单项索赔通常原因单一，责任单一，分析起来相对容易，由于涉及的金额一般较小，双方容易达成协议，处理起来也比较简单。因此，合同双方应尽可能地用此种方式来处理索赔。

（2）综合索赔。综合索赔又称一揽子索赔，即对整个工程（或某项工程）中所发生的数起索赔事项，综合在一起进行索赔。一般在工程竣工前和工程移交前，承包人将工程实施过程中因各种原因未能及时解决的单项索赔集中起来进行综合考虑，提出一份综合索赔报告，由合同双方在工程交付前后进行最终谈判，以一揽子方案解决索赔问题。在合同实施过程中，有些单项索赔问题比较复杂，不能立即解决，为了不影响工程进度，经双方协商同意后留待以后解决。有的是发包人或工程师对索赔采用拖延办法，迟迟不作答复，使索赔谈判旷日持久。还有的是承包人因自身原因，未能及时采用单项索赔方式等，都有可能出现一揽子索赔。由于在一揽子索赔中，可能会有许多干扰事件交织在一起，影响因素比较复杂且相互交叉，责任分析和索赔值计算都很困难，索赔所涉及的金额往往又很大，故而双方都不愿或不容易作出让步，使索赔的谈判和处理都很困难。因此，综合索赔的成功率比单项索赔要低很多。

12.1.3　索赔事件

索赔事件又称干扰事件，是指那些使实际情况与合同规定不符合，最终引起工期和费用变化的事件。不断地追踪、监督索赔事件就是不断地发现索赔机会。在工程实践中，承包人可以提出的索赔事件通常有以下几个方面。

1）发包人（业主）违约（风险）

（1）发包人未按合同约定完成基本工作。包括：发包人未按时交付合格的施工现场及行驶道路、接通水电等；未按合同规定的时间和数量交付设计图纸和资料；提供的资料不符合合同标准或有错误（如工程实际地质条件与合同提供资料不一致）等。

（2）发包人未按合同规定支付预付款及工程款等。一般合同中都有支付预付款和工程款的时间限制及延期付款计息的利率要求。如果发包人不按时支付，承包人可据此规定向发包人索要拖欠的款项并索赔利息，敦促发包人迅速偿付。对于严重拖欠工程款，导致承包人资金周转困难，影响工程进度的，甚至可能会引起中止合同的严重后果，承包人则必须严肃地提出索赔，甚至诉讼。

（3）发包人（业主）应该承担的风险。本该由业主承担的风险，一旦发生进而导致承包人的费用损失增大时，承包人可以据此提出索赔。许多合同规定，承包人不仅对由此而造成工程、业主或第三人的财产的破坏和损失及人身伤亡不承担责任，而且业主应保护和保障承包人不受上述特殊风险后果的损害，并免于承担由此而引起的与之有关的一切索赔、诉讼及其费用。相反，承包人还应当得到由此损害引起的任何永久性工程及其材料的付款及合理的利润，以及一切修复费用、重建费用及上述特殊风险而导致的费用增加。如果由于特殊风险导致合同终止，承包人除可以获得应付的一切工程款和损失费用外，还可以获得施工机械设备的撤离费用和人员遣返费用等。

（4）发包人或工程师要求工程加速。当工程项目的施工计划进度受到干扰，导致项目不能按时竣工，发包人的经济效益受到影响时，有时发包人或工程师会要求承包人加班赶工来完成工程项目，承包人不得不在单位时间内投入比原计划更多的人力、物力与财力进行施工，以加快施工进度。

① 直接指令加速：如果工程师指令比原合同日期提前完成工程，或者发生可原谅延误，但工程师仍指令按原合同完工日期完工，承包人就必须加快施工速度，这种根据工程师的明示指令进行的加速就是直接指令加速。一项工程遇到各种意外情况或工程变更而必须延展工期，但是发包人由于自己的原因（例如，该工程已出售给买主，需要按协议时间移交给买主），坚持不予延期，这就迫使承包人要加班赶工来完成工程，从而将导致成本增加。承包人可以要求赔偿工程延误使现场管理费、附加费用所增加的损失，同时要求补偿赶工措施费用，例如加班工资、新增设备租赁和使用费、分包的额外成本等。但必须注意，只有非承包人的过错引起的施工加速才是可以补偿的。如果承包人发现自己的施工比原计划落后了，进而自己加速施工以赶上进度，则发包人无义务给予补偿，承包人还应赔偿发包人一笔附加监理费，因发包人多支付了监理费。

② 推定加速：在有些情况下，虽然工程师没有发布专门的加速指令，但客观条件或工程师的行为已经使承包人合理意识到工程施工必须加速，这就是推定加速。推定加速与指令加速在合同实施中的意义是一样的，只是在确定是否存在推定指令时，双方比较容易产生分歧，不像直接指令加速那样明确。为了证明推定加速已经发生，承包人必须从以下几个方面来证明自己被迫比原计划更快地进行了施工：工程施工遇到了可原谅延误，按合同规定应该获准延长工期；承包人已经特别提出了要求延长工期的索赔申请；工程师拒绝或未能及时批准延长工期；工程师已经就某种方式表明工程必须按合同时间完成；承包人已经及时通知工程师，工程师的行为已构成了要求加速施工的推定指令；这种推定加速实际上造成了施工成本的增加。

（5）设计错误、发包人或工程师错误的指令或提供错误的数据等造成的工程修改、停工、返工、窝工，发包人或工程师变更原合同规定的施工顺序，打乱了工程施工计划等。由于发包人和工程师原因造成的临时停工或施工中断，特别是根据发包人和工程师不合理指令造成了工效的大幅度降低，从而导致费用支出增加，承包人可提出索赔。

（6）发包人不正当地终止工程。由于发包人不正当地终止工程，承包人有权要求补偿损失，其数额是承包人在被终止工程上的人工、材料、机械设备的全部支出，以及各项管理费用、保险费、贷款利息、保函费用的支出（减去已结算的工程款），并有权要求赔偿其盈利损失。

2）不利的自然条件与客观障碍

不利的自然条件和客观障碍，是指一般有经验的承包人无法合理预料到的不利的自然条件和客观障碍。"不利的自然条件"中不包括气候条件，而是指投标时经过现场调查及根据发包人所提供的资料都无法预料到的其他不利自然条件，如地下水、地质断层、溶洞、沉陷等。"客观障碍"是指经现场调查无法发现、发包人提供的资料中也未提到的地下（上）人工建筑物及其他客观存在的障碍物，如下水道、公共设施、坑、井、隧道、废弃的旧建筑物、其他水泥砖砌物，以及埋在地下的树木等。由于不利的自然条件及客观障碍，常常导致设计变更、工期延长或成本大幅度增加，承包人可以据此提出索赔要求。

3）工程变更

由于发包人或工程师指令增加或减少工程量、增加附加工程、修改设计、变更施工顺序、提高质量标准等，造成工期延长和费用增加，承包人可对此提出索赔。注意，由于工程变更减少了工作量，也要进行索赔。比如，在住房施工过程中，发包人提出将原来的100栋减为70栋，承包人可以对管理费、保险费、设备费、材料费（如已订货）、人工费（多余人员已到）等进行索赔。工程变更索赔通常是索赔的重点，但应注意，其变更绝不能由承包人主动提出建议，而必须由发包人提出，否则不能进行索赔。

4）工期延长和延误

工期延长和延误的索赔通常包括两个方面：一是承包人要求延长工期；二是承包人要求偿付由于非承包人原因导致工程延误而造成的损失。一般这两个方面的索赔报告要求分别编制，因为工期和费用索赔并不一定同时成立。如果工期拖延的责任在承包人方面，则承包人无权提出索赔。

5）工程师指令和行为

如果工程师在工作中出现问题、失误或行使合同赋予的权力造成承包人的损失，业主必须承担相应合同规定的赔偿责任。工程师指令和行为通常表现为：工程师指令承包人加速施工、进行某项工作、更换某些材料、采取某种措施或停工，工程师未能在规定的时间内发出有关图纸、指示、指令或批复，工程师拖延发布各种证书（如进度付款签证、移交证书、缺陷责任合格证书等），工程师的不适当决定和苛刻检查等。因为这些指令（包括指令错误）和行为而造成的成本增加和（或）工期延误，承包人可以要求索赔。

6）合同缺陷

合同缺陷常常表现为合同文件规定不严谨甚至前后矛盾、合同规定过于笼统、合同中的遗漏或错误。这不仅包括商务条款中的缺陷，也包括技术规范和图纸中的缺陷。在这种情况下，一般工程师有权作出解释，但如果承包人执行工程师的解释后引起成本增加或工期延长，则承包人可以索赔，工程师应给予证明，发包人应给予补偿。一般情况下，发包人作为合同起草人，他要对合同中的缺陷负责，除非其中有非常明显的含糊或其他缺陷。根据法律条文，可以推定承包人有义务在投标前发现并及时向发包人指出。

7）物价上涨

由于物价上涨的因素，带来了人工费、材料费，甚至施工机械费的不断增长，导致工程成本大幅度上升，承包人的利润受到严重影响，也会引起承包人提出索赔要求。

8）国家政策及法律、法规变更

国家政策及法律法规变更，通常是指直接影响工程造价的某些政策及法律法规的变更，比如限制进口、外汇管制或税收及其他收费标准的提高。就国际工程而言，合同通常都规定：如果在投标截止日期前的第28天以后，由于工程所在国家或地方的任何政策和法规、法令或其他法律、规章发生了变更，导致承包人成本的增加，对承包人由此增加的开支，发包人应予补偿；相反，如果导致费用减少，则也应由发包人受益。就国内工程而言，因国务院各有关部门、各级建设行政主管部门或其授权的工程造价管理部门公布的价格调整，比如定额、取费标准、税收、上缴的各种费用等，可以调整合同价款，如未予调整，承包人可以要求索赔。

9）货币及汇率变化

就国际工程而言，合同一般规定：如果在投标截止日期前的第 28 天以后，工程所在国政府或其授权机构对支付合同价格的一种或几种货币实行货币限制或货币汇兑限制，发包人应补偿承包人因此而受到的损失。如果合同规定将全部或部分款额以一种或几种外币支付给承包人，则这项支付不应受上述指定的一种或几种外币与工程所在国货币之间的汇率变化的影响。

10）其他承包人干扰

其他承包人干扰是指其他承包人未能按时、按序地进行并完成某项工作、各承包人之间配合协调不好等，进而给本承包人的工作带来干扰。大中型土木工程，往往会有几个独立承包人在现场施工，由于各承包人之间没有合同关系，工程师有责任组织协调好各个承包人之间的工作；否则，将会给整个工程和各承包人的工作带来严重影响，引起承包人的索赔。比如，某承包人不能按期完成他那部分的工作，其他承包人的相应工作也会因此而拖延。此时，被迫延迟的承包人就有权向发包人提出索赔。在其他方面，如场地使用、现场交通等，各承包人之间也都有可能发生相互干扰的问题。

11）其他第三人原因

其他第三人的原因通常表现为因与工程有关的其他第三人的问题而引起的对本工程的不利影响，如：银行付款延误、邮路延误、港口压港等。如发包人在规定时间内依照规定的方式向银行寄出了要求向承包人支付款项的付款申请，但由于邮路延误，银行迟迟没有收到该付款申请，因而造成承包人没有在合同规定的期限内收到工程款。在这种情况下，由于最终表现出来的结果是承包人没有在规定的时间内收到款项，所以，承包人往往向发包人索赔。对于第三人原因造成的索赔，发包人给予补偿后，应该根据其与第三人签订的合同规定或有关法律规定再向第三人追偿。

发包人可以提出的索赔事件通常有：

① 施工责任。当承包人的施工质量不符合施工技术规程的要求，或在保修期未满以前未完成应该负责修补的工程时，发包人有权向承包人追究责任。如果承包人未在规定的时限内完成修补工作，发包人有权雇佣他人来完成工作，发生的费用由承包人负担。

② 工期延误。在工程项目的施工过程中，由于承包人的原因，使竣工日期拖后，影响发包人对该工程的使用，并给发包人带来经济损失时，发包人有权对承包人进行索赔，即由承包人支付延期竣工的违约金。建设工程施工合同中的误期违约金，通常是由发包人在招标文件中确定的。

③ 承包人超额利润。如果工程量增加很多（超过有效合同价的 15％），使承包人预期的收入增大，因工程量的增加承包人并不增加固定成本，合同价应由双方讨论调整，发包人有权收回部分超额利润。由于法规的变化导致承包人在工程实施中降低了成本，所产生的超额利润，也应重新调整合同价格，收回部分超额利润。

④ 指定分包商的付款。在工程承包人未能提供已向指定分包商付款的合理证明时，发包人可以直接按照工程师的证明书，将承包人未付给指定分包商的所有款项（扣除保留

金）付给该分包商，并从应付给承包人的任何款项中如数扣回。

⑤ 承包人不履行的保险费用。如果承包人未能按合同条款指定的项目投保，并保证保险有效，发包人可以投保并保证保险有效，发包人所支付的必要的保险费可在应付给承包人的款项中扣回。

⑥ 发包人合理终止合同或承包人不正当地放弃工程。如果发包人合理地终止承包人的承包，或者承包人不合理地放弃工程，则发包人有权从承包人手中收回，并由新的承包人完成工程所需的工程款与原合同未付部分的差额。

⑦ 其他。由于工伤事故给发包方人员和第三方人员造成的人身或财产损失的索赔，以及承包人在运送建筑材料及施工机械设备时损坏了公路、桥梁或隧洞，交通管理部门提出的索赔等。

上述这些事件能否作为索赔事件，进行有效的索赔，还要看具体的工程和合同背景、合同条件，不可一概而论。

12.1.4 索赔依据与证据

1）索赔依据

索赔的依据主要是法律、法规及工程建设惯例，尤其是双方签订的工程合同文件。由于不同的具体工程有不同的合同文件，索赔的依据也就不完全相同，合同当事人的索赔权利也不同。具体可从 FIDIC 合同条件和我国《建设工程施工合同（示范文本）》（GF—2017—0201）中寻找业主（发包人）和承包商（人）的索赔依据和索赔权利。

2）索赔证据

索赔证据是当事人用来支持其索赔成立或和索赔有关的证明文件和资料。索赔证据作为索赔文件的组成部分，在很大程度上关系到索赔的成功与否。证据不全、不足或没有证据，索赔都是很难获得成功的。

在工程项目的实施过程中，会产生大量的工程信息和资料，这些信息和资料是开展索赔的重要依据。如果项目资料不完整，索赔就难以顺利进行。因此，在施工过程中应始终做好资料积累工作，建立完善的资料记录和科学管理制度，认真系统地积累和管理合同文件、质量、进度及财务收支等方面的资料。对于可能会发生索赔的工程项目，从开始施工时就要有目的地收集证据资料，系统地拍摄现场，妥善保管开支收据，有意识地为索赔文件积累必要的证据材料。常见的索赔证据主要有：

（1）各种合同文件，包括工程合同及附件、中标通知书、投标书、标准和技术规范、图纸、工程量清单、工程报价单或预算书、有关技术资料和要求等。具体的如发包人提供的水文地质、地下管网资料，施工所需的证件、批件、临时用地占地证明手续、坐标控制点资料等。

（2）经工程师批准的承包人施工进度计划、施工方案、施工组织设计和具体的现场实施情况记录。各种施工报表有：①驻地工程师填制的工程施工记录表，这种记录能提供关于气候、施工人数、设备使用情况和部分工程局部竣工等情况；②施工进度表；③施工人员计划表和人工日报表；④施工用材料和设备报表。

（3）施工日志及工长工作日志、备忘录等。施工中发生的影响工期或工程资金的所有重大事情均应写入备忘录存档，备忘录应按年、月、日顺序编号，以便查阅。

（4）工程有关施工部位的照片及录像等。保存完整的工程照片和录像能有效地显示工程进度。因而，除了标书上规定需要定期拍摄的工程照片和录像外，承包人自己应经常注意拍摄工程照片和录像，注明日期，作为自己查阅的资料。

（5）工程各项往来信件、电话记录、指令、信函、通知、答复等。有关工程的来往信件内容常常包括某一时期工程进展情况的总结，以及与工程有关的当事人，尤其是这些信件的签发日期对计算工程延误时间具有很大的参考价值。因而来往信件应妥善保存，直到合同全部履行完毕，所有索赔均获解决时为止。

（6）工程各项会议纪要、协议及其他各种签约、定期与业主雇员的谈话资料等。业主雇员掌握着合同和工程实际情况的第一手资料，与他们交谈的目的是摸清施工中可能发生的意外情况，会碰到什么难以处理的问题，以便做到事前心中有数，一旦发生进度延误，承包人即可提出延误原因，说明延误原因是业主造成的，为索赔埋下伏笔。在施工合同的履行过程中，业主、工程师和承包人定期或不定期的会谈所做出的决定或决议，是施工合同的补充，应作为施工合同的组成部分，但会谈纪要只有经过各方签署后方可作为索赔的依据。业主与承包人、承包人与分包人之间定期或临时召开的现场会议，讨论工程情况的会议记录，能被用来追溯项目的执行情况，查阅业主签发工程内容变动通知的背景和签发通知的日期，也能查阅在施工中最早发现某一重大情况的确切时间。另外，这些记录也能反映承包人对有关情况所采取的行动。

（7）发包人或工程师发布的各种书面指令书和确认书，以及承包人的要求、请求、通知书。

（8）气象报告和资料。如有关天气的温度、风力、雨雪的资料等。

（9）投标前业主提供的参考资料和现场资料。

（10）施工现场记录。工程各项有关设计交底记录、变更图纸、变更施工指令等，工程图纸、图纸变更、交底记录的送达份数及日期记录，工程材料和机械设备的采购、订货、运输、进场、验收、使用等方面的凭据及材料供应清单、合格证书，工程送电、送水、道路开通、封闭的日期及数量记录，工程停电、停水和干扰事件影响的日期及恢复施工的日期等。

（11）工程各项经业主或工程师签认的签证。如承包人要求预付通知、工程量核实确认单。

（12）工程结算资料和有关财务报告。如工程预付款、进度款拨付的数额及日期记录，工程结算书、保修单等。

（13）各种检查验收报告和技术鉴定报告。由工程师签字的工程检查和验收报告反映出某一单项工程在某一特定阶段竣工的程度，并记录了该单项工程竣工的时间和验收的日期，应该妥为保管。如：质量验收单、隐蔽工程验收单、验收记录；竣工验收资料、竣工图。

（14）各类财务凭证。需要收集和保存的工程基本会计资料，包括工卡、人工分配表、工人福利协议、经会计师核算的薪水报告单、购料定单收讫发票、收款票据、设备使用单据、注销账应付支票、账目图表、总分类账、财务信件、经会计师核证的财务决算表、工程预算、工程成本报告书、工程内容变更单等。工人或雇请人员的薪水单据应按日期编存归档，薪水单上费用的增减能揭示工程内容增减的情况和开始的时间。承包人应注意保管和分析工程项目的会计核算资料，以便及时发现索赔机会，准确地计算索赔的款额，争取合理的资金回收。

（15）其他。包括分包合同、官方的物价指数、汇率变化表以及国家、省、市有关影响工程造价、工期的文件、规定等。

3）索赔证据的基本要求

① 真实性。索赔证据必须是在实施合同过程中确实存在和实际发生的，是施工过程中产生的真实资料，能经得住推敲。

② 及时性。索赔证据的取得及提出应当及时。这种及时性反映了承包人的态度和管理水平。

③ 全面性。所提供的证据应能说明事件的全部内容。索赔报告中涉及的索赔理由、事件过程、影响、索赔值等都应有相应的证据，不能零乱和支离破碎。

④ 关联性。索赔的证据应当与索赔事件有必然联系，并能够互相说明、符合逻辑，不能互相矛盾。

⑤ 有效性。索赔证据必须具有法律效力。一般要求证据必须是书面文件，有关记录、协议、纪要必须是双方签署的；工程中重大事件、特殊情况的记录、统计必须由工程师签字认可。

12.1.5 索赔文件（报告）

1）索赔文件的一般内容

索赔文件也称索赔报告，它是合同一方向对方提出索赔的书面文件，它全面反映了一方当事人对一个或若干个索赔事件的所有要求和主张。对方当事人也是通过对索赔文件的审核、分析和评价来作出认可、要求修改、反驳甚至拒绝的回答，索赔文件也是双方进行索赔谈判或调解、仲裁、诉讼的依据。因此，索赔文件的表达与内容对索赔的解决有重大影响，索赔方必须认真编写索赔文件。

在合同履行过程中，一旦出现索赔事件，承包人应该按照索赔文件的构成内容，及时地向业主提交索赔文件。单项索赔文件的一般格式如下：

（1）题目（Title）。索赔报告的标题应该能够简要、准确地概括索赔的中心内容。如：关于……事件的索赔。

（2）事件（Event）。详细描述事件过程，主要包括：事件发生的工程部位、发生的时间、原因和经过、影响的范围以及承包人当时采取的防止事件扩大的措施、事件持续时间、承包人已经向业主或工程师报告的次数及日期、最终结束影响的时间、事件处置过程中的有关主要人员办理的有关事项等。也包括双方信件交往、会谈，并指出对方如何违约，证据的编号等。

（3）理由（Reason）。是指索赔的依据，主要是法律依据和合同条款的规定。合理引用法律和合同的有关规定，建立事实与损失之间的因果关系，说明索赔的合理合法性。

（4）结论（Conclusion）。指出事件造成的损失或损害及其大小，主要包括要求补偿的金额及工期，这部分只须列举各项明细数字及汇总数据即可。

（5）损失估价和（或）延期计算的详细计算书（Loss Estimation and Time Extension）。为了证实索赔金额和工期的真实性，必须指明计算依据及计算资料的合理性，包括损失费用、工期延长的计算基础、计算方法、计算公式及详细的计算过程和计算结果。

（6）附件（Appendix）。包括索赔报告中所列举事实、理由、影响等，各种编过号的证明文件和证据、图表。

对于一揽子索赔，其格式比较灵活，它实质上是将许多未解决的单项索赔加以分类和综合整理。一揽子索赔文件往往需要很大的篇幅，甚至几百页材料来描述其细节。一揽子索赔文件的组成部分主要包括：索赔致函和要点；总情况介绍（叙述施工过程、对方失误等）；索赔总表（将索赔总数细分、编号，每一条目写明索赔内容的名称和索赔额）；上述事件详述；上述事件结论；合同细节和事实情况；分包人索赔；工期延长的计算和损失费用的估算；各种证据材料等。

2）索赔文件编写要求

编写索赔文件需要实际工作经验，索赔文件如果起草不当，会失去索赔方的有利地位和条件，使正当的索赔要求得不到合理的解决。对于重大索赔或一揽子索赔，最好能在律师或索赔专家的指导下进行。编写索赔文件的基本要求有：

（1）符合实际

索赔事件要真实、证据确凿。索赔的根据和款额应符合实际情况，不能虚构和扩大，更不能无中生有，这是索赔的基本要求。这些既关系到索赔的成败，也关系到承包人的信誉。一个符合实际的索赔文件，可使审阅者看后的第一印象是合情合理，不会立即予以拒绝。相反，如果索赔要求缺乏根据，不切实际地漫天要价，使对方一看就极为反感，甚至连其中有道理的索赔部分也被置之不理，不利于索赔问题的最终解决。

（2）说服力强

① 符合实际的索赔要求，本身就具有说服力，但除此之外索赔文件中责任分析应清楚、准确。一般索赔所针对的事件都是由于非承包人责任而引起的，因此，在索赔报告中要善于引用法律和合同中的有关条款，详细、准确地分析并明确指出对方应负的全部责任，并附上有关证据材料，不可在责任分析上模棱两可、含糊不清。对事件叙述要清楚明确，不应包含任何估计或猜测。

② 强调事件的不可预见性和突发性。说明即使一个有经验的承包人对它也不可能做到提前预见或有准备，更无法制止。并且，承包人为了避免和减轻该事件的影响和损失已尽了最大的努力，采取了能够采取的各种措施，从而使索赔理由更加充分，更易于让对方所接受。

③ 论述要有逻辑。明确阐述由于索赔事件的发生和影响使承包人的工程施工受到了严重的干扰，并为此增加了支出，拖延了工期。应强调索赔事件、对方责任、工程受到的影响和索赔之间有直接的因果关系。

（3）计算准确

索赔文件中应完整列入索赔值的详细计算资料，指明计算依据、计算原则、计算方法、计算过程及计算结果的合理性，必要的地方应作详细说明。计算结果要反复校核，做到准确无误，要避免高估冒算。计算上犯的错误，尤其是扩大索赔款的计算错误，会给对方留下恶劣的印象，他会认为提出的索赔要求太不严肃，其中必有多处弄虚作假，会直接影响索赔的成功率。

（4）简明扼要

索赔文件在内容上应组织合理、条理清楚，各种定义、论述、结论正确，逻辑性强，既能完整地反映索赔要求，又要简明扼要，使对方很快理解索赔的本质。索赔文件最好采用活页装订，印刷清晰。同时，用语应尽量婉转，避免使用强硬、不客气的语言。

12.1.6 索赔工作程序

索赔工作程序是指从索赔事件产生到最终处理全过程所包括的工作内容和工作步骤。由于索赔工作实质上是承包人和业主在分担工程风险方面的重新分配过程，涉及双方的众多经济利益，因而是一项繁琐、细致、耗费精力和时间的过程。因此，合同双方必须严格按照合同规定办事，按合同规定的索赔程序工作，才能获得成功的索赔。具体工程的索赔工作程序，应根据双方签订的施工合同产生。如图 12-1 所示，给出了国内某工程项目承包人的索赔工作程序，可供参考。

在工程实践中，比较详细的索赔工作程序一般可分为如下主要步骤：

1）索赔意向通知

索赔意向通知是一种维护自身索赔权利的文件。在工程实施过程中，承包人发现索赔或意识到存在潜在的索赔机会后，要做的第一件事是要在合同规定的时间内将自己的索赔意向，用书面形式及时通知业主或工程师，即向业主或工程师就某一个或若干个索赔事件表示索赔愿望、要求或声明保留索赔的权利。索赔意向的提出是索赔工作程序中的第一步，其关键是抓住索赔机会，及时提出索赔意向。

索赔意向通知，一般只是向业主或工程师表明索赔意向，所以应当简明扼要。通常只要说明以下几点内容：索赔事由发生的时间、地点、简要事实情况和发展动态；索赔所依据的合同条款和主要理由；索赔事件对工程成本和工期产生的不利影响。

FIDIC 合同条件及我国建设工程施工合同条件的规定：承包人应在索赔事件发生后的 28 天内，将其索赔意向以正式函件通知工程师。反之，如果承包人没有在合同规定的期限内提出索赔意向或通知，承包人则会丧失在索赔中的主动和有利地位，业主和工程师也有权拒绝承包人的索赔要求，这是索赔成立的有效和必备条件之一。因此在实际工作中，承包人应避免，合理的索赔要求因未能遵守索赔时限的规定而导致无效。在实际的工程承包合同中，对索赔意向提出的时间限制不尽相同，只要双方经过协商达成一致并写入合同条款即可。施工合同要求承包人在规定的期限内首先提出索赔意向，是基于以下考虑：

① 提醒业主或工程师及时关注索赔事件的发生、发展等全过程。

② 为业主或工程师的索赔管理做准备，如可以进行合同分析、收集证据等。

③ 如属于业主责任引起的索赔，业主有机会采取必要的改进措施，防止损失的进一步扩大。

2）准备索赔资料

从提出索赔意向到提交索赔文件，这是属于承包人索赔的内部处理阶段和索赔资料准备阶段。此阶段的主要工作有：

（1）跟踪和调查干扰事件，掌握事件产生的详细经过和前因后果。

（2）分析干扰事件产生的原因，划清各方责任，确定由谁承担，并分析这些干扰事件是否违反了合同规定，是否在合同规定的赔偿或补偿范围内，即确定索赔根据。

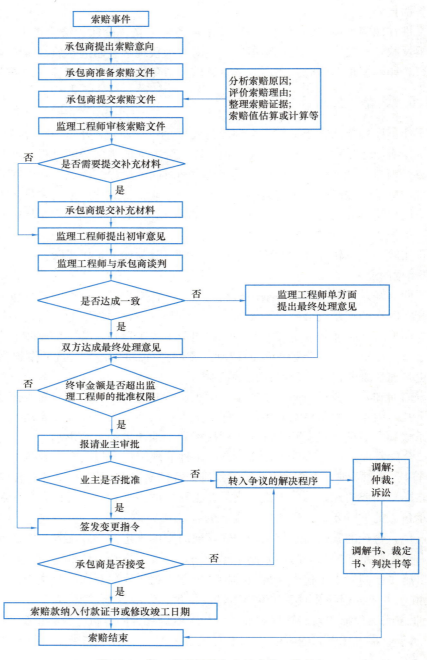

图 12-1　某工程项目承包人的索赔工作程序

（3）损失或损害调查或计算。通过对比实际和计划的施工进度和工程成本，分析经济损失或权利损害的范围和大小，并由此计算出工期索赔和费用索赔值。

（4）收集证据。从干扰事件产生、持续直至结束的全过程，都必须完整保留当时的记录，这是索赔能否成功的重要条件。在实际工作中，许多承包人的索赔要求都因为缺失或缺少书面证据而得不到合理的解决，这个问题应该引起承包人的高度重视。

（5）起草索赔文件。按照索赔文件的格式和要求，将上述各项内容系统地反映在索赔文件中。索赔的成功很大程度上取决于承包人对索赔作出的解释和真实可信的证明材料。即使抓住合同履行中的索赔机会，如果拿不出索赔证据或证据不充分，其索赔要求往往难以成功或被大打折扣。因此，承包人在正式提出索赔报告之前，其资料的准备工作极为重要。这就要求承包人注意记录、积累和保存工程施工过程中的各种资料，并可随时从中提取与索赔事件有关的证明资料。

3）提交索赔文件

承包人必须在合同规定的索赔时限内向业主或工程师提交正式的书面索赔文件。FIDIC 合同条件和我国建设工程施工合同条件都规定，承包人必须在发出索赔意向通知后的 28 天内或经工程师同意的其他合理时间内，向工程师提交一份详细的索赔文件和有关资料，如果干扰事件对工程的影响持续时间长，承包人则应按工程师要求的合理间隔（一般 28 天），提交中间索赔报告，并在干扰事件的影响结束后的 28 天内提交一份最终索赔报告。如果承包人未能按时间规定提交索赔报告，他就失去了该项事件请求补偿的索赔权利，此时他所能收到损害的补偿，将不超过工程师认为应主动给予的补偿额。或把该事件的损害提交仲裁解决时，仲裁机构依据合同和同期记录可以证明的损害给予相应的补偿额。

4）工程师审核索赔文件

工程师是受业主的委托和聘请，对工程项目的实施进行组织、监督和控制工作。在业主与承包人之间的索赔事件发生、处理和解决过程中，工程师是个核心人物。工程师在接到承包人的索赔文件后，必须以完全独立的身份，站在客观公正的立场上审查索赔要求的正当性，必须对合同条件、协议条款等有详细的了解，以合同为依据来公平处理合同双方的利益纠纷。工程师应该建立自己的索赔档案，密切关注事件的影响和发展，有权检查承包人的关于同期记录的材料，随时就记录内容提出自己的不同意见或自己认为应予以增加的记录项目。

工程师根据业主的委托或授权，对承包人索赔的审核工作主要分为判定索赔事件是否成立和核查承包人的索赔计算是否正确、合理两个方面，并在业主授权的范围内作出自己独立的判断。

承包人索赔要求的成立必须同时具备以下四个条件：

① 与合同相比较，事件已经造成了承包人实际额外费用的增加或工期损失。

② 造成费用的增加或工期损失的原因不是由于承包人未履行相应责任所造成的。

③ 这种经济损失或权利损害也不是由承包人应承担的风险所造成的。

④ 承包人在合同规定的期限内提交了书面的索赔意向通知和索赔文件。

上述四个条件没有先后主次之分，并且必须同时具备，承包人的索赔要求才能成立。其后，工程师对索赔文件的审查重点主要有两步：第一步，重点审查承包人的申请是否有理有据，即承包人的索赔要求是否有合同的依据，所受损失确属不应由承包人负责的原因造成，提供的证据是否足以证明索赔要求成立，是否需要提交其他补充材料等；第二步，工程师应以公正的立场、科学的态度，重点审查并核算索赔值的计算是否正确、合理，要分清责任，对不合理的索赔要求或不明确的地方提出反驳和质疑，或要求承包人作出进一步的解释和补充，并拟定自己计算的合理索赔款项和工期延展天数。

5）工程师对索赔的处理与决定

工程师核查后初步确定应予以补偿的额度，往往与承包人在索赔报告中要求的额度并不一致，甚至差额较大。主要原因大多为对承担事件损害责任的界限划分不一致、索赔证据不充分、索赔计算的依据和方法分歧较大等，因此双方应就索赔的处理进行协商。通过协商无法达成共识的话，工程师有权单方面作出处理决定，承包人仅有权得到所提供的证据满足工程师认为索赔成立的那部分的付款和工期延展。不论工程师通过协商与承包人达成一致，还是他单方面作出的处理决定，批准给予补偿的款额和延展工期的天数如果在授权范围内，则可以将此结果通知承包人，并抄送业主。补偿款将计入下月支付工程进度款的支付证书内，业主应在合同规定的期限内支付，延展的工期加到原合同工期中去。如果批准的额度超过工程师的权限，则应报请业主批准。

对于持续影响时间超过28天以上的工期延误事件，当工期索赔条件成立时，对承包人每隔28天报送的阶段索赔临时报告审查后，每次均应作出批准临时延长工期的决定，并于事件影响结束后的28天内，承包人提出最终的索赔报告后，批准延展工期总天数。应当注意的是，最终批准的总的延展天数，不应少于以前各阶段已同意延展天数之和。规定承包人在事件影响期间每隔28天提出一次阶段报告，可以使工程师能及时根据同期记录批准该阶段应予以延展工期的天数，避免事件影响时间太长而不能准确确定索赔值。

工程师经过对索赔文件的认真评审，并与业主、承包人进行了较为充分的讨论后，应提出自己的索赔处理决定。通常，工程师的处理决定不是最终决定性的，对业主和承包人都不具有强制性的约束力。

我国建设工程施工合同条件规定，工程师收到承包人送交的索赔报告和有关资料后，应在28天内给予答复，或要求承包人进一步补充索赔理由和证据。如果在28天内既未予以答复、也未对承包人作进一步的要求，则视为承包人提出的该项索赔要求已被认可。

6）业主审查索赔处理

当索赔数额超过工程师权限范围时，由业主直接审查索赔报告，并与承包人谈判解决。工程师应参加业主与承包人之间的谈判，也可以作为索赔争议的调解人。业主首先根据事件发生的原因、责任范围、合同条款审核承包人的索赔文件和工程师的处理报告，再依据工程建设的目的、投资控制、竣工投产日期要求以及针对承包人在施工中的缺陷或违反合同规定等的有关情况，决定是否批准工程师的处理决定。例如，承包人某项索赔理由成立，工程师根据相应条款的规定，既同意给予一定的费用补偿，也批准了延展相应的工期。但业主权衡了施工的实际情况和外部条件的要求后，可能不同意延展工期，而宁愿给承包人增加费用补偿额，要求他采取赶工措施，按期或提前完工，这样的决定只有业主才有权作出。索赔报告经业主批准后，工程师即可签发有关证书。对于数额比较大的索赔，一般需要业主、承包人和工程师三方反复协商才能作出最终处理决定。

7）索赔最终处理

如果承包人同意接受最终的处理决定，索赔事件的处理即告结束。如果承包人不同意，则可根据合同约定，将索赔争议提交仲裁或诉讼，使索赔问题得到最终解决。在仲裁或诉讼过程中，工程师作为工程全过程的参与者和管理者，可以作为见证人提供证据、做答辩。

工程项目实施中会发生各种各样、大大小小的索赔、争议等问题，应强调以下几个方面：合同各方应该争取尽量在最早的时间、最低的层次，尽最大的可能以友好协商的方式解决索赔问题，而不要轻易提交仲裁或诉讼。因为对工程争议的仲裁或诉讼往往是非常复杂的，要花费大量的人力、物力、财力和精力，对工程建设也会带来不利，有时甚至是严重的影响。

12.1.7　索赔技巧与艺术

索赔工作既有科学严谨的一面，又有艺术灵活的一面。对于一个确定的索赔事件往往没有预定的、确定的解，它受制于双方签订的合同文件、各自的工程管理水平和索赔能力以及处理问题的公正性、合理性等因素。因此，索赔成功不仅需要令人信服的法律依据、充足的理由和正确的计算方法，索赔的策略、技巧和艺术也相当重要。如何看待和对待索赔，实际上是个经营战略的问题，是承包人对利益、关系、信誉等方面的综合权衡。首先，承包人应防止两种极端倾向：只讲关系、义气和情意，忽视应有的合理索赔，致使企业遭受不应有的经济损失。不顾关系，过分注重索赔，斤斤计较，缺乏长远和战略目光，以致影响合同关系、企业信誉和长远利益。

此外，合同双方在开展索赔工作时，还要注意以下索赔技巧和艺术：

① 索赔是一项十分重要和复杂的工作，涉及面广，合同当事人应设专人负责索赔工作，指定专人收集、保管一切可能涉及索赔论证的资料，并加以系统分析研究，做到处理索赔时以事实和数据为依据。对于重大的索赔，应不惜重金聘请精通法律和合同、具有丰富施工管理经验、熟悉工程成本和会计的专家，组成强有力的谈判小组。这些专家了解施工中的各个环节，善于从图纸、技术规范、合同条款及来往信件中找出矛盾，找出有依据的索赔理由。

② 正确把握提出索赔的时机。索赔过早提出，往往容易遭到对方反驳或在其他方面可能施加的挑剔、报复等；过迟提出，则容易留给对方借口，索赔要求遭到拒绝。因此，索赔方必须在索赔时效的范围内适时提出。如果老是担心或害怕影响双方合作关系，有意将索赔要求拖到工程结束时才正式提出，可能会事与愿违，适得其反。

③ 及时、合理地处理索赔。索赔发生后，必须依据合同的准则及时地对索赔进行处理。如果承包人的合理索赔要求长时间得不到解决，单项工程的索赔积累下来，有时可能影响整个工程的进度。此外，拖到后期综合索赔，往往还牵涉利息、预期利润补偿、工程结算以及责任的划分、质量的处理等，大大增加了处理索赔的难度。因此，尽量将单项索赔在执行过程中加以解决，这样做不仅对承包人有益，同时也体现了处理问题的水平，既维护了业主的利益，又照顾了承包人的实际情况。

④ 加强索赔的前瞻性，有效避免了过多索赔事件的发生。由于工程项目的复杂多变、现场条件及气候环境的变化、标书及施工说明中的错误等因素不可避免，索赔也是不可避免的。在工程的实施过程中，工程师要将预料到的可能发生的问题及时告诉承包人，避免由于工程返工所造成的工程成本上升，这样也可以减轻承包人的压力，减少其想方设法通过索赔途径弥补工程成本上升所造成的利润损失。另外，工程师在项目实施过程中，应对可能引起的索赔有所预测，及时采取补救措施，避免过多索赔事件的发生。

⑤ 注意索赔程序和索赔文件的要求。承包人应该以正式书面的方式向工程师提出索赔意向和索赔文件，索赔文件要求依据充分、条理清楚、数据准确、符合实际。

⑥ 索赔谈判中注意方式方法。合同一方向对方提出索赔要求，进行索赔谈判时，措辞应婉转，说理应透彻，以理服人，而不是得理不让人，尽量避免使用抗议式提法，在一般情况下少用或不用如"你方违反合同""使我方受到严重损害"等类词句，最好采用"请求贵方作公平合理的调整""请在×××合同条款下加以考虑"等，既要正确表达自己的索赔要求，又不伤害双方的和气和感情，以达到索赔的良好效果。如果合同一方一次次合理的索赔要求，遭到对方拒不合作或置之不理，并严重影响了工程的正常进行，索赔方可以采取较为严厉的措辞和切实可行的手段，以实现自己的索赔目标。

⑦ 索赔处理时作适当、必要的让步。在索赔谈判和处理时应根据情况作出必要的让步，扔"芝麻"抱"西瓜"，有所失才有所得。可以放弃金额较小的小项索赔，坚持大项索赔。这样，使对方容易做出让步，达到索赔的最终目的。

⑧ 发挥公关能力。除了进行书信往来和谈判桌上的交涉外，有时还要发挥索赔人员的公关能力，采用合法的手段和方式，营造适合索赔争议解决的良好环境和氛围，促使索赔问题的早日和圆满的解决。

索赔既具有科学性，同时又具有艺术性，涉及工程技术、工程管理、法律、财会、贸易、公共关系等在内的众多学科知识，因此索赔人员在实践过程中，应注重对这些知识的有机结合和综合应用，不断学习，不断体会，不断总结经验教训，才能更好地开展索赔工作。

12.2　建设工程工期延误及索赔

12.2.1　工程延误的合同规定及要求

工程延误是指工程实施过程中任何一项或多项工作实际完成日期迟于计划规定的完成日期，从而可能导致整个合同工期的延长。工程工期是施工合同中的重要条款之一，涉及业主和承包人多方面的权利和义务关系。工程延误对合同双方一般都会造成损失。业主因工程不能及时交付使用、投入生产，就不能按计划实现投资效果，失去盈利机会，损失市场利润；承包人因工期延误而会增加工程成本，如现场工人工资开支、机械停滞费用、现场和企业管理费等，生产效率降低，企业信誉受到影响，最终还可能导致合同规定的误期损害赔偿费处罚。因此，工程延误的后果不仅是形式上的时间损失，也是实质上的经济损失。无论是业主还是承包人，都不愿意无缘无故地承担由工程延误给自己造成的经济损失。工程工期是业主和承包人经常发生争议的问题之一，工期索赔在整个索赔中占据了很高的比例，也是承包人索赔的重要内容之一。

1）关于工期延误的合同一般规定

如果由于非承包人自身原因造成工程延期，在土木工程合同和房屋建造合同中，通常都规定了承包人有权向业主提出工期延长的索赔要求，如果能证实因此造成了额外的损失或开支，承包人还可以要求经济赔偿，这是施工合同赋予承包人要求延长工期的正当权利。

2）关于误期损害赔偿费的合同一般规定

如果由于承包人自身的原因未能在原定的或工程师同意延长的合同工

期内竣工时，承包人则应承担误期损害赔偿费，这是施工合同赋予业主的正当权利。具体内容主要有两点：

（1）如果承包人没有在合同规定的工期内或按合同有关条款重新确定的延长期限内完成工程时，工程师将签署一个承包人延期的证明文件。

（2）根据此证明文件，承包人应承担违约责任，并向业主赔偿合同规定的延期损失。业主可从他自己掌握的已属于或应属于承包人的款项中扣除该项赔偿费，且这种扣款或支付，不应解除承包人对完成此项工程的责任或合同规定的承包人的其他责任与义务。

3）承包人要求延长工期的目的

（1）根据合同条款的规定，免去或推卸自己承担误期损害赔偿费的责任。

（2）确定新的工程竣工日期及其相应的保修期。

（3）确定与工期延长有关的赔偿费用，如由于工期延长而产生的人工费、材料费、机械费、分包费、现场管理费、总部管理费、利息、利润等额外费用。

12.2.2 工程延误的分类、识别与处理原则

1）工程延误的分类和识别

整个工程延误分类如图 12-2 所示。

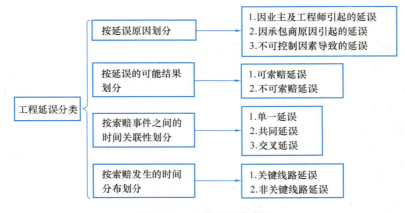

图 12-2　工程延误分类图

（1）按工程延误原因划分

① 因业主及工程师自身原因或合同变更原因引起的延误。

a. 业主拖延交付合格的施工现场。在工程项目前期准备阶段，由于业主没有及时完成征地、拆迁、安置等方面的有关前期工作，或未能及时取得有关部门批准的施工执照或准建手续等，造成施工现场交付时间推迟，承包人不能及时进驻现场施工，从而导致工程拖期。

b. 业主拖延交付图纸。业主未能按合同规定的时间和数量向承包人提供施工图纸，尤其是目前国内存在较多的边设计、边施工的项目，从而引起工期索赔。

c. 业主或工程师拖延审批图纸、施工方案、计划等。

d. 业主拖延支付预付款或工程款。

e. 业主提供的设计数据或工程数据的延误。如有关放线的资料不准确。

f. 业主指定的分包商违约或延误。

g. 业主未能及时提供合同规定的材料或设备。

h. 业主拖延关键线路上工序的验收时间，造成承包人下道工序施工延误。工程师对合格工程要求拆除或剥露部分工程予以检查，造成工程进度被打乱，影响后续工程的开展。

i. 业主或工程师发布指令延误，或发布的指令打乱了承包人的施工计划。业主或工程师原因暂停施工导致的延误。业主对工程质量的要求超出原合同的约定。

j. 业主设计变更或要求修改图纸，业主要求增加额外工程，导致工程量增加，工程变更或工程量增加引起施工程序的变动。业主的其他变更指令导致工期延长等。

② 因承包商（人）原因引起的延误。

由承包人原因引起的延误一般是其内部计划不周、组织协调不力、指挥管理不当等原因引起的。

a. 施工组织不当，如出现窝工或停工待料的现象。

b. 质量不符合合同要求而造成的返工。

c. 资源配置不足，如劳动力不足，机械设备不足或不配套，技术力量薄弱，管理水平低，缺乏流动资金等造成的延误。

d. 开工延误。

e. 劳动生产率低。

f. 承包人雇佣的分包人或供应商引起的延误等。

显然，上述延误难以得到业主的谅解，也不可能得到业主或工程师给予延长工期的补偿。承包人若想避免或减少工程延误的罚款以及由此产生的损失，只能通过加强内部管理或增加投入，或采取加速施工的措施。

③ 不可控制因素导致的延误。

a. 人力不可抗拒的自然灾害导致的延误。如有记录可查的特殊反常的恶劣天气、不可抗力引起的工程损坏和修复。

b. 特殊风险如战争、叛乱、革命、核装置污染等造成的延误。

c. 不利的自然条件或客观障碍引起的延误等。如现场发现化石、古钱币或文物。

d. 施工现场中的其他承包人的干扰。

e. 合同文件中某些内容的错误或互相矛盾。

f. 罢工及其他经济风险引起的延误，如政府抵制或禁运而造成工程延误。

（2）按工程延误的可能结果划分

① 可索赔延误

可索赔延误是指非承包人原因引起的工程延误，包括业主或工程师的原因和双方不可控制的因素引起的延误，并且该延误工序或作业一般应在关键线路上，此时承包人可提出补偿要求，业主应给予相应的合理补偿。根据补偿内容的不同，可索赔延误可进一步分为以下三种情况：

a. 只可索赔工期的延误。这类延误是由业主、承包人双方都不可预料、无法控制的原因造成的延误，如上文所述的不可抗力、异常恶劣气候条件、特殊社会事件、其他第三方等原因引起的延误。对于这类延误，一般合同规定：业主只给予承包人延长工期，不给予费用损失的补偿。但有些合同条件（如 FIDIC）中对一些不可控制因素引起的延误，如"特殊风险"和"业主风险"引起的延误，业主还应给予承包人费用损失的补偿。

b. 只可索赔费用的延误。这类延误是指由于业主或工程师的原因引起的延误，但发生延误的活动对总工期没有影响，而承包人却由于该项延误负担了额外的费用损失。在这种情况下，承包人不能要求延长工期，但可以要求业主补偿费用上的损失，前提是承包人必须能够证明其受到了损失或发生了额外费用，如因延误造成的人工费增加、材料费增加、劳动生产率降低等。

c. 可索赔工期和费用的延误。这类延误主要是由于业主或工程师的原因而直接造成工期延误并导致经济损失。如业主未能及时交付合格的施工现场，既造成承包人的经济损失，又侵犯了承包人的工期权利。在这种情况下，承包人不仅有权向业主索赔工期，而且还有权要求业主补偿因延误而发生的、与延误时间相关的费用损失。在正常情况下，对于此类延误，承包人首先应得到工期延长的补偿。但在工程实践中，由于业主对工期要求的特殊性，对于即使因业主原因造成的延误，业主也不批准任何工期的延长，即业主愿意承担工期延误的责任，却不希望延长总工期。业主的这种做法实质上是要求承包人加速施工。由于加速施工所采取的各种措施而多支出的费用，就是承包人提出费用补偿的依据。

② 不可索赔延误

不可索赔延误是指因可预见的条件或在承包人控制之内的情况，或由于承包人自己的问题与过错而引起的延误。如果业主或工程师没有不合适行为，没有上面所讨论的其他可索赔情况，则承包人必须无条件地按合同规定的时间实施和完成施工任务，而没有资格获准延长工期。承包人不应向业主提出任何索赔，业主也不会给予工期或费用的补偿。相反，如果承包人未能按期竣工，还应支付误期损害赔偿费。

（3）按延误事件之间的时间关联性划分

a. 单一延误。单一延误是指在某一延误事件从发生到终止的时间间隔内，没有其他延误事件的发生，该延误事件引起的延误称为单一延误或非共同延误。

b. 共同延误。当两个或两个以上的单个延误事件从发生到终止的时间完全相同时，这些事件引起的延误称为共同延误。共同延误的补偿分析比单一延误要复杂。如图 12-3 所示，列出了共同延误发生部分的可能性组合及其索赔补偿分析结果。

c. 交叉延误。当两个或两个以上的延误事件从发生到终止只有部分时间重合时，称为交叉延误。由于工程项目是一个复杂的系统工程，影响因素众多，常常会出现多种原因引起的延误交织在一起，这种交叉延误的补偿分析比较复杂。实际上，共同延误是交叉延误的一种特殊情况。

（4）按延误发生的时间分布划分

① 关键线路延误

关键线路延误是指发生在工程网络计划关键线路上活动的延误。由于在关键线路上全部工序的总持续时间即总工期，因而任何工序的延误都会造成总工期的推迟。因此，非承包人原因引起的关键线路延误，必定是可索赔延误。

② 非关键线路延误

非关键线路延误是指在工程网络计划非关键线路上活动的延误。由于非关键线路上的工序可能存在机动时间，因而当非承包人原因发生非关键线路延误时，会出现两种可能性：

a. 延误时间少于该工序的机动时间。在此种情况下，所发生的延误不会导致整个工程的工期延误，因而业主一般不会给予工期补偿。但若因延误发生额外开支时，承包人可以提出费用补偿要求。

b. 延误时间多于该工序的机动时间。此时，非关键线路上的延误会全部或部分转化为关键线路延误，从而成为可索赔延误。

2）工程延误的一般处理原则

（1）工程延误的一般处理原则

工程延期的影响因素可以归纳为两大类：第一类是合同双方均无过错的原因而引起的延误，主要指不可抗力事件和恶劣气候条件等；第二类是由于业主或工程师原因造成的延误。一般地说，根据工程惯例，对于第一类原因造成的工程延误，承包人只能要求延长工期，很难或不能要求业主赔偿损失。而对于第二类原因，假如业主的延误已影响了关键线路上的工作，承包人既可要求延长工期，又可要求相应的费用赔偿。如果业主的延误仅影响非关键线路上的工作，且延误后的工作仍属非关键线路，而承包人若能证明，因诸如劳动窝工、机械停滞费用等引起的损失或额外开支，则承包人不能要求延长工期，但完全有可能要求费用赔偿。

（2）共同和交叉延误的处理原则

① 共同延误

共同延误可分两种情况：在同一项工作上同时发生两项或两项以上延误；在不同的工作上同时发生两项或两项以上延误，是从对整个工程的综合影响方面讲的"共同延误"。

a. 第一种情况主要有以下几种基本组合：

（a）可索赔延误与不可索赔延误同时存在。在这种情况下，承包人无权要求延长工期和费用补偿。可索赔延误与不可索赔延误同时发生时，则可索赔延误就变成了不可索赔延误，这是工程索赔的惯例之一。

（b）两项或两项以上可索赔工期的延误同时存在，承包人只能得到一项工期补偿。

（c）可索赔工期的延误与可索赔工期和费用的延误同时存在，承包人可获得一项工期和费用补偿。

（d）两项只可索赔费用的延误同时存在，承包人可得两项费用补偿。

（e）一项可索赔工期的延误与两项可索赔工期和费用的延误同时存在，承包人可获得一项工期和两项费用补偿。即：对于多项可索赔延误同时存在时，费用补偿可以叠加，工期补偿不能叠加，如图 12-3 所示。

b. 第二种情况比较复杂。由于各项工作在工程总进度表中所处的地位和重要性不同，同等时间的相应延误对工程进度所产生的影响也就不同。所以，对这种共同延误的分析就不像第一种情况那样简单。比如，不同工作上业主延误（可索赔延误）和承包人延误（不可索赔延误）同时存在，承包人能否获得工期延长及经济补偿？对此应通过具体分析才能回答。首先我们要分析不同工作上业主延误和承包人延误分别对工程总进度造成了什么样的影响，然后将两种影响进行比较，对相互重叠部分按第一种情况的原则处理。最后，看看剩余部分是业主延误还是承包人延误造成的，如果是业主延误造成的，则应该对这一部分给予延长工期和经济补偿；如果是承包人延误造成的，就不能给予任何工期延长和经济补偿。对其他几种组合的共同延误也应具体问题具体分析。

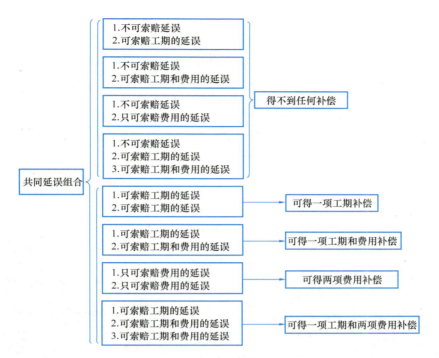

图 12-3　共同延误组合及其补偿分析

② 交叉延误

对于交叉延误，可能会出现以下几种情况，如图 12-4 所示。具体分析如下：

a. 在初始延误是由承包人原因造成的情况下，随之产生的任何非承包人原因的延误都不会对最初的延误性质产生任何影响，直到承包人的延误缘由和影响已不复存在。在该延误时间内，因业主原因引起的延误和双方不可控制因素引起的延误均为不可索赔延误。如图 12-4（1）～图 12-4（4）所示。

b. 如果承包人的初始延误已被解除后，业主原因的延误或双方不可控制因素造成的延误依然在起作用，那么承包人可以对超出部分的时间进行索赔。如图 12-4（2）、图 12-4（3）所示的情况下，承包人可以获得所示时段的工期延长，并且在如图 12-4（4）等所示的情况下还能得到费用补偿。

c. 反之，如果初始延误是由于业主或工程师原因引起的，那么其后由承包人造成的延误将不会使业主摆脱（尽管有时或许可以减轻）其责任。此时，承包人将有权获得从业主的延误开始到延误结束期间的工期延长及相应的合理费用补偿，如图 12-4（5）～图 12-4（8）所示。

d. 如果初始延误是由双方不可控制因素引起的，那么在该延误的时间内，承包人只可索赔工期，而不能索赔费用，如图 12-4（9）～图 12-4（12）所示。只有在该延误结束后，承包人才能对由业主或工程师原因造成的延误进行工期和费用索赔，如图 12-4（12）所示。

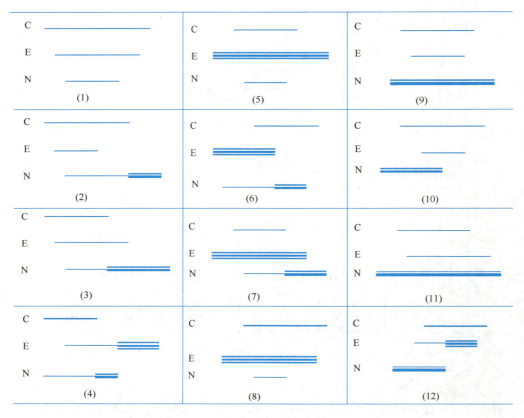

图 12-4 工程延误的交叉与补偿分析图

C 为承包商原因造成的延误；E 为业主或工程师原因造成的延误；N 为双方不可控制因素造成的延误；
—— 为不可得到补偿的延期；▅▅▅ 为可以得到时间补偿的延期；▅▅▅ 为可以得到时间和费用补偿的延期

12.2.3 工期索赔的分析与计算方法

1）工期索赔的依据与合同规定

工期索赔的依据一般有：合同约定的工程总进度计划；合同双方共同认可的详细进度计划，如网络图、横道图等；合同双方共同认可的月、季、旬进度实施计划；合同双方共同认可的对工期的修改文件，如会谈纪要、来往信件、确认信等；施工日志、气象资料；业主或工程师的变更指令；影响工期的干扰事件；受干扰后的实际工程进度；其他有关工期的资料等。此外，在合同双方签订的工程施工合同中有许多关于工期索赔的规定，它们可以作为工期索赔的法律依据。

2）工期索赔的程序

不同的工程合同条件对工期索赔有不同的规定。在工程实践中，承包人应紧密结合具体工程的合同条件，在规定的索赔时限内提出有效的工期索赔。下面从承包人的角度来分析几种不同合同条件下进行工期索赔时承包人的职责和一般程序。

（1）《建设工程施工合同条件（示范文本）》（GF—2013—0201）

本合同文本第 7 条规定了工期相应顺延的前提条件（第 7.2）。此外，如果发包人未能按合同约定履行自己的各项义务或发生错误以及应由发包人承担责任的其他情况，造成了承包人工期延误的，承包人可按照索赔条款规定的程序向发包人提出工期索赔。

（2）《水利水电土建工程施工合同条件》（GF—2000—0208）

本合同条件第 19 条第二款规定，属于下列任何一种情况引起的暂停施工，均为发包人的责任，由此造成的工期延误，承包人有权要求延长工期：

① 由于发包人违约引起的暂停施工。

② 由于不可抗力的自然或社会因素引起的暂停施工。

③ 由于其他发包人的原因引起的暂停施工。

该条件第 20 条规定，在施工过程中，发生下列情况之一，使关键项目的施工进度计划拖后而造成工期延误的，承包人可要求发包人延长合同规定的工期：

① 增加合同中任何一项的工作内容。

② 增加合同中关键项目的工程量超过专用合同条款规定的百分比。

③ 增加额外的工程项目。

④ 改变合同中任何一项工作的标准或特性。

⑤ 本合同中涉及的由发包人责任引起的工期延误。

⑥ 异常恶劣的气候条件。

⑦ 非承包人原因造成的工期延误。

发生上述事件后，承包人应按下列程序办理：

① 发生上述事件时，承包人应立即通知发包人和监理人，并在发出该通知后的 28 天内，向监理人提交一份细节报告，详细说明该事件的情节和对工期的影响程度，并按合同规定修订进度计划和编制赶工措施报告报送监理人审批。若发包人要求修订的进度计划仍应保证工程按期完工，则应由发包人承担由于采取赶工措施所增加的费用。

② 若事件的持续时间较长或事件影响工期较长，当承包人采取了赶工措施而无法实现工程按期完工时，除应按第①项规定的程序办理外，承包人应在事件结束后的 14 天内，提交一份补充细节的报告，详细说明要求延长工期的理由，并修订进度计划。此时，发包人除了按上述第①项规定承担赶工费用外，还应按以下第③项规定的程序批准给予承包人延长工期的合理天数。

③ 监理人应及时调查核实上述第①和②项中承包人提交的细节报告和补充细节报告，并在审批修订进度计划的同时与发包人和承包人协商确定延长工期的合理天数和补偿费用的合理额度，并通知承包人。

（3）FIDIC 施工合同条件

FIDIC 施工合同条件第 44 条规定，如果由于

① 额外或附加工作的数量或性质，或

② 本合同条件中提到的任何延误原因，如获得现场占有权的延误（第 42 条），颁发图纸或指示的延误（第 6 条），不利的自然障碍或条件（第 12 条），暂时停工（第 40 条），额外的工作（第 51 条），工程的损害或延误（第 20 和 65 条）等，或

③ 异常恶劣的气候条件，或

④ 由业主造成的任何延误、干扰或阻碍，或

⑤ 除去承包商不履行合同或违约或由他负责的以外，其他可能发生的特殊情况，则

在此类事件开始发生之后的 28 天内，承包商应通知工程师并将一份副本呈交业主；在上述通知之后的 28 天内，或在工程师可能同意的其他合理的期限内，向工程师提交承包商认为他有权要求的任何延期的详细申述，以便可以及时对他申述的情况进行研究。工程师详细地复查全部情况后，并与业主和承包商适当协商，之后，决定竣工日期延长的时间，同时相应地通知承包商，将一份副本呈交业主。

（4）JCT 合同条件

英国联合合同委员会（Joint Contracts Tribunal，简称 JCT）制订的标准合同文本 JCT 合同条件规定，承包商在进行工期索赔时必须遵循如下步骤（流程图，图 12-5）：

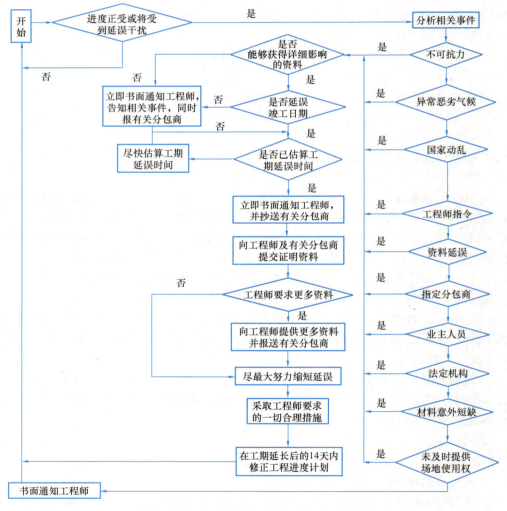

图 12-5　JCT 合同条件下的工期索赔流程图

① 承包商一旦认识到工程延误正在发生或即将发生，就应该立即以书面形式正式通知建筑师，而且该延误通知书中必须指出引起延误的原因及相关事件。

② 承包商应尽可能快而详细地给出延误事件的可能后果。

③ 承包商必须尽快估算出竣工日期的推迟时间，而且必须单独说明每一个延误事件的影响，以及延误事件之间的时间相关性。

④ 若承包商在延误通知书中提及了任一指定分包商，他就必须将延误通知书、延误的细节以及估计后果等相关复印件送交至指定分包商。

⑤ 承包商必须随时向工程师递交关于延误的最新发展状况以及其对竣工日期的影响报告，并同时将复印件送交有关的指定的分包商。承包商有责任在合同执行的全过程中，随时报告延误的发生、发展及其影响，直至工程已实际完成。

⑥ 承包商必须不断地尽最大努力地阻止延误发展，并尽可能减少延误对竣工日期的影响。这并不是说承包商必须增加支出以挽回或弥补延误所造成的时间损失，但是承包商应确信工程进度是积极、合理的。

⑦ 承包商必须完成工程师的所有合理要求。如果业主要求并批准采用加速措施，并支付合理的费用，承包商就有责任完成工程加速。

3） 工期索赔的分析与计算方法

（1）工期索赔的分析流程

工期索赔的分析流程包括延误原因分析、网络计划（CPM）分析、业主责任分析和索赔结果分析等步骤，具体内容如图 12-6 所示。

① 原因分析。分析引起工期延误是哪一方的原因，如果由于承包人自身原因造成的，则不能索赔，反之则可以索赔。

② 网络计划分析。运用网络计划（CPM）方法分析延误事件是否发生在关键线路上，以决定延误是否可以索赔。注意：关键线路并不是固定的，随着工程进展，关键线路也在变化，而且是动态变化。关键线路的确定，必须是依据最新批准的工程进度计划。在工程索赔中，一般只限于考虑关键线路上的延误，或者一条非关键线路因延误进而变成关键线路。

③ 业主责任分析。结合 CPM 分析结果，进行业主责任分析，主要是为了确定延误是否能够进行费用索赔。若发生在关键线路上的延误是由于业主原因造成的，则这种延误不仅可索赔工期，还可索赔因延误而发生的额外费用。否则，只能索赔工期。若由于业主原因造成的延误发生在非关键线路上，则只可能索赔费用。

④ 索赔结果分析。在承包人索赔已经成立的情况下，根据业主是否对工期有特殊要求，分析工期索赔的可能结果。如果由于某种特殊原因，工程竣工日期客观上不能改变，即对索赔工期的延误，业主也可以不给予工期延长。这时，业主的行为已实质上构成隐含指令加速施工。因而，当承包人采取加速施工措施而额外导致费用的增加，业主应予以支付，即加速费用补偿。此处，费用补偿是指因业主原因引起的延误时间因素，这造成了承包人负担了额外的费用，进而得到的合理补偿。

（2）工期索赔计算方法

① 网络计划分析法。

承包人提出工期索赔，必须确定干扰事件对工期的影响值，即工期索赔值。工期索赔分析的一般思路是：假设工程一直按原网络计划确定的施工顺序和时间施工，当一个或一些干扰事件发生后，使网络中的某个或某些活动受到干扰而延长施工持续时间。将这些活动受干扰后的新的持续时间代入网络中，重新进行网络计划分析和计算，即得到一个新工

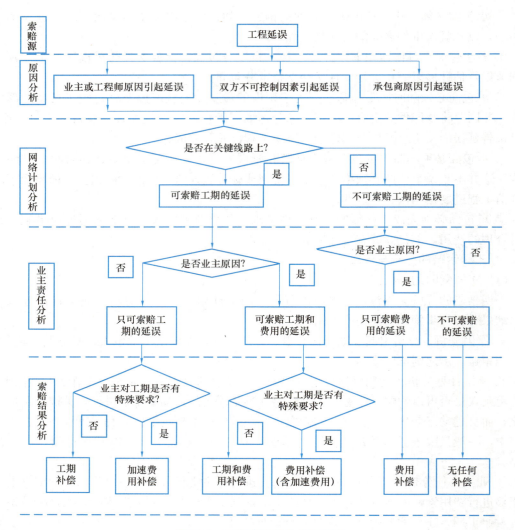

图 12-6　工期索赔的分析流程图

期。新工期与原工期之差称为干扰事件对总工期的影响，也称为承包人的工期索赔值。网络计划分析是一种科学、合理的计算方法，它是通过分析干扰事件发生前、后的网络计划的差异而计算工期索赔值的，通常可适用于各种干扰事件引起的工期索赔。但对于大型、复杂的工程，手工计算比较困难，需借助计算机来完成。

② 比例类推法。

在实际工程中，若干扰事件仅影响某些单项工程、单位工程或分部分项工程的工期，要分析它们对总工期的影响，可采用较简单的比例类推法。比例类推法可分为两种情况：

a. 按工程量进行比例类推。当计算出某一分部分项工程的工期延长后，还要把局部工期转变为整体工期，这可以用局部工程的工作量占整个工程工作量的比例来折算。

b. 按造价进行比例类推。若施工中出现了很多大小不等的工期索赔事由，较难准确地单独计算且又麻烦时，可经双方协商，采用造价比较法确定工期补偿天数。

比例类推法简单、方便，易于被人们所理解和接受，但不够科学、合理，有时也不太符合工程的实际情况，且对有些情况如业主变更施工次序等不适用，甚至会得出错误的结果。在实际工作中应予以注意，应正确掌握其适用范围。

③　直接法。

有时，干扰事件直接发生在关键线路上或一次性地发生在一个项目上，造成总工期的延误。这时可通过查看施工日志、变更指令等资料，直接将这些资料中记载的延误时间作为工期索赔值。如承包人按工程师的书面工程变更指令，完成变更工程所用的实际工时即为工期索赔值。

④　工时分析法。

某一工种的分项工程项目延误事件发生后，按实际施工的程序统计出所用的工时总量，然后按延误期间承担该分项工程工种的全部人员投入来计算要延长的工期。

12.3　建设工程费用索赔

12.3.1　费用索赔的原因及分类

1）费用索赔的含义及特点

（1）费用索赔的含义

费用索赔是指承包人在非自身因素影响下遭受的经济损失，向业主提出补偿其额外费用损失的要求。因此，费用索赔应是承包人根据合同条款的有关规定，向业主索取的合同价款以外的费用。索赔费用不应被视为承包人的意外收入，也不应被视为业主的不必要开支。实际上，索赔费用的存在是由于建立合同时还无法确定的某些应由业主承担的风险因素导致的结果。承包人的投标报价中一般不考虑应由业主承担的风险对报价的影响，因此一旦这类风险发生并影响承包人的工程成本时，承包人提出费用索赔是一种正常的现象，也是合情合理的行为。

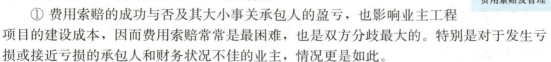

云视频12-2：
费用索赔及管理

（2）费用索赔的特点

费用索赔是工程索赔的重要组成部分，是承包人进行索赔的主要目标。与工期索赔相比，费用索赔有以下一些特点：

①　费用索赔的成功与否及其大小事关承包人的盈亏，也影响业主工程项目的建设成本，因而费用索赔常常是最困难，也是双方分歧最大的。特别是对于发生亏损或接近亏损的承包人和财务状况不佳的业主，情况更是如此。

②　索赔费用的计算比索赔资格或权利的确认更为复杂。索赔费用的计算不仅要依据合同条款与合同规定的计算原则和方法，还要依据承包人投标时所采用的计算基础和方法，以及承包人的历史资料等。索赔费用的计算没有统一、以供合同双方共同认可的计算方法。因此，索赔费用的确定及认可是费用索赔中一项困难的工作。

③　在工程实践中，常常是许多干扰事件交织在一起，承包人成本的增加或工期延长的发生时间及其原因也常常相互交织在一起，很难清楚、准确地划分，尤其是对于一揽子综合索赔。对于生产率降低、工程延误引起的承包人利润和总部管理费损失等费用的确定，很难准确计算出来，双方往往存在很大的分歧。

2）费用索赔的原因

引起费用索赔的原因是由于合同环境发生变化，使承包人遭受了额外的经济损失。归纳起来，费用索赔产生的常见原因主要有：

① 业主违约。

② 工程变更。

③ 业主拖延支付工程款或预付款。

④ 工程加速。

⑤ 业主或工程师责任造成的可索赔费用的延误。

⑥ 非承包人原因的工程中断或终止。

⑦ 工程量增加（不含业主失误）。

⑧ 其他。如业主指定的分包商违约，合同缺陷，国家政策及法律、法令变更等。

12.3.2　费用索赔的费用构成

1）可索赔费用的分类

（1）按可索赔费用的性质划分

在工程实践中，承包人的费用索赔包括额外工作索赔和损失索赔。额外工作索赔费用包括额外工作实际成本及其相应利润。对于额外工作索赔，业主一般以原合同中的适用价格为基础，或者以双方商定的价格或工程师确定的合理价格为基础给予补偿。实际上，进行合同变更、追加额外工作，可索赔费用的计算相当于一项工作的重新报价。损失索赔包括实际损失索赔和可得利益索赔。实际损失是指承包人多支出的额外成本；可得利益是指如果业主不违反合同，承包人本应取得的、但因业主违约而丧失了的利益。计算额外工作索赔和损失索赔的主要区别是：前者的计算基础是价格，后者的计算基础是成本。

（2）按可索赔费用的构成划分

可索赔费用按项目构成可分为直接费和间接费。其中：直接费包括人工费、材料费、机械设备费、分包费；间接费包括现场和公司总部管理费、保险费、利息及保函手续费等项目。可索赔费用计算的基本方法是按上述费用构成项目分别分析、计算，最后汇总求出总的索赔费用。

按照工程惯例，承包人对索赔事项的发生原因负有责任的相关费用。承包人对索赔事项未采取减轻措施，因而扩大的损失费用；承包人进行索赔工作的准备费用。索赔金额在索赔处理期间的利息、仲裁费用、诉讼费用等是不能索赔的，因而不应将这些费用包含在索赔费用中。

2）常见索赔事件的费用构成

索赔费用的主要组成部分，同建设工程施工合同价的组成部分相似。由于我国关于施工合同价的构成规定与国际惯例不尽一致，所以在索赔费用的组成内容上也有所差异。按照我国现行规定，建筑安装工程合同价一般包括直接费、间接费、计划利润和税金。而国际上的惯例则是将建安工程合同价分为直接费、间接费、利润三部分。

从原则上说，凡是承包人有索赔权的工程成本的增加，都可以列入索赔的费用。但是，对于不同原因引起的索赔，可索赔费用的具体内容则有所不同。索赔方应根据索赔事件的性质，分析其具体的费用构成内容。如表 12-1 所示，分别列出了工程延误、工程加速、工程中断和工程量增加等索赔事件可能涉及的费用项目。

索赔事件的费用项目构成示例表

表 12-1

索赔事件	可能的费用项目	说明
工程延误	（1）人工费增加	包括工资上涨、现场停工、窝工、生产效率降低，不合理使用劳动力等损失
	（2）材料费增加	因工期延长引起的材料价格上涨
	（3）机械设备费	设备因延期引起的折旧费、保养费、进出场费或租赁费等
	（4）现场管理费增加	包括现场管理人员的工资、津贴等，现场办公设施，现场日常管理费支出，交通费等
	（5）因工期延长、通货膨胀导致工程成本增加	
	（6）相应保险费、保函费增加	
	（7）分包商索赔	分包商因延期向承包商提出的费用索赔
	（8）总部管理费分摊	因延期造成公司总部管理费的增加
	（9）推迟支付引起的兑换率损失	工程延期引起支付延迟
工程加速	（1）人工费增加	因业主指令工程加速造成增加劳动力投入，不经济地使用劳动力，生产效率降低等
	（2）材料费增加	不经济地使用材料，材料提前交货的费用补偿，材料运输费增加
	（3）机械设备费	增加机械投入，不经济地使用机械
	（4）因加速增加现场管理费	也应扣除因工期缩短减少的现场管理费
	（5）资金成本增加	费用增加和支出提前所引起的负现金流量，所需支付的利息
工程中断	（1）人工费增加	如留守人员工资，人员的遣返和重新招雇费，对工人的赔偿等
	（2）机械使用费	设备停滞费，额外的进出场费，租赁机械的费用等
	（3）保函、保险费、银行手续费	
	（4）贷款利息	
	（5）总部管理费	
	（6）其他额外费用	如停工、复工所产生的额外费用，工地重新整理等费用
工程量增加	费用构成与合同报价相同	合同规定承包商应承担一定比例（如5%、10%）的工程量增加风险，超出部分才予以补偿；合同规定工程量增加超出一定比例时（如15%～20%），可调整单价，否则合同单价不变

　　此外，索赔费用项目的构成会随工程所在地国家或地区的不同而不同。即使在同一个国家或地区，随着合同条件具体规定的不同，索赔费用的项目构成也会不同。美国工程索赔专家 J. J. 艾德里安（J. J. Adrian）总结了索赔类型与索赔费用构成的关系表（表 12-2），可供参考。

索赔种类与索赔费用构成关系表　　　　　　　　　　　　表 12-2

序号	索赔费用项目	索赔种类			
		延误索赔	工程范围变更索赔	加速施工索赔	现场条件变更索赔
1	人工工时增加费	×	✓	×	✓
2	生产率降低引起人工损失	✓	○	✓	○
3	人工单价上涨费	✓	○	✓	○
4	材料用量增加费	×	✓	○	○
5	材料单价上涨费	✓	○	✓	○
6	新增的分包工程量	×	✓	×	○
7	新增的分包工程单价上涨费用	✓	○	○	✓
8	租赁设备费	○	✓	✓	✓
9	自有机械设备使用费	✓	✓	○	✓
10	自有机械台班费率上涨费	○	×	○	○
11	现场管理费（可变）	○	✓	○	○
12	现场管理费（固定）	✓	×	×	○
13	总部管理费（可变）	○	○	○	○
14	总部管理费（固定）	✓	○	×	○
15	融资成本（利息）	✓	○	○	○
16	利润	○	✓	○	✓
17	机会利润损失	○	○	○	○

　　注：✓表示一般情况下应包含；×表示不包含；○表示可含可不含，视具体情况而定。

　　索赔费用主要包括的项目如下：

　　（1）人工费

　　人工费主要包括生产工人的工资、津贴、加班费、奖金等。对于索赔费用中的人工费部分来说，主要是指完成合同之外的额外工作所花费的人工费用；由于非承包人责任的工效降低所增加的人工费用；超过法定工作时间的加班费用；法定的人工费增长以及非承包人责任造成的工程延误所导致的人员窝工费；相应增加的人身保险和各种社会保险支出等。在以下几种情况下，承包人可以提出人工费的索赔：

　　① 因业主增加额外工程，或因业主、工程师原因造成的工程延误，导致承包人人工单价的上涨和工作时间的延长。

　　② 因工程所在国法律、法规、政策等变化而导致承包人人工费用方面的额外增加，如提高当地雇佣工人的工资标准、福利待遇或增加保险费用等。

　　③ 若由于业主或工程师原因造成的延误，或对工程的不合理干扰打乱了承包人的施

工计划，致使承包人劳动生产率降低，导致人工工时增加的损失，承包人有权向业主提出生产率降低损失的索赔。

（2）材料费

可索赔的材料费主要包括：

① 由于索赔事项导致材料实际用量超过计划用量，进而增加的材料费。

② 由于客观原因导致材料价格大幅度上涨。

③ 由于非承包人责任致使工程延误，导致材料价格上涨。

④ 由于非承包人原因致使材料运杂费、采购与保管费用的上涨。

⑤ 由于非承包人原因致使额外低值易耗品使用等。

在以下两种情况下，承包人可提出材料费的索赔：

① 由于业主或工程师要求追加额外工作、变更工作性质、改变施工方法等，造成承包人的材料耗用量增加，包括使用数量的增加和材料品种或种类的改变。

② 在工程变更或业主延误时，可能会造成承包人材料库存时间延长、材料采购滞后或采用代用材料等，从而引起材料单位成本的增加。

（3）机械设备使用费

可索赔的机械设备费主要包括：

① 由于完成额外工作增加的机械设备使用费。

② 非承包人责任致使的工效降低而增加的机械设备闲置、折旧和修理费分摊、租赁的费用。

③ 由于业主或工程师原因造成的机械设备停工的窝工费。机械设备台班窝工费的计算，如租赁设备，一般按实际台班租金加上每台班分摊的机械调进调出费计算；如承包人自有设备，一般按台班折旧费计算，而不能按全部台班费计算，因台班费中包括了设备使用费。

④ 非承包人原因增加的设备保险费、运费及进口关税等。

（4）现场管理费

现场管理费是某单个合同发生、用于现场管理的总费用，一般包括现场管理人员的费用、办公费、通信费、差旅费、固定资产使用费、工具用具使用费、保险费、工程排污费、供热、供水及照明费等。它一般约占工程总成本的5%～10%。索赔费用中的现场管理费是指承包人完成额外工程、索赔事项工作以及工期延长、延误期间的工地管理费。在确定分析索赔费用时，有时把现场管理费具体又分为可变部分和固定部分。所谓可变部分是指在延期过程中可以调到其他工程部位（或其他工程项目）上去的那部分人员和设施；所谓固定部分是指施工期间不易调动的那部分人员或设施。

（5）总部管理费

总部管理费是承包人企业总部发生的，为整个企业的经营运作提供支持和服务所发生的管理费，一般包括总部管理人员费、企业经营活动费、差旅交通费、办公费、通信费、固定资产折旧费、修理费、职工教育培训费、保险费、税金等。它一般约占企业总营业额的3%～10%。索赔费用中的总部管理费主要指的是工程延误期间所增加的管理费。

（6）利息

利息，又称融资成本或资金成本，是企业取得和使用资金所付出的代价。融资成本主要有两种：额外贷款的利息支出和使用自有资金引起的机会损失。只要因业主违约（如业主拖延或拒绝支付各种工程款、预付款或拖延退还扣留的保留金）或其他合法索赔事项直接引起的额外贷款，承包人有权向业主就相关的利息支出提出索赔。利息的索赔通常发生于下列情况：

① 业主拖延支付预付款、工程进度款或索赔款等，给承包人造成较严重的经济损失，承包人因而提出拖延付款的利息索赔。

② 由于工程变更和工期延误增加投资的利息。

③ 施工过程中业主错误扣款的利息。

（7）分包商费用

索赔费用中的分包费用是指分包商的索赔款项，一般也包括人工费、材料费、施工机械设备使用费等。因业主或工程师原因造成分包商的额外损失，分包商首先应向承包人提出索赔要求和索赔报告，然后以承包人的名义向业主提出分包工程增加费及相应管理费用的索赔。

（8）利润

对于不同性质的索赔，取得利润索赔的成功率是不同的。以下几种情况，承包人一般可以提出利润索赔：

① 因设计变更等变更引起的工程量增加；

② 施工条件变化导致的索赔；

③ 施工范围变更导致的索赔；

④ 合同延期导致机会利润损失；

⑤ 由于业主的原因终止或放弃合同带来预期利润的损失等。

（9）其他

包括相应保函费、保险费、银行手续费及其他额外费用的增加等。

云讲座12-3：工程施工现场签证调价实务

12.3.3　索赔费用的计算方法

索赔值的计算没有统一、共同认可的标准方法，但计算方法的选择却对最终索赔金额影响很大，估算方法选用不合理容易被对方驳回，这就要求索赔人员具备丰富的工程估价经验和索赔经验。

对于索赔事件的费用计算，一般是先计算与索赔事件有关的直接费，如人工费、材料费、机械费、分包费等，然后计算应分摊在此事件上的管理费、利润等间接费。每一项费用的具体计算方法基本上与工程项目报价计算相似。

1）基本索赔费用的计算方法

（1）人工费

人工费是可索赔费用中的重要组成部分，其计算方法为：

$$C(L) = CL_1 + CL_2 + CL_3$$

式中　$C(L)$——索赔的人工费；

CL_1——人工单价上涨引起的增加费用；

CL_2——人工工时增加引起的费用；

CL_3——劳动生产率降低引起的人工损失费用。

（2）材料费

材料费在工程造价中占据较大比例，也是重要的可索赔费用。材料费索赔包括材料耗用量增加和材料单位成本上涨两个方面。其计算方法为：

$$C(M) = CM_1 + CM_2$$

式中　$C(M)$——可索赔的材料费；

$\quad\quad CM_1$——材料用量增加费；

$\quad\quad CM_2$——材料单价上涨导致的材料费增加。

（3）施工机械设备费

施工机械设备费包括承包人在施工过程中使用自有施工机械所发生的机械使用费，使用外单位施工机械的租赁费，以及按照规定支付的施工机械进出场费用等。索赔机械设备费的计算方法为：

$$C(E) = CE_1 + CE_2 + CE_3 + CE_4$$

式中　$C(E)$——可索赔的机械设备费；

$\quad\quad CE_1$——承包人自有施工机械工作时间额外增加费用；

$\quad\quad CE_2$——自有机械台班费率上涨费；

$\quad\quad CE_3$——外来机械租赁费（包括必要的机械进出场费）；

$\quad\quad CE_4$——机械设备闲置损失费用。

（4）分包费

分包费索赔的计算方法为：

$$C(SC) = CS_1 + CS_2$$

式中　$C(SC)$——索赔的分包费；

$\quad\quad CS_1$——分包工程增加费用；

$\quad\quad CS_2$——分包工程增加费用的相应管理费（有时可包含相应利润）。

（5）利息

利息索赔额的计算方法可按复利计算法计算。至于利息的具体利率应是多少，可采用不同标准，主要有以下三种情况：按承包人在正常情况下，当时的银行贷款利率；按当时的银行透支利率或按合同双方协议的利率。

（6）利润

索赔利润的款额计算通常是与原报价单中的利润百分率保持一致。即在索赔款直接费的基础上，乘以原报价单中的利润率，即作为该项索赔款中的利润额。

2）管理费索赔的计算方法

在确定索赔事件的直接费用以后，还应提出应分摊的管理费。由于管理费的金额较大，其确认和计算都比较困难和复杂，常常会引发双方的争议。管理费属于工程成本的组成部分，包括企业总部管理费和现场管理费。我国现行建筑工程造价构成中，将现场管理费纳入直接工程费中，企业总部管理费纳入间接费中。一般的费用索赔中都可以包括现场管理费和总部管理费。

（1）现场管理费

现场管理费的索赔计算方法一般有两种情况：

　　① 直接成本的现场管理费索赔。对于发生直接成本的索赔事件，其现场管理费的索赔额一般可按该索赔事件直接费乘以现场管理费费率，而现场管理费费率等于合同工程的现场管理费总额除以该合同工程直接成本总额。

　　② 工程延期的现场管理费索赔。如果某项工程延误索赔不涉及直接费的增加，或由于工期延误时间较长，按直接成本的现场管理费索赔方法计算的金额不足以补偿工期延误所造成的实际现场管理费的支出，则可按如下方法计算：用实际（或合同）现场管理费总额除以实际（或合同）工期，得到单位时间现场管理费费率，然后用单位时间现场管理费费率乘以可索赔的延期时间，可以得到现场管理费索赔额。

　　（2）总部管理费

　　目前常用的总部管理费的计算方法有以下几种：

　　① 按照投标书中总部管理费的比例（3%～8%）计算。

　　② 按照公司总部统一规定的管理费比例计算。

　　③ 以工程延期的总天数为基础，计算总部管理费的索赔额。

　　对于索赔事件来讲，总部管理费金额较大，常常会引起双方的争议，常常采用总部管理费分摊的方法，因此分摊方法的选择甚为重要。主要有两种：

　　① 总直接费分摊法

　　总部管理费一般首先在承包人的所有合同工程之间分摊，然后再在每一个合同工程的各个具体项目之间分摊。其分摊系数的确定与现场管理费类似，即可以将总部管理费总额除以承包人企业全部工程的直接成本（或合同价）之和，据此比例即可确定每项直接费索赔中应包括的总部管理费。总直接费分摊法是将工程直接费作为比较基础来分摊总部管理费。它简单易行，说服力强，运用面较宽。其计算公式为：

　　单位直接费的总部管理费率＝总部管理费总额/合同期承包商完成的总直接费×100%，

　　总部管理费索赔额＝单位直接费的总部管理费率×争议合同直接费。

　　例如：某工程争议合同的实际直接费为 500 万元，在争议合同执行期间，承包人同时完成的其他合同的直接费为 2500 万元，该阶段承包人总部管理费总额为 300 万元，则：

　　单位直接费的总部管理费率＝300/（500＋2500）×100%＝10%，总部管理费索赔额＝10%×500＝50(万元)。

　　总直接费分摊法的局限之处是：如果承包人所承包的各个工程的主要费用比例变化太大，误差就会很大。如有的工程材料费、机械费所占比例大，直接费高，分摊到的管理费就多；反之，亦然。此外，如果合同发生延期且无替补工程，则延误期内工程直接费较小，分摊的总部管理费和索赔额都较小，承包人会因此而蒙受经济损失。

　　② 日费率分摊法

　　日费率分摊法又称 Eichleay，得名于 Eichleay 公司一桩成功的索赔案例。其基本思路是按合同额分配总部管理费，再用日费率法计算应分摊的总部管理费索赔值。其计算公式为：

　　争议合同应分摊的总部管理费＝争议合同额/合同期承包商完成的合同总额×同期总部管理费总额。

　　即日总部管理费率＝争议合同应分摊的总部管理费/合同履行天数，

总部管理费索赔额＝日总部管理费率×合同延误天数。

例如：某承包人承包某工程，合同价为 500 万元，合同履行天数为 720 天，该合同实施过程中因业主原因拖延了 80 天。在这 720 天中，承包人承包其他工程的合同的总额为 1500 万元，总部管理费总额为 150 万元。则：

争议合同应分摊的总部管理费＝500/(500＋1500)×150＝37.5(万元)

日总部管理费率＝37.5/720＝0.05208(万元/天)换算后为 520.8(元/天)，总部管理费索赔额＝520.8×80＝41664(元)

该方法的优点是简单、实用，易于被人理解，在实际运用中也得到了一定程度的认可。存在的主要问题有：一是总部管理费按合同额分摊与按工程成本分摊结果不同，而后者在通常会计核算和实际工作中更容易被人理解；二是"合同履行天数"中包括了"合同延误天数"，降低了日总部管理费率及承包人的总部管理费索赔值。

从上可知，总部管理费的分摊标准是灵活的，分摊方法的选用要能反映实际情况，既要合理，又要有利。

3）综合费用索赔的计算方法

对于由许多单项索赔事件组成的综合费用索赔，可索赔的费用构成往往很多，可能包括直接费用和间接费用，一些基本费用的计算前文已叙述。从总体思路上讲，综合费用索赔主要有以下几种计算方法。

（1）总费用法

总费用法的基本思路是将固定总价合同转化为成本加酬金合同，或索赔值按成本加酬金的方法来计算，它是以承包人的额外增加成本为基础，再加上管理费、利息，甚至利润的计算方法。如表 12-3 所示，为总费用法的计算示例，供参考。

总费用法计算示例　　　　　　　　　　　　　　　　　表 12-3

序号	费用项目	金额（元）
1	合同实际成本	
	（1）直接费	
	1）人工费	200 000
	2）材料费	100 000
	3）设备	200 000
	4）分包商	900 000
	5）其他	＋100 000
	合计	1500 000
	（2）间接费	＋160 000
	（3）总成本［（1）＋（2）］	1660 000
2	合同总收入（合同价＋变更令）	－1440 000
3	成本超支（1－2）	220 000
	加：（1）未补偿的办公费和行政费（按总成本的10%）	166 000
	（2）利润（总成本的15%＋管理费）	273 000
	（3）利息	＋40 000
4	索赔总额	699 900

总费用法在工程实践中用得不多，往往不容易被业主、仲裁员或律师等所认可，该方法在应用时应该注意以下几点：

　　① 工程项目实际发生的总费用应计算准确，合同生成的成本应符合普遍接受的会计原则，若需要分配成本，则分摊方法和基础选择要合理。

　　② 承包人的报价合理，符合实际情况，不能是采取低价中标策略后过低的标价。

　　③ 合同总成本超支系其他当事人行为所致，承包人在合同实施过程中没有任何失误，但这一般在工程实践中是不太可能的。

　　④ 因为实际发生的总费用中可能包括了承包人的原因（如施工组织不善、浪费材料等），进而增加了费用，同时投标报价估算的总费用由于想中标而报价过低。所以，这种方法只有在难以按其他方法计算索赔费用时才会使用。

　　⑤ 采用这个方法，往往是由于施工过程上受到严重干扰，造成多个索赔事件混杂在一起，导致难以准确地进行分项记录和收集资料、证据，也不容易分项计算出具体的损失费用，只得采用总费用法进行索赔。

　　⑥ 该方法要求必须出具足够的证据，证明其全部费用的合理性，否则其索赔款额将不容易被接受。

　　（2）修正的总费用法

　　修正的总费用法是对总费用法的改进，即在总费用计算的原则上，去掉一些不合理的因素，使其更合理。修正的内容如下：

　　① 将计算索赔款的时段局限于受到外界影响的时间，而不是整个施工期。

　　② 只计算受影响时段内的某项工作所受影响的损失，而不是计算该时段内所有施工工作所受的损失。

　　③ 与该项工作无关的费用不列入总费用中。

　　④ 对承包人投标报价费用重新进行核算。按受影响时段内该项工作的实际单价进行核算，乘以实际完成的该项工作的工作量，得出调整后的报价费用。

　　按修正后的总费用计算索赔金额的公式：

　　索赔金额＝某项工作调整后的实际总费用－该项工作的报价费用（含变更款）

　　修正的总费用法与总费用法相比，有了实质性的改进，能够较为准确地反映出实际增加的费用。

　　（3）分项法

　　分项法是在明确责任的前提下，对每个引起损失的干扰事件和各费用项目单独分析计算索赔值，并提供相应的工程记录、收据、发票等证据资料，最终求和。这样，可以在较短的时间内用以分析、核实，确定索赔费用，顺利解决索赔事宜。该方法虽然比总费用法复杂、困难，但比较合理、清晰，能够反映实际情况，且可为索赔文件的分析、评价及其最终索赔谈判和解决提供方便，是承包人广泛采用的方法。如表 12-4 所示，给出了分项法的典型示例，可供参考。分项法计算通常分三步：

　　① 分析每个或每类索赔事件所影响的费用项目，不得有遗漏。这些费用项目通常应与合同报价中的费用项目一致。

　　② 计算每个费用项目受索赔事件影响后的数值，通过与合同价中的费用值进行比较即可得到该项费用的索赔值。

　　③ 将各费用项目的索赔值汇总，得到总费用索赔值。分项法中索赔费用主要包括该项工程施工过程中所发生的额外人工费、材料费、施工机械使用费、相应的管理费，以及

应得的间接费和利润等。由于分项法所依据的是实际发生的成本记录或单据，所以在施工过程中，对于第一手资料的收集整理就显得非常重要。

分项法计算示例　　　　　　　　　　　　　　　　　　　　　表 12-4

序号	索赔项目	金额(元)	序号	索赔项目	金额(元)
1	工程延误	256000	5	利息支出	8000
2	工程中断	166000	6	利润(1+2+3+4)×15%	69600
3	工程加速	16000	7	索赔总额	541600
4	附加工程	26000			

如表 12-4 所示，每一项费用又有详细的计算方法、计算基础和证据等，如因工程延误引起的费用损失计算如表 12-5 所示。

工程延误的索赔额计算示例　　　　　　　　　　　　　　　表 12-5

序号	索赔项目	金额(元)	序号	索赔项目	金额(元)
1	机械设备停滞费	95000	4	总部管理分摊	16000
2	现场管理费	84000	5	保函手续费、保险费增加	6000
3	分包商索赔	4500	6	合计	256000

复习思考题

1. 什么是索赔？索赔有哪些特征？索赔管理有哪些特点？

2. 常见的索赔事件有哪些？

3. 索赔的分类有哪些？开展索赔工作有哪些作用？

4. 索赔的依据、证据和索赔文件应包括哪些内容？他们对索赔成功有何影响？

5. 结合具体工程项目，分析索赔工作的基本程序？

6. 在索赔过程中应注意哪些技巧和艺术？

7. 判断承包商索赔是否成立应具备哪些条件？

8. 分析工程师在索赔工作中的地位和作用？

9. 在我国建筑业开展索赔工作存在哪些问题？应如何解决？

10. 在施工合同中对于发包人和承包人原因影响的工期延误有何规定？

11. 工程延误有哪些分类？工程延误的一般处理原则是什么？

12. 试分析共同延误可能的补偿结果？

13. 试分析交叉延误的几种典型情况及其结果？

14. 工期索赔的合同依据有哪些？

15. 试举例说明工期索赔的分析流程？

16. 工期索赔有哪些方法？如何具体应用？

17. 举例说明费用索赔的原因有哪些？

18. 分析费用索赔的项目构成，每一项如何计算？

19. 管理费索赔的计算方法有哪些？如何正确选择分摊方法？

20. 综合费用索赔有哪些计算方法？各有哪些优缺点？

云测试12-5：
第12章课程内容
测试及解题分析

期末测试1

期末测试2

参 考 文 献

[1] 李启明. 土木工程合同管理[M]. 南京：东南大学出版社，2023.

[2] 唐萍，张瑞杰，等，译. 客户/咨询工程师（单位）服务协议书范本[M]. 北京：机械工业出版社，2021.

[3] 李启明. 国际工程管理[M]. 南京：东南大学出版社，2019.

[4] 李启明. 房地产合同管理[M]. 北京：中国建筑工业出版社，2019.

[5] 陈勇强，等. FIDIC2017 版系列合同条件解析[M]. 北京：中国建筑工业出版社，2019.

[6] 成虎. 工程合同管理[M]. 北京：中国建筑工业出版社，2018.

[7] 李启明，邓小鹏. 建设项目采购模式与合同管理[M]. 北京：中国建筑工业出版社，2011.

[8] 何伯森. 国际工程合同与合同管理[M]. 北京：中国建筑工业出版社，2010.

[9] 李启明. 工程项目采购与合同管理[M]. 北京：中国建筑工业出版社，2009.

[10] 李启明，朱树英，黄文杰. 工程建设合同与索赔管理[M]. 北京：科学出版社，2001.

[11] 王卓甫，简迎辉. 工程项目管理模式及其创新[M]. 北京：中国水利水电出版社，2006.

[12] 常陆军. 论工程采购模式与标准合同条件的发展变化[J]. 建设监理，2004(3)：46-47.

[13] 孙继德. 项目总承包模式[J]. 土木工程学报，2003，36(9)：5154.

[14] 张二伟，李启明. 设计-施工总承包建设项目的风险管理[J]. 建筑管理现代化，2004(3)：811.

[15] 张水波，何伯森. 工程建设"设计—建造"总承包模式的国际动态研究[J]. 土木工程学报，2003(3)：3036.

[16] 陈志华，于海丰，成虎. EPC 总承包项目风险管理研究[J]. 建筑经济，2006(2)：8991.

[17] 孙剑，孙文建. 工程建设 PM、CM 和 PMC 三种模式的比较[J]. 基建优化，2005，26(1)：1013.

[18] 逄宗展，谭敬慧. 建设工程施工（示范文本）使用指南（GF—2013—0201）[M]. 北京：中国建筑工业出版社，2013.